HYDRAULIQUE

AGRICOLE

PAR

Paul LÉVY SALVADOR

INGÉNIEUR CIVIL

SOUS-CHEF DU SERVICE TECHNIQUE DE LA DIRECTION DE L'HYDRAULIQUE AGRICOLE
AU MINISTÈRE DE L'AGRICULTURE

TROISIÈME PARTIE

DES IRRIGATIONS

PARIS

P. VICQ-DUNOD et Cⁱᵉ, ÉDITEURS

LIBRAIRES DES PONTS ET CHAUSSÉES, DES MINES
ET DES CHEMINS DE FER
49, Quai des Grands-Augustins, 49

1898

HYDRAULIQUE AGRICOLE

IRRIGATIONS

TOURS. — IMPRIMERIE DESLIS FRÈRES

HYDRAULIQUE
AGRICOLE

PAR

Paul LÉVY SALVADOR

INGÉNIEUR CIVIL

SOUS-CHEF DU SERVICE TECHNIQUE DE LA DIRECTION DE L'HYDRAULIQUE AGRICOLE

AU MINISTÈRE DE L'AGRICULTURE

TROISIÈME PARTIE

DES IRRIGATIONS

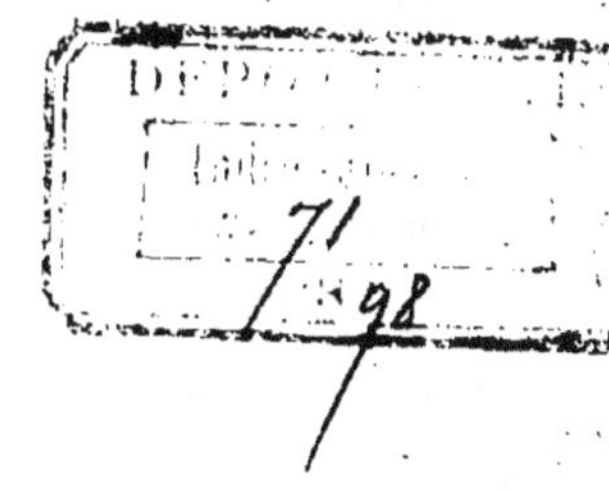

PARIS

P. VICQ-DUNOD ET Cⁱᵉ, ÉDITEURS

LIBRAIRES DES PONTS ET CHAUSSÉES, DES MINES

ET DES CHEMINS DE FER

49, Quai des Grands-Augustins, 49

1898

BIBLIOTHÈQUE DU CONDUCTEUR DE TRAVAUX PUBLICS

PUBLIÉE SOUS LES AUSPICES

DE MESSIEURS LES MINISTRES DES TRAVAUX PUBLICS
DE L'AGRICULTURE
DE L'INSTRUCTION PUBLIQUE
DU COMMERCE ET DE L'INDUSTRIE
DE L'INTÉRIEUR, DES COLONIES
DE LA JUSTICE

Comité de patronage

BEAUREGARD (docteur)	Secrétaire général de l'Association philotechnique.
BECHMANN	Ingénieur en chef de l'assainissement (Service municipal de la ville de Paris), Professeur à l'Ecole des Ponts et Chaussées.
BOREUX	Ingénieur en chef de la voie publique et de l'éclairage (Service municipal de la ville de Paris).
BOUQUET	Directeur du personnel et de l'enseignement technique au Ministère du Commerce.
BOUVARD	Directeur administratif des services d'architecture, des promenades et plantations de la ville de Paris.
BROUARDEL (le Prof^r)	Doyen de la Faculté de médecine, Membre de l'Institut, Président de l'Association polytechnique.
COLSON	Conseiller d'État, Professeur à l'Ecole des Ponts et Chaussées.
COMTE (J.)	Ancien directeur des Bâtiments civils et des Palais nationaux.
DEBAUVE	Ingénieur en chef des Ponts et Chaussées, Agent voyer en chef de l'Oise, auteur du *Manuel de l'Ingénieur des Ponts et Chaussées*.
DELECROIX	Avocat, Docteur en droit, Directeur de la *Revue de la Législation des Mines*.
DONIOL	Inspecteur général des Ponts et Chaussées.
BOUSQUET (du)	Ingénieur en chef du matériel et de la traction à la Cie des Chemins de fer du Nord.
FLAMANT	Inspecteur général des Ponts et Chaussées de l'Algérie.
GAY	Inspecteur général des Ponts et Chaussées, Directeur de l'Ecole Nationale des Ponts et Chaussées.
GRILLOT	Président honoraire de la Société des Conducteurs, Contrôleurs et Commis des Ponts et Chaussées et des Mines.
GUILLAIN	Directeur honoraire des Routes, de la Navigation et des Mines.
HATON DE LA GOUPILLIÈRE	Membre de l'Institut, Inspecteur général des Mines, Directeur de l'Ecole nationale supérieure des Mines.

HENRY (E.) — Inspecteur général des Ponts et Chaussées.

HUET — Inspecteur général des Ponts et Chaussées en retraite, ancien Directeur administratif des Travaux de la ville de Paris.

HUMBLOT — Inspecteur général des Ponts et Chaussées, Directeur du Service des Eaux de la ville de Paris.

JOUBERT — Ancien Président de la Société des Anciens Elèves des Ecoles nationales d'Arts et Métiers.

LAUSSEDAT (le Colonel) — Membre de l'Institut, Directeur du Conservatoire national des Arts et Métiers.

Mᵉ LE BERQUIER — Avocat à la Cour d'appel de Paris.

MARTIN (J.) — Inspecteur général des Ponts et Chaussées en retraite, Ancien professeur à l'École nationale des Ponts et Chaussées.

MARTINIE — Contrôleur général de l'Administration de l'Armée, Ancien président de la Société de Topographie de France.

METZGER — Inspecteur général des Ponts et Chaussées, Directeur des Chemins de fer de l'Etat.

MICHEL (J.) — Ingénieur en chef au Chemin de fer de Paris à Lyon et à la Méditerranée.

NICOLAS — Conseiller d'Etat, Directeur du Travail et de l'Industrie au Ministère du Commerce, de l'Industrie et des Postes et Télégraphes.

PHILIPPE — Inspecteur général des Ponts et Chaussées, Directeur de l'Hydraulique agricole au Ministère de l'Agriculture.

PILLET — Professeur au Conservatoire national des Arts et Métiers.

Le **Président** de la Société des Ingénieurs civils de France.

RÉSAL — Ingénieur en chef des Ponts et Chaussées, Professeur à l'Ecole Nationale des Ponts et Chaussées.

ROUCHÉ — Professeur au Conservatoire national des Arts et Métiers.

SANGUET — Président de la Société de Topographie parcellaire de France.

TAVERNIER (de) — Ingénieur en chef des Ponts et Chaussées, Directeur du secteur électrique de la rive gauche.

TISSERAND — Conseiller maître à la Cour des Comptes.

TRICOCHE (le Général) — Président de la Société de Topographie de France.

BIBLIOTHÈQUE DU CONDUCTEUR DE TRAVAUX PUBLICS

Comité de rédaction

SIÈGE : 46, QUAI DE L'HÔTEL-DE-VILLE

Bureau

PRÉSIDENT :

JOLIBOIS — Conducteur des Ponts et Chaussées, Président de la Société des Conducteurs, Contrôleurs et Commis des Ponts et Chaussées et des Mines, Membre des Sociétés des Ingénieurs civils de France, des Ingénieurs coloniaux, des anciens élèves des Ecoles d'Arts et Métiers, de Topographie de France, etc., Professeur à l'Association philotechnique.

VICE-PRÉSIDENTS :

CANAL — Conducteur des Ponts et Chaussées, Contrôleur Comptable des Chemins de fer (Orléans).

LAYE — Ingénieur des Arts et Manufactures (Cie du Chemin de fer du Nord).

VERDEAUX — Inspecteur de la voie (Cie du Chemin de fer d'Orléans), Membre de la Société des Ingénieurs civils de France.

VIDAL — Conducteur des Ponts et Chaussées (Contrôle des Chemins de fer du Midi).

SECRÉTAIRES :

DACREMONT — Conducteur des Ponts et Chaussées, Service municipal (Assainissement).

DEJUST — Conducteur municipal (Service des Eaux), Ingénieur des Arts et Manufactures, Répétiteur à l'École centrale des Arts et Manufactures.

DIÉBOLD — Conducteur des Ponts et Chaussées, Service Municipal (Assainissement).

HABY — Rédacteur au Ministère des Travaux Publics, Professeur à l'Association philotechnique.

Membres du Comité :

ALLEGRET — Conducteur des Ponts et Chaussées, Contrôleur Comptable des Chemins de fer (Ouest), Professeur de mathématiques appliquées.

BONNET   Conducteur des Ponts et Chaussées, Service Municipal (Eclairage), Professeur à la Société de Topographie de France.

BOSRAMIER   Conducteur principal des Ponts et Chaussées en retraite.

DARIÈS   Conducteur Municipal (Service des Eaux), Licencié ès Sciences, Professeur à l'Association philotechnique.

DECRESSAIN   Contrôleur principal des Mines, Professeur à l'École d'Horlogerie.

EYROLLES   Conducteur des Ponts et Chaussées, Professeur de Mathématiques appliquées, Membre de la Société des Ingénieurs civils de France.

HALLOUIN   Inspecteur particulier de l'Exploitation commerciale des Chemins de fer.

MALETTE (G.)   Conducteur des Ponts et Chaussées (Service ordinaire et vicinal de la Seine).

A.-H. PILLIET (Dr) Ancien interne, Lauréat des Hôpitaux, Chef du Laboratoire de Clinique chirurgicale de La Charité.

PRADÈS   Rédacteur au Ministère de l'Agriculture, Professeur à l'Association philotechnique.

REBOUL   Contrôleur des Mines (Service des appareils à vapeur).

REVELLIN   Contrôleur des Mines.

ROTTÉE   Conducteur principal des Ponts et Chaussées (Service ordinaire et vicinal).

SIMONET   Conducteur des Ponts et Chaussées, Service municipal (Voie Publique).

SAINT-PAUL   Conducteur Municipal (Service de l'Eclairage), Secrétaire adjoint de la Société de Topographie de France, Professeur à l'Association polytechnique.

WALLOIS   Conducteur principal des Ponts et Chaussées, Service municipal (Voie publique), Professeur à l'Association polytechnique.

HYDRAULIQUE AGRICOLE

TROISIÈME PARTIE

DES IRRIGATIONS

CHAPITRE PREMIER

GÉNÉRALITÉS

1. Du rôle de l'eau dans la végétation. — En classant par ordre d'importance les divers modes d'utilisation de l'eau (tome I, § 1), nous avons placé l'emploi pour les usages agricoles en seconde ligne, immédiatement après celui de l'alimentation des centres habités.

C'est qu'en effet l'irrigation, qui présente un caractère de nécessité absolue pour le développement de la richesse agricole dans les contrées à climat chaud, est encore très souvent nécessaire dans les pays à climat tempéré et humide, où elle a pour but d'activer la végétation au moyen des éléments fertilisants de l'eau.

En agriculture, les eaux jouent un double rôle : 1° elles facilitent la culture en maintenant une humidité suffisante sur les terrains naturellement trop secs ; 2° elles favorisent la végétation en fournissant aux plantes leur eau de constitution et en agissant par les matières minérales qu'elles contiennent à l'état de suspension ou de dissolution, et qu'elles amènent à la surface du sol.

Dans le premier cas, le rôle de l'eau est purement physique ; son emploi est principalement utile sur les sols qui absorbent peu d'eau ou encore sur ceux où l'évaporation est très active. Sans l'irrigation, de semblables terrains seraient incapables de favoriser le développement des racines des plantes, ou bien ils formeraient une masse compacte rendant difficile l'emploi des instruments de culture.

Mais le rôle le plus important de l'eau est celui qu'elle joue au point de vue de la physiologie végétale.

A l'état pur, elle entre dans une proportion plus ou moins considérable dans la constitution des plantes ; elle dissout les principes minéraux du sol et les introduit par les racines dans le corps des végétaux, dans lequel elle circule jusqu'aux extrémités des feuilles, où elle est évaporée par les rayons solaires. Parfois aussi elle agit, en outre, comme engrais, grâce aux principes fertilisants qu'elle contient et dont elle se dépouille au profit du sol, par le seul fait d'un séjour suffisamment prolongé. C'est pourquoi l'on cherche autant que possible à employer dans les irrigations des eaux troubles et limoneuses, qui sont, en général, chargées de matières fertilisantes.

2. Qualités des eaux d'arrosage. — L'étude détaillée de l'effet de l'arrosage sur les plantes est du ressort de la physiologie végétale ; nous n'avons pas à nous en occuper ici. Nous nous bornerons à mentionner d'une façon sommaire les qualités que doit présenter l'eau utilisée pour les irrigations.

a) *Qualités physiques.* — Au point de vue physique, l'eau est caractérisée par sa température. Elle refroidit ou réchauffe le sol suivant qu'elle est plus froide ou plus chaude que lui, et ses effets sont très sensibles sur la végétation. Au printemps, quand la température de l'air augmente, les arrosages à l'eau froide retardent la croissance ; en été, au contraire, ils constituent un rafraîchissement. Une eau chaude produit les effets contraires : utile au printemps, elle peut être nuisible en été. Les eaux de source ont souvent une température à peu près constante, de sorte que, l'été, elles peuvent être beaucoup plus froides que l'air; employées sur place, elles sont dangereuses pour la végétation. Mais, quand elles servent à alimenter un canal qui les transporte à de grandes distances, elles se réchauffent suffisamment en cours de route pour pouvoir être utilisées sans inconvénient. C'est ainsi que le canal de la Bourne (Drôme) est alimenté par les eaux de la rivière du même nom, lesquelles sont toujours très froides; mais elles ne sont utilisées qu'à 30 kilomètres environ de l'origine, et l'on a constaté que, si jusqu'à la fin du mois d'avril les eaux de la Bourne qui proviennent de la fonte des neiges sont parfois plus froides que l'air ambiant, il cesse d'en être ainsi dès le mois de mai, c'est-à-dire à l'époque à laquelle commencent les arrosages ; l'eau du canal a alors sensiblement la même température que l'air ambiant et ne peut être nuisible à la végétation.

En somme, on emploie rarement l'eau de source pour les arrosages d'été sans l'avoir fait au préalable réchauffer au contact de l'air. En hiver, au contraire, elle peut être utilisée telle quelle, et donne de bons résultats en raison de sa température relativement élevée.

b) *Qualités chimiques.* — On sait que les eaux troubles sont préférables aux eaux claires pour l'irrigation.

Ce serait cependant une erreur de croire que les eaux limpides soient impropres aux irrigations. Il existe d'excellents prés, dans des vallées crayeuses notamment, qui ne sont jamais arrosés autrement.

Les prairies de la vallée de l'Avre, affluent de l'Eure, donnent jusqu'à 10.000 kilogrammes de foin par hectare en deux coupes et l'arrosage ne se fait qu'avec des eaux claires, car la rivière n'a que des crues insignifiantes et sans troubles ; les prairies ne s'épuisent pas cependant, bien qu'elles ne soient jamais fumées, parce que le sol possède en quantités suffisantes les éléments nécessaires pour le mode de culture auquel il est soumis.

Il est bien évident que les engrais, qui restituent à la terre les éléments que lui enlève la germination, ont une très grande action sur la végétation ; il n'en est pas moins vrai que l'eau seule, même limpide, lorsqu'elle est convenablement dirigée, suffit pour donner de bons résultats dans certaines natures de terrains.

Néanmoins, les eaux boueuses ont une supériorité incon-

testable et doivent généralement être préférées, même quand il faut faire d'assez grands sacrifices pour les amener.

Ces eaux, nous l'avons déjà fait remarquer, agissent à la façon d'amendements, grâce aux matières qu'elles tiennent en suspension ou en dissolution.

Toutefois l'arrosage avec des eaux troubles peut être nuisible au printemps, car le limon se dépose sur les jeunes herbes et gêne leur respiration ; il peut être préjudiciable également quand la végétation est plus avancée, attendu que le limon salit le foin et en diminue la qualité. Enfin nous ferons remarquer que le limon des eaux troubles ne peut être entièrement utilisé. Il est, en effet, souvent formé pour la plus grande partie d'éléments inutiles à la végétation ; tel est le cas, par exemple, de celui de la Durance, qui manque de calcaire. Seuls les éléments assimilables qui entrent dans sa composition : acide phosphorique, potasse, chaux, azote organique, etc., sont utiles aux prairies.

Pour qu'on puisse se rendre compte des proportions de matières utiles par rapport aux poids totaux de limon, nous donnons ci-dessous les résultats d'analyses comparatives faites, en 1892, par les soins des laboratoires de l'École des Ponts et Chaussées et de l'Institut agronomique, sur des échantillons d'eaux de diverses rivières utilisées pour les irrigations dans le Sud-Est de la France.

MATIÈRES EN SUSPENSION

MATIÈRES	EAU de la Bourne	EAU de l'Isère	EAU du Rhône	EAU de la Sorgues	EAU de la Durance
	gr.	gr.	gr.	gr.	gr.
Azote organique (par m. c.).	0,020	0,310	0,080	0,004	0,112
Acide phosphorique » .	0,015	0,388	0,080	0,003	0,074
Potasse » .	0,024	0,648	0,124	0,007	0,072
Chaux » .	3.570	47,640	6,186	0,410	12,630
Magnésie » .	0,127	0,100	0,370	0,016	0,049
	3,756	49,086	6,840	0,440	12,937
Poids total des matières en suspension » .	9,400	300,200	40,300	2,100	55,900

La proportion des matières inutiles à la végétation par rapport au poids total s'élève jusqu'à 84 0/0 pour les eaux de l'Isère et 79 0/0 pour celles de la Sorgues ; néanmoins, elles servent à l'arrosage de nombreuses prairies.

Mais les eaux d'irrigation sont surtout utiles en raison des matières qu'elles tiennent en dissolution. En ce qui concerne ces matières, les résultats des analyses des eaux des mêmes rivières sont les suivants :

MATIÈRES EN DISSOLUTION

MATIÈRES	EAU de la Bourne	EAU de l'Isère	EAU du Rhône	EAU de la Sorgues	EAU de la Durance
	gr.	gr.	gr.	gr.	gr.
Azote nitrique (par m. c.).	0,038	0,223	0,828	0,104	0,285
Azote ammoniacal » .	0,100	0,110	0,130	0,036	0,010
Azote organique » .	0,130	0,140	0,230	0,130	0,140
Acide phosphorique » .	0,078	0,044	0,332	0,026	0,034
Potasse » .	2,180	3,390	2,980	3,740	3,120
Chaux » .	80,000	65,000	84,000	90,600	82,000
Magnésie » .	4,000	10,000	9,300	8,700	19,000
Acide sulfurique » .	4,100	48,000	22,300	traces	66,500
	90,626	126,907	120,100	103,336	171,089
Poids total des matières en dissolution » .	100,000	175,000	158,000	160,000	240,000

Les différences entre les poids totaux des matières sont beaucoup moins sensibles d'un cours d'eau à l'autre que pour les matières en suspension. Les différences entre les portions utiles de ces matières sont encore moindres. Enfin, le rapport entre le poids des matières utiles et le poids total s'élève jusqu'à 90 0/0 et ne descend pas au-dessous de 64 0/0.

La plupart des eaux dont on peut disposer pour l'irrigation renferment, comme celles dont nous venons de donner l'analyse, tous les éléments minéraux nécessaires à la formation des organes des plantes, dans des proportions très variables, qui dépendent des terrains dans lesquels prennent naissance et coulent ces eaux. Ces éléments, même lorsqu'ils n'existent qu'en proportions extrêmement faibles, finissent, grâce à un apport sans cesse renouvelé, par constituer une valeur agricole très réelle. Selon la nature des eaux et celle des terrains qu'on arrose, telle ou telle substance minérale peut être introduite dans le sol en quantité supérieure aux besoins des récoltes; elle peut même parfois, dans certains cas, procurer à ce sol un accroissement permanent de fertilité; il peut arriver, au contraire, que certains éléments minéraux soient apportés par l'eau en quantités insuffisantes pour la production de récoltes abondantes, auquel cas il convient, pour tirer de l'irrigation elle-même tout le fruit possible, de combler ce déficit partiel par l'apport intelligent de quelques amendements convenablement choisis [1].

Il est d'ailleurs nécessaire de régler, suivant les cas, la quantité d'eau, d'après sa composition, la nature du sol et des cultures et la nature des engrais. Supposons, par exemple, que deux des quatre éléments primordiaux (azote, acide phosphorique, potasse et chaux), l'azote et la potasse, fassent défaut au sol, les deux autres étant en quantités suffisantes. Si l'eau d'arrosage contient en dissolution de faibles quantités des deux substances manquantes, on pourra augmenter la fertilité par une irrigation abondante ; mais, si les quantités d'eau sont trop grandes, l'acide phosphorique sera délavé et entraîné par l'eau, et il arrivera un moment où, malgré les apports de potasse et d'azote, le sol deviendra stérile, par suite du manque d'acide phosphorique. L'excès d'arrosage aura donc appauvri le sol.

L'eau ne saurait, dans ces terrains, remplacer l'engrais. Entre l'arrosage et la fumure, il y a un équilibre à réaliser ; l'eau est le véhicule des éléments utiles de l'engrais, et elle le complète par les éléments qu'elle possède en propre. C'est ce qui résulte notamment d'expériences faites à Vincennes par M. Georges Ville, qui a cultivé des plantes diverses sur des terrains de toute nature arrosés parfois avec de l'eau distillée et obtenu des résultats divers suivant la quantité et la proportion des engrais employés. Ces expériences montrent qu'avec un emploi judicieux des engrais appropriés aux

---

[1] CHARPENTIER DE COSSIGNY, *Hydraulique agricole*.

diverses natures de terrains et un arrosage convenable on obtient d'excellentes récoltes sans appauvrir le sol.

3. Quantités d'eau nécessaires à l'irrigation. — La quantité d'eau nécessaire à l'irrigation, qui dépend, comme nous venons de le voir, de la composition du sol et des engrais employés, varie aussi avec une foule d'autres circonstances, telles que l'intensité et la distribution des pluies annuelles, l'état hygrométrique de l'atmosphère, la plus ou moins grande perméabilité du sol et du sous-sol, la nature de la plante cultivée, etc... Cette quantité d'eau n'est donc pas susceptible d'être fixée d'une manière générale. C'est ainsi, par exemple, que, dans le bassin de la Gironde, les pluies sont plus fréquentes que dans celui de la Durance placé sous la même latitude ; les irrigations sont, par suite, moins nécessaires dans le premier de ces deux bassins que dans l'autre.

Pour un même climat, les végétaux à racines profondes, comme la luzerne et la plupart des arbres, demandent plus d'eau que les plantes à racines superficielles, comme les céréales. Un sol argileux qui retient l'eau demande à être arrosé plus abondamment, mais moins fréquemment qu'un sol sableux, qui la laisse filtrer facilement.

Si l'eau est employée seulement dans le but de rafraîchir le sol, l'arrosage doit être moins abondant que si elle est employée dans le but d'utiliser les matières fertilisantes qu'elle tient en suspension ou en dissolution.

Les irrigations nutritives, telles qu'on les pratique dans les Vosges, comportent l'emploi d'une quantité d'eau très supérieure aux irrigations désaltérantes, telles qu'on les pratique dans le bassin de la Méditerranée.

a) *Quantités d'eau nécessaires à l'irrigation dans le Midi de la France.* — Des expériences ont été faites dans ces dernières années sur divers terrains de la région d'Aix, en Provence, dans le but de déterminer les quantités d'eau indispensables à la culture de certaines plantes dans le Midi de la France.

Dans cette région, la saison d'arrosage dure, en général, cent quatre-vingt-trois jours, du 1er avril au 1er octobre ; les espacements des arrosages, leurs durées et les quantités d'eau nécessaires sont indiqués dans le tableau ci-dessous.

NATURE des cultures	INTERVALLE entre deux arrosages	NOMBRE d'arrosages par saison	DURÉE de chaque arrosage	VOLUME absorbé par seconde et par hectare	VOLUME total nécessaire pour un arrosage par hectare	VOLUME absorbé annuellement par hectare	DÉBIT continu correspondant par seconde et par hectare	OBSERVATIONS
	jours		heures	litres	m. c.	m. c.		
Prairies naturelles.............	8	23	6	30	648	14.904 à 15.860	94 centil. à 1 l. 003	
Prairies artificielles : luzerne...	12	15	6	30	648	9 720 à 15 860	63 centil. à 1 l. 003	Pas d'arrosage régulier.— Un arrosage au printemps (du 15 avril au 15 mai) renouvelé en cas de sécheresse extrême.
Blé.............	»	1 ou 2	6	30	»	648 à 2.731	4 à 15 centil.	
Olivier..........	»	1 ou 2	2 1/4	60	486	1.000	63 centil.	Deux arrosages en moyenne, l'un au mois de juin, l'autre au mois d'août.
Culture des jardins.............						39.528	2 lit. 1/2	
Légumineuses...						13.811 à 21.977	1 l à 1 l. 39	
Culture maraîchère............	5					1.000	63 centil.	

Les chiffres qui précèdent ne sont, bien entendu, que des moyennes. Mais on peut admettre d'une manière générale que, dans le Midi de la France, la quantité d'eau nécessaire à l'irrigation de 1 hectare correspond, en moyenne, au volume fourni par un débit continu de 1 litre par seconde.

Un débit continu de 1 litre par seconde pendant une saison d'arrosage (183 jours) est de 15.811 mètres cubes. Il est fourni au sol en un nombre d'arrosages qui varie entre 12 et 42. Il permettrait de recouvrir le terrain en culture d'une couche d'eau de 1.581 millimètres d'épaisseur.

Il est à remarquer que cette hauteur d'eau est de beaucoup supérieure à celle de la pluie qui tombe dans le Sud-Est de la France, dans le même laps de temps (du 1er avril au 1er octobre). Voici, en effet, la valeur de cette hauteur de pluie en divers points de la région :

	Millimètres.
Marseille (en 1895)	178
Arles (en 1895)	399
Aix (en 1895)	224
Saint-Rémy (en 1895)	445
Avignon (en 1896)	194
Apt (en 1896)	252
Carpentras (en 1896)	261
Orange (en 1896)	253

L'eau pluviale est d'autant plus insuffisante que, sous le climat de la Provence, la lumière est intense, la température élevée, les vents fréquents et violents, et, par suite, l'évaporation très active. Nous donnons ci-dessous le tableau des hauteurs d'eau évaporées du 1er avril au 1er octobre 1896 dans les localités pour lesquelles nous avons relevé les hauteurs de pluie tombées dans le même espace de temps.

	Millimètres.
Avignon	1.281
Apt	801
Carpentras	744
Orange	814

La comparaison de ces chiffres permet de comprendre

l'importance primordiale des irrigations pour toute cette région.

b) *Quantités d'eau nécessaires à l'irrigation, en France, en dehors de la région du Midi.* — En France, en dehors de la région du Midi, l'eau est employée surtout à l'irrigation des prairies. La quantité d'eau utilisée est d'ailleurs éminemment variable. D'après Nadault de Buffon, le minimum annuel nécessaire serait de 9.600 mètres cubes au moins par an. Ce cube est suffisant pour les prairies dont le sol est perméable ; il est trop fort pour les prairies argileuses.

Les conditions d'arrosage des prairies de la vallée de la Seine ont été étudiées par Belgrand, lequel admet qu'en espaçant les irrigations de telle sorte que le sol reste toujours humide la quantité d'eau nécessaire pour les irrigations de printemps et d'été équivaut à peu près à $0^{lit},30$ par seconde et par hectare pour une prairie argileuse, et à $0^{lit},70$ pour une prairie à sous-sol perméable ou granitique.

Dans le Centre et le Nord de la France, la saison d'arrosage des prairies dure de quatre à cinq mois, et la quantité d'eau employée pendant cette époque varie de $0^{lit},25$ à 10 litres par seconde et par hectare.

En dehors de cette utilisation, on emploie parfois l'eau pour faire profiter le sol des matières fertilisantes qu'elle contient. Dans ce cas, on a recours aux irrigations à fortes doses.

C'est ainsi que, dans les Vosges, on a constaté que certains arrosages absorbent un volume de 2.000 mètres cubes par hectare, ce qui, à raison de 25 à 30 arrosages par an, correspond à une consommation annuelle de 55.000 mètres cubes par hectare.

Quand nous traiterons la question de l'utilisation agricole des eaux d'égout, nous verrons que, pour l'irrigation avec les eaux résiduaires de la ville de Paris, on arrose toute l'année, sauf pendant les gelées, et on déverse sur le sol annuellement un volume de 40.000 mètres cubes par hectare.

c) *Quantités d'eau nécessaires à la submersion des vignes.* — Le procédé de la submersion appliqué au traitement des vignes attaquées par le phylloxera consiste à maintenir le vignoble à traiter sous une couche d'eau de 0^m,20 à 0^m,40 d'épaisseur pendant le laps de temps nécessaire pour détruire complètement le parasite, temps qui varie entre trente et quatre-vingt-dix jours.

Dans les environs de Tarascon, au vignoble du Mas-de-Fabre, la durée de l'opération est de quarante-sept jours. Pendant les deux premiers jours, on fait arriver sur le vignoble à submerger la quantité d'eau nécessaire pour le plonger sous une couche de 0^m,20 d'épaisseur. Le volume à fournir est de 2.000 mètres cubes et équivaut à un débit continu de 11^{lit},57 par seconde. Pendant les quarante-cinq autres jours, on remplace l'eau qui a disparu par imbibition ou par évaporation. La quantité d'eau employée à cet effet au Mas-de-Fabre est de 1.944 mètres cubes. Le volume total nécessaire est donc de 3.944 mètres cubes et correspond à un débit continu moyen de 0^{lit},97 par seconde et par hectare pendant quarante-sept jours.

Mais les terrains de ce domaine sont dans des conditions exceptionnelles, et les quantités d'eau habituellement nécessaires sont supérieures à celles que nous venons d'indiquer.

Au canal des Alpines (Bouches-du-Rhône), on met à la disposition des submersionnistes un volume de 15.725 mètres cubes par hectare, utilisable pendant un laps de temps qui varie de quarante à soixante jours. Il correspond à un débit continu de 3^{lit},033 par seconde pendant soixante jours et de 4^{lit},550 par seconde pendant quarante jours.

Dans l'Aude et l'Hérault, la durée de la submersion est de quarante à quarante-cinq jours, et la quantité d'eau employée varie entre 12.000 mètres cubes et 25.000 mètres cubes par hectare. Ces volumes correspondent respectivement à des débits continus de 3^{lit},08 et 6^{lit},50 par seconde et par hectare pendant quarante-cinq jours.

On évalue, en moyenne, à un débit continu de 4 litres par seconde et par hectare pendant soixante jours, soit au total à 15.550 mètres cubes, la quantité d'eau nécessaire à la submersion. Toutefois, cette quantité varie suivant la perméabilité du terrain et la nature du sous-sol. Lorsqu'une terre exige plus de 25.000 mètres cubes par hectare pendant la période

de submersion, on regarde comme avantageux de l'exclure
de l'application du traitement, lorsque l'eau provient de canaux d'irrigation dont une telle consommation épuiserait
les ressources.

4. Expériences de M. Carpenter. — M. Carpenter, professeur à l'École d'Irrigation de Fort-Collins (Colorado, États-
Unis d'Amérique), a fait des expériences sur ce qu'il appelle
la *puissance d'irrigation* de l'eau. Ces expériences consistent dans la recherche de la quantité d'eau nécessaire aux
principales cultures du pays, ainsi que dans celle de la surface qu'on peut arroser avec un volume donné.

Elles ont été faites dans la vallée de la « Cache la Poudre »,
rivière à régime torrentiel et presque exclusivement alimentée
par les neiges des montagnes Rocheuses dont elle descend.
Les hautes eaux commencent à la fonte des neiges et durent
plus ou moins longtemps suivant que, pendant l'hiver précédent, la neige est tombée en plus ou moins grande abondance.
C'est ordinairement au mois de juin que le débit atteint son
maximum, et dès la fin de l'été commence une période de
basses eaux qui se continue jusqu'au printemps suivant. Dans
ces conditions, les usagers ne peuvent donner à leurs terres
autant d'arrosages qu'il serait nécessaire, étant donnée surtout la nature généralement perméable du terrain. Il en
résulte chez eux une tendance à forcer la dose d'eau consom-
mée pendant le mois de juin, et, en fait, tandis que la base de
répartition est un débit continu de 0lit,36 par hectare et par
seconde pendant les six mois que dure la saison d'arrosage
(du 1er mai au 1er novembre), les arrosants d'amont absorbent,
en réalité, pendant le mois de juin, 1lit,20 à 1lit,40 par hectare.

Les expériences de M. Carpenter ont été de deux sortes:

Il a d'abord cherché à mesurer l'épaisseur de la tranche
d'eau fournie, pour chaque arrosage, à chacune des cultures
suivantes :

1° Fourrages (luzerne et trèfle) ; — 2° céréales (froment et
avoine) ; — 3° prairies naturelles.

En ce qui concerne les fourrages et les céréales, des mesures
de débit des rigoles alimentaires, faites en 1892, ont donné
les résultats consignés dans les deux tableaux ci-après.

FOURRAGES

| LUZERNE | | | | | | | | | | TRÉFLE | | | | |
| (1re PARCELLE. — SURFACE : 5h46a) | | | | | (2e PARCELLE. — SURFACE : 14h57a) | | | | | (SURFACE : 5h70a) | | | | |
Dates	Durée de l'arrosage	Cube déversé	Épaisseur de la tranche	Observations	Dates	Durée de l'arrosage	Cube déversé	Épaisseur de la tranche	Observations	Dates	Durée de l'arrosage	Cube déversé	Épaisseur de la tranche	Observations
	heures	m3				heures	m3				heures	m3		
19 mai...	10	4.536	$0^m,14$	1er arrosage.	27-28 mai.	12	3.350	$0^m,16$	1er arrosage	28-29 mai.	12	3.585	$0^m,16$	1er arrosage
28 mai...	12	3.179			29-31 mai.	56 1/2	18.888			31 mai-1er juin	16	5.905		
6 juillet..	10	5.844	0 ,11	2e —	11-17 juillet	120	22.139	0 ,15	2e —	1-2 juillet.	14	5.355	0 ,18	2e —
										3-4 — .	13	5.061		
	32		0 ,25			188 1/2		0 ,31		9-10 — .	17	5.306	0 ,09	
											72		0 ,43	
Pluie			0 ,26	depuis le 1er avril.	Pluie			0 ,26	depuis le 1er avril.	Pluie			0 ,25	
Total			0 ,51		Total			0 ,57		Total......			0 ,68	

FROMENT

(1re PARCELLE. — SURFACE : 13h76a)

Dates	Durée de l'arrosage	Cube déversé	Épaisseur de la tranche	Observations
	heures	m3		
1-4 juin..	72	13.350		
6-8 juin..	33	8.741	0m,29	1er arrosage
10-11 juin	23	6.760		
13 juin...	3	892		coupé vers le 16 août
6-9 juillet.	49	16.066	0 ,12	2e arrosage
	180		0 ,41	
Pluie.....			0 ,25	
Total.....			0 ,65	

(2e PARCELLE. — SURFACE : 15h58a)

Dates	Durée de l'arrosage	Cube déversé	Épaisseur de la tranche	Observations
	heures	m3		
6-8 juin...	72	25.966	0m,17	1er arrosage
10-11 juillet	28	15.953	0 ,10	2e — (incomplet)
	100		0 ,27	
Pluie			0 ,25	
Total			0 ,52	

AVOINE

(SURFACE : 7h04a)

Dates	Durée de l'arrosage	Cube déversé	Épaisseur de la tranche	Observations
	heures	m3		
11-14 juin.	66	21.707	0m,31	1er arrosage
2-3 juillet.	36	11.919	0 ,17	2e —
17 juil et..	12	2.567	0 ,04	Arrosage incomplet.
	114		0 ,52	
Pluie			0 ,25	
Total			0 ,77	

On donne aux fourrages un arrosage par coupe et, suivant les années, on compte deux ou trois coupes. Quant aux céréales, on leur donne deux arrosages et, vers la fin de l'été, un ou deux arrosages supplémentaires, si la quantité d'eau disponible le permet.

Les expériences relatives aux prairies naturelles ont été faites sur une terre d'alluvions d'une surface de 13 hectares environ. Les jaugeages des quantités d'eau utilisées pendant les périodes d'irrigation des années 1891 et 1892 ont montré que les volumes consommés ont été respectivement de 112.470 mètres cubes et 91.700 mètres cubes correspondant à des épaisseurs de tranche de $0^m,88$ et $0^m,73$. Le nombre des arrosages est de deux par saison.

Les recherches au sujet de la *puissance d'irrigation* ont porté successivement sur deux canaux d'irrigation dérivés de la « Cache la Poudre », puis sur l'ensemble de la vallée.

Le premier de ces canaux, dit canal n° 2, dont le débit est de $16^{mc},600$ par seconde, domine une surface arrosée de près de 11.000 hectares comprenant 3.035 hectares de luzerne, 325 hectares de prairies naturelles et 7.500 hectares de céréales et de pommes de terre. Il ne dessert effectivement qu'une surface de 9.712 hectares, le surplus étant arrosé par les eaux d'un barrage-réservoir. Le nombre des arrosages varie avec la nature des récoltes. Ordinairement on donne à chacune d'elles deux arrosages et, si possible, vers la fin de l'été, un arrosage supplémentaire à la luzerne et deux ou trois aux pommes de terre.

Les jaugeages faits pendant les étés 1890, 1891 et 1892 ont conduit aux résultats consignés dans les deux tableaux suivants, qui donnent, le premier, les quantités totales d'eau dérivées du canal n° 2 pendant les six mois de la saison d'arrosage, et le second, les surfaces susceptibles d'être irriguées à la dose de 1 litre par seconde durant diverses périodes.

TABLEAU N° 1

MOIS	1890	1891	1892
	mètres cubes	mètres cubes	mètres cubes
Avril	» [1]	» [1]	905.900
Mai	4.379.000	9.469.500	9.485.400
Juin	25.489.100	18.398.600	27.159.000
Juillet	15.191.000	13.364.400	21.108.000
Août	7.790.000	3.482.000	2.566.000
Septembre	1.618.600	1.630.800	213.900
Octobre	»	261.800	» [1]
Totaux	54.467.700	46.607.100	61.438.200
Soit sur les 9.712 hectares une épaisseur d'eau de	0m,560	0m,471	0m,632

[1] Il n'a été employé qu'une faible quantité d'eau pour l'arrosage d'arbres fruitiers.

TABLEAU N° 2

PÉRIODES	NOMBRE de jours	CANAL SEUL			CANAL ET PLUIE [1]		
		1890	1891	1892	1890	1891	1892
1er mai au 1er septembre	123	1h,85a	2h,18a	1h,60a	1h,50a	1h,54a	1h,14a
1er avril au 1er septembre	153	2 ,34	2 ,74	2 ,09	1 ,87	1 ,91	1 ,44
1er mai au 1er novembre	184	2 ,83	3 ,31	2 ,51	2 ,19	2 ,92	1 ,76
Juin seul	30	1 ,03	1 ,35	0 ,93	1 ,02	0 ,80	0 ,76

[1] La puissance d'irrigation de l'eau de pluie est plus faible que celle de l'eau d'un canal d'arrosage, attendu qu'une partie seulement de la pluie tombée sert à fertiliser la terre. C'est ce qui explique comment il se fait que le taux d'utilisation du canal et de la pluie réunis est inférieur à celui du canal seul.

Des expériences analogues ont été faites sur l'autre canal dérivé dit « canal de Larimer », lequel sert à l'arrosage d'une surface de 14.767 hectares, comprenant 2.188 hectares de luzerne, 623 hectares de prairies naturelles et 11.956 de céréales et pommes de terre.

Enfin, on a procédé à des jaugeages en ce qui concerne l'ensemble des 54.633 hectares desservis par les eaux de

Épaisseur de la tranche d'eau

	DU 1er MAI AU 1er SEPTEMBRE (123 jours)		DU 1er AVRIL AU 1er SEPTEMBRE (153 jours)		DU 1er AVRIL AU 1er NOVEMBRE (184 jours)		JUIN SEUL (30 jours)	
	Irrigation seule	Irrigation et pluie	Irrigation seule	Irrigation et pluie	Irrigation seule	Irrigation et pluie	Irrigation seule	Irrigation et pluie
Canal n° 2	0m,637	0m,872	0m,637	1m,006	0m,637	0 ,902	0m,282	0m,341
Canal de Larimer	0 ,454	0 ,689	0 ,454	0 ,741	0 ,454	0 ,719	0 ,222	0 ,283
Ensemble de la vallée	0 ,381	0 ,616	0 ,396	0 ,683	0 ,405	0 ,677	0 ,195	0 ,256
Ensemble de la vallée (colatures comprises)	0 ,430	0 ,664	0 ,457	0 ,743	0 ,478	0 ,750	0 ,207	0 ,268

Surfaces correspondantes irriguées à la dose de 1 litre par seconde

	Irrigation seule	Irrigation et pluie	Irrigation seule	Irrigation et pluie	Irrigation seule	Irrigation et pluie	Irrigation seule	Irrigation et pluie
Canal n° 2	1h 62a	1h 16a	2h 09a	1h 48a	2h 52a	1h 78a	0h 93a	0h 76a
Canal de Larimer	2 36	1 56	2 93	1 80	3 52	2 17	1 16	0 92
Ensemble de la vallée	2 79	1 74	3 29	1 95	3 91	2 40	1 34	1 02
Ensemble de la vallée (colatures comprises)	2 49	1 62	2 92	1 79	3 49	2 16	1 26	0 97

la « Cache la Poudre », en tenant compte de la surface arrosée au moyen des eaux de colature, dont le débit a été évaluée à 2.500 litres par seconde.

Les résultats obtenus sont résumés dans les deux tableaux précédents dont le premier donne pour diverses périodes l'épaisseur de la tranche d'eau en supposant le volume total répandu sur l'ensemble de la surface effectivement arrosée, et le second donne la surface qu'il est possible d'irriguer, durant la même période, avec un débit continu de 1 litre par seconde.

M. Carpenter fait connaître que la vallée de la « Cache la Poudre » est l'une des premières du pays où les irrigations aient été pratiquées, et il estime que, par suite de la pratique acquise par les habitants de la région, leur manière d'utiliser l'eau peut être citée comme un modèle.

De la comparaison entre les résultats obtenus sur des parcelles irriguées avec des doses différentes, il conclut que, dans cette vallée, il est impossible d'arroser avec une tranche d'eau inférieure à 0^m,08 pour les prairies naturelles et à 0^m,10 ou 0^m,15 pour les cultures diverses.

Quant à la surface maximum qu'on peut desservir avec un débit continu de 1 litre par seconde, elle varie de 1 hectare environ pour le seul mois de juin à plus de 3 hectares pour la saison d'arrosage comprise entre le 1er avril et le 1er septembre.

M. Carpenter a soin d'ailleurs de faire remarquer que ces résultats ne s'appliquent qu'à la vallée où les expériences ont été faites et qu'ils sont susceptibles de varier dans de grandes proportions, non seulement avec les conditions climatériques, la nature du sol, etc., mais encore avec le mode d'emploi de l'eau. Il ne les donne donc qu'à titre documentaire et pour montrer comment l'eau pourrait être plus utilement employée qu'elle ne l'est dans nombre d'autres régions des États-Unis.

5. Saisons d'arrosage. — Espacement et durée des périodes.
— En examinant la question des quantités d'eau nécessaires aux irrigations, nous avons déjà indiqué l'intervalle entre les arrosages et la durée des opérations, en ce qui concerne diverses cultures de la région du Midi. L'eau des canaux d'ir-

rigation est distribuée aux propriétaires à des intervalles fixes compris, en général, entre six et sept jours. La saison d'arrosage dure cent quatre-vingts à deux cents jours, ce qui peut donner parfois jusqu'à 33 arrosages par an.

L'eau est livrée aux intéressés au point culminant de la propriété soumise à l'arrosage, et c'est à eux qu'incombe le soin de l'utiliser, soit qu'ils veulent l'employer au fur et à mesure de la livraison, soit qu'ils préfèrent l'emmagasiner pour être utilisée à telle époque qui leur paraîtra convenable.

Dans les autres parties de la France, les conditions sont bien différentes. Les arrosages, qui sont réservés aux prairies, se font au moyen des eaux de sources dont on dispose ou des eaux des rivières qui passent à proximité, sans l'intermédiaire de grands canaux d'irrigation. Les méthodes d'arrosage diffèrent alors principalement avec la nature du sous-sol.

Les prairies à sous-sol imperméable et argileux occupent les flancs de coteaux ou des fonds de vallées concaves; elles sont au-dessus du niveau des crues. Il est avantageux de les arroser en toutes saisons; en hiver, en février, après les gelées, jusqu'au moment où l'herbe commence à pousser; au printemps, au mois d'avril, pour empêcher le sol encore nu de se crevasser sous les premières chaleurs. En outre, on pratique en été, vers le 10 ou 15 juillet, lorsque le sol est de nouveau découvert, ainsi qu'en automne, après les grandes pluies, des irrigations qui se font ordinairement avec des eaux troubles, agissent comme colmatage et enrichissent les prairies.

Dans les terrains imperméables de la vallée de la haute Seine, la durée totale des irrigations est de six mois environ, savoir :

En hiver	1 mois	(février)
Au printemps	1 mois et demi	(1er avril-15 mai)
En été	2 mois et demi	(5 juillet-15 septembre)
En automne	1 mois	(octobre-novembre)

Total : 6 mois

Les prairies à sous-sol perméable sont généralement situées dans des vallées à fond plat et submersible. Les irrigations d'hiver et d'automne sont donc naturellement remplacées par les inondations que produisent les crues des cours d'eau. Les arrosages de printemps commencent lorsque le sol, après le retrait des crues, tend à se dessécher, c'est-à-dire en avril, comme pour les prairies à sous-sol imperméable ; mais ils peuvent se prolonger bien plus longtemps, car il ne suffit plus, dans ces terrains, pour que le sol reste humide, qu'il soit préservé par l'herbe de l'action des rayons solaires, il faut aussi qu'il reçoive assez d'eau pour parer à la perméabilité du sous-sol. Dans certaines contrées, on arrose jusqu'à la dernière quinzaine qui précède la récolte, et ces irrigations, quand elles sont faites avec intelligence, n'altèrent pas d'une manière sensible la qualité des fourrages.

Les irrigations d'été des prairies perméables de la vallée de la haute Seine se font, comme celles des prairies imperméables, du 10 au 20 septembre ; la durée complète des irrigations de printemps et d'été est de cinq mois environ [1].

6. De l'utilité des irrigations. — Sous nos climats tempérés, il est bien rare qu'il y ait un équilibre convenable entre les alternatives de chaleur et de pluie, aussi nécessaires l'une que l'autre à la végétation. Même dans les contrées à climat ordinairement pluvieux, il y a souvent des années de sécheresse où toute l'économie agricole est bouleversée. En 1893, pour une grande partie de la France, la sécheresse pendant le printemps et l'été a été telle qu'il en résulta une véritable disette de fourrages. Beaucoup de fermiers ont dû vendre à tout prix ou même sacrifier leurs bestiaux, faute de pouvoir les nourrir. L'irrigation seule permet de remédier, dans une certaine mesure, à un état de choses aussi désastreux. Toutefois, le besoin des arrosages dans les régions du Nord et du Centre de la France ne se fait sentir qu'à des intervalles irréguliers et pendant des périodes ordinairement assez courtes. Seules, nous l'avons vu, les prairies sont irriguées régulièrement.

Il suffit pour ces arrosages d'utiliser le débit des sources ou les eaux des cours d'eau naturels relevées au besoin par

---

[1] BELGRAND, *Annales des Ponts et Chaussées*, 1852.

des barrages analogues à ceux dont nous avons eu à nous occuper en traitant la question de la réglementation des barrages d'irrigation (1re partie).

Dans certains cas, les propriétaires intéressés se réunissent en association syndicale, pour établir et entretenir à frais communs un canal dérivant l'eau d'un ruisseau et l'amenant jusqu'à leurs propriétés. Ces canaux sont ordinairement très simples et sont construits par les arrosants eux-mêmes, sans l'intervention de l'Administration.

Dans le Midi de la France, les arrosages sont indispensables pour tous les genres de culture [1], à cause de la fréquence et de la longueur des sécheresses, et de l'énorme évaporation qui en résulte. On arrose régulièrement pendant six mois de l'année environ, et il est nécessaire de construire des canaux qui amènent sur de vastes étendues de terrains l'eau dérivée de cours d'eau importants et de régime tel que leur alimentation soit assurée pendant la durée des arrosages.

Les grands canaux d'irrigation récemment établis ou en cours de construction ont été pour la plupart projetés et construits par le service de l'hydraulique agricole ; pour les autres, le service est chargé du contrôle de la construction. Il est donc nécessaire d'étudier avec quelques détails ce qui se rapporte à l'établissement de ces canaux. Cette étude fait l'objet des chapitres suivants.

---

[1] Il faut toutefois en excepter la vigne et quelques végétaux arborescents qui, en vertu de la vigueur et de l'étendue de leurs racines, jouissent de la propriété d'aller puiser à une grande profondeur dans le sol l'eau nécessaire à leur végétation. Néanmoins, leur arrosage n'est pas inutile.

CHAPITRE II

MODE D'ÉTABLISSEMENT DES CANAUX D'IRRIGATION

7. Tracé. — D'une façon générale, un canal d'irrigation doit dominer la vallée sur le flanc de laquelle se trouvent les terrains à arroser. Il a sa prise dans le cours d'eau qui suit le thalweg de la vallée, en un point situé en amont de l'origine du périmètre arrosable, et à une distance telle que l'eau puisse arriver à cette origine avec une vitesse et un débit suffisants, sous une pente assez faible, puisque plus le plan d'eau est élevé, plus la surface susceptible d'être irriguée est étendue. Il serait souvent nécessaire de placer la prise tellement loin en amont qu'on préfère relever le niveau du cours d'eau alimentaire, en un point convenablement choisi, au moyen d'un barrage fermant transversalement la vallée. De là deux sortes de prises d'eau : celles qui se font directement au fil de l'eau et celles qui nécessitent la construction d'un barrage en rivière.

Dans un cas comme dans l'autre, le canal comporte d'abord une branche mère, ou tête morte, conduisant l'eau jusqu'à l'origine de la partie arrosable, et dont le débit constant est celui qui forme la dotation du canal. A partir de cette dernière origine, commence le canal principal qui distribue l'eau en cours de route, soit directement, soit par l'intermédiaire des canaux de moindre importance ou secondaires. Sur ces canaux viennent se greffer des canaux tertiaires, de plus faible portée, sur lesquels se branchent les rigoles qui sont les dernières artères de distribution. Le débit et, par suite, la section du canal principal et des canaux secondaires diminuent constamment de l'amont vers l'aval, de telle manière qu'à leur extrémité ils ne forment plus que de simples rigoles, restituant aux cours d'eau naturels l'eau qui n'a pas été dérivée en cours de route.

L'eau non absorbée par l'irrigation est recueillie et conduite aux ruisseaux voisins par l'intermédiaire d'un réseau de fossés dits de colature [1].

Enfin, comme il peut arriver qu'une certaine quantité de l'eau véhiculée par le canal ne soit pas utilisée, on établit un autre réseau d'émissaires dits canaux de fuite, destinés à ramener le volume non employé aux cours d'eau naturels.

La seule condition qu'on doive s'efforcer de remplir en étudiant le tracé d'un canal d'irrigation est d'obtenir un périmètre dominé aussi grand que possible; les sujétions sont par suite beaucoup moindres que s'il s'agissait de l'établissement d'un canal de navigation. On peut admettre des courbes à très petit rayon, sans qu'il soit nécessaire pour cela d'augmenter la largeur de la cuvette ; toutefois, lorsqu'on imprime aux filets liquides des changements de direction brusques et nombreux, il en résulte une diminution de vitesse et, par suite, de débit, qu'il est d'ailleurs possible d'éviter en donnant à la cuvette un léger supplément de largeur ou en établissant une chute, si la pente totale dont on dispose le permet. Les courbes sont ordinairement assez nombreuses, attendu que, pour diminuer le plus possible le cube des terrassements, on s'attache à suivre, autant que possible, le tracé des lignes de niveau. D'après Nadault de Buffon, on ne doit pas descendre au-dessous de 100 mètres à 150 mètres pour les rayons des courbes du tracé des canaux principaux.

Les plus grandes difficultés se présentent à la traversée des petites vallées que le canal doit franchir. Comme il convient de s'efforcer de réduire au minimum l'importance des terrassements, cette traversée s'exécute, suivant les cas, au moyen d'un aqueduc ou en siphon. Quant aux remblais, il faut,

---

[1] On a souvent comparé les deux réseaux de rigoles de distribution et de colature qui composent un canal d'irrigation au double réseau d'artères et de veines au moyen duquel le sang circule dans le corps humain : de là. les noms d'*artères* ou d'*artérioles* sous lesquels on désigne parfois les canaux de distribution.

autant que possible, les éviter, à cause des nombreux et graves mécomptes auxquels ils peuvent donner lieu. Ils sont presque toujours perméables et nécessitent l'exécution de travaux d'étanchement et de revêtement très coûteux ; ils sont soumis à des tassements qui disloquent les perrés ; enfin, ils peuvent se rompre sous la pression des eaux. Même avec un revêtement, dans les premières années de la mise en eau, on constate souvent des infiltrations dues à des tassements ou à des malfaçons. Alors, non seulement on perd une grande quantité d'eau, mais encore on inonde les terrains bas voisins et l'on s'expose à des demandes d'indemnités considérables.

Au canal de la Bourne (Drôme), il existait, sur le canal principal, un remblai de 17 mètres de hauteur, dont la construction avait présenté les plus grandes difficultés, à cause de la mauvaise qualité des terres qui le composaient. Peu après la mise en eau, il fut emporté en partie et, pour ne pas suspendre pendant trop longtemps le service des arrosages, on a renoncé à le rétablir, et on l'a remplacé par une bâche métallique reposant sur des piles en maçonnerie.

Il est donc nécessaire de réduire les remblais autant que possible, même au prix d'un léger allongement de parcours. Quant à ceux qui restent néanmoins nécessaires, leur établissement doit être l'objet d'une surveillance spéciale. Il faut qu'ils soient exécutés, réglés et pilonnés par couches horizontales de faible épaisseur, et arrosés au besoin ; ils ne doivent être formés que de terres reconnues susceptibles de fournir des remblais étanches, à l'exclusion des déblais obtenus au pic et à la mine ; il est essentiel de les débarrasser de toutes souches, racines et végétaux ; le sol sur lequel ils reposent est d'abord disposé et repiqué avec soin et débarrassé également de tout gazon, souches, racines ou autres végétaux. Enfin, les pierres doivent être soigneusement enlevées, la présence de pierres placées l'une à côté de l'autre suffirait pour former un drain qui provoquerait des infiltrations.

8. Pentes et vitesses. — Les canaux d'irrigation sont établis en vue de fournir un débit déterminé, qui constitue leur dotation. Il résulte des formules connues $Q = \Omega u$, $Ri = bu^2$, que trois éléments influent sur le débit : la section, la pente longitudinale et la vitesse. Ils sont d'ailleurs connexes, et la valeur à leur donner dépend d'un grand nombre de conditions telles que les dispositions particulières du terrain, la nature du sol, etc.

Rien n'oblige à donner à la pente une valeur continue ; en réalité, elle doit nécessairement varier dans les différentes parties du tracé.

En section courante, c'est-à-dire en déblais ordinaires, dans la terre moyennement résistante, la pente est l'élément le plus important et celui qu'on détermine tout d'abord. Le débit augmentant avec la pente longitudinale, plus celle-ci est grande, plus la section qui correspond à un volume donné est faible et plus le cube des terrassements est réduit. Mais la valeur admissible est limitée par la nécessité d'éviter un abaissement trop rapide du plan d'eau, lequel doit dominer le périmètre arrosable. De plus, la vitesse augmente aussi avec la pente, et elle doit rester assez faible si l'on veut éviter les corrosions des berges.

Quand le canal est creusé à travers des rochers très durs, les conditions ne sont plus les mêmes. Dans ce cas on doit chercher à réduire autant que possible la section, mais ici on peut sans inconvénient augmenter considérablement la vitesse, la cuvette n'étant pas susceptible d'être corrodée. Il en est naturellement de même en ce qui concerne les cuvettes des tunnels et des ponts-aqueducs en maçonnerie.

Il existe aussi pour la pente une limite inférieure ; on ne doit pas réduire assez la vitesse pour permettre à l'eau de déposer les matières qu'elle peut tenir en suspension, ce qui amènerait, au bout d'un temps plus ou moins long, une obstruction partielle de la cuvette, et entraînerait de grands frais d'entretien. A moins de nécessités impérieuses, il faut ne pas descendre au-dessous d'une pente de $0^m,15$ par kilomètre, afin d'éviter les dépôts. De plus, une vitesse trop réduite a l'inconvénient de favoriser la végétation des plantes aquatiques.

Dans chaque cas particulier on doit s'efforcer de combiner les trois éléments : section, pente et vitesse, de manière à obtenir le débit nécessaire dans les conditions les plus favorables, eu égard aux conditions dans lesquelles on se trouve.

Sur les canaux existants, on rencontre les valeurs de pentes les plus diverses : de 0^m,15 à 2 mètres par kilomètre. En général, les canaux anciens ont été établis avec des pentes plus fortes que celles qu'on admet aujourd'hui. Ceux qui sont alimentés par les eaux de la Durance, toujours très chargées de limons, sont construits de manière que la vitesse moyenne de l'eau, qui atteint souvent de 1^m,90 à 2 mètres, ne descende pas au-dessous de 0^m,80 à 0^m,90 par seconde.

Il résulte d'expériences faites par M. Boulle, ingénieur des Ponts et Chaussées, sur la branche mère d'un des canaux dérivés de la Durance, celui de Carpentras, que la vitesse moyenne de l'eau y varie de 1^m,90 à 2^m,09. Mais on a reconnu que ces valeurs sont trop considérables, attendu que les parties du canal qui n'étaient pas revêtues étaient corrodées et s'éboulaient constamment; quant à celles qui étaient protégées par des parois, ces revêtements se disloquaient.

Il est donc préférable de s'en tenir à une pente pour laquelle ne se produisent ni corrosion ni dépôts.

Avec des eaux claires, on peut se contenter de vitesses moyennes de 0^m,50 à 0^m,80, suffisantes pour éviter la formation de dépôts, mais assez fortes pour empêcher la pousse d'herbes et de joncs qui gêneraient l'écoulement; les terrains trop peu consistants pour résister à de semblables vitesses nécessitent des travaux d'étanchement (§ 14).

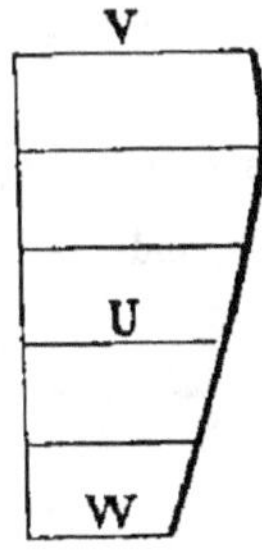

Fig. 1.

Dans ce qui précède nous avons considéré seulement la vitesse *moyenne* de l'eau, c'est-à-dire la moyenne des vitesses des filets d'eau d'une même verticale. Considérons une verticale quelconque d'une section transversale d'un canal ; la vitesse aux différentes profondeurs varie comme le représente la courbe (*fig.* 1) ; le maximum est au 1/5 environ de la profondeur totale et la moyenne aux 3/5 environ de cette profondeur [1]. La vitesse moyenne U est donnée en fonction de la

[1] Il ne s'agit ici que d'une approximation. Dans chaque profil en travers, la répartition des vitesses le long d'une verticale varie avec la position des verticales considérées par rapport aux parois.

vitesse à la surface V par l'expression U = nV, dans laquelle le coefficient n varie avec la vitesse à la surface, ainsi que l'indique le tableau ci-dessous :

V =	0,10	0,25	0,50	1,00	1,50	2,00	3,00
n =	0,76	0,77	0,79	0,81	0,83	0,85	0,87

En pratique, on se contente souvent de faire n = 0,80. Dans ce cas, la vitesse à la surface V, la vitesse moyenne U et la vitesse au fond W sont liées entre elles par les relations suivantes :

$$U = 0,80V, \qquad V = 1,25U, \qquad W = 0,75U,$$
$$U = 1,33W, \qquad V = 1,67W, \qquad W = 0,60V.$$

La connaissance de la vitesse au fond est utile pour apprécier le degré de résistance de la paroi le long de laquelle se fait l'écoulement. Les valeurs limites que cette vitesse ne doit pas dépasser, si l'on veut éviter la corrosion des parois des canaux, varient naturellement avec la nature de ces parois. Le tableau ci-dessous reproduit les chiffres généralement indiqués dans les traités d'hydraulique; il donne, en outre, les valeurs correspondantes de la vitesse moyenne.

DÉSIGNATION de la NATURE DES TERRAINS	LIMITE MAXIMUM de la vitesse au fond (W) par seconde	VITESSES MOYENNES correspondantes
Terres détrempées..................	0^m,10	0^m,13
Argiles tendres...................	0 ,15	0 ,20
Sable.............................	0 ,30	0 ,40
Gravier...........................	0 ,60	0 ,80
Cailloux..........................	0 ,90	1 ,20
Cailloux agglomérés; schistes tendres	1 ,50	2 ,00
Roches en couche..............	1 ,80	2 ,40
Roches dures....................	3 ,00	4 ,00

Le minimum admissible pour la vitesse moyenne, c'est-à-dire la valeur au-dessous de laquelle l'eau dépose les matières qu'elle tient en suspension, est assez difficile à indiquer ; il existe de grandes différences entre les chiffres donnés par les auteurs qui ont écrit sur ce sujet.

Dubuat estimait que, pour éviter ces dépôts de matières, il suffisait que la vitesse moyenne de l'eau ne descendît pas au-dessous de $0^m,15$; Belgrand a donné comme limite inférieure $0^m,25$, et M. l'ingénieur en chef Bricka indique $0^m,30$ pour les rigoles du canal du Verdon, alimentées par des eaux limoneuses. En ce qui concerne les eaux limoneuses d'Algérie, M. l'inspecteur général Pochet considère comme un minimum la vitesse de $0^m,55$ [1].

Nous croyons qu'on peut admettre que la vitesse moyenne ne doit pas descendre au-dessous de $0^m,25$ pour les canaux dont les eaux charrient des limons et au-dessous de $0^m,50$ lorsque ces eaux sont chargées de sable.

Le tableau suivant fait connaître la valeur des pentes et des vitesses moyennes de l'eau dans un certain nombre de canaux d'irrigation. Ceux qui figurent en tête sont des canaux anciens, et l'on voit que la pente du profil en long y est beaucoup plus forte que dans les autres, qui ont été établis plus récemment.

9. Profil en long. — Le profil en long d'un canal diffère essentiellement de celui d'une route ou d'un chemin de fer. L'examen du profil en long d'une route donne, à première vue, un aperçu suffisant de l'importance des terrassements nécessaires pour l'établissement de la plate-forme et du mouvement des terres ; pour un canal, au contraire, il ne renseigne que d'une manière très incomplète sur ces deux points, qui influent cependant beaucoup sur le choix du tracé.

En effet, dans l'établissement du profil en long d'une route, on recherche et on atteint la compensation des déblais et des remblais, ou l'on s'en rapproche autant que possible, sauf pour les points où la distance des transports rend plus avantageux le recours à un dépôt ou à un emprunt.

<hr>

[1] *Annales des Ponts et Chaussées*, 1875, 1er semestre.

DÉSIGNATION des canaux	RIVIÈRES alimentaires	PENTE MOYENNE par kilomètre	VITESSE moyenne par seconde	NATURE du terrain
Isle et Cabedan-neuf..........	Durance	$1^m,20$ à $1^m,50$	»	Rochers et al-luvions.
Alpines..........	Durance	1 mètre	»	Plaine d'allu-vions.
Craponne........	Durance	1 mètre	»	Plaine d'allu-vions.
Marseille	Durance	$0^m,30$ à $0^m,70$	1 mètre au maximum	Terre et ro-cher.
Peyrolles	Durance	$0^m,40$ à $0^m,70$	$0^m,64$	Terre et gra-vier.
Carpentras.......	Durance	$0^m,20$ à $0^m,40$	$0^m,77$ à 2^m	Terre végéta-le, gravier, calcaire fis-suré.
Cadenet	Durance	$0^m,60$	$0^m,90$	Poudingue et alluvions.
Vésubie	Vésubie	$0^m,50$ à 1^m	$0^m,95$	Rochers.
Saint-Martory....	Garonne	$0^m,54$	$0^m,50$	Argile.
Châteaurenard...	Durance	$0^m,50$	$0^m,67$	Terre et ro-chers
Saint-Mitre	Durance	$0^m,30$	$0^m,30$ [1]	Molasses et marnes.
Verdon..........	Verdon [2]	$0^m,15$ à $0^m.30$	$0^m,76$	Roches calcai-res.
Manosque........	Durance	$0^m,25$	$0^m,50$	Terre végétale
Gignac..........	Hérault	$0^m,25$	$0^m,50$	Terre ordi-naire.
id.			$0^m,90$	Rocher.
Neste...........	Neste	$0^m,20$	$0^m,50$	Argile, pou-dingue, ro-cher.
Pierrelatte.......	Rhône	$0^m,20$	$0^m,50$	Plaine d'allu-vions.
Beaucaire........	Gardon	$0^m,20$ à $0^m,10$	$0^m,37$	Plaine d'allu-vions.
Forez	Loire	$0^m,15$	$0^m,55$	Argile plus ou moins mé-langée de sable et de gravier.

[1] Vitesse un peu faible, mais limitée par la pente disponible.
[2] Le Verdon est un affluent de la Durance.

Pour un canal, il n'en est pas de même pour deux raisons :
d'abord parce qu'on ne peut comme pour une route établir
de contre-pentes, ensuite parce qu'on doit éviter les profils
transversaux en remblai pour les raisons exposées au § 7.

Ce sont là des sujétions spéciales aux canaux d'irrigation,
et qu'on n'a pas à subir dans l'étude du profil en long d'une
route.

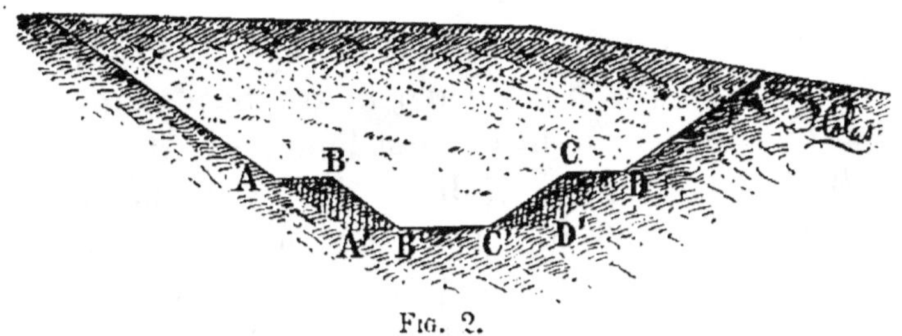

Fig. 2.

De plus, dans un profil en long de canal, la ligne rouge, ou
ligne du tracé projeté, représente la position du plafond de la
cuvette, et les teintes conventionnelles jaunes et rouges se
rapportent seulement aux terrassements nécessaires pour
l'établissement de ce plafond. Or, considérons les deux cas

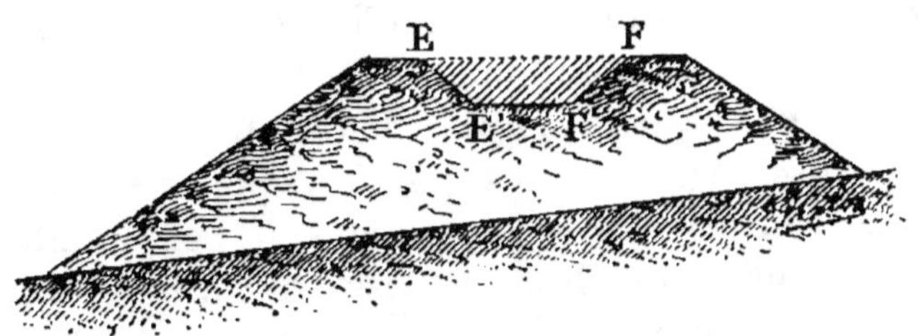

Fig. 3.

les plus simples, celui d'une cuvette entièrement en déblai
(*fig.* 2) et celui d'une cuvette entièrement en remblai (*fig.* 3) ;
nous voyons que, dans le premier cas, la surface des déblais
est inférieure à celle que nécessiterait la construction d'une
route ayant même largeur d'emprise que le canal en gueule
d'une quantité représentée par la somme des surfaces ABA′B′
CDC′D′ ; dans le second cas, la surface des remblais est
inférieure à celle d'une route de même largeur d'emprise

de la quantité EFE'F'. Pour un profil partie en déblai, partie en remblai, il y a également lieu de tenir compte, dans le cas d'un canal, de l'établissement de la cuvette proprement dite en creux ou en relief, par rapport au plan du plafond.

Il en résulte qu'on ne peut étudier comparativement divers tracés d'un canal sans dresser et calculer un certain nombre de profils en travers correspondant à chacun des tracés en présence.

Étant donnés la cote et le point de départ, le point d'arrivée d'un canal ainsi que la pente par mètre du plafond (supposée constante), il est évident que, si l'on pouvait adopter pour l'axe du tracé en plan la ligne droite joignant ces deux points, le résultat au seul point de vue de l'arrosage serait excellent, puisque, ce tracé étant le plus court, le produit de la longueur totale par la pente serait minimum et correspondrait à la moindre perte de hauteur. La cote d'arrivée étant maximum, on dominerait la plus grande surface de terrain possible.

Mais, au point de vue économique, un semblable tracé serait inadmissible. Une route dans l'établissement de laquelle on admettrait des déclivités en sens divers pourrait à la rigueur suivre cette direction rectiligne sans exiger de trop grandes dépenses ; pour un canal d'irrigation, où les contre-pentes dans le sens d'écoulement de l'eau sont inadmissibles, les terrassements et les ouvrages d'art atteindraient le plus souvent des proportions telles que la dépense serait hors de proportion avec les résultats possibles de l'exploitation.

Un tracé sinueux est donc nécessaire ; il faut contourner les monticules pour n'avoir pas de trop grands déblais, et, à la traversée des vallées, les franchir dans les parties hautes, pour diminuer le plus possible le cube des remblais ou l'importance des ouvrages d'art qui les remplacent.

Nonobstant ces sujétions, il existe une solution pour laquelle le cube des terrassements est minimum, et la recherche n'en est pas sans intérêt. En effet, considérons un profil en travers de canal dans lequel on rencontre à la fois des déblais et des remblais ; supposons, pour plus de simplicité, que le terrain naturel soit exactement horizontal et cherchons à déterminer la cote rouge sur l'axe pour laquelle il y aurait dans ce profil compensation entre les cubes de déblais et de remblais.

Soit TT' la ligne du terrain, ABCDEFGHKL le profil transversal du canal (*fig.* 4). Appelons l la largeur au plafond, h la profondeur de la cuvette, et a la largeur des digues en couronne. Les talus intérieurs et extérieurs sont inclinés à m de base pour n de hauteur.

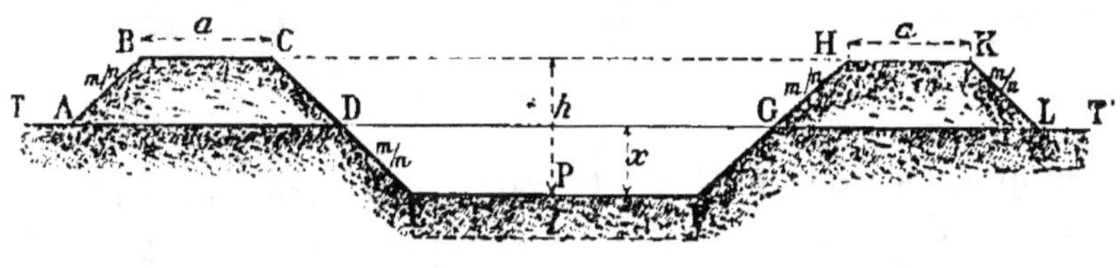

Fig. 4.

Soit x la cote rouge pour laquelle la surface en déblai DEFG est égale à la somme des surfaces en remblai ABCD + GHKL. Ces trois figures géométriques sont des trapèzes ayant respectivement pour hauteurs x et $(h - x)$. Le trapèze DEFG a pour petite base la largeur au plafond l, et pour grande base DG $= l + 2\,\dfrac{m}{n}\,x$. On a donc pour la surface en déblai :

$$D = \left(l + \frac{m}{n}\,x \right) x.$$

Les deux trapèzes ABCD, GHKL, qui sont égaux, ont chacun pour bases a et $a + 2\,\dfrac{m}{n}\,(h - x)$. La somme R de leurs surfaces est :

$$R = 2 \left[a + \frac{m}{n}\,(h - x) \right] (h - x).$$

Égalant les déblais aux remblais, il vient :

$$\left(l + \frac{m}{n} \right) x = 2 \left[a + \frac{m}{n}\,(h - x) \right] (h - x).$$

En ordonnant par rapport à x, qui est la seule inconnue,

on a :

$$\frac{m}{n}\,x^2 - \left[2\left(a + 2\,\frac{m}{n}\,h\right) + l\right] x + 2h\left(a + \frac{m}{n}\,h\right) = 0 ;$$

et :

$$x = \frac{\left[2\left(a + 2\frac{m}{n}\,h\right) + l\right] \pm \sqrt{\left[2\left(a + 2\,\frac{m}{n}\,h\right) + l\right]^2 - 8h\frac{m}{n}\left(a + \frac{m}{n}\,h\right)}}{2\,\frac{m}{n}}$$

Supposons un canal ayant 5 mètres de largeur au plafond, 3 mètres de largeur en couronne et des banquettes avec talus inclinés à 3/2 ; en remplaçant dans l'équation les lettres par leur valeur, on obtient les deux solutions $x' = 14^m,72$, $x'' = 1^m,21$. Cette dernière solution est évidemment la seule acceptable.

Si donc on pouvait trouver un tracé dans lequel, dans chaque profil en travers partie en déblai, partie en remblai, la cote rouge sur l'axe eût partout cette valeur ou en approchât, on aurait à la fois, dans l'hypothèse d'un terrain naturel transversal horizontal (*fig.* 7), non seulement le cube minimum des terrassements, mais encore la plus faible distance de transport, puisque les déblais et les remblais se compenseraient dans chaque profil.

Cependant, au point de vue économique, ce tracé ne serait pas non plus le meilleur. Ainsi disposé, la longueur atteindrait un chiffre très élevé, même en pays peu accidenté ; alors, non seulement la surface des terrains à acquérir augmenterait beaucoup, mais encore la cote extrême du plafond serait telle que la surface arrosable serait sensiblement réduite. Du reste, l'hypothèse d'un sol parfaitement horizontal ne se réalise que très rarement ; un terrain, même dans une plaine, présente une certaine pente vers le thalweg et une série d'ondulations, de sorte qu'en réalité la cote rouge pour laquelle il y aurait dans chaque profil compensation entre les déblais et les remblais varie avec la forme du sol.

De ce qui précède, il résulte que, dans l'étude du tracé, aucune des deux solutions extrêmes consistant l'une à chercher uniquement à obtenir une surface dominée aussi grande que possible, l'autre à tâcher de réduire au minimum le cube des terrassements, n'est pratiquement admissible. On doit, au contraire, chercher à concilier les intérêts de l'arrosage avec ceux de la dépense d'établissement, en vue d'arriver, en ce qui concerne cette dernière, à un chiffre assez faible pour que le capital engagé soit convenablement rémunéré par les revenus que doivent procurer les irrigations.

10. Sections. — Nous n'examinerons que le cas d'une section trapézoïdale, le plus généralement adopté, et qui comprend d'ailleurs comme cas particulier celui de la section rectangulaire.

Il serait, du reste, facile d'appliquer à la recherche des formules relatives à la section demi-circulaire ou à toute autre la méthode que nous allons indiquer.

Le débit à écouler et la pente de la rigole sont donnés. On doit également considérer comme une donnée l'inclinaison du talus des berges du canal, que l'on fixe d'après la nature et le degré de stabilité des terres (§ 12).

Le problème ainsi posé est encore indéterminé, puisqu'il reste à fixer la profondeur de la tranche d'eau et la base inférieure du trapèze, ou largeur du canal au plafond, au moyen des équations connues :

$$(1) \qquad \mathrm{R}i = bu^2,$$
$$(2) \qquad \mathrm{Q} = \Omega u,$$

où R représente le rayon moyen de la section mouillée, u la vitesse d'écoulement, et Ω la section mouillée.

Q, débit de la rigole, et i, pente longitudinale, sont donnés.

Quant au coefficient numérique b, sa valeur est donnée par les tables de Bazin (1re partie, § 18).

L'ingénieur fixe la profondeur de l'eau d'après les circonstances locales, et le problème est alors déterminé, car les équations qui précèdent permettent de calculer R et Ω, d'où l'on déduit la largeur au plafond.

Soient en effet (*fig.* 5) :

h, la profondeur de l'eau fixée *a priori;*

λ, l'inclinaison des talus des berges sur l'horizontale ;

l, la largeur inconnue au plafond ;

χ, le périmètre mouillé $=$ CD $+$ DE $+$ EF.

On a :

$$\chi = l + 2\,\frac{h}{\sin\lambda}$$

(3) $\qquad \Omega = (l + h\,\operatorname{cotg}\lambda)\,h$

(4) $\qquad R = \dfrac{\Omega}{\chi} = \dfrac{(l + h\,\operatorname{cotg}\lambda)\,h}{l + 2\,\dfrac{h}{\sin\lambda}} = \dfrac{(l\,\sin\lambda + h\,\cos\lambda)\,h}{l\,\sin\lambda + 2h}.$

En remplaçant R et Ω par leurs valeurs (3) et (4) dans les équations (1) et (2), on n'a plus pour inconnues que l et u que l'on calcule. Si la valeur à laquelle on arrive pour la vitesse u est acceptable, c'est-à-dire si elle n'est ni assez forte pour corroder les terres non revêtues, ni assez faible pour faciliter les dépôts et le développement des herbes aquatiques, la solution convient, et l est déterminé.

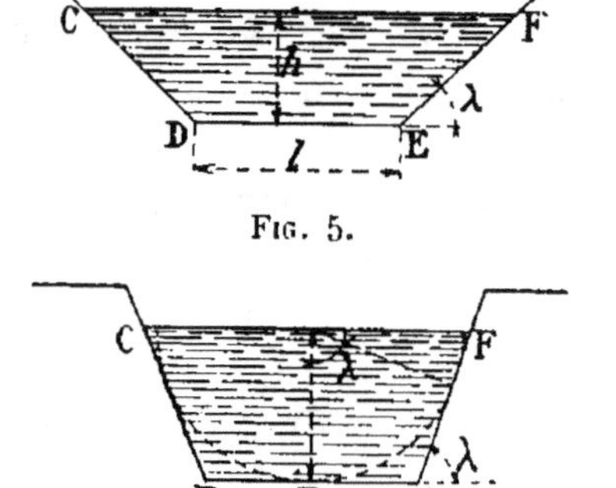

Fig. 5.

Fig. 5 bis.

L'adoption d'un bon profil dépend donc du discernement avec lequel on aura choisi la valeur arbitraire de la profondeur h de l'eau (§ 11).

L'analyse mathématique démontre que, pour une inclinaison de talus et un débit donnés, la section théoriquement la plus avantageuse au point de vue de la dépense est celle dans laquelle les côtés inclinés, ou berges, sont tangents à la circonférence tracée du milieu A de la ligne d'eau avec un rayon égal à la profondeur AB (*fig.* 5 *bis*). Il y aurait donc intérêt, toutes choses égales d'ailleurs, à choisir la profondeur arbitraire h, de telle sorte que cette condition soit réalisée.

Cette considération permet d'abréger les tâtonnements et d'éviter le maniement d'équations complexes du 3e degré.

Quand on a choisi la profondeur d'eau AB correspondant à la première approximation, on trace le demi-cercle de rayon AB, et l'on mène des tangentes parallèles à l'inclinaison des talus. On en déduit pour la largeur au plafond, par première approximation :

$$l = 2h \, \mathrm{tg} \, \frac{\lambda}{2} \, ;$$

on porte la valeur de l ainsi calculée dans les équations (3) et (4), et les valeurs de R et Ω qui en résultent dans les équations (1) et (2). Selon que la valeur de Q qu'on en déduit est plus forte ou plus faible que le débit donné pour la rigole, on diminue ou on augmente la valeur choisie pour h. On réitère la vérification pour cette nouvelle valeur de h, et ainsi de suite jusqu'à ce qu'on soit arrivé à des valeurs de h et de l qui correspondent au débit donné Q. Dans la pratique, cette méthode conduit simplement et rapidement à des résultats tout aussi exacts que celle qui consiste à déterminer directement l par la résolution des équations (1) et (2).

Dans le cas de la section rectangulaire maçonnée, on a :

$$\lambda = 90°, \quad l = 2h, \quad \omega = lh, \quad R = \frac{lh}{l + 2h}.$$

Une fois la forme du profil en travers déterminée, on calcule le débit au moyen des formules rappelées ci-dessus, en donnant au coefficient b la valeur indiquée par M. Bazin, suivant la nature du terrain [1].

[1] Il n'est pas inutile de faire remarquer que, dans les formules de Bazin, la vitesse moyenne du mouvement de l'eau en fonction de la pente et du rayon moyen se détermine au moyen d'une expression de la forme :

$$V = K \sqrt{RI},$$

dans laquelle on donne à K une valeur déduite des expériences de ce savant ingénieur.

Mais ces expériences ont été faites sur des canaux rectilignes, de petites dimensions, neufs, parfaitement entretenus, et les résultats appliqués au débit des canaux en service fournissent souvent des valeurs trop faibles, ce qu'on peut attribuer aux altérations que

Nous avons fait remarquer ci-dessus que, dans les ouvrages d'art, on doit augmenter les pentes afin de réduire la section transversale. En général, dans les souterrains, les ponts-aqueducs, etc., on donne à la pente une valeur de 1 mètre à 1^m,10 par kilomètre. L'augmentation de vitesse de l'eau qui en résulte est alors sans inconvénient.

Dans les parties ouvertes à travers un sol très résistant, tel que le rocher, la diminution de section s'obtient en raidissant les talus autant que la nature du terrain s'y prête.

11. Tirant d'eau. — Le choix du tirant d'eau a, comme nous venons de le voir, une grande importance. Avec un mouillage peu profond, on est conduit à augmenter beaucoup la largeur au plafond, ainsi que celle de l'emprise, ce qui entraîne une grande augmentation des dépenses d'acquisition de terrains. D'ailleurs, avec une large nappe d'eau, les pertes par évaporation sont considérables, surtout dans les climats chauds, comme celui de la Provence, où le soleil et le vent peuvent évaporer une tranche d'eau de près de 0^m,01 par jour.

Quand le tirant d'eau est très profond, la largeur de la cuvette diminue, mais la fouille peut atteindre des couches de plus en plus résistantes et par suite difficiles à travailler ; les pertes par infiltration augmentent aussi avec la pression et peuvent devenir considérables.

subissent les parois des canaux après la mise en eau. C'est ainsi que, sur une section à parois maçonnées du canal de la Neste, on a trouvé par une expérience directe un débit réel inférieur de près de 1/5 au débit calculé. Au canal de la Bourne, on a trouvé jusqu'à une réduction de 1/4. On conçoit, d'ailleurs, que, de même que dans la formule du mouvement uniforme dans les tuyaux en fonte, on admet pour les coefficients qui entrent dans la valeur du débit des tuyaux en service des valeurs doubles de celles qui sont applicables aux tuyaux neufs (§ 25), de même il semblerait rationnel que les coefficients qui entrent dans la formule du débit des canaux découverts variassent suivant qu'il s'agit de canaux récents ou depuis longtemps en exploitation.

Quoi qu'il en soit, on fera sagement d'augmenter de 1/5 à 1/4 les dimensions des profils en travers indiquées par le calcul, pour se mettre autant que possible à l'abri de mécomptes, si le débit réel était inférieur à celui sur lequel on avait compté primitivement.

Dans les souterrains, où l'évaporation n'est pas à craindre, on peut augmenter la profondeur d'eau, ce qui permet de diminuer la largeur de la cuvette.

Pour les canaux d'irrigation existant en France, le tirant d'eau ne dépasse pas 2 mètres et ne descend guère au-dessous de $1^m,20$. Le tableau ci-dessous fait connaître la valeur de ce tirant d'eau pour un certain nombre de canaux en exploitation.

DÉSIGNATION DES CANAUX	DÉBIT	TIRANT D'EAU NORMAL
Canal du Forez	$15^{mc} - 5^{mo}$	$2^m,00 - 1^m,75$
» de Saint-Martory	10^{mc}	$1^m,40$
» de Pierrelatte	8	1 ,80
» de la Bourne	7	1 ,76
» de Carpentras	6	1 ,50
» du Verdon	6	1 ,50
» de la Vésubie	4	1 ,40
» de Gignac	$3^{mc},500$	1 ,50
» de Beaucaire	2 ,200	1 ,60
» de Manosque	2	1 ,50
» de Lalande	2	1 ,50

12. Inclinaison des talus. — L'inclinaison des talus intérieurs de la cuvette varie naturellement avec le terrain. Dans la terre, on leur donne 1 à 1 1/2 de base pour 1 de hauteur, aussi bien en déblai qu'en remblai ; quelquefois en remblai on raidit un peu plus les talus pour diminuer autant que possible les affaissements qui pourraient se produire et réduire les chances de dislocation des perrés maçonnés qui revêtent le plus souvent ces parties. Quand la cuvette est entaillée dans le rocher, on cherche à diminuer le plus possible la largeur de la section et, comme les talus tiennent bien, on leur donne jusqu'à 1/5 de base pour 1 de hauteur.

En dehors de la cuvette, les talus en déblai ont également une inclinaison variable avec la compacité du terrain ; on leur donne souvent 1 1/2 ou 1 de base pour 1 de hauteur dans les terres et 1/5 de base pour 1 de hauteur dans les roches solides.

Dans les passages escarpés, pour éviter des déblais trop

considérables, on raidit souvent l'inclinaison des talus et on les maintient par des revêtements. Dans ces mêmes points, les talus extérieurs des remblais ayant souvent la même

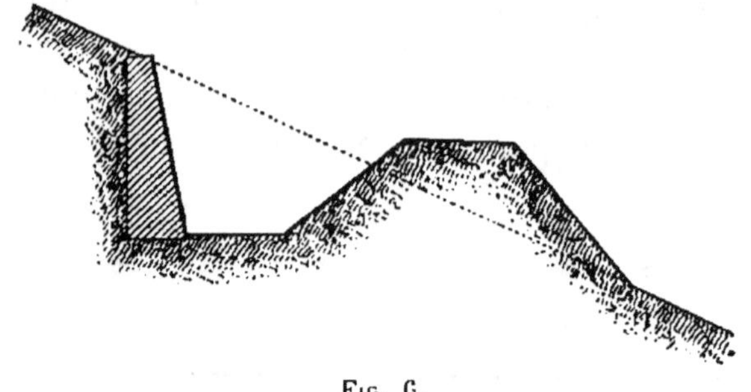

Fig. 6.

pente que le terrain naturel, le pied se trouverait reporté à une grande distance de l'axe du canal ; on cherche alors à réduire leur inclinaison autant que la nature du sol le permet (*fig.* 6).

13. Banquettes et cavaliers. — Il est bon que le canal soit muni de deux banquettes destinées à servir à la circulation des agents, à recevoir les produits du curage et aussi à servir de transition aux inclinaisons différentes des talus. La cuvette est le plus souvent en déblai, au moins au-dessous du plan d'eau, et il est facile d'utiliser les terres extraites à la confection des banquettes et des cavaliers. Quand elle

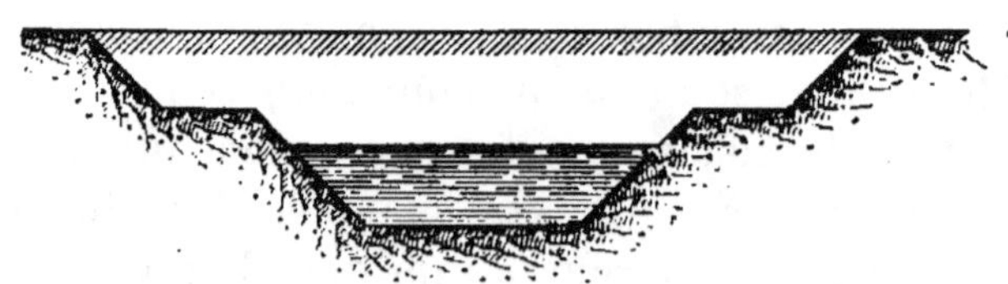

Fig. 7. — Profil type en déblai.

est placée à flanc de coteau, on ménage le long du coteau une banquette établie au niveau du cavalier opposé. Ce redan reçoit les éboulis superficiels que l'action des pluies et des gelées produisent sur les talus et les empêche de tomber dans le canal.

La largeur des banquettes n'est pas uniforme. Au canal du

Forez on leur a donné 3 mètres à chacune ; quelquefois l'une d'elles est plus large que l'autre. Mais il n'est pas prudent

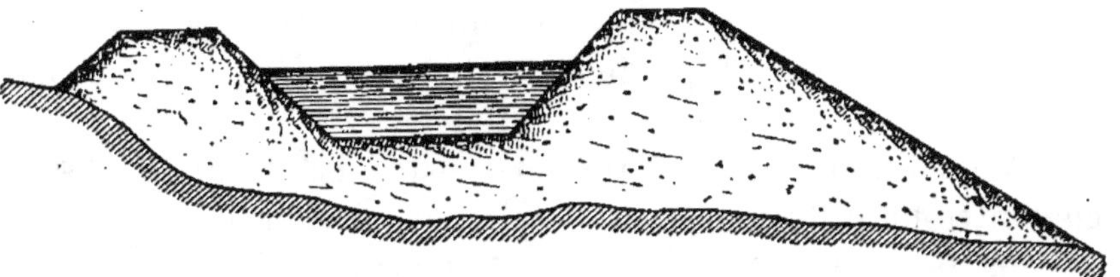

Fig. 8. — Profil type en remblai.

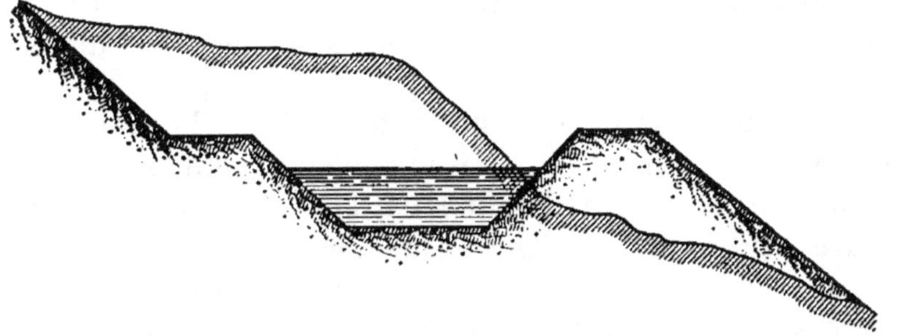

Fig. 9. — Profil type mixte.

de descendre au-dessous d'une largeur de 1 mètre, sans quoi le cavalier est insuffisant pour résister à la poussée des eaux, et la banquette ne permet plus le dépôt et l'enlèvement des produits des curages.

Dans le rocher compact ou le poudingue, on supprime quel-

Fig. 10. — Profil dans le rocher.   Fig. 11. - Profil en remblai dans le rocher.

quefois les banquettes, par mesure d'économie ; d'autres fois, on ne s'astreint pas à dresser la surface des banquettes existantes suivant une pente longitudinale égale à celle du canal.

Mais, à flanc de coteau, on doit toujours déraser leur sommet, de manière à leur donner une pente transversale vers le terrain, afin de retenir les suintements provenant des coteaux.

Le couronnement des banquettes est arasé de 0^m,20 à 0^m,50 en contre-haut du plan d'eau réglementaire du canal.

Nous donnons plus haut (*fig.* 7 à 11) les types de profils en travers courants empruntés à divers canaux existants, applicables au cas où la cuvette n'a pas besoin d'être revêtue. Les types de profils avec revêtements sont décrits ci-après.

14. Revêtements et étanchements. — Dans la plupart des canaux d'irrigation, les travaux d'étanchement ont une grande importance. Non seulement la totalité des parties de la cuvette en remblai doit être étanchée, mais encore on rencontre souvent dans le tracé des terrains plus ou moins perméables ou fissurés, tels que le gravier et le calcaire, qui laisseraient échapper un grand volume d'eau, s'ils n'étaient revêtus.

Sur les anciens canaux de la Provence, creusés à travers des plaines d'alluvion, qui ont été construits dans de bonnes conditions et alimentés largement au moyen des eaux limoneuses de la Durance, on n'a pas eu à se préoccuper de ces déperditions, qui d'ailleurs ont beaucoup diminué à la longue par le colmatage.

Mais, dans les nouveaux canaux établis sur les flancs des coteaux en vue de l'irrigation des terrains plus élevés, on a dû combattre les infiltrations, tant pour assurer la stabilité du canal que pour économiser l'eau qui leur est parcimonieusement mesurée.

Les eaux limoneuses peuvent donner, dans certains cas, un moyen économique d'étanchement en provoquant peu à peu un colmatage qui finit par aveugler les fissures ; mais ce procédé, d'ailleurs très lent, n'est applicable que lorsque la vitesse du courant est très faible. C'est ainsi que les canaux de Marseille et du Verdon, bien qu'alimentés par des eaux particulièrement troubles, ont nécessité d'importants travaux d'étanchement; le canal de Marseille principalement, dans lequel l'eau coule avec une vitesse de 1 mètre, perdait, sur la branche mère seulement, 1/5 du volume dérivé ; les déperditions ont été réduites à 1/9 au moyen de travaux de revêtement qui ont coûté plus de 2 millions.

On peut cependant arriver à diminuer considérablement la dépense des revêtements en prenant certaines précautions dans la confection des terrassements. Ces précautions consistent à employer pour former la cuvette toutes les parties terreuses et à utiliser les parties perméables, telles que sable et pierrailles, dans la confection des cavaliers.

Si le canal est alimenté d'une manière suffisante pour que les pertes d'eau ne soient pas préjudiciables, et si les suintements n'ont d'autres inconvénients que de causer des dommages aux propriétés riveraines placées en contre-bas, on peut arrêter les infiltrations au moyen d'un drain qui recueille les eaux pour les conduire soit à un fossé, soit à un puisard absorbant.

Au canal de la Neste, on a construit dans ce but une sorte de fossé, analogue à celui de la figure 12. Il court parallèlement au canal sur 30 mètres de longueur, puis se retourne perpendiculairement sur 60 mètres en faisant un circuit DCEF de 20 mètres afin de bien recueillir toutes les eaux dans la partie où elles surgissent principalement et de les conduire dans une mare.

Ces fossés ont une largeur moyenne de 1 mètre sur une profondeur de 1^m,40 et sont remplis de cailloux sur une épaisseur de 0^m,40 à 0^m,70.

Mais le plus souvent, dans la pratique, force est de recourir aux travaux d'étanchement, lesquels peuvent consister en des corrois en terre ou en des revêtements en béton ou en maçonnerie.

a) *Corrois en terre*. — Les corrois en terre argileuse ou végétale forment sur les talus intérieurs et le plafond une couche de 0^m,30 d'épaisseur. On les établit par tranches horizontales de 0^m,10 à 0^m,20 environ, pilonnées avec soin et légèrement arrosés ; quelquefois, comme au canal du Verdon par exemple, on jette sur les talus des graines de luzerne ou de foin, de manière à consolider la surface par la végétation avant l'introduction de l'eau dans le canal.

Malgré leur prix modique, ces revêtements sont très peu

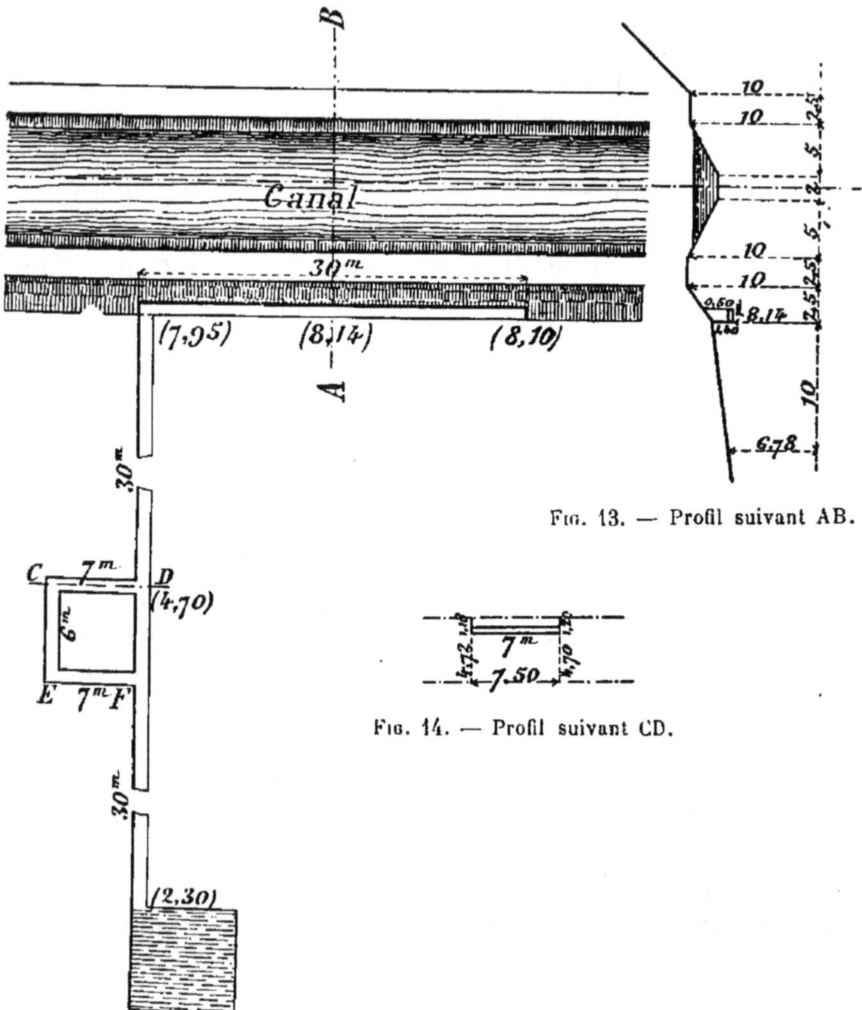

Fig. 13. — Profil suivant AB.

Fig. 14. — Profil suivant CD.

Fig. 12. — Drain recueillant les eaux d'infiltration.

employés sur les canaux d'irrigation, car ils ne constituent qu'un mode de défense peu efficace et sont sujets à des dégradations, surtout aux époques de curage.

b) *Revêtements en béton.* — Les revêtements en béton sont,

au contraire, d'un emploi fréquent. Il est nécessaire, si l'on veut obtenir une étanchéité satisfaisante, d'apporter les plus grands soins dans la confection et la mise en œuvre du béton.

Les éléments qui le composent doivent être de la meilleure qualité. On doit absolument proscrire les sables argileux qui décomposent à la longue les mortiers. Les sables employés doivent être de moyen grain, purs, exempts de toute matière terreuse, passés à la claie et lavés, s'il est nécessaire. Le gravier doit être cassé pour pouvoir passer à l'anneau de 0^m,06 de diamètre. Il doit être très propre et exempt de toute gangue ou matière terreuse. La chaux est hydraulique ; c'est la chaux du Teil qu'on emploie le plus communément ; elle doit être mise à l'abri de l'humidité, et aucune partie ne doit avoir fait prise au moment de l'emploi.

Le mortier se fabrique au rabot ou à la griffe, à l'exclusion de la pelle. Le sable et la chaux sont préalablement mélangés à sec de la façon la plus complète ; l'eau est ajoutée progressivement au moyen d'arrosoirs et en quantité strictement nécessaire pour produire une pâte ferme. Le mélange est corroyé et trituré jusqu'à ce que le mortier soit bien lié et parfaitement homogène. Il doit être gâché assez ferme pour qu'en l'agitant dans la main il forme une boule légèrement humide à la surface, mais ne coulant pas entre les doigts.

Enfin, le béton est fabriqué et conservé sur aires en planches, abrité du soleil et de la pluie ; il est composé, en général, d'environ 2 parties de mortier pour 3 parties de gravier mesurées avant l'emploi ; ces matières sont bien mélangées et corroyées au moyen de griffes en fer jusqu'à ce que la masse soit parfaitement homogène. La fabrication du béton doit être faite sans aucune addition d'eau. Les graviers sont, au contraire, arrosés avec soin, mais cet arrosage est fait sur le dépôt de matériaux et toujours un peu de temps avant l'emploi. Le béton qui serait desséché au point de ne pouvoir revenir par la trituration ou le pilonnage sans addition d'eau doit être absolument rejeté.

Le revêtement doit recouvrir le plafond et les talus de la cuvette au moins jusqu'à 0^m,10 en contre-haut du plan d'eau correspondant au débit normal. La couche de béton doit être soumise à un battage énergique, dont l'effet est de rendre le mélange plus dense et plus homogène, et à un lissage à la truelle du mortier en excès refluant à la surface.

C'est en grande partie du soin apporté dans la confection du béton que dépend le succès ; aussi les cahiers des charges doivent-ils renfermer à ce sujet les prescriptions les plus minutieuses et les plus sévères.

Des travaux de revêtement très importants ont été exécutés récemment au canal de la Bourne. Lors de la première mise en eau, on avait constaté d'énormes pertes par infiltration ; on avait espéré qu'elles finiraient par disparaître, au moins en partie, à la suite du colmatage naturel, ainsi qu'il est arrivé maintes fois dans des canaux du Midi de la France, mais il n'en a rien été. Le sol est tellement perméable et les eaux de la Bourne qui l'alimentent sont si limpides qu'au bout de six ans après la mise en eau on constatait encore sur le parcours du canal principal, long de 45 kilomètres, une perte de 1.400 litres par seconde.

Au moyen de nombreux jaugeages, on a recherché les points exacts où se produisaient les fuites, et, dans toutes les parties où le travail a été reconnu nécessaire, on a recouvert les parois mouillées d'une couche de béton de ciment dont l'épaisseur est, suivant le débit, de $0^m,10$ ou de $0^m,08$. Le béton est composé de $0^m,78$ de gravier passé à la claie dont la grosseur n'excède pas $0^m,04$ de diamètre et de $0^m,52$ de mortier. Celui-ci est composé de 2 parties de chaux hydraulique blutée du Teil et de 5 parties de sable de rivière.

Avant de mettre en place le revêtement, on recoupe les talus et le plafond pour préparer une forme se rapprochant le plus possible du profil normal, tout en évitant de rapporter de la terre pour appuyer le béton.

Le revêtement coûte 1 fr. 50 le mètre carré pour une épaisseur de $0^m,10$ et 1 fr. 20 le mètre carré pour une épaisseur de $0^m,08$.

Sur certains canaux, celui de Gignac (Hérault), par exemple, on a revêtu toutes les parties de la cuvette pour lesquelles le cube des remblais est supérieur à celui des déblais ; l'épaisseur du revêtement en béton, qui est de $0^m,10$ pour le plafond, est porté à 0^m,15 pour les talus et s'arrête à 0^m,10 en contre-haut du plan d'eau normal (*fig*. 15).

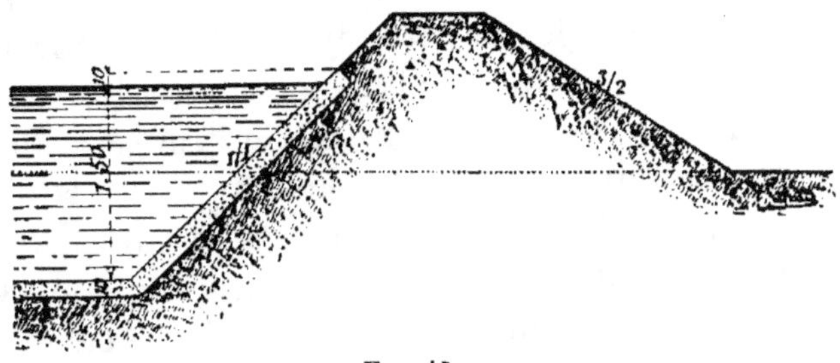

Fɪɢ. 15.

Au canal de la Vésubie (Alpes-Maritimes), où l'on rencontre des terrains calcaires argileux très ébouleux et d'une forte inclinaison, on a dû bétonner entièrement la cuvette dans toutes les parties à ciel ouvert et donner au revêtement une épaisseur de 0^m,30. La dépense, pour l'ensemble du canal principal, dont la longueur est de 29 kilomètres, a atteint 450.000 francs.

Les revêtements en béton n'ont pas toujours donné d'excellents résultats. Le plan d'eau d'un canal d'irrigation est exposé à des variations fréquentes de niveau dues à la plus ou moins grande abondance des eaux de la rivière alimentaire, à l'irrégularité des arrosages, etc., de sorte que les parties de béton voisines du plan d'eau sont soumises à des alternatives de sécheresse et d'humidité qui les désagrègent. Les gelées peuvent également avoir des effets funestes.

Lorsque les travaux s'exécutent sur un canal existant, on ne peut les entreprendre que pendant les périodes de chômage, c'est-à-dire, en général, en mars. A cette époque, même dans le Midi, il est assez imprudent de faire des maçonneries en béton avec de faibles épaisseurs, en contact avec l'air, car les gelées tardives peuvent désagréger le béton, empêcher qu'il fasse prise, puis, lorsque l'eau est mise au canal quelques jours après l'exécution, le béton est entraîné en partie par le courant.

Ces effets eussent été particulièrement à craindre, si l'on avait employé le béton pour les revêtements au canal de dérivation des eaux de la Neste, situé dans la région des Pyrénées, soumise à d'importantes variations de température. Ce canal est creusé sur un terrain très accidenté et de mauvaise nature, et, dès sa mise en eau, de nombreux affaissements s'y sont produits ; malgré les réparations exécutées aux terrassements, il subsistait de nombreuses infiltrations susceptibles de donner lieu à des accidents graves. Dans la partie où se produisaient les principales fuites, le sol est formé d'une couche d'argile sablonneuse, d'épaisseur variable, reposant sur un banc de calcaire jurassique caverneux ; la terre superposée à la masse rocheuse ne comble pas entièrement les vides existant entre deux pointes de rocher consécutives ; l'eau disparaissait par ces vides pour reparaître à une courte distance à flanc de coteau, entraînant la terre et provoquant la dislocation de la cuvette. On a cherché à remédier à cet état de choses en étanchant le fond et les parois du canal dans les points menacés. Mais ici le revêtement est formé d'une couche de 0^m,15 d'épaisseur de béton composé de 1 mètre de pierre cassée pour 0^m,45 d'un mortier contenant 350 kilogrammes de chaux du Teil par mètre cube, et ce béton est lui-même revêtu d'une couche de bitume de 0^m,02 d'épaisseur formé de 1 partie en volume de goudron végétal et de 6 parties de pierre cassée pulvérisée. On espérait obtenir ainsi une chape flexible, pouvant suivre sans dislocation les mouvements qui se produisent dans le terrain. La chape en bitume n'a pas donné les résultats espérés ; sur les points où elle a été mise à découvert pour les réparations, elle a révélé, par des boursouflures, un défaut d'adhérence avec la couche de béton qu'elle recouvre. De plus, ce mode de revêtement est d'un prix élevé ; on peut l'évaluer à environ 53 fr. 50 par mètre courant de canal ; la chape revient à 22 fr. 50, et le bétonnage à 31 francs ; de sorte que son emploi ne saurait être recommandé.

c) Revêtements en maçonnerie. — Les revêtements en maçonnerie ne présentent pas les inconvénients que nous avons signalés pour ceux en béton. Leur emploi a donné de bons résultats, notamment dans les cas suivants :

Au canal de Carpentras, on avait constaté d'importantes

pertes par infiltrations au canal principal, établi sur le flanc
de coteaux calcaires. Le sol traversé est généralement composé d'une mince couche de terre végétale reposant sur une
roche calcaire fissurée ; la liaison entre le remblai et le
rocher ne s'était pas effectuée, et, sous la pression, l'eau s'in-
filtrait entre la terre végétale et le roc, ainsi que dans les
fissures du rocher.

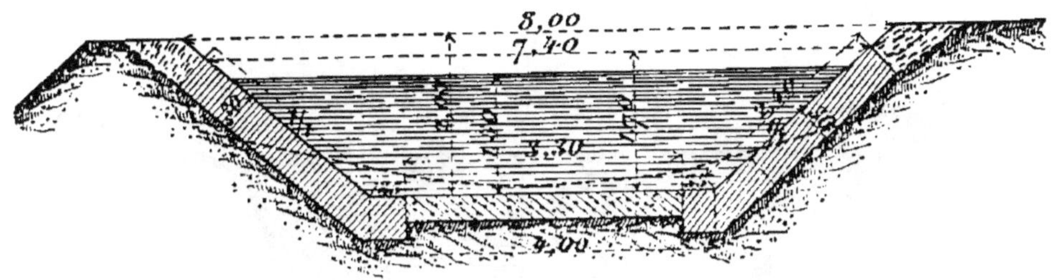

Fig. 16. — Perré sur les deux rives avec radier en béton.

On a dû, pour faire disparaître ces pertes, exécuter des
travaux de revêtement. On a employé des perrés en moellons épincés établis, suivant les cas, d'après trois types de
profils en travers.

Dans les parties où les terres formant les digues sont
très perméables, les perrés recouvrent les deux berges,
suivant une inclinaison de 1/1 ; ils ont 0^m,30 d'épaisseur
moyenne ; un radier général en béton de 0^m,15 d'épaisseur
est établi entre les pieds des perrés, afin de rendre la cuvette
complètement étanche. D'ailleurs, ce revêtement étant moins
exposé aux intempéries que celui des talus, l'emploi du béton
est sans inconvénient (*fig*. 16).

Dans les parties creusées dans la roche calcaire fissurée, le
revêtement consiste en un simple perré de 0^m,30 d'épaisseur
incliné à 45° et encastré de 0^m,10 dans le fond du canal (*fig*. 17).

Dans les parties creusées dans un terrain ordinaire, le
revêtement consiste en un perré de 0^m,30 d'épaisseur fondé
sur un radier de 0^m,35 de largeur (*fig*. 18).

Les perrés sont construits en moellons grossièrement
épincés ; leur parement est dressé avec soin au têtu ou à la
pointe du marteau, les arêtes et les lits sont avivés ; les moellons
de parement doivent avoir au moins 0^m,15 d'épaisseur, et une

queue moyenne de 0^m,20; de plus, on place au moins un moellon de 0^m,30 de queue par mètre carré de perré. Les moellons sont posés à bain de mortier soufflant, serrés par glissement les uns contre les autres, de manière que le mortier reflue à la surface ; ils sont tassés et frappés au

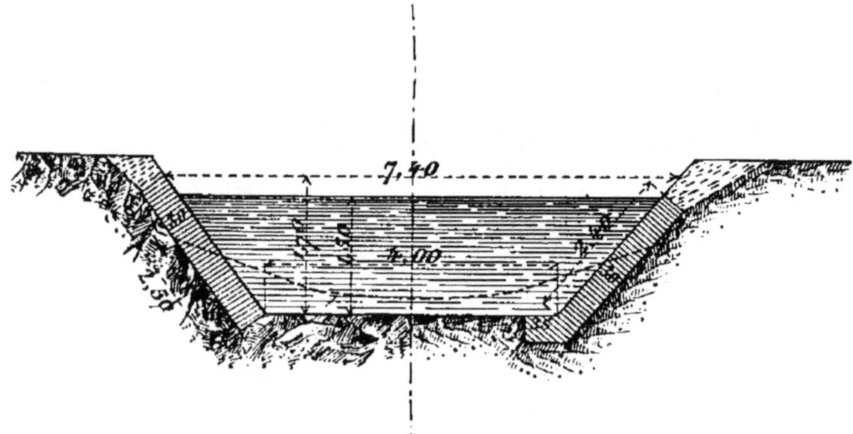

Fig. 17. — Perré fondé sur rocher.

Fig. 18. — Perré fondé sur terrain ordinaire.

marteau, et leurs queues sont calées avec des éclats de pierre, de façon que le tout soit bien plein et ne fasse qu'un seul corps. Le parement vu du perré est rejointoyé au mortier de chaux hydraulique; les joints sont, au préalable, refouillés, nettoyés et humectés; puis, le mortier est appliqué; enfin, le joint est refoulé et soigneusement lissé.

Les fouilles pour préparer la forme du perré doivent être bien dressées et nivelées, de sorte que leur parement ne présente ni bosses ni flaches de plus de 3 à 4 centimètres. Les terrassements peuvent être employés en remblais pour exhausser les berges dont la revanche au-dessus des eaux est insuffisante, ou être retroussés en cavaliers sur les berges du canal.

En général, l'épaisseur des revêtements en maçonnerie est comprise entre 0^m,25 et 0^m,35.

Lorsque l'inclinaison du terrain est trop raide pour permettre l'établissement d'un cavalier en remblai, on a recours à la construction d'un mur-berge en maçonnerie ordinaire fondé sur un terrain solide au-dessous du plafond de la cuvette. Dans le cas d'un talus très raide, l'encastrement se fait au moyen de redans. Les deux profils représentés par

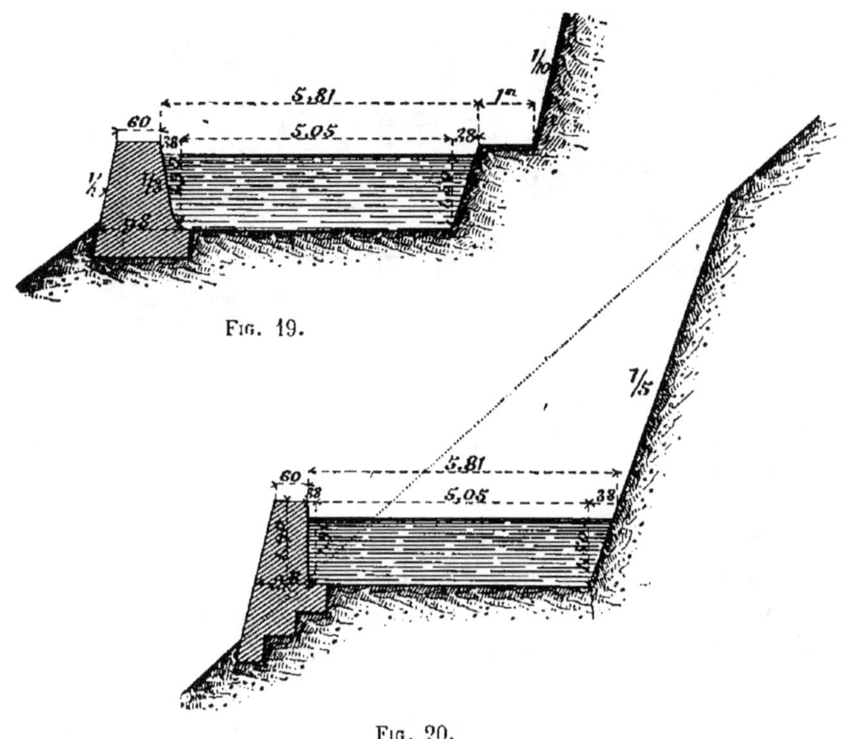

Fig. 19.

Fig. 20.

les figures 19 et 20 ont été exécutés au canal du Verdon. On voit que le parement intérieur a un fruit de 1/5, et que l'épaisseur au sommet est de 0^m,60.

Au canal de Saint-Martory, où certains revêtements en béton n'ont pas donné des résultats satisfaisants et se sont peu à peu disloqués, on les a remplacés par un placage en tuiles posées à plat sur les talus et reposant sur un bain de mortier ; on a obtenu ainsi d'excellents résultats.

Sur certains canaux, on a cherché à éviter les remblais en construisant une véritable cuvette maçonnée. La figure 21 représente un type de murette adopté au canal de Gignac.

Les murs latéraux sont en maçonnerie ordinaire reposant sur un massif en béton de 0^m,50 d'épaisseur ; sous le plafond est

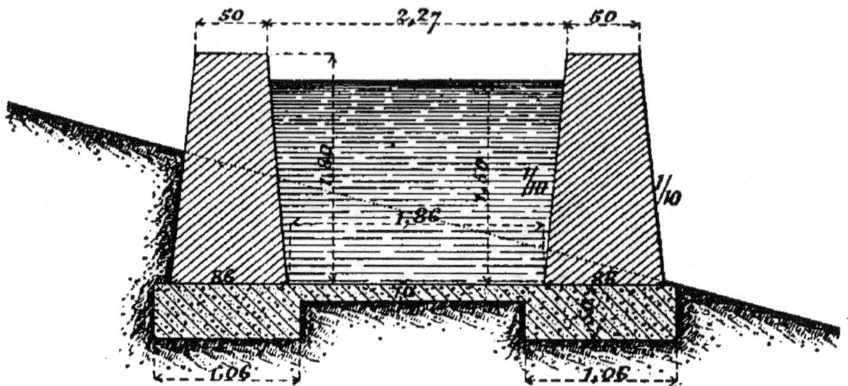

Fig. 21.

établi un radier également en béton de 0^m,10 seulement d'épaisseur.

En résumé, ce sont les revêtements en maçonnerie qui ont donné les meilleurs résultats et qui doivent être préférés, bien que leur prix soit plus élevé que celui des bétonnages. C'est surtout quand la quantité d'eau véhiculée par le canal est susceptible d'être utilisée en totalité qu'on doit s'efforcer de réduire autant que possible les pertes en route, les frais que nécessitent les travaux d'étanchement étant plus que compensés par l'accroissement de revenu qui résulte de l'augmentation du volume rendu disponible pour l'arrosage.

CHAPITRE III

DES PRISES D'EAU

15. Généralités. — Ainsi que nous l'avons déjà fait remarquer (§ 7), il y a lieu de distinguer, dans les prises d'eau des canaux d'irrigation, celles qui s'effectuent librement au fil de l'eau et celles qui nécessitent l'établissement d'un barrage en rivière.

Les canaux dont l'alimentation est assurée sans le secours d'un ouvrage en rivière sont relativement peu nombreux. On conçoit, en effet, qu'il y a tout avantage à relever si possible la cote du plan d'eau du canal à son origine, attendu qu'on augmente en même temps le périmètre dominé et qu'on se prémunit contre les dangers d'une interruption dans l'alimentation du canal, pouvant provenir d'un abaissement temporaire du niveau de l'eau dans la rivière au droit de la prise.

D'ailleurs, ces prises sont placées ordinairement dans la partie supérieure des cours d'eau, et l'on rencontre souvent des points où la vallée se resserre entre des parois rocheuses, de telle manière qu'il est possible d'établir des barrages de faible longueur et produisant un résultat suffisant, sans qu'il soit nécessaire de recourir à des ouvrages par trop dispendieux.

Il n'y a guère que les barrages réservoirs, dont nous aurons à nous occuper ultérieurement (chap. vi), qui présentent toujours de réelles difficultés d'exécution.

Nous citerons comme étant alimentés sans le secours d'un barrage de prise les canaux d'irrigation dérivés de la Durance ; la largeur du cours d'eau et son régime torrentiel rendraient ces ouvrages extrêmement difficiles à établir.

Il en est de même des canaux dérivés des cours d'eau

navigables, tels que le canal de Pierrelatte, d'existence très ancienne, qui a sa prise dans le Rhône en face de la ville de Viviers (Ardèche), et aussi des divers canaux connus sous le nom de *roubines*, qui servent à l'irrigation et même à l'alimentation des habitants des régions voisines des deux bras du Bas-Rhône, en utilisant l'eau empruntée directement au fleuve.

Comme exemple d'un canal d'irrigation ayant sa prise sur un grand fleuve et comportant un barrage, nous citerons celui de Saint-Martory qui dérive de la Garonne flottable, près de Saint-Gaudens, un volume de 10 mètres cubes par seconde et sert à l'arrosage d'une plaine de 10.780 hectares. Le barrage avait été primitivement projeté en vue de la construction d'un canal de navigation devant relier Toulouse aux Pyrénées et qui reçut même un commencement d'exécution vers 1848. Mais le projet ayant été abandonné, on utilisa les travaux de dérivation exécutés pour l'alimentation du canal d'irrigation.

16. Choix de l'emplacement des prises d'eau sans barrages. — L'emplacement des prises faites dans des cours d'eau torrentiels à fond mobile (tome I, § 76) doit être choisi de telle sorte que, dans ses divagations successives, le courant ne s'éloigne pas de la prise. C'est donc toujours sur la rive concave vers laquelle la force centrifuge tend à pousser les filets liquides que ces prises doivent être placées.

Lorsqu'on rencontre sur une rive concave un rocher faisant saillie sur le lit, on peut être certain que, même en temps de basses eaux, le courant viendra en battre le pied, de sorte qu'une prise d'eau placée au pied de ce rocher aura toute chance d'être constamment alimentée.

Telle est, en particulier, la position qu'occupe la prise en Durance du canal d'irrigation des territoires de Carpentras, Pertuis, Villelaure et Cadenet, dont le tronc commun est connu sous le nom de *Canal Mixte* (*fig.* 22).

Cette prise est placée sur une rive concave au pied du rocher de Mérindol qui maintient en ce point la fixité du courant de la rivière. Il assure en tout temps l'alimentation du Canal Mixte malgré les divagations incessantes de la

Durance, lesquelles ont nécessité à maintes reprises le déplacement des prises d'eau de canaux moins favorisés à ce point de vue. Aussi, lorsque François Ier traversa la Provence pour combattre l'invasion de Charles-Quint, les habitants de Cavaillon, commune riveraine dont le territoire se trouve à

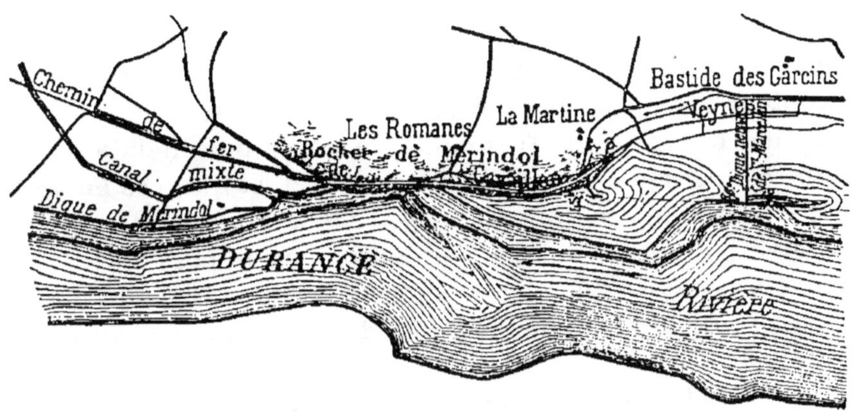

Fig. 22. — Plan de la prise d'eau du Canal Mixte.

plus de 20 kilomètres en aval, sollicitèrent-ils de lui l'autorisation d'établir au rocher de Mérindol la prise d'un canal destiné à l'irrigation de leurs terres.

On trouve parfois, dans les lits divagants des rivières torrentielles, des points de passage de l'eau jouissant d'une certaine fixité, par suite de la disposition des lieux. Il importe d'observer ces points, attendu qu'ils sont particulièrement favorables à l'établissement de prises d'eau d'irrigation.

Il ne suffit pas, d'ailleurs, qu'une prise soit placée sur une rive concave pour que son alimentation soit assurée. La diminution du débit d'étiage ou l'abaissement du plan d'eau, par suite de travaux d'endiguement ou d'approfondissement du lit, peuvent avoir pour conséquence de rendre impossible l'alimentation de prises autrefois convenablement desservies.

Un exemple digne d'être cité est celui du bras est du delta du Rhône, connu sous le nom de Grand-Rhône. Le long de ce bras quatre canaux très anciens, les roubines de la Triquette, de la grande et de la petite Montlong et de l'Aube de Bouic, dérivent du fleuve l'eau nécessaire à l'irrigation et aux besoins domestiques des fermes de la Camargue. Les prises en ont été établies à une altitude qui fut jugée suffisante à l'origine pour en assurer le fonctionnement en tous temps. Mais, à la longue, sous l'influence de diverses causes, le niveau d'étiage s'est peu à peu abaissé, et l'alimentation directe est devenue impossible pendant des périodes d'une durée de plus en plus longue.

Pour remédier à cet état de choses, il était impossible de se contenter d'abaisser les seuils des prises, attendu que la pente des canaux, déjà très faible vu le peu de relief du sol, aurait été presque complètement annihilée et que ces émissaires se seraient entièrement envasés à bref délai. On a conservé les roubines dans leur état antérieur et l'alimentation a été assurée au moyen de siphons renversés passant par-dessus la digue insubmersible (*fig.* 23) pour plonger dans le fleuve.

L'eau est élevée au moyen de pompes centrifuges actionnées par des générateurs compound.

Nous aurons ultérieurement l'occasion de décrire ces installations (chap. VIII). Mais nous croyons utile de donner quelques indications complémentaires, au sujet des difficultés spéciales qu'on a rencontrées dans le maintien de l'alimentation de la roubine de l'Aube de Bouic (*fig.* 23), dont la prise se trouvait à l'aval de la digue submersible, dite digue basse de Beaujeu.

Cette digue, destinée à fixer le courant, est établie à 150 mètres environ de la rive du lit majeur et parallèlement à la dite rive. Toute la partie du lit située entre la ligne d'endiguement et la rive tend à se colmater et la période pendant laquelle elle n'est plus couverte s'accroît chaque année. On aurait pu conserver la roubine telle quelle, en établissant en tête un siphon renversé et en donnant à la branche horizontale une longueur suffisante pour le faire déboucher dans le fleuve au-delà de la ligne d'endiguement ; mais cela eût entraîné une dépense considérable.

On a trouvé plus avantageux de reporter la prise à 900 mètres environ à l'aval, de B en A, et de la placer près d'une prise particulière appartenant à un grand propriétaire de la région, en un point où la ligne d'endiguement submersible confine à la rive concave. En ce point, le courant est définitivement fixé par les digues basses de Beaujeu et de l'Armellière et le tuyau d'aspiration n'a que la longueur relativement faible de 45 mètres. Mais, pour établir la nouvelle branche CD, rejoignant le canal d'irrigation, il aurait fallu

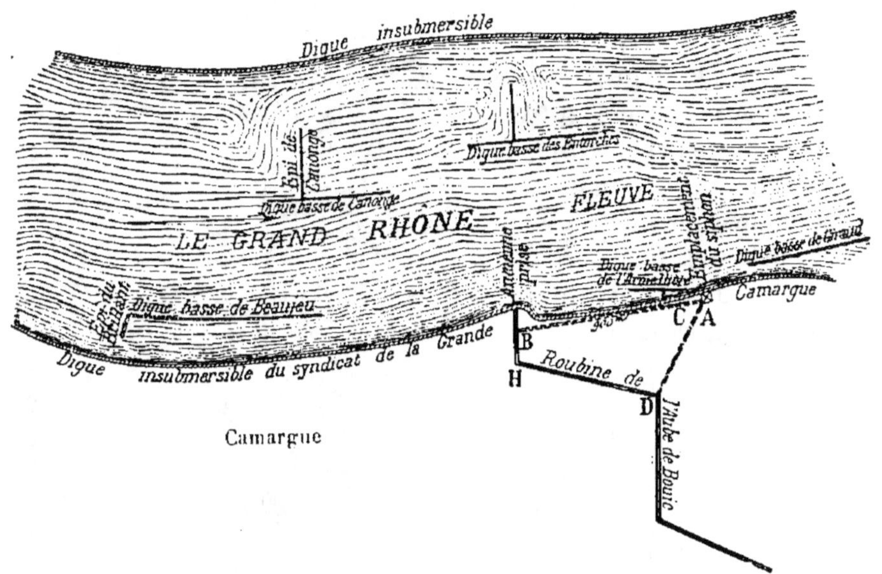

Fig. 23. — Plan de la prise d'eau d'alimentation de la Roubine de l'Aube de Bouic en Camargue.

traverser des vignes appartenant au susdit propriétaire, ce qui a été jugé devoir entraîner des frais d'expropriation trop considérables. On a préféré construire une branche AB, qui longe la rive et ramène les eaux à l'ancienne origine du canal, près de la prise abandonnée.

Avec des installations du genre de celles dont nous venons de parler, l'alimentation des canaux paraît assurée, quelles que soient les modifications ultérieures possibles du régime du fleuve.

Nous allons maintenant donner la description d'un certain nombre d'ouvrages de prises d'eau existants, en distinguant ceux qui ne comportent pas de barrages et ceux qui en comportent.

17. Prises d'eau sans barrages. — Dans tous les canaux d'irrigation, on doit pouvoir régler le volume introduit et supprimer au besoin l'alimentation ; lorsque la prise se fait directement au fil de l'eau, on a recours dans ce but à des ouvrages de prise et de décharge qui, aux dimensions près, sont analogues aux vannes des barrages d'usines. La disposition, le mode de construction et la manœuvre de ces vannes varient suivant les circonstances locales et l'importance du débit du canal à alimenter. Nous décrirons les appareils établis pour quelques-uns des principaux canaux d'irrigation.

a) *Canal de Pierrelatte* (pl. I et *fig.* 24, 25 et 26). — La dotation de ce canal est de 8 mètres cubes par seconde. La prise d'eau dans le Rhône, qui a dû être reportée à plusieurs reprises vers l'amont, par suite des travaux d'endiguement et d'approfondissement du fleuve, se trouve à 400 mètres en aval du pont suspendu de Viviers (*fig.* 24). L'origine du canal se trouve au droit d'une digue submersible, dite de Châteauneuf, laquelle a été prolongée de manière à se raccorder avec la berge du canal; pour assurer

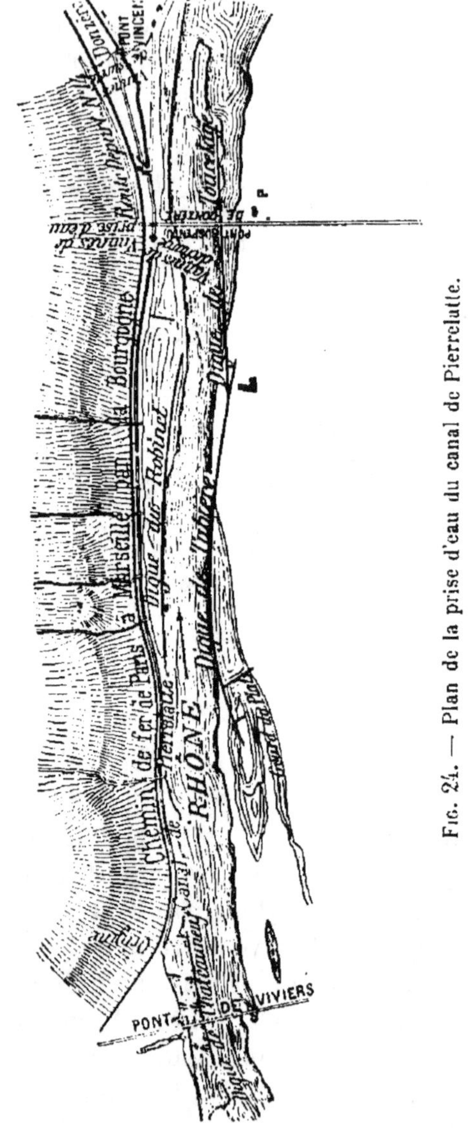

Fig. 24. — Plan de la prise d'eau du canal de Pierrelatte.

l'introduction de l'eau, la tête de la digue basse ainsi prolongée a sa crête dérasée à 0^m,50 en contre-bas de l'étiage du Rhône, de manière à laisser passer en tout temps une quantité d'eau suffisante. De ce point, le canal de prise ou d'amenée se développe sur une longueur de 2.800 mètres au pied du coteau, entre le fleuve et le chemin de fer Paris-Lyon-Méditerranée jusqu'au pont suspendu de Donzère, près duquel se trouvent installées les vannes régulatrices et de décharge. A l'origine, le plafond de ce canal de prise est arasé à la cote (55^m,77) au-dessus du niveau de la mer, soit à 1^m,80 au-dessous de l'étiage du Rhône ; son tirant d'eau normal est de 1^m,80, et sa pente longitudinale de 0^m,12 par kilomètre.

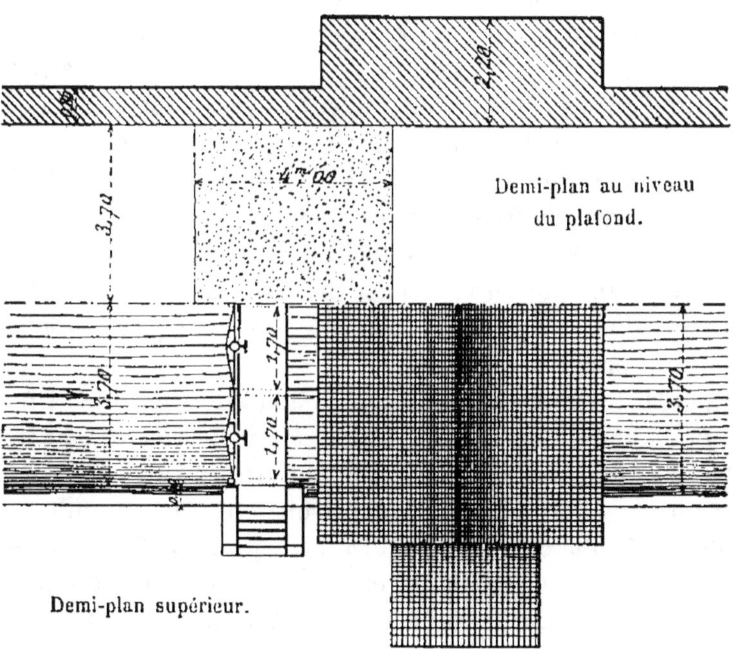

Fig. 25. — Canal de Pierrelatte. — Empellement de prise.

La prise d'eau proprement dite, c'est-à-dire l'appareil destiné à limiter au débit voulu la quantité d'eau introduite dans le canal, est placée immédiatement à l'amont du pont de Donzère. Elle se compose (*fig.* 25 et 26) d'un vannage établi normalement au canal, divisé en quatre pertuis de 1^m,70 de largeur et 1^m,80 de hauteur correspondant au tirant d'eau légal. Elle est constituée par cinq chevalets en fonte dont les montants ont 0^m,12 de largeur, trois formant piles entre les vannes et deux appuyés aux bajoyers formant culées. Ces chevalets sont composés de pièces de fonte réunies par des contrefiches qui empêchent leur déformation et supportent à la partie supérieure le tablier d'une passerelle de service pour la manœuvre des vannes.

Les vannes ont chacune 1^m,70 de largeur et 1^m,87 de hauteur ; elles s'appuient contre les côtés des chevalets et sont guidées dans des coulisses rabotées qui assurent l'étanchéité ; au bas se trouve une traverse encastrée dans le béton, formant seuil et qui rend étanche la paroi horizontale ; la vanne, en descendant, vient buter contre cette traverse. Les vides de la partie au-dessus des pertuis jusqu'au niveau de la passerelle sont bouchés au moyen de panneaux en fonte renforcés par des nervures, assujettis sur la face amont des chevalets au moyen de boulons. Le tout forme un barrage étanche de 4^m,85 de hauteur et 7^m,40 de largeur. La manœuvre des vannes se fait au moyen d'une vis en bronze de 0^m,05 de diamètre et 2^m,155 de hauteur, fixée à demeure dans la vanne et passant dans un écrou qui forme le moyeu d'un engrenage d'angle actionné par un pignon commandé par une manivelle.

Le poids de chaque vanne est de 500 kilogrammes. Un seul éclusier exécute la levée des quatre vannes en dix-huit minutes, et l'abaissement en moins de cinq minutes.

Les ouvrages de décharge comprennent deux vannages. Le premier est placé latéralement au canal, à 37 mètres en amont de la prise d'eau. Il est formé de trois ouvertures égales de 1^m,25 de section droite et 2^m,80 de hauteur fermées par des vannes en fonte. L'autre vannage, dit de sûreté, est situé immédiatement à côté de l'ouvrage de prise, soit à 3^{km},500 environ de l'origine (*fig.* 24). Il est destiné à empêcher l'introduction, en temps de crue, d'eaux surabondantes susceptibles de causer des avaries au canal ou d'inonder les propriétés riveraines. De plus, concurremment avec le premier, il peut être utilisé à la mise à sec du canal, en cas de réparations. Il est placé latéralement au canal et ses dispositions sont analogues à celles de l'ouvrage de prise d'eau.

Enfin, on a disposé une série de déversoirs de superficie, ayant leur crête arasée à 1^m,80 au-dessus du niveau du pla-

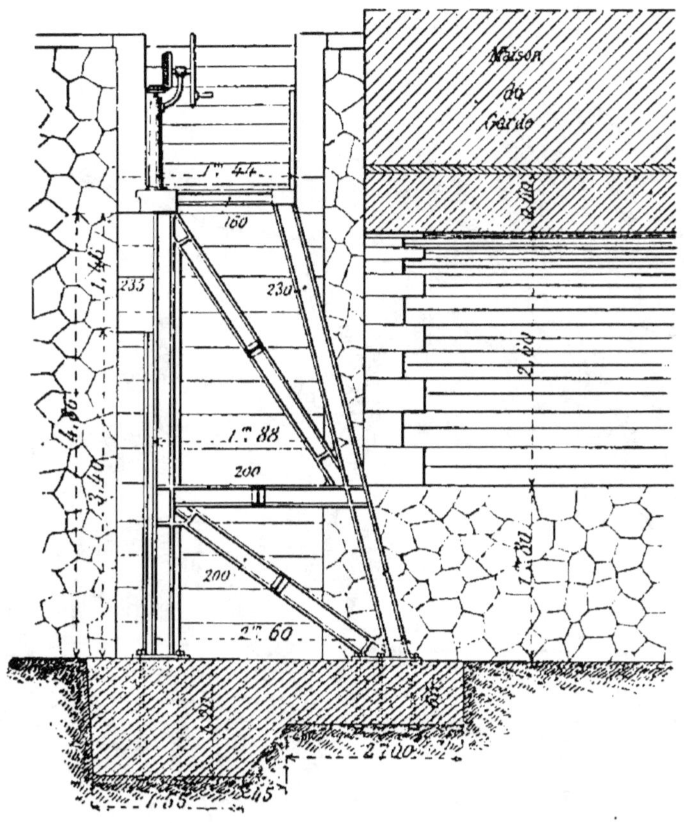

Fig. 26. — Canal de Pierrelatte. — Empellement de prise. — Coupe verticale montrant l'élévation d'un chevalet (vanne supposée enlevée).

fond, pour assurer l'écoulement des eaux surabondantes, dans le cas où la non-fermeture des vannes de décharge en temps de crue aurait laissé l'eau s'introduire dans le canal.

b) *Canal de Manosque.* — Comme toutes les prises d'eau en Durance, celle du canal de Manosque est établie sur une rive concave, en un point où, même en étiage, le courant tend à se maintenir contre le pied des rochers constituant la berge.

Elle se trouve au fond d'une petite crique comprise entre deux éperons de poudingue. Au droit de cette prise, le lit de la rivière n'a qu'une largeur moyenne de 150 mètres; il est bordé, de chaque côté, par des bancs de poudingue compacte très escarpés, présentant une série d'épis naturels qui s'opposent à la divagation des eaux (*fig.* 27).

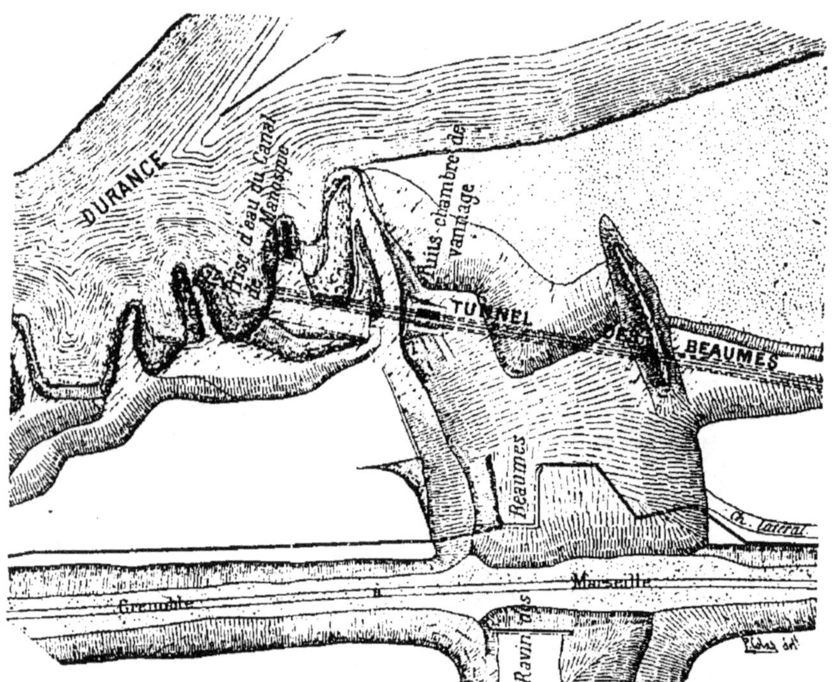

Fig. 27. — Plan de la prise du canal de Manosque.

Le seuil de la prise est placé à 1^m,80 en contre-bas du niveau des plus basses eaux connues, le tirant d'eau normal du canal n'étant que de 1^m,50, hauteur correspondante à la dotation légale de 2 mètres cubes par seconde.

La dérivation, dès son origine, s'effectue en souterrain sur une longueur de 266^m,58. Ce souterrain, capable d'un débit de 3 mètres cubes, a la forme d'un plein cintre de 1^m,70 d'ouverture supporté par des piédroits de 1^m,80 de hauteur. Au lieu d'établir la martellière de prise d'eau en tête même du tunnel, ce qui eût nécessité la construction d'un batardeau en Durance et exigé des travaux d'épuisement coûteux,

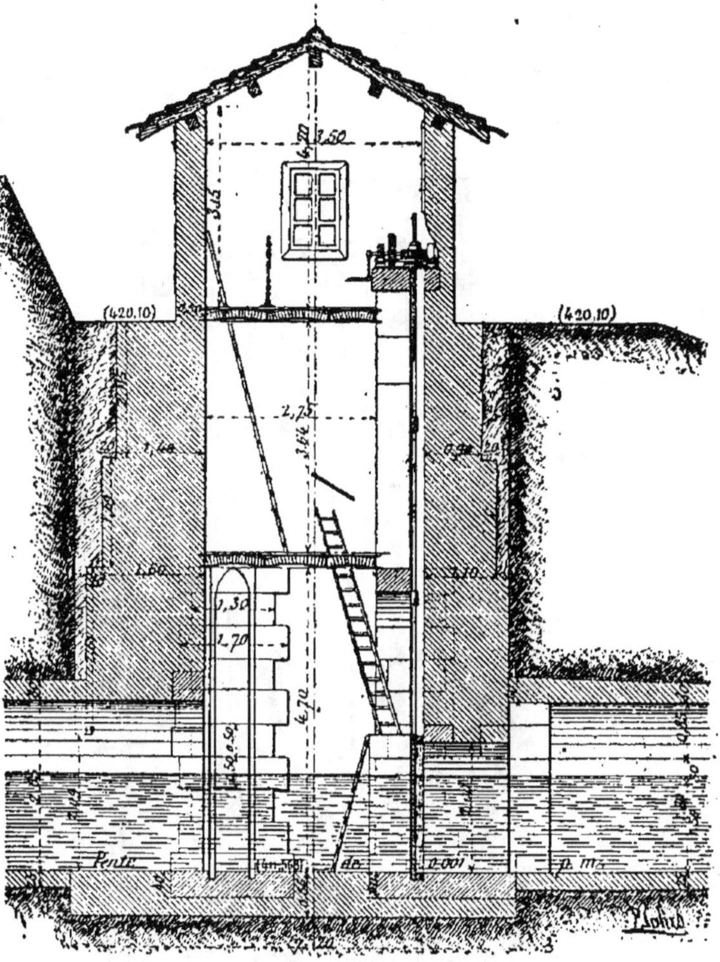

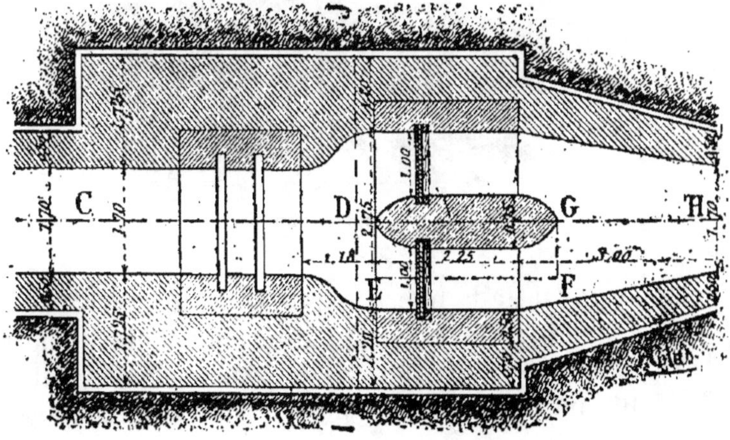

Fig. 28. — Coupe longitudinale suivant CDEFGH.

Fig. 29.　　Plan au niveau du radier.

on a reporté l'installation à l'aval, ce qui a permis d'exécuter les travaux à sec avant le percement complet du tunnel.

A cet effet, un puits a été creusé sur l'axe du tunnel à

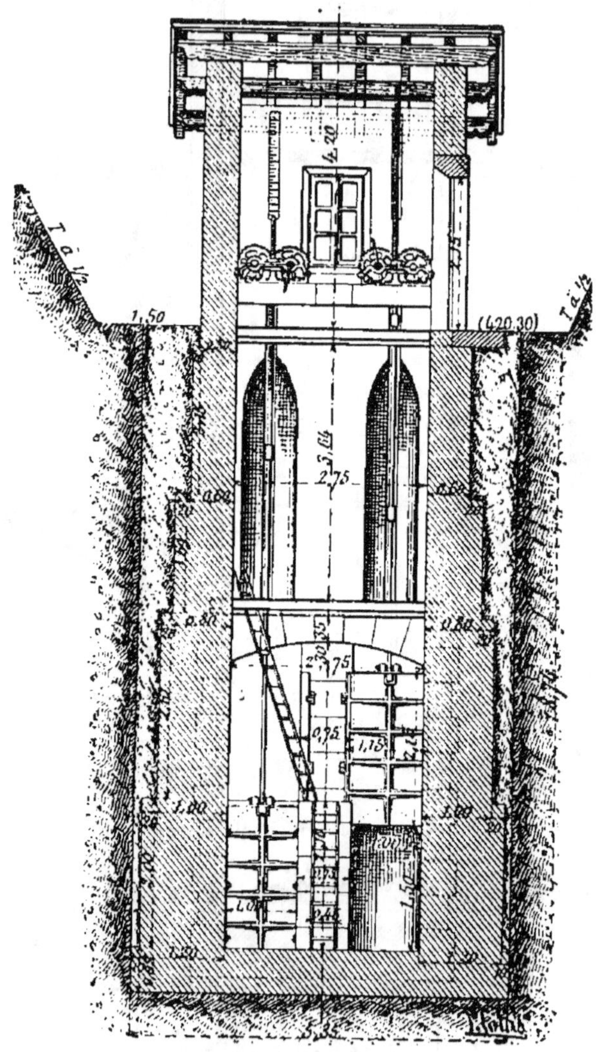

Fig. 30. — Coupe suivant IJ.

32 mètres en aval de la tête; ce puits, de forme rectangulaire et revêtu en maçonnerie, a intérieurement 3m,50 suivant l'axe du canal, et 2m,75 dans le sens perpendiculaire; il se relie aux maçonneries des piédroits du tunnel élargi en

conséquence ; il est divisé en trois étages par des planchers avec poutrelles métalliques et voûtes en briques. L'étage supérieur, en saillie sur le terrain, contient l'appareil de manœuvre des vannes. Ces vannes sont en fonte ; elles ont 2^m,15 de hauteur, sont placées à l'étage inférieur et ferment deux pertuis de 1 mètre de largeur sur 1^m,50 de hauteur de piédroits surmontés d'une voûte en plein cintre de 0^m,50 de rayon (*fig.* 28, 29 et 30).

Une pile médiane sépare ces deux ouvertures et s'arrête à la hauteur du sommet des pertuis, de manière à former en cet endroit une plate-forme pour la visite des vannes. La paroi amont du puits est percée d'une ouverture ayant les mêmes dimensions que la section normale du souterrain ; des rainures permettent d'établir, en cas de besoin, un batardeau pour fermer cette ouverture et mettre à sec le puits dans le cas où les vannes doivent être réparées.

Au-dessus du sommet de la pile médiane, les vannes glissent dans des coulisseaux en fer fixés contre des montants en bois ; au dessous, elles se meuvent dans des rainures ménagées, d'une part, dans la pile, et, de l'autre, dans les murs latéraux, et munies de cadres en chêne.

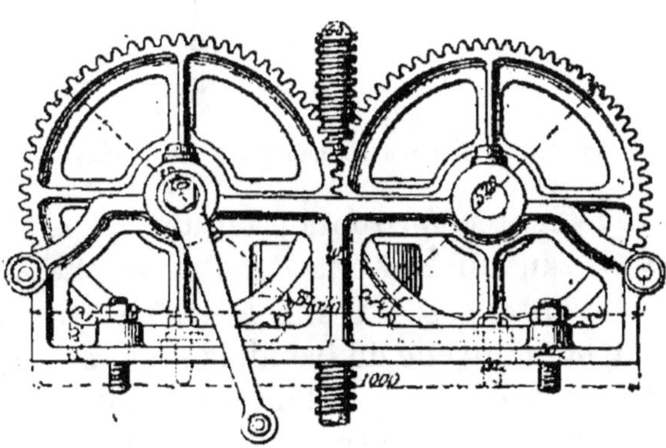

Fig. 31. — Appareil de manœuvre des vannes. — Élévation.

Au-dessus du plancher inférieur, le mur aval du puits a été exécuté avec une surépaisseur extérieure de 0^m,80 supportée au-dessus des vannes par deux voûtes en encorbellement. Ce massif est arasé à 0^m,50 au-dessus du plancher inférieur ;

il supporte l'appareil de manœuvre des vannes. Les tiges des vannes sont logées dans des rainures pratiquées dans les maçonneries.

L'appareil de manœuvre des vannes consiste en un treuil à vis sans fin. La tige de chaque vanne est filetée vers sa partie supérieure et s'engage dans un écrou en bronze porté

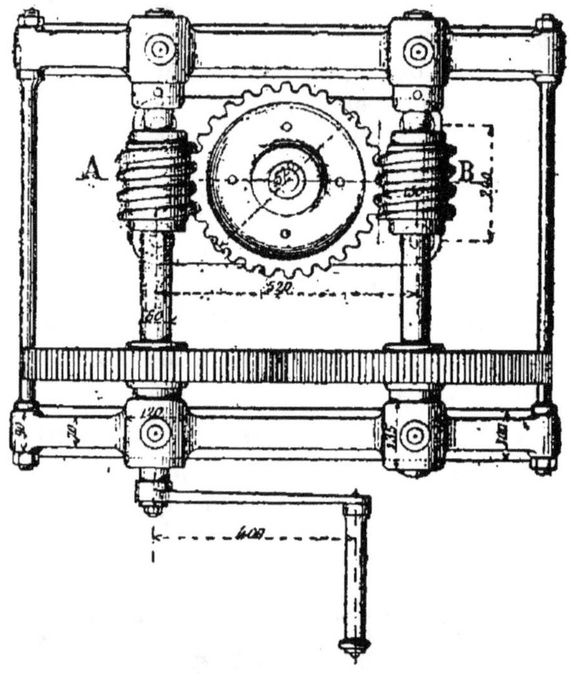

Fig. 32. — Appareil de manœuvre des vannes. — Plan.

par une roue dentée horizontale faisant corps avec lui et mue par deux vis sans fin qui engrènent avec elle en deux points diamétralement opposés. L'une de ces vis est conduite directement par la manivelle du treuil, la seconde reçoit son mouvement de la première par l'intermédiaire d'un engrenage. Le tout est porté par deux bâtis en fonte qui maintiennent l'écartement[1] (*fig.* 31 et 32).

[1] Voici, à titre d'exemple, les calculs qui ont conduit à la détermination des dimensions des roues dentées et des pas de vis des hélices qui composent l'appareil de manœuvre des vannes.

Ces vannes ont $2^m,15$ de hauteur; les hautes eaux de la Durance pouvant s'élever jusqu'à 7 mètres au-dessus du plafond du canal,

18. Prises d'eau avec barrages. — Les barrages de prise d'eau des canaux d'irrigation présentent des dispositions

la charge maximum qu'auront à supporter les vannes sera représentée par le poids d'une colonne d'eau ayant pour base la surface pressée et pour hauteur la distance du centre de gravité de cette surface au niveau libre, soit 6 mètres. La largeur de chaque vanne étant de 1 mètre, la pression maximum a pour valeur :

$$2,15 \times 1.000 \times 6,00 = 12.900 \text{ kilogrammes.}$$

L'effort tangentiel à développer sur la tige pour déterminer l'ascension de la vanne est :

$$F = 12.900 \times f + p,$$

f étant le coefficient de frottement de la fonte sur la garniture en bois sur laquelle glisse la vanne, et p le poids de cette dernière augmenté du poids de la tige. Or $f = 0.62$ et $p = 1.000$ kilogrammes en chiffres ronds. Donc :

$$F = 12.900 \times 0,62 + 1.000 = 8.998,$$

soit 9.000 kilogrammes.

Si l'on tient compte des résistances passives, ce chiffre devra être augmenté de 1/4, et l'on aura pour la valeur définitive de F :

$$9.000 \times 1,25 = 11.250 \text{ kilogrammes.}$$

Désignons, d'autre part, par 1/2 P l'effort exercé à chacune des extrémités du diamètre de la roue horizontale qui, par son mouvement, détermine l'ascension de la vanne ;

Par r, le rayon moyen de cette roue dentée ;

r',   —   de la surface hélicoïdale de l'écrou ;

h, le pas de la vis ;

Enfin, par f le coefficient de frottement de la vis sur l'écrou.

On aura, entre ces différentes quantités et l'effort tangentiel à vaincre F, la relation :

$$P = F\frac{r'}{r} - \frac{h + 2\pi r' f}{2\pi r' - fh}.$$

Ici : $r = 0,185$, $r' = 0,0275$, $h = 0,01$, $f = 0,18$, $F = 11.250$, d'où :

$$P = 11.250 \times \frac{0,0275}{0,185} - \frac{0,01 + 2\pi \times 0,0275 \times 0,18}{2\pi \times 0,0275 - 0,18 \times 0,01} = 505,$$

soit 500 en nombre rond ; d'où : $\frac{P}{2} = 250$.

. Tel est l'effort qui devra s'exercer à chacune des extrémités du

qui varient à l'infini avec les circonstances locales et l'importance des ouvrages. Il est donc impossible de poser des règles générales pour leur établissement.

Cependant, les principes généraux que nous avons exposés en traitant de la réglementation des barrages sur cours d'eau non navigables ni flottables (t. 1, 1re partie) restent entiers, et les ouvrages dont nous avons à nous occuper ici, bien que plus importants que les barrages de prise d'eau indivi-

diamètre de la roue dentée du treuil, effort qui se transmet par l'intermédiaire des vis sans fin et des roues qui les conduisent.

Or soient :

r, le rayon moyen de chacune de ces roues ;

r',   —   de chaque vis sans fin ;

h, le pas de ces vis ;

f, le coefficient de frottement des vis sur la roue dentée avec laquelle elles engrènent ;

P', l'effort à appliquer tangentiellement à chaque roue dentée pour développer sur la roue horizontale l'effort tangentiel $\dfrac{P}{2}$.

On aura entre P' et P la relation :

$$P' = \frac{P}{2} \cdot \frac{r'}{r} \cdot \frac{h + 2\pi r' f}{2\pi r' - fh}.$$

Ici : $\dfrac{P}{2} = 250$, $r = 0,26$, $r' = 0,075$, $h = 0,04$, $f = 0,18$ (*fig.* 29 et 30).

$P' = 19^{kg},37$, soit 20 kilogrammes en chiffres ronds.

Si l'on désigne, enfin, par r le rayon des roues dentées qui conduisent les vis sans fin, par r' le rayon moyen de la manivelle, et par P'' l'effort à exercer sur cette dernière, on aura entre P'' et P' la relation $P'' = \dfrac{2P'r}{r'}$:

$P' = 20$, $r = 0,26$, $r' = 0,40$ et $P'' = 26$ kilogrammes.

La résistance tangentielle, une fois le mouvement acquis, n'est plus que les 30/100 environ de la résistance au départ. Mais le poids de la vanne et les résistances passives restent les mêmes ; on peut supposer que les efforts calculés seront diminués de moitié pendant la marche et deviendront :

$$P = 250, \quad P' = 10, \quad P'' = 13.$$

Un homme pouvant développer sur une manivelle un effort momentané de 30 kilogrammes et un effort continu pendant plusieurs heures de 15 kilogrammes, on voit que la manœuvre des vannes pourra s'effectuer sans exiger un travail anormal.

duels, comportent également, en général, un barrage en rivière et un déversoir de superficie pour l'écoulement des eaux de crues. Quant aux vannages de décharge, tels que nous les avons définis, ils sont rarement utiles, les rivières alimentaires ayant le plus ordinairement un caractère nettement torrentiel (t. I, §§ 38 et suivants).

Enfin, au lieu d'un simple vannage de prise d'eau en tête de la dérivation, on doit ici, comme pour les grands canaux dont la prise ne comporte pas de barrage, établir des ouvrages souvent importants pour régler l'introduction de l'eau et limiter le débit consommé au volume légalement concédé.

Nous citerons, à titre d'exemple, quelques-uns des barrages de prise d'eau de canaux d'irrigation, en choisissant surtout ceux qui ont été établis à une époque assez récente. Nous commencerons par les ouvrages les plus simples pour terminer par ceux dont la construction a donné lieu à des difficultés spéciales.

a) *Canal de Gignac* (pl. II. et *fig*. 33 à 38). — Le canal de Gignac, dérivé de l'Hérault, a une dotation de 3.500 litres par seconde. Le barrage est placé en un point où la rivière coule sur un lit de roche dure à travers lequel elle s'est creusée un chenal rectangulaire de 9 mètres de largeur suffisant pour l'écoulement des eaux ordinaires et même des petites crues. Les deux côtés de ce chenal sont taillés à pic sur une hauteur de 14 mètres sur la rive gauche et de $4^m,75$ sur la rive droite, ce qui a permis de diminuer considérablement les dimensions du mur-barrage à établir. Celui-ci occupe toute la largeur du lit majeur de la rivière. Il s'appuie d'un côté contre le mur de soutènement d'un chemin vicinal, et de l'autre il est encastré dans le rocher ; il se continue ensuite à l'aide d'un mur de retenue jusqu'à la rencontre d'un coteau insubmersible (*fig*. 33).

Le barrage est formé d'un mur plein en maçonnerie de $15^m,25$ de hauteur maximum au-dessus du rocher du fond du lit, ayant $12^m,33$ de largeur à la base et $2^m,65$ au sommet (*fig*. 34); son parement amont est vertical et son parement aval présente une pente de $0^m,52$ par mètre sur $14^m,25$ de hauteur, raccordée à la base de l'ouvrage par un arc de cercle de 3^m,80 de rayon. Cette courbe est destinée à faciliter l'écoulement des eaux passant par-dessus la crête de superficie.

Le mur est établi suivant une courbe convexe du côté d'amont de manière à offrir contre la pression de l'eau une grande résistance, et à reporter une partie de cette pression d'un côté sur les parois solides dans lesquelles il est fortement enraciné. La courbe est un arc de cercle de 150 mètres

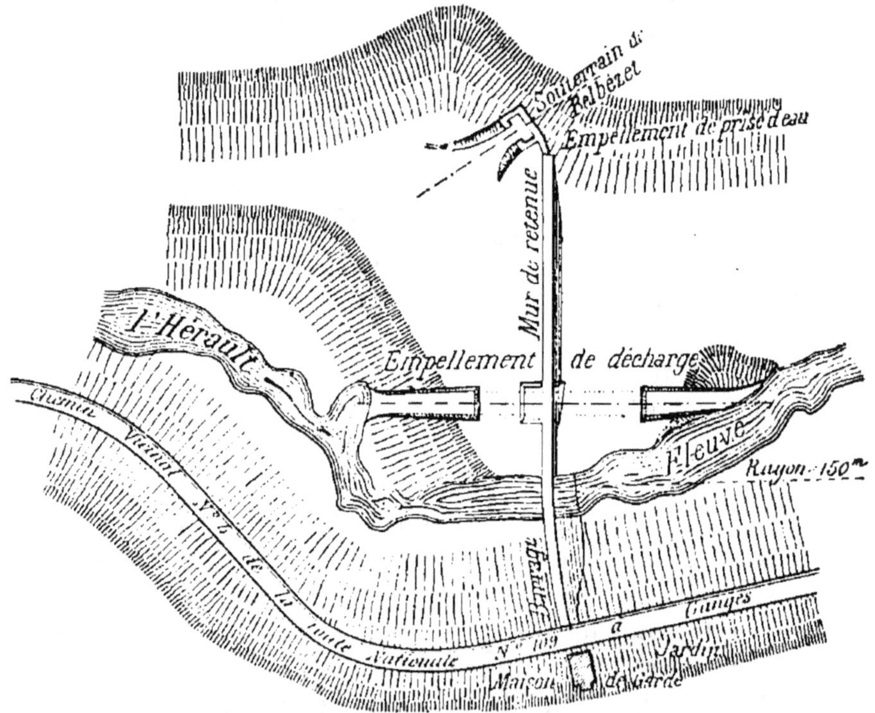

Fig. 33. — Plan de la prise d'eau du canal de Gignac.

de rayon et de 33^m,16 de développement. Sa longueur totale utile est de 122^m,90. Le mur de retenue qui le prolonge a une longueur de 89^m,77.

Les fondations reposent sur le rocher, apparent sur les deux rives et qui est entaillé par redans à une profondeur suffisante pour empêcher toute infiltration et augmenter la résistance au glissement sur la base même de l'ouvrage.

Les deux parements amont et aval sont en maçonnerie de

moellons tetués de 1ᵐ,50 d'épaisseur et le couronnement en maçonnerie de pierre de taille. L'intérieur est en maçonnerie de béton et le béton est arrêté à 2 mètres au-dessous de la crête du mur-barrage.

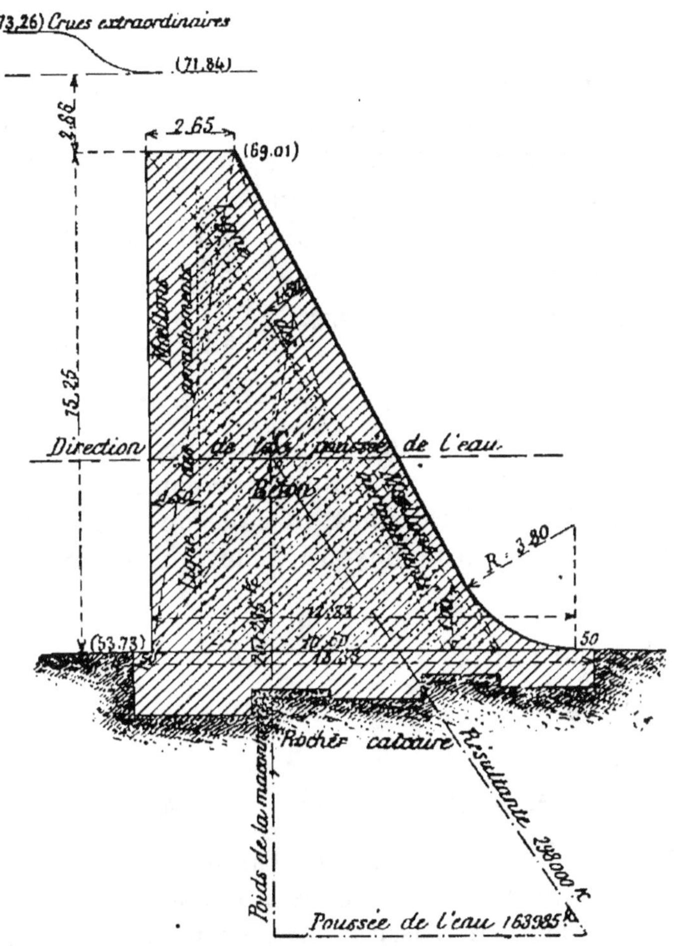

Fig. 34. — Section du barrage.

Nous croyons utile d'entrer dans quelques développements au sujet des calculs de stabilité nécessaires pour déterminer les dimensions transversales d'un semblable mur.

Ces dimensions transversales ont été calculées en faisant abstraction de la forme courbe en plan, et, en ce qui concerne la détermination de l'épaisseur de la lame déversante, dans l'hypothèse d'un débit de 1.900 mètres cubes par seconde, égal au débit maximum de la rivière, non compris un volume de 100 mètres cubes pouvant s'écouler par la galerie de décharge dont nous parlerons ci-dessous, et en adoptant 2.200 kilogrammes pour le poids du mètre cube de maçonnerie.

L'épure de stabilité (*fig.* 34) montre que la résultante des efforts verticaux dus au poids du mur (251.285 kilogrammes) et des efforts horizontaux dus à la poussée de l'eau sur le parement d'amont (163.985 kilogrammes) rencontre la base du mur à 3 mètres de l'arête du parement aval supposé prolongé en ligne droite jusqu'aux fondations. Les efforts de compression sur cette arête sont au maximum (§ 60) :

$$R = \frac{2.P}{3.d} = \frac{2 \times 251.585}{3 \times 3} = 55.900 \text{ kilogrammes,}$$

soit $5^{kg},6$ par centimètre carré.

L'établissement du barrage a créé un remous à l'amont; la hauteur de la lame déversante, correspondant au débit maximum de 1.900 mètres cubes, et celle de la tranche d'eau à l'amont se calculent au moyen de la formule connue (1re partie, § 19) :

$$Q = mlH \sqrt{2gh},$$

dans laquelle :

$$Q = 1.900, \quad m = 0,40, \quad l = 122^m,90 \quad \text{et} \quad h = \frac{2}{3} H;$$

on trouve :

$$H = 4^m,25 \qquad \text{et} \qquad h = 2^m,83.$$

Ce relèvement du plan d'eau à l'amont n'est pas susceptible de nuire aux riverains; l'inconvénient à redouter est la submersion de la partie basse d'un chemin qui longe la rivière. Mais cette submersion ne se produira que très exceptionnellement, et aucune réclamation n'a été soulevée à ce sujet lors des enquêtes.

Le mur de retenue établi en prolongement du barrage est en ligne droite, il est formé d'un mur plein en maçonnerie; il a $2^m,55$ de hauteur maximum au-dessus des rochers, $3^m,80$ de largeur à la base et $2^m,35$ au sommet. Son parement amont est vertical, et son parement aval a la même inclinaison que celui du barrage. Ses fondations reposent sur le

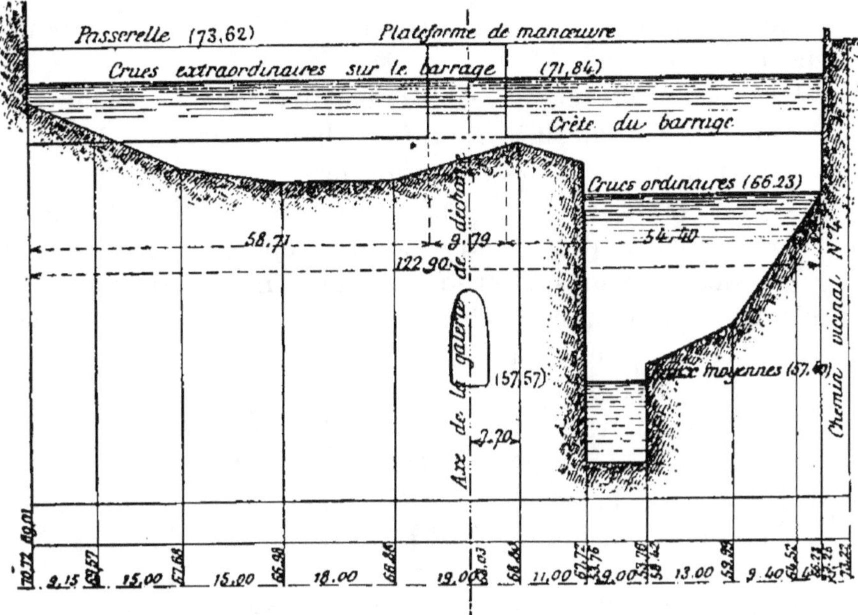

Fig. 35. — Profil en long au droit du barrage.

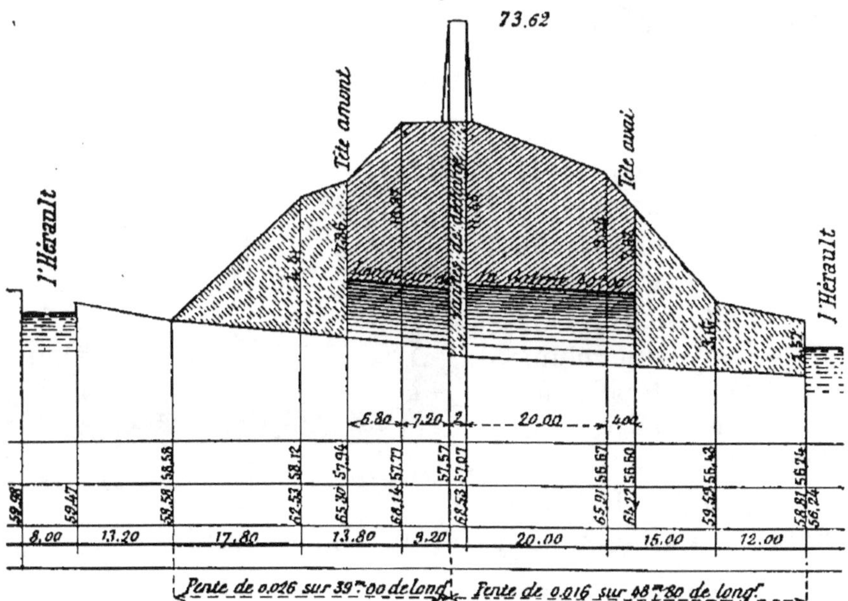

Fig. 36. — Profil en long sur la galerie de décharge.

rocher entaillé par redans, et les matériaux qui le composent sont les mêmes que pour ce dernier ouvrage. L'effort maximum de compression sur l'arête du parement aval, calculé comme il a été dit ci-dessus, est de $0^{kg},97$ par centimètre carré.

Une passerelle établie sur le barrage et sur le mur de retenue qui lui fait suite réunit le chemin vicinal à la plateforme de manœuvre des vannes de prise d'eau (*fig.* 35).

On a creusé à travers le rocher de la rive gauche une galerie de décharge destinée à réduire l'épaisseur de la lame déversante en temps de crue et à maintenir le niveau de la retenue à la hauteur du couronnement du mur (*fig.* 36). Cette galerie coupe à angle droit le barrage ; elle a pour section amont un rectangle de $5^m,00$ de largeur et de $2^m,30$ de hauteur surmonté d'une voûte en arc de cercle de $0^m,70$ de flèche et pour section aval une demi-circonférence de $2^m,50$ de rayon avec piédroits de 1 mètre de hauteur (*fig.* 37 et 38). Elle a son seuil amont à la cote ($57^m,94$), et son seuil aval à la cote ($56^m,24$) ; sa longueur est de 40 mètres. Elle peut débiter un volume de 100 mètres cubes sous une charge de $14^m,27$ [1].

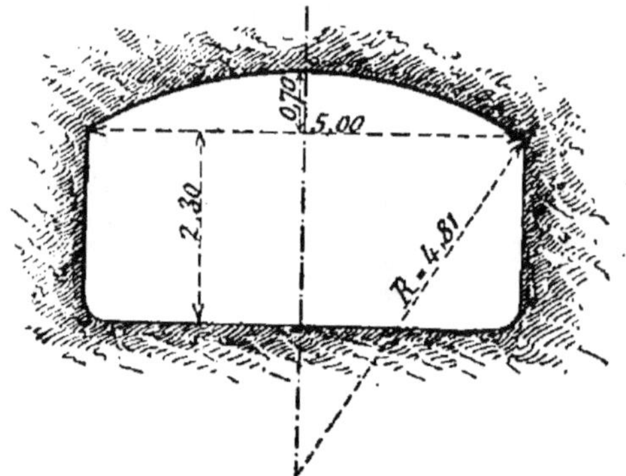

Fig. 37. — Section amont de la galerie de décharge.

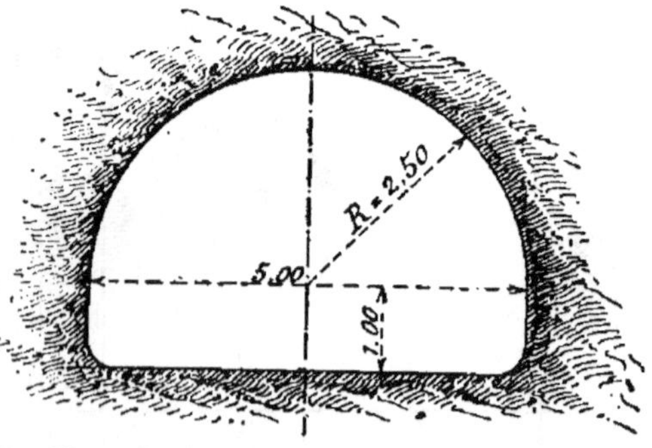

Fig. 38. — Section aval de la galerie de décharge.

L'appareil de décharge est placé à l'intersection de cette galerie et du mur de rete-

---

[1] La charge est égale à la hauteur de la lame déversante ($2^m,83$), à laquelle on ajoute la hauteur du couronnement du barrage au-dessus du radier de la galerie.

nue. Il se compose de cinq vannes en fonte démasquant chacune un orifice de 1^m,33 de largeur sur 2^m,30 de hauteur (pl. II, *fig.* 6 à 8).

Dans les fortes crues, chacune d'elles supportera une charge voisine de 60.000 kilogrammes. Comme les vannes ne doivent être levées qu'à de longs intervalles, et que le contact direct avec l'eau de pièces de fonte comprimées directement par une charge de 14^m,55 d'eau amènerait une adhérence qui augmenterait encore la difficulté des manœuvres, au lieu de les placer à la tête amont de la galerie de décharge, on les a placées vers le milieu, c'est-à-dire, comme nous venons de le dire, à l'intersection du mur de retenue. Elles sont logées à l'intérieur d'un puits creusé dans la montagne dont la section a la forme d'un rectangle ayant 6^m,13 dans le sens de l'axe du barrage et 2 mètres dans le sens perpendiculaire. Le couronnement du puits est établi au même niveau que celui du mur de retenue, et la passerelle qui court tout le long de ce dernier mur donne ainsi accès aux appareils de manœuvre des vannes de décharge.

Ces dernières sont appuyées, en sens inverse de la poussée de l'eau, sur un cadre en fonte qui leur sert de siège. La manœuvre se fait au moyen d'une petite turbine installée au fond du puits et mise en mouvement par une prise d'eau de 0^m,10 d'ouverture masquée par une ventelle s'ouvrant de l'orifice du puits. Cette manœuvre peut également se faire au moyen de treuils placés au-dessus de la plate-forme du puits.

La prise d'eau (pl. II, *fig.* 1 à 5) est établie sur la rive gauche de l'Hérault, contre la tête amont d'un tunnel franchissant le coteau de Belbézet. Le rocher est coupé verticalement, et en prolongement de la tête est placée une plateforme de 5 mètres de largeur de laquelle se manœuvrent les vannes régulatrices de prise d'eau.

L'entrée de cette prise d'eau est masquée par trois vannes en fonte découvrant chacune un orifice de 1^m,30 sur 2 mètres de hauteur, qui coulissent dans des montants en fonte rabotés formant chevalets et s'élevant jusqu'au niveau de la plateforme. Elles sont mises en mouvement par des vis en bronze ajustées dans des écrous du même métal. Des treuils munis d'engrenages et d'un volant sont installés sur la plate-forme de manœuvre et disposés de telle manière qu'un seul homme puisse ouvrir ou fermer ces vannes.

b) *Canal de la Bourne* (pl. III et IV). — Le canal de la Bourne, dérivé de la rivière de ce nom, a une dotation de 7 mètres cubes par seconde. Le barrage de prise d'eau est établi en un point où la rivière est très encaissée entre des rochers de grès de molasse presque à pic qui s'élèvent bien au-dessus de la retenue et se continuent au fond du lit sous une couche de graviers. Il est formé d'un mur plein en maçonnerie ayant une hauteur de 17^m,50 au-dessus du fond du lit, 11^m,28 de largeur à la base et 2^m,12 au sommet. Son parement d'amont est vertical ; son parement d'aval présente une pente de 0^m,567 par mètre dans sa partie médiane et se raccorde avec le couronnement par une partie arrondie ; à l'extrémité inférieure existe une série de gradins destinés à rompre la chute de l'eau pouvant passer par-dessus la crête en temps de crue extraordinaire (pl. III, *fig.* 3).

En plan, le mur a la forme d'un arc de cercle, convexe du côté d'amont, dont le rayon mesure 95 mètres, et le développement 71^m,68 (pl. III, *fig.* 4). Les parements sont en maçonnerie ordinaire jusqu'à la naissance des gradins ; ces gradins et le couronnement sont en libages, et l'intérieur en maçonnerie de remplissage. Les fondations reposent sur le rocher.

La retenue est limitée de chaque côté du barrage par un mur d'endiguement élevé à la même hauteur que les murs de tête des galeries de décharge dont il est parlé ci-après, et joignant les têtes de ces galeries avec l'extremité des murs.

Deux galeries de décharge munies de vannes, une sur chaque rive, sont ouvertes dans le rocher et permettent d'écouler les crues ordinaires de la Bourne sans que le barrage soit submergé. La section de chacune d'elles est 14^{mq},82 ; leur profil se compose d'une demi-circonférence de 2^m,50 de rayon avec piédroits de 1 mètre de hauteur ; elles ont leurs seuils aux niveaux commandés par la nature du terrain (pl. III, *fig.* 2).

Sous la charge produite par le relèvement du plan d'eau provenant de l'existence du barrage, ces deux galeries peuvent écouler 250 mètres par seconde. Le débit maximum des crues étant de 950 mètres cubes, il reste 700 mètres cubes qui passent par-dessus le barrage au moyen d'une lame de 3^m,39 d'épaisseur.

Chacune des galeries de décharge est fermée à son origine amont par un massif de maçonnerie percé de trois ouvertures rectangulaires de 1^m,85 de largeur sur 2^m,90 de hauteur (pl. IV). Les seuils de ces ouvertures sont placés au niveau de l'étiage (188^m,21) et, comme les crues extraordinaires atteignent la cote (200^m,99), la pression maximum sur le seuil est de 12^m,78. Les ouvertures sont elles-mêmes fermées par six vannes pareilles ayant 2 mètres de largeur sur 3 mètres de hauteur. A l'étiage elles supportent une charge de 7^m,89 et, en crues extraordinaires, une charge de 11^m,28 au-dessus du centre de gravité.

La vanne proprement dite se compose d'un rectangle plein en fonte muni de nervures; le cadre d'obturation est tourné vers l'amont et la vanne repose par l'aval sur deux essieux en fer munis de galets roulant sur des rails verticaux à patin en acier, et supportant toute la pression par l'intermédiaire de quatre paliers. La manœuvre s'exécute au moyen de vis actionnées par un treuil installé sur le terre-plein, auquel on accède au moyen d'une passerelle soutenue par des chevalets en fer, dont le plancher est placé au niveau du dallage des chambres des vannes. En cas de besoin, les vannes peuvent être actionnées par une turbine.

Au cas où l'une de ces vannes aurait besoin d'être réparée, on s'est ménagé le moyen d'obturer temporairement l'orifice de décharge correspondant par une vanne de sûreté, en tôle, beaucoup plus légère que les premières. On peut la transporter sur un petit chariot spécial et la mettre en place au moyen d'un treuil mobile.

La prise d'eau est établie sur la rive droite, à 150 mètres en amont du barrage. Le canal entre immédiatement en tunnel, et la tête amont de cet ouvrage sert de façade à la prise d'eau.

Ici la prise d'eau est formée par un massif en maçonnerie supportant un terre-plein insubmersible. Dans le mur de tête est pratiquée une ouverture ayant la même section que le tunnel qui lui fait suite. Elle a 5^m,65 de largeur et 2^m,20 hauteur sous clef; elle est partagée en deux parties égales par une poutre verticale ; chacune des deux ouvertures est fermée par une vanne rectangulaire en fonte bouchant hermétiquement la tête qui précède l'origine du tunnel grâce à un cadre d'appui.

Chaque vanne se manœuvre au moyen de vis commandées par un treuil de manœuvre et portant à leur tête des roues d'angle qui engrènent avec quatre pignons portés sur un arbre horizontal actionné par un autre treuil au moyen d'une série d'engrenages. De cette manière, les deux vannes peuvent être manœuvrées en même temps, ou séparément. Une seule ventelle suffit, d'ailleurs, pour alimenter le canal ; la manœuvre se fait très rapidement, et un seul homme y suffit.

Les dispositions de cette prise d'eau sont dues à M. Grissot, de Passy, ingénieur en chef des Ponts et Chaussées. Elles ont reçu la sanction d'une expérience déjà longue ; elles ont inspiré les ingénieurs qui ont dressé le projet de la prise du canal de Gignac.

c) *Canal de la Neste*. — Ce canal, qui distribue ses eaux entre diverses rivières descendant du plateau de Lannemezan (Hautes-Pyrénées), est dérivé de la Neste ; son débit est de $8^{mc},500$ par seconde, y compris $1^{mc},500$ nécessaire au fonctionnement d'une usine située un peu en aval de la prise.

Au voisinage de la prise d'eau, la Neste est divisée en deux bras D et G par une île partiellement submersible en temps de crue. C'est sur le bras gauche G, dont la rive gauche est concave, qu'est établie cette prise d'eau (*fig*. 39).

Un barrage fixe MM, établi en travers du bras droit, fait refluer en basses eaux le courant dans le bras gauche. En temps de crue, l'eau déverse par-dessus sa crête sans dommage pour les propriétés riveraines, le cours d'eau étant très encaissé.

Le débit alimentaire s'introduit dans le canal par deux pertuis accolés *aa*, de 3 mètres de largeur chacun, barrés dans la partie haute par un rideau de poutrelles qui reste constamment en place ; dans la partie basse, ils sont munis de vannes métalliques roulant sur galets, manœuvrés du sommet des pertuis et permettant de régler l'introduction de l'eau.

Au droit des pertuis alimentaires, le bras gauche est traversé par un barrage en maçonnerie dont la crête est raccordée avec le fond aval par un passelis incliné P de 13 mètres de largeur, destiné à permettre le flottage. Du côté de la rive gauche, le barrage est muni d'un pertuis de chasse de 2ᵐ,80 de largeur, que l'on peut soit barrer à l'amont par un rideau à poutrelles pour relever le plan d'eau, soit ouvrir en totalité ou en partie, pour favoriser l'écoulement des graviers. Au-dessus du barrage est établie une passerelle en charpente placée au niveau du couronnement des pertuis.

Dès la construction du canal de la Neste, on a dû se préoccuper de la question du bon fonctionnement de la prise d'eau. La rivière, en effet, a un caractère torrentiel très prononcé, et en temps de crue elle charrie abondamment des matériaux de toutes sortes, graviers, galets, etc., qui tendent à se déposer en amont du barrage par suite de la diminution de vitesse

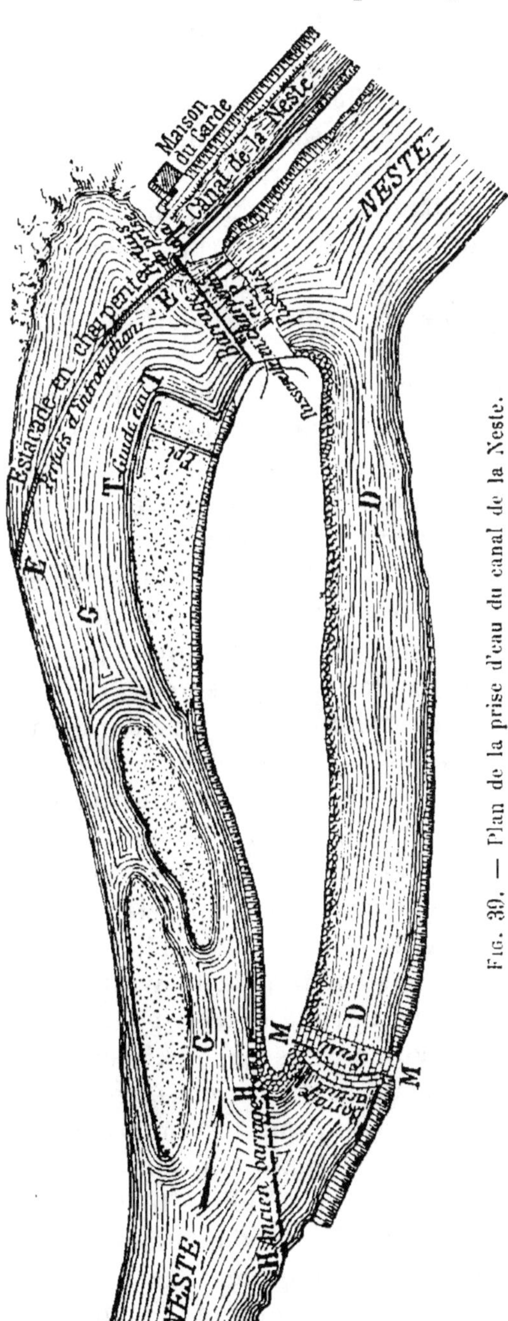

Fig. 39. — Plan de la prise d'eau du canal de la Neste.

provenant de sa présence; ces matériaux viennent barrer

l'entrée du canal de dérivation, s'y introduisent peu à peu et finiraient par l'obstruer complètement si on n'avait pas recours à des curages fréquents. L'effet des chasses, sur lequel on avait compté pour remédier à l'engorgement progressif du pertuis, s'est montré impuissant à faire cesser le mal, et les graviers, en s'accumulant derrière les poutrelles du pertuis de chasse, en rendaient la manœuvre difficile, de sorte que la prise d'eau était, à la suite des crues, menacée d'une obstruction complète, et que le canal rempli de graviers sur une grande longueur réclamait des curages fréquents.

Aussi dut-on modifier promptement le mode d'introduction des eaux dans les pertuis de prise. Au lieu de laisser libre l'accès entier du bief d'amont, on disposa à l'amont des pertuis de prise, et, en prolongement du bajoyer qui les sépare du pertuis de chasse, une estacade en charpente EE concave du côté de l'eau (*fig.* 39); cette estacade était munie d'une ouverture centrale limitant l'introduction des eaux basses ou moyennes. L'effet fut non seulement de réduire l'introduction des graviers en leur barrant partiellement l'accès, mais surtout de provoquer la formation et l'entretien d'un thalweg dans lequel les graviers entraînés par des filets à grande vitesse se tiennent au-dessous du seuil d'introduction qu'ils ne peuvent plus franchir. On a dû, toutefois, pour réaliser le long de l'estacade et du pertuis les vitesses propres à l'entraînement des graviers, rassembler les eaux le long de l'estacade dans un lit mineur bien calibré. Ce résultat a été obtenu par la construction de l'ouvrage TT composé d'un épi raccordé à la rive droite et d'un guide-eau parallèle à l'estacade. L'épi et le guide-eau sont constitués par des files de pieux et palplanches moisés. L'ouvrage, étant submersible et ne présentant aucune saillie sur les eaux qui le baignent ou le gravier qui l'entoure, se maintient sans avarie.

Au contraire, l'estacade en charpente établie à titre d'essai n'a pas tardé à être hors de service. Mais, comme elle avait donné de bons résultats, on l'a remplacée par un ouvrage définitif en maçonnerie, lequel comporte (*fig.* 40) un mur de 42 mètres de développement, insubmersible, solidement encastré dans le sol et reposant sur un massif de fonda-

tion constitué par un socle en béton de 1^m,40 de profondeur,
descendant jusqu'à 1 mètre en contre-bas du radier du pertuis de chasse. Ce mur a une largeur en couronne de 1^m,50;
son parement d'amont est vertical et celui d'aval est incliné
à 1/5. Pour laisser écouler l'eau, il est percé de seize ouvertures obliques au parement du mur; elles ont une hauteur et
une largeur de 1^m,55, de sorte qu'il est possible d'introduire
dans le canal le volume de 8^mc,500 constituant sa dotation
avec une vitesse d'eau assez faible pour éviter l'entraînement
des graviers.

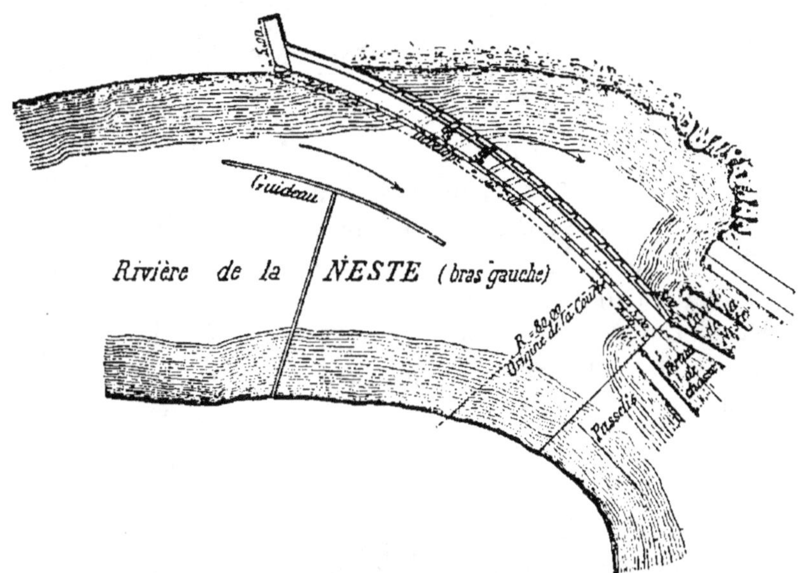

Fig. 40. — Plan de l'ouvrage destiné à arrêter les graviers.

Chacune de ces ouvertures, à sa tête amont, peut être fermée par un jeu de poutrelles mobiles en fer coulissant dans
des rainures pratiquées dans les piles de 0^m,50 d'épaisseur qui
séparent ces bouches d'introduction. On peut ainsi relever
le seuil mobile jusqu'à 1 mètre en contre-haut du seuil fixe
en maçonnerie. Les poutrelles sont manœuvrées au moyen
d'un treuil circulant sur une voie ferrée posée sur le couronnement du mur.

   d) *Canal du Forez* (pl. V, et *fig.* 41 à 45). — Le canal du
Forez, dérivé de la **Loire à la sortie des gorges de Saint-**

Victor (Loire), à une dotation des 5/6 du débit au droit de la prise, sans pouvoir dépasser 5 mètres cubes en étiage et 15 mètres cubes en eaux ordinaires. Le débit normal est de 10 mètres cubes.

La prise d'eau comporte un barrage de dérivation présentant en plan deux alignements partant de chacune des rives de la Loire et raccordés vers le milieu du fleuve par une courbe en arc de cercle de 40 mètres de rayon et de 34^m,75 de développement (pl. V, *fig.* 1). La longueur des

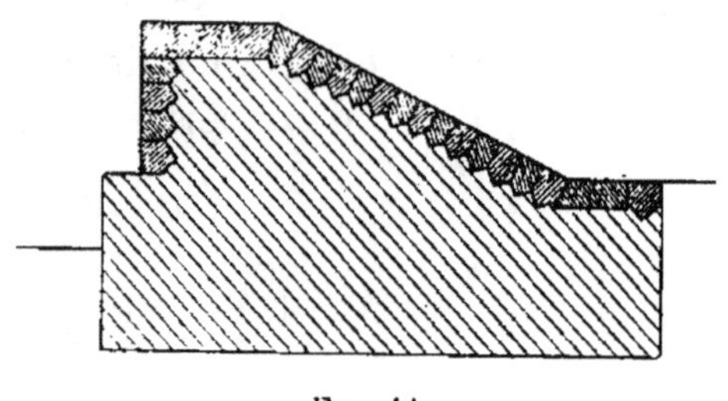

Fig. 41.

alignements est de 16 mètres pour le mur de rive droite encastrée dans le rocher de la rive et de 12 mètres pour celui de rive gauche, lequel forme prolongement du mur de cuvette du canal.

La section transversale du barrage comprend un massif de maçonnerie ordinaire dont les parements amont et aval sont revêtus de moellons smillés; le couronnement est en pierre

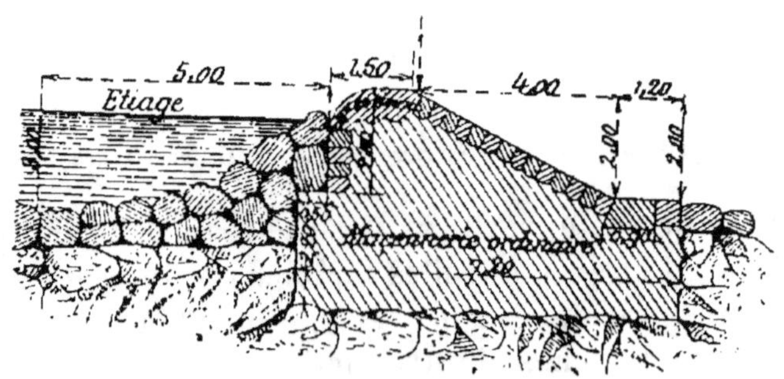

Fig. 42. — Coupe du barrage de prise d'eau du canal du Forez.

de taille. Primitivement, ce couronnement affectait la forme qu'indique la figure 41, et qui était défectueuse à cause de la résistance que la partie verticale amont opposait au passage des eaux, lesquelles, pour franchir le barrage, venaient frapper sur le couronnement. Une partie des pierres de taille ayant été emportées à la suite d'une crue, on a modifié la forme du couronnement, comme le représente la figure 42, et on a remplacé la pierre de taille par une maçonnerie de blocage hourdée au mortier de ciment et recouverte d'un enduit en ciment. De plus, des enrochements en gros blocs naturels ont été immergés à l'amont du barrage sous un talus assez incliné pour atténuer l'effet de l'eau sur le parement vertical.

Vanne de prise d'eau du canal du Forez.

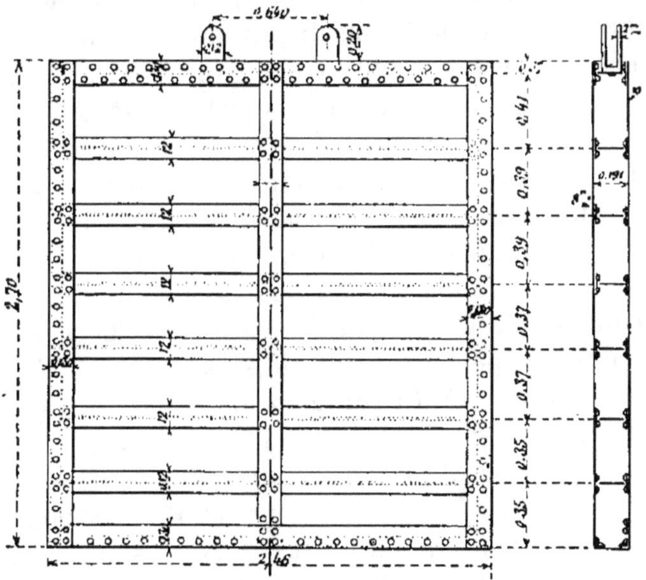

FIG. 43. — Élévation d'aval.   FIG. 44. — Coupe transversale.

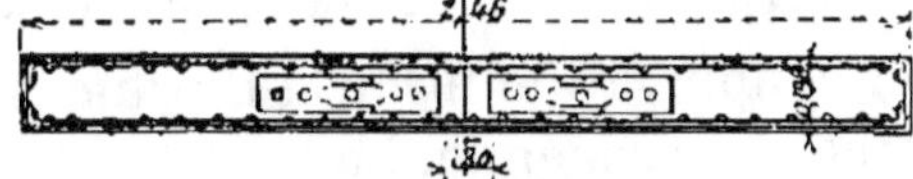

FIG. 45. — Plan supérieur.

La crête du barrage de dérivation est dérasée à 0^m,64 en contre-haut du plus bas étiage connu. Tant que le débit de la Loire est inférieur à 10 mètres cubes, le barrage a pour résultat d'introduire la totalité de l'eau dans le canal; dans ce cas le partage d'eau entre celui-ci et la rivière en aval de la prise s'effectue au moyen d'un partiteur (pl. V, *fig.* 1) divisant la largeur normale du canal en deux pertuis parallèles maçonnés dont les débits sont dans le rapport de 1 à 6. Quand le débit de la Loire est supérieur à 10 mètres cubes, les eaux surabondantes se déversent par-dessus le barrage et le mur qui limite la cuvette du canal jusqu'à son entrée en souterrain, à 325 mètres en aval de la prise. En temps de crue, tous ces ouvrages sont noyés ; dans ce cas la quantité d'eau à introduire dans le canal est limitée au moyen de trois vannes de prise d'eau placées à la tête amont du souterrain et qui sont manœuvrées au moyen de crics logés dans une chambre spéciale au-dessus du niveau des plus hautes eaux.

La prise d'eau comporte encore divers ouvrages accessoires :

Un déversoir de fond à poutrelles, accolé à la culée gauche du barrage et qui n'est muni de ses poutrelles que pendant les basses eaux du fleuve, sert pendant les crues à évacuer une partie des matériaux, sable, gravier, pierres, qui tendent à s'amonceler à l'origine du canal. Les matériaux, qui, après chaque crue, obstruent la cuvette, sont évacués de leur côté par une ouverture à travers la berge, fermée en temps normal par des poutrelles et pratiquée à 15 mètres en amont de la tête du souterrain. Enfin, une martellière à deux pertuis à poutrelles, de 4^m,65 de largeur, destinée à empêcher, en cas de besoin, l'introduction de l'eau dans le canal, est établie à l'origine du canal ; les poutrelles ne sont mises en place qu'en basses eaux, lorsqu'il est nécessaire de procéder au curage de la cuvette.

c) Canal du Verdon (pl. VI). — Le canal du Verdon dérivé de la rivière du même nom, affluent de la Durance, a une dotation de 6 mètres cubes par seconde. Le barrage de prise d'eau est établi près du village de Quinson (Basses-Alpes), en un point où la rivière, large de 37 mètres, est encaissée entre deux falaises à pic, hautes d'environ 80 mètres. La hauteur de son couronnement au-dessus du massif des fondations est de 11^m,39 ; l'épaisseur de la fondation varie entre 6 et 7 mètres de hauteur sur l'axe de la rivière et va en diminuant vers les bords. En plan, le barrage est disposé suivant une courbe en arc de cercle de 36 mètres de corde et de 5^m,80 de flèche pour la partie au-dessus du massif des fondations; celui-ci est établi suivant une direction rectiligne dans le sens de la normale à l'axe de la rivière, il a 15 mètres d'épaisseur (pl. VI, *fig*. 1).

La section du mur-barrage présente la forme de deux trapèzes superposés ; la largeur est de 9^m,91 à la base et 4^m,70 au sommet ; le parement d'amont est vertical et le parement d'aval incliné au moyen de gradins en saillie décroissant de la base vers le sommet (pl. VI, *fig*. 2).

Le massif des fondations est en béton avec mortier de chaux du Teil et sable du Verdon ; il forme saillie sur les deux parements du mur pour résister aux affouillements produits par la chute des eaux, laquelle, en temps de crue, constitue une cascade de 20 mètres de hauteur, la lame déversante atteignant une hauteur de plus de 8 mètres. Des enrochements cubant 2.000 mètres cubes, échoués en aval du massif, accroissent encore la résistance des fondations. Bien que composés de très gros blocs, ils ont été emportés plusieurs fois par les crues.

Le mur au-dessus de ces fondations est en maçonnerie de moellons bruts et le couronnement est en pierre de taille.

La prise d'eau est percée immédiatement à l'amont du barrage, sur la rive gauche, dans le massif de rocher, en tête d'un tunnel au moyen duquel le canal traverse dès son origine les flancs escarpés de la rivière.

Elle comprend quatre ouvertures en plein cintre de 1^m,20 de largeur et de 1^m,50 de hauteur de piédroit, surmontées d'une voûte en plein cintre, dont le seuil est établi à 1^m,50 en contre-bas du couronnement du mur (pl. VI, *fig*. 2). Le milieu de la façade de prise est occupé par un avant-corps dont le vide intérieur se prolonge à travers la roche et descend jusqu'au plafond de la rivière à l'entrée d'une galerie souterraine de vidange latérale au Verdon, qui permet, en temps de crue, d'évacuer vers l'aval du barrage une partie des eaux, lesquelles sont restituées à la rivière après avoir traversé le coteau en souterrain. On diminue de cette manière la quantité d'eau passant par-dessus le barrage. La largeur de cette galerie est divisée à l'aplomb du canal en trois ouvertures de 0^m,95 de largeur, armées de vannes dont les tiges s'élèvent jusqu'aux appareils de levage placés sur la plate-forme de la prise, laquelle contient aussi les appareils de levage des vannes de prise d'eau.

Ces appareils sont en fonte de 4 millimètres d'épaisseur ; les tiges qui servent à les manœuvrer se terminent en crémaillère engrenant avec un pignon et roues dentées.

Les trois ouvertures servant d'émissaires de décharge devaient non seulement être utilisées comme évacuateurs d'une partie des eaux, mais aussi permettre l'écoulement des vases et graviers. La manœuvre des vannes ne s'est effectuée qu'une fois, et elles furent faussées pendant la fermeture. On renonça alors à les ouvrir de nouveau et on laissa les dépôts vaseux s'accumuler contre le barrage où ils s'élèvent à une hauteur telle que les deux pertuis de prise placés le plus en amont en sont obstrués. Toutefois on n'a pas cherché à les remettre en état, attendu que les deux pertuis d'aval suffisent largement aux besoins du service.

Jusqu'ici on n'a pas eu à se préoccuper sérieusement de l'écoulement à l'aval du barrage des graviers charriés en grande quantité par le Verdon. On a constaté, en effet, qu'en arrivant dans l'eau calme du remous ils se déposent et ne sont jamais entraînés plus loin. Par suite des apports successifs, la retenue se comble peu à peu et le fond de la rivière s'exhausse en amont, en conservant exactement la pente qu'il avait avant la construction du barrage. Il en résulte que le cours d'eau se relève parallèlement à lui-même en amont.

Le volume d'eau emmagasiné dans le lit de la rivière par le fait de l'existence du barrage a diminué en conséquence, et les graviers finiront un jour par combler la totalité du réservoir. Mais il est impossible de s'opposer à cet envahissement en les écoulant par le canal de vidange qu'ils n'atteignent pas, et on a jugé inutile, en conséquence, de rétablir les vannes de fond, la quantité d'eau dérivée restant jusqu'à présent suffisante pour assurer l'alimentation du canal.

La construction du barrage du Verdon a présenté de très grandes difficultés dues aux avaries causées à plusieurs reprises aux ouvrages par les crues du Verdon et aussi par les difficultés d'accès aux gorges où ils sont établis. Les fondations du mur devaient reposer entièrement sur le rocher ;

il n'en a rien été. Ce rocher était probablement coupé vers son milieu par une faille garnie de gravier et, dans la partie où la couche de béton atteint 7 mètres, elle repose simplement sur le gravier.

Néanmoins le barrage fonctionnait régulièrement depuis l'année 1869, date de son achèvement, lorsqu'en 1888 un affouillement du sol se produisit vers le milieu de la longueur par-dessous le massif de béton, et la totalité de l'eau siphonna sous l'ouvrage, rendant impossible l'alimentation du canal. On dut remédier à cet état de choses en jetant dans l'orifice aval du siphon des blocs artificiels en maçonnerie avec mortier de ciment, de grandes dimensions, capables de résister aux plus fortes crues, pour protéger et maintenir des enrochements naturels de moindre volume, remplaçant ceux antérieurement immergés et qui avaient disparu à la suite des crues. Les blocs artificiels forment quatre rangées horizontales s'étalant au pied du barrage de manière à diviser la hauteur de chute des eaux. Ils sont à base carrée, de 4^m,00 de côté et de 3 mètres de hauteur (*fig.* 46). Ils ont été construits dans des caissons en planches au moment de l'étiage.

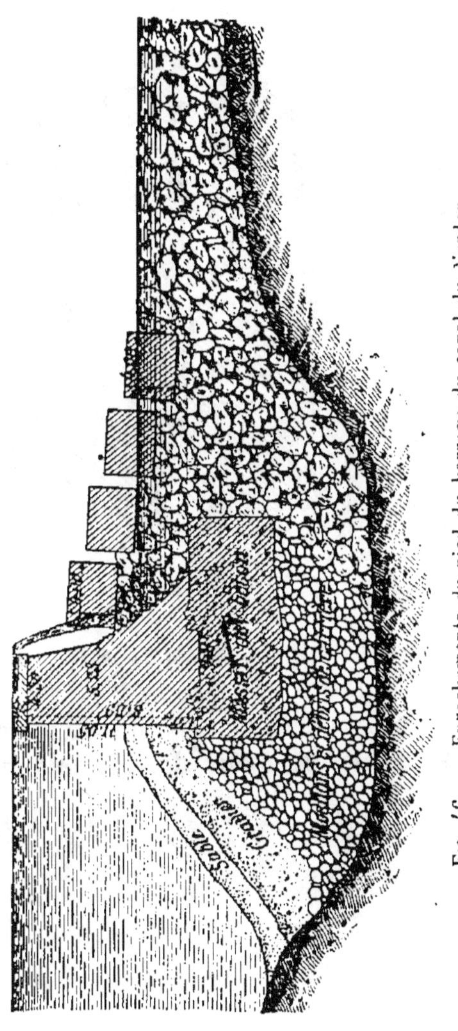

Fig. 46. — Enrochements du pied du barrage du canal du Verdon.

A l'amont du barrage, on a jeté devant la brèche des

moellons que le courant chassait contre les blocs d'aval. On a ensuite répandu sur eux du gravier et du sable dans les interstices desquels les eaux ont déposé de la vase qui les colmate.

Une crue du Verdon, survenue peu après l'achèvement de ces travaux, a provoqué de nouveau un mouvement général des blocs à l'aval du barrage, lesquels s'étaient en certains points enfoncés. On a re- chargé ces points faibles en immergeant une nou- velle rangée de cinq blocs artificiels en maçonnerie reposant sur une base en béton. Ceux-ci, dont les dimensions sont indiquées sur la figure 47, cubent en- viron avec leur base 92 mè- tres cubes. Ces blocs repo- sent sur une couche de blocs d'enrochement de di- mension moyenne arasée au niveau, au-dessus duquel on peut maçonner hors de l'eau en étiage. Ils ont, par

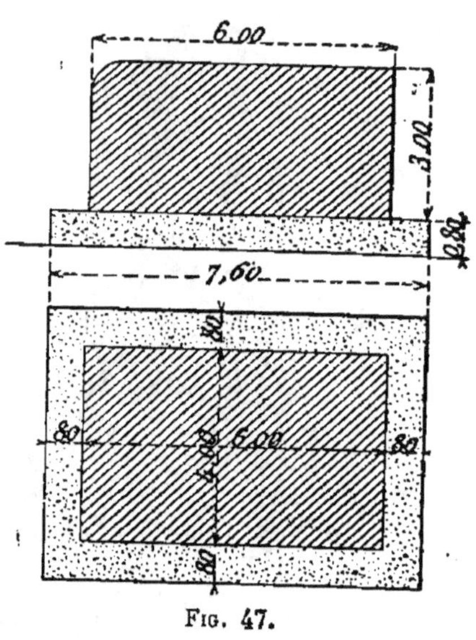

Fig. 47.

suite, été construits sur place pendant les basses eaux de la rivière.

Les travaux de réparation ont exigé une dépense de 110.000 francs environ; ils paraissent avoir donné de bons résultats.

CHAPITRE IV

OUVRAGES D'ART

19. Généralités. — L'établissement d'un canal d'irrigation présente, par la destination même de l'ouvrage, des difficultés qu'on ne rencontre pas lorsqu'il s'agit d'une route ou d'un chemin de fer, non seulement par suite des conditions que doivent remplir son profil transversal et sa pente longitudinale, mais aussi parce que l'écoulement de l'eau ne saurait, sans inconvénients graves, admettre d'interruption.

Ces canaux desservent ordinairement des contrées essentiellement agricoles, et il est de première nécessité d'y multiplier les moyens de communication. Dans les régions où la propriété est très morcelée, son exploitation agricole exige un réseau très complet de chemins ruraux, de chemins de service et même de simples sentiers d'exploitation, qui mettent les parcelles en communication avec les chemins vicinaux et les routes de plus grande importance. On ne pourrait, sans troubler profondément les habitudes locales, apporter des changements importants à ce réseau ; aussi la construction de nombreux ouvrages d'art, ordinairement de faible importance, est-elle indispensable pour le maintien des communications existantes.

Toutefois il serait exagéré de prétendre, que chaque fois que le canal rencontre un chemin plus ou moins fréquenté, il faille établir un pont. On doit chercher à concilier la facilité des communications avec la modération dans les dépenses, et, si le maintien dans leur position et état actuels des chemins les plus fréquentés est nécessaire, il est souvent possible de dévier ceux qui présentent un degré moindre d'utilité, à la condition toutefois de ne pas imposer de trop longs détours aux intéressés.

Le passage des fossés d'assainissement qui sillonnent certaines régions desservies par des canaux d'irrigation, telles que la plaine du Forez ou celle de Beaucaire, donne lieu à des observations analogues; il est inutile d'établir un aqueduc à la rencontre de chacun de ces fossés; on réunit en un seul plusieurs d'entre eux, de manière que leurs eaux convergent vers une issue commune, d'un débouché suffisant.

La traversée des cours d'eau proprement dits ou des plis accentués du sol entraîne forcément la construction d'un ouvrage d'art dont les proportions dépendent de la surface du bassin versant, s'il s'agit d'un cours d'eau naturel, ou du débit s'il s'agit d'une rigole d'irrigation ou d'alimentation d'une usine. D'autre part, si les eaux d'un ravin étaient arrêtées, il se formerait en amont du canal une sorte de lac artificiel qui minerait le pied des talus et qui dégagerait des émanations malsaines pendant les périodes de chaleur.

Quel que soit le tracé adopté, les ouvrages destinés à assurer le maintien des communications et l'écoulement des eaux sont toujours nombreux et constituent une notable fraction de la dépense d'établissement. Aussi doit-on chercher à les construire économiquement et sans luxe. Il faut avant tout proscrire les dispositions qui seraient de nature à gêner l'écoulement des eaux du canal.

On doit aussi s'efforcer d'éviter les ouvrages d'art de dimensions ou de formes exceptionnelles, qui entraînent toujours des dépenses exagérées.

20. **Nature et qualité des matériaux.** — Si, en général, on

ne doit rien négliger pour assurer la durée et la solidité des ouvrages d'art quelconques, on peut dire que les précautions ne sauraient jamais être trop minutieuses quand il s'agit de les établir sur un canal. L'économie dans la construction n'est pas moins désirable que la solidité; la simplicité et l'absence de toute recherche n'excluent, d'ailleurs, nullement l'élégance et l'harmonie dans l'ensemble des dispositions, ainsi que le prouvent nombre d'ouvrages d'art existants.

a) *Fondations.* — La question des fondations doit être étudiée avec un soin tout particulier, car l'existence même des ouvrages d'art en dépend. Des sondages doivent être exécutés en quantité suffisante pour permettre de reconnaître la nature exacte du terrain sur lequel reposeront les ouvrages. Lorsque le solide peut être atteint par une simple fouille, les déblais s'exécutent à sec ou avec épuisements. Si l'on rencontre des terrains compressibles ou si la grande profondeur à laquelle se trouve le solide empêche d'y asseoir les fondations, on est obligé d'avoir recours aux divers modes ou usages dans les travaux publics, tels que coffrages, caissons, etc.

Les massifs se construisent soit en maçonnerie de moellons, soit en béton. L'emploi du béton présente de grands avantages. Il répartit d'une manière uniforme sur tous les points du terrain naturel les pressions exercées par le massif des constructions, et empêche les affaissements partiels ou les dislocations qui se produisent souvent quand les maçonneries sont élevées directement sur un sol argileux par exemple. On emploie ordinairement du béton hydraulique faisant rapidement prise, même sous l'eau, ce qui permet de le couler dans l'eau tranquille, quand les épuisements sont particulièrement difficiles.

Le béton posé à sec est simplement roulé à la brouette et déchargé par massifs présentant un talus à redans, et non par couches générales ; les talus et les redans sont successivement tassés et comprimés, de manière à ne former qu'une seule masse bien serrée et bien compacte.

Le béton destiné à être immergé sous une faible hauteur d'eau, $0^m,60$, par exemple, est d'abord déchargé sur le bord ; puis, on le fait glisser doucement sous l'eau ; on charge successivement les bords du massif obtenu ainsi, et, en pressant le bourrelet, on fait étendre les talus par mouvement doux jusqu'au complet remplissage de la fouille.

Quand la hauteur d'eau excède $0^m,60$, l'immersion peut se faire au moyen de caisses portées chacune sur un chariot léger, et qu'on descend au moyen d'un treuil jusque sur le fond. On immerge le béton par séries de couches de 0^m,60 de hauteur, le béton de chaque couche devant être pressé soigneusement à mesure de son immersion pour le tasser et faire dégorger les vases.

Le travail doit être conduit aussi rapidement que possible et doit être précédé d'un nettoyage au vif du sol de fondation, destiné à enlever la couche de vase provenant du travail de la fouille.

b) *Mortier de chaux hydraulique.* — Le béton est formé, dans une proportion variable, de pierre cassée et de mortier composé de chaux hydraulique en poudre et de sable de rivière granitique ou quartzeux.

Au canal de Manosque, les dosages sont les suivants : pour le mortier rentrant dans la fabrication du béton maigre, 200 kilogrammes de chaux en poudre pour 0^m,90 de sable de la Durance ; pour le mortier rentrant dans la fabrication du béton ordinaire et des maçonneries, 300 kilogrammes de chaux en poudre pour 0^m,90 de sable ; enfin, pour le mortier destiné au béton immergé, 350 kilogrammes de chaux en poudre pour 0^m,90 de sable.

La chaux doit provenir d'une fabrique connue ; celle qui proviendrait d'usines à proximité des travaux et peu connue ne devrait être employée qu'après que des analyses et essais concluants auraient montré qu'il n'y a pas d'inconvénients à en autoriser l'emploi, car les travaux du genre de ceux qui nous occupent exigent des chaux parfaites et ne sauraient servir de matière à expériences. Il ne suffit pas que les chaux du pays soient composées d'éléments excellents pour que leur usage puisse être autorisé, il faut aussi que la préparation en soit soignée et que les diverses fournitures soient toutes de la meilleure qualité, sans incuits. Aussi la plupart du temps a-t-on recours aux chaux universellement réputées, comme celles de Cruas ou du Teil. De plus, afin de laisser aux usines la responsabilité entière de leurs fournitures, il est bon, autant que possible, de ne jamais employer des chaux de deux provenances différentes dans un même ouvrage.

c) *Mortier de ciment.* — Le mortier de ciment qui entre dans la fabrication des maçonneries et sert aux enduits, dallages, revêtements, etc., est à prise lente ; on choisit habituellement du ciment de Portland ou du Vicat artificiel (usines de la Porte de France). Il est avantageux de s'assurer de sa bonne qualité au moyen d'épreuves telles que celle qui consiste à constater si plusieurs échantillons pris au hasard et gâchés en pâte ferme font prise, après un certain nombre d'heures d'immersion, sans toutefois durcir trop rapidement. Le cahier des charges des travaux du canal de Manosque stipule que la prise doit se faire au bout de huit heures, et qu'après douze heures d'immersion le ciment gâché pur doit rester sans se déformer à une forte pression du doigt. De plus, des briquettes composées de 10 kilogrammes de ciment pour 1 litre de sable doivent, après cent vingt heures d'immersion, offrir en leur milieu découpé en cube de $0^m,04$ de côté une résistance à la rupture par traction de 4 kilogrammes au moins par centimètre carré. Le dosage est de 550 kilogrammes de ciment en poudre pour 0,90 de sable.

Il est toujours prudent de s'assurer que le ciment ne contient ni gypse, ni particules de charbon provenant de la cuisson imparfaite.

Dans la fabrication des buses, des aqueducs-siphons et, en général, pour les travaux qui exigent une grande rapidité d'exécution, on emploie des ciments à prise rapide qui font prise au bout de cinq à dix minutes, quand ils sont gâchés purs. Au canal de Manosque, on emploie pour la confection de cette nature d'ouvrages du ciment de la Porte de France, dont la densité n'est pas inférieure à 1.100 kilogrammes. Dans la fabrication des buses il entre 500 kilogrammes de ciment à prise rapide pour 0,45 de sable et 0,70 de graviers ou cailloux de nature siliceuse.

L'emploi des ciments à prise rapide est difficile et donne lieu à beaucoup de malfaçons ; aussi doit-il être réservé pour les enduits et évité dans les fondations.

d) *Maçonneries.* — Les maçonneries se font, en général, avec des pierres provenant des carrières du pays, choisies parmi celles qui fournissent les matériaux de la meilleure qualité. Ces matériaux doivent être homogènes, non gélifs, ni friables, résister à toutes les intempéries et présenter une forte résistance à l'écrasement. Ils doivent rendre un son clair sous le choc du marteau ; ceux qui rendent un son sourd, qui contiennent des parties tendres et s'écrasent en grains sablonneux au lieu de se briser en éclats à arêtes vives, sont à rejeter.

e) *Maçonnerie de moellons ordinaires.* — L'emploi de la maçonnerie ordinaire est la règle générale. Son exécution doit se faire suivant les règles de l'art. Les moellons sont posés à bain de mortier et en liaison ; ils sont placés à la main et serrés par glissement les uns contre les autres de manière que le mortier reflue à la surface par tous les joints. Les joints et intervalles, bien remplis de mortier, sont garnis d'éclats de pierre enfoncés et serrés de manière que le mortier enveloppe chaque moellon ou éclat. Quand les pierres sont d'une dureté moyenne, les massifs verticaux de peu d'épaisseur et les piles sont arasés suivant le plan des assises de pierre de taille, les voûtes suivant le plan des joints des voussoirs ; pour les massifs soumis à de fortes pressions, tels que les retombées des voûtes, l'arasement se fait suivant des plans normaux à la courbe des pressions; enfin, pour les grands massifs de maçonnerie, les matériaux sont enchevêtrés de manière à se relier dans tous les sens.

Avec les matériaux d'une grande dureté, il n'est fait d'assises horizontales ni dans l'intérieur ni sur les parements, de telle sorte que ceux-ci présentent la forme dite *opus incertum.*

f) *Maçonnerie de sujétion.* — Dans certains cas, pour satisfaire aux conditions de solidité et de durée, la maçonnerie ordinaire est insuffisante. Aussi les cahiers des charges relatifs à la construction des canaux d'irrigation stipulent-ils ordinairement que les têtes, les angles et les bandeaux des voûtes, les socles, les couronnements et les extrémités des radiers des ouvrages d'art seront en maçonnerie de moellons de choix proprement appareillés et jointoyés.

Les lits doivent être horizontaux pour les angles et normaux à la courbe d'intrados pour les bandeaux des voûtes.

On emploie aussi les moellons smillés et même quelquefois la pierre de taille pour les chaînes d'angle, les rampants des murs en aile, les plinthes, les couronnements des parapets, etc... Les appareils sont disposés de manière que chaque pierre ait une longueur de parement égale à deux fois au moins sa hauteur ; la pose est faite à bain de mortier et les pierres tassées en tous sens de manière que le mortier garnisse exactement les lits et les joints. Mais c'est là une exception ; les ouvrages des canaux d'irrigation doivent être, en général, construits en matériaux rustiques, sans pierres de taille et sans parements de sujétion ; l'économie et la solidité doivent être les seules préoccupations du constructeur, sous peine de rendre l'entreprise financièrement irréalisable.

g) *Chapes, enduits, jointoiements.* — Pour prévenir les infiltrations d'eau à travers les maçonneries des différents ouvrages d'art, on doit établir des chapes ou des enduits. Les chapes ordinaires des ponts par-dessus un canal ont une épaisseur de $0^m,05$ à $0^m,10$ et sont composées de deux parties. La partie immédiatement en contact avec l'extrados des voûtes est constituée par un béton fin contenant un petit excès de mortier et qu'on établit après le décintrement de la voûte. Quand elle a pris une certaine consistance, sans cependant qu'elle soit desséchée tout à fait, on la recouvre d'une couche de mortier fin de $0^m,02$ d'épaisseur, posée soigneusement et bien lissée à la truelle. Le béton est battu et tassé de manière à resserrer toutes les fentes qui peuvent se produire pendant la dessiccation ; une couche de sable est répandue sur le mortier fin au fur et à mesure de la pose, afin que des gerçures ne s'y produisent pas sous l'effet du soleil.

Les ouvrages des passages inférieurs, tels que aqueducs-siphons ou ponts-canaux, qui ont à supporter d'une façon permanente des pressions d'eau souvent considérables, doivent être revêtus d'une manière plus solide.

Au canal du Forez, on a appliqué une couche de mortier de ciment de $0^m,03$ d'épaisseur sur toutes les surfaces des maçonneries en contact direct avec les eaux du canal. Les autres parements ont été enduits de mortier de chaux hydraulique sur une épaisseur variant de 0^m,03 à 0^m,05.

Les chapes et les enduits en ciment sont faits en deux ou plusieurs couches dont la première doit combler tous les joints, vides ou flaches de la maçonnerie et est dressée suivant une surface régulière, mais rugueuse ; la deuxième couche est appliquée ensuite et lissée à la truelle en la tassant fortement.

Quant aux jointoiements des parements vus, non en contact avec les eaux, ils sont faits soit au fer, soit à la truelle.

h) *Chapes en asphalte.* — Les revêtements en ciment dont nous venons de donner la description ont l'inconvénient d'être absolument rigides ; par suite des tassements qui se produisent inévitablement dans les maçonneries, ils peuvent se fissurer et donner ainsi passage à des suintements plus ou moins abondants.

Il est possible d'obtenir un feutrage suffisamment élastique pour lui permettre de suivre sans se fendiller les mouvements de la maçonnerie, en employant des chapes en asphalte.

Pour revêtir d'une chape imperméable l'extrados d'une voûte, on en recouvre d'abord la surface d'un enduit en ciment lissé à la truelle ; puis, sur la surface ainsi préparée, la couche de ciment étant bien prise et convenablement sèche, on coule une couche de mastic d'asphalte pur de 10 à 20 millimètres d'épaisseur, suivant l'importance attachée au travail. Lorsque la couche d'asphalte est refroidie et, par suite, durcie, on remblaie la surface, en ayant soin d'y répandre d'abord de petits matériaux, les grosses pierres pouvant fendiller la croûte solide et créer par la suite des causes d'infiltration.

Les chapes en asphaltes de bonne qualité ont été employées principalement dans les ponts de chemin de fer et paraissent avoir donné de bons résultats [1]. Elles sont, toutefois, d'un prix de revient relativement élevé.

21. Choix à faire entre les constructions métalliques et les ouvrages en maçonnerie. — Nous n'avons pas l'intention

[1] *Les chapes imperméables sur les ponts en maçonnerie*, par Léon MALO (*Revue des Chemins de fer*, juillet 1896).

d'établir ici une comparaison entre les ouvrages en maçonnerie et ceux dans lesquels on emploie le fer, la fonte, la tôle ou l'acier. Cette question importante et délicate n'est d'ailleurs pas du ressort de l'hydraulique agricole. Nous nous bornerons donc à l'examiner au point de vue particulier de l'établissement des ouvrages d'art nécessités par la construction des canaux d'irrigation.

Disons d'abord que, même dans les canaux les plus récents, la plupart des ouvrages destinés au rétablissement des communications par-dessous le canal, ainsi que ceux qui servent à l'écoulement des eaux, sont en maçonnerie. La traversée d'une route ou d'un petit cours d'eau peut s'effectuer au moyen d'un pont à une seule arche avec une faible profondeur de cuvette. L'établissement d'un pont-canal métallique pour des portées aussi minimes ne saurait procurer la moindre économie. On sait, en effet, que le principal avantage des constructions métalliques est de permettre de franchir des grandes distances et d'éviter des fondations coûteuses ou un grand nombre de piles. D'ailleurs, une bâche métallique se comporte moins bien sous l'influence des variations de température et laisse perdre beaucoup plus d'eau qu'un aqueduc maçonné avec soin et revêtu d'une bonne chape de ciment après son tassement complet. Enfin, la maçonnerie n'exige, à l'encontre des constructions métalliques, ni surveillance, ni, pour ainsi dire, d'entretien.

Toutefois, dans quelques cas particuliers, la construction d'une bâche métallique s'impose, par exemple quand il serait impossible, avec une voûte en maçonnerie, d'obtenir à la traversée d'un chemin une hauteur sous clef atteignant le minimum fixé par le cahier des charges ou encore quand le canal doit franchir un cours d'eau à débit torrentiel et sujet à des crues importantes auxquelles on doit ménager un débouché libre aussi grand que possible.

On peut aussi être amené à préférer un ouvrage métallique à cause des difficultés d'établissement que présenteraient les piles. C'est ainsi que, au canal de la Vésubie, on avait projeté, à la traversée d'un ravin, un pont en maçonnerie de deux arches de 10 mètres d'ouverture, dont les fondations devaient reposer sur un sol rocheux. Mais, en cours d'exécution, on constata qu'en réalité le sous-sol était formé de blocs épars noyés dans une terre argileuse affouillable de plus de 10 mètres de profondeur; il eût été dangereux d'établir un pont en maçonnerie dans ces conditions, et on lui substitua une bâche métallique.

A la rencontre des vallées que le canal doit franchir à une grande hauteur, on est quelquefois conduit, pour éviter de longs détours qui entraîneraient une importante augmentation de dépenses, à substituer aux grands ponts-aqueducs en maçonnerie, qu'on rencontre parfois sur les anciens canaux, des siphons creusés dans le rocher ou encore des siphons métalliques en tôle ou en fonte. Nous reviendrons sur cette question ultérieurement (§§ 29 et suivants).

En ce qui concerne les ponts par-dessus le canal, il est difficile de reconnaître *a priori* laquelle des deux solutions, ouvrages en maçonnerie ou ponts métalliques, est préférable ; souvent on ne peut se prononcer qu'en dressant deux projets complets et choisissant celui qui entraine la moindre dépense. Mais, à égalité de dépenses, on ne doit pas hésiter à donner la préférence à la maçonnerie dont la durée est, en quelque sorte, illimitée quand les matériaux sont de bonne qualité.

En résumé, à moins de circonstances particulières, on ne doit adopter le métal que quand il s'agit de s'élever à une grande hauteur ou de franchir de grandes portées.

Nous ne mentionnerons que pour mémoire l'utilisation du bois dans les constructions. On ne l'emploie plus guère en France que pour les cintres ou les ouvrages provisoires. Le bois d'ailleurs ne peut être employé s'il doit se trouver alternativement à l'air libre et en contact avec l'eau, ce qui diminue considérablement le nombre des cas où il peut être utilisé dans les canaux d'irrigation.

22. Classification des ouvrages d'art. — Lorsqu'il est nécessaire de dévier des fossés ou des rigoles pour les réunir avant de leur faire traverser le canal, et aussi lorsqu'on est amené à dévier certains chemins coupant le tracé adopté, ces déviations nécessitent parfois la construction en dehors du canal de quelques ouvrages peu importants pour ménager le passage des eaux sous les chemins; en général, il suffit de simples aqueducs dallés.

Quant aux ouvrages d'art que comporte l'établissement d'un canal d'irrigation, en se plaçant au point de vue de leur destination, il y a lieu de distinguer :

I. Les passages inférieurs comprenant :

1° Les ouvrages établis sous le canal pour livrer passage aux routes et chemins ;

2° Les ouvrages établis sous le canal pour livrer passage aux cours d'eau.

II. Les passages supérieurs comprenant :

3° Les ouvrages établis sur le canal pour livrer passage aux routes et chemins ;

4° Les ouvrages établis sur le canal pour livrer passage aux cours d'eau.

De plus, au point de vue de leur importance, on peut distinguer les ouvrages d'art courants et les ouvrages extraordinaires.

Dans cette dernière catégorie nous rangerons les grands ponts-aqueducs et les tunnels ; nous y mettrons également les grands siphons, à cause de l'importance de plus en plus grande qu'ils tendent à prendre dans les travaux de construction de canaux.

23. Passages inférieurs pour routes et chemins. — Les cahiers des charges relatifs à la concession des canaux d'irrigation fixent, en général, l'ouverture minimum des ouvrages pour la traversée des chemins sous le canal. Elle est de 8 mètres pour les routes nationales et les chemins de fer, 7 mètres pour les routes départementales, 5 mètres pour les chemins de grande communication, et 4 mètres pour les chemins vicinaux. Pour les viaducs de forme cintrée, la hauteur sous clef à partir du sol de la route ne peut être moindre de 5 mètres pour les routes et chemins ; pour ceux qui sont formés de poutres horizontales en bois ou en fer, la hauteur sous poutre est de $4^m,30$ au moins ; enfin, pour les chemins de fer, la distance verticale ménagée au-dessus des rails extérieurs de chaque voie pour le passage des trains ne doit pas être inférieure à $4^m,80$.

En réalité, les canaux étant presque toujours établis en déblai, les passages inférieurs pour routes et chemins sont rares. C'est ainsi que, sur la branche principale du canal de Pierrelatte, dont la longueur est de 77 kilomètres, tandis qu'on rencontre 170 passages supérieurs pour routes, il n'existe que trois chemins passant sous le canal. Au canal de Gignac, il n'existe aucune traversée de chemin par dessous.

a) *Ponts en maçonnerie.* — Les voies de communication qui passent sous les canaux sont généralement peu importantes. La traversée peut s'effectuer au moyen d'un pont en maçonnerie avec murs en aile analogue à celui dont nous donnons les dessins, applicables au cas d'un chemin d'exploitation de 3 mètres de largeur (*fig.* 48 à 55). Le plan et le profil en long montrent qu'on a dû rectifier le tracé aux abords de la traversée, pour permettre l'établissement d'un pont droit, et aussi abaisser le sol du chemin afin d'obtenir sous le canal une hauteur à la clef suffisante.

La voûte est formée, dans l'exemple indiqué par les figures 48 à 55, d'un arc de cercle de 2^m,50 de rayon et de 0^m,50 de flèche ; l'épaisseur à la clef est de 0^m,45 et l'extrados est tangent à la partie inférieure d'une chape de 0^m,10 qui couvre le plafond de la cuvette. Les culées, taillées par redans, ont une épaisseur qui varie de 1^m,20 à 1^m,50 ; elles sont fondées sur un massif de béton de 0^m,50 d'épaisseur sur 1^m,70 de largeur. Un petit caniveau de 0^m,40 de largeur est ménagé sous la chaussée du chemin pour l'écoulement des eaux fluviales.

b) *Bâches métalliques.* — Quand la hauteur libre entre la chaussée du chemin et le plafond du canal est insuffisante pour permettre l'établissement d'un ouvrage en maçonnerie, on a recours à une bâche métallique.

Celle que nous reproduisons (*fig.* 56 à 59) a une portée de 5 mètres, et sa section, qui est rectangulaire, a 1^m,35 de largeur sur 1^m,70 de hauteur.

Elle se compose essentiellement de deux poutres verticales en tôle de fer reposant sur les deux culées. Par l'intermédiaire de cornières, ces deux poutres supportent à leur

Pont en maçonnerie pour la traversée d'un chemin sous canal.

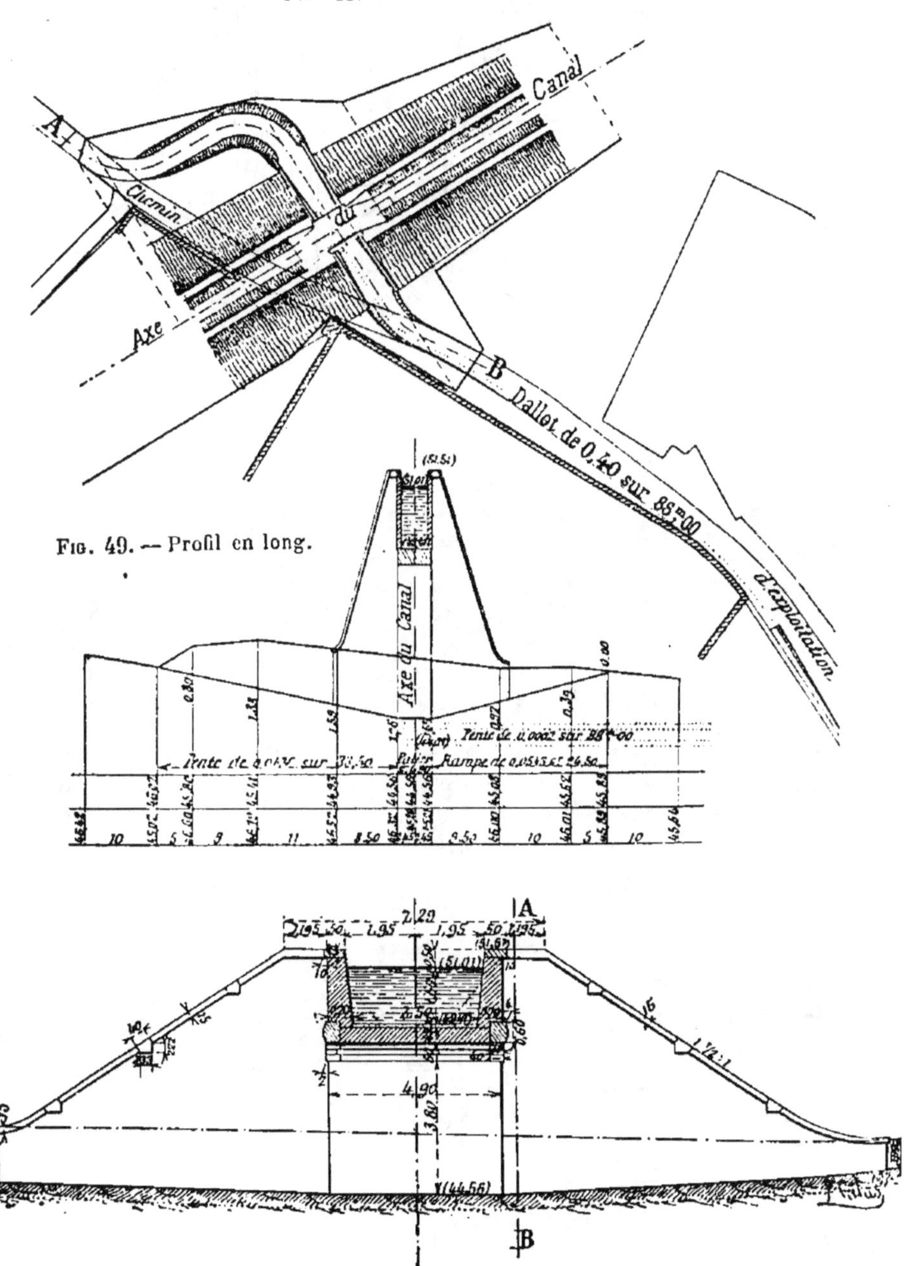

Fig. 48. — Plan d'ensemble.

Fig. 49. — Profil en long.

Fig. 50. — Coupe suivant l'axe de l'ouvrage.

Pont en maçonnerie pour la traversée d'un chemin sous canal.

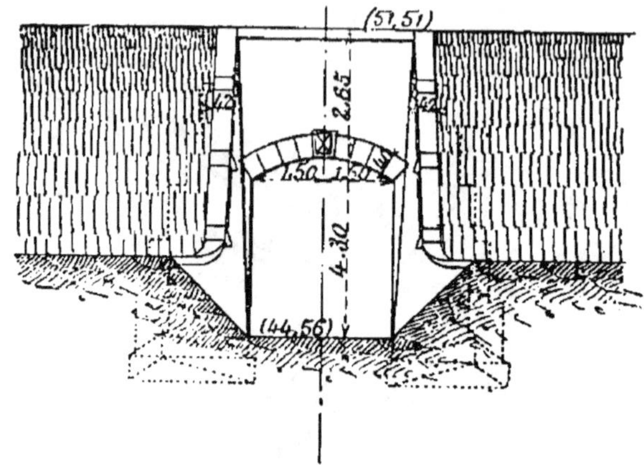

Fig. 51. — Élévation.

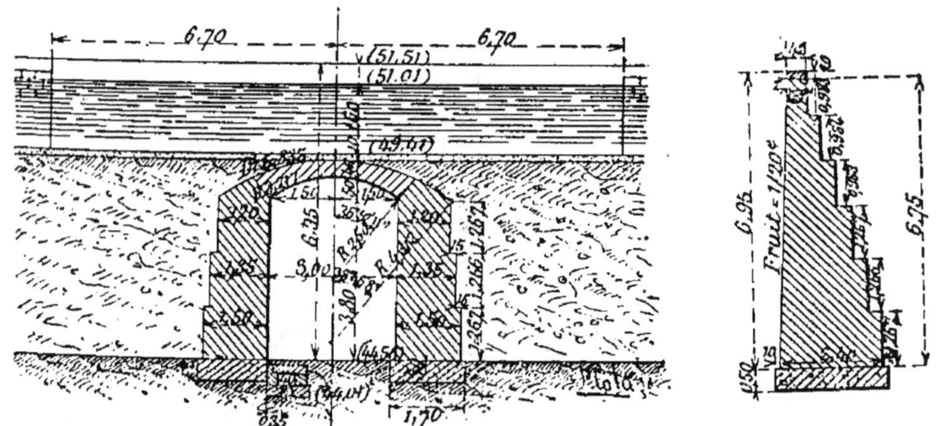

Fig. 52. — Coupe suivant l'axe du canal.   Fig. 53. — Coupe suivant AB.

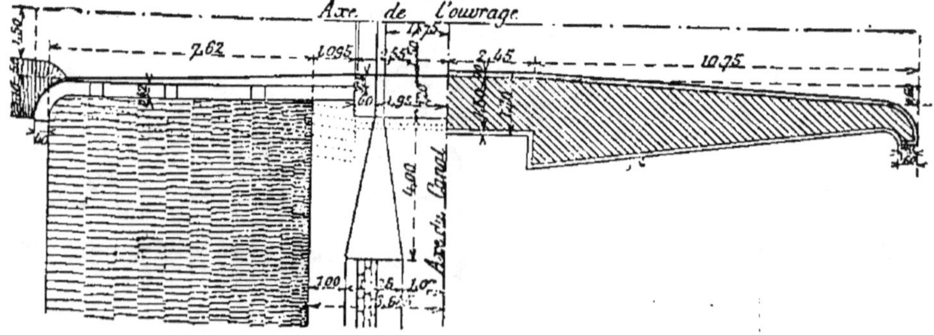

Fig. 54. — Quart de plan supérieur.   Fig. 55. — Quart de plan au-dessus des fondations.

Bâche métallique pour la traversée d'un chemin sous canal.

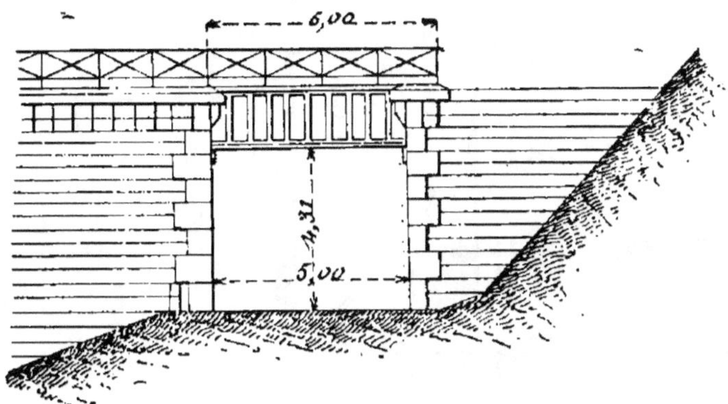

Fig. 56. — Élévation.

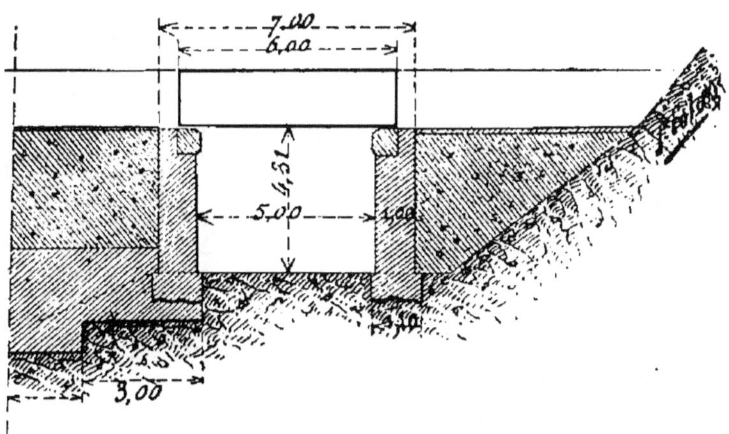

Fig. 57. — Coupe longitudinale.

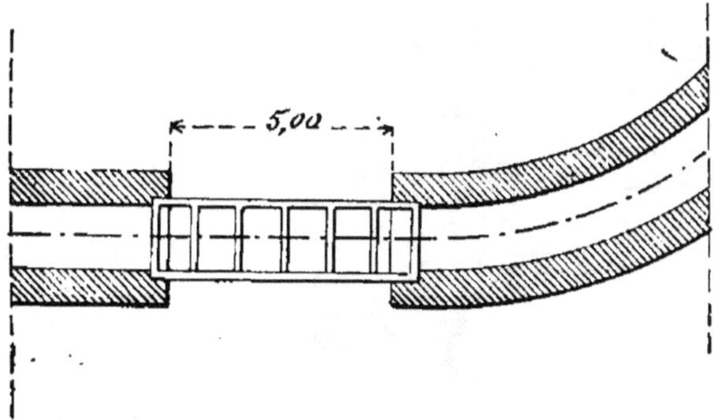

Fig. 58. — Plan.

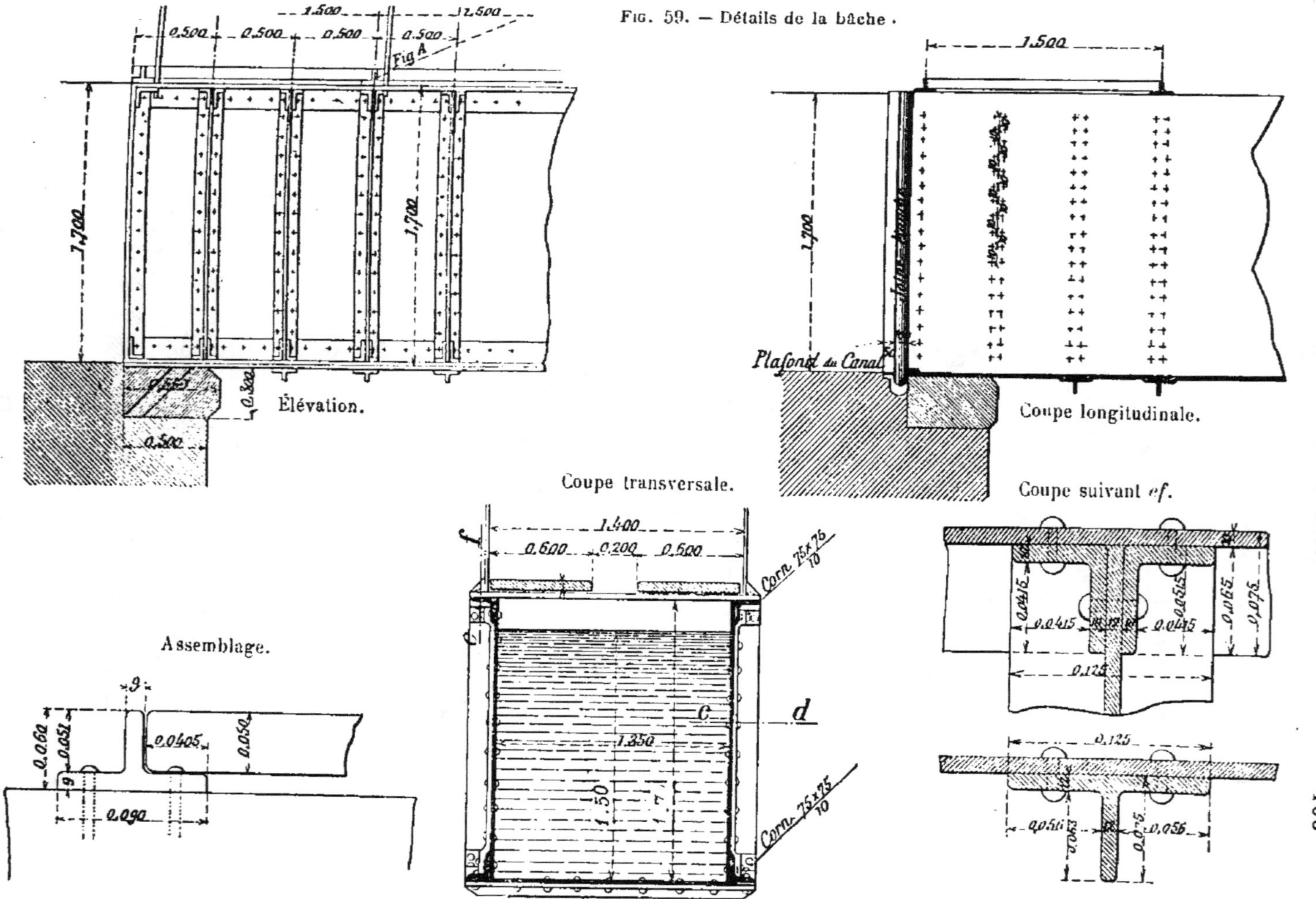

Fig. 59. — Détails de la bâche.

partie inférieure des entretoises à simples **T** espacées de 0^m,50 d'axe en axe, sur lesquelles est fixée la tôle formant le fond de la bâche.

Pour pouvoir résister à la flexion produite par la poussée horizontale de l'eau, les deux poutres verticales sont renforcées par des montants verticaux à simple **T**, espacés également de 0^m,50 d'axe en axe et, pour éviter leur écartement, elles sont reliées à la partie supérieure par des fers à simple **T**, distants de 1^m,50 d'axe en axe supportant un plancher de circulation. Enfin un joint étanche formé d'une poutre en **U** relie la partie métallique avec les maçonneries.

24. Passages inférieurs pour cours d'eau. — Les ouvrages destinés à livrer passage aux cours d'eau sous le canal sont beaucoup plus nombreux que les précédents. Leur importance dépend naturellement du débit qu'ils peuvent avoir à évacuer.

a) *Buses*. — Pour les ravins dont la pente longitudinale est toujours grande et qu'il est possible de rectifier de manière à les faire passer en contre-bas du plafond du canal, on peut se contenter d'employer des buses de 0^m,30 à 1 mètre de diamètre intérieur, en béton de ciment de 0^m,05 à 0^m,10 d'épaisseur, suivant les cas ; elles sont encastrées dans les murettes du canal prolongées jusqu'au terrain résistant où elles traversent de part en part les terres supportant la cuvette (*fig.* 60 à 65). Dans chaque ouvrage le corps de la buse est formé de tuyaux en béton de ciment de 1 mètre de longueur chacun, s'assemblant à emboîtement avec bourrelet en ciment pour assurer l'étanchéité. Quant à l'ouverture à donner à ces ouvrages, on peut souvent la fixer en s'inspirant d'ouvrages analogues existant sur le même cours d'eau. Dans le cas contraire, on calcule le débouché des buses, comme nous l'indiquerons en parlant des siphons (§ 29).

Lorsque les buses doivent résister à de fortes pressions, il est avantageux de remplacer dans leur construction le béton de ciment par du ciment armé. **Nous donnerons ultérieurement (§ 38) des indications détaillées au sujet de ces derniers ouvrages.**

Buse en béton de ciment pour la traversée d'un ravin sous canal.

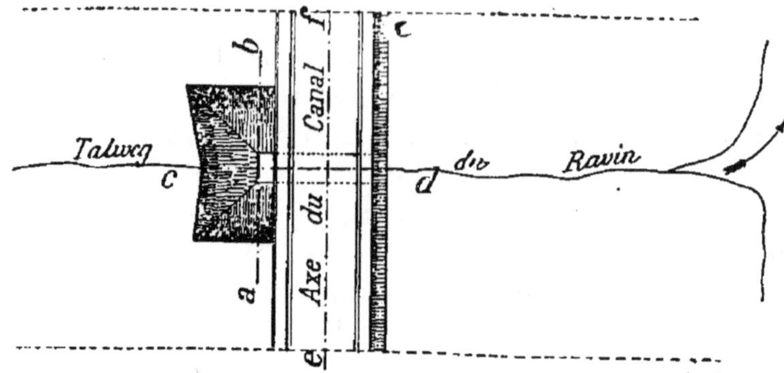

Fig. 60. — Plan d'ensemble.

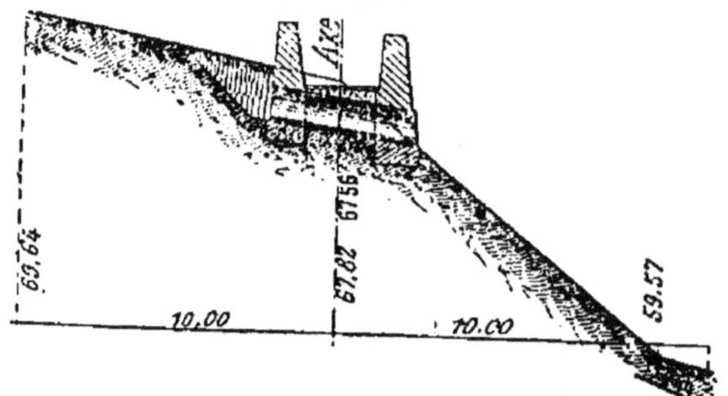

Fig. 61. — Profil en long sur le ravin.

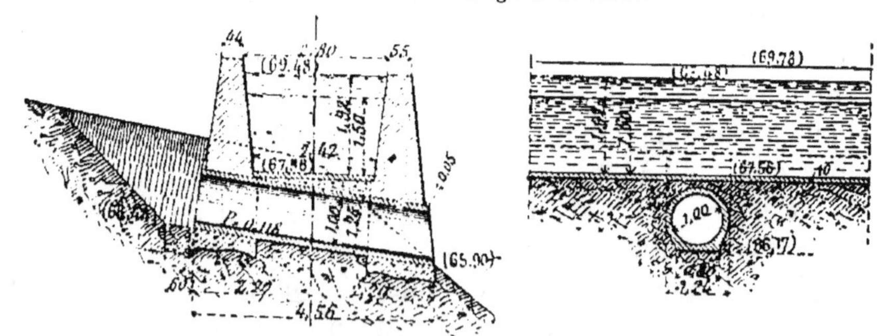

Fig. 62. — Coupe transversale sur *cd*.

Fig. 63. — Coupe longitudinale sur *ef*.

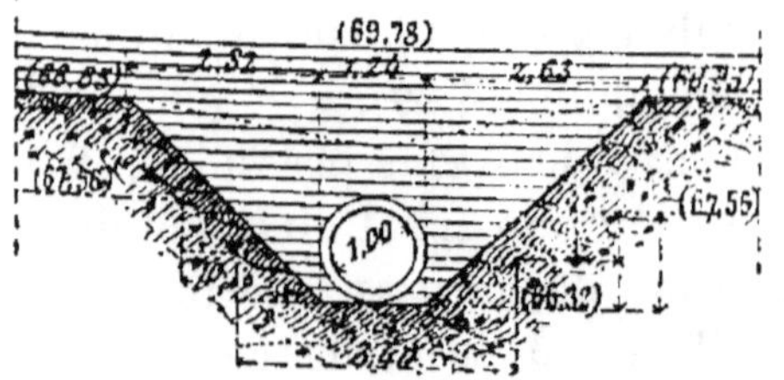

Fig. 64. — Élévation. Tête amont.

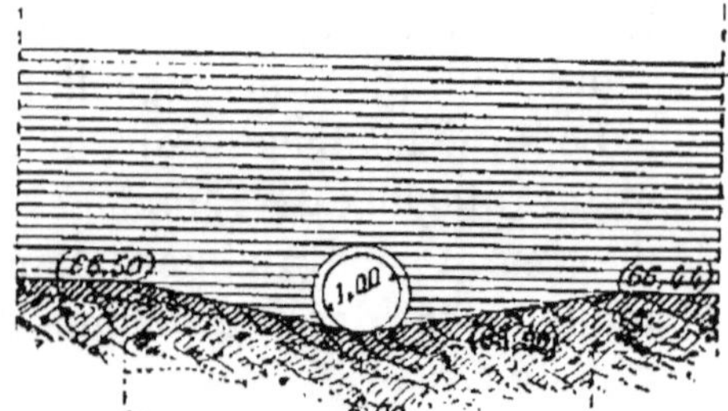

Fig. 65. — Élévation. Tête aval.

b) *Buses-siphons.* — Lorsqu'il s'agit d'un fossé ou d'un ruisseau dont la pente longitudinale n'est pas très considérable, il peut arriver qu'à la traversée le plafond en soit trop près du plan d'eau du canal pour permettre l'établis-

Buse-siphon pour la traversée d'un ruisseau sous canal.

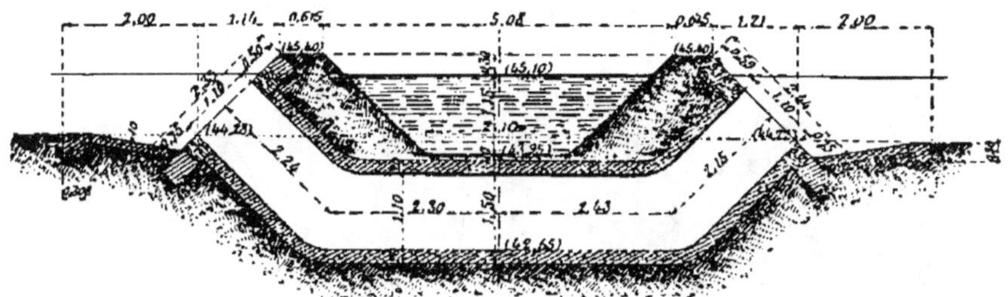

Fig. 66. — Coupe longitudinale suivant l'axe de l'ouvrage.

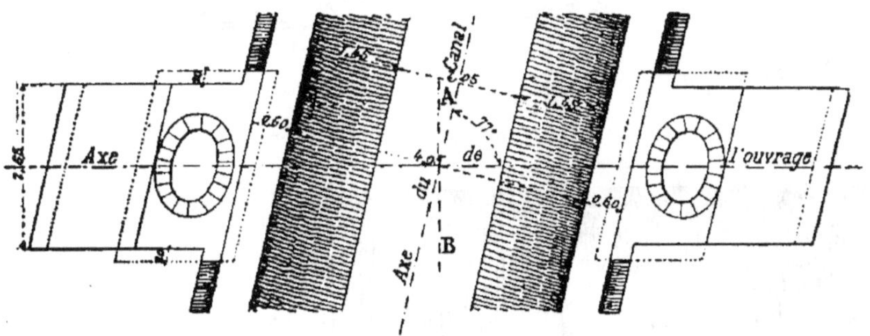

Fig. 67. — Plan supérieur.

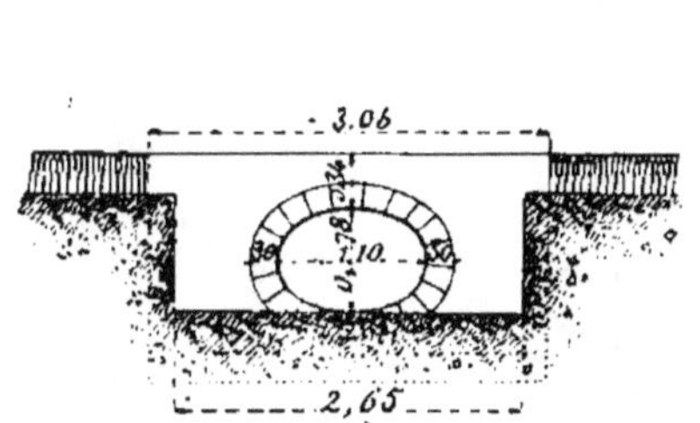 

Fig. 68. — Élévation de la tête amont.   Fig. 69. — Coupe transversale suivant AB.

sement d'une buse ; on peut employer alors une buse-siphon formée d'un tuyau en béton dont la partie médiane est horizontale et le dessus du tuyau à une très faible hauteur en contre-bas du plafond du canal. Le fond du ruisseau est rac-

Aqueduc dallé double pour la traversée d'un ruisseau sous canal.

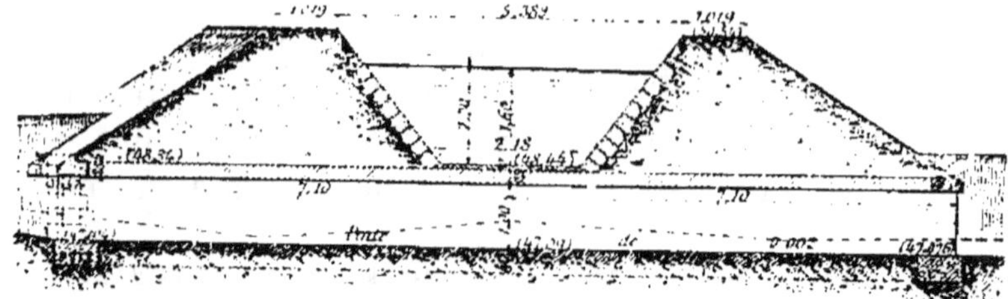

Fig. 70. — Coupe longitudinale suivant AB.

Fig. 71. — Demi-plan supérieur.

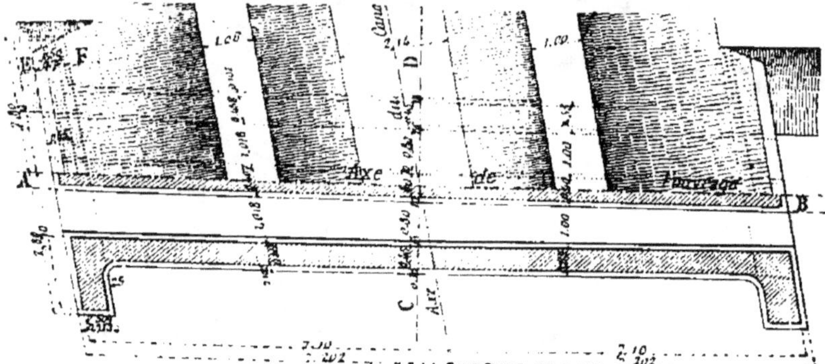

Fig. 72. — Demi-plan au niveau des fondations.

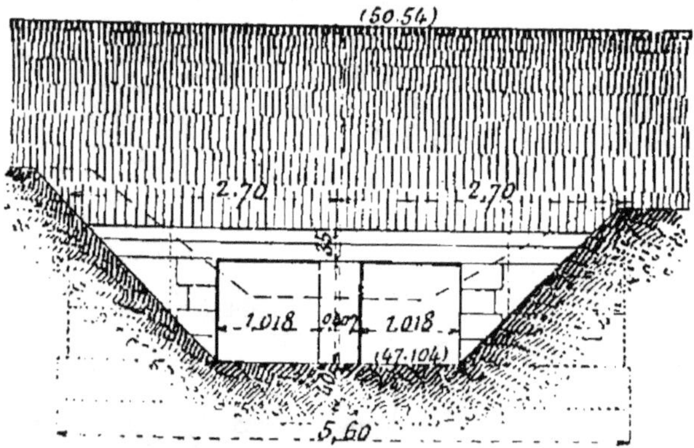

Fig. 73. — Élévation amont.

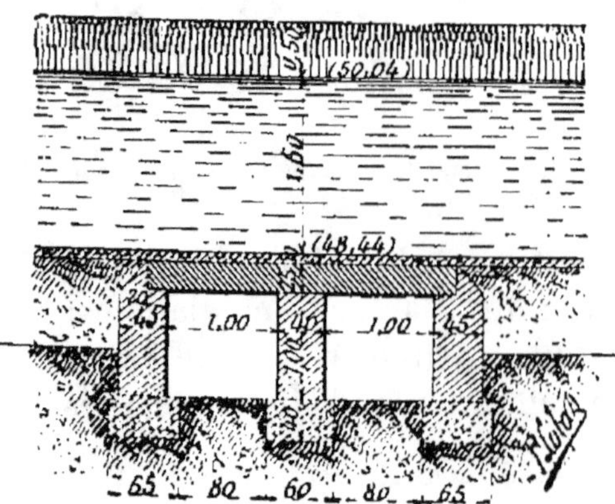

Fig. 74. — Coupe suivant CD.

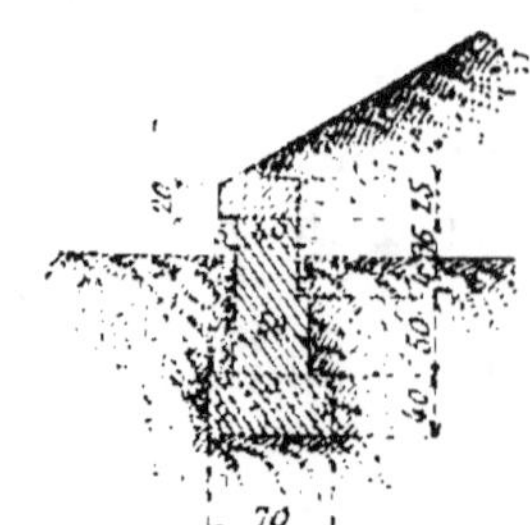

Fig. 75. — Coupe suivant EF.

cordé avec cette partie horizontale par deux parties en pente ; deux murs de tête prolongés jusqu'à leur rencontre avec les talus du fond ou de la banquette du canal et montant jusqu'à la hauteur de cette banquette limitent la longueur du tuyau. Un revêtement formant parafouille est prévu sur le fond du fossé ; il est incliné afin de laisser une petite cuvette à chaque tête de la buse pour recueillir les matières en suspension dans l'eau et éviter l'engorgement de la buse. On peut construire tous ces parements en moellons têtués; seules les têtes doivent être soit en pierre de taille, soit en moellons smillés (*fig.* 66 à 69).

c) *Aqueducs-siphons.* — Lorsqu'on rencontre des dépressions de terrain assez étendues ou des petits vallons fournissant à certains moments un volume notable d'eaux de sources ou pluviales, on remplace les buses par des aqueducs-siphons et, s'il est nécessaire, des aqueducs doubles ou triples.

Nous donnons un type d'aqueduc dallé double utilisé au canal de Pierrelatte (*fig.* 70 à 75). Il se compose de deux piédroits et d'une pile en maçonnerie sur lesquels reposent les dalles. Les dimensions des piédroits et des murs en retour varient naturellement avec l'ouverture. Les piédroits du dallot se retournent parallèlement à l'axe du canal et sont couronnés par les prolongements des dalles formant plinthe, en saillie de $0^m,05$ sur le nu des maçonneries. Les terres qui pourraient se détacher des berges seraient retenues par une sorte de crochet de $0^m,10$ de hauteur ménagé à la partie supérieure de la plinthe.

d) *Ponts-aqueducs.* — Pour la traversée des cours d'eau de plus grande importance, on doit recourir à l'établissement de ponts-aqueducs.

Quand il est possible d'écouler le débit des plus fortes crues au moyen d'une seule arche, on construit souvent un pont en maçonnerie à culées perdues et arches surbaissées.

Les figures 76 à 78 représentent un pont sous le canal de Gignac, ayant 10 mètres d'ouverture, 2 mètres de flèche, avec une épaisseur à la clef de $0^m,50$, et des culées de $2^m,30$ d'épaisseur descendues jusqu'au terrain solide et résistant.

Pont-aqueduc pour la traversée d'un canal par-dessus un cours d'eau.

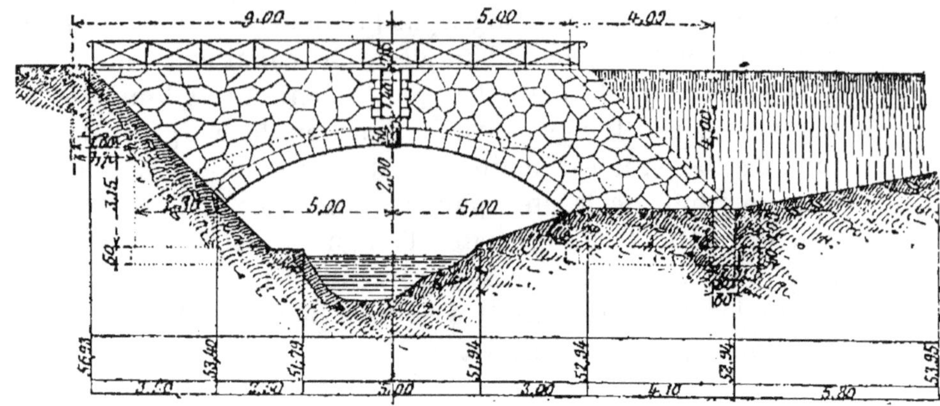

Fig. 76. — Élévation.

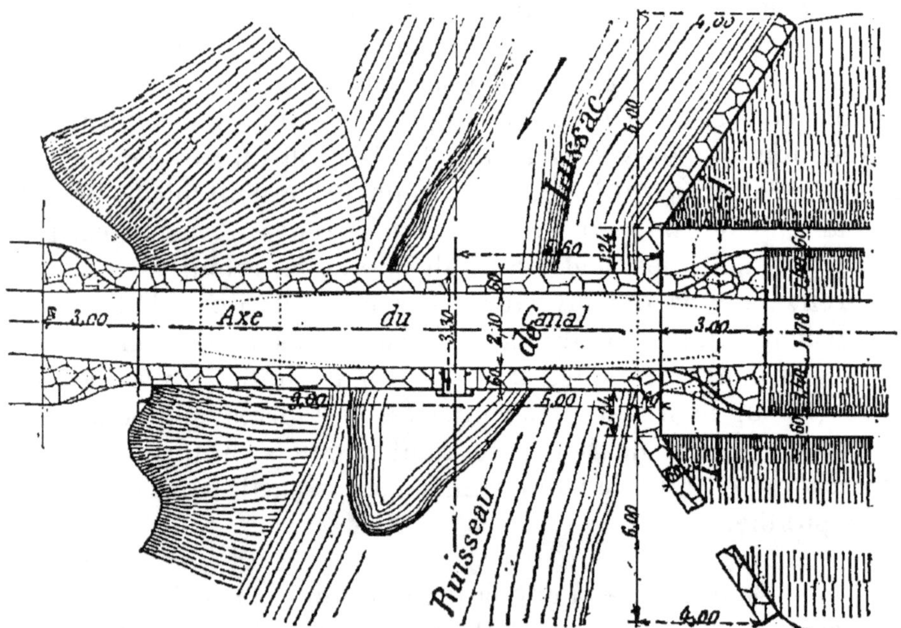

Fig. 77. — Plan supérieur.

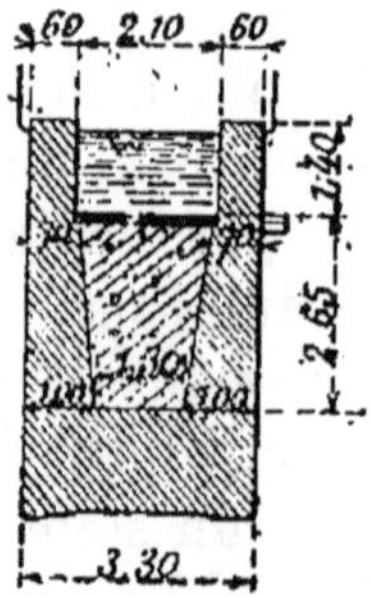

Fig. 78. — Coupe suivant ij.

La cuvette se raccorde en amont et en aval aux talus du canal par des murs en évasement. En aval, la cuvette étant établie sur un remblai de 4 mètres de hauteur, des perrés maçonnés en aile garantissent ce remblai contre l'action des crues du ruisseau. Le fond de la cuvette du canal est rendu étanche par un revêtement en béton de 0^m,10 d'épaisseur, et l'extrados de la voûte reçoit une chape en mortier hydraulique de 0^m,05 d'épaisseur.

25. Passages supérieurs pour cours d'eau. — A l'inverse de ce qui a lieu pour les passages inférieurs, les traversées de routes et chemins par-dessus les canaux d'irrigation sont très nombreuses; au contraire, les ouvrages destinés à l'écoulement des eaux sont rares.

a) *Ponts-aqueducs pour la traversée de ravins.* — Lorsque le canal passe par-dessous un ravin, ordinairement à sec, mais susceptible d'écouler accidentellement un assez grand volume d'eau, on peut employer pour la traversée un pont-aqueduc analogue à celui des figures 79 à 83. L'ouverture du pont est déterminée d'après le profil normal de la cuvette; la voûte est en arc de cercle surbaissé, de 0^m,25 à 0^m,40 d'épaisseur à la clef. Les culées sont en maçonnerie; elles ont une épaisseur de 1 mètre environ aux naissances; la retombée de la voûte a 0^m,50 de largeur et elle repose sur le rocher.

L'extrados est recouvert d'une chape en béton de 0^m,10. La voûte supporte deux murettes qui se prolongent jusqu'à leur rencontre avec le rocher du côté de la berge gauche en formant mur en retour et du côté de la berge droite à l'aplomb extérieur de la culée. Ces murettes laissent un vide de 1 mètre de largeur pour l'écoulement des eaux.

Au canal de Gignac, où il existe un certain nombre de ces ouvrages, tous les parements sont en moellons têtués sans couronnement en pierre de taille sur les murettes.

b) *Bâches métalliques.* — Quand l'espace compris entre le plan d'eau du canal et le fond du ruisseau est insuffisant pour permettre la construction d'un pont-aqueduc, on peut recourir à une bâche métallique.

Celle dont nous donnons la reproduction (*fig*. 84 à 89) se

Pont-aqueduc pour la traversée d'un ravin par-dessus un canal.

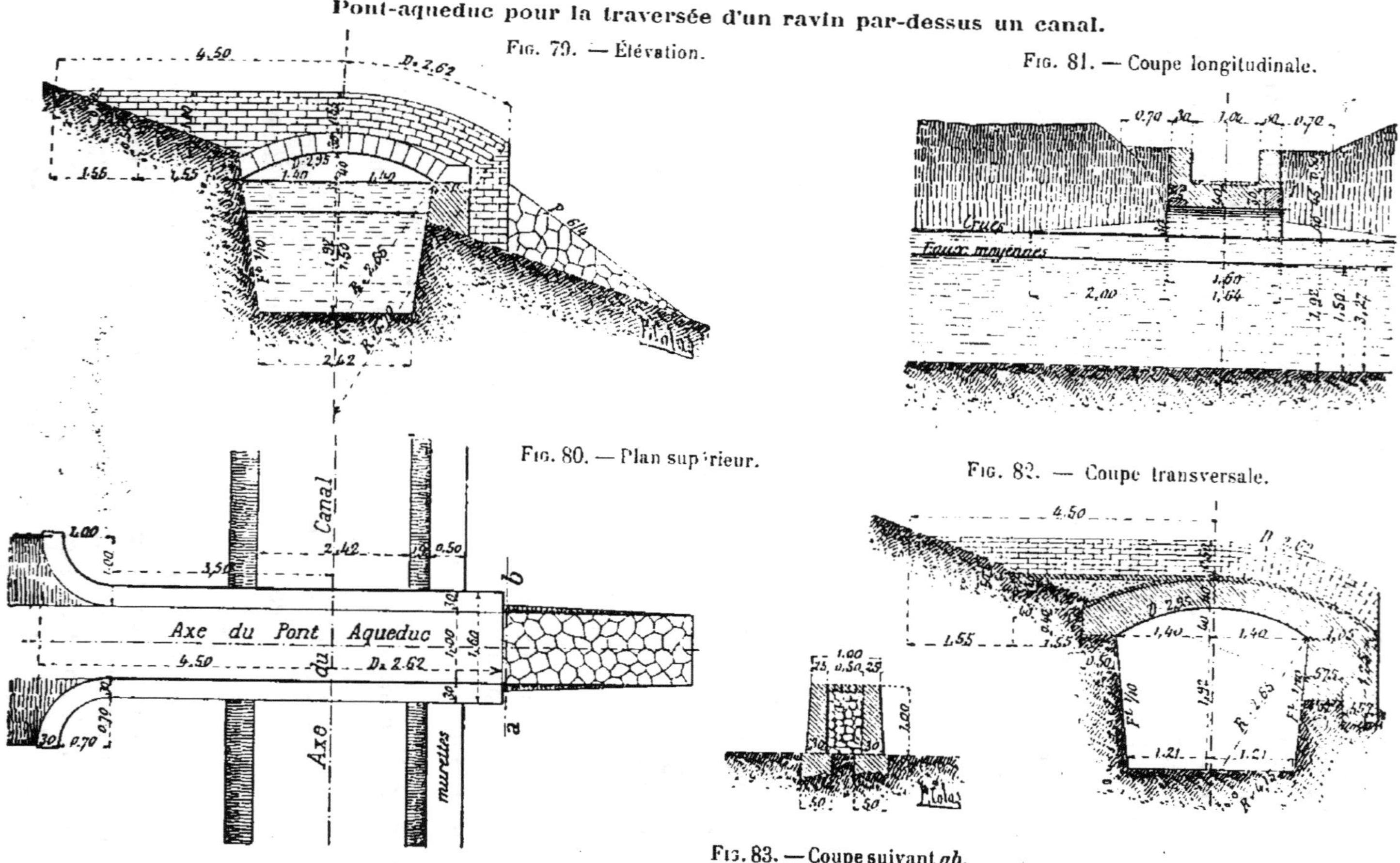

Bâche métallique pour la traversée d'un ruisseau par-dessus un canal.

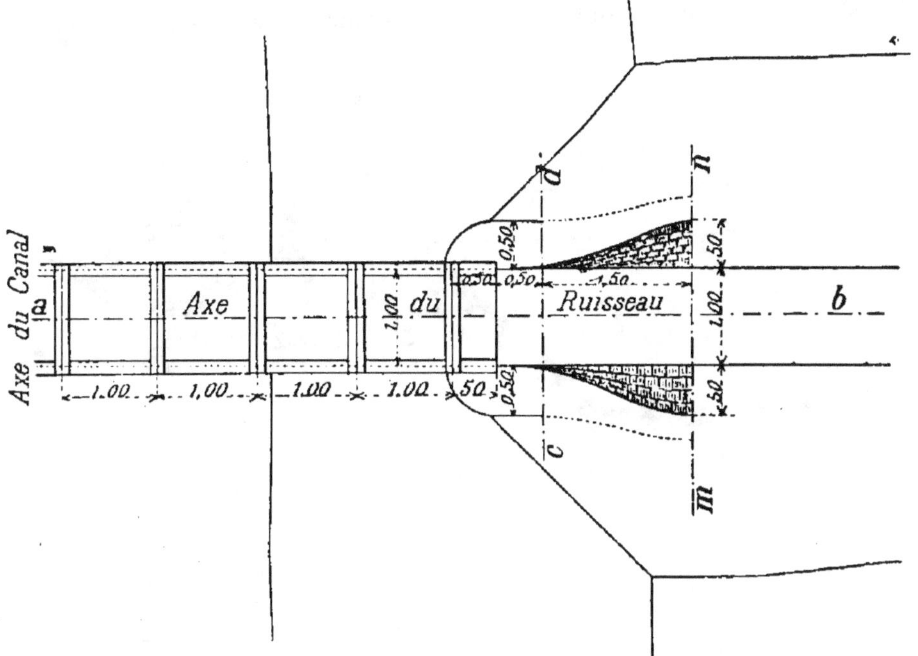

Fig. 84. — Plan.

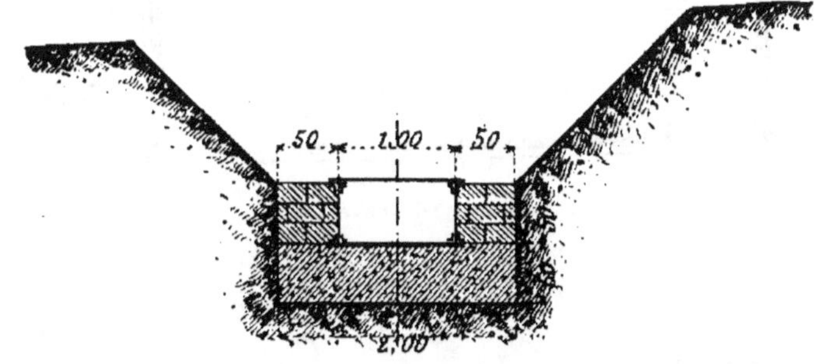

Fig. 85. — Profil sur cd.

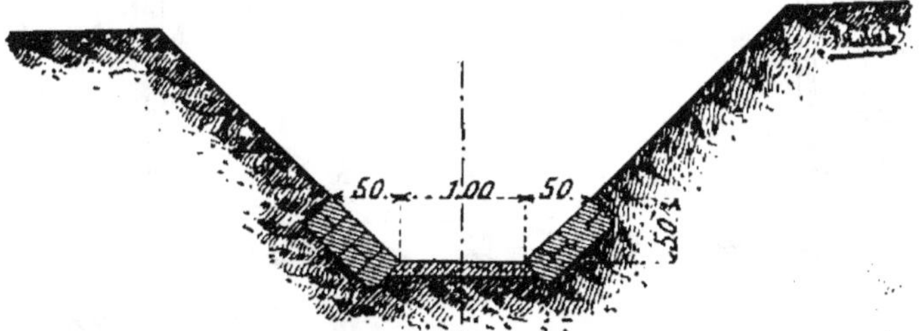

Fig. 86. — Profil sur mn.

Bâche métallique pour la traversée d'un ruisseau par-dessus un canal.

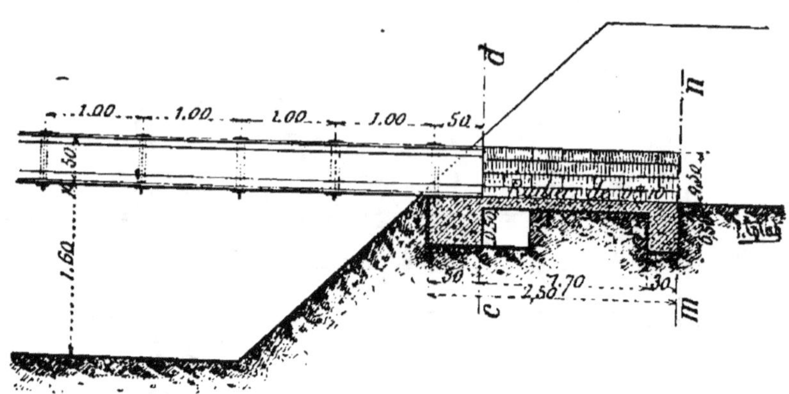

Fig. 87. — Coupe suivant *ab*.

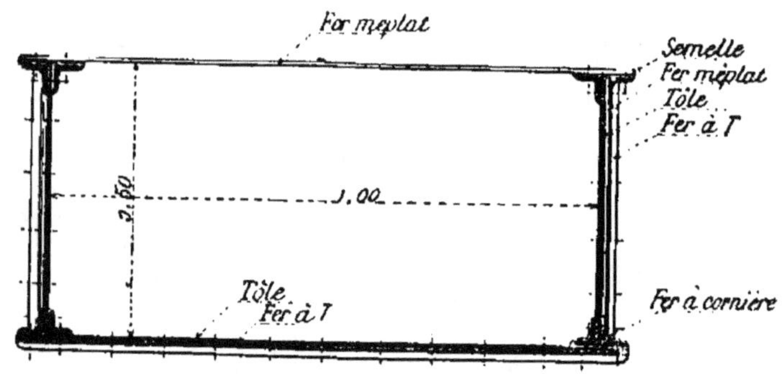

Fig. 88. — Coupe transversale de la bâche.

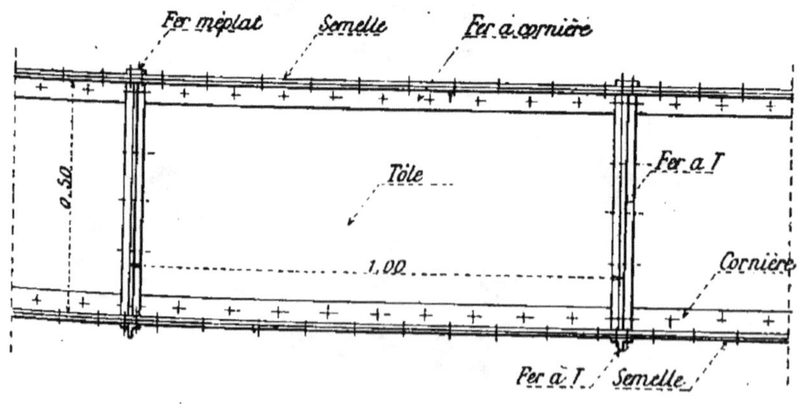

Fig. 89. — Élévation de la bâche.

compose essentiellement de deux poutres verticales en tôle de fer de 0^{m},50 de hauteur, écartées de 1 mètre, reposant sur deux sommiers en béton par l'intermédiaire de cornières, et renforcées par des montants verticaux à simple T. Ces deux poutres sont reliées à leur partie suqérieure par des fers méplats qui empêchent l'écartement des parois latérales ; elles supportent à leur partie inférieure des entretoises à simple T sur lesquelles est fixée la tôle formant le fond de la bâche.

Celle-ci repose à ses extrémités sur un massif de béton de 0^{m},50 se prolongeant sur toute la longueur du raccordement avec le ruisseau.

Les murs de raccordement qui s'élèvent verticalement contre la bâche viennent, à leur extrémité, prendre au moyen d'une surface gauche l'inclinaison des talus du ravin ou du ruisseau.

c) Siphons en béton. — Quand le niveau du plan d'eau du canal est plus élevé que le fond du ruisseau à traverser, on a recours aux siphons en béton avec puisards.

Ce genre d'ouvrages étant d'un emploi fréquent, il est utile d'entrer dans quelques détails à leur sujet.

Le diamètre du siphon est donné par l'équation fondamentale de l'écoulement de l'eau dans les tuyaux :

$$\frac{1}{4}\, dj = bu^2,$$

dans laquelle d représente le diamètre du tuyau, j la perte de charge par mètre (§ 29), b un coefficient qui dépend du diamètre du tuyau [1], et u la vitesse moyenne.

---

[1] La valeur du coefficient b est donnée par l'expression $b = \dfrac{\alpha}{\beta} + d$, dans laquelle $\alpha = 0,000507$ et $\beta = 0,00001294$. — Il existe des tables qui fournissent directement la valeur de b en fonction du diamètre d. Ces tables supposent qu'il s'agit de tuyaux neufs, et les expériences de Darcy ont montré qu'il était nécessaire de doubler les valeurs de α et de β pour les rendre applicables à des tuyaux déjà couverts de dépôts. Comme, en général, c'est ce dernier cas

Quant au débit, sa valeur résulte de l'équation connue :

$$Q = \Omega u \qquad \text{ou :} \qquad Q = \pi \frac{d^2}{4}$$

Dans cette dernière équation, il y a deux inconnues, la vitesse et le diamètre du tuyau ; toutefois, leurs valeurs ne sont pas complètement indéterminées. Pour diverses causes, et en particulier pour éviter les coups de bélier dans les conduites, il est d'usage de limiter la vitesse moyenne de l'eau qu'elles débitent, celle-ci croissant de $0^m,75$ à 2 mètres pour des diamètres variant de $0^m,10$ à 1 mètre[1]. En opérant par tâtonnements, on arrive à fixer deux valeurs admissibles pour le diamètre et la vitesse de l'eau.

Dans l'exemple de siphon que nous donnons (*fig.* 90 à 95) et qui s'applique à la traversée sous un ruisseau d'un canal dont la dotation est de 2.800 litres, le diamètre est égal à $1^m,13$, la perte de charge par mètre de $\dfrac{0^m,30}{20,40} = 0,0147$ par mètre, dans ces conditions on a :

$$u = \sqrt{\frac{dj}{4b_1}} = \sqrt{\frac{2,26 \times 0,0147}{4 \times 0,00103}} = 2^m,84,$$

ce qui correspond à un débit de :

$$Q = \Omega u = \frac{\pi \times \overline{1,13}^2}{4} \times 2,84 = 2.840 \text{ litres.}$$

On voit qu'il est possible, avec le diamètre adopté, d'écouler le volume donné avec une vitesse admissible.

qui est appliqué, les traités d'hydraulique et les aide-mémoire reproduisent des tables qui donnent pour les différents diamètres compris entre $0^m,01$ et 1 mètre les valeurs de b applicables aux tuyaux anciens.

Quant à la perte de charge, elle s'évalue comme nous le disons plus loin (§ 29).

[1] On donne souvent pour les vitesses maxima, à admettre pour les différents diamètres des tuyaux, les valeurs suivantes :

$d=0^m,10$	$V=0^m,75$	$d=0^m,25$	$V=1^m,00$	$d=0^m,50$	$V=1^m,40$	
$d=0^m,15$	$V=0^m,80$	$d=0^m,30$	$V=1^m,10$	$d=0^m,60$	$V=1^m,60$	$d=1^m,00$
$d=0^m,20$	$V=0^m,90$	$d=0^m,40$	$V=1^m,25$	$d=0^m,80$	$V=1^m,80$	$V=2^m,00.$

Siphon en béton de ciment sous ruisseau.

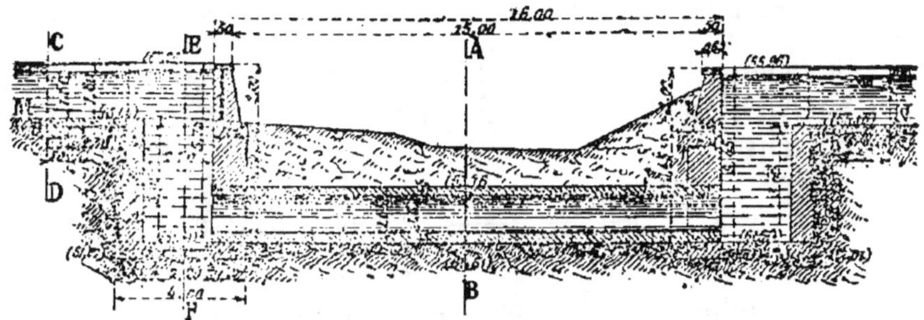

Fig. 90. — Coupe en long.

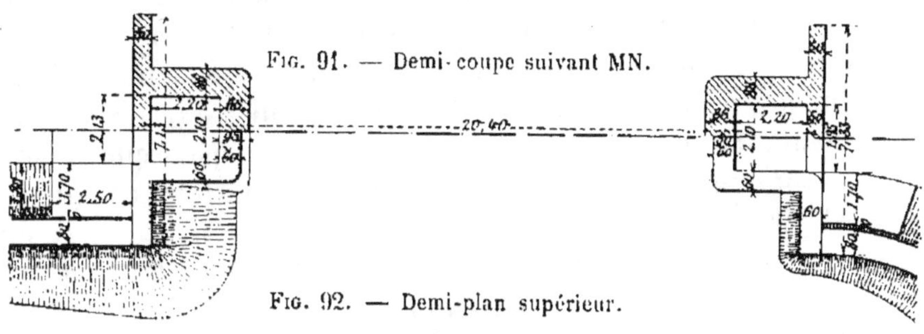

Fig. 91. — Demi-coupe suivant MN.

Fig. 92. — Demi-plan supérieur.

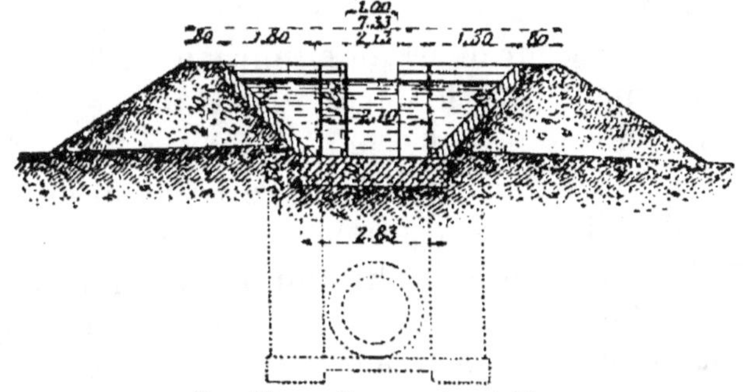

Fig. 93. — Coupe suivant CD.

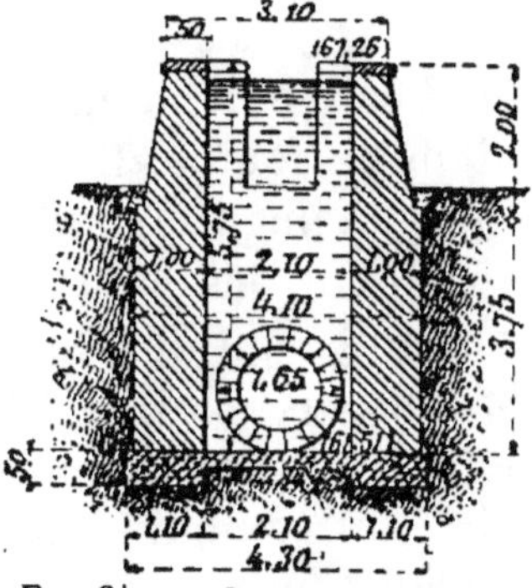

Fig. 94. — Coupe suivant EF.

Fig. 95. — Coupe suivant AB.

L'épaisseur des tuyaux est donnée par la formule $e = \dfrac{Pd}{20}$ dans laquelle P représente la charge sur le centre de l'orifice et d le diamètre intérieur du tuyau. Nous avons dans le cas présent :

$$e = \frac{4{,}55 \times 1{,}13}{20} = 0{,}257, \quad \text{soit } 0^{\text{m}}{,}26.$$

Le siphon représenté par les figures 90 à 95 se compose d'un tuyau en béton de ciment posé horizontalement et débouchant de chaque côté dans un puisard de 2ᵐ,20 de largeur sur 2ᵐ,10 de longueur ; le mur de tête et les deux murs de côté sont élevés à la même hauteur, de façon à laisser au tirant d'eau une revanche de 0ᵐ,30. Ils ont une épaisseur de 0ᵐ,50 au sommet avec fruit extérieur de 1/5 ; le parement intérieur est vertical. Le 4ᵉ mur du puisard constitue le mur de chute ; il est arasé au niveau du plafond du canal. Il a 0ᵐ,50 d'épaisseur à ce niveau ; son parement intérieur est vertical et son parement extérieur forme trois redans de 0ᵐ,10, ce qui lui donne une épaisseur de 0ᵐ,70 au niveau du fond du puisard. Le raccordement avec la cuvette du canal se fait à l'aide de deux murs en retour de 0ᵐ,50 d'épaisseur descendus à 0ᵐ,50 au-dessous du terrain naturel. Un revêtement en maçonnerie de 0ᵐ,25 d'épaisseur sur les parois de la cuvette, muni d'un parafouille, empêche les infiltrations de l'eau le long des murs du puisard. Le fond du puisard est recouvert d'une couche de béton de 0ᵐ,25 d'épaisseur. Tous les parements sont en moellons têtués. Les murs de tête portent un couronnement en pierre de taille.

Les tuyaux en béton de ciment pour buses et siphons sont ordinairement fabriqués sur place dans la fouille. Ils sont coulés dans des moules métalliques parfaitement réguliers, disposés de façon à former à l'emplacement des joints des bourrelets de recouvrement, et se prêtant à un démoulage graduel et sans secousses. Les moules en bois peuvent être tolérés si les tuyaux, après essais, sont jugés suffisamment homogènes et unis à leur surface ; ils sont toujours garnis d'une feuille de zinc destinée à donner de l'uni à la surface et à faciliter le moulage (Voir annexe G, page 645).

Si les tuyaux ne sont pas coulés dans la fouille, on fait les joints avec du mortier fin, composé de volumes égaux de sable et de ciment, et on les étanche au besoin avec du ciment pur. De même, les joints défectueux des tuyaux coulés dans les fouilles doivent être étanchés au mortier ou au ciment pur.

Il peut être parfois nécessaire d'interrompre le moulage aux heures chaudes de la journée, quand la prise est trop rapide.

26. Passages supérieurs pour routes et chemins. — En ce qui concerne la traversée des routes et chemins par-dessus les canaux d'irrigation, les cahiers des charges stipulent que la largeur des ponts entre parapets ne pourra, en aucun cas, être inférieure à 8 mètres pour les routes nationales et les chemins de fer, à 7 mètres pour les routes départementales, à 5 mètres pour les chemins de grande communication et à 4 mètres pour les chemins vicinaux et ruraux.

a) *Buses-siphons.* — Lorsqu'au point de croisement d'un canal et d'un chemin la différence entre les niveaux du plan d'eau du canal de faible débit et du sol du chemin est trop faible pour permettre l'établissement d'un pont, et s'il est impossible de rectifier le tracé du chemin aux abords pour obtenir au-dessus du plan d'eau une hauteur suffisante, la traversée peut s'effectuer au moyen d'une buse-siphon analogue aux ouvrages qui servent pour le passage des cours d'eau sous le canal.

On doit chercher à faire passer la buse aussi près que possible du chemin pour diminuer les pertes de charge. A cet effet, on peut employer, comme dans les figures 96 à 101, un tuyau horizontal se raccordant au plafond du canal au moyen de murs en forme de col de cygne. Le mur de tête a un fruit extérieur de 1/10e et est couronné par une plinthe en pierre de taille ; les murs latéraux viennent se raccorder avec les parois du canal aux extrémités du col de cygne.

Quelquefois, comme dans les figures 102 à 107, on interpose deux puisards à l'amont et à l'aval du siphon (§ 30) ; les deux têtes sont formées de murettes de $0^m,50$ d'épaisseur avec fruit

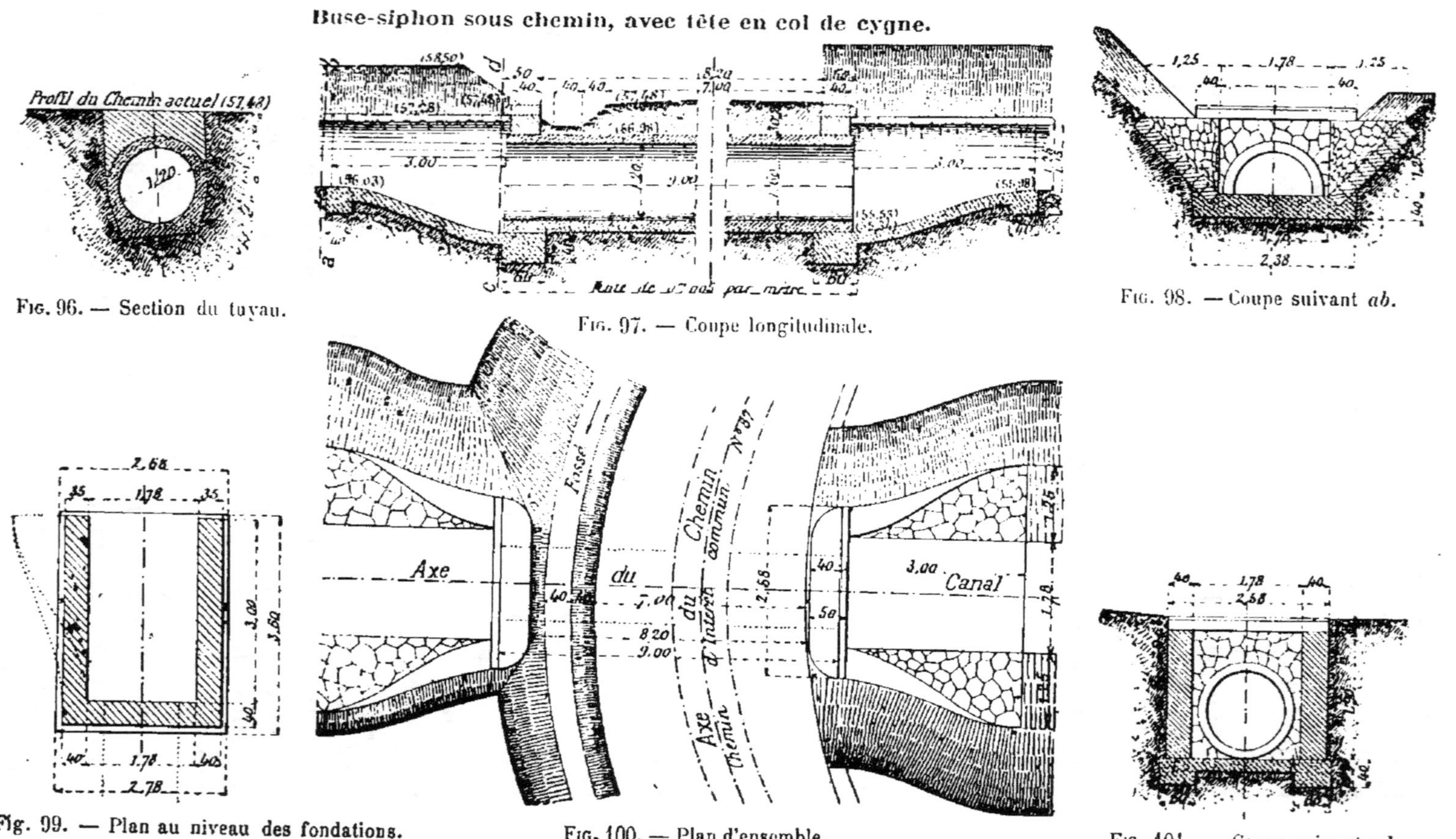

Fig. 96. — Section du tuyau.

Fig. 97. — Coupe longitudinale.

Fig. 98. — Coupe suivant ab.

Fig. 99. — Plan au niveau des fondations.

Fig. 100. — Plan d'ensemble.

Fig. 101. — Coupe suivant cd.

Buse-siphon sous chemin, avec puisards.

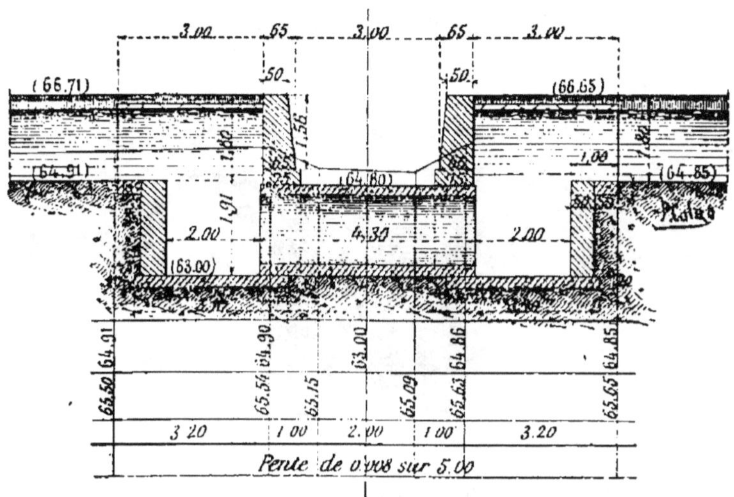

Fig. 102. — Coupe longitudinale suivant AB.

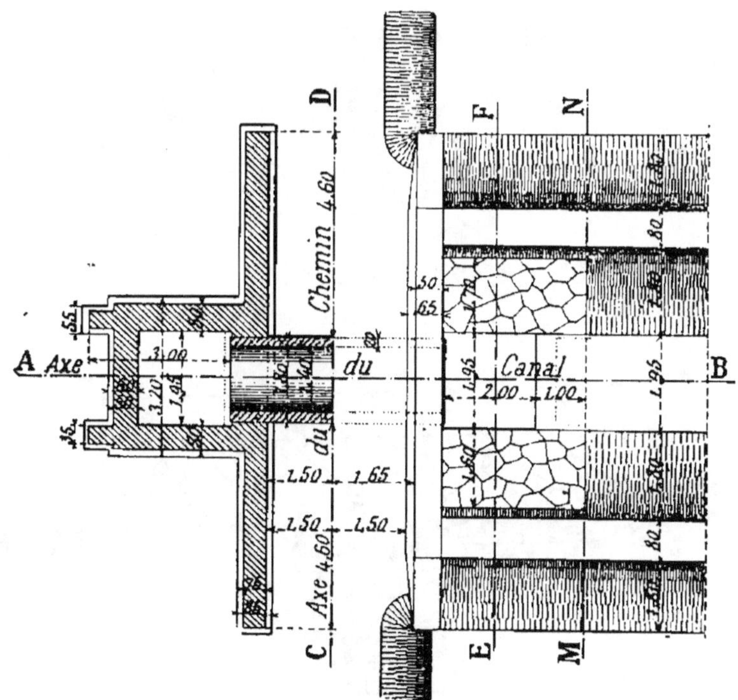

Fig. 103. — Plan des fondations.

Fig. 104. — Plan supérieur.

Buse-siphon sous chemin, avec puisards.

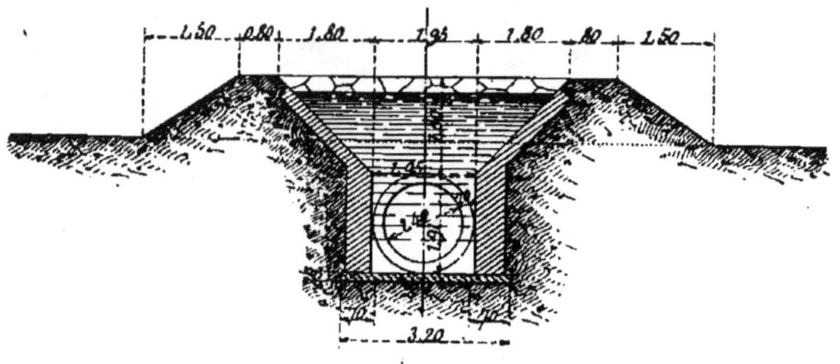

Fig. 105. — Coupe suivant EF.

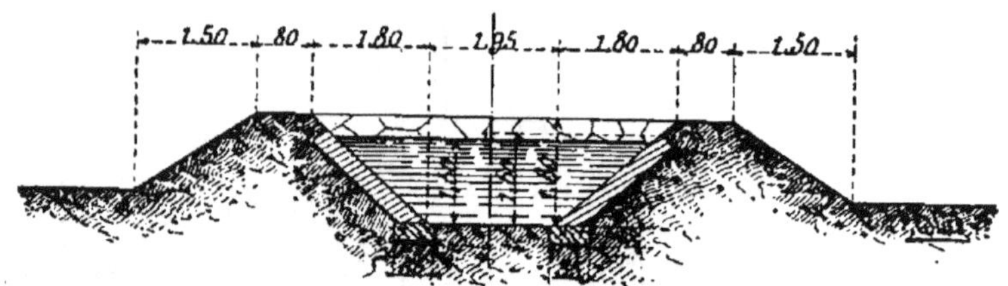

Fig. 106. — Coupe suivant MN.

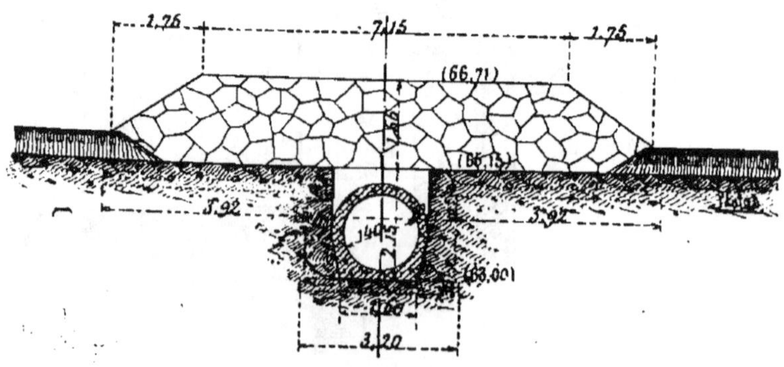

Fig. 107. — Coupe suivant CD.

Siphon en béton de ciment.

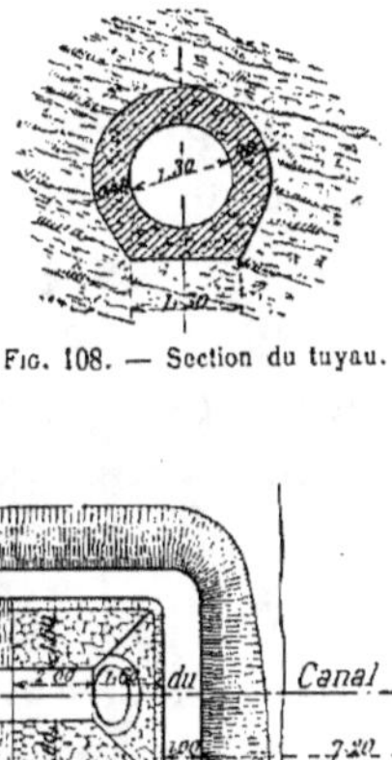

Fig. 108. — Section du tuyau.

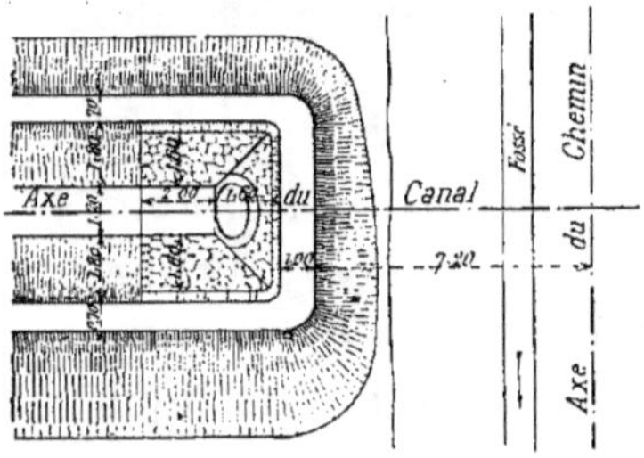

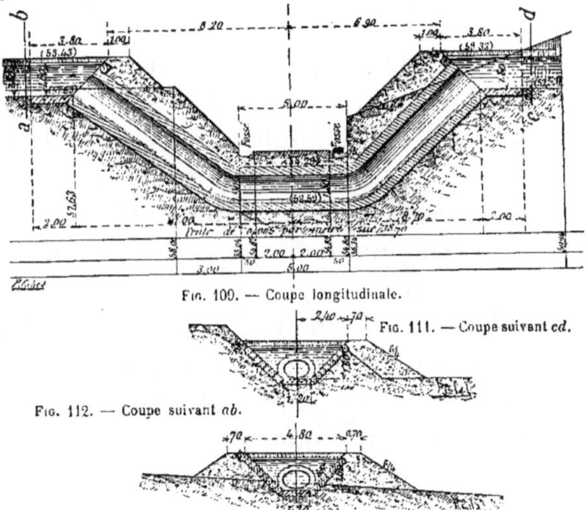

Fig. 109. — Coupe longitudinale.

Fig. 110. — Plan supérieur.

Fig. 111. — Coupe suivant cd.

Fig. 112. — Coupe suivant ab.

extérieur de 1/10ᵉ. Les murs de côté formant puisard se raccordent avec les talus de la cuvette du canal, à l'aide d'un perré maçonné.

Si le sol de la route est en contre-bas du plafond du canal et que, néanmoins, on ne puisse avoir recours à une traversée par-dessus cette route, on peut employer un siphon formé d'un tuyau en béton de ciment. Celui des figures 108 à 112 a 1ᵐ,30 de diamètre. Ses têtes se raccordent avec le plafond et les côtés du canal en s'encastrant dans une maçonnerie de 0ᵐ,25 d'épaisseur en moellons têtués.

b) *Aqueducs à double siphon.* — Quand le débit du canal est assez fort, on peut être amené à construire un aqueduc à double siphon pour ne pas trop augmenter le diamètre des tuyaux.

Celui que représentent les figures 113 à 120, applicable à un canal d'un débit de 5ᵐᶜ,450, est composé de deux tuyaux de 1ᵐ,44 de diamètre dont les têtes sont raccordées au plafond du canal, tant en amont qu'à l'aval, au moyen de deux revêtements en béton de 0ᵐ,30 d'épaisseur. Les tuyaux sont également en béton et ont 0ᵐ,25 d'épaisseur sous une charge de 3ᵐ,43.

Le siphon débouche à ses deux extrémités dans des puisards dont le fond est à 0ᵐ,30 en contre-bas de la partie inférieure des tubes. Les murs à l'aplomb des têtes ont 0ᵐ,90 d'épaisseur moyenne pour une hauteur de 4ᵐ,40. Les murs latéraux en retour s'arrêtent à 0ᵐ,25 au-delà de l'intersection du talus de la route avec le sol naturel et sont prolongés par des perrés de 0ᵐ,30. Le siphon est couronné par une plinthe de 0ᵐ,65 de largeur et 0ᵐ,20 d'épaisseur en saillie de 0ᵐ,05 sur le nu des maçonneries.

Les traversées au moyen de siphons ont l'inconvénient d'entraîner toujours une certaine perte de charge, de sorte que la multiplication de ces ouvrages pourrait avoir pour résultat d'abaisser le plan d'eau du canal d'une hauteur suffisante pour diminuer d'une quantité appréciable le périmètre dominé. De plus, lorsque le débit du canal est assez grand, il serait impossible d'obtenir un débouché suffisant au moyen

Aqueduc à double siphon.

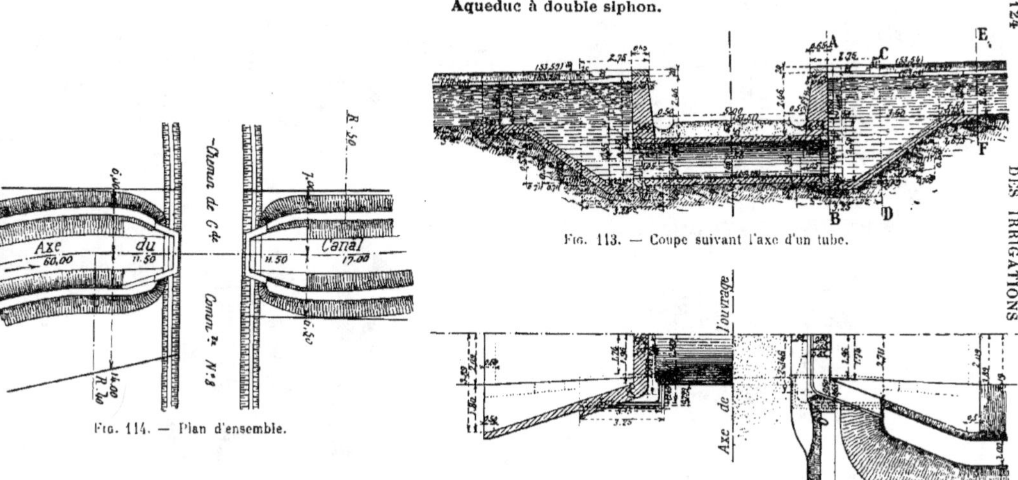

Fig. 113. — Coupe suivant l'axe d'un tube.

Fig. 114. — Plan d'ensemble.

Fig. 115. — Quart de plan au niveau du couronnement.   Fig. 116. — Quart de plan supérieur.

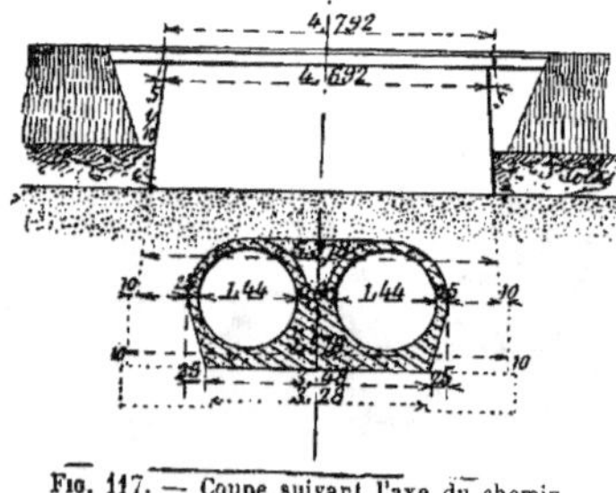

Fig. 117. — Coupe suivant l'axe du chemin.

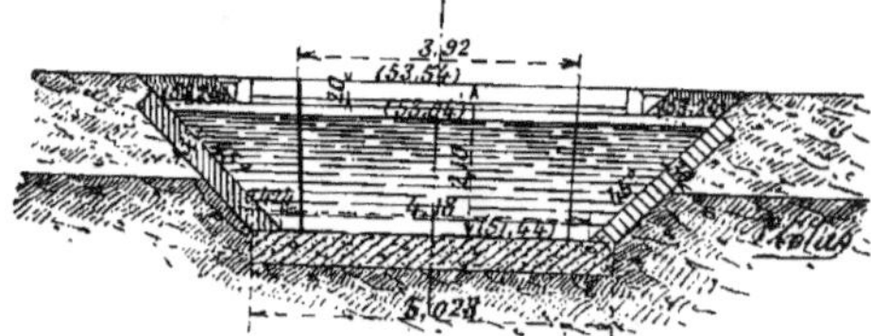

Fig. 118. — Coupe suivant EF.

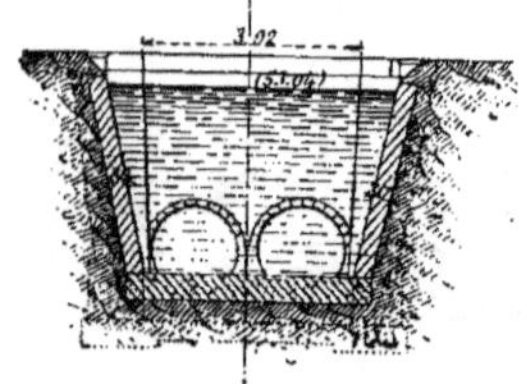

Fig. 119. — Coupe suivant CD.

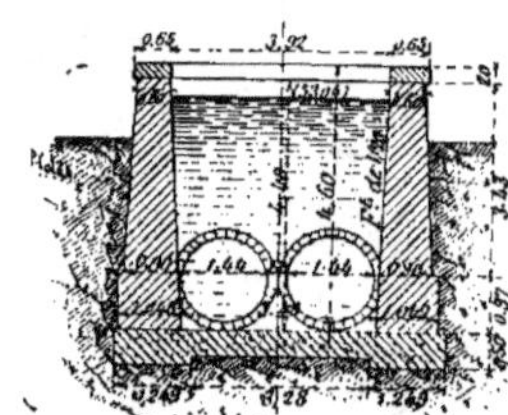

Fig. 120. — Coupe suivant AB.

Pont en maçonnerie pour la traversée du canal sous un chemin.

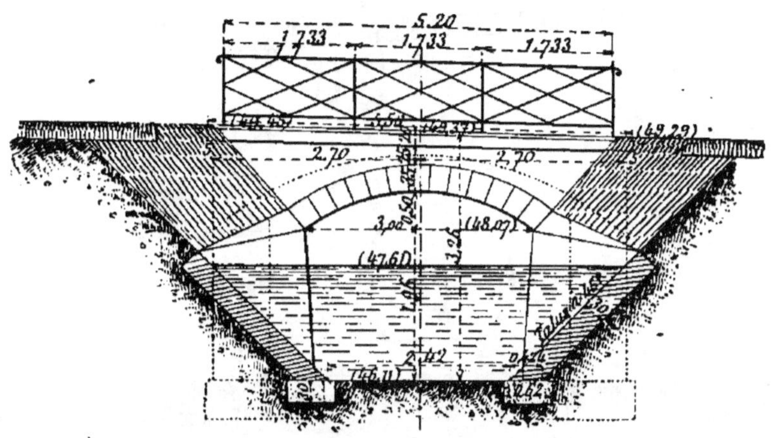

Fig. 121. — Élévation.

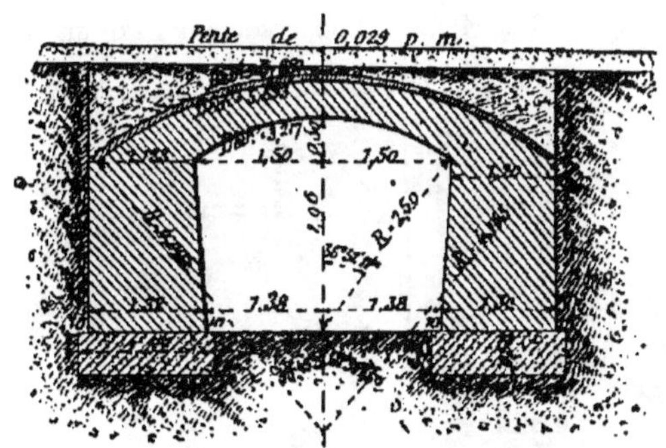

Fig. 122. — Coupe suivant l'axe de l'ouvrage.

Pont en maçonnerie pour la traversée du canal sous un chemin.

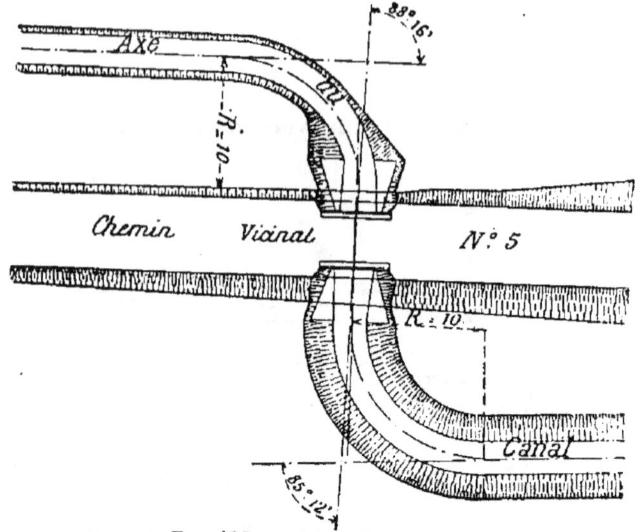

Fig. 123. — Plan d'ensemble.

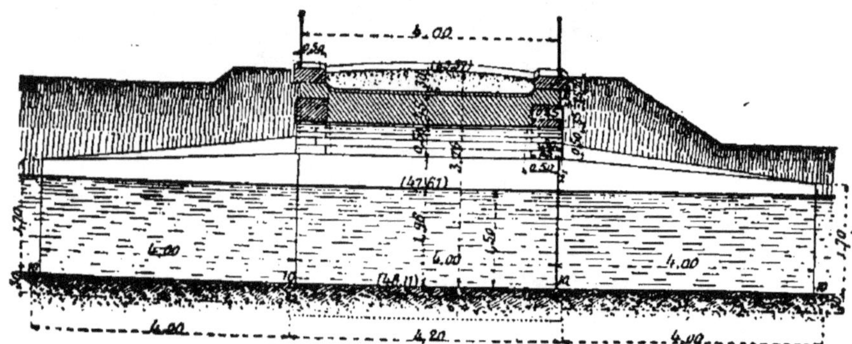

Fig. 124. — Coupe suivant l'axe du canal.

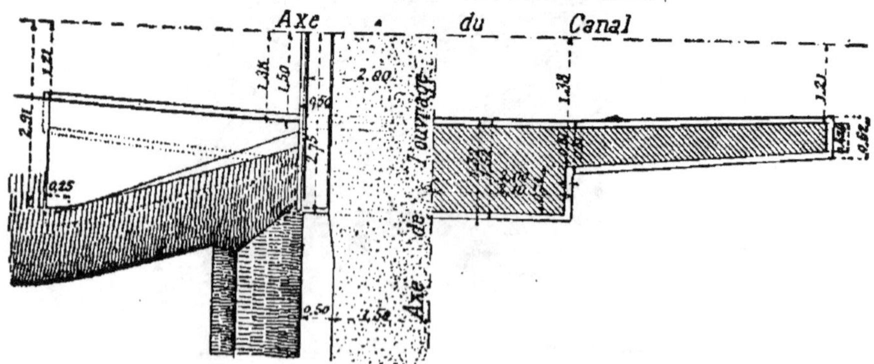

Fig. 125. — Quart de plan supérieur.   Fig. 126. — Quart de plan au niveau des fondations.

d'un aqueduc-siphon de dimensions acceptables. Aussi, dans ce dernier cas, lorsque l'état des lieux permet de faire passer le canal sous une route au moyen d'un pont, a-t-on souvent recours à ce genre d'ouvrage, malgré le surcroît de dépenses qui en résulte. Les ponts se construisent, suivant le cas, en maçonnerie ou en métal.

c) *Ponts en maçonnerie.* — Pour la traversée des chemins vicinaux et ruraux, nous donnons le type d'un pont en maçonnerie établi sur la branche principale du canal de Pierrelatte en vue d'un débit de 6^{mc},250 (*fig.* 121 à 126). L'ouverture du pont est de 3 mètres aux naissances et la largeur au plafond est de 2^{m},76. Les culées, dont le fruit est par suite de 0^{m},0633 par mètre, ont une hauteur de 1^{m},50, limitée au plan d'eau du canal. La voûte est un arc de cercle de 2^{m},50 de rayon et 0^{m},50 de flèche ; son épaisseur à la clef est de 0^{m},45. Elle est extradossée par un arc de cercle de 4^{m},14 de rayon, se raccordant au sommet de chaque culée. Les culées, en béton, ont 1^{m},20 d'épaisseur ; leurs fondations sont établies sur un empâtement de 0^{m},10 et sont descendues jusqu'au terrain solide.

L'extrados est recouvert d'une chape en mortier de 0^{m},05 d'épaisseur. Les tympans de 0^{m},40 d'épaisseur sont couronnés par une plinthe de 0^{m},20 de hauteur et 0^{m},50 de large, qui fait saillie de 0^{m},10 sur le nu des maçonneries et sur laquelle est scellé un garde-corps. Des murs en retour raccordent le pont avec les talus de la cuvette du canal ; le raccordement s'étend sur 4 mètres de longueur.

La traversée des chemins vicinaux de grande communication, des routes départementales et des routes nationales peut s'effectuer également par des ponts dont les largeurs entre parapets sont fixées comme il a été dit ci-dessus.

Les figures 127 à 130 représentent la traversée d'une route nationale. Le pont a 8^{m},50 de largeur entre garde-corps. Il est fondé sur un massif de béton de 2^{m},80 de largeur et de 0^{m},50 de longueur descendu jusqu'au sol résistant. Les piédroits, d'un écartement moyen de 5^{m},70, ont 2^{m},60 d'épaisseur et 1^{m},60 de hauteur. Un évidement curviligne de 5 mètres de rayon

Pont en maçonnerie pour la traversée d'un canal sous une route nationale.

Fig. 127. — Elévation.

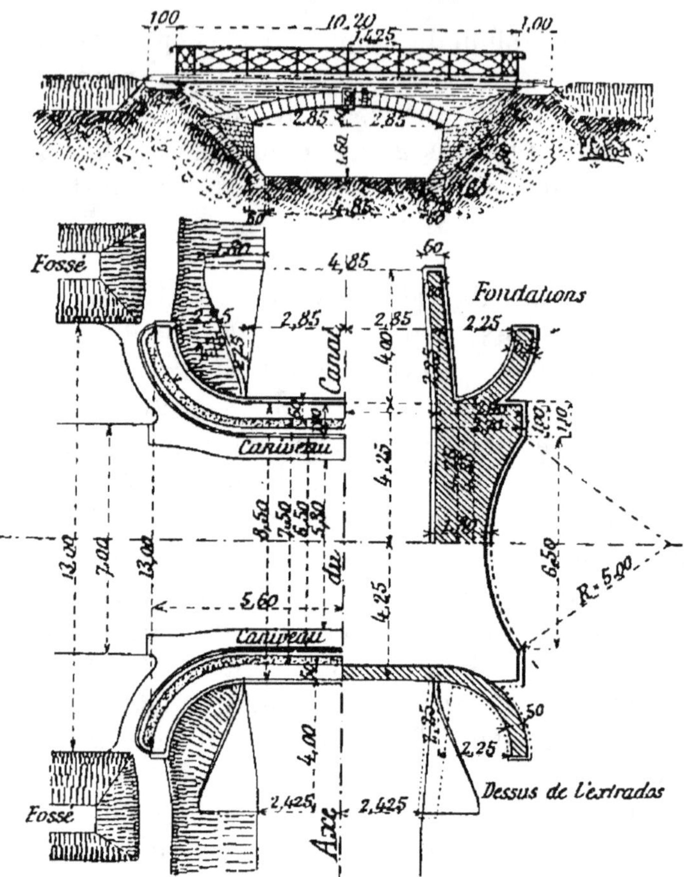

Fig. 128. — Plan supérieur.

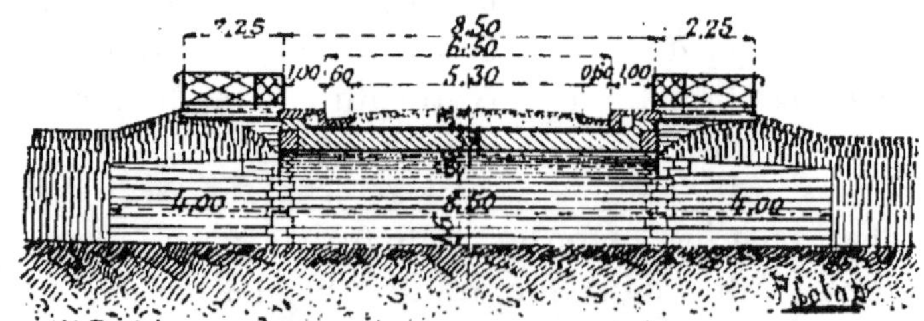

Fig. 129. — Coupe longitudinale.

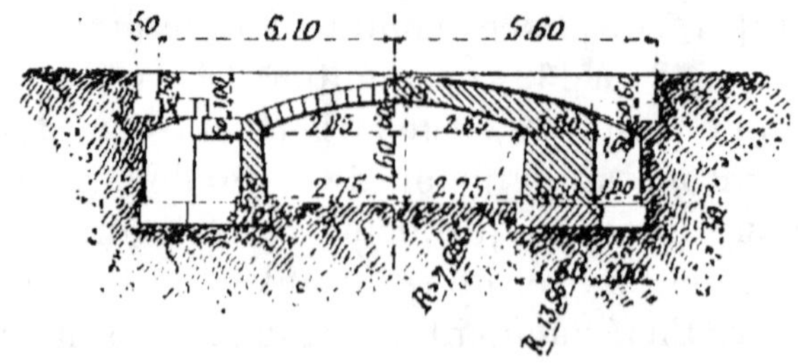

Fig. 130. — Coupe transversale.

Pont métallique biais sous chemin.

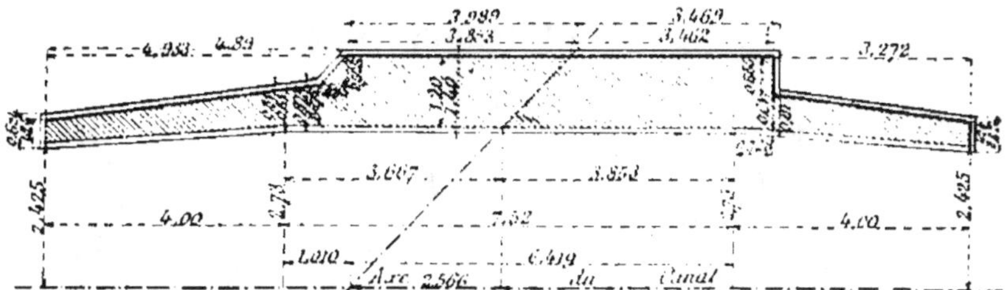

Fig. 131. — Plan d'une culée au niveau des fondations.

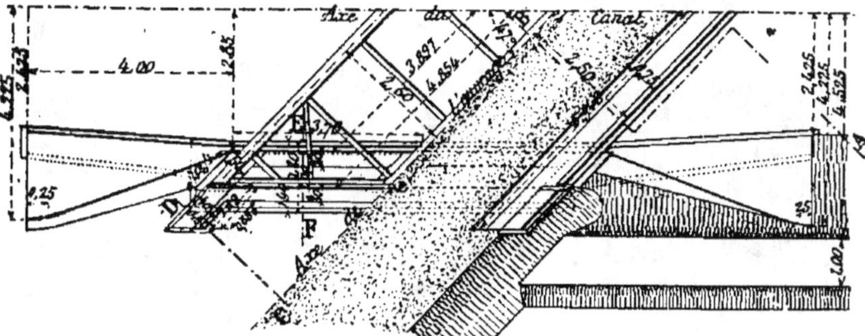

Fig. 132. — Plan au-dessus des maçonneries.   Fig. 133. — Plan supérieur.

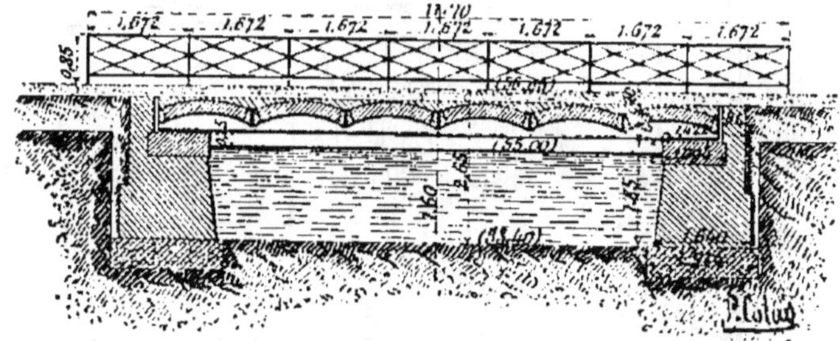

Fig. 134. — Coupe suivant l'axe de l'ouvrage.

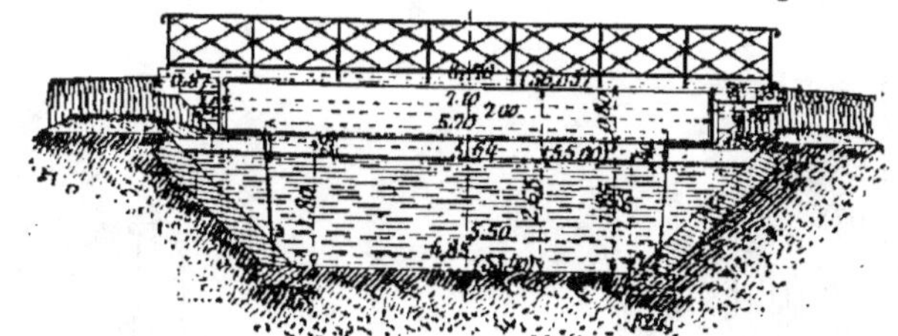

Fig. 135. — Élévation normale à l'axe du canal.

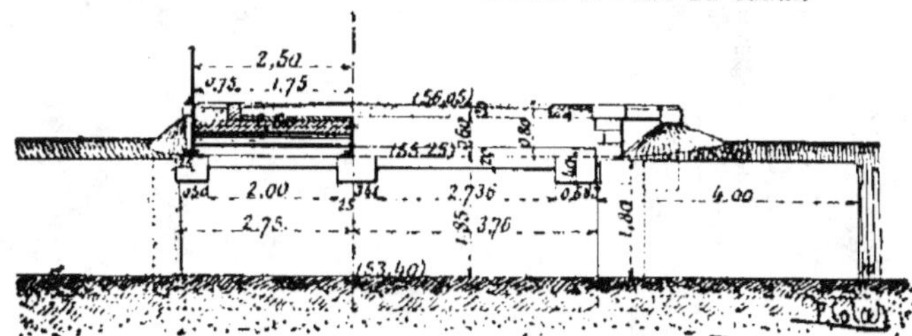

Fig. 136. — Coupe suivant AB.

Pont en maçonnerie sous chemin de fer.

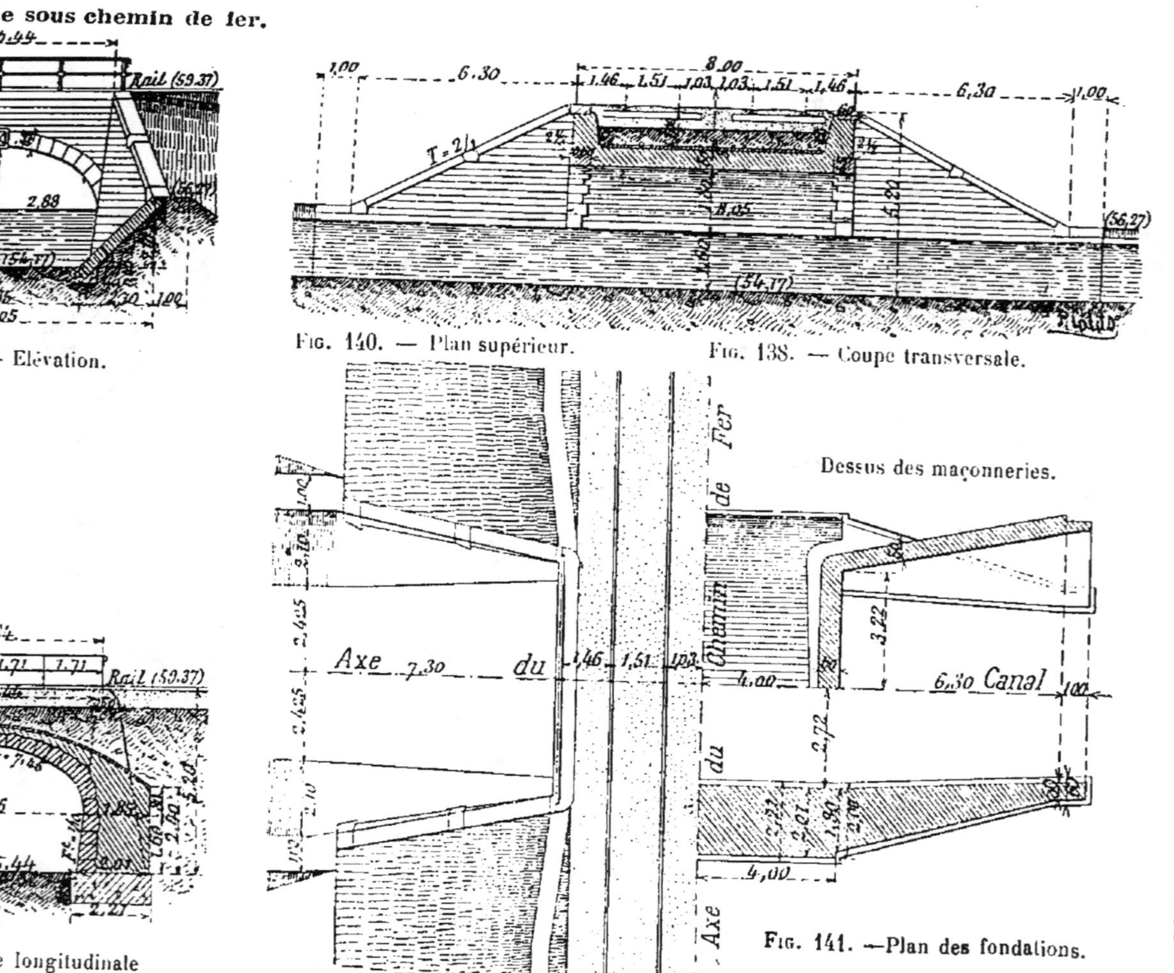

Fig. 137. — Elévation.

Fig. 140. — Plan supérieur.

Fig. 138. — Coupe transversale.

Fig. 139. — Coupe longitudinale

Fig. 141. — Plan des fondations.

Fig. 142. — Coupe longitudinale suivant l'axe du canal.

Fig. 143. — Demi-plan supérieur.

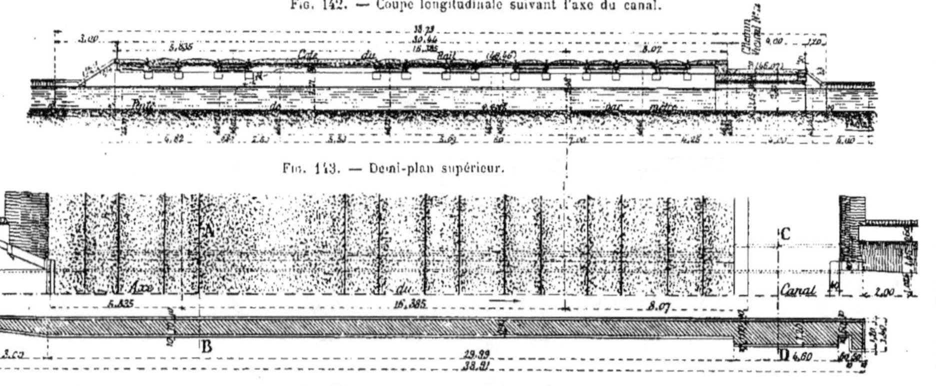

Fig. 144. — Coupe suivant CD.

Fig. 145. — Demi-plan au niveau des fondations,

Fig. 146. — Elévation aval.

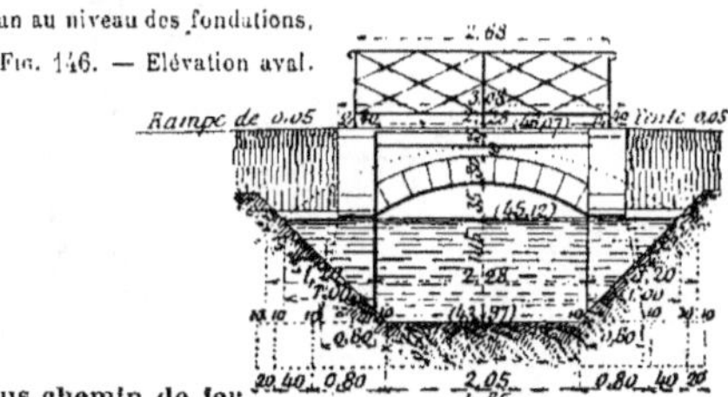

Pont métallique sous chemin de fer

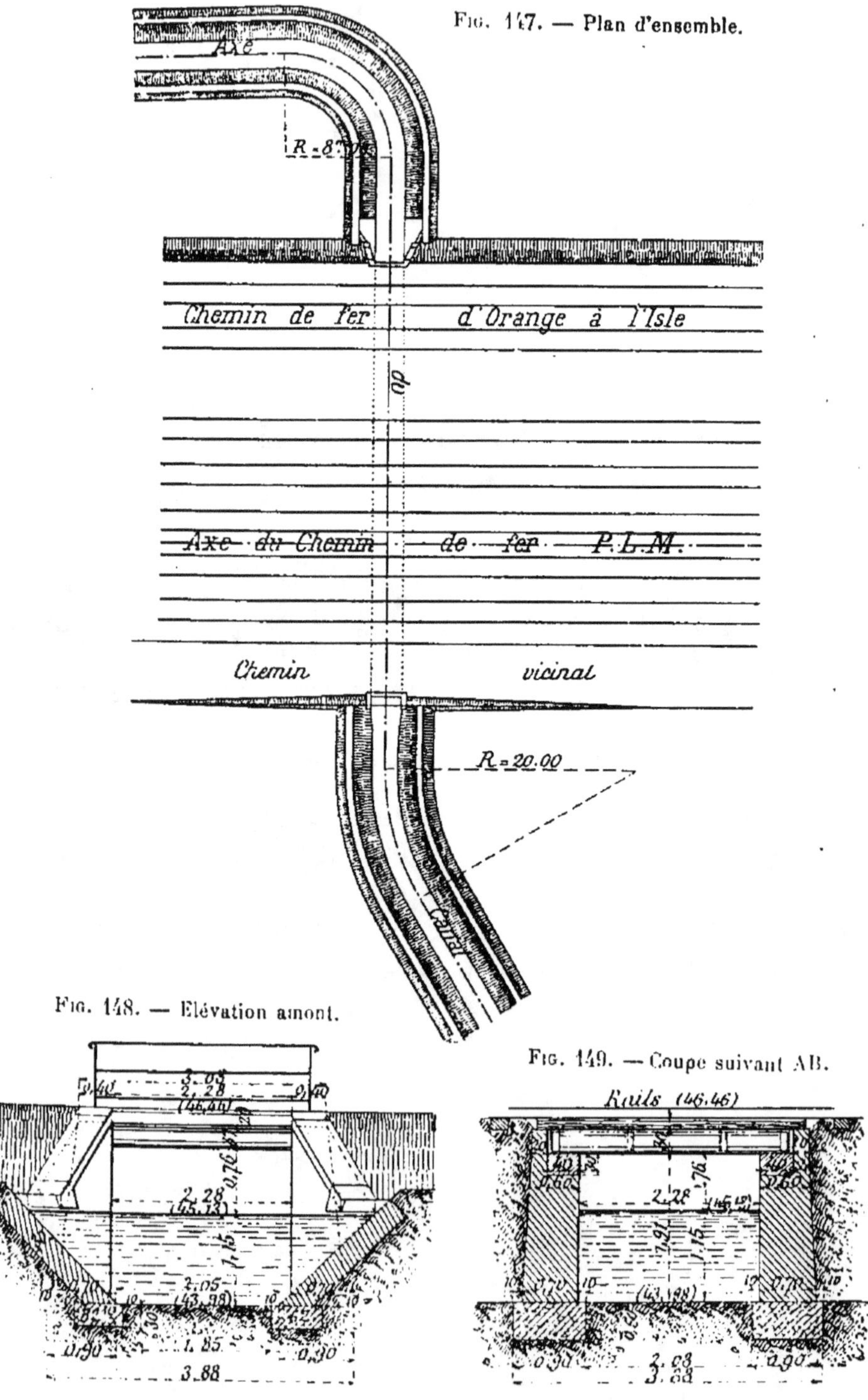

Pont métallique sous chemin de fer.

est ménagé dans l'épaisseur des culées. La voûte est en arc de cercle surbaissé au 1/10ᵉ pour ne pas déformer le profil de la route. L'épaisseur à la clef est de 0ᵐ,50, non compris une chape de 0ᵐ,05 recouvrant l'extrados dont l'arc de 13ᵐ,56 de rayon et de 8ᵐ,70 de cercle donne une flèche de 1ᵐ,10.

Les murs en retour sont courbés de manière à embrasser toute la largeur de la route, y compris les accotements. Les murs de raccordement s'arrêtent aux naissances et sont prolongés par des troncs de cône dont les arêtes ont une inclinaison de 3/2.

d) Ponts métalliques. — Lorsque la différence de hauteur entre le plan d'eau normal du canal et le sol de la route est trop faible pour permettre d'établir un ouvrage en maçonnerie, on doit avoir recours à un pont métallique.

Les figures 131 à 136 représentent un pont métallique biais établi pour la traversée du canal de Pierrelatte (débit : 6ᵐᶜ,250), sous un chemin de grande communication. La différence entre le plan d'eau normal du canal et le sol de la route n'étant que de 1ᵐ,05, il était impossible d'avoir recours à une autre solution.

L'ouvrage est avec poutres en fer ; il se compose de deux culées en maçonnerie de 1ᵐ,80 de hauteur, espacées de 5ᵐ,50, sur lesquelles reposent des poutres en fer à **I** de 0ᵐ,80 de hauteur, distantes de 2ᵐ,50 d'axe en axe et reliées entre elles au moyen d'entretoises espacées de 1ᵐ,50. Sur ces entretoises viennent s'appuyer de petites voûtes en briques de 0ᵐ,12 d'épaisseur. Un garde-corps en fer est directement scellé sur les poutres de rive.

Les traversées sous voies ferrées ne diffèrent des précédentes que par les sujétions qu'elles imposent, dans l'impossibilité où l'on se trouve de modifier en quoi que ce soit le profil du chemin de fer.

Nous donnons deux types de ponts servant à la traversée du canal de Pierrelatte par-dessous le chemin de fer Paris-Lyon-Méditerranée.

Le premier (*fig.* 137 à 141) est un pont en maçonnerie. La voûte est une ellipse dont les demi-axes mesurent 2^m,88 et 1^m,80 ; l'épaisseur à la clef est de 0^m,60, non compris une chape de 0^m,05 recouvrant l'extrados à 1^m,15 en contre-bas des rails.

Elle est fondée sur un massif en béton de 2^m,21 de largeur sur 8^m,20 de longueur. Les piédroits sont montés avec un fruit intérieur de 1/10e jusqu'à la hauteur du plan d'eau normal. Les murs en aile, d'une épaisseur moyenne de 0^m,70, s'abaissent graduellement jusqu'à 2^m,10 au-dessus du plafond du canal, avec une inclinaison de 2/1. Ils se terminent horizontalement sur 1 mètre de longueur.

Le second ouvrage (*fig.* 142 à 149) est un pont métallique qui traverse la ligne en un point où il existe sept voies de fer. Il se compose de deux murs en maçonnerie de 38^m,81 de longueur et 1^m,91 de hauteur, espacés de 2^m,98, sur lesquels reposent des poutres en fer de 2^m,78 de longueur et 0^m,30 de hauteur, portant des longrines en bois sur lesquelles les rails sont posés. Ces poutres sont reliées à leurs extrémités et à leur milieu par des entretoises de 0^m,30 de hauteur.

Une voûte en maçonnerie établie en prolongement du pont métallique donne passage au canal sous un chemin vicinal latéral au chemin de fer.

CHAPITRE V

OUVRAGES D'ART EXCEPTIONNELS ET SPÉCIAUX

27. Grands ponts-aqueducs. — Les ponts-aqueducs, dans leurs dispositions générales, sont analogues aux grands viaducs de chemins de fer.

Dans ces ouvrages, dont la section est forcément moindre que la section courante du canal, on est obligé d'augmenter la pente pour obtenir le débit nécessaire. Toutefois il faut éviter de leur donner une section mouillée trop faible. On ne doit pas non plus augmenter outre mesure le tirant d'eau, sans quoi il se trouve vers le fond une couche de liquide dont la vitesse est très réduite, et le débit se trouve diminué.

Toute diminution de section doit être compensée par une augmentation de vitesse; or l'eau change difficilement de régime et la vitesse ne s'élève d'une valeur à une autre notablement supérieure qu'au prix de remous et de pertes de charges qui influent sur le débit. On facilite le changement de régime en passant graduellement de la section normale à la section rétrécie et en raccordant les talus en terre inclinés à 1/1 avec les berges presque à pic de l'aqueduc, au moyen de perrés gauches, qui guident les filets liquides et évitent les tourbillonnements.

Comme exemple d'un pont-aqueduc de quelque importance, nous décrirons celui qui a été construit pour permettre au canal de Pierrelatte de traverser de vastes carrières en exploitation, sans nuire aux travaux d'extraction des pierres (pl. VII, *fig.* 1, page 150 *bis*).

L'ouvrage a 87 mètres de longueur. Il est formé de voûtes en plein cintre de 10 mètres d'ouverture sur lesquelles repose la cuvette du canal.

Les tympans sont remplis de pierres cassées arrangées à la main jusqu'à $0^m,12$ au-dessous du plafond du canal.

Les voûtes ont $0^m,60$ d'épaisseur à la clef et sont couvertes d'une chape en mortier de $0^m,05$ d'épaisseur.

Des barbacanes placées sur les reins des voûtes rejettent au dehors les eaux qui filtrent à travers le béton de fond.

La cuvette du canal est formée par deux murs de $0^m,50$ d'épaisseur et $1^m,20$ de hauteur, espacés de $1^m,33$; le tirant d'eau est de 1 mètre.

Les murs du tympan, ainsi que les piles, ont un fruit de $0^m,02$ par mètre.

Celles-ci ont aux naissances $2^m,33$ de largeur; leur épaisseur est de $1^m.20$.

Les murs en retour des culées et les tympans des voûtes sont prolongés et évasés de manière à former le raccordement entre la section du canal en maçonnerie sur le viaduc et la section normale en terre, tant à l'amont qu'à l'aval de l'ouvrage.

Les piles, les culées et les murs en retour sont fondés sur le rocher dur.

Le fond de la cuvette est recouvert d'une chape en béton de $0^m,10$ d'épaisseur sur laquelle est étendu un enduit en ciment de $0^m,02$. Les murs formant la cuvette sont rejointoyés au ciment sur une profondeur de $0^m,05$. Cette manière de procéder, qui a été employée également au canal de la Bourne, a donné de bons résultats.

28. Des tunnels. — Il existe un assez grand nombre de tunnels et de galeries souterraines sur les canaux d'irrigation. Nous avons vu précédemment (§ 18) que les canaux de la Bourne, du Verdon et du Forez entrent en souterrain immédiatement à l'aval de la prise; il en est de même pour le canal de Manosque et pour celui de Ventavon.

Lorsque le tracé rencontre un cap ou une ligne de faîte secondaire, on peut soit contourner l'obstacle, soit le franchir directement en souterrain. La raison d'économie décide de la solution la meilleure. Si les terrains à franchir en tranchée à ciel ouvert sont escarpés ou mauvais, on doit tenir compte de ces conditions désavantageuses en établissant le prix de revient de la tranchée.

On a eu à résoudre une question de ce genre lorsqu'il s'est agi d'établir un canal d'irrigation dérivé de la Seybouse pour l'arrosage de la plaine des environs de Bône (Algérie).

L'emplacement de la prise était tout indiqué ; c'était un point où il existait sur la rive gauche un rocher de grès plongeant dans la rivière, entre deux courbes concaves du lit (*fig.* 150).

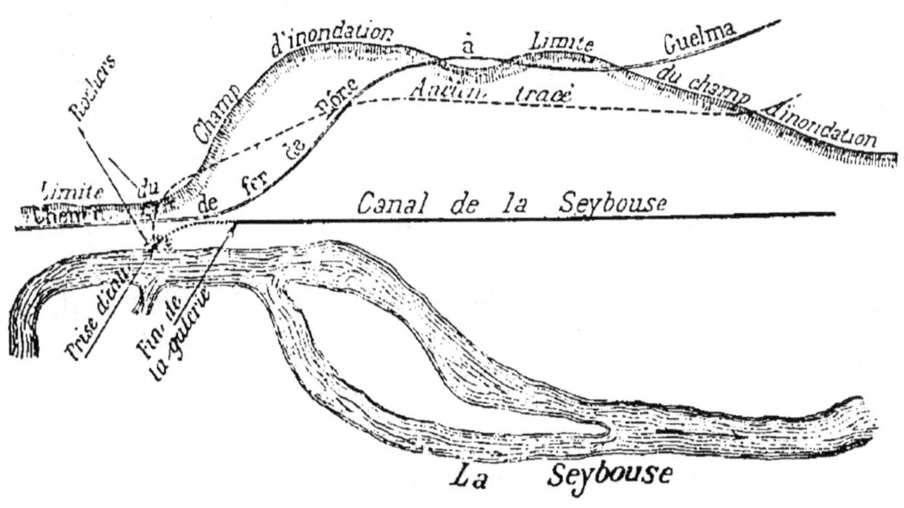

Fig. 150.

La Seybouse, en ce point, se compose d'un lit mineur de 50 à 60 mètres de largeur et d'un lit majeur de 500 à 800 mètres, dont le fond est recouvert d'une couche de galets et graviers de 8 à 10 mètres d'épaisseur ; en général, en été, il y a toujours un débit apparent dans le lit mineur qui se compose d'une série de fonds d'eau séparés par des seuils sur lesquels l'eau déverse ; une faible partie de l'eau passe à travers les galets et graviers du lit majeur.

On avait d'abord pensé à faire déboucher le canal au droit de l'une de ces excavations, dans un puisard dont le fond placé à 1 mètre en contre-bas du plafond du canal aurait formé une chambre de dépôt pour les vases. Dans la face du puisard opposée au canal, on aurait ménagé une ouverture fermée par une vanne permettant de régler le débit de la prise. Le canal à la suite devait être voûté sur une longueur de 1.000 mètres, le tracé se maintenant sur toute cette longueur dans le lit majeur de la Seybouse.

Mais cette solution, fort coûteuse, a été abandonnée, les tentatives faites en vue de capter les eaux souterraines au moyen de galeries filtrantes ayant donné la plupart du temps de médiocres résultats.

Il a paru préférable, tout en conservant le même emplacement pour la prise, d'en relever le seuil de $1^m,50$, en agrandissant sa section de manière à permettre d'assurer complètement l'alimentation du canal avec les eaux de surface. Mais on a été amené à modifier le tracé ; en effet, on a constaté que, vu la diminution de profondeur, la galerie souterraine, sur une longueur de près de 600 mètres, n'aurait été couverte que d'une couche de terre de 3 mètres environ d'épaisseur.

Dans ces conditions, un canal à ciel ouvert était évidemment plus économique. On a donc abandonné l'ancien tracé pour faire un canal qui contourne le mamelon qu'on traversait primitivement. Le nouveau tracé, quoique plus long que l'ancien, est moins coûteux ; en outre, l'établissement à ciel ouvert de la partie voisine de la prise facilite l'enlèvement des engorgements qui s'accumulent toujours à l'origine, lors des crues.

La nouvelle galerie souterraine ne règne plus que dans la partie où le canal aurait été trop près du chemin de fer pour pouvoir être laissée sans inconvénient à ciel ouvert ; elle n'a que 200 mètres de longueur. La traversée du reste du champ d'inondation de la Seybouse se fait en tranchée, la cuvette étant flanquée de cavaliers qui la mettent à l'abri des eaux de crue.

On avait d'abord prévu pour la galerie souterraine un profil comprenant deux piédroits surmontés d'une voûte en plein cintre. Mais, dans la crainte de rencontrer en cours d'exécution des couches de terrains peu résistants qui eussent obligé à augmenter considérablement l'épaisseur des piédroits pour résister à la poussée, on a adopté une section circulaire de 2m,30 de diamètre intérieur, 0m,40 d'épaisseur de parois sur le diamètre vertical, et 0m,45 sur le diamètre horizontal (*fig*. 151). La partie inférieure ABC a été exécutée en béton au mortier de chaux hydraulique, et le reste en maçonnerie de moellons; pour prévenir la désagrégation du mortier, une chape a été établie à la partie supérieure, dans la section correspondant à un angle de 45° de chaque côté de la verticale; enfin la partie infé-

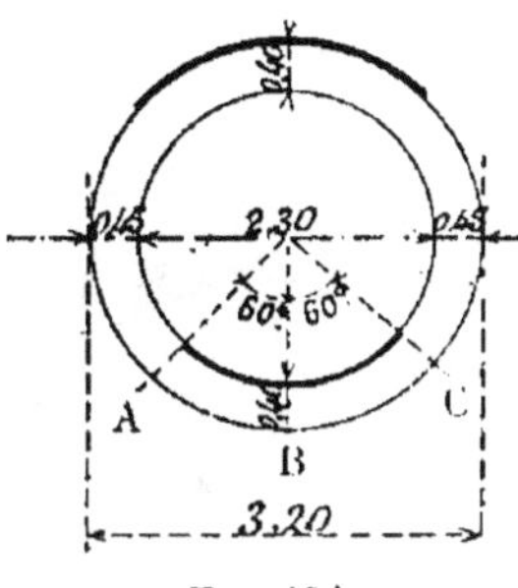

Fig. 151.

rieure de l'intrados a été recouverte sur un tiers de sa surface d'un enduit en ciment de 0m,015 d'épaisseur, pour éviter les pertes par infiltration.

La pente longitudinale de la galerie est de 0m,50 par kilomètre. Quand la rivière est à l'étiage, la tranche d'eau a une épaisseur de 1m,52, ce qui correspond à un débit de 2.949 litres par seconde, la dotation du canal étant alors limitée à 2.400 litres.

En dehors des tunnels faisant suite aux prises, on rencontre, sur certains canaux d'irrigation, de nombreux souterrains.

Au canal du Verdon, on ne compte pas moins de vingt-trois souterrains dont trois ayant de 3.000 mètres à 5.000 mètres de longueur. La description des travaux de percement a été donnée par M. de Tournadre, ingénieur en chef des Ponts et Chaussées [1]; nous ne nous y arrêterons pas.

Mais, pour donner une idée des difficultés qu'on peut rencontrer dans ce genre de travaux, nous entrerons dans quelques détails en ce qui concerne le tunnel de Trébaste (canal de Manosque). Cet ouvrage, d'une longueur de 1.466 mètres, est situé au pied des coteaux escarpés qui bordent la Durance, dans une partie où la ligne de chemin de fer de Marseille à Grenoble occupe le seul emplacement où il eût été possible de faire passer le canal à ciel ouvert.

---

[1] *Annales des Ponts et Chaussées*, 1881, 2e semestre.

On l'a partagé en trois sections au moyen de deux galeries d'attaque permettant de conduire les déblais dans la Durance (*fig.* 152).

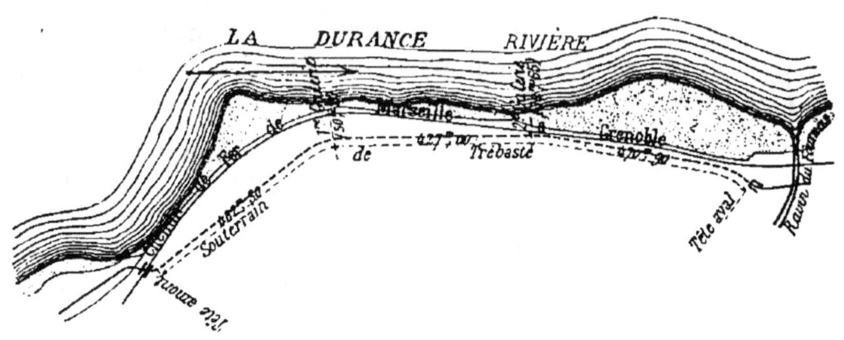

FIG. 152

Les sondages préliminaires avaient fait supposer que les terrains à traverser étaient formés d'un rocher de poudingue très compacte et assez résistant pour qu'il soit inutile de revêtir la voûte, sauf dans quelques parties où il existait des veines de terrain sablonneux ; là on avait prévu un revêtement de 0^m,10 à 0^m,30 d'épaisseur. En exécution, ces prévisions ne se sont pas réalisées ; on s'est trouvé en présence d'un terrain de poudingue à gangue marneuse qui a rendu nécessaire un revêtement en maçonnerie sur presque toute la longueur. On a modifié en conséquence les types de profils en travers primitivement adoptés pour les remplacer par ceux des figures 153 à 155.

La largeur est de 1^m,70 entre piédroits, et le tirant d'eau normal de 1^m,50. La hauteur totale sous clef est de 2^m,55.

La figure 153 représente le type normal dans la terre et le poudingue tendre. La cuvette est complètement maçonnée jusqu'à 0^m,40 en contre-haut du plafond ; l'épaisseur de la maçonnerie est de 0^m,30 à la clef, 0^m,40 aux naissances et 0^m,50 à la base ; le radier est recouvert d'un enduit en béton de ciment de 0^m,10 d'épaisseur.

Dans le poudingue résistant, le type employé comporte un radier bétonné et des piédroits revêtus jusqu'à 1^m,80 ou 1^m,60 de hauteur d'une maçonnerie de 0^m,30 d'épaisseur (*fig.* 154 et 155).

Les deux galeries d'attaque ont des longueurs respectives

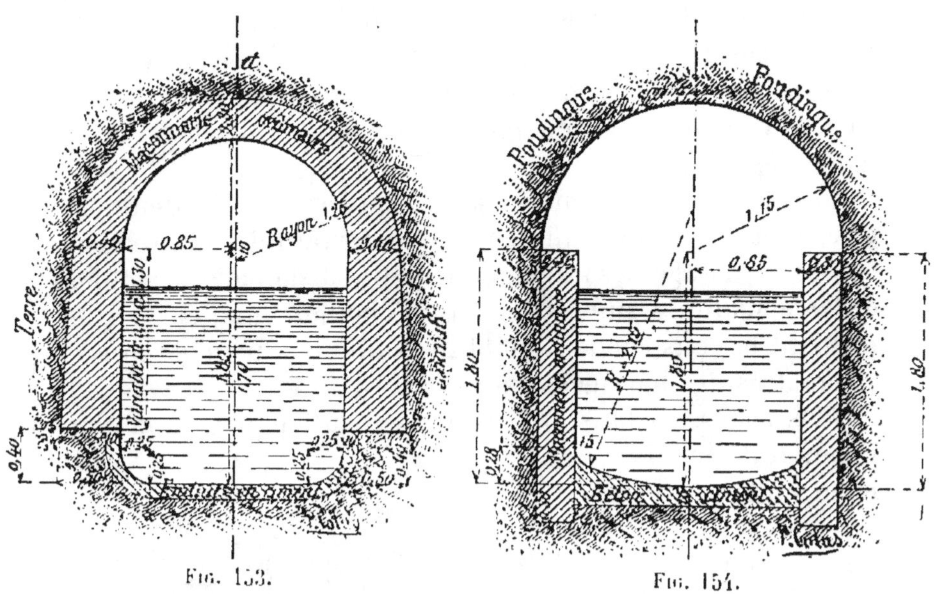

Fig. 153.   Fig. 154.

de 50^m,20 et 38^m,65 et sont en pente continue de 0^m,01; toutes

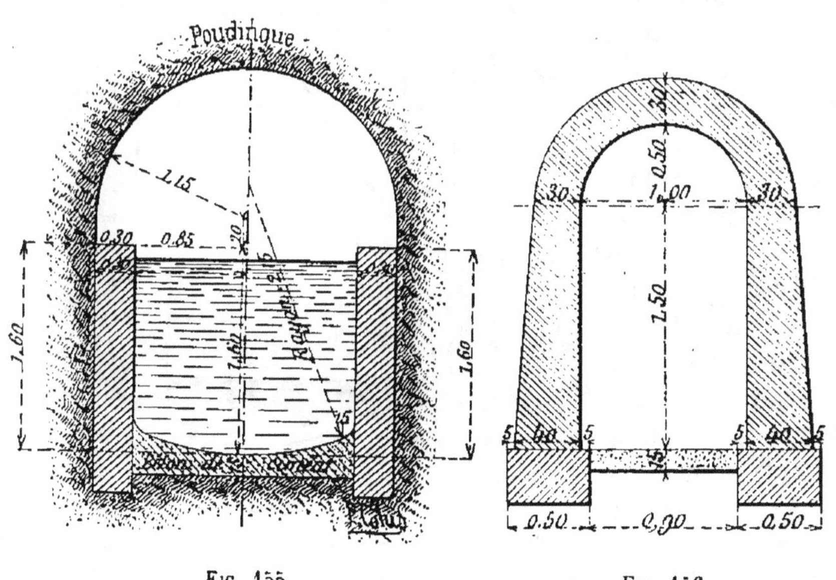

Fig. 155.   Fig. 156.

deux coupent le chemin de fer sous lequel elles passent à des
profondeurs respectives de 11^m,59 et de 10^m,30; elles sont en

plein cintre, ont une largeur de 1 mètre entre piédroits et une hauteur de 1^m,50 au-dessus des naissances. Elles ont été maçonnées des deux côtés de l'axe et de la voie et partout où le terrain rencontré n'offrait pas une résistance suffisante, c'est-à-dire sur un peu plus de la moitié de la longueur totale (*fig.* 156).

En cours d'exécution, on a rencontré entre la deuxième galerie et la tête aval une couche de terrain de nature ébouleuse; le passage des trains à une petite distance occasionnait des trépidations suivies parfois d'éboulements, et on a dû, pendant la construction, établir sur une longueur de près de 100 mètres des boisages solides (*fig.* 157).

Tous les essais faits en cours d'exécution pour appliquer un enduit en ciment sur la calotte ou les piédroits non revêtus de maçonneries ont échoué par suite de l'abondance des eaux et de la nature marneuse de la gangue qui agglutine les cailloux des poudingues traversés. Malgré la dureté de ces poudingues, l'air et l'eau, en désagrégeant la gangue marneuse, détachaient par place la couche superficielle et

Fig. 157.

répandaient sur la surface une sorte de boue grasse qui empêchait l'adhérence du mortier partout où il n'était pas délavé par l'eau avant la prise. On a dû renoncer aux enduits et exécuter un revêtement partout où la roche ne pouvait supporter le contact de l'air.

Enfin on a dû établir une vanne de décharge à la tête amont du tunnel pour permettre de déverser les eaux du canal dans la Durance et curer le canal en cas d'envasement.

La dépense totale s'est élevée à 360.000 francs environ, soit 264 francs par mètre courant ; au canal du Verdon, la dépense moyenne par mètre courant pour les grands souterrains a été de 266 fr. 15.

29. Des grands siphons. — Généralités. — Les canaux d'irrigation, tracés à flanc de coteau pour pouvoir dominer la surface qui s'étend jusqu'au thalweg du cours d'eau dont ils sont dérivés, coupent forcément les affluents de ce cours d'eau.

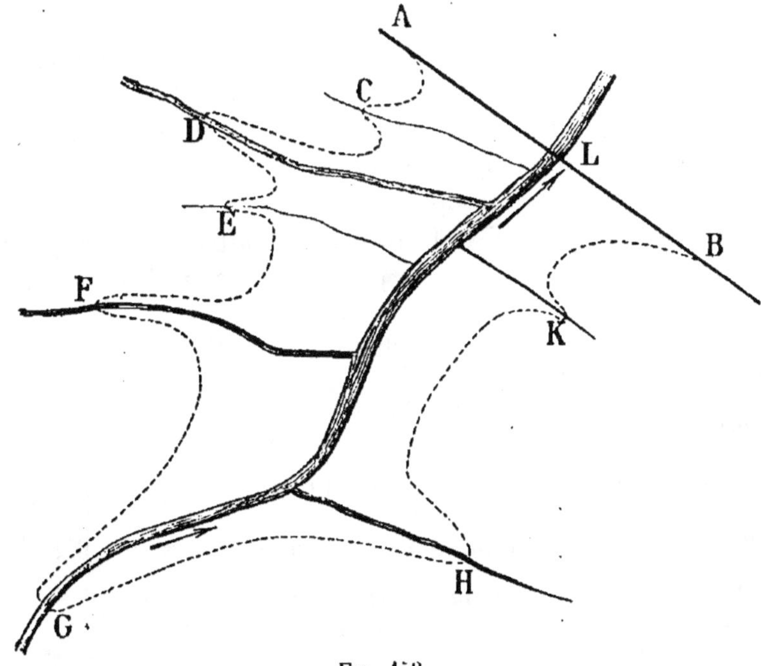

Fig. 158.

Deux modes principaux de traversée sont admissibles : ou bien remonter l'affluent et les sous-affluents de manière à réduire autant que possible les hauteurs de traversées, en adoptant un tracé sinueux tel que ACDEFGHKB (*fig.* 158), lequel nécessite l'établissement, à la rencontre de chaque cours d'eau, d'un pont-aqueduc d'assez faible importance ; ou bien couper directement l'affluent suivant un tracé rectiligne tel que ALB en supprimant la boucle de plus ou moins grande longueur du tracé précédent. Mais alors la traversée de l'affluent principal comporte la construction d'un ouvrage d'art important, grand pont-aqueduc ou siphon.

Le choix à faire entre ces deux solutions dépend des circonstances locales ; le tracé direct ALB a l'avantage d'être notablement plus court et d'éviter la construction des ouvrages des points C, D, E... ; mais il diminue l'étendue de la surface dominée. Si la portion de territoire qu'on abandonne en choisissant le tracé direct est inculte ou non susceptible de recevoir utilement l'irrigation, ce tracé direct est tout indiqué. Dans le cas contraire il faut mettre en parallèle, d'un côté, l'augmentation de dépenses que comporte le tracé sinueux, de l'autre, la valeur des redevances pour irrigation qu'on pourra percevoir en plus par suite de l'augmentation de la surface dominée et, sauf considérations spéciales, choisir celle des deux solutions qui sera la plus avantageuse au point de vue économique.

Le tracé direct présente encore un autre avantage. Si l'on établit un grand siphon, la perte de charge [1] qui en résulte

---

[1] On appelle *charge* en un point M d'un filet liquide en mouvement (*fig.* 159), la distance de ce point à un plan horizontal SS' dit plan de charge, situé au-dessus de lui à une hauteur MN égale à $\frac{V^2}{2g} + \frac{p}{\pi}$, expression dans laquelle

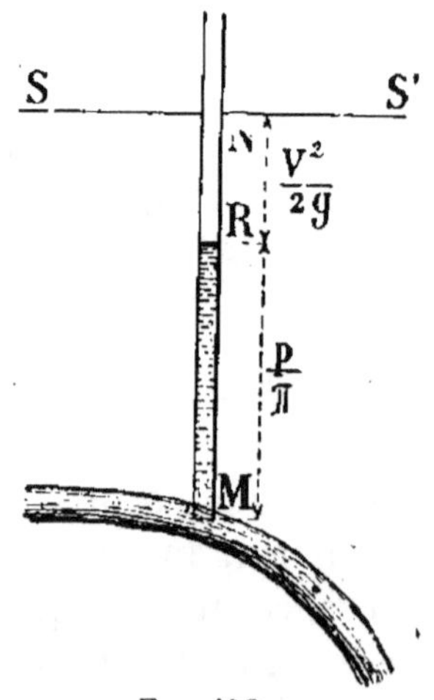

Fig. 159.

V désigne la vitesse du liquide, et $\frac{p}{\pi}$ la hauteur représentative de la pression p (π étant le poids spécifique du liquide).

La charge se compose, en effet, d'une partie RM qui correspond à la pression exercée par le liquide en mouvement, et d'une partie RN qui produit la vitesse des filets liquides. La hauteur RM est dite colonne piézométrique ; c'est à cette hauteur que s'élèverait librement une colonne de liquide au repos dans un tube ouvert, inséré au point considéré.

La position du plan de charge est déterminée par celle du point de la masse liquide pour laquelle la vitesse d'écoulement et la

est ordinairement moindre que la différence des niveaux du plan d'eau aux extrémités du tracé sinueux, de sorte qu'il devient possible de relever ce plan d'eau à partir de l'extrémité aval B du siphon, et, par suite, de regagner une partie de

pression sont nulles ; si l'écoulement est alimenté par un réservoir à niveau constant, c'est la surface de ce réservoir qui représente le plan de charge. Nous faisons abstraction de la pression atmosphérique, laquelle, dans le cas que nous considérons dans le présent chapitre, est sensiblement la même sur le réservoir supérieur et sur l'orifice d'écoulement ; il faudrait la comprendre dans la mesure de la hauteur du plan de charge, si l'orifice débouchait dans le vide, ou si le réservoir supérieur fonctionnait sous la pression de l'air comprimé.

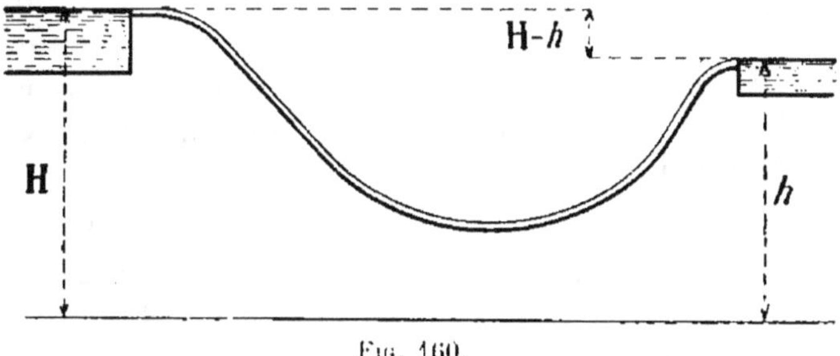

Fig. 160.

Dans toute conduite il y a une *perte de charge* due au frottement. Dans un siphon faisant communiquer deux sections d'un canal il y a en outre perte de charge à l'entrée du tuyau, par suite du rétrécissement brusque de la section et perte de charge à la sortie de celui-ci à cause de la vitesse perdue par le liquide dans le bassin d'aval. Enfin, entre les deux extrémités du siphon, dont le diamètre est constant et où le mouvement est uniforme, la perte de charge due au frottement est proportionnelle à la longueur du tuyau. La somme de ces trois quantités constitue la perte de charge totale due au siphon. Elle est égale à la différence $H - h$ entre les niveaux du plan d'eau du canal à l'amont et à l'aval (*fig.* 160). Cette différence divisée par la longueur L du siphon donne la perte de charge par mètre courant : $J = \dfrac{H - h}{L}$.

La charge dans une conduite ou dans un siphon varie donc en chaque point de la longueur, et l'on doit toujours indiquer en quel point on la considère. Lorsqu'on mentionne la charge d'un siphon sans donner cette indication, la plupart des ingénieurs entendent parler de la charge maximum, ou charge au point le plus bas du siphon, et non de la charge entre les extrémités qui est égale à la perte de charge $H - h$.

la surface dominée par le canal. Cet avantage est naturellement encore plus sensible, quand on franchit la vallée au moyen d'un pont-aqueduc.

Si l'on adopte le tracé direct, le choix à faire entre les deux solutions possibles, pont-aqueduc ou siphon, dépend de la comparaison du prix de revient des deux ouvrages, et surtout des circonstances locales. D'une façon générale, les siphons sont plus économiques, bien que, par mesure de prudence, on établisse ordinairement une double file de tuyaux, pour ne pas interrompre complètement le service du canal en cas d'avarie à l'un des tuyaux. Mais, comme ces ouvrages donnent lieu à de plus fortes pertes de charge que les ponts-aqueducs, il y aurait inconvénient à les multiplier. Si l'on dispose de matériaux de construction abondants et à bon marché, et si le terrain de fondation est particulièrement favorable, on sera probablement amené dans ces conditions à choisir l'aqueduc dont l'entretien est plus commode.

Si, au contraire, les matériaux de construction sont rares, et si les pertes de charge qu'entraîne l'établissement d'un siphon ne réduisent pas le périmètre arrosable dans de trop fortes proportions, ce dernier ouvrage devra être préféré.

Une fois la construction du siphon décidée, il faut en déterminer la position et les dimensions.

Rappelons les formules fondamentales du mouvement de l'eau dans ces conduites.

Le débit Q, égal à celui du canal, est connu; il est lié au rayon R du tuyau par la relation

$$(1) \qquad Q = \Omega u = \pi R^2 u.$$

De plus, on a la relation connue $RJ = bu^2$; enfin, $\dfrac{H - h}{L} = J$. Par suite :

$$(2) \qquad R\,\frac{H - h}{L} = bu^2.$$

En pratique, les cotes du plan d'eau à l'entrée et à la sortie de l'ouvrage sont à peu près fixées par les nécessités du tracé qui doit dominer les surfaces arrosables que le canal est destiné à desservir ; pour les mêmes raisons, la longueur de l'ouvrage est peu variable. Seuls le diamètre du tuyau et la vitesse de l'eau peuvent varier dans certaines limites.

On a intérêt, pour réduire la dépense, à augmenter la vitesse qui dépend de la charge ; mais il ne faudrait pas trop l'augmenter cependant, le changement brusque de vitesse à l'entrée de l'eau dans le siphon produisant une augmentation de perte de charge qui correspond à un allongement du tuyau égal à 15 ou 20 fois son diamètre. En pratique, la charge par mètre courant est presque toujours comprise entre $0^m,005$ et $0^m,008$.

Lorsque le débit, la longueur du siphon et la charge sont connus, il reste à déterminer le rayon du tuyau. Ordinairement, on opère par tâtonnement. On choisit pour R une valeur qui paraît se rapprocher de la réalité des choses ; de l'équation (2) on tire la valeur correspondante de u, et cette valeur, substituée dans l'équation (1), donne une valeur de Q qui doit être légèrement supérieure au débit réel.

30. Diverses natures de siphons. — D'une manière générale, un siphon qui réunit deux sections de canal placées à des niveaux différents, se compose d'une ou plusieurs files parallèles de tuyaux posés sur le sol ou enfouis dans le terrain naturel, suivant qu'on ne craint pas ou qu'on craint l'effet des gelées. A leurs deux extrémités les tuyaux aboutissent à des chambres en maçonnerie dites *têtes* qui les mettent en communication avec le canal. Chacune des têtes a son plafond en contre-bas de la partie inférieure des tuyaux ; elles forment ainsi deux *puisards ;* celui d'amont est destiné à recueillir les corps flottants amenés par l'eau du canal, de manière à empêcher leur introduction dans le siphon qu'ils pourraient obstruer ; celui d'aval se remplit d'une masse d'eau morte formant matelas et empêchant le liquide qui sort du siphon de dégrader les parois en terre du canal. Le mur vertical, qui termine vers l'amont le puisard d'amont, et dont la hauteur est égale à la différence entre les niveaux des fonds du puisard et du canal aux abords, s'appelle *mur de chute.*

L'établissement des siphons nécessite encore diverses installations accessoires, telles que déversoir et vanne de décharge à la tête amont pour permettre d'évacuer l'eau de la partie amont du canal en cas de réparation du siphon ; robinets de vidange dans la partie basse pour permettre de mettre l'appareil à sec ; ventouses ou robinets à air placés aux points hauts des conduites pour l'expulsion de l'air qui tend à s'y accumuler ; massifs de consolidation ou colliers aux coudes du tracé ; appareils de dilatation dans les tuyaux susceptibles de s'allonger ou de se rétrécir d'une façon sensible sous l'influence des variations de la température de l'air ambiant, etc., s'il n'existe pas de joints laissant un jeu suffisant aux mouvements d'allongement et de raccourcissement.

Dans ce qui va suivre nous aurons l'occasion de décrire en détail ces diverses installations.

Les tuyaux qu'on emploie ordinairement dans les siphons sont en maçonnerie, en béton de ciment, en tôle, en fonte, en acier et ciment ou enfin en acier. Nous examinerons successivement ces différentes natures de matériaux.

31. Des siphons en maçonnerie. — Les siphons en maçonnerie employés sont de deux sortes. Dans les uns ce sont plutôt des galeries souterraines creusées à une profondeur suffisante pour donner au toit une résistance en rapport avec la pression que l'eau doit exercer contre les parois ; on se contente alors de les revêtir intérieurement pour éviter les infiltrations favorisées par l'énorme pression qui tend à chasser le liquide hors de son enveloppe. Dans les autres, au contraire, les tuyaux ont une épaisseur suffisante pour résister à la pression de l'eau, indépendamment de la calotte de terre dont ils sont recouverts.

Les galeries souterraines sont aujourd'hui abandonnées, à cause des graves mécomptes auxquels leur emploi a donné lieu. Nous croyons néanmoins utile d'entrer dans quelques détails au sujet de la rupture d'un de ces ouvrages.

Au canal du Verdon on avait construit, à la traversée du ravin de Valavese un siphon, dit de Saint-Paul, de 282 mètres de longueur, formé d'une galerie creusée dans le rocher compact, et que deux puits verticaux raccordaient avec le canal à l'amont et à l'aval ; la profondeur maximum de la galerie au-dessous du sol était de 23 mètres et la sous-pression maximum de 60 mètres. Le profil en travers normal du siphon était un cercle de 2^m,30 de diamètre intérieur.

L'ouvrage était revêtu en maçonnerie de moellons sur toute la partie médiane, c'est-à-dire la plus profondément enfoncée dans le sol, et en maçonnerie de béton sur tout le reste de sa longueur; tous les revêtements avaient été eux-mêmes recouverts d'un enduit en ciment.

Dès les premiers essais de mise en eau il se manifesta des fissures et des dislocations, généralement placées vers les joints de rupture des voûtes; elles furent bouchées avec des bourrelets de ciment. Mais, à la mise en eau à pleine charge, toute la partie déjà disloquée précédemment fut entièrement brisée, et le siphon se vida en quelques minutes.

On se décida alors à abandonner entièrement l'ouvrage et à le remplacer par un siphon en tôle.

Il est possible que l'accident soit dû à des malfaçons et à un défaut d'épaisseur dans la maçonnerie; néanmoins il ne paraît pas que ce genre d'ouvrage soit à recommander, et nous ne croyons pas qu'il en ait été fait d'autre application depuis la rupture du siphon de Saint-Paul, survenue en 1874.

32. Des siphons en béton de ciment. — Les siphons en béton de ciment sont, par contre, très employés à cause de la modicité de leur prix de revient. Ils ne peuvent être utilisés cependant que lorsque la pression n'est pas trop considérable et ne dépasse pas 15 à 18 mètres d'eau. De même que les buses-siphons, on les construit sur place dans des tranchées ouvertes *ad hoc*, et sans solution de continuité, au moyen d'un moule intérieur en bois et de deux enveloppes en bois ou en fer placées parallèlement de manière à laisser entre le moule et elles l'épaisseur que l'on veut donner au tuyau. Le béton se prépare au-dessus de la tranchée et se vide dans le moule où la prise demande cinq à dix minutes, après lesquelles le tuyau peut être démoulé. Le moule porte à l'emplacement du joint un renflement qui permet de consolider par une surépaisseur de béton la jonction de deux tuyaux consécutifs.

On tient compte de la contraction qu'amène la dessiccation

du ciment et qui produit des retraits, en ménageant tous les 4 ou 5 mètres, dans le moulage, une solution de continuité qui permet aux dilatations et aux contractions de se produire. Au bout de quelques jours, quand le travail de durcissement du béton est opéré, on ferme les solutions au moyen de joints au mortier de ciment[1].

Ces ouvrages ne diffèrent des siphons avec puisards dont nous avons déjà parlé que par leurs dimensions et aussi par l'épaisseur des tuyaux, laquelle doit être suffisante pour leur permettre de résister à la pression de l'eau.

Au canal de Pierrelatte (pl. VII, *fig.* 2, et *fig.* 161 à 163), la traversée de la vallée du ruisseau du Lez s'exécute au moyen d'un siphon en béton de ciment à section circulaire de $1^m,76$ de diamètre intérieur. Pour ne pas l'établir à une trop grande profondeur sous la route et les berges de la rivière, on a adopté un profil à lignes brisées pour épouser à peu près la forme du terrain ; néanmoins la partie supérieure du tuyau est toujours au moins à 2 mètres en contre-bas du sol naturel.

Il est placé entre deux puisards en maçonnerie ayant respectivement $2^m,60$ et 3 mètres de largeur et dont le fond est établi à $0^m,30$ en contre-bas de l'arête inférieure du siphon ; la longueur développée du siphon est de $106^m,24$; il débite un volume de 4 mètres cubes par seconde avec une perte de charge totale de $0^m,40$. L'épaisseur des tuyaux qui le composent varie, avec la charge supportée, depuis $0^m,40$ à l'extrémité amont jusqu'à $0^m,70$ vers le centre, pour revenir à $0^m,45$ à l'extrémité aval. Aux changements de pente du profil, le raccord se fait au moyen de coudes en tôle formant manchons. Pour permettre la vidange, on a établi au point le plus bas du tube un regard formé d'une cheminée en béton de ciment de $0^m,50$ de diamètre intérieur et de $0^m,60$ d'épaisseur de paroi, fermé par un tampon en fonte retenu dans le béton de la cheminée par de forts boulons de scellement. Le dessus du regard se trouve en contre-haut du niveau d'étiage de la rivière.

Les conditions particulières dans lesquelles se trouve placé cet ouvrage ont entraîné l'établissement, à la tête aval, d'une vanne de décharge. Aux abords de l'ouvrage, le canal situé à

---

[1] *Les distributions d'eau*, par M. Georges DUMONT.

flanc de coteau reçoit presque instantanément les eaux plu-

Siphon du Lez (Canal de Pierrelatte).

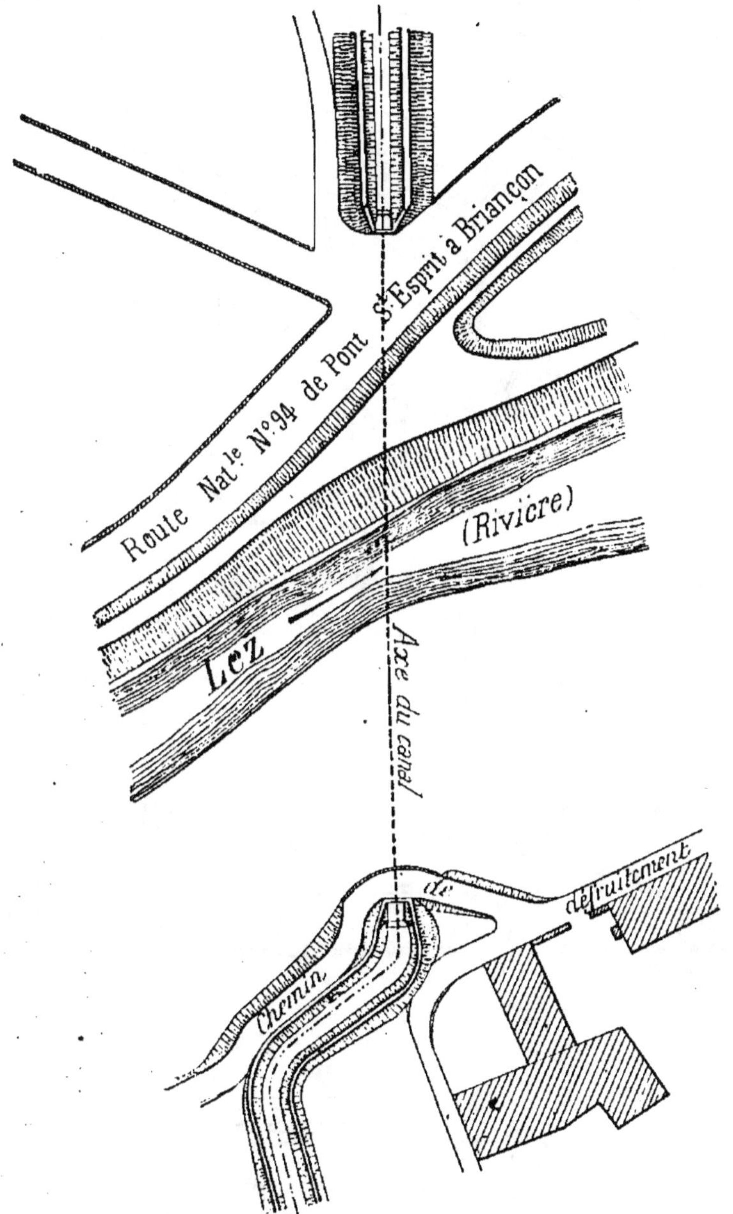

Fig. 161. — Plan d'ensemble.

viales des collines qui le dominent. Lors des pluies torren-

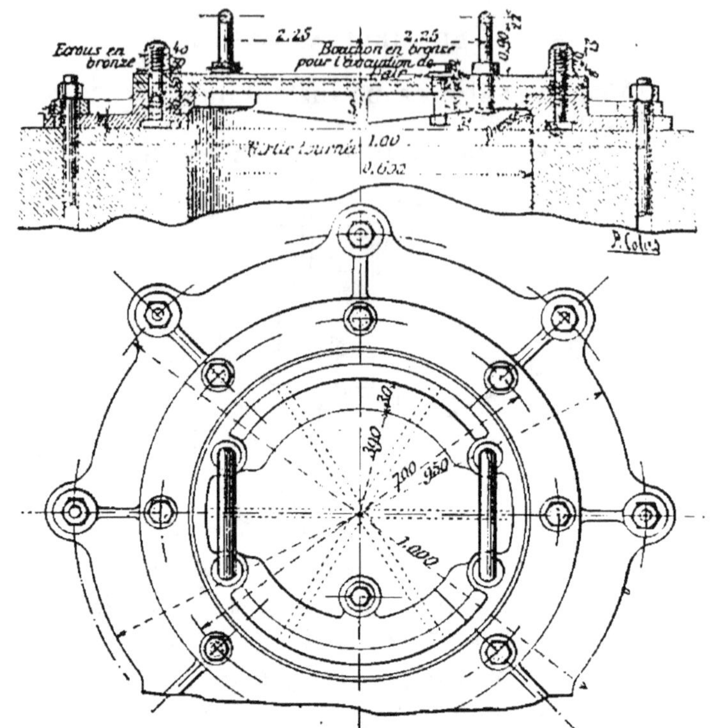

FIG. 162. — Bouchon d'obturation.

Coupe suivant EF.

Coupe suivant GH.

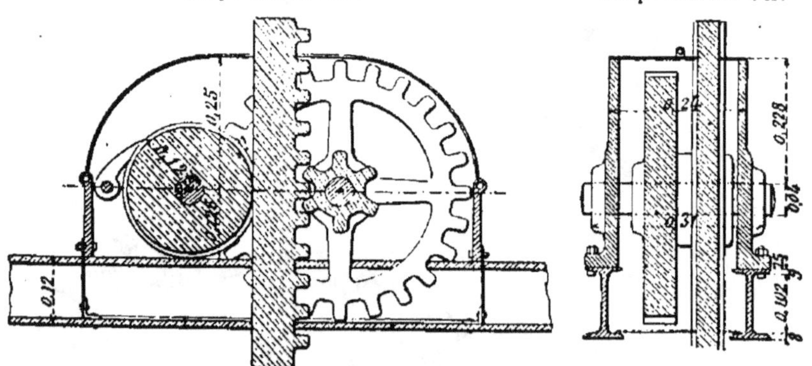

Plan supérieur (le couvercle enlevé.)

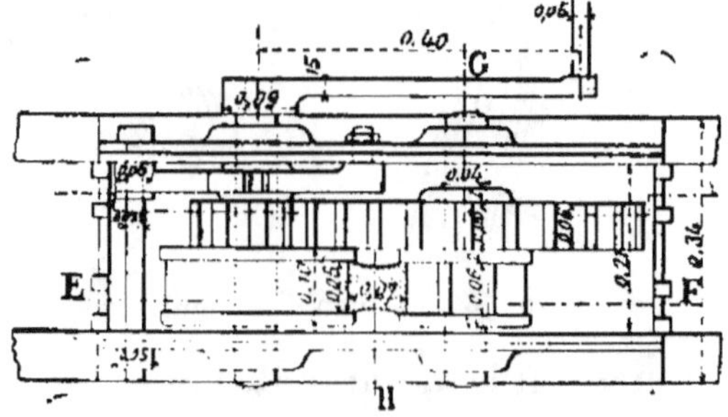

FIG. 163. — Détails de l'appareil de levage.

tielles et des inondations, dans les parties en remblai qui avoisinent le siphon, l'eau s'élevait dans la cuvette au-dessus des revêtements en béton destinés à empêcher les infiltrations et, pour s'écouler, s'ouvrait des brèches à travers les remblais, en causant des dommages importants aux propriétés riveraines.

Pour remédier à cet état de choses et pour permettre l'évacuation rapide des eaux surabondantes, on a mis le puisard aval en communication avec le Lez au moyen d'un tuyau en béton de ciment de 5 mètres de longueur, de 0^m,80 de diamètre et de 0^m,20 d'épaisseur, posé suivant une pente de 0^m,12 par mètre vers la rivière, ayant la lèvre inférieure de son orifice à 0^m,70 en contre-bas du fond de la cuvette en aval du puisard ; il traverse un chemin d'exploitation qui longe la rive gauche de la rivière ; la hauteur minimum entre la chaussée du chemin et le dessus du tuyau n'est pas inférieure à 0^m,50 et offre, par conséquent, un matelas de protection très suffisant.

A la sortie du mur de soutènement du chemin, la buse déverse ses eaux dans un chenal de 7^m,50 de longueur dont le radier maçonné a une épaisseur de 0^m,30 et se termine par un parafouille de 0^m,60 d'épaisseur (pl. VII, *fig.* 2).

L'obturation est obtenue au moyen d'un couvercle ou bouchon métallique avec appareil de levage du type employé pour les prises d'eau des canaux secondaires et tertiaires du canal (*fig.* 162 et 163) ; la boîte d'engrenage est supportée par des fers à **I** qui reposent par l'intermédiaire des piliers sur le couronnement du puisard.

Au moyen de ce dégorgement fonctionnant, en charge normale, avec un débit de 4 mètres cubes par seconde, on peut évacuer très rapidement à la rivière le trop-plein des eaux provenant des pluies torrentielles. En cas de nécessité, on peut aussi vider complètement le siphon par le bas.

33. Des siphons métalliques. — Les siphons métalliques sont ordinairement en fonte. Dans certains cas particuliers on a employé la tôle, bien que la fonte présente plus de résistance à la rouille en raison de son épaisseur même. Mais le diamètre intérieur des tuyaux de fonte d'un usage courant ne dépasse guère 1^m,10 à 1^m,30, de sorte que, pour obtenir un fort débit sous faible charge, on serait obligé d'employer plusieurs files de tuyaux, ce qui augmenterait considérablement la dépense. Avec la tôle, au contraire, on peut donner au tuyau tel diamètre qu'il est nécessaire, en vue du débit à obtenir.

a) *Siphons en tôle.* — C'est pour cette raison qu'on a choisi un siphon en tôle au canal du Verdon, lorsqu'il s'est agi de remplacer après rupture le siphon en maçonnerie de Saint-Paul (§ 31). Le débit normal du canal est de 6 mètres cubes par seconde, et il aurait été impossible d'employer des tuyaux en fonte de dimensions courantes sans exagérer le nombre des files ; de plus, les eaux du Verdon, parfois très chargées de limons, nécessitent de fréquents curages qui auraient présenté de grandes difficultés avec des tuyaux à section relativement faible. Dans ces conditions on s'est décidé à former le siphon de deux files de tuyaux parallèles en tôle de 1^m,75 de diamètre intérieur, et dont l'épaisseur varie de 0^m,01 à 0^m,08. Sur le même canal, il existe un autre siphon, celui de la Lauvière, qui est formé de tuyaux en tôle de 2^m,30 de diamètre et de 0^m,01 d'épaisseur.

Nous n'avons pas l'intention de donner ici la description de ces ouvrages [1] ; nous insisterons seulement sur les mesures prises en vue de combattre l'action des variations énormes de température qui se produisent sur ces tuyaux sous l'influence du climat.

Au siphon de la Lauvière, pour obtenir que les mouvements d'allongement ou de raccourcissement du tube se produisent sans arrachements à la jonction du tuyau avec les têtes maçonnées, on a adapté vers chaque extrémité du tube et à 2 mètres des têtes des galeries maçonnées un *soufflet* de compensation qui s'ouvre ou s'aplatit selon les efforts qu'il subit, et qui est composé d'une couronne circulaire dont la double courbure procure à cet anneau une très grande élasticité se prêtant aux moindres allongements ou raccourcissements du tuyau (*fig.* 164).

Le diamètre de ces couronnes est de 4 mètres, et la plus grande

<hr>

[1] On trouvera cette description aux *Annales des Ponts et Chaussées*, 1876, 2ᵉ semestre, et 1877, 1ᵉʳ semestre.

largeur du renflement ne dépasse pas 0^m,54. La tôle a la même épaisseur que celle du tuyau. Chaque couronne se compose de 22 secteurs découpés suivant les rayons embrassant le demi-développement du soufflet et assemblés avec 26 rivets de part et d'autre. Ils se réunissent tous sur la circonférence de 4 mètres, avec recouvrements portant double rang de rivets.

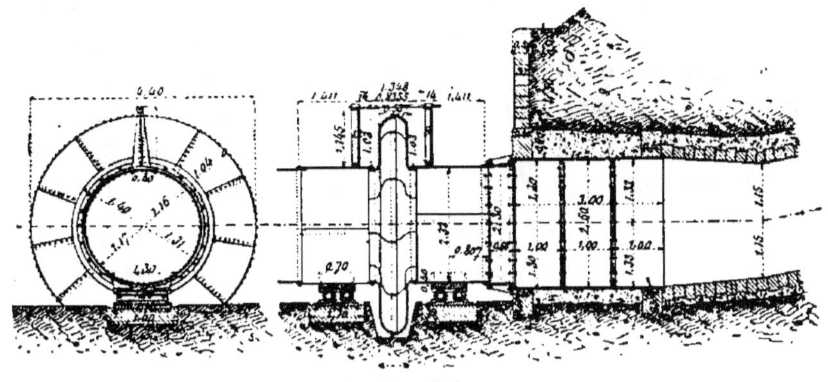

Fig. 164.

Le soufflet s'ouvre ou s'aplatit selon les efforts qu'il subit.

L'expérience a montré que ces appareils se déforment régulièrement sans présenter de fuites. Toutefois M. l'ingénieur en chef Bricka, qui a construit le siphon de Saint-Paul, a fait remarquer qu'ils présentent deux défauts qu'on pourrait facilement corriger. Le premier de ces défauts est l'existence de faces planes qui, en exigeant pour les tôles des épaisseurs assez considérables, ne permettent que des mouvements limités et, en se déformant sous la pression, peuvent donner lieu à des fuites au moment de la première mise en charge. Le second est le grand diamètre de l'appareil, qui produit des pressions considérables dans le sens de la longueur des tôles et impose à celles-ci un supplément de travail important. On ferait disparaître, ou, tout au moins,

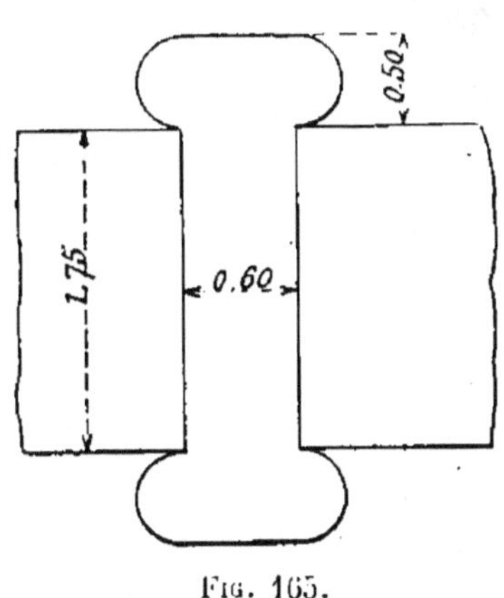

Fig. 165.

on atténuerait fortement ces deux défauts, en substituant au soufflet un appareil formé de deux demi-tores assemblés suivant leur circonférence intérieure avec les deux bouts de tuyaux à réunir et suivant leur circonférence extérieure avec les extrémités d'un manchon cylindrique (*fig.* 165). Les demi-tores pourraient avoir une largeur assez faible, tout en conservant une grande mobilité, car les tôles qui les formeraient seraient d'autant plus minces et, par conséquent, d'autant plus flexibles que le rayon du cercle générateur serait plus petit ; la pression dans le sens de la longueur du tuyau, qui est proportionnelle à la différence des diamètres intérieur et extérieur, serait diminuée d'autant, et la mise en charge ne produirait aucune déformation.

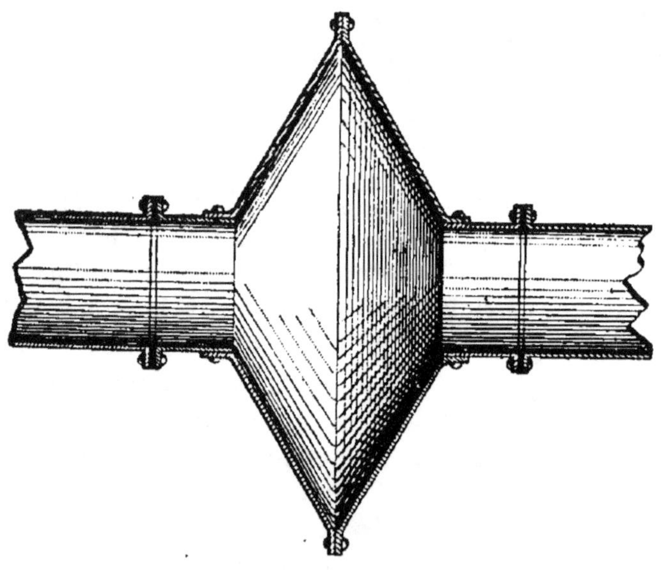

Fig. 166.

On recourt aussi à l'emploi de soufflets formés de deux troncs de cônes réunis par des brides (*fig.* 166).

Une autre application de l'emploi de la tôle a été faite au canal de Gignac, à la traversée du ruisseau du Lavenq. Le siphon, d'une longueur de 98 mètres, supporte une charge de 9^m,58 et a un diamètre intérieur de 1^m,66 (*fig.* 167 à 170). Il est

Fıg. 167. — Élévation.

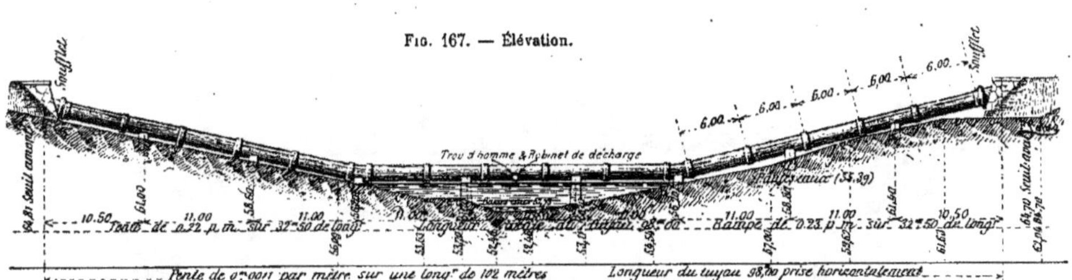

Fıg. 168. — Coupe longitudinale (tête amont.)

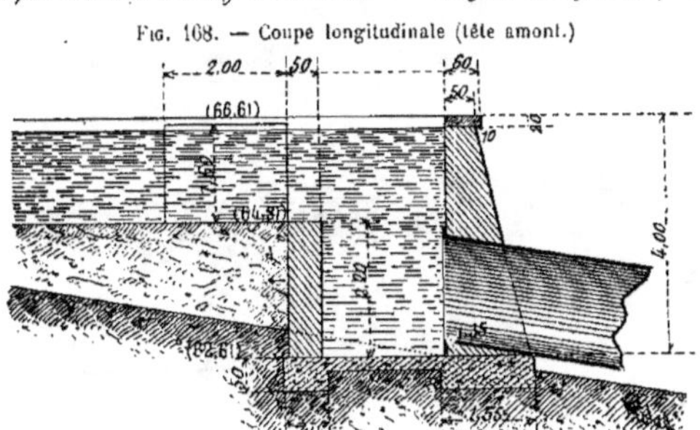

Siphon de Lavenq.

FIG. 169. — Plan d'ensemble.

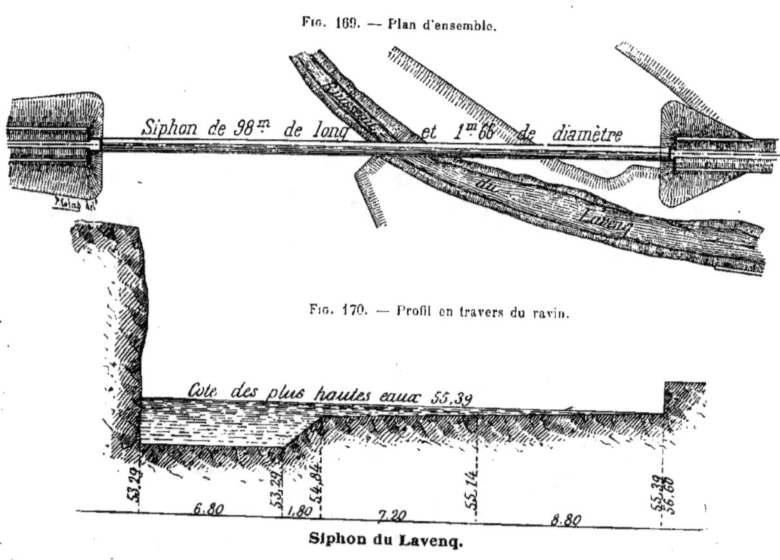

FIG. 170. — Profil en travers du ravin.

Siphon du Lavenq.

entièrement au-dessus du sol, de manière à en faciliter l'entretien.

Le tuyau est encastré à ses deux extrémités dans des puisards en maçonnerie.

La partie médiane est horizontale et raccordée avec les puisards par des parties inclinées. Le tuyau est formé de feuilles de tôle de 0ᵐ,008 d'épaisseur ; il est supporté par des dés en maçonnerie distants de 11 mètres d'axe en axe, embrassant la partie inférieure du tuyau et permettant à la dilatation de s'opérer par l'intermédiaire de deux soufflets placés aux extrémités supérieures des parties inclinées.

Les puisards ont 2 mètres de longueur sur 1ᵐ,70 de largeur ; ils sont formés par quatre murs ayant 0ᵐ,50 d'épaisseur au sommet ; le parement intérieur est vertical, et le parement extérieur a un fruit de 1/5. Le mur de chute a 0ᵐ,50 d'épaisseur et a ses deux parements verticaux.

Le raccordement des murs du puisard avec la cuvette du canal se fait à l'aide de deux murs en retour. La vidange du siphon peut s'opérer à l'aide d'un robinet-vanne. Pour faciliter la vitesse et le nettoyage de l'intérieur du tuyau, on a établi un trou d'homme en son milieu.

b) *Siphons en fonte.* — L'emploi des siphons en fonte sur les canaux d'irrigation est très répandu. Il est ordinairement possible d'écouler le débit qui forme la dotation du canal au moyen de deux files de tuyaux parallèles ; quelquefois cependant on a adopté quatre files. Les tuyaux qu'on emploie sont à cordon et emboîtement, avec joints en plomb et corde goudronnée, du type de ceux que la ville de Paris utilise couramment pour sa distribution d'eau.

Nous n'avons pas à nous occuper ici des détails de construction des tuyaux qui sont toujours fabriqués par les usines spéciales. Disons toutefois que la fabrication à l'usine doit être suivie par un agent de l'Administration, lequel assiste également aux épreuves qu'on doit faire subir aux tuyaux moulés avant de les livrer.

Les épreuves auxquelles sont soumis les tuyaux sont mentionnées dans les cahiers des charges. On en trouvera un exemple dans le modèle inséré à la fin du volume (*Annexe A*).

Fig. 171.— Détail d'une tête. — Coupe transversale par l'axe du puisard (tête amont).

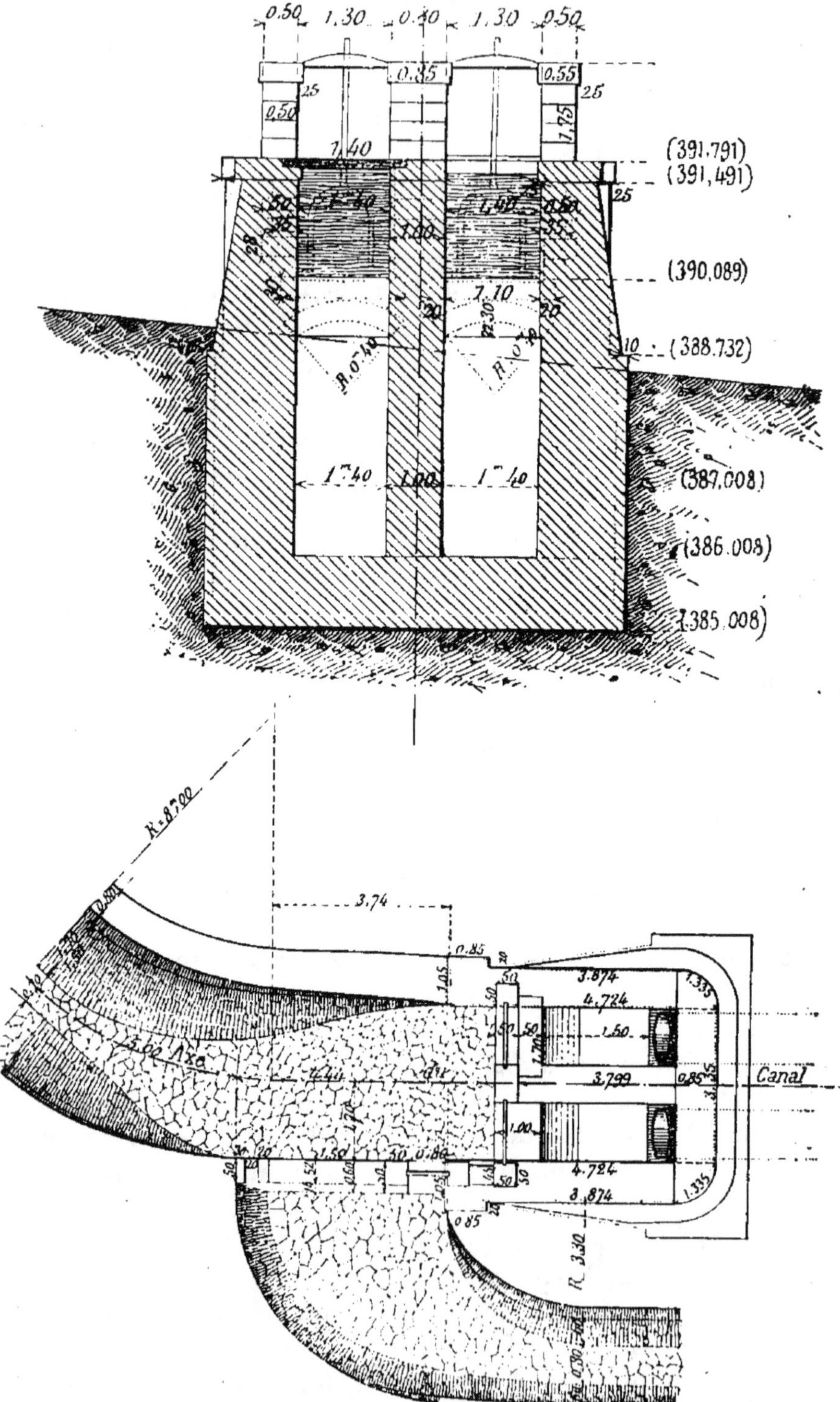

Fig. 172. — Détail d'une tête. — Plan supérieur (tête amont).

Pour assurer le bon fonctionnement des siphons à grande
portée, il est nécessaire de prendre diverses précautions
spéciales. Nous avons indiqué plus haut le procédé employé
au canal du Verdon pour mettre les siphons en tôle à l'abri

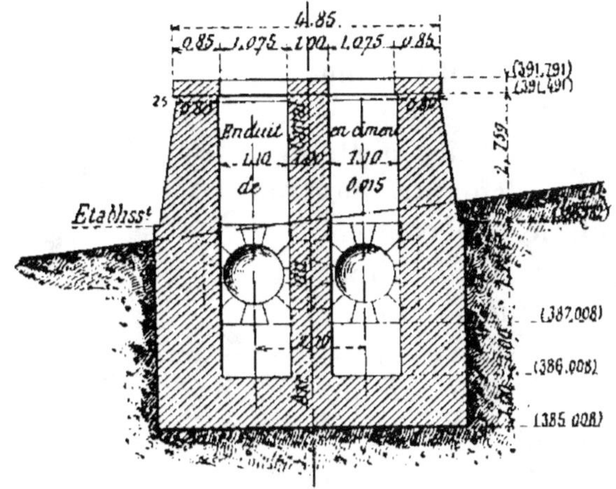

Fig. 173. — Détail d'une tête. — Coupe transversale au droit du débouché des tuyaux.

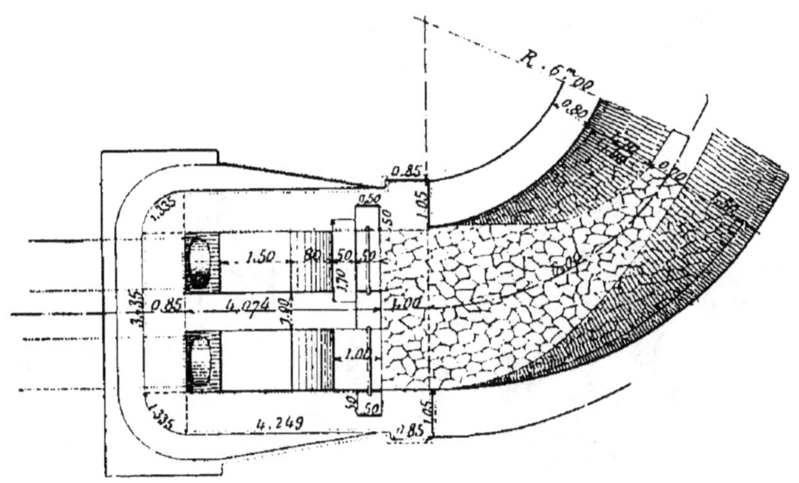

Fig. 174. — Détail d'une tête. — Plan supérieur (tête aval).

des effets de la dilatation. Ces effets sont moins à craindre
pour les siphons en fonte composés de tuyaux à emboîtement;
mais ici le déboîtement est à craindre dans les coudes. En
outre, dans tous les siphons on a à redouter, dans les som-

mets ou coudes saillants, les effets de l'accumulation de l'air qui peut interrompre l'écoulement. Nous allons donner,

comme exemple des précautions à prendre, la description sommaire d'un des siphons du canal de Manosque, celui du ravin de Valvéranne (pl. VIII, et *fig.* 171 à 188).

L'adoption du tracé a été déterminée par la nature des terrains dans lesquels eût été établie la cuvette du canal qui aurait contourné le ravin. La rive gauche est, il est vrai, formé de poudingues, ce qui n'aurait eu que l'inconvénient de donner lieu à des terrassements d'un prix élevé ; mais, par contre, la

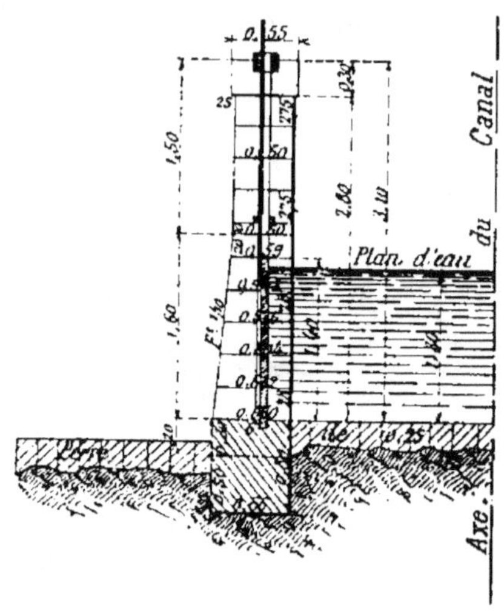

Fig. 175. — Détail d'une tête. — Coupe en travers de la vanne de décharge.

rive droite est constituée par des terres marneuses s'éboulant facilement sous l'action des pluies, et qui eussent exigé

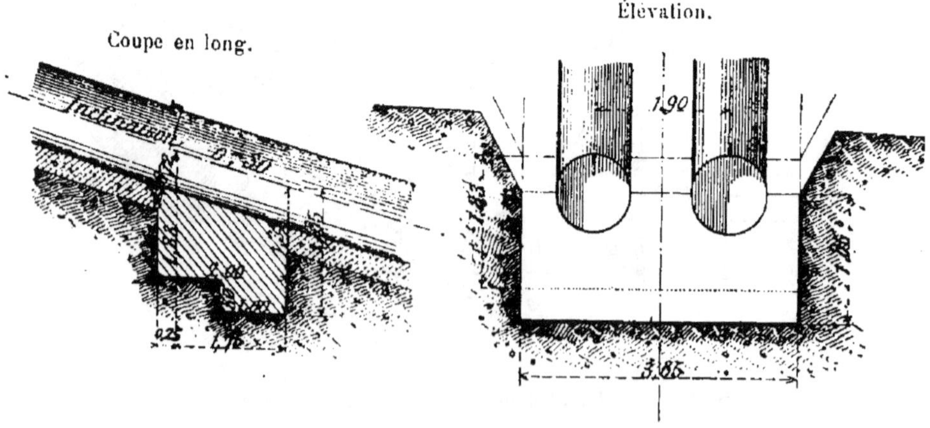

Coupe en long.

Élévation.

Fig. 176. — Massif de butée.

Fig. 177. — Massif de butée.

des revêtements maçonnés pour éviter l'obstruction de la cuvette.

La traversée directe évite cet inconvénient sans entraîner

d'augmentation dans les dépenses de premier établissement, et il en résulte un raccourcissement de 900 à 1.000 mètres, qui compense, à très peu de chose près, la perte de charge due à l'établissement du siphon.

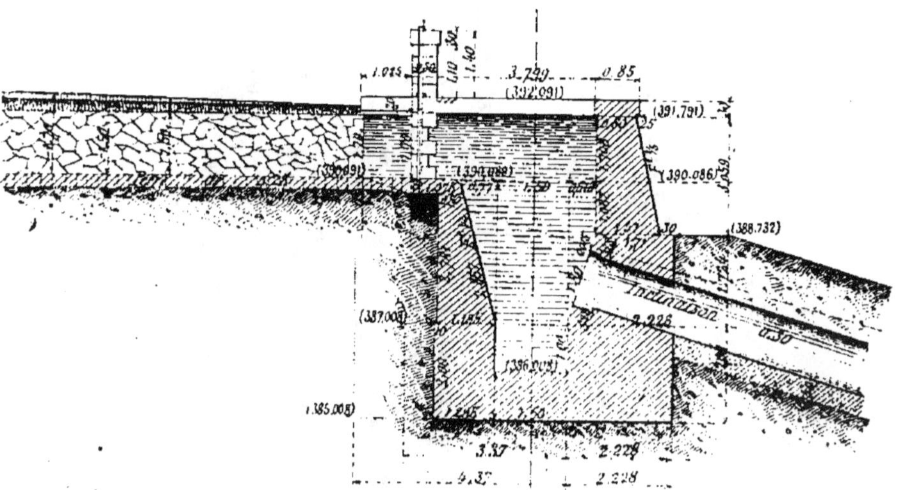

Fig. 178. — Détail d'une tête. — Coupe en long.

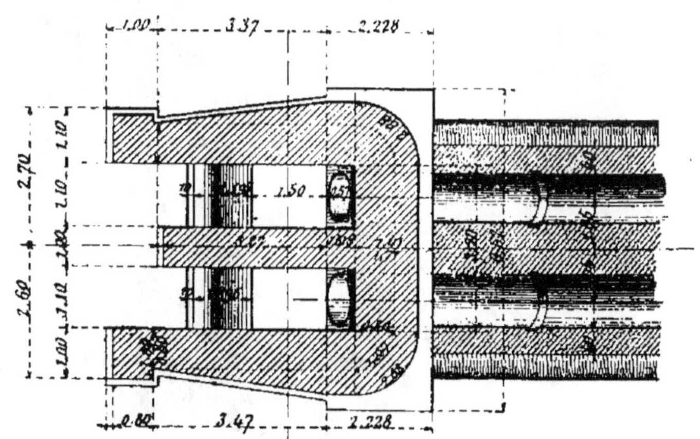

Fig. 179. — Détail d'une tête. — Plan au niveau de l'établissement.

D'ailleurs la suppression de la boucle qui aurait dû être décrite pour éviter cet ouvrage ne diminue en rien la superficie arrosable, le fond de la vallée étant très resserré et ne contenant que des parcelles incultes.

Le siphon de Valvéranne a une longueur de 244ᵐ,53. Il comprend deux têtes en maçonnerie formées chacune de deux puisards jumeaux, séparés par un mur de refend, dans lesquels aboutissent les extrémités d'une double file de

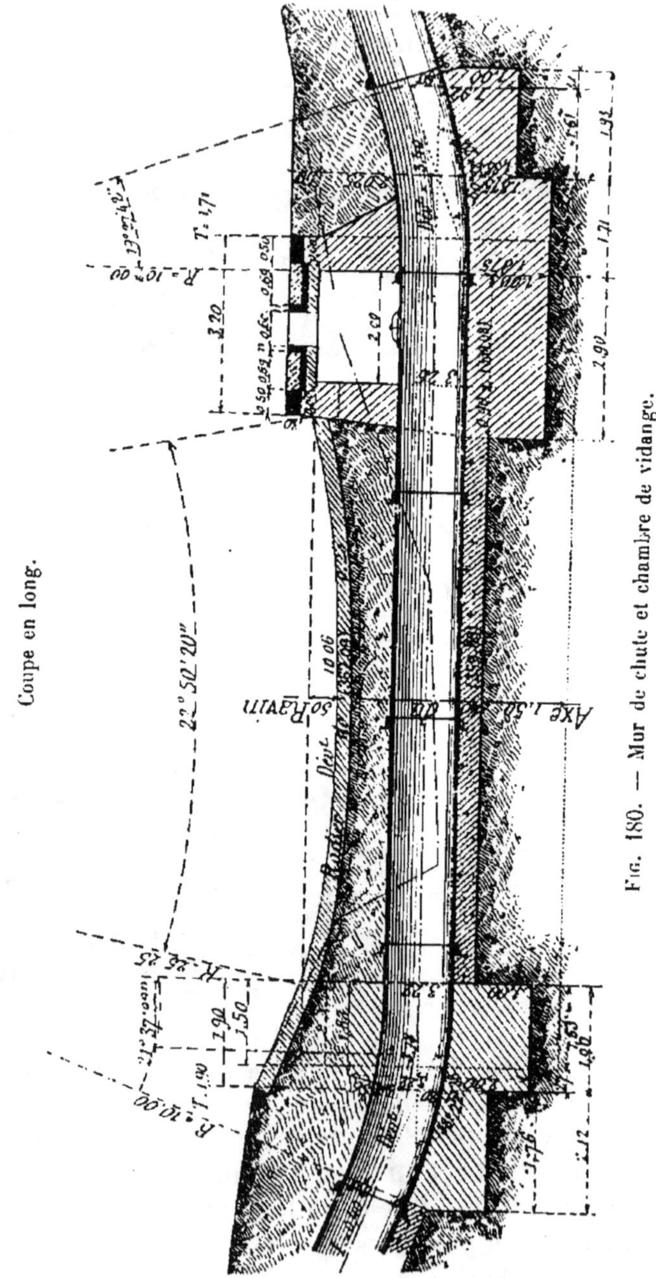

Fig. 180. — Mur de chute et chambre de vidange.

tuyaux de fonte à emboîtement de 0^m,90 de diamètre intérieur (*fig.* 178 et 179).

Chaque tête est séparée du canal par deux vannes en tôle d'un mètre d'ouverture, destinées à isoler à volonté du reste

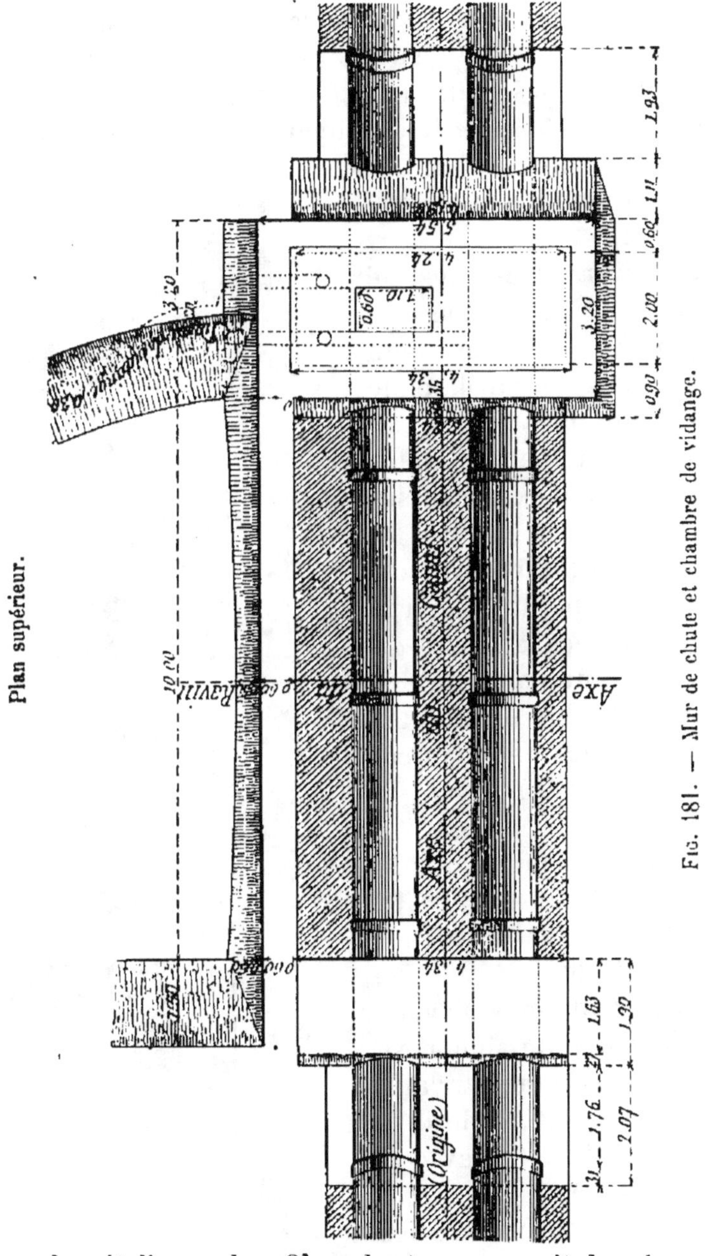

Fig. 181. — Mur de chute et chambre de vidange.

du canal soit l'une des files de tuyaux, soit les deux ensemble, pour procéder au nettoyage, à la visite ou à la réparation du siphon.

Le mur de droite de la tête amont se prolonge au-delà des vannes de tête sur une longueur de 5ᵐ,50, et on a ménagé dans ce prolongement une ouverture de 0ᵐ,80 pour l'établissement d'une vanne de décharge destinée à vider le canal ou à en écouler les eaux quand les vannes de tête seront fermées, et un déversoir de superficie de 2ᵐ,50 de longueur placé à 0ᵐ,10 en contre-haut du plan d'eau normal (*fig.* 172).

Ce déversoir est destiné à écouler spontanément le trop-plein du canal en temps d'orage, ou dans le cas d'une obstruction du siphon ; il peut débiter 600 litres environ à la seconde.

Les eaux du déversoir et de la vanne de décharge sont amenées au fond du ravin par un canal de décharge capable de débiter la totalité des eaux du canal et perreyé à raison de la forte pente du sol. Ce canal a 0ᵐ,80 au plafond ; il est revêtu jusqu'à 0ᵐ,60 de hauteur, et ses talus sont inclinés à 45°.

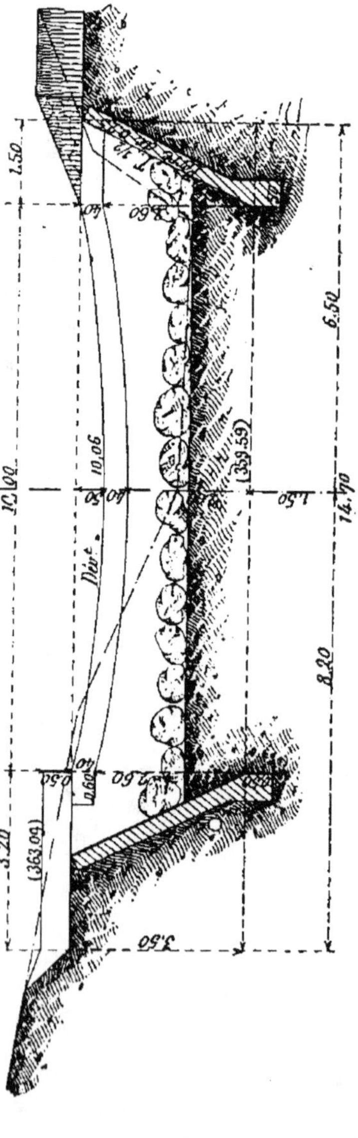

Ainsi que nous l'avons dit, le corps du siphon se compose de deux tuyaux en fonte de 0ᵐ,90 de diamètre. Ce diamètre, avec la charge de 0ᵐ,004 par mètre dont on dispose entre les deux têtes, correspond à un débit de 1.666 litres pour les deux tuyaux, chiffre un peu supérieur au débit

Fig. 182. — Mur de chute. — Élévation aval.

normal du canal en ce point, soit 1.500 litres. Avec deux tuyaux de 0^m,80 on n'aurait eu que 1.244 litres.

Les tuyaux sont du type de la Ville de Paris, avec joints à emboîtement ; ces joints laissent un certain jeu à la dilatation ; d'ailleurs l'expérience a prouvé que, pour rendre peu sensibles les variations de température, il suffisait de recouvrir les tuyaux sur toute leur longueur d'une couche de terre de 0^m,80 à 1 mètre, ce qui a été fait. Enfin ces joints sont plus économiques que les joints à brides qui nécessitent d'ailleurs l'emploi de soufflets [1].

Les conduites reposent sur un lit de pierres cassées bien bourrées qui empêchent tout tassement, répartissent uniformément la pression sur le sol et l'empêchent de se détremper en procurant aux eaux un écoulement assez facile. De distance en distance, on a disposé des massifs, dits de butée, en maçonnerie qui s'opposent à la fois au glissement des tuyaux et à celui des pierres cassées disposées suivant un plan très incliné (*fig.* 176 et 177).

Le profil des tuyaux suit, dans le sens vertical, toutes les inflexions du sol, de façon à éviter des terrassements consi-

---

[1] Quand on adopte, pour un siphon, des tuyaux en fonte d'un type connu, celui de la Ville de Paris, par exemple, on n'a pas à se préoccuper d'en fixer l'épaisseur, laquelle est donnée, par les cahiers des charges spéciaux, pour les divers diamètres de tuyaux. Néanmoins, lorsque certaines parties du siphon doivent supporter des pressions d'eau considérables, on peut chercher à se rendre compte si l'épaisseur normale sera suffisante. Il suffit pour cela de calculer cette épaisseur par la formule $e = \dfrac{p\rho}{R}$, dans laquelle ρ désigne le rayon du tuyau, R l'effort par unité de surface développé dans le métal, qu'on peut limiter à 2 kilogrammes par millimètre carré, par exemple, et p la pression normale par unité de surface. Supposons, par exemple, que, dans un siphon, la charge au point le plus bas soit de 66 mètres ; dans ce cas p est égal au poids d'une colonne d'eau de 66 mètres de hauteur et de 1 millimètre carré de base ; donc $p = 0^{kg},066$. Si la conduite a 1 mètre de diamètre intérieur, on aura $\rho = 0^m,50$, et par suite :

$$e = \frac{0,66 \times 0,50}{2} = 0^m,0165.$$

Or les tuyaux en fonte du type de la Ville de Paris ont pour un diamètre de 1 mètre une épaisseur normale de 0^m,022. Ils pourront donc supporter la charge en question sans danger de rupture.

dérables, ce qui a conduit à faire 4 coudes rentrants et 3 coudes saillants. A chacun d'eux on a placé un massif en maçonnerie pour leur donner une assiette stable, et tous sont formés de portions de tuyaux de 10 mètres de rayon.

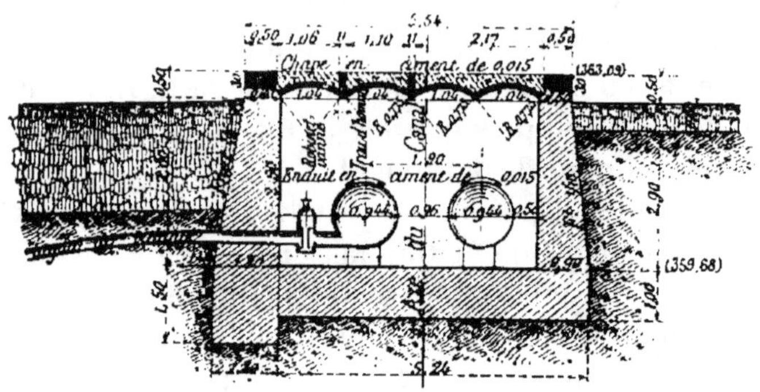

Fig. 183. — Coupe en travers d'une chambre de vidange.

Dans les parties courbes l'épaisseur des tuyaux est augmentée d'un quart, parce que les coudes ne peuvent pas être éprouvés à la presse comme les tuyaux droits et que leur moulage présente moins de garantie d'homogénéité.

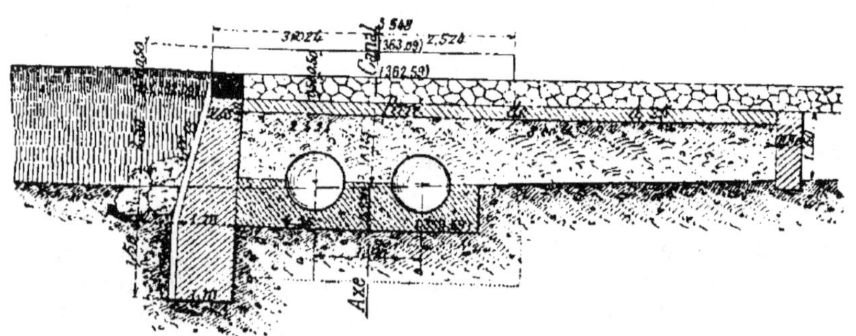

Fig. 184. — Coupe en travers d'un mur de chute.

Aux coudes rentrants on ne prend aucune précaution spéciale pour assurer la stabilité des tuyaux, si ce n'est de les noyer entièrement dans la maçonnerie. Mais aux coudes saillants la force centrifuge de l'eau et la résultante des pressions hydrostatiques sur les parois tendent à exercer un effort de déboîtement auquel on s'oppose en fixant les tuyaux courbes au moyen de brides en fer scellées soit dans le radier, soit dans la maçonnerie.

Les effets de la force centrifuge sont négligeables. On peut, pour s'en assurer, calculer approximativement la grandeur de cette force en assimilant l'eau circulant dans un bout de tuyau courbe, à un point matériel de masse égale décrivant un cercle de 10 mètres de rayon avec la vitesse moyenne de l'eau dans la conduite, qui est de $1^m,31$. Les bouts de tuyaux employés dans les coudes ont généralement $1^m,10$ de longueur utile ; la masse de l'eau contenue dans ces bouts de tuyaux sera :

$$M = \frac{1.000}{9,81} \times \pi \times \overline{0,45}^2 \times 1,10 = 71,315 ;$$

et la force centrifuge $F = \dfrac{MV^2}{R}$ a pour valeur :

$$F = 71,315 \times \frac{\overline{1,31}^2}{10} = 12^{kg},226.$$

Le poids brut d'un tuyau courbe de $1^m,10$ de longueur utile étant de 700 kilogrammes environ, il est évident que cette force est bien insuffisante pour déboîter les joints.

Il n'en est pas de même de la pression hydrostatique. A partir de 10 mètres au-dessous du niveau du plan d'eau amont, la résultante des pressions hydrostatiques exercées par l'eau contre les parois d'un tuyau courbe a une composante normale à l'axe du tuyau dirigée dans le sens centrifuge. Lorsque la pression de l'eau atteint 20 mètres, cette poussée au vide est à peu près égale au poids du tuyau et augmente ensuite de 70 kilogrammes environ par mètre de profondeur. Il en résulte que, pour un coude placé à 28 mètres environ au-dessous du plan d'eau, ce qui est le cas pour les coudes saillants inférieurs du siphon, il y a un effort, au déboîtement, de 2.200 kilogrammes environ, pendant l'épreuve du siphon que l'on suppose faite en augmentant de 15 mètres environ la pression de l'eau qui doit s'exercer ordinairement, ainsi que le prescrit et l'explique l'article 76 du cahier des charges inséré à l'*Annexe A* à la fin du volume [1].

On ne peut guère compter sur la résistance des joints au

[1] Les ingénieurs qui ont dressé les projets des siphons du canal de Manosque ont établi l'effet de la pression hydrostatique dans les coudes saillants au moyen du calcul suivant :

Soit AB (*fig.* 185) l'axe d'un coude de 10 mètres de rayon et de $1^m,10$ de longueur, comme ceux qui sont employés au siphon de Valvéranne :

Soit I le point milieu de cet axe. La position des tuyaux au-dessous de la surface du plan d'eau dans le canal, à l'amont, où la pression est nulle, est définie par la hauteur II de cette surface au-dessus du centre I, et par l'angle α que fait avec le plan horizontal le rayon médian IO du tuyau.

Considérons la masse d'eau contenue dans le tuyau au moment de l'épreuve sur place. Cette masse d'eau est immobile ; elle est en équilibre sous l'action des forces suivantes :

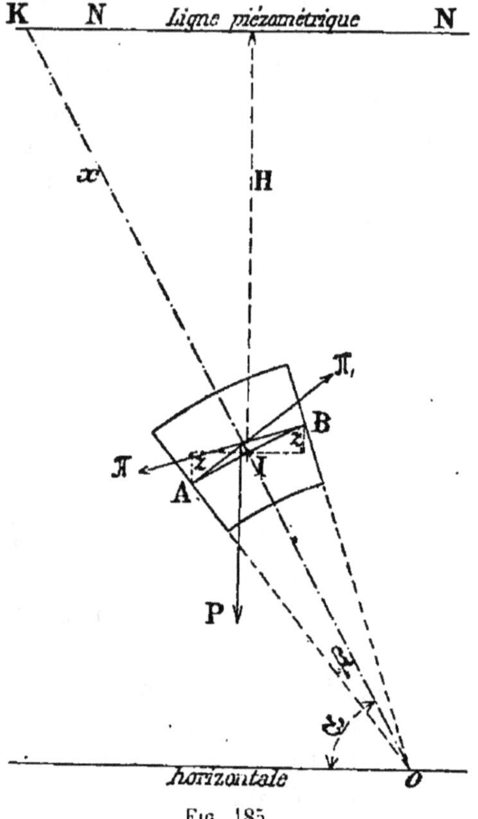

Fig. 185.

1° La poussée π de l'eau supérieure sur la face B :

$$\pi = 1.000^{ks} \times 0,636 \, (II - Z) = 636 \, (II - Z).$$

(0,636 est la section en mètres carrés du tuyau ; II et Z sont exprimés en mètres).

2° La poussée π_1 de l'eau inférieure sur la face A :

$$\pi_1 = 636 \, (II + Z) ;$$

3° Le poids P de l'eau contenue dans le tuyau :

$$P = 0,636 \times 1.000^{ks} \times 1,10 = 699^{ks},60 ;$$

4° La réaction des parois du tuyau courbe, égale et directement opposée à la résultante des pressions que l'eau exerce sur ces pa-

déboîtement pour éviter les fuites, et il convient de ne pas
la mettre à l'épreuve ; d'autre part, les coudes saillants sont
peu ou point maintenus par les maçonneries, à cause des

rois. Nous appellerons X la composante de cette résultante comptée
positivement dans le sens ox.

Ces quatre forces se faisant équilibre, la somme de leurs projec-
tions sur l'axe ox est nulle. Donc :

$$(\pi + \pi_1) \sin\beta - P \sin\alpha - X = 0.$$

D'où :

$$(1) \qquad X = (\pi + \pi_1) \sin\beta - P \sin\alpha ;$$

$\sin\beta$ est sensiblement égal à β, à cause de la petitesse de cet

angle qui est égal à $3^\circ 9'$; donc $\sin\beta = \beta = \dfrac{0^m,55}{10} = 0^m,055$.

En remplaçant les lettres par leur valeur dans la formule (1),
on trouve :

$$(2) \qquad X = 699^{kg},6 \left(\frac{H}{10} - \sin\alpha\right)$$

Il y aura poussée au vide, ou effort de déboîtement dans les
coudes saillants quand X sera positif, c'est-à-dire quand on aura :

$$H > 10 \sin\alpha \qquad \text{ou} \qquad \frac{H}{\sin\alpha} > 10 \text{ mètres.}$$

Mais $\dfrac{H}{\sin\alpha}$ n'est autre chose que la distance IK du centre du
tuyau à la surface de pression nulle mesurée suivant le rayon
médian. Il y aura donc poussée au vide toutes les fois que cette
distance sera supérieure à 10 mètres, c'est-à-dire en temps ordinaire
pour tous les coudes placés à plus de 10 mètres au-dessous du
plan d'eau et pendant l'épreuve pour tous les autres.

Pour nous faire une idée de la valeur de la force X, appliquons
à la formule (2) les valeurs correspondant au deuxième coude
saillant du siphon à partir de la tête amont. Si l'on suppose que
la pression d'épreuve soit supérieure de 15 mètres à la pression
ordinaire, on a :

$$H = 15 + 28 = 43 \text{ mètres} \qquad \text{et} \qquad \sin\alpha = 0,96 ;$$

d'où :

$$X = 699^{kg},6 (4,30 - 0,96) = 2.336^{kg},66.$$

En retranchant de cet effort la composante normale au tuyau
du poids du coude en fonte, lequel pèse environ 700 kilogrammes,
il se réduit à :

$$F = X - 700 \sqrt{1 - 0,96^2} = 2.140^{kg},66.$$

ventouses qu'on y établit, comme nous le disons ci-dessous, à partir de 10 mètres au-dessous du plan d'eau. En effet, pour loger ces ventouses, on est obligé de pratiquer à travers les maçonneries un vide qui en diminue sensiblement l'efficacité. On maintient chaque pièce de ces coudes par une bride en fer scellée à ses extrémités dans le radier ou la maçonnerie et pouvant se serrer à volonté au moyen d'une clavette.

34. Des ventouses. — Les ventouses, dont nous venons de parler, sont employées sur les siphons dont le profil en long présente des coudes saillants et sont destinées à éviter les accumulations d'air qui ne manqueraient pas de se produire aux coudes saillants, et dont le dégagement brusque occasionnerait des coups de bélier. Au siphon de Valvéranne, elles consistent en des réservoirs cylindriques en fonte de $0^m,60$ de diamètre et $0^m,60$ de hauteur, fermés à la partie supérieure par un couvercle sur lequel est vissé un robinet purgeur. Ce réservoir est assemblé sur une tubulure à bride de $0^m,30$ de diamètre. Grâce à cette disposition fort simple, l'air s'accumule hors des tuyaux sans gêner l'écoulement ; on peut le faire échapper en ouvrant le robinet purgeur jusqu'à ce que l'eau en jaillisse, et si, pour une cause quelconque, l'écoulement devenait irrégulier, la force des coups de bélier serait considérablement atténuée par la compressibilité de l'air logé dans les ventouses. Pour éviter la sortie complète de cet air dont la présence est une garantie contre les à-coups, on place les robinets purgeurs non pas au sommet du bombement des couvercles, mais bien un peu au dessous.

Les ventouses sont logées dans des chambres rectangulaires en maçonnerie reposant sur les massifs de fondation, et couvertes d'une voûte en briques, avec dallage en ciment formant chape à la partie supérieure (*fig.* 188 et 189).

Pour faciliter l'entretien et la visite des siphons, on a placé à la partie inférieure de chaque file de tuyaux un manchon avec trou d'homme sur lequel s'adapte, au moyen d'une tubulure, un robinet-vanne de $0^m,20$ mis en communication par un raccord avec une conduite en fonte de $0^m,20$ qui débouche librement dans le fond du ravin, à 40 mètres à l'aval du siphon. Les manchons et les robinets sont placés dans une chambre en maçonnerie analogue à celle des ventouses, et dont la couverture est placée au-dessus du niveau des plus hautes eaux. La vidange se fait ainsi naturellement, sans le secours d'aucune pompe. Ce mode de vidange exige

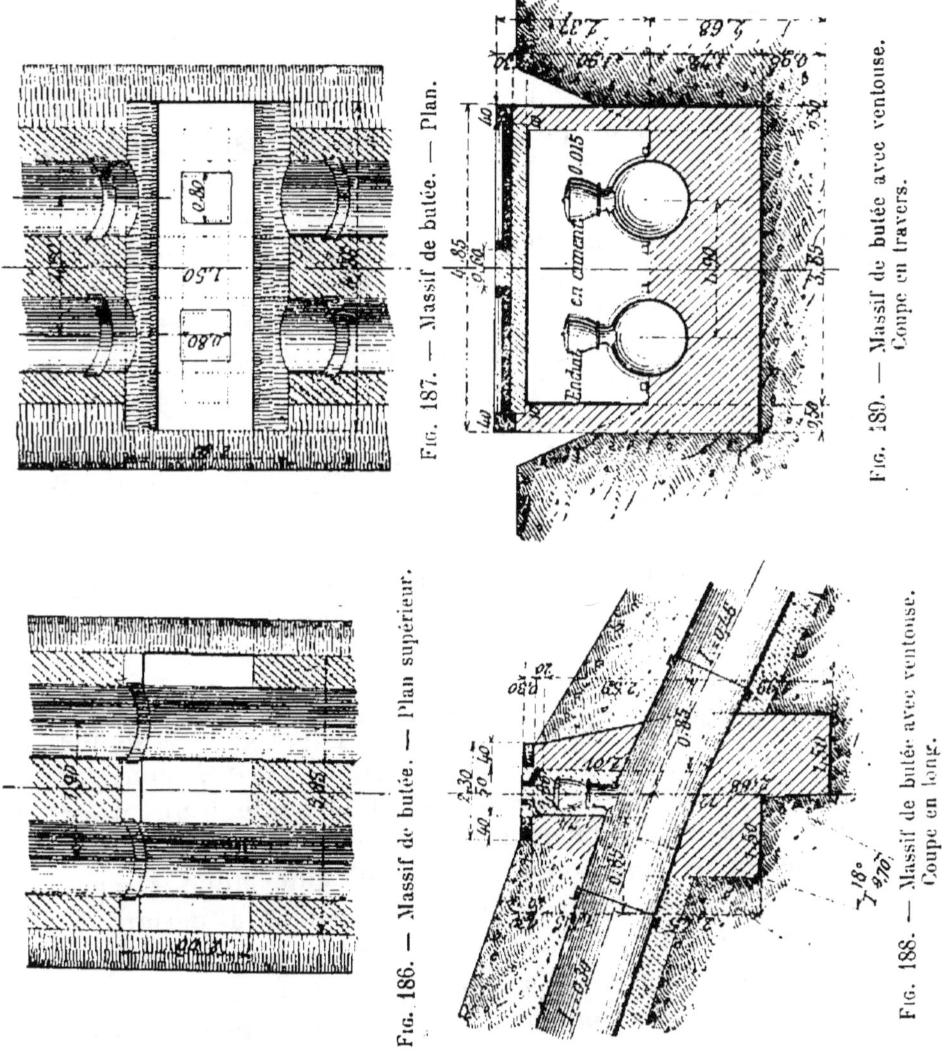

Fig. 187. — Massif de butée. — Plan.

Fig. 189. — Massif de butée avec ventouse. Coupe en travers.

Fig. 186. — Massif de butée. — Plan supérieur.

Fig. 188. — Massif de butée avec ventouse. Coupe en long.

qu'on place les tuyaux à peu près au niveau du fond naturel du ravin, lequel est d'ailleurs suffisamment solide. Ces tuyaux sont défendus à l'amont et à l'aval par deux murs, l'un formant garde-radier, destiné à être complètement recouvert par les apports du cours d'eau, l'autre formant une chute, de 2 mètres environ de hauteur, défendue à sa base par de gros enrochements et dont le couronnement est très sensiblement concave vers le haut. Entre ces deux murs le lit du ravin est complètement perreyé ; de cette façon les tuyaux sont complètement à l'abri des érosions de l'eau (*fig.* 180 et 181).

Les têtes en maçonnerie ne présentent aucune particularité remarquable. On doit en calculer les épaisseurs de façon à résister à la poussée de l'eau dans les circonstances les plus défavorables.

35. Devis. — Cahier des charges. — Pour compléter la description sommaire qui précède, nous croyons nécessaire de donner la reproduction du devis et cahier des charges relatif à la construction du siphon de Valvéranne. Cette pièce, qui fournit des renseignements détaillés tant sur l'ouvrage proprement dit et les ouvrages accessoires que sur le mode d'exécution des travaux, est insérée à la fin du présent volume (*Annexe A*).

36. Des ponts-siphons. — La combinaison des siphons avec des ponts-aqueducs est quelquefois nécessaire, comme par exemple dans le cas suivant :

Le canal de la Vésubie rencontre sur son parcours un vallon dit de Saint-Blaise, qui présente une large et profonde échancrure. Au point de passage du canal, les rives n'ont pas moins de 450 mètres d'écartement et présentent un creux dont la flèche dépasse 120 mètres. Pour éviter un grand détour, on a effectué la traversée directement. Une étude comparative entre les diverses solutions possibles a permis de reconnaître que la plus avantageuse consistait dans l'emploi d'un siphon supporté, au passage du torrent qui occupe le fond du ravin, par un pont en maçonnerie de 8 mètres environ de hauteur au-dessus du sol et de 47^m,25 de longueur (pl. IX, et *fig.* 190 à 196).

Le siphon se compose de 4 files de tuyaux en fonte de 0^m,80 de diamètre intérieur, à cordon et emboîtement dans la partie supérieure, et à brides dans la partie inférieure supportant plus de 75 mètres de pression. Les files sont indé-

pendantes et commandées chacune par une vanne à l'amont
et à l'aval, de manière à pouvoir être réparées isolément sans
compromettre l'alimentation du canal.

La perte de charge totale est de 3^m,815 pour un développe-

Coupe longitudinale.

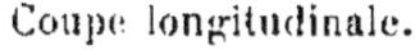

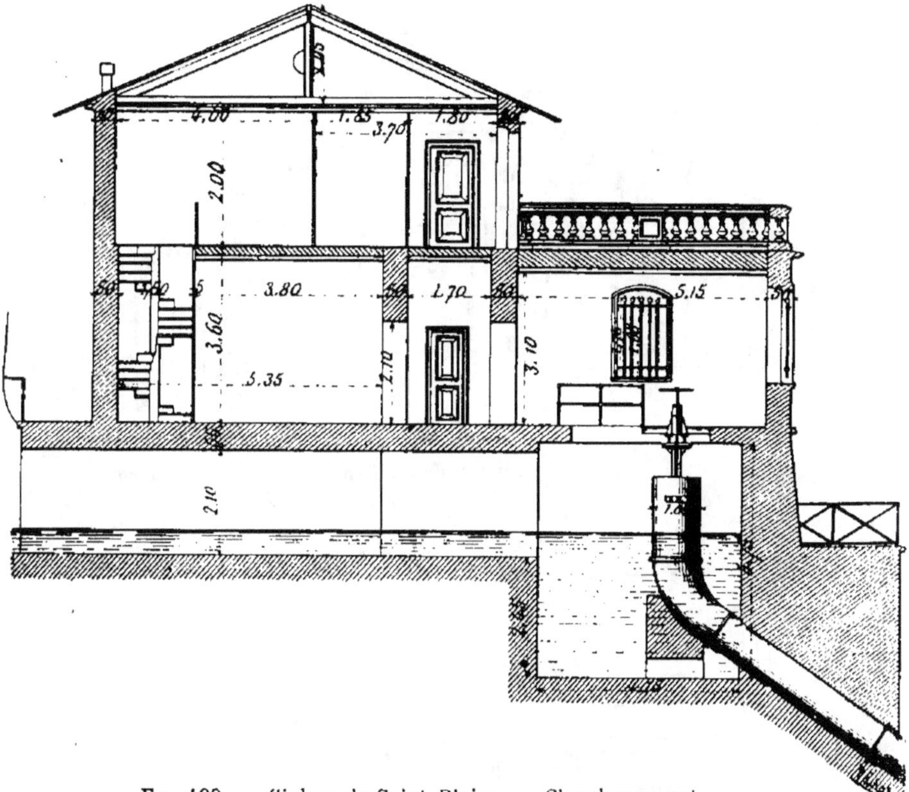

Fig. 190. — Siphon de Saint-Blaise. — Chambre amont.

ment de chaque file de 517^m,25, soit 0^m,00735 par mètre
courant. La flèche moyenne est de 116^m,91.

Tous les tuyaux ont 4 mètres de longueur ; l'épaisseur des
tuyaux à brides est de 0^m,030 dans la partie inférieure du
siphon, c'est-à-dire sur le palier et les naissances des branches
inclinées ; vers la partie supérieure, cette épaisseur est successivement réduite à 0^m,025 et à 0^m,020 ; l'épaisseur des
tuyaux à emboîtement est uniformément de 0^m,015.

Le pont sur lequel reposent dans leur partie inférieure les

4 files du siphon est formé de trois arches en plein cintre de

Coupe transversale.

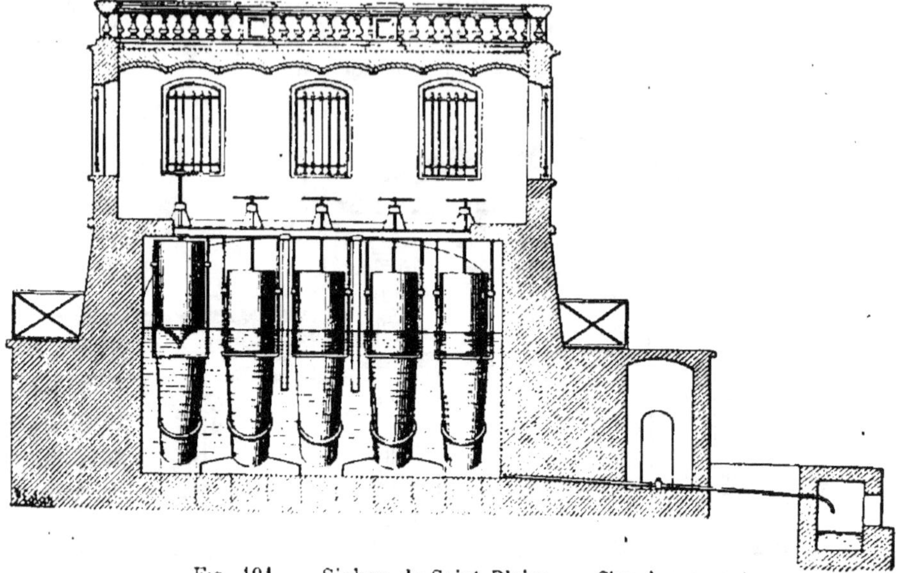

Fig. 191. — Siphon de Saint-Blaise. — Chambre amont.
Coupe transversale.

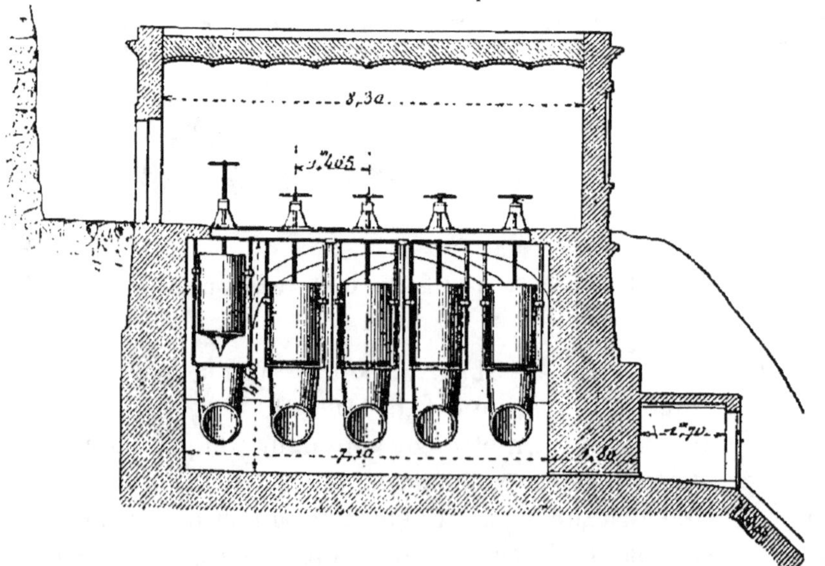

Fig. 192. — Siphon de Saint-Blaise. — Chambre aval.

10 mètres d'ouverture; le dessous des tuyaux est ainsi à
6 mètres environ au-dessus du fond du ravin. Ils sont posés

directement sur la maçonnerie et sont recouverts d'une couche de terre pilonnée de 0^m,75 d'épaisseur.

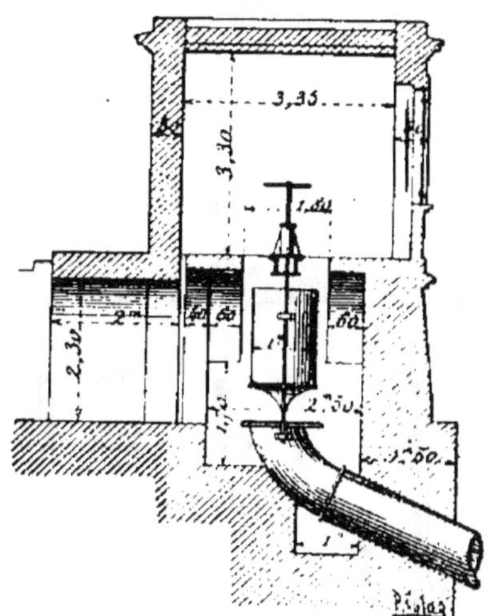

Fig. 193. — Siphon de Saint-Blaise. Chambre aval.

Le pont et les autres ouvrages d'art accessoires ont été établis en vue de la pose éventuelle d'une cinquième file de tuyaux, dans le cas où, pour un motif quelconque, le débit des 4 files n'atteindrait pas 4 mètres cubes, débit normal du canal.

Vu la grande pression à laquelle l'eau est soumise, et dans le but d'éviter les dislocations auxquelles serait exposée la partie basse du siphon lors de l'arrivée

Fig. 194. — Siphon de Saint-Blaise. — Chambre aval.

du liquide, on a jugé prudent de recourir, pour la mise en charge, à une conduite auxiliaire en fonte de 0ᵐ,06 partant de la chambre d'arrivée des eaux et aboutissant à la portion horizontale de la conduite dans une chambre ménagée dans la culée droite du pont. En ce dernier point, le tube d'alimentation est muni d'un ajutage transversal à sa propre direction, et, de ce dernier tuyau, des conduites verticales, commandées chacune par un robinet particulier, permettent d'introduire l'eau à volonté dans les 4 branches du siphon à la fois ou séparément. De cette manière, le siphon étant rempli graduellement est amené à fonctionner sans que le moindre choc s'y produise. Lorsque l'eau est parvenue dans les deux branches au niveau du radier dans la chambre d'aval, il suffit d'ouvrir graduellement et lentement les vannes placées en amont des bouches d'entrée des 4 conduites, et le transport de l'eau se fait aussitôt, tout en évitant toute chance d'accident par coup de bélier.

Détail du clapet de fermeture.

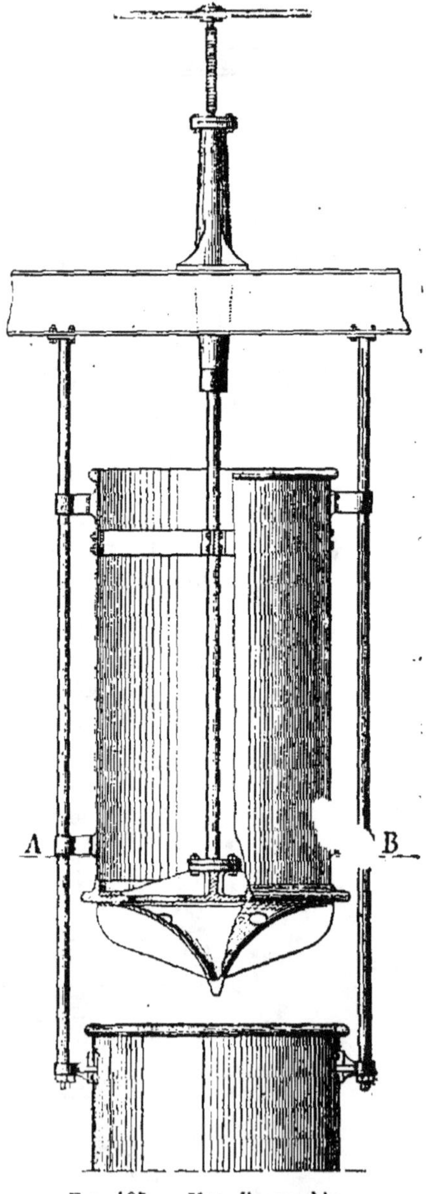

FIG. 195. — Vue d'ensemble.

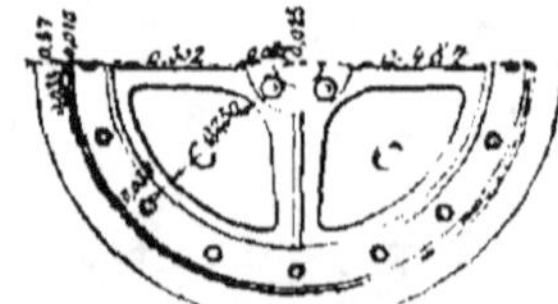

FIG. 196. — Demi-coupe horizontale suivant AB.

Sur chaque file de tuyaux on a ménagé un certain nombre de ventouses, afin de permettre à l'air de s'échapper au fur et à mesure du remplissage des tuyaux ; ces ventouses sont fermées par des robinets et manœuvrées chaque jour, afin de purger les conduites des bulles d'air que le mouvement des eaux y emprisonne.

La vidange simultanée ou successive des 4 files est assurée au moyen d'une disposition particulière de conduites et de robinets-vannes analogue à celle de la mise en charge. Ces appareils sont logés dans une chambre ménagée dans la culée gauche du pont.

Les tuyaux des 4 files sont établis en déblais et recouverts d'une couche de remblais de 0^m,80 d'épaisseur.

En prévision d'effets possibles de dilatation [1] sur la longueur des tuyaux à brides, on a établi au moyen de bouts de tuyaux trois joints de compensation qui s'ouvrent plus ou moins suivant la température. Chacun d'eux est formé de deux bouts de tuyaux qui s'emboîtent l'un dans l'autre, et l'étanchéité est assurée par des contre-brides.

On a admis que, dans la partie du siphon dont les tuyaux sont à emboîtement et cordon, les mouvements de dilatation et de contraction se feraient d'un joint à l'autre sur la longueur d'un tuyau.

Un trou d'homme a été ménagé sur chacune des branches inclinées au milieu de leur longueur.

Le vallon de Saint-Blaise étant situé dans une région peu accessible, les conditions d'établissement du siphon ont présenté les plus grandes difficultés ; l'approche, le montage et la mise en place des tuyaux ont nécessité de grands frais d'installation. Les deux têtes du siphon étant éloignées de tout chemin, on a dû apporter les tuyaux au point bas du siphon en transformant le lit du torrent en un chemin carrossable.

Les tuyaux étaient amenés à la place qu'ils devaient occuper au moyen d'un chariot roulant sur une voie ferrée éta-

---

[1] Dans le calcul des effets de la dilatation on avait admis que l'écart des températures extrêmes de l'eau dans le canal pourrait atteindre 20°. En réalité, la différence constatée n'a jamais dépassé 8°.

blie dans le milieu de la tranchée; la manutention de ces tuyaux se faisait au moyen d'un treuil à vapeur et d'une grue.

37. Des mesures de précaution à prendre dans la mise en charge des siphons en fonte. — Malgré les essais minutieux qu'on fait subir à l'usine aux diverses pièces formant les siphons en fonte et malgré les soins avec lesquels le montage en est fait, des accidents se sont produits plusieurs fois, soit lors de la première mise en charge, soit lors des remplissages ultérieurs.

Au siphon de Saint-Blaise, dont nous venons de donner la description, la première mise en charge a été accompagnée d'un accident; l'une des files venait d'être remplie depuis quelques heures, lorsqu'un tuyau du palier à proximité duquel se trouvait primitivement un trou d'homme se rompit, arrachant le tuyau à tubulure de mise en charge et déviant les deux files voisines sur une longueur de 5 tuyaux. On a attribué cet accident à une bulle d'air qui se serait logée sous le chapeau-couvercle du trou d'homme, et on supprima les trous d'homme placés sur le palier.

Au canal de Manosque, plusieurs ruptures de tuyaux se sont produites, notamment en des points où il est difficile d'imputer l'accident à des coups de bélier. Ici on a cru pouvoir attribuer l'accident à la position des conduites dont la déclivité est très forte (plus de $0^m,50$ par mètre) et qui reposent sur un matelas de pierres cassées, sans être maintenues par aucun massif de maçonnerie; il y a des chances pour que chaque tuyau glisse insensiblement et descende vers celui qui le suit immédiatement; ce glissement peut n'avoir pas lieu d'aplomb, et il suffit d'un déplacement très faible pour qu'il produise un coincement énergique; la tulipe se rompt d'abord et le corps du tuyau ensuite (*fig.* 197).

Dans ce cas le remède consiste à soutenir les conduites par deux massifs en maçonnerie dans la partie très inclinée de chacune des files.

Mais d'autres ruptures se sont produites qui ont pu provenir d'une insuffisance dans l'alimentation des conduites.

L'insuffisance provenait de ce qu'on faisait passer par les

deux conduites à la fois un volume moitié de celui que chacune d'elles pouvait débiter. Or, pour pouvoir limiter dans la proportion voulue le débit des siphons, on doit abaisser la vanne V qui commande leur tête amont (*fig.* 198) ; l'eau s'écoule alors par un jet AB dans le puisard amont où l'eau est maintenue à un niveau BC très peu supérieur à l'arête supérieure du siphon. Il en résulte que le jet AB aspire beaucoup d'air qui pénètre dans le siphon, se dissout dans l'eau, ou est entraîné par le courant.

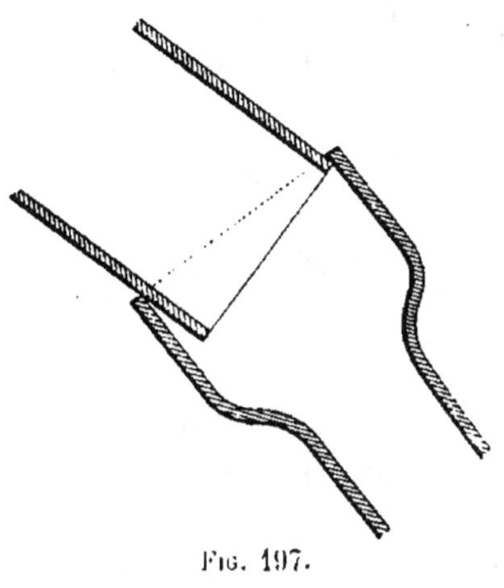

Fig. 197.

Tous les profils en long des grands siphons du canal de Manosque ont la forme d'un trapèze ABCD dont la base BC, qui est horizontale, atteint parfois 400 ou 500 mètres (*fig.* 199). Il en résulte que dans toute cette partie l'air tend à s'immobiliser

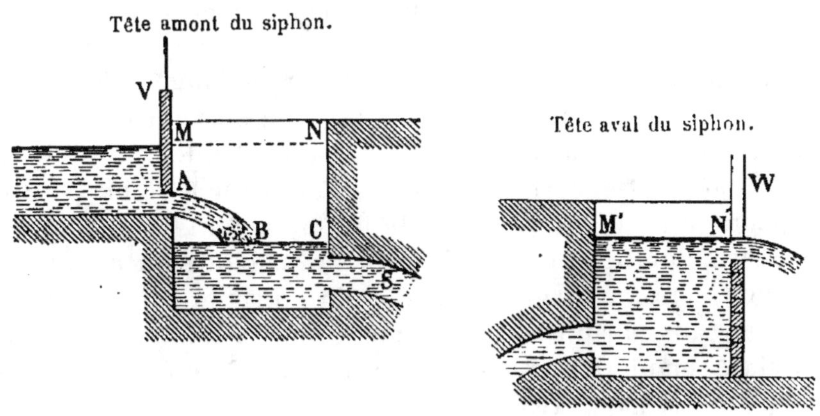

Fig. 198.

le long de l'arête supérieure du tuyau. Les ventouses qu'on y a placées ne sont pas automatiques ; la sortie de l'air ne se fait donc que de temps à autre et par grosses bulles. Il doit en résulter des coups de bélier très énergiques, et il est permis d'attribuer en partie à cette circonstance les ruptures

de tuyaux qui ont eu lieu. De plus, l'alimentation se faisait
irrégulièrement ; l'eau accédant librement aux deux puisards,
le volume jeté dans chacun d'eux variait incessamment suivant les fluctuations provoquées par le fonctionnement du

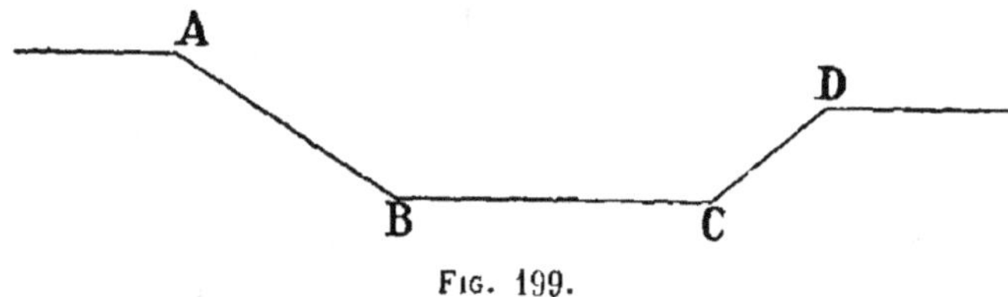

FIG. 199.

déservoir de trop-plein. Ces mouvements anormaux cessaient,
d'ailleurs, dès qu'on faisait passer par chaque conduite un
volume d'eau constant.

A la suite des derniers accidents qui se sont produits,
l'Administration a recommandé aux ingénieurs de n'utiliser
qu'une seule des files de tuyaux, tant que le volume nécessaire
ne serait pas supérieur au débit normal prévu pour l'un ou
l'autre des tuyaux, et de veiller à ce qu'il soit procédé avec
la plus grande prudence à la mise en charge de la conduite
lorsqu'elle serait appelée à fonctionner à débit réduit, et à ce
que le volume déversé dans son puisard amont soit aussi
constant que possible lorsque, à raison de l'augmentation du
volume d'eau à fournir en aval du siphon ou pour toute autre
cause, on voudra faire fonctionner à la fois les deux conduites.

On pourrait encore chercher à régulariser le débit dans le
siphon en levant la vanne V de la tête amont de manière à
laisser s'établir un niveau d'eau MN sans chute en amont du
siphon, et à compenser l'excès de capacité du siphon en
basses eaux par un barrage à poutrelles W établi dans la tête
aval de manière à y réaliser un niveau MN' en rapport avec
le niveau MN (*fig.* 198).

Il semble que les accidents que nous venons de décrire
auraient pu être évités si les siphons n'avaient pas comporté
une branche horizontale. Aussi certains ingénieurs ont-ils
émis l'avis que les parties horizontales devaient être absolument proscrites dans ces siphons.

En tout cas, l'expérience établit que l'introduction ou le
dégagement de l'air dans les conduites produit dans l'écou-

lement de l'eau des à-coups et des secousses assez violentes pour déterminer la dislocation des tuyaux, ce qui explique ce résultat singulier qu'il est plus dangereux pour une conduite de fonctionner à demi-débit qu'à débit plein.

Au barrage de la Djidiouia (Algérie), le dégagement de l'air dans un ajutage conique divergent faisant suite à une vanne de décharge entraîna dans l'écoulement de l'eau des à-coups produisant de tels ébranlements que les maçonneries d'encastrement, qui étaient excellentes, en furent disloquées, et qu'il fallut dépenser 5.000 francs pour réparer les dégâts et pour parer à cette situation, ce qu'on fit en amarrant l'extrémité dans un massif de maçonnerie dont la résistance avait pour bras de levier la longueur du tuyau.

38. Des tuyaux en acier et ciment. — Le système de construction des tuyaux de conduite en acier et ciment a pris depuis quelques années une grande extension, principalement pour l'exécution des canalisations de grand diamètre susceptibles d'être soumises à de fortes pressions.

Le principe de ce genre de construction consiste dans l'application d'une armature métallique noyée dans une enveloppe en béton de ciment destinée à donner aux tuyaux la résistance nécessaire pour supporter des charges considérables, ainsi que l'élasticité suffisante pour résister, sans occasionner de ruptures, aux pressions anormales, telles que les coups de bélier.

On a d'abord combiné dans ce but l'emploi du fer et du ciment. Le fer constituait une carcasse ou ossature intérieure formée de tiges à petite section, rondes ou carrées, que l'on réunissait par des ligatures en fils de fer. Mais ces ouvrages, en raison de la nature, de la forme et de la disposition des fers, ne présentaient pas une résistance suffisante pour supporter de fortes pressions intérieures ou ne pas se déformer sous l'action d'une charge extérieure. On a remplacé alors le fer par l'acier dont la résistance et la durée sont beaucoup plus grandes.

Les coefficients de dilatation de l'acier et du ciment étant sensiblement les mêmes, les variations brusques de température n'ont aucune action nuisible sur les conduites. La combinaison des deux éléments qui les composent a pour but d'opérer le partage des efforts à supporter; l'ensemble doit donc être disposé de manière à utiliser rationnellement et le plus avantageusement possible les qualités respectives de résistance des matériaux employés.

La différence de ces combinaisons caractérise les divers systèmes employés. Nous allons décrire deux des systèmes qui ont reçu jusqu'ici les plus nombreuses applications dans la confection des tuyaux de conduite en pression.

a) *Sidéro-ciment, système Bordenave.* — Dans le système Bordenave l'armature métallique est formée d'une hélice dont les spires sont entretoisées par des barres en acier à profil en **I**, dont les dimensions varient avec le diamètre des tuyaux et la pression maximum à laquelle ils peuvent être soumis. La forme des profils adoptés et les nombreuses arêtes qu'ils offrent ont pour conséquence de donner une surface de contact considérable entre l'ossature métallique et le ciment. L'encastrement du mortier entre les ailes et les âmes des barres a pour effet d'agrafer solidement le ciment sur l'ossature et contribue à augmenter la solidité de l'assemblage. Quant au métal, noyé dans le mortier de ciment, il conserve une entière inaltérabilité.

Les tuyaux en sidéro-ciment sont à section circulaire avec joints à bagues (*fig.* 200); ils se confectionnent à proximité des lieux d'emploi, au moyen d'un appareil spécial auquel l'inventeur a donné le nom de *pondeuse*. A cet effet, l'ossature métal-

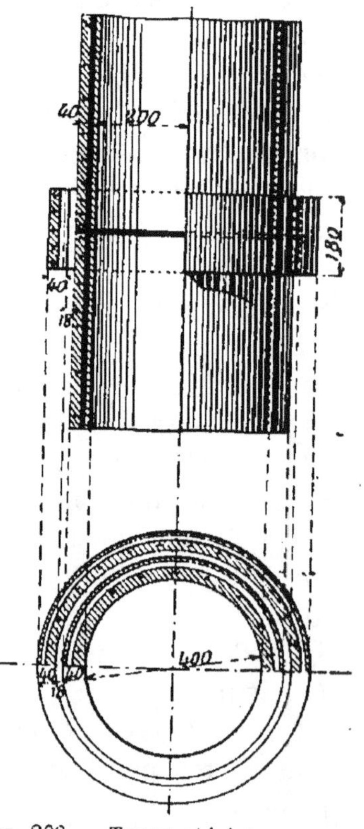

Fig. 200. — Tuyau et joint pour conduite sous une pression de 20ᵐ, (système Bordenave.)

lique, formée d'une hélice cylindrique, est maintenue à l'écartement nécessaire par des barres longitudinales placées suivant les génératrices (*fig.* 201) ; elle est posée verticalement sur le sol et maintenue à sa base par un cercle formé avec un fer en **U** cintré. Un mandrin en fonte occupe l'emplacement du vide du tuyau ; un moule, également en fonte, concen-

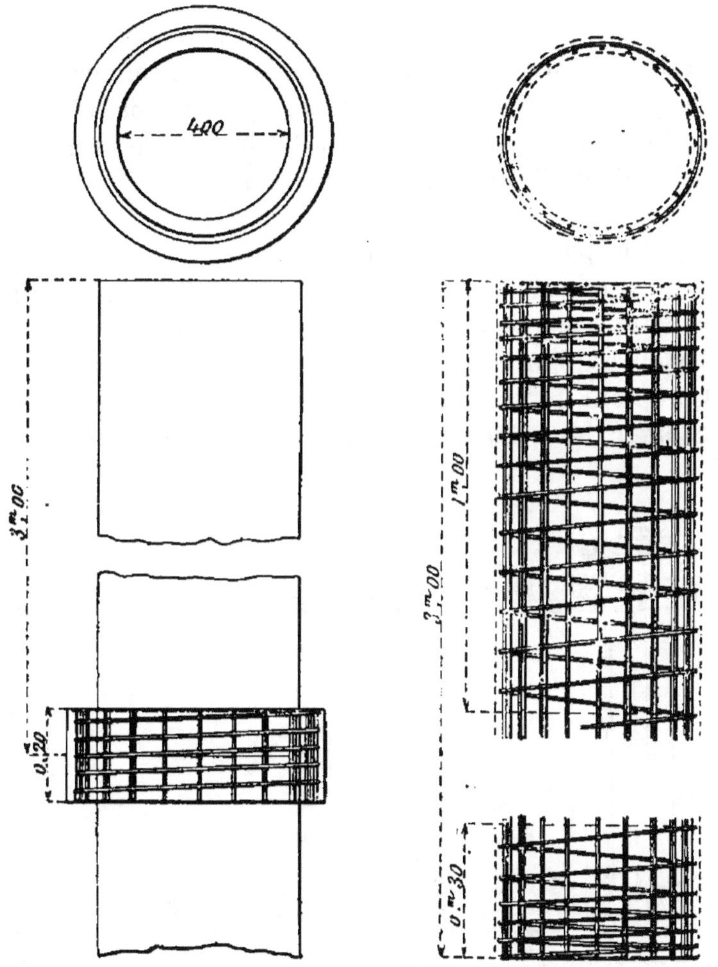

Fig. 201. — Construction des tuyaux cylindriques (système Bordenave).

trique à l'ossature et au mandrin, est placé à une distance de ce dernier égale à l'épaisseur à donner à l'enveloppe de béton de ciment. Ce dernier est versé du haut d'un plancher porté par un pylone. Comme le mortier se trouve moins tassé vers le haut, on compense cet inconvénient par une plus grande quantité de métal, en rapprochant plus les spires. On agit de même, sur une hauteur moindre, à la partie inférieure, attendu que celle-ci doit supporter tout le poids du tuyau jusqu'à l'enlèvement. Celui-ci se fait deux ou trois jours après que le mortier a fait prise.

b) Tuyaux en acier profilé et ciment, système Bonna. — Les parois des ouvrages en acier et ciment sont imperméables au moins jusqu'à des pressions de 20 à 25 mètres. L'étanchéité est, d'ailleurs, en partie fonction du dosage du ciment.

Au début, une conduite en ciment n'est pas complètement étanche, mais elle le devient assez rapidement, tant que l'on ne dépasse pas les pressions que nous venons d'indiquer. Pendant quelque temps on observe une transsudation à l'extérieur; c'est qu'en réalité le béton de ciment est un peu poreux après le moulage.

Au moment de la mise en charge, l'eau sous pression tend à traverser les parois de la conduite; elle entraîne vers

Coupe en long.

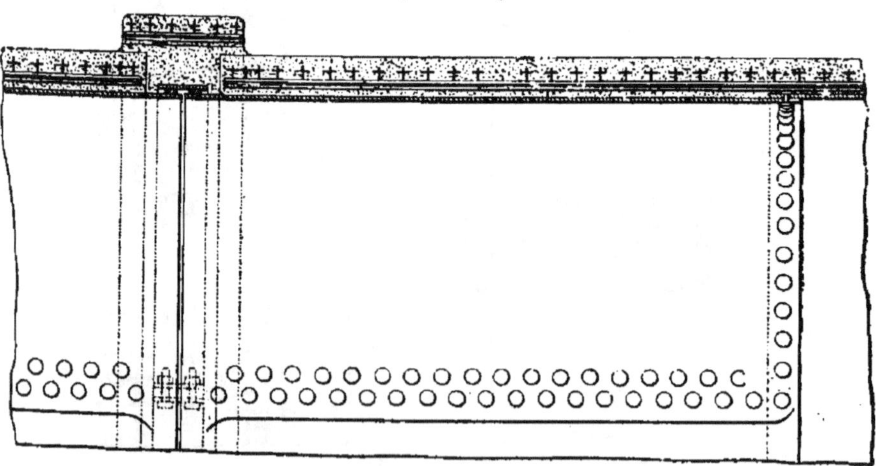

Fig. 202. — Tuyau en acier et ciment (système Bonna).

l'extérieur une petite quantité de chaux libre qui remplit les pores et durcit en se carbonatant.

Dans le but d'obtenir l'étanchéité immédiate des conduites, M. Bonna, dans les travaux d'utilisation agricole des eaux d'égout de la Ville de Paris, a adopté un système qui consiste dans l'application d'un tube en tôle d'acier rivée, d'épaisseur variable avec la pression, et recouvert d'une armature métal-

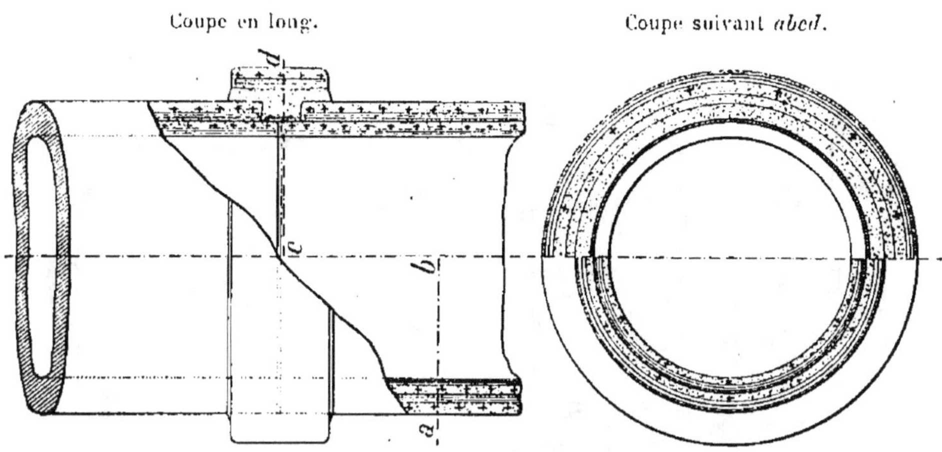

Fig. 203. — Tuyau à double armature (système Bonna.)

lique noyée dans une enveloppe en ciment (*fig.* 202), ou encore d'un tube en tôle plombée placé dans la partie médiane du tuyau, entre deux armatures métalliques, et que sa situation entre deux couches de ciment protège de l'oxydation et de l'attaque par les eaux (*fig.* 203).

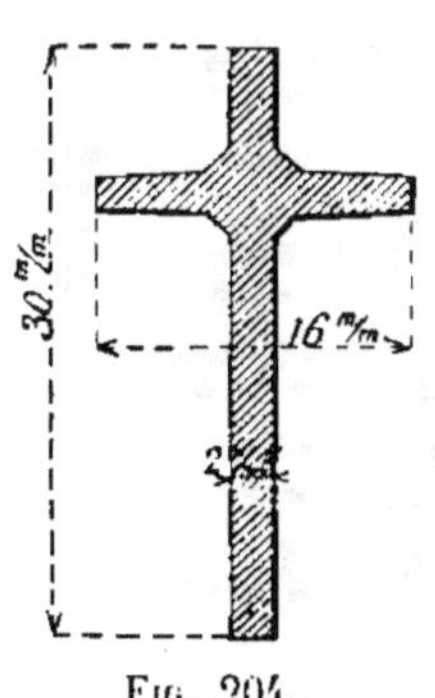

Fig. 204.

Les aciers employés ont un profil en forme de **T**, muni extérieurement d'une nervure pour faciliter et guider le cintrage à froid des frettes ou des spires en acier (*fig.* 204). Les aciers ainsi profilés présentent, à section égale, une résistance plus grande aux efforts de compression et de flexion ; ils donnent plus de rigidité aux tuyaux et augmentent l'adhérence du ciment.

Dans les tuyaux de grand diamètre (1^m,10 à 1^m,80) l'armature métallique est constituée au moyen de frettes rivées avec plaques de recouvrement. Intérieurement aux frettes sont placées, longitudinalement et sur toute la longueur du tuyau, des barres en acier portant à leur partie supérieure des encoches régulièrement distancées pour recevoir et encastrer la base des frettes (*fig.* 205).

Pour les tuyaux de diamètre moyen (0^m,40 à 1^m,10), l'armature métallique est composée de spires cylindriques en

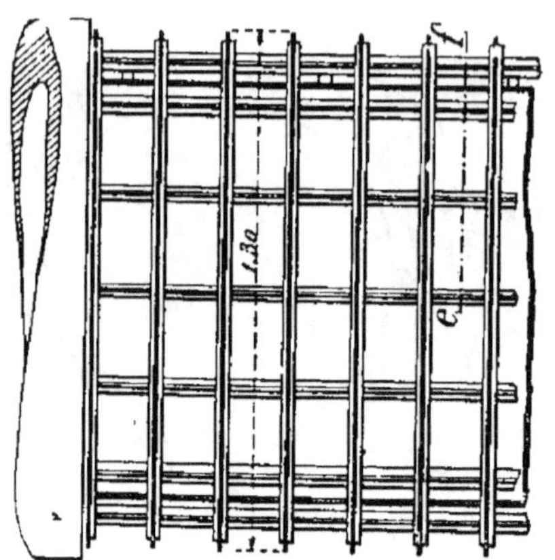

Fig. 205. — Armature pour tuyaux (frettes.)

Demi-coupe suivant *ef* de la *fig.* 205.

Demi-coupe suivant *gh* de la *fig.* 206.

acier profilé et de barres suivant les génératrices (*fig.* 206).

Quant à l'assemblage des tuyaux, il s'effectue au moyen d'un premier joint appliqué sur les extrémités du tube intérieur qui dépasse de 5 centimètres le revêtement; ce joint est composé d'une feuille d'amiante caoutchoutée, collée avec de la céruse, recouverte d'une bague en plomb soudée et matée sur le tube pour en épouser toutes les formes. Un second joint destiné à donner de la résistance au premier comprend une bague en acier de la même forme que les tuyaux, et composée des mêmes éléments.

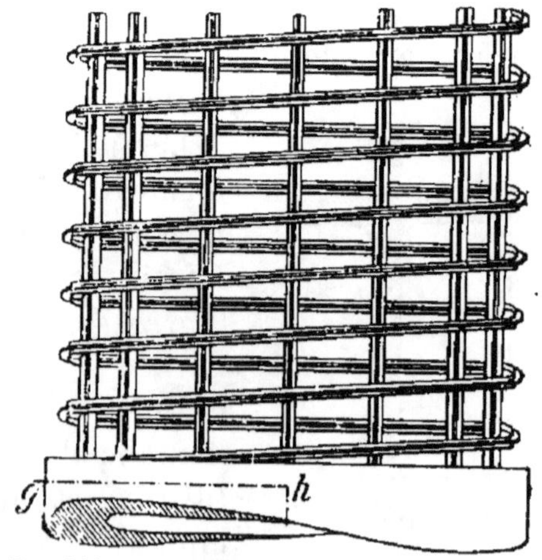

Fig. 206. — Armatures pour tuyaux (spires.)

Le moulage des tuyaux de ce système se fait verticalement

par un procédé analogue à celui que nous avons décrit ci-dessus.

Les conduites en acier et ciment ont sur les conduites en fonte ou en béton certains avantages qui expliquent le grand nombre des cas où les premières sont préférées aux autres. Tout en étant suffisamment imperméables, ainsi que nous venons de le voir, elles sont en outre inoxydables, et la conservation de l'acier persiste aussi longtemps que celui-ci se trouve protégé par le ciment.

Quant à la sécurité qu'offre ce genre de construction, elle résulte de ce fait qu'on calcule les dimensions des barres d'acier de telle sorte que l'ossature seule supporte tout l'effort de pression, en limitant à 8 ou 10 kilogrammes la tension maximum par millimètre carré de section, le coefficient de rupture n'étant pas inférieur à 50 ou 60 kilogrammes par millimètre carré. On n'attend donc du ciment que l'étanchéité et la force de se maintenir entre les tiges de l'ossature. Ce dernier n'atteignant sa dureté finale que plusieurs mois après son emploi, les tuyaux en fer et ciment acquièrent, au bout de quelque temps, une solidité bien supérieure à celle dont ils ont fait preuve au moment des essais.

Cette résistance a été mise en évidence par une expérience faite, en 1893, à l'usine municipale de Clichy, par M. Launay, ingénieur en chef des travaux de l'assainissement de la Seine. Un tuyau de $0^m,500$ de diamètre, composé d'un tube intérieur en tôle enveloppé d'une armature hélicoïdale constituée par des spires en acier ayant un profil analogue à celui de la figure 206, noyée dans un remplissage en mortier de ciment d'une épaisseur de 35 millimètres, avait été calculé pour résister à une pression de 20 mètres, en adoptant comme coefficient de tension maxima 8 kilogrammes par millimètre carré. Soumis aux essais de pression, il a résisté sans se rompre à une pression de 125 mètres, c'est-à-dire six fois supérieure à celle pour laquelle il avait été établi. Après l'expérience, le tuyau a été coupé ; l'enveloppe en ciment était parfaitement adhérente au tube intérieur, et l'ensemble du tuyau était complètement intact.

Ces résultats remarquables expliquent la tendance actuelle

à remplacer par des tuyaux en acier et ciment les conduites en fonte qui ont souvent donné lieu à des accidents, par suite de ruptures de tuyaux.

Comme nous l'avons fait précédemment en ce qui concerne les tuyaux en fonte, nous reproduisons à la fin du volume un extrait de cahier des charges relatif à des travaux de fourniture et de pose de conduites en acier profilé et ciment (*Annexe B*).

39. Des tuyaux en tôle d'acier. — Pour la confection des tuyaux de conduite d'eau destinés à subir de fortes pressions, on a eu parfois recours, en ces derniers temps, à la tôle d'acier, qui présente des garanties exceptionnelles de solidité et qui n'est pas attaquée par la rouille.

Les épaisseurs varient avec le diamètre intérieur, et pour chaque diamètre, avec les pressions à supporter. La conduite d'amenée à Paris des eaux des sources de l'Avre et de la Vigne comporte des tuyaux en acier de 1^m,50 de diamètre, dont l'épaisseur varie de 8 à 12 millimètres pour des pressions de 50 à 80 mètres. Le service de l'utilisation agricole des eaux d'égout de Paris a employé à Achères des tuyaux de 1^m,80 de diamètre et de 9 à 11 millimètres d'épaisseur.

Les tuyaux ont, en général, 6 mètres de longueur. Chacun d'eux est formé de cinq viroles en tôle, rivées ensemble, et de deux viroles extrêmes, soudées et rivées ensuite aux viroles précédentes, les dernières ayant pour but de rendre les deux extrémités du tuyau absolument lisses, condition indispensable pour l'emploi du joint adopté (joint système Gibault).

Le joint en question est constitué par une bague centrale A (*fig.* 207), en acier laminé, évidée suivant son profil intérieur, aux extrémités de laquelle sont placées deux rondelles en caoutchouc B, B, pressées contre deux contre-brides C, C, également en acier laminé, réunies par des boulons de serrage D.

Ce système de joint se prête bien à la dilatation, grâce au jeu qu'il permet de ménager entre les tuyaux, et il présente une grande flexibilité.

L'emploi de l'acier étant limité au cas où les conduites sont soumises à des pressions considérables, surtout aux

coudes, on combat ces efforts en employant des contrepoids
formés de saumons en fonte, et des butées en fonte constituées par des sabots de grande surface s'appuyant contre des
massifs de maçonnerie. L'un des contrepoids des conduites
d'amenée des eaux de l'Avre pèse 78.000 kilogrammes.

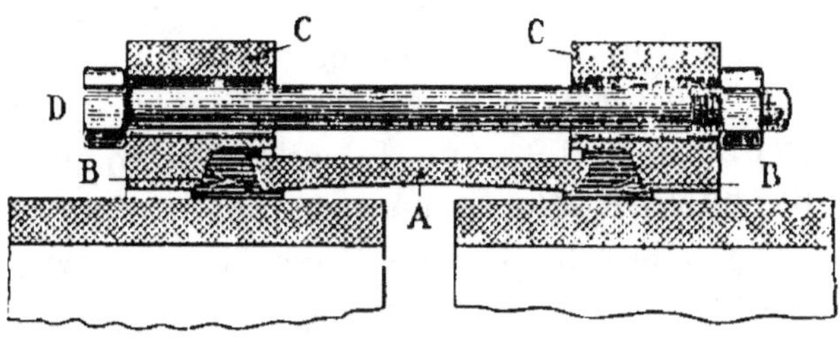

Fig. 207.

En raison du poids considérable des tuyaux, leur mise en
place nécessite la construction d'un matériel spécial dont la
description a été donnée dans le journal *le Génie civil*[1].

Pour compléter la description qui précède, nous donnons
en annexe un extrait du cahier des charges relatif à leur
fourniture et à la pose des conduites en tôle d'acier, destinées à l'utilisation agricole des eaux d'égout de Paris
(*Annexe C*).

40. Prix de revient et comparaison des divers systèmes.
— Il serait intéressant de pouvoir comparer entre eux les
prix de revient des tuyaux en fonte, en acier et ciment et en
acier, susceptibles d'être employés concurremment. Malheureusement les éléments font défaut; cette comparaison ne
pourrait se faire avec quelque exactitude que si l'on connaissait les prix de revient des tuyaux de même diamètre,
ayant à subir des efforts de pression peu différents, et dont
les conditions de pose et d'emploi soient comparables.

Pour des ouvrages de même nature et de même diamètre
les prix de revient sont très variables avec diverses circonstances, parmi lesquelles il convient de citer la longueur de ces
ouvrages. C'est ainsi qu'en ce qui concerne les siphons en
fonte du canal de Manosque, dans le prix de revient desquels

[1] T. XXII, n° 12.

on a fait entrer, comme nous l'avons vu, les têtes en maçonnerie, les massifs de support aux angles, les ventouses, les appareils de vidange, etc., celui de Valvéranne, dont nous avons donné la description, a coûté environ 370 francs le mètre courant. Le siphon du Largue, composé, comme le précédent, de deux files de tuyaux de $0^m,90$ de diamètre intérieur, mais dont la longueur est de 915 mètres au lieu de 244 mètres, n'est revenu qu'à 260 francs le mètre courant.

On conçoit, en effet, que le cube des maçonneries des têtes étant sensiblement le même dans les deux cas, il influe d'autant moins sur la dépense totale que l'ouvrage est plus long ; en outre, au siphon du Largue, les pressions supposées sont moindres, et les coudes relativement moins nombreux, d'où une diminution dans le nombre et l'importance des ouvrages accessoires de support.

Au même canal de Manosque, un siphon en fonte de 143 mètres de longueur formé de deux files de tuyaux de $1^m,10$ de diamètre n'a pas coûté moins de 515 francs le mètre courant.

Des tuyaux en acier et ciment, système Bonna, de même diamètre, n'ont coûté que 80 francs environ [1]. Toutefois il ne s'agit, dans ce dernier cas, que de la fourniture et de la pose des tuyaux, sans massifs de maçonneries ni appareils accessoires.

Toutes choses égales d'ailleurs, il est permis de dire que, lors de leurs premières applications, les tuyaux en acier et ciment coûtaient sensiblement moins cher que les tuyaux en fonte.

Mais le prix de ces derniers a baissé depuis, dans des proportions telles que la différence elle-même a beaucoup diminué.

Quant aux conduites en acier, leur prix de revient est assez élevé : pour des tuyaux de $1^m,80$ de diamètre et de 10 millimètres d'épaisseur, il a atteint 200 francs environ. Toutefois la tôle d'acier doux présente, nous l'avons déjà fait remarquer, des avantages particuliers qui peuvent en justifier l'emploi dans certains cas.

De tout ce qui précède on peut conclure qu'il est impos-

---

[1] Ce sont les tuyaux dont la description est donnée à l'*Annexe B.*

sible d'établir *a priori* un point de comparaison entre les tuyaux des divers systèmes.

Il paraît rationnel, quand il s'agit de déterminer, dans un cas particulier, celui auquel on doit donner la préférence, d'établir un cahier des charges des conditions générales à remplir, applicable aux tuyaux de toutes espèces, et d'en mettre la fourniture en adjudication en laissant aux concurrents toute latitude sur le choix du système, à la seule condition que les soumissionnaires se conforment aux stipulations qui leur sont imposées. Ce mode de procéder a été employé par le Service des Travaux de la ville de Paris et a donné des résultats très satisfaisants.

41. Des siphons en bois. — Les ingénieurs américains ont fait à la construction des siphons une application du bois véritablement remarquable, et sur laquelle nous croyons devoir donner quelques indications.

Ils construisent deux sortes de conduites, les unes continues dites sans joints, les autres avec joints.

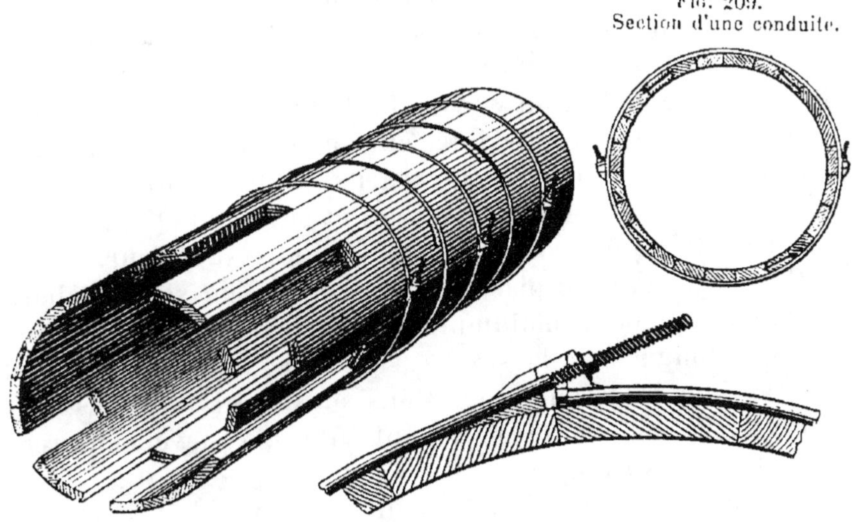

Fig. 209.
Section d'une conduite.

Fig. 208.

Fig. 210. — Détail d'une ligature.

La conduite continue est formée de douves en lattes de bois résineux, à joints alternés, maintenues par des ligatures en fer. La figure 208 représente en perspective un fragment de ces conduites, et la figure 209 en donne la coupe transversale. La figure 210 donne le détail du mode normal de ligature. La jonction bout à bout de deux lattes consécutives se fait à tenon et mortaise, comme l'indique la figure 211. Comme dans les tonneaux, les joints deviennent complètement étanches par le gonflement du bois après la mise en eau. Avant leur mise en place, on immerge les tenons dans une mixture de goudron, lequel, après la

Fig. 211.

pose, remplit les interstices des lattes et assure l'étanchéité. La conduite continue ainsi établie peut se courber et se tasser légèrement sans provoquer de fuites. Les lattes ont généralement 2^m,50 de longueur.

Le siphon se construit sur place, en suivant toutes les inflexions du terrain, que la conduite épouse sans difficulté. On procède à cet effet de la manière suivante :

On emploie un gabarit en fer ayant la forme d'un **U**, dont le demi-cercle inférieur a le diamètre extérieur de la conduite. Quatre gabarits consécutifs étant disposés sur le sol à des distances convenables, on y place les lattes de manière à constituer le demi-cylindre inférieur de la conduite. On installe ensuite sur ces lattes des gabarits en fer représentant le diamètre intérieur de la conduite, et sur lesquels on distribue les lattes qui forment le demi-cylindre supérieur.

On met ensuite en place les ligatures qu'on serre d'abord suffisamment pour maintenir les douves ; puis, lorsqu'une certaine longueur à la suite est ainsi établie sur quelques mètres dans les mêmes conditions, on serre à refus les ligatures de la partie antérieurement faite, après avoir au préalable retiré les gabarits.

Les ligatures, dont l'espacement varie avec la pression de l'eau et le profil plus ou moins accidenté du terrain, sont généralement formées de colliers d'acier ou de fer forgé et terminées par deux bouts filetés. La pièce qui sert à les fixer est un sabot en fer ou en acier réuni au tuyau par deux oreilles. Ce sabot est percé de deux ouvertures qui donnent passage aux extrémités des ligatures. Celles-ci sont ensuite maintenues

solidement enroulées autour du tuyau, au moyen d'écrous
à oreilles qui serrent la partie filetée. Dans un autre système,
un seul des bouts du collier est fileté ; le second se termine
par une boucle à travers laquelle passe l'autre fileté, fixé au
sabot par un écrou.

Fig. 212. — Interposition d'un robinet d'arrêt sur une conduite.

Si l'on veut placer sur la conduite un robinet d'arrêt, on
y ménage une interruption occupée par un manchon en
fonte à deux bouts femelles dans lesquels sont engagées les
extrémités de la conduite. Le robinet d'arrêt se trouve sur
ce manchon. S'il s'agit d'un robinet de décharge, le manchon
en fonte porte une tubulure latérale sur laquelle ce robinet
est placé (*fig. 212*).

Les conduites à joints diffèrent des précédentes en ce
que les lattes ne sont plus placées à joints interrompus.
Deux tuyaux consécutifs sont réunis par un manchon en bois
formé d'un bout de tuyau semblable aux autres, mais d'un
plus grand diamètre. Pour obtenir le serrage de ce manchon,
une des lattes qui le composent est sciée de toute sa longueur
de manière à former deux coins (*fig. 213*). Ces coins ne sont
mis en place qu'après les autres lattes ; pour les enfoncer, il
suffit de serrer les ligatures, analogues à celles que nous

avons déjà décrites. Le seul avantage que présentent les tuyaux à joints nous paraît résider dans la facilité du démontage partiel de la conduite et dans la possibilité d'utiliser sur d'autres points les tuyaux démontés. Il nous semble donc que l'emploi du système à joints est préférable pour une conduite qui ne doit servir que momentanément, et que le système continu doit au contraire être choisi dans le cas d'une conduite permanente.

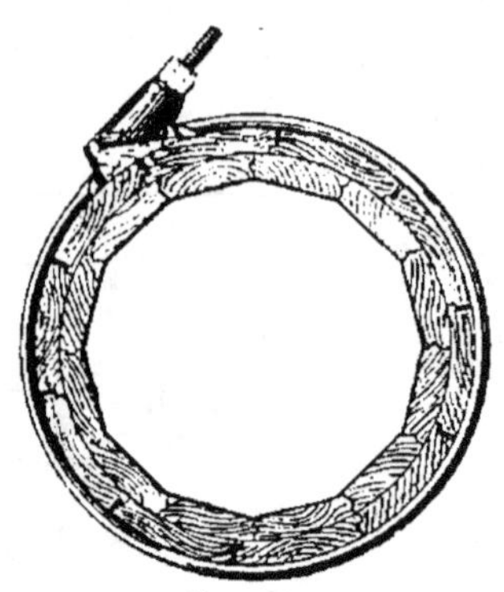
Fig. 213.
Section d'une conduite.

Les bois généralement employés en Amérique sont le *Sequoia gigantea*, le *Sequioa sempervirens*, les pins du Texas et de l'Orégon.

Le diamètre de ces conduites varie généralement de 0^m,50 à 1 mètre ; mais on en a établi dont le diamètre dépasse 2 mètres, notamment à Gothenburg (Nebraska) et à Battersfield (Californie).

La charge d'eau qu'elles sont capables de supporter peut atteindre 50 mètres.

Les avantages des siphons en bois sont leur bas prix de revient, l'absence de pièces spéciales pour les courbes, la rapidité de la pose sur place, sans projet préalable, et la facilité avec laquelle la conduite épouse toutes les inflexions du terrain ; on n'a, de plus, à craindre ni la rouille, ni les dépôts adhérents sur la paroi intérieure, ni les corrosions par les eaux acides. Il faut reconnaître que l'emploi de ce système est réservé aux pays où le bois résineux est abondant ; mais les Américains en ont fait des applications tellement remarquables que nous n'avons pu nous dispenser de les mentionner. Ces applications sont principalement dues à l'ingénieur Henny de la maison Hoope de San-Francisco, et à M. Dwelle, de Denver (Colorado).

42. Des chutes. — En dehors des ouvrages dont nous venons de donner la description, les canaux d'irrigation comportent un certain nombre d'autres ouvrages qui leur sont spéciaux, tels que les chutes, les déversoirs, les vannages de

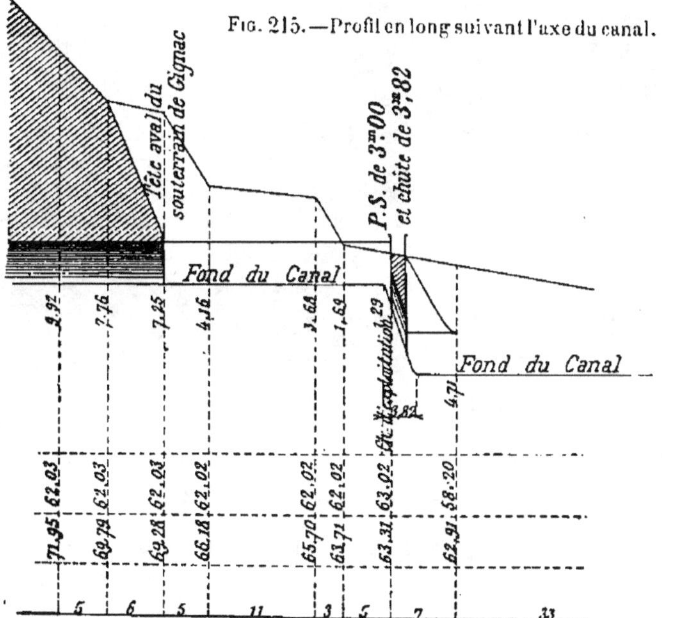

Fig. 215. — Profil en long suivant l'axe du canal.

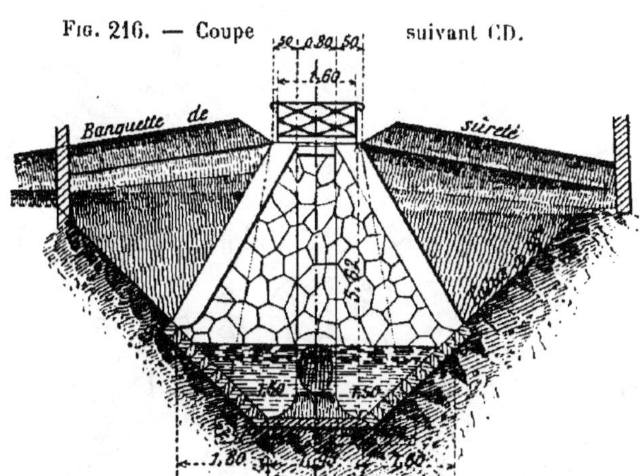

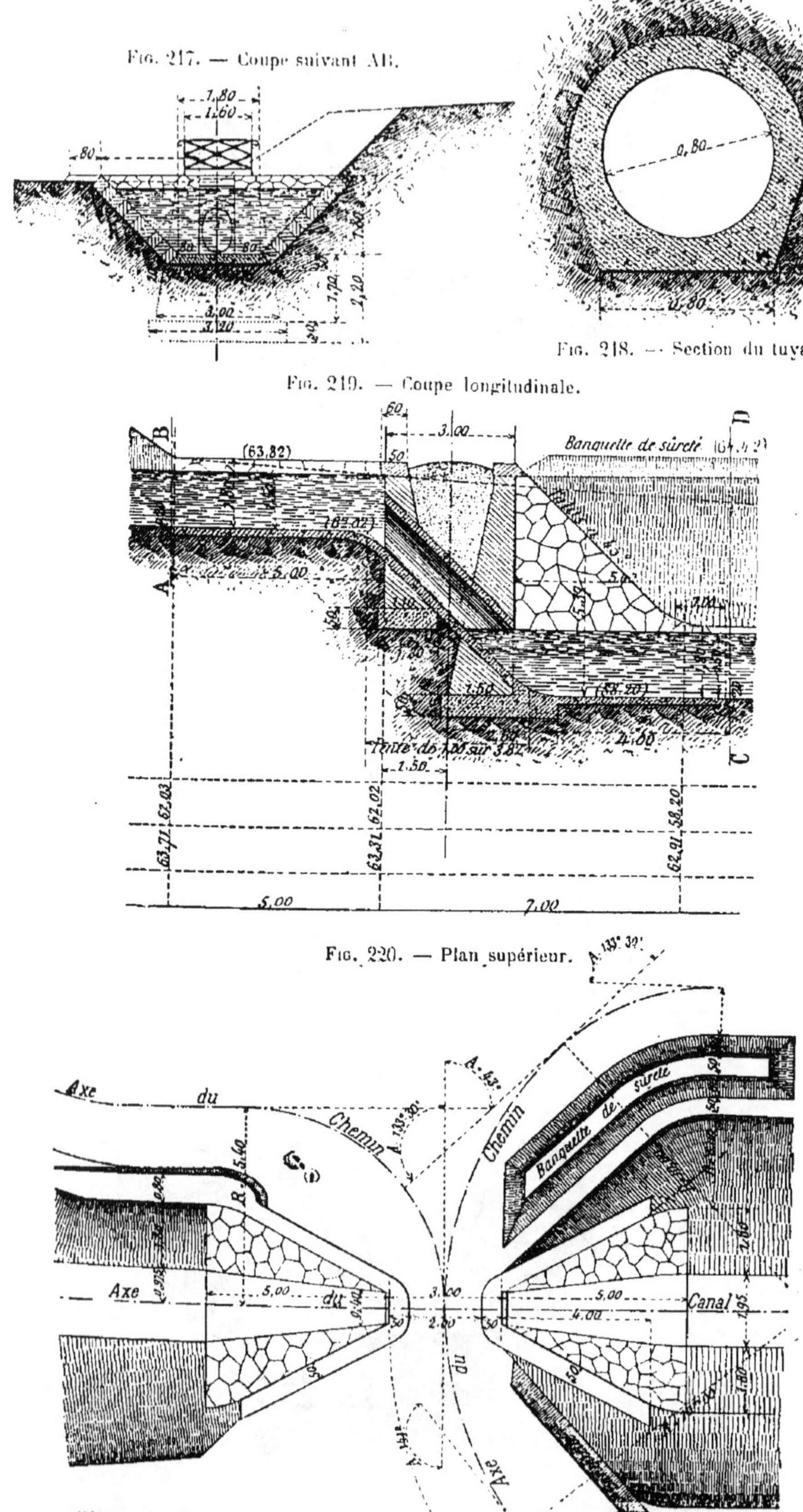

Chute du canal de Gignac.

décharge. Dans la même catégorie on pourrait également faire rentrer les appareils de jauge et de répartition, mais nous décrirons ces derniers ultérieurement, quand nous traiterons la question des canaux et rigoles de distribution (chap. ix).

Les chutes servent à racheter les différences de hauteur trop considérables qu'on ne saurait franchir à l'aide des pentes normales du canal. Elles consistent, d'une façon générale, en un mur vertical précédé et suivi d'un radier maçonné et de perrés sur les berges. On ménage au pied de la chute un puisard qui emmagasine un matelas d'eau destiné à préserver les maçonneries des ébranlements et des corrosions. Les murs de chute présentent souvent une forme concave en plan. On rencontre, d'ailleurs, beaucoup plus de chutes maçonnées sur les rigoles de distribution que sur le canal proprement dit. Nous aurons occasion de décrire plus complètement ces dernières chutes (§ 94).

Au canal de Gignac on a employé, pour une des chutes, un ouvrage qui se compose d'un tuyau en béton de ciment de 0^m,80 de diamètre intérieur avec pente de 1 mètre par mètre sur 3^m,82 (*fig.* 214 à 220). Ce tuyau est encastré entre deux murs qui montent jusqu'au terrain naturel, supportent un couronnement en pierre de taille avec garde-corps en fer et servent de passage pour un chemin d'exploitation. Le raccordement des deux murs de tête avec la cuvette du canal se fait à l'aide de deux murs en aile.

La chute a non seulement pour résultat de faciliter l'établissement du canal en ce point, mais encore de permettre l'utilisation de la force motrice ainsi créée pour l'éclairage électrique de la ville de Gignac, sise à proximité.

43. Vannes de décharge et déversoirs. — Dans tout canal d'irrigation, il est indispensable de se ménager les moyens de vider complètement le canal en cas de besoin, d'écouler le trop-plein des eaux en cas de crue subite pour éviter la rupture des banquettes et l'inondation des terres dominées ; enfin on doit pouvoir vider isolément le canal par sections, pour procéder aux réparations nécessaires. Nous avons vu que des mesures sont prises pour permettre l'évacuation des eaux des siphons; mais on doit, en outre, se préoccuper de la mise à sec des parties de canal qui ne comportent pas d'ouvrages de ce genre.

Les émissaires de vidange sont tout indiqués : ce sont les rivières ou ruisseaux rencontrés.

Nous donnons (*fig.* 221 à 226) un exemple de déversoir permettant l'envoi des eaux d'un canal dans un ravin que celui-ci traverse à l'aide d'un ponceau. Il se compose de deux rangs

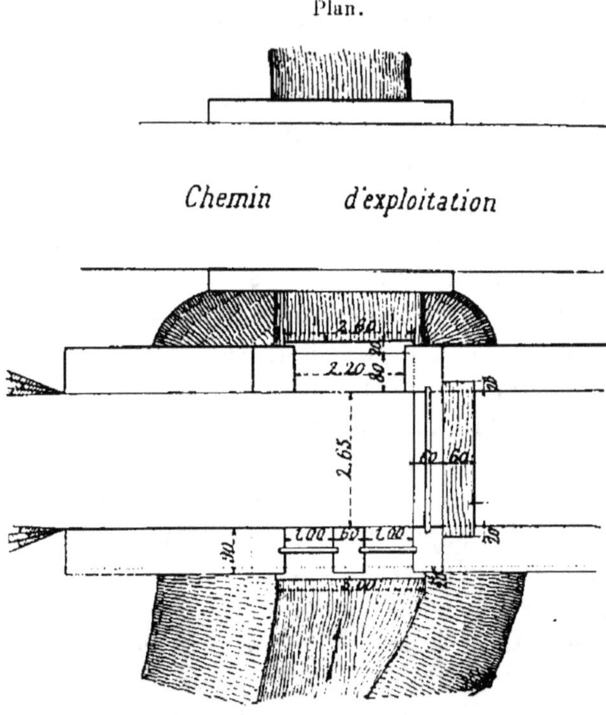

Fig. 221.

de poutrelles logées dans des échancrures ouvertes dans l'un des murs de tête du ponceau et d'un vannage de garde placé en travers du canal et qu'on ferme au moment d'enlever les poutrelles. A travers l'autre mur de tête du ponceau on a ménagé un déversoir de superficie ayant sa crête dérasée dans le plan d'eau du niveau maximum du canal, de manière à assurer un écoulement immédiat aux eaux d'orage.

Dans les régions où les crues subites produites par de violents orages sont à craindre, il est prudent de multiplier le

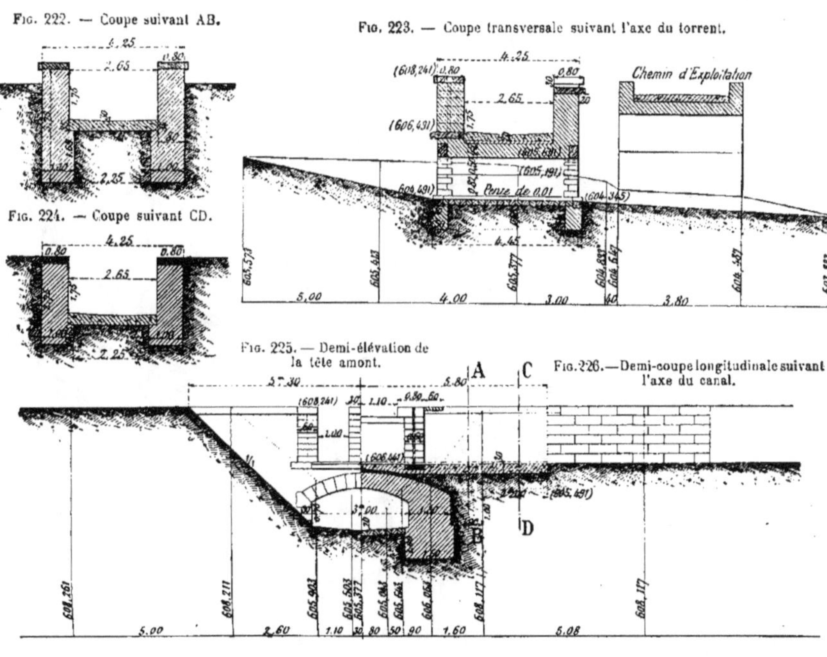

Fig. 222. — Coupe suivant AB.

Fig. 223. — Coupe transversale suivant l'axe du torrent.

Fig. 224. — Coupe suivant CD.

Fig. 225. — Demi-élévation de la tête amont.

Fig. 226. — Demi-coupe longitudinale suivant l'axe du canal.

Ponceau surbaissé avec déversoir (canal de Ventavon).

plus possible le nombre des décharges et d'en établir en tous les points où le canal passe par-dessus des cours d'eau ou ravins pouvant écouler une partie des eaux surabondantes, ce qui a été fait notamment au canal de Pierrelatte ; nous avons décrit ci-dessus une vanne de décharge établie sur ce canal à la tête aval du siphon du Lez (§ 32).

Il est indispensable d'établir également des déversoirs à la tête amont des siphons, pour permettre de les isoler et de les visiter afin d'y faire les réparations nécessaires.

CHAPITRE VI

DES BARRAGES-RÉSERVOIRS

44. Généralités. — Dans les régions dont le climat est caractérisé par de longues périodes de sécheresse alternant avec des époques de pluies torrentielles, où les rivières ne sont pas alimentées par la fonte des neiges et ne traversent pas de lacs qui régularisent leur régime, les cours d'eau ne peuvent fournir d'une manière régulière l'eau nécessaire aux besoins domestiques, à l'irrigation et à la marche des usines. On cherche à remédier à cet état de choses en établissant, dans la partie haute des vallées, des barrages-réservoirs en arrière desquels on emmagasine les eaux zénithales dans une dépression naturelle du sol. Pendant les saisons des pluies, les réservoirs se remplissent plus ou moins suivant les circonstances climatériques, et l'on conserve l'eau pour la distribuer ensuite, au fur et à mesure des besoins.

On utilise également, parfois, comme réservoirs, les lacs naturels, en barrant l'émissaire qui leur sert d'exutoire, de manière à augmenter la capacité de la retenue. On établit des ouvrages de vidange permettant d'évacuer vers l'aval la quantité d'eau nécessaire.

Tandis que la création de barrages-réservoirs exige toujours l'établissement d'un mur de retenue de grande hauteur, il suffit d'ouvrages moins importants pour transformer un lac en réservoir.

On a aussi cherché à utiliser les réservoirs pour diminuer les effets des crues des cours d'eau torrentiels en retenant une partie des eaux pluviales. Vu leur capacité toujours forcément restreinte, leur effet, comme régulateurs des crues, est assez peu efficace ; mais il est possible de tirer un parti très avantageux des eaux ainsi emmagasinées en les employant à suppléer l'insuffisance du débit des cours d'eau en cas de sécheresse.

Comme exemple remarquable de ce mode d'utilisation des réservoirs, on peut citer un groupe d'ouvrages établis en travers des ruisseaux qui descendent du mont Pilat, lequel appartient à la chaîne des Cévennes, faîte séparatif des bassins de la Loire et du Rhône.

Au pied de la montagne règne une grande activité industrielle, et des centres importants tels que Givors, Rive-de-Gier, Saint-Chamond, Saint-Étienne, au nord, Annonay, Bourg-Argental, au sud, s'y succèdent à de faibles distances. Cette situation a déterminé la création, sur les deux versants, d'un groupe de réservoirs destinés à emmagasiner le trop-plein des eaux qui tombent en abondance pendant les périodes de pluies ou d'orages, pour les faire servir de base aux distributions d'eau de plusieurs des villes que nous avons citées, à desservir leurs industries et aussi à atténuer les effets des crues des rivières sur les bords desquels elles sont établies. Le plus célèbre de ces ouvrages, le barrage du Furens ou du Goufre-d'Enfer, destiné à l'alimentation de Saint-Étienne, réalise sur le Furens, en amont de la ville, une retenue de 1.200.000 mètres cubes au moyen d'un barrage de 50 mètres de hauteur.

Nous n'avons pas à nous occuper ici des ouvrages établis en vue de créer une réserve pour l'alimentation des canaux à point de partage. Tout ce qui concerne ceux-ci est du domaine de la navigation intérieure. Nous serons cependant amené à décrire quelques-unes des dispositions essentielles de l'un de ces barrages, celui de la Mouche, établi récemment en vue de l'alimentation du canal de la Marne à la Saône. Mais nous nous bornerons à mentionner celles de ses dispositions qui seraient également applicables à tous les barrages-réservoirs.

Il existe d'ailleurs une différence importante entre les réservoirs d'alimentation des canaux et ceux qui sont destinés aux usages domestiques, industriels, et aux arrosages. Dans l'alimentation des canaux on connaît *a priori*, au moins approximativement, le volume d'eau journalier nécessaire, et quand les rivières auxquelles on peut faire des emprunts ne sont pas susceptibles de fournir le volume dont on a besoin, on se procure le surplus en établissant des réservoirs dont la contenance est déterminée.

Au contraire, pour les réserves d'eau destinées aux usages agricoles et industriels, le volume susceptible d'être utilisé est moins bien déterminé, mais on cherche, en général, à donner aux retenues la plus grande capacité compatible avec les circonstances, l'abondance d'eau disponible en toutes saisons étant de nature à favoriser le développement des cultures et de l'industrie dans les vallées desservies.

Dans ce qui va suivre nous nous placerons exclusivement au point de vue de la création de retenues d'usage purement agricole ou industriel.

Nous examinerons successivement les barrages-réservoirs et, dans le chapitre suivant, les barrages pour la transformation des lacs naturels en réservoirs.

45. Emplacement des barrages-réservoirs. — L'emplacement d'un barrage ne saurait être choisi arbitrairement, et trois conditions principales s'imposent à l'adoption d'une dépression naturelle pour l'établissement d'un réservoir, savoir :

1° Un bassin versant extérieur suffisamment étendu pour que la tranche d'eau pluviale annuelle suffise à l'alimentation du réservoir ;

2° Un sol assez étanche pour retenir l'eau dans la dépression ;

3° Une gorge étroitement encaissée au débouché dans le thalweg.

Les barrages dont l'emplacement est le plus heureusement choisi, celui du Furens par exemple, ferment une gorge à section rétrécie à la partie inférieure. Dans ce cas le mur a la forme d'un trapèze dont la petite base est en bas ; la longueur de fondation étant très faible, on est naturellement moins exposé que dans le cas d'un long mur à trouver des terrains de fondation inégalement résistants, sur lesquels la maçonnerie pourrait éprouver des mouvements de torsion. Un semblable mur doit être encastré solidement à ses deux extrémités dans les flancs de la gorge, ce qui exige que ceux-ci soient formés de roches dures et bien saines.

Toutes les rivières ne présentent pas un ensemble de circonstances aussi favorables pour l'exécution d'un barrage-réservoir, a fait remarquer M. l'Inspecteur général Pochet [1], et ce n'est qu'à la suite de recherches topographiques et géologiques fort longues qu'on arrive à trouver un emplacement convenable. Le barrage de l'Habra (département d'Oran) nous offre un exemple de ces difficiles recherches. Son emplacement avait d'abord été fixé à 5 kilomètres environ en amont de sa position actuelle. Dans cet emplacement on trouvait un lit de rochers de grès solides d'une longueur de 100 mètres au plus, se terminant en entonnoir à la base. Mais, dans cette situation, la réserve du barrage était très faible et ne répondait pas à la complète utilisation du débit du cours d'eau. Plus tard, on reconnut la possibilité d'obtenir une réserve beaucoup plus considérable en établissant l'ouvrage au confluent de l'Oued-Fergoug. On gagnait en même temps le débit d'un affluent important de la rivière, mais les dimensions de l'ouvrage augmentaient notablement, puisque le développement du barrage atteint plus de 450 mètres.

Nous aurons l'occasion de revenir ultérieurement, avec plus de détails, sur cette question de l'emplacement à choisir pour y établir un barrage de retenue.

46. Nature du sol de fondation. — Il est d'une importance capitale, au point de vue de la sécurité, que les barrages soient fondés sur un sol très résistant. C'est un fait bien reconnu que la plupart des ruptures d'ouvrages de cette nature ont été causées par un vice de fondation. En particulier, le barrage de l'Habra dont nous venons de parler et qui a été emporté par une crue, en 1881, peu de temps après son achèvement, reposait sur un rocher de fondations constitué par une série de bancs de grès parsemés de nombreuses cavités remplies d'argile, dont quelques-unes avaient des profondeurs de plusieurs mètres. Bien qu'en cours de construc-

---

[1] *Mise en valeur de la plaine de l'Habra* (*Annales des Ponts et Chaussées*, 1875, 1er sem.).

tion on ait pris la précaution de boucher toutes ces cavités avec du béton, il a été constaté que l'accident était dû à la présence d'une couche d'argile marneuse gisant entre deux couches de grès et s'étendant jusqu'au-delà de la maçonnerie. L'argile s'est imprégnée d'eau ayant pénétré par une fissure ; l'imprégnation commença avec la première mise en eau du barrage ; l'eau entrée ne ressortant plus, la surface mouillée s'accrut avec le temps. L'argile devenue fluide ayant trouvé une issue vers l'extérieur, par suite d'un glissement des couches supérieures, il en résulta un tassement général, et sous l'influence d'une crue exceptionnelle l'ouvrage fut emporté.

Lorsque, après la rupture, on procéda à la reconstruction du barrage, on prit le parti de descendre partout les fondations jusqu'à un gros banc de grès très puissant sur lequel reposent les couches alternées de grès et d'argile. Toutefois

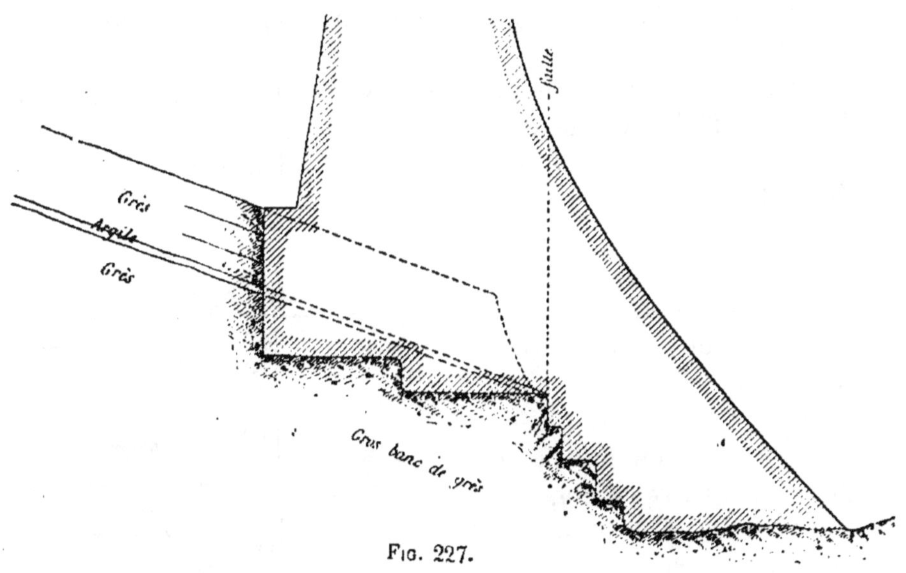

Fig. 227.

les fouilles faites en vue de l'enracinement de l'ouvrage dans le gros banc permirent de reconnaître l'existence, à 4 mètres environ au-dessous de la surface supérieure de ce banc, d'un lit d'argile de quelques centimètres d'épaisseur présentant, comme le gros banc lui-même, une pente de 3 de base pour 1 de hauteur de l'amont à l'aval (*fig.* 227). De plus, le barrage devait être assis partie en amont et partie en aval d'une faille [1], la présence du lit d'argile faisait craindre la possibilité d'un glissement de la surface supérieure du gros banc, et par suite la rupture des maçonneries du barrage entraînées avec la fondation. Pour éviter ce danger, on a enlevé toute la partie du gros banc située au-dessus du lit d'argile jusqu'au point où les maçonneries fondées entièrement sur le gros banc en amont de la faille sont effectivement encastrées dans le grès. Le gros banc étant contre-buté par le terrain naturel, aucun glissement n'est à redouter.

On conçoit, d'après ce qui précède, combien il est indispensable de procéder par de nombreux sondages à une reconnaissance aussi minutieuse que possible de la nature du sol de fondation pour s'assurer, non seulement de la compacité et de la résistance des terrains qui forment les flancs et le fond de la gorge, mais aussi pour reconnaître s'il existe des bancs d'argile si redoutables pour l'existence de ces ouvrages.

Lors des premières recherches en vue de la construction d'un barrage dit de l'Oued-Athménia, sur le Rummel, à quelques kilomètres en amont de la ville de Constantine, lequel a été l'objet d'études minutieuses, que nous aurons souvent à mentionner dans la suite, on a constaté, dans un rayon de 2 kilomètres autour de l'emplacement choisi, la succession géologique de trois bancs de pierre : calcaire rouge, calcaire gris, calcaire bleuâtre, et l'on a retrouvé à Constantine même ces trois bancs étagés au-dessous du fortin de Sidi-M'Cid bâti

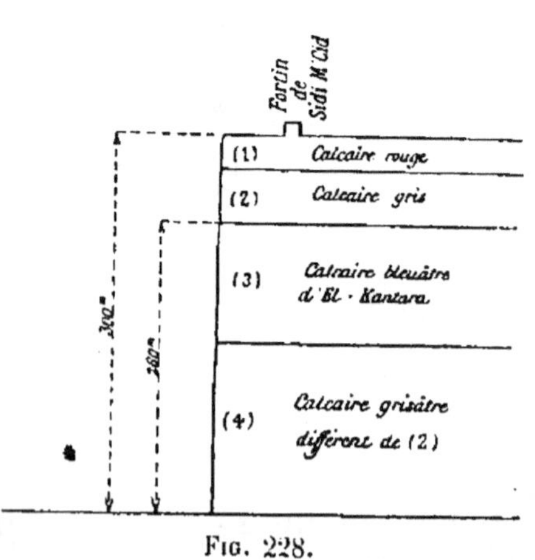

Fig. 228.

sur des falaises de 300 mètres de hauteur et donnant une

---

[1] En géologie on désigne sous le nom de *faille* une rupture ou solution de continuité d'une roche ou d'une stratification, laquelle est remplie de matériaux étrangers.

coupe de la formation géologique des plateaux (*fig.* 228). Sur ces 300 mètres on n'a trouvé ni un banc, ni même un lit d'argile. Le barrage projeté devant être assis à la partie supérieure du banc (3), près de la ligne de séparation de (2) et (3), il y a toute probabilité pour qu'il se trouve, au-dessous des fondations, 260 mètres au moins de rocher sain, c'est-à-dire un banc de rochers ininterrompus d'une hauteur huit à neuf fois plus forte au moins que celle du barrage. En outre, le calcaire appartient à la formation secondaire; il est donc plus résistant *a priori* que les calcaires tertiaires sur lesquels ont été assis la plupart des barrages du département d'Oran. On est, dans ce cas, en droit de supposer que le barrage de l'Oued-Athménia offrira des garanties sérieuses au point de vue des fondations.

47. Capacité. — On a parfois critiqué la tendance à s'attacher, en Algérie principalement, à la construction de barrages-réservoirs monumentaux dont la capacité s'envase, dont la chute, lorsqu'elle se produit, entraîne des désastres effrayants, et dont la construction, subordonnée aux disponibilités budgétaires, demande de longues années.

« Les indigènes, a dit M. le Rapporteur du budget de l'exercice 1892 à la Chambre des députés[1], avec des barrages primitifs en clayonnage et terre mélangés, ont depuis long-temps, presque sans concours de notre part, avec des dépenses minimes, réussi à assurer l'irrigation d'une superficie qui est probablement supérieure[2]... Nos ingénieurs trouveraient profit à méditer cet exemple, et il est probable alors que les 60 millions du programme (du Gouvernement général), au lieu de rendre irrigables 300.000 ou 400.000 hectares, permettraient de desservir quelque jour une surface se chiffrant par millions d'hectares. »

A ces critiques on peut répondre que les barrages primitifs en terre et clayons, établis autrefois par les indigènes, l'ont été dans des conditions qu'on ne rencontre plus. Le barrage de dérivation en clayons ne permet d'arroser qu'un

---

[1] *L'Algérie en* 1891. — Rapport sur le budget de l'exercice 1892.

[2] Aux 135.000 hectares actuellement irrigués et desservis par nos ouvrages de dérivation et de retenue.

espace très restreint. Venus les premiers, les indigènes ont disposé des emplacements les plus voisins des cours d'eau pour y établir des ouvrages de dérivation d'eaux alors surabondantes et excédant les besoins. Mais aujourd'hui le problème à résoudre est tout différent : il consiste à conduire les quantités d'eau qui restent disponibles, sur des emplacements éloignés, et à rechercher le maximum d'utilisation de cette eau. Le mode de construction et d'exploitation dans lesquels les indigènes ont employé d'une manière primitive des ressources alors abondantes ne tient pas compte du rendement. Ils ont bénéficié de richesses naturelles dont nous ne disposons plus; là est leur seule supériorité. Le voyageur qui sort du port de Marseille sur un paquebot monumental ayant coûté plusieurs millions et consommant des centaines de tonnes de houille, peut apercevoir des embarcations de pêche ou de cabotage à voiles, dont la construction n'a exigé qu'un faible capital, et avec lequel, en utilisant la force gratuite du vent, on pourrait se rendre plus économiquement à Alger. Longtemps ce procédé si simple a été le seul qu'on pût employer. L'honorable Rapporteur aurait tout aussi bien pu donner cet exemple à méditer aux ingénieurs des constructions navales, car la supériorité des réservoirs arabes sur les nôtres est de la même nature que celle des balancelles à voiles sur les paquebots à vapeur. Quant aux millions d'hectares qu'on pourrait irriguer avec les procédés arabes, ceux qui ont renseigné **M.** le Rapporteur auraient reconnu, s'ils avaient consulté les relevés udométriques, que cette affirmation suppose l'existence d'une tranche d'eau pluviale que le ciel avare a malheureusement refusée à l'Algérie [1].

On ne saurait, d'ailleurs, établir un parallèle entre le barrage de dérivation des indigènes et notre barrage-réservoir, car ces deux instruments, absolument distincts et par leur emplacement et par leur objet, n'ont rien de comparable et sauraient si peu se suppléer l'un l'autre qu'il est des entre-

[1] Les débits d'étiage des cours d'eau algériens ne permettent d'arroser que 250.000 hectares, dont 135.000 le sont déjà. Pour aller plus loin, il faudrait trouver de nombreux emplacements favorables à l'établissement de barrages-réservoirs. Les barrages de dérivation des Arabes seraient inefficaces.

prises d'irrigation où l'on a dû établir à la fois un barrage de dérivation et un barrage-réservoir. Tel est, notamment, le cas du barrage des Grands-Cheurfas à Saint-Denis-du-Sig.

On peut, en effet, pendant la saison des basses eaux ou des eaux moyennes, qui est celle des irrigations, détourner le débit d'une rivière sur les terrains à irriguer; voilà le barrage de dérivation, plus ou moins analogue aux ouvrages dont nous avons donné la description (§ 18). Mais, lorsque toutes les eaux basses ou moyennes de la rivière sont complètement utilisées, la colonisation peut encore trouver quelque chose là où l'indigène n'a plus rien; on peut accroître l'étendue de zone irrigable en recueillant les eaux surabondantes des périodes de crues, à des époques où le cultivateur n'en a pas l'emploi, pour les utiliser au moment des irrigations; voilà le barrage-réservoir.

Ce que nous venons de dire relativement aux barrages d'Algérie est également applicable aux ouvrages construits aux États-Unis d'Amérique pour l'irrigation de vastes étendues de terrains situées non loin de l'Océan Pacifique, dans les États du Colorado et de Californie et connues sous le nom de « région aride ».

Le lit de la plupart des rivières de cette région est formé de couches épaisses de sables, de cailloux roulés et de gravier; le sol ferme est difficilement atteint, à moins de pénétrer à une grande profondeur. Lors des premiers travaux de mise en culture des terres incultes, on se contenta, pour obtenir l'eau destinée aux irrigations, de barrages en fascinages qui ne retenaient l'eau que partiellement et étaient emportés par les crues. Mais, quand l'extension des surfaces cultivées nécessita une quantité d'eau d'arrosage de plus en plus grande, les barrages de dérivation rustiques furent reconnus insuffisants pour répondre aux besoins nouveaux. Aussi dut-on recourir à l'établissement, dans la partie supérieure des vallées, des barrages-réservoirs en maçonnerie, qui jouent un rôle analogue à celui des ouvrages similaires algériens.

Dans ce qui suivra nous aurons, à plusieurs reprises, l'occasion de nous occuper des barrages américains, lesquels méritent d'être décrits, bien que leurs conditions d'établissement diffèrent, en général, de celles des nôtres.

Deux considérations limitent la capacité à donner à un réservoir, lorsqu'on a trouvé un emplacement favorable non seulement pour permettre d'asseoir le barrage, mais encore pour former à l'amont une cuvette retenant l'eau dans de bonnes conditions. Ce sont, d'une part, la certitude de pouvoir recueillir une quantité d'eau suffisante pour justifier les dépenses qu'entraîne la construction de l'ouvrage et, d'autre part, la nécessité de réduire cette dépense à un chiffre acceptable.

S'il s'agissait de barrer une gorge encaissée entre deux falaises à pic d'une très grande hauteur, la dépense (les fondations mises à part) serait à peu près proportionnelle à la hauteur du mur en élévation. Si, au contraire, la gorge a une forme triangulaire, plus le mur s'élève et plus la surface du vide à combler augmente, de sorte qu'au-delà d'une certaine hauteur il faudrait donner à l'ouvrage une surface telle que la dépense serait hors de proportion avec les avantages à retirer de l'entreprise. C'est ainsi qu'étant donnée la forme de la gorge du Rummel qui doit être fermée par le barrage de l'Oued-Athménia (département de Constantine), on a constaté qu'on ne pouvait songer à relever le plan d'eau à plus de 32 mètres au-dessus de l'étiage, mais que, jusqu'à cette hauteur, les dépenses croissaient très lentement. Si on représente par 1 la dépense correspondant à une réserve de 43 millions de mètres cubes, pour une capacité de 50 millions elle est de 1,04, et pour celle de 70 millions nécessitant une hauteur de retenue d'eau de 32 mètres au-dessus de l'étiage, elle est de 1,17.

Une fois l'emplacement d'un barrage fixé, il est assez aisé de se rendre compte approximativement de la dépense que nécessitera l'établissement d'un mur de hauteur donnée.

Mais la question de savoir quel sera le volume d'eau pluviale susceptible d'être emmagasiné est beaucoup plus difficile à résoudre. On connaît, il est vrai, l'étendue du bassin versant ; si elle est, par exemple, de 20.000 hectares et qu'on veuille remplir annuellement un réservoir d'une capacité de 18.000.000 mètres cubes, il suffira qu'il y arrive une quantité d'eau équivalant à une tranche de $\dfrac{18.000.000}{200.000.000} = 0^{m},09$ d'eau tombée sur l'ensemble du bassin versant. Mais on ne peut déterminer la valeur approchée de la quantité d'eau qui arrivera au barrage que s'il existe, d'une part, des observations pluviométriques portant sur un assez grand nombre d'années et, d'autre part, si l'on connaît la valeur de ce que nous avons appelé le *module* du cours d'eau alimentaire (t. I, § 45), c'est-à-dire le rapport entre le débit de ce cours d'eau pendant un temps donné et la quantité d'eau pluviale tombée pendant le même temps dans le bassin correspondant.

Il est assez rare qu'on possède sur ces deux points des données suffisamment précises. En Algérie, en particulier, nous ne connaissons qu'une seule série d'observations pluviométriques continues : c'est celle qui se poursuit au port d'Alger depuis 1843. Bien que la quantité d'eau qui tombe dans les montagnes ne soit pas la même que celle qu'on recueille au bord de la mer, on a pu utiliser ces renseignements pour se rendre compte des chances de remplissage de réservoirs projetés sur la partie supérieure de certains cours d'eau, à une distance peu considérable d'Alger, en prenant toutefois comme termes de comparaison les années les plus sèches. C'est ainsi que, en ce qui concerne le barrage du Hamiz destiné à l'irrigation de la plaine de la Mitidja, on a supposé qu'il tombait sur le bassin récepteur une tranche annuelle d'eau de $0^m,500$. La moyenne à Alger, pour une période de cinquante et un ans (1843-1894), a été de $0^m,689$, et la quantité de pluie n'a été inférieure à $0^m,500$ que huit fois durant cette période.

Quand il s'est agi de procéder aux études du projet de barrage de l'Oued-Athménia, on ne possédait aucun renseignement, même approximatif, sur la quantité annuelle de pluie tombant sur le bassin du Rummel. Mais, depuis que la question de l'établissement de ce barrage s'est posée, on a établi un service de jaugeages de la rivière qui, commencé en 1883-1884, a fonctionné régulièrement depuis le 1er juillet 1885, et au sujet duquel nous croyons utile de fournir quelques explications.

Malgré l'extrême instabilité de la répartition annuelle des pluies, on distingue en Algérie les années sèches et les années

humides, en se plaçant au point de vue de la quantité totale
de pluie recueillie [1].

Les résultats des observations sont représentés par le dia-
gramme ci-dessous (*fig.* 229), lequel montre que la période
qui s'étend de l'année 1886-1887 à l'année 1891-1892 constitue une période de sécheresse très caractérisée, qui a été
précédée et suivie d'années pluvieuses.

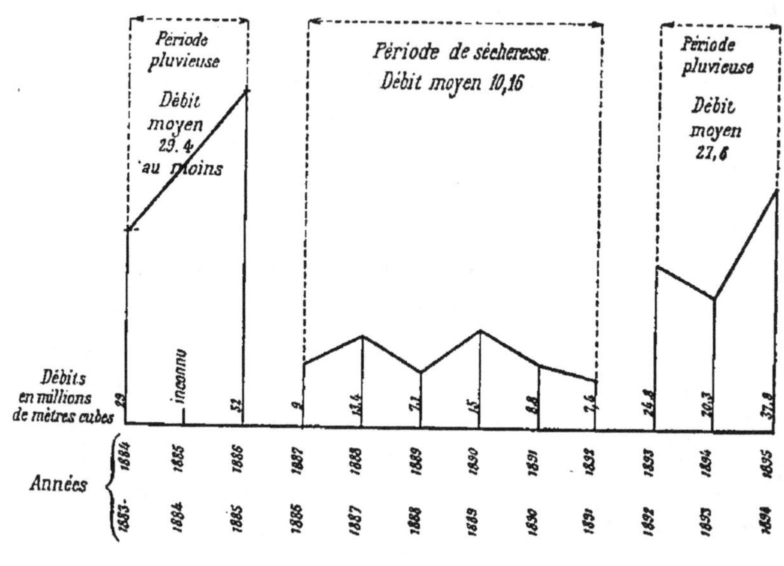

Fig. 229.

Pendant la période de sécheresse le débit du Rummel a varié
de 7.100.000 mètres cubes au minimum à 15.000.000 mètres
cubes par an au maximum, et il a été, en moyenne, de
10.166.666 mètres cubes. Pendant les trois années qui ont
suivi cette moyenne a été de 27.633.333 mètres cubes, et l'on
peut considérer comme certain que, pendant les trois années
qui ont précédé la période sèche, la moyenne a dépassé le
chiffre de 29.400.000 mètres cubes, lequel correspond à l'hypothèse où le débit inconnu de l'année 1884-1885 ne se
serait élevé qu'à 7.100.000 mètres cubes (chiffre le plus faible
constaté pendant la période de sécheresse).

[1] Chaque année commence le 1ᵉʳ octobre ; elle est divisée en
deux périodes égales de six mois dites d'hiver et d'été.

Or la disposition des lieux montre qu'il est possible de créer à l'Oued-Athménia un réservoir d'une capacité de 50 millions de mètres cubes. Reste à savoir si l'on pourrait y emmagasiner une quantité d'eau suffisante pour justifier la construction du barrage.

Remarquons tout d'abord qu'ici on ne se trouve pas dans les mêmes conditions que pour les barrages établis dans des régions à climat tempéré et qui se remplissent entièrement chaque année. En Algérie, vu l'instabilité du régime des pluies, on doit chercher à emmagasiner l'eau non utilisée des années humides pour l'employer ensuite pendant les sécheresses. La question qui se pose est dès lors la suivante : Aurait-on pu recueillir dans le barrage, durant la série d'années pluvieuses qui a précédé la période sèche de 1886-1887 à 1891-1892, une quantité d'eau suffisante pour desservir, pendant cette dernière période, les arrosages et les usines en vue du fonctionnement desquels l'œuvre est projetée, et aurait-on eu en tout temps la possibilité de fournir aux intéressés le volume d'eau qui leur est nécessaire ?

Pour la résoudre, il faut chercher à savoir quel serait, pendant chaque année, d'une part, le volume d'eau retenu dans le réservoir et, d'autre part, le volume consommé. Ce dernier comprend : 1° les pertes par évaporation à la surface ; 2° la quantité d'eau distribuée. Les pertes par évaporation sont à peu près connues ; à l'Oued-Athménia, on a admis que la tranche d'eau évaporée avait une épaisseur de $0^m,85$ en hiver et $1^m,40$ en été, soit au total $2^m,25$ par an ; comme on connaît la surface de la nappe aux divers niveaux, il est facile d'en déduire la quantité totale des pertes.

Quant au volume à distribuer, il est très variable ; il se compose de deux parties, attribuées l'une aux irrigations, et l'autre aux usines. La quantité d'eau d'arrosage nécessaire par hectare est au minimum de $0^{lit},25$ par seconde et peut être portée avantageusement à $0^{lit},36$; la saison des irrigations durant huit mois au maximum et la surface arrosable étant de 2.000 hectares, on en conclut que ce service exigera au maximum 12.000.000 mètres cubes par an. Le volume à réserver aux usines peut être évalué approximativement sur place en recherchant la quantité d'eau qu'il aurait fallu fournir au Rummel, pendant les années de pénurie, pour que ces usines disposent de leur force motrice normale.

Les deux éléments qui composent la consommation d'eau annuelle étant approximativement connus, on peut rechercher comment on aurait pu utiliser l'eau emmagasinée et voir si le service des irrigations et usines aurait été convenablement assuré.

Considérons la période de dix années qui s'est écoulée de 1885-1886 à 1894-1895, et supposons, ce qui est le cas le plus défavorable, qu'au début le réservoir ait été entièrement vide, les quantités d'eau recueillies et dépensées auraient été celles qu'indique le tableau ci-dessous, dans lequel les chiffres sont exprimés en millions de mètres cubes.

NUMÉROS des années	RÉSERVES initiales	DÉBITS retenus	PERTES par évaporation	CUBES UTILISÉS pour le service	RÉSERVES finales
Première période humide					
1	0	52,0	8,8	10,5	32,7
Période sèche					
1	32,7	9,0	7,7	16,0	18.0
2	18,0	13,4	5,2	16,5	9,7
3	9,7	7,1	2,9	12,3	1.6
4	1,6	15,0	3,2	11,1	2,3
5	2,3	8,8	1,7	7,8	1,6
6	1,6	7,4	1,9	7,1	0
Deuxième période humide					
1	0	24,8	3,9	12,3	8,6
2	8,6	20,3	4,3	13,1	11,5
3	11,5	25,1	6,5	15,5	14,6

On voit que le volume total consacré au service se serait élevé au chiffre de 122.200.000 mètres cubes se décomposant comme suit :

1re année...............	10.500.000	mètres cubes
Période de sécheresse...	70.800.000	—
3 dernières années.....	40.900.000	—
Total.........	122.200.000	mètres cubes

et il serait resté à la fin de la période un volume disponible de 14.600.000 mètres cubes.

Avec les chiffres de consommation indiqués au tableau ci-dessus, on aurait assuré le service dans des conditions très convenables, malgré la longue période de sécheresse traversée. Le réservoir n'aurait été complètement vidé qu'à la fin de cette période. On peut en conclure qu'on aura besoin en moyenne de 12.000.000 mètres cubes par an et, pour prévoir le cas d'un retour des années peu pluvieuses, il est utile de profiter des périodes humides pour constituer une réserve de 32 à 33 millions de mètres cubes comme celle dont on disposait au début de la campagne 1886-1887. Par suite, une capacité de 44 à 45 millions de mètres cubes de réservoir est très justifiée. Il est permis, de plus, d'espérer qu'une réserve de cette importance pourra toujours être constituée, vu la grande quantité d'eau qu'on aurait pu emmagasiner pendant la première et les trois dernières années, tout en dotant largement le service.

Quelque peu précises que soient les données que nous possédons relativement à la quantité d'eau qu'on peut espérer recueillir, elles le sont cependant encore plus que celles que possédaient certains ingénieurs américains, qui ont eu à établir des réservoirs dans la région aride des États-Unis dont nous avons déjà parlé. En 1886, on procéda à la construction d'un barrage sur la Sweetwater (Californie), et l'on fixa *a priori* la hauteur du mur à 18^m,30 ; on ne chercha pas d'ailleurs à déterminer la quantité d'eau qu'il serait possible d'emmagasiner au moyen d'une digue de cette hauteur. On « conjectura » que cette quantité était suffisante pour les besoins à desservir, et, comme le montant du projet atteignait à peu près le maximum de ce que la Compagnie concessionnaire de l'ouvrage pouvait dépenser pour son établissement, on se mit immédiatement à l'œuvre.

Mais, en cours d'exécution, on reconnut que, si l'on surélevait le mur de manière à porter sa hauteur à 27^m,40, le volume d'eau susceptible d'être emmagasiné serait porté de 2.227.000 mètres cubes à 10.200.000 mètres cubes. Or le bassin versant, d'une étendue de plus de 48.000 hectares, paraissait évidemment suffisant pour justifier l'espoir que le grand réservoir serait rempli presque chaque année de pluie ordinaire. Comme il y avait le plus grand intérêt à augmenter autant que possible le volume d'eau disponible, on se décida à modifier le projet primitif et, finalement, la digue de 27m,40 de hauteur a été construite[1].

48. Déversoirs. — La variabilité des saisons plus ou moins pluvieuses et des quantités d'eau que donne chaque pluie peut faire affluer à certaines époques, dans un réservoir, une quantité d'eau supérieure à sa capacité.

De plus, on doit prévoir le cas où une crue subite arriverait au moment où le réservoir serait plein. Il est donc indispensable d'accoler au barrage un déversoir de superficie ayant son seuil placé au niveau normal de la retenue et disposé de manière à écouler le trop-plein des crues sans produire d'affouillements au pied du barrage.

a) *Emplacement du déversoir.* — Il est parfois difficile de trouver à proximité du barrage un emplacement convenable pour y établir le déversoir. S'il se rencontre un col dans le voisinage, il est avantageux de placer en ce point le déversoir, à la condition, toutefois, qu'on ne soit pas obligé d'y creuser une tranchée trop profonde, la crête de l'ouvrage devant être nécessairement en contre-bas du couronnement du barrage (*fig.* 230).

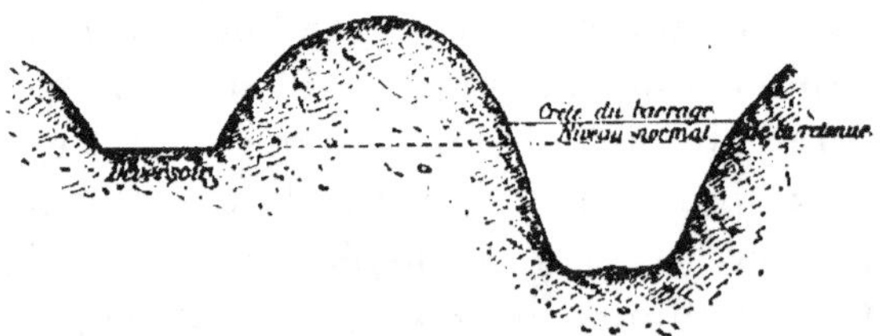

Fig. 230.

On a parfois préconisé un système qui consiste à disposer en déversoir la partie du mur-barrage le long de laquelle il n'existe pas de prise d'eau. On a fait valoir, à l'appui de cette

[1] *The Construction of the Sweetwater dam*, par James SCHUYLER, membre de la Société américaine des Ingénieurs civils.

proposition, d'une part, que la vitesse de la lame déversante était suffisante pour éviter les chocs et frottements du jet parabolique contre le parement d'aval du mur et que, d'autre part, si le sol de fondation est bien résistant et inaffouillable, l'eau déversante emporte seulement les terres, vases ou graviers qui remplissent la gorge à l'aval du mur entre les parois rocheuses. Dans la région affouillée les eaux se substituent aux terres meubles, et il se forme au pied du barrage un matelas d'eau qui amortit les chocs et préserve les parties solides de l'affouillement.

L'Administration supérieure, saisie, lors de la présentation du projet du barrage de l'Oued-Athménia, d'une proposition de ce genre tendant à disposer comme déversoir la crête du barrage sur une longueur de 65 mètres à partir de son enracinement dans la rive droite, n'a pas cru pouvoir y donner son adhésion. Elle a estimé que la chute d'une masse d'eau pouvant atteindre jusqu'à 7 mètres cubes par mètre courant et par seconde, tombant d'une hauteur moyenne de 20 mètres et s'écoulant ensuite avec une pente de $0^m,70$ par mètre jusqu'au fond de la vallée, était de nature à compromettre la sécurité de l'ouvrage. Il lui a paru préférable de prescrire l'établissement, latéralement au réservoir, d'un déversoir de la longueur jugée nécessaire, en l'accompagnant d'un canal de fuite destiné à recueillir les eaux de crues et à les rejeter à la rivière, à l'aval du barrage, par cascades successives, creusées dans le rocher, et en établissant sur le couronnement du barrage un mur de garde d'une hauteur suffisante pour ne pas être débordé. Le canal à ouvrir à la suite du déversoir doit être dirigé de façon à ne pas compromettre la solidité de l'enracinement du barrage.

b) *Longueur du déversoir.* — La longueur à donner aux déversoirs serait facile à établir, si l'on connaissait le maximum du volume à écouler par seconde ; il suffirait de détermi-

ner la valeur de L dans la formule connue : $Q = 1,77 \times L \times h^{\frac{3}{2}}$, dans laquelle Q désigne le débit, et h la hauteur de la lame déversante, qui doit être au plus égale à la différence des niveaux des crêtes du barrage et du déversoir. Malheureusement, quelque large que soit l'évaluation du débit, il est bien difficile de pouvoir être assuré que la lame déversante ne dépassera pas l'épaisseur qu'on aurait voulu lui assigner. Dans presque toutes les catastrophes de barrages, surtout en Algérie, on aperçoit, comme une des causes principales, l'arrivée de crues qui dépassent énormément les prévisions et pour lesquelles le déversoir est insuffisant. C'est ainsi qu'au barrage de l'Habra on avait calculé le déversoir en vue d'un débit de 480 mètres cubes par seconde ; l'ouvrage fut endommagé, en 1872, par une crue donnant au moins 700 mètres cubes. Reconstruit pour pouvoir écouler ce dernier volume, l'ouvrage entier fut emporté, en 1881, par une autre crue pendant laquelle le déversoir a dû débiter au moins 1.400 mètres cubes. L'eau devait s'élever à $1^m,60$ au-dessus du déversoir, qui avait 125 mètres de longueur. Elle l'a surmonté en réalité de $3^m,60$ et, dans ces conditions, la pression à la section de rupture, à $13^m,60$ en contre-bas de la plate-forme, a dépassé les prévisions de 31 0/0.

Si cependant l'on connaît approximativement l'importance et la durée des plus grandes crues, on peut déterminer la longueur du déversoir en s'inspirant des considérations suivantes, extraites d'une étude émanant de la Commission de l'Hydraulique agricole, relative au projet de barrage de l'Oued-Athménia.

On peut tout d'abord se rendre compte, comme il suit, de la surélévation produite par une crue déterminée.

Soient A le débit *moyen* de cette crue par seconde, et T sa durée, le volume total qu'elle débitera sera égal à AT.

Une partie de ce volume s'écoulera par le déversoir ; le surplus s'emmagasinera dans le réservoir dont il relèvera le niveau, et si l'on appelle H la surélévation produite, V la capacité correspondante qui est fonction de H, et q le débit moyen du déversoir pendant le temps T, on aura :

$$(1) \qquad AT - qT = V.$$

Le débit Q du déversoir sous la hauteur H est donné, pour une longueur déterminée L, par l'expression connue :

$$(2) \qquad Q = KH^{\frac{3}{2}}L.$$

On peut admettre, avec une approximation suffisante que q est égal aux $\frac{2}{5}$ Q [1] ; si l'on pose :

$$q = 0,40 Q,$$

l'expression (1) devient :

$$(3) \qquad AT - 0,40\ QT = V.$$

Si l'on remplace dans cette dernière expression Q et V par leurs valeurs en fonction de H, on formera une équation qui ne renfermera plus que cette inconnue H et qui permettra de la calculer.

L'équation sera du 3e ou du 4° degré, suivant que V sera une fonction de H du 1er ou du 2e degré. Si l'on ne veut pas la résoudre, on pourra procéder par tâtonnements, en calculant le débit total de la crue du débit moyen A et de la durée T qu'on aura à considérer, puis le débit total du déversoir pendant le temps T pour diverses hauteurs H et comparant le volume à emmagasiner pour chacune de ces hauteurs à la capacité correspondante du réservoir. On aura ensuite à

[1] Cette proportion serait rigoureusement exacte, si le niveau de l'eau s'élevait régulièrement dans le réservoir d'une manière uniforme.

On aurait, en effet, dans ce cas, en appelant h la hauteur de l'eau au bout d'un temps t,

$$t = \frac{T}{H}\ h, \qquad \text{d'où} \qquad dt = \frac{T}{H}\ dh,$$

et le volume total débité par le déversoir pendant le temps T serait :

$$\int_0^H K h^{\frac{3}{2}} L\, dt = \int_0^H K h^{\frac{3}{2}} L\ \frac{T}{H}\ dh = K\ \frac{L}{H} \int_0^H h^{\frac{3}{2}} dh$$

$$= K\ \frac{L}{H} \cdot \frac{H^{\frac{5}{2}}}{\frac{5}{2}} = \frac{2}{5}\ K H^{\frac{3}{2}} L ;$$

d'où :

$$q = \frac{2}{5}\ Q.$$

examiner s'il reste une revanche suffisante pour tenir compte de l'action des vagues.

On a recherché ce qui se produirait, au barrage de l'Oued-Athménia, avec un déversoir de 150 mètres de longueur ; voici le procédé employé et les résultats obtenus.

Pour calculer le débit Q de ce déversoir, on a appliqué la formule (2), dans laquelle on a posé L = 150 mètres et K = 1,80, coefficient qui doit être considéré comme un minimum pour un déversoir d'aussi grandes dimensions. On a ainsi :

$$Q = 270 H^{\frac{3}{2}},$$

et par suite :

$$q = 0,40 Q = 108 H^{\frac{3}{2}}.$$

Quant à la capacité V du réservoir aux diverses hauteurs, elle a été mesurée sur place, et l'on a obtenu les résultats suivants :

40.000.000 mètres cubes pour la cote 719		
50.000.000	—	721 (retenue normale)
64.000.000	—	723
72.200.000	—	724 (niveau de la plate-forme, en arrière du parapet)
76.500.000	—	724,50

La capacité correspondant à un abaissement de 2 mètres par rapport au niveau normal de la retenue est donc de 10.000.000 mètres cubes. Les capacités correspondant aux surélévations de 2 mètres, 3 mètres et 3^m,50 par rapport à ce niveau normal sont de 14.000.000 mètres cubes, 22.200.000 mètres cubes et 26.500.000 mètres cubes.

En partant de ces données, on a tracé la courbe des capacités (*fig.* 231), ce qui permet de déterminer celles correspondant aux surélévations intermédiaires.

Les plus fortes crues observées jusqu'à présent ont été des crues ayant un débit maximum de 700 mètres cubes, un débit moyen de 500 mètres cubes et une durée de sept heures.

En procédant par tâtonnements, on a trouvé qu'une crue

d'un débit moyen de 500 mètres cubes et d'une durée de sept heures produirait un relèvement de 1^m,30.

Cette crue débitera, en effet, en totalité :

$$500^{mc} \times 25.200^{s} = 12.600.000 \text{ mètres cubes}$$

et, pendant les sept heures qu'elle durera, le déversoir écoulera :

$$108 \times \overline{1,30}^{\frac{3}{2}} \times 25.200 = 3.805.200 \text{ mètres cubes,}$$

en sorte que le volume à emmagasiner sera de 8.794.800 mètres cubes, chiffre très sensiblement égal à la capacité du réservoir correspondant à une surélévation de 1^m,30 (8.800.000 mètres cubes):

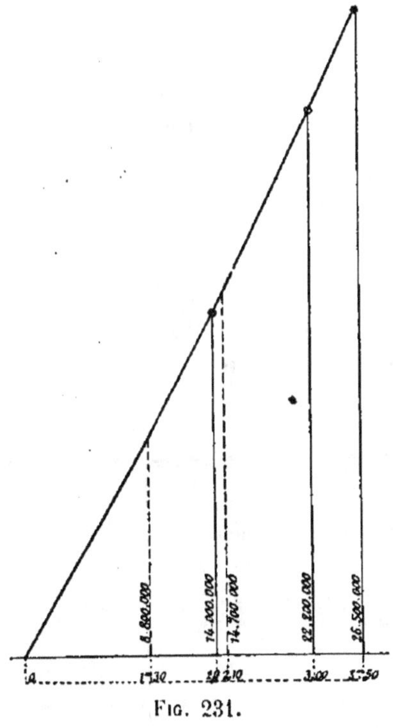

Fig. 231.

Mais, à cause de la nature du régime de l'Oued-Athménia, on a cru prudent de prévoir le cas où il viendrait à se produire une crue extraordinaire, bien supérieure à celles qu'on a eu l'occasion d'observer.

On a admis qu'il pourrait y avoir une crue extraordinaire d'un débit maximum de 1.500 mètres cubes. Quant à son débit moyen, il serait, conformément aux observations faites dans la région, des 5/7 du maximum, soit de 1.072 mètres cubes en nombre rond,

et sa durée serait, comme dans le cas précédent, de sept heures.

Dans ces conditions le volume d'eau total débité serait de :

$$1.072 \times 25.200 = 27.014.400 \text{ mètres cubes,}$$

et pendant les sept heures de crue le déversoir écoulerait :

$$108 \times 2,10^{\frac{3}{2}} \times 25.200 = 12.423.100 \text{ mètres cubes,}$$

en sorte que le volume à emmagasiner serait de 14.591.300 mètres cubes, chiffre un peu inférieur à la capacité correspondant à la surélévation de $2^m,10$ (14.700.000 mètres cubes).

Il a paru intéressant de rechercher, en outre, la durée que devraient avoir les crues ordinaires et extraordinaires pour produire un relèvement tel que le débit du déversoir fût égal à leur débit moyen. On a, dans ce but, déterminé la capacité du réservoir pour diverses hauteurs H ; on a calculé le débit Q du déversoir pour ces diverses hauteurs, et on a déterminé le temps qu'une crue d'un débit moyen égal à Q mettrait à remplir les capacités correspondantes, au moyen de la formule (3) qui devient, dans ce cas, pour A = Q :

$$T = \frac{V}{0,60} Q.$$

On a formé ainsi le tableau ci-après dont la dernière colonne indique le débit maximum probable d'une crue d'un débit moyen Q, en admettant, comme ci-dessus, que ce débit maximum est égal à 7/5 Q.

HAUTEUR de l'eau au-dessus du seuil du déversoir H	CAPACITÉ correspondante du déversoir V	DÉBIT d'un déversoir de 150 mètres de longueur Q	DURÉE de remplissage par une crue d'un débit moyen égal à Q T	MAXIMUM de cette crue 7/5 Q
	mètres cubes	mètres cubes		mètres cubes
$1^m,50$	10.200.000	496	9^h 31′ 14″	694
1 .75	12.100.000	625	8 57 46	875
2 ,00	14.000 000	763	8 29 41	1.068
2 ,25	16.000.000	911	8 7 52	1.275
2 ,50	18.000 000	1.067	7 48 36	1.494
2 ,75	20.000.000	1.231	7 31 18	1.723
3 ,00	22.200.000	1.402	7 19 51	1.962

Ce tableau montre qu'une crue ordinaire d'un débit maximum de 700 mètres cubes devrait durer plus de neuf heures et demie pour produire un relèvement de 1ᵐ,50. La crue extraordinaire d'un débit maximum de 1.500 mètres cubes devrait durer plus de sept heures 3/4 pour produire un relèvement de 2ᵐ,50. Enfin, pour que les eaux puissent se relever de 3 mètres et atteindre le niveau de la plate-forme, il faudrait une crue d'un débit maximum de 1.960 mètres cubes et d'une durée de plus de sept heures un quart.

Or il est fort peu probable que les crues du Rummel aient des durées aussi longues que celles qui figurent au tableau ci-dessus, et l'on peut admettre que le relèvement produit par ces crues ne dépassera pas les chiffres indiqués audit tableau.

En résumé, le relèvement produit par les crues extraordinaires d'un débit maximum de 700 mètres cubes sera vraisemblablement de 1ᵐ,30 et ne paraît pas devoir dépasser le chiffre de 1ᵐ,50. Le relèvement produit par les crues extraordinaires d'un débit maximum de 1.500 mètres cubes sera vraisemblablement de 2ᵐ,10 et ne paraît pas devoir dépasser le chiffre de 2ᵐ,50.

Comme, même avec un surélèvement pareil, la revanche de la plate-forme sur le plan d'eau est plus que suffisante pour tenir compte de l'action des vagues dont les plus fortes ne font qu'une saillie de 1ᵐ,50 environ par rapport au plan d'eau moyen, on en a conclu que la longueur de 150 mètres pour le déversoir était admissible.

Pour terminer ce qui concerne les déversoirs, nous allons donner la description de quelques-uns d'entre eux.

c) Déversoir du barrage du Hamiz (fig. 232, 233, 234). — Il est creusé dans le rocher formant le revers de rive droite du barrage; sa longueur est de 65ᵐ,45, et il fait avec le prolongement du mur de retraite du barrage qui forme le bajoyer de rive gauche du canal, un angle de 153° environ. Son seuil est dérasé à la cote (164,00), soit à 3 mètres en contre-bas du niveau supérieur des parapets du barrage. Avec ces dimensions, l'ouvrage peut débiter un volume maximum par

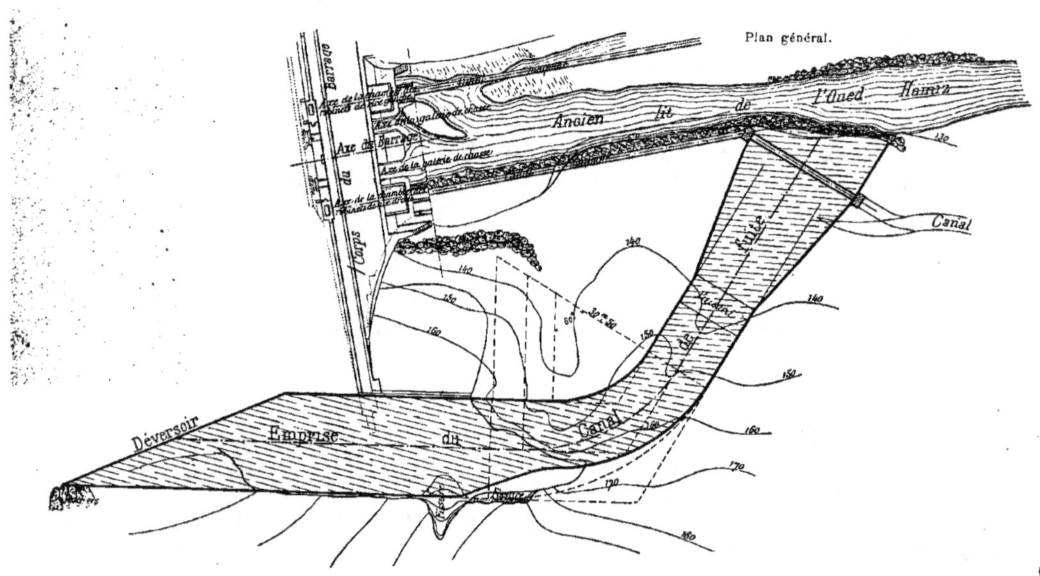

FIG. 232. — Déversoir et canal de fuite du barrage du Hamiz.

seconde de :

$$0,925 \times 1,77 \times 65,45 \times 3^{\frac{3}{2}} = 555 \text{ mètres cubes.}$$

Si l'on suppose le réservoir plein jusqu'au niveau du seuil

Profil en long suivant l'axe du canal.

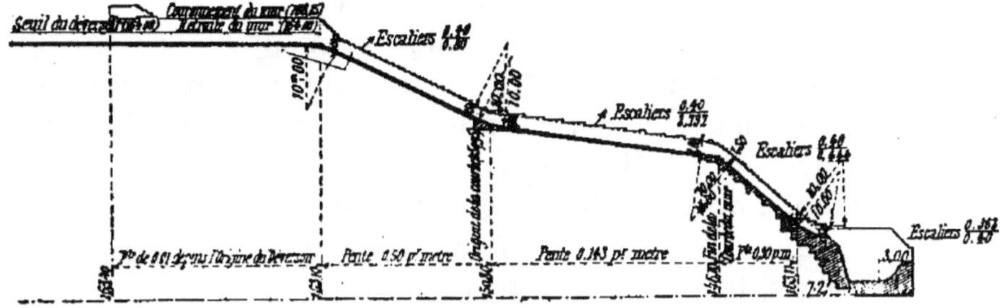

Fig. 233. — Canal de fuite du barrage du Hamiz.

du déversoir et qu'il survienne une crue de la rivière, une
partie des eaux s'emmagasinera dans le réservoir, et l'autre

Extrémité aval.

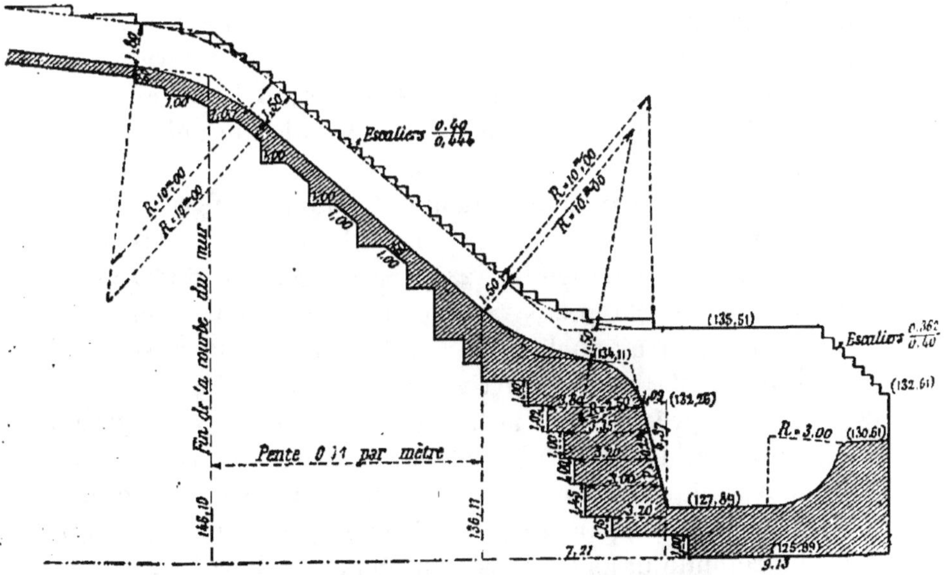

Fig. 234. — Canal de fuite du barrage du Hamiz.

s'écoulera par-dessus le déversoir ; cet écoulement, d'abord
très faible, ira en augmentant successivement. Si le débit par

seconde de la rivière reste inférieur au débit dont est capable le déversoir pour une tranche déversante d'eau inférieure ou égale à 3 mètres, il arrivera un moment où le régime s'établira de telle façon que le déversoir débitera juste la totalité des eaux de la rivière et, quelle que soit la durée de la crue, le barrage ne sera jamais surmonté.

Mais si, au contraire, le débit de la crue est supérieur au chiffre de 555 mètres cubes, le déversement sur la crête du barrage aura lieu si la durée de la crue est supérieure au temps nécessaire pour que l'eau dans le réservoir s'élève de 3 mètres au-dessus du seuil du déversoir.

Au Hamiz, on a constaté qu'il faudrait plus de trois heures de crue pour que ce résultat fût atteint, et jamais, par les plus fortes crues, le torrent n'a débité un semblable volume pendant ce laps de temps. D'un autre côté, les pluies règnent généralement, dans la région, pendant la période qui s'étend entre les mois d'octobre et de mai, tandis que les quatre ou cinq mois compris entre juin et octobre sont entièrement secs. Il en résulte qu'à l'époque où les pluies exceptionnelles se produisent le réservoir est vide, de sorte qu'elles ont à leur disposition une très vaste capacité pour s'emmagasiner. Par suite, il y a peu de craintes à avoir touchant le déversement possible des eaux par-dessus le barrage, et le déversoir tel qu'il a été établi paraît bien remplir le rôle auquel il est destiné.

L'eau débitée par ce déversoir est ramenée au ruisseau par un canal qui débouche dans l'Oued-Hamiz à 134 mètres environ du pied du barrage (*fig.* 232). Sa largeur est de 30 mètres en tête et de 20 mètres sur le reste de son parcours, sauf à l'extrémité aval où l'on élargit de nouveau la cuvette afin de diminuer la vitesse d'arrivée de l'eau dans la rivière. Son profil est représenté par la figure 233. La pente à l'origine du déversoir est de $0^m,01$; elle est nécessaire pour assurer l'enlèvement rapide des eaux à leur sortie du réservoir; elle est d'ailleurs limitée par la nécessité de ne pas creuser une tranchée profonde dans le massif qui épaule le barrage. Au-delà, la largeur réduite exige une pente plus forte qui permet, en outre, de diminuer la chute terminale; enfin le puisard maçonné qui fait suite à la partie en pente de $0^m,90$ par mètre a pour objet d'emmagasiner un matelas d'eau destiné à amortir le choc de la lame déversante. Des dispositions spéciales ont dû être prises pour assurer la traversée du canal de fuite par l'aqueduc de distribution des eaux du barrage.

Le déversoir est solidement assis sur le rocher apparent à l'extrémité opposée au barrage; il est garni d'un revêtement en maçonnerie de 0m,30 avec chaux du Teil, recouvert d'un enduit en ciment de 0m,02. Quant au canal à la suite, son radier et ses bajoyers, sur 2 mètres de hauteur, ont été maçonnés avec soin au mortier de chaux hydraulique du Teil, puis ces maçonneries ont reçu également un enduit au mortier de ciment de 0m,02 d'épaisseur. Aux changements de pente et dans toutes les parties soumises au choc de l'eau, on a donné à la cuvette une surépaisseur, ainsi que le montre le profil. Toutes ces mesures ont dû être prises pour empêcher l'affouillement de la roche effritable qui forme le fond de ces ouvrages.

Enfin on a dû défendre par un cordon d'enrochements les berges de l'Oued-Hamiz sur la rive droite, en face du point où débouche le canal de fuite; quant aux enrochements de la rive gauche, ils sont destinés à défendre contre les eaux de l'Oued les maçonneries de l'aqueduc de traversée du canal de distribution par-dessus l'ouvrage de fuite.

d) *Déversoir du barrage de l'Habra (fig. 235, 236, 237)*. — Le déversoir du barrage de l'Habra, lequel a résisté à la crue qui a emporté ce barrage, remplaçait lui-même un autre déversoir enlevé par une crue, en 1872. L'ouvrage actuel comporte en amont un mur plein en maçonnerie dit mur *de rive* et en aval un autre mur dit *de garde*, réuni au premier par un glacis (*fig.* 237). Sa longueur est de 125 mètres. L'ouvrage repose sur un rocher de fondation assez peu compact pour qu'on ait regardé comme imprudent de laisser la nappe déversante se déverser en cataracte sur le rocher; on a adopté un profil (*fig.* 238) qui force la nappe liquide à épouser la surface du mur et à sortir horizontalement en suivant une doucine, de manière à éviter les affouillements.

Le mur du déversoir est entièrement construit en maçonnerie
ordinaire avec chaux hydraulique. Quant au canal de décharge,
il a été creusé au niveau du
rocher par la crue qui a emporté
le premier déversoir. On l'a conservé en le limitant du côté du
barrage par une digue en terre
revêtue d'un perré en maçonnerie hydraulique solidement fondé
sur le rocher. Le perré du canal
de décharge a une longueur de
240 mètres; la digue en terre se
termine à la rencontre du lit naturel de l'Habra par un musoir
perreyé.

Pour assurer en tout temps au
gardien du barrage l'accès des
ouvrages de régulation, on a dû
établir par-dessus le déversoir
une passerelle métallique formée
d'un plancher de 0ᵐ,90 de largeur libre et d'un garde-corps en
fers ronds placé du côté du réservoir. Des fermettes à **T**, distantes de 3 mètres l'une de
l'autre, supportent le plancher
au moyen de deux longrines
double **T**. Ces fermettes sont
munies de traverses longitudinales destinées à supporter des
aiguilles de 1ᵐ,20 de hauteur,
formées de planches de 0ᵐ,04
d'épaisseur. La moitié seulement
de la passerelle est pourvue de
ces sortes d'aiguilles qui peuvent
être relevées au moyen d'une
gaffe s'engageant dans un cro-

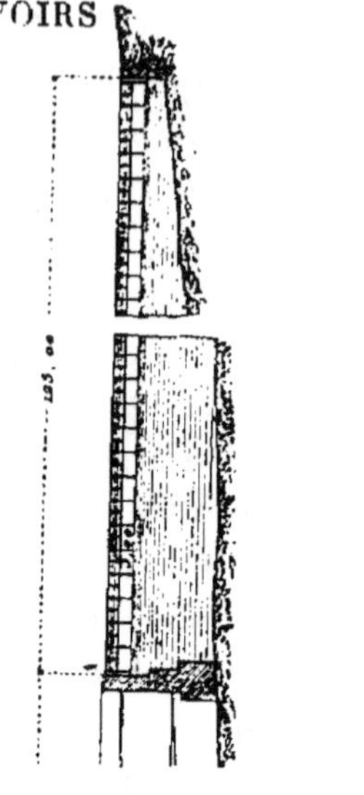

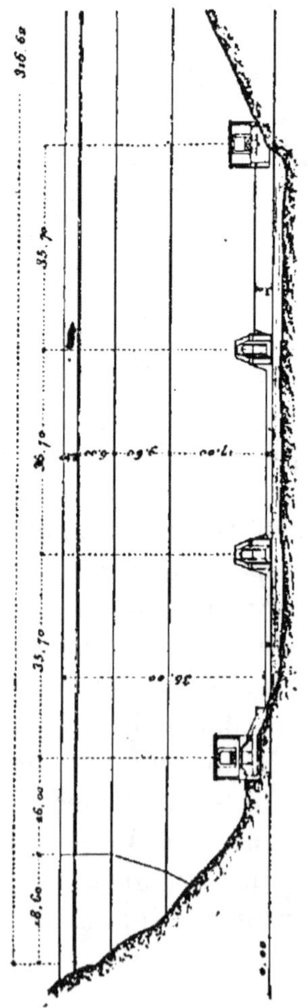

Fig. 235. — Elévation aval du barrage-réservoir de l'Habra et du déversoir.

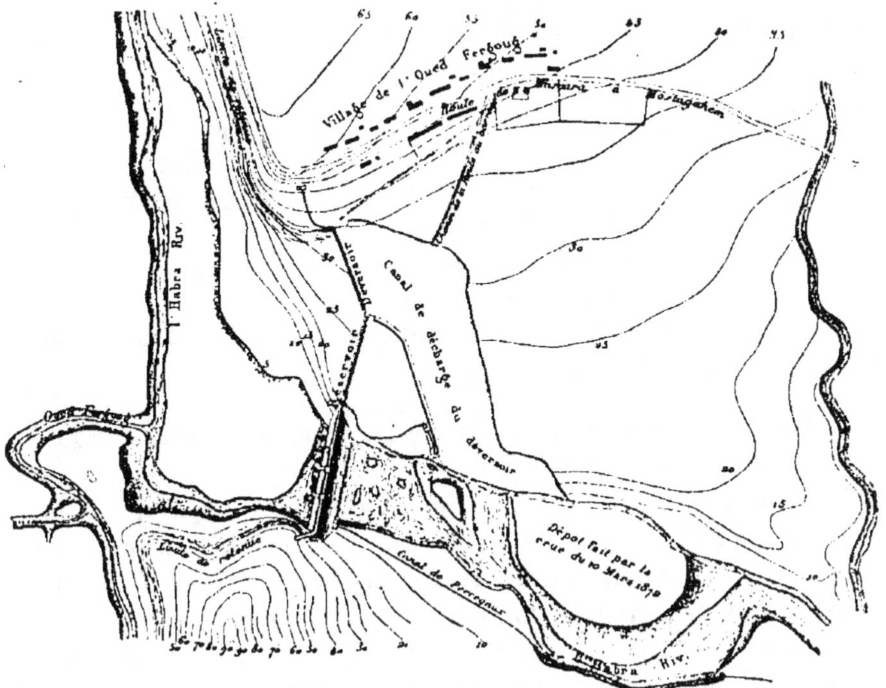

Fig. 236. — Plan général du barrage-réservoir de l'Habra.

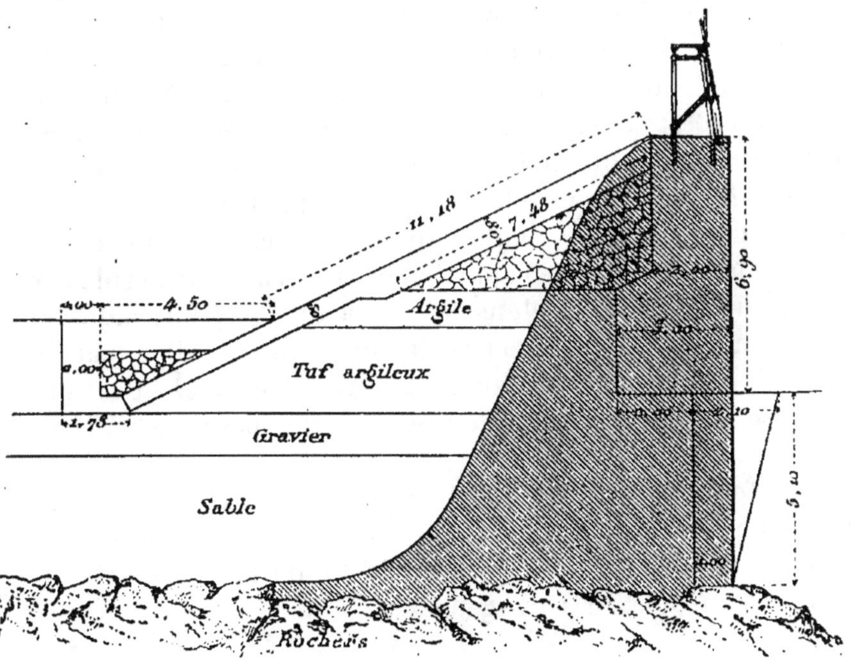

Fig. 237. — Déversoir du barrage-réservoir de l'Habra.

chet dont elles sont munies à la partie supérieure. L'autre
moitié du déversoir peut être fer-
mée partiellement au moyen de
petites vannes de 0m,65 de hauteur
et 0m,75 de largeur glissant dans
des coulisseaux et manœuvrées par
une tige en fer qui s'élève jusqu'au
milieu de la passerelle. Ces appa-

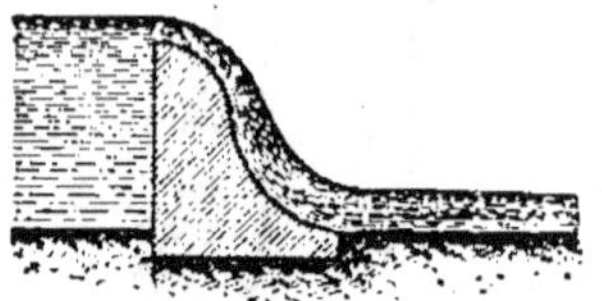

Fig. 238.

reils permettent d'augmenter, dans une certaine mesure, la
capacité du réservoir [1].

e) *Déversoir du barrage de la Sweetwater*. — Jusqu'ici nous
n'avons mentionné que des ouvrages établis en France; nous
allons donner maintenant la description du déversoir d'un
barrage américain déjà mentionné, et sur la description
duquel nous aurons d'ailleurs l'occasion de revenir, celui
construit sur la rivière de la Sweetwater (Californie) qui fournit
l'eau d'alimentation de la ville de National-City et sert, de
plus, à l'irrigation d'une superficie de 8.000 hectares de terres.

Le déversoir a été calculé de manière à éviter comme
d'habitude que l'eau ne surmonte la digue, s'il arrive une
crue lorsque le réservoir est plein. Cet ouvrage est accolé
vers le sud au barrage de retenue (pl. X, XI et XII,
page 245 *bis*) et consiste en un orifice de 12m,20 de longueur
sur 1m,50 de hauteur, divisé en sept compartiments au moyen
de piles en maçonnerie placées normalement à la portion de
mur auquel le déversoir fait suite. Les espaces libres peuvent
être fermés entièrement ou partiellement au moyen de rideaux
de planches, enclavées dans la face aval des piles, laquelle
fait un angle de 35° sur la verticale. L'eau débitée par le
déversoir est recueillie dans une sorte de rigole de fuite
comprise entre deux murs en maçonnerie parallèles à l'axe
du ruisseau.

Le plafond du canal de fuite se compose d'une série de
chutes de 0m,90 de hauteur dans laquelle l'eau tombe sous
forme de cascades pour rejoindre le lit de la Sweetwater à
15 mètres au-delà du barrage.

[1] *Annales des Ponts et Chaussées*, 1875, 1er semestre.

Le débit du déversoir, quand toutes les planches sont enlevées, est de 96 mètres cubes environ par seconde. De plus, en ouvrant les appareils de vidange dont nous donnerons ultérieurement la description (pl. XI, *fig.* 2 à 5), on peut écouler encore un volume égal par la partie inférieure de la digue. Ceci permettrait l'évacuation d'une quantité d'eau qui représente le double du débit de la plus grande crue observée.

On ne met les poutrelles en place que vers la fin du printemps, qui est l'époque de la saison des pluies, pour retenir dans le réservoir les dernières eaux zénithales, et les utiliser pendant l'été et l'automne.

49. Des appareils de prise d'eau. — Les appareils de prise des barrages-réservoirs, ceux d'Algérie principalement sont, en général, établis sur le modèle des appareils similaires des barrages espagnols. Ils comprennent un ou plusieurs puits dont la paroi, du côté de la retenue, est percée de barbacanes (*fig.* 239), de telle sorte que l'eau puisse pénétrer dans l'aqueduc de prise, quelle que soit la hauteur des vases déposées dans le réservoir, sans les entraîner. Au fond des puits sont disposées une ou plusieurs galeries fermées par des ventelles portant une crémaillère dentée. Des roues d'engrenage que l'on manœuvre de la partie supérieure permettent de régler la quantité d'eau à introduire dans les canaux de distribution.

Au barrage du Hamiz (*fig.* 232 et 239), il existe sur chaque rive du ruisseau alimentaire une prise formée de tuyaux en fonte de 0^m,80 de diamètre intérieur. Chaque galerie de prise d'eau est desservie par vingt-deux rangs de barbacanes, à raison de trois barbacanes par rang. Le premier rang est creusé dans la pierre de taille ; les autres sont formés de tuyaux en fonte de 0^m,20 de diamètre noyés dans la maçonnerie. Les rangs de barbacanes sont distants les uns des autres de 1^m,30 d'axe en axe. Les puits qui mettent en communication ces dernières avec les galeries de prise d'eau sont à parements intérieurs verticaux ; ils sont percés à travers un avant-corps qui règne sur la longueur de 35 mètres correspondant aux galeries de prise d'eau et à celles de vidange et qui est en saillie de 2 mètres sur le parement courant d'amont du barrage. En plan, chacun de ces puits affecte la forme d'un rectangle de 3 mètres de longueur sur 1 mètre de largeur. Quant aux chambres de prise d'eau, ce sont de petites constructions placées en relief sur le parement aval du barrage.

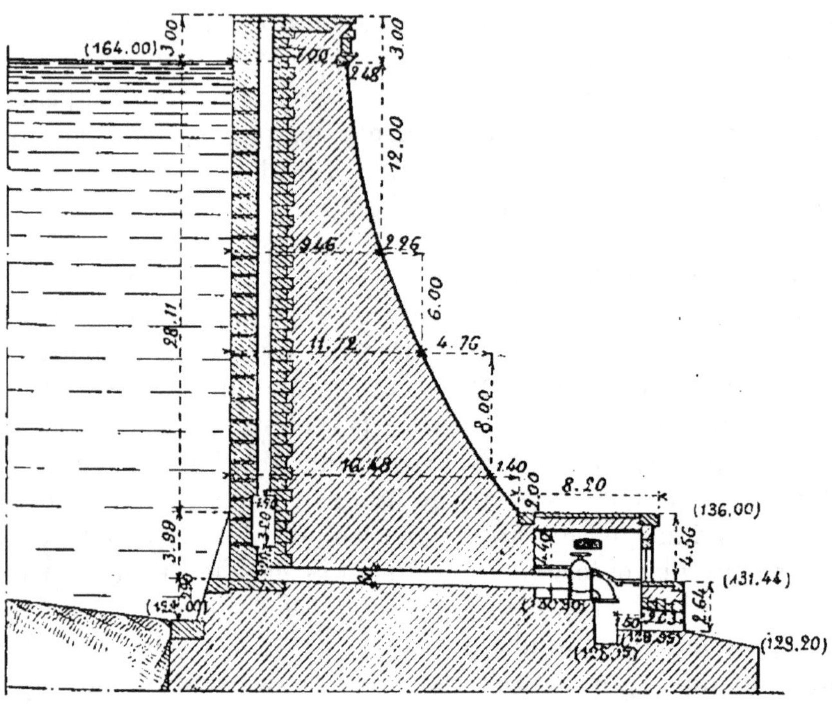

Fig. 239. — Prise d'eau du barrage du Hamiz.

Les orifices par lesquels les eaux du réservoir pénètrent dans les puits sont trop petits pour que les corps flottants puissent s'y engager et venir obstruer les robinets de vidange; de plus, quelle que soit la hauteur des vases accumulées au fond du réservoir et quelles que soient les obstructions partielles dont puissent avoir à souffrir une ou plusieurs barbacanes, il en reste toujours assez dans la partie supérieure pour que l'eau s'introduise dans le puits en quantité suffisante.

Chaque puits est continué dans sa partie inférieure par deux tuyaux en fonte de 0^m,80 de diamètre intérieur, scellés dans la maçonnerie du barrage et pénétrant dans la chambre de manœuvre où ils se terminent par deux robinets de vidange.

Le fond du puits est divisé en deux parties au moyen

d'une cloison placée à une hauteur de $2^m,29$ au-dessus du radier, sur laquelle reposent deux plaques horizontales car-

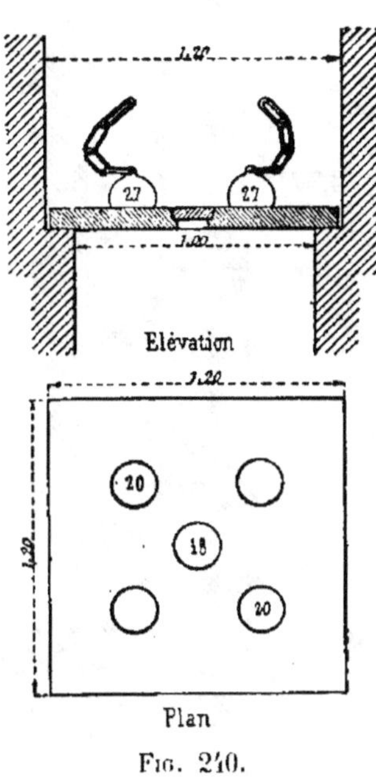

Élévation

Plan

Fig. 240.

rées de $0^m,08$ d'épaisseur et de $1^m,20$ de côté, percées chacune de cinq trous, par lesquels, en temps ordinaire, les eaux passent des puits dans la conduite horizontale. On peut boucher ces trous, si l'on veut interrompre l'écoulement, par des boulets en fonte d'un diamètre un peu supérieur à l'ouverture des trous de la plaque et retenu par des chaînes à l'aide d'un anneau noyé dans la fonte. Ces boulets sont jetés du haut du puits et, entraînés par le cou-rant, ils viennent fermer herméti-quement les plaques. Quatre de ces boulets ont des diamètres de $0^m,27$ chacun et bouchent des orifices de $0^m,20$; le trou du milieu bouche un orifice de $0^m,18$ (*fig.* 240). Ce petit boulet s'ouvre avant les autres et facilite par là même l'ou-verture des autres orifices.

Au moyen de cet appareil, on peut arrêter tout écoule-ment de l'eau en cas de dérangement dans les robinets, et procéder aux réparations nécessaires. Pour rétablir l'écoule-ment d'eau, il suffit de soulever les boulets au moyen d'un petit treuil mobile qu'on place au-dessus du puits.

Il est facile de s'assurer que, avec les dispositions dont nous venons de donner la description, il sera toujours pos-sible de fournir aux canaux de distribution la quantité d'eau qui leur est attribuée. Au Hamiz, on dispose d'un cube de 14.295.000 mètres cubes, ce qui, pour une période d'arro-sage de cent cinquante jours, représente un débit continu de 1.100 litres par seconde ; bien que les deux prises doivent fonctionner simultanément, il peut arriver que l'une d'elles soit hors de service pendant quelques jours, il est alors néces-saire que chacune puisse fournir la totalité du volume d'eau nécessaire.

Le débit des barbacanes est donné par la formule connue :

$$Q = m\omega \sqrt{2gh},$$

dans laquelle h représente la charge, ω la section de l'orifice, et m un coefficient de contraction $= 0^m,60$.

Supposons le plan d'eau dans le réservoir à diverses hauteurs telles que l'eau s'écoule d'abord sous une charge de $0^m,20$ par le rang inférieur de barbacanes dont l'axe est à la cote (135,19) (*fig.* 241), par deux rangs, trois rangs... Les quantités d'eau fournies sont données par le tableau ci-dessous.

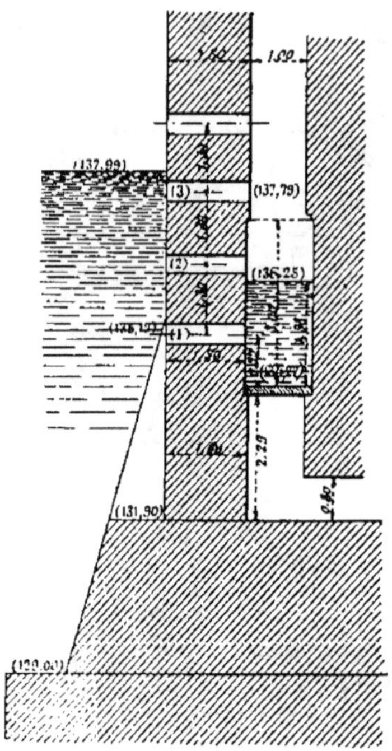

Fig. 241.

NUMÉROS DES RANGS de barbacanes	VALEURS de la charge (h)	DÉBITS PARTIELS	DÉBITS CUMULÉS
		litres	litres
1	$0^m,20$	189	189
2	1 ,50	518	707
3	2 ,80	708	1.415
4	4 ,10	857	2.272
5	5 ,40	984	3.256

On voit que le débit de 1.100 litres sera assuré quand les trois derniers rangs de barbacanes pourront déverser leur eau dans le puits. Si des dépôts de vase sont accumulés au fond du réservoir, le même résultat sera obtenu, à la condition qu'au-dessus de ces dépôts il existe une tranche d'eau de $2^m,80$ d'épaisseur.

Il est intéressant de vérifier si les trous à boulets pourront débiter le même volume de 1.100 litres. On voit (*fig.* 241) que le dessus des plaques à boulets se trouve à $0^m,92$ de l'axe du dernier rang des barbacanes. Or les deux plaques étant percées chacune de quatre trous de $0^m,20$ de diamètre, et d'un trou de $0^m,18$, la surface totale des orifices est de $0^m,302$. Le débit étant donné par la formule ci-dessus dans laquelle on doit faire Q $=$ 1.100 litres, $m = 0,60$, et $\omega = 0,302$, la valeur x de la charge nécessaire pour assurer un volume par seconde de 1.100 litres s'obtient en résolvant l'équation :

$$1.100 = 0,60 \times 0,302 \times \sqrt{2g \times x}$$

qui donne :

$$x = \frac{\overline{1,1}^2}{\overline{0,6}^2 \times \overline{0,302}^2 \times 2g} = 1,98.$$

Si l'eau, tout en restant dans le réservoir à la cote (137,99), s'élève dans le puits à la cote (134,27 $+$ 1,98 $=$ 136,25), la charge d'écoulement à travers les barbacanes n'est plus que de $1^m,74$ au lieu de $2^m,80$, et le débit total des trois derniers rangs est ramené de 1.415 litres à 1.266 litres. Cette quantité est donc encore suffisante, puisque la quantité utilisée n'est que de 1.100 litres.

Si l'on a lieu de croire que les dépôts de vase au fond du réservoir seront peu importants, il est inutile de monter le massif percé d'orifices jusqu'au couronnement du mur. Au barrage de l'Habra (*fig.* 242), les tuyaux de prise débouchent dans un puits vertical de $3^m,10$ de longueur sur 1 mètre de largeur et 5 mètres de hauteur, alimenté lui-même par deux aqueducs de $1^m,20$ sous clef placés au niveau du seuil des tuyaux et par cinq rangs horizontaux, composés chacun de deux barbacanes de $0^m,25$ de hauteur sur $0^m,10$ de largeur.

Au barrage de la Mouche, qui sert à emmagasiner de l'eau, pour alimenter une partie du canal de navigation de la Marne à la Saône (Haute-Marne), et auquel on peut emprunter des dispositions utiles pour les prises d'eau des barrages d'irrigation, les ouvrages de prise sont au nombre de deux.

L'un alimente le bief d'une usine située en aval de la retenue, et l'autre donne passage à l'eau destinée au canal, laquelle est véhiculée par la rivière de la Mouche [1].

Ces ouvrages de prise ne diffèrent l'un de l'autre que par leur hauteur et consistent tous deux en une demi-tour accolée au parement amont du mur de réservoir; cette demi-tour, appliquée par son plan diamétral sur le mur du réservoir,

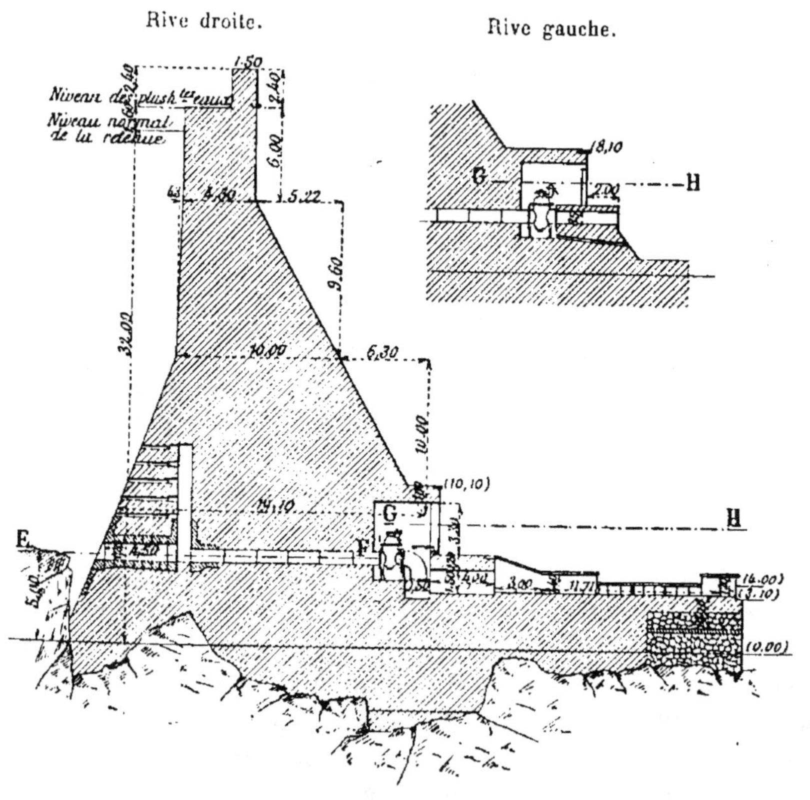

Fig. 242. — Barrage de l'Habra. — Appareils de prise d'eau.

présente la forme d'un demi-prisme décagonal régulier de 3^m,15 d'apothème, évidé par un demi-cylindre de 1^m,15 de rayon (*fig.* 243 à 248). L'issue des eaux y est doublement gardée : une première série d'orifices, échelonnés en divers

---

[1] Ces renseignements sont extraits d'un rapport présenté au V° Congrès de Navigation intérieure, par M. Cadart, ingénieur en chef des Ponts et Chaussées.

points de la hauteur du parement extérieur de la demi-tour,

Barrage-réservoir de la Mouche.

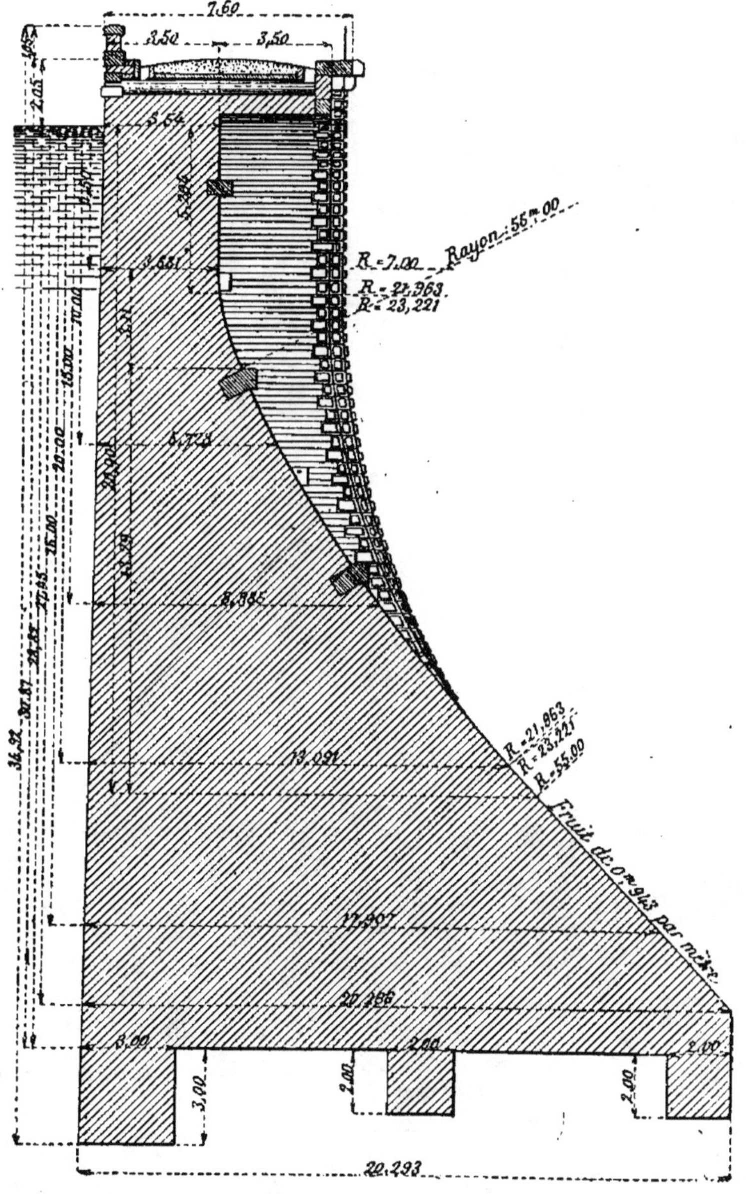

Fig. 243. — Profil de la digue.

permet aux eaux du réservoir l'accès du puits demi-cylindrique intérieur à la tour, lorsque les vannes qui les ferment sont

Barrage-réservoir de la Mouche.

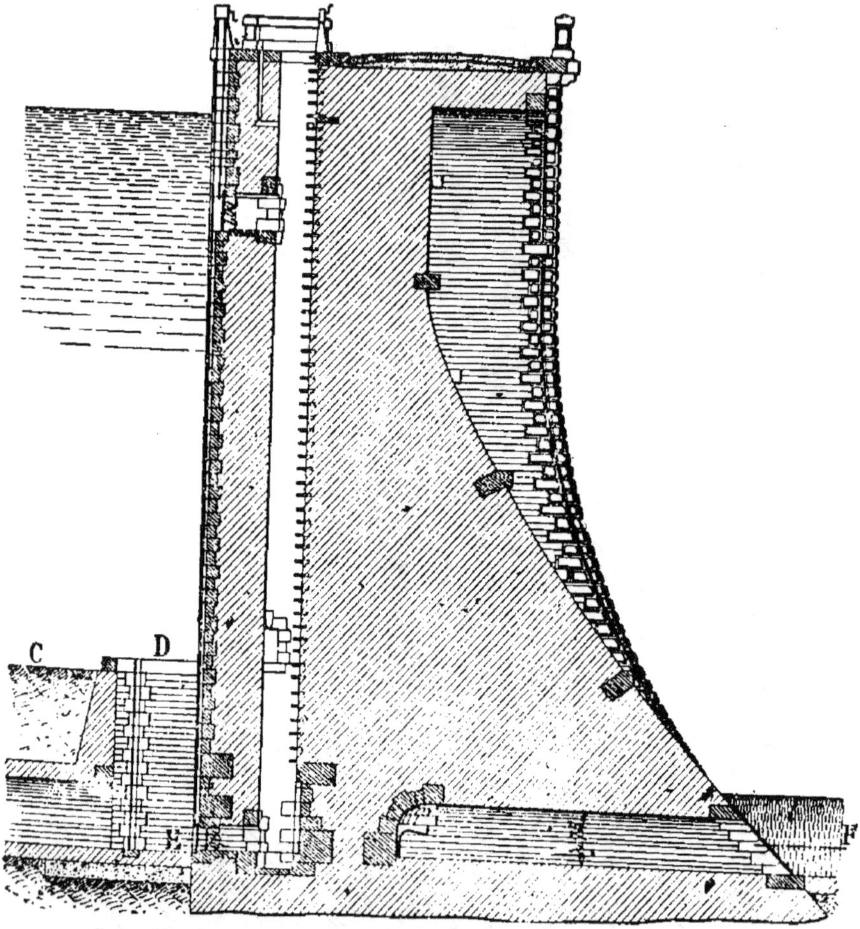

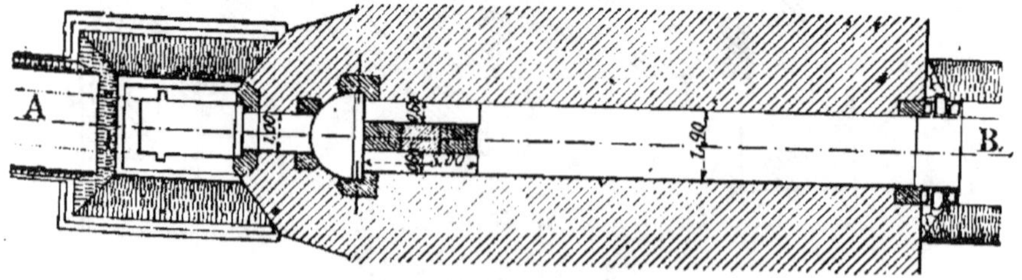

FIG. 244. — Coupe verticale d'une demi-tour de prise.

FIG. 245. — Plan.

levées; en outre, les orifices par lesquels l'aqueduc de fuite qui traverse la digue pénètre dans ce puits à son pied sont, comme ceux de la première série, fermés par des vannes, en sorte que l'alimentation ne peut se faire qu'à la condition que deux vannes au moins, une de chaque série, soient ouvertes. Grâce à cette disposition, on pourrait, si un accident survenait à une vanne quelconque, continuer régulièrement l'alimentation et ajourner la réparation jusqu'à l'époque où cette vanne deviendrait naturellement accessible. Les orifices échelonnés sur la hauteur de la demi-tour, qu'on n'a jamais à ouvrir à de fortes pressions puisqu'ils ne doivent être utilisés que successivement, au fur et à mesure de l'abaissement du niveau de la retenue, ont 1 mètre sur 0^m,80; les orifices situés en tête de l'aqueduc de fuite traversant la digue, qu'on peut avoir à ouvrir ou à fermer sous la pression totale de la retenue maximum en cas d'accident à une vanne extérieure, n'ont qu'une superficie moitié moindre, de 0^m,60 sur 0^m,67. Aussi ces orifices intérieurs sont-ils au nombre de deux ; ils sont suivis de deux pertuis jumeaux qui, après un parcours de 3^m,00 à l'intérieur du réservoir, viennent déboucher dans un vaste aqueduc de fonte en plein cintre, de 1^m,90 d'ouverture sur 1^m,75 de hauteur sous clef.

Prise d'eau du barrage de la Mouche.

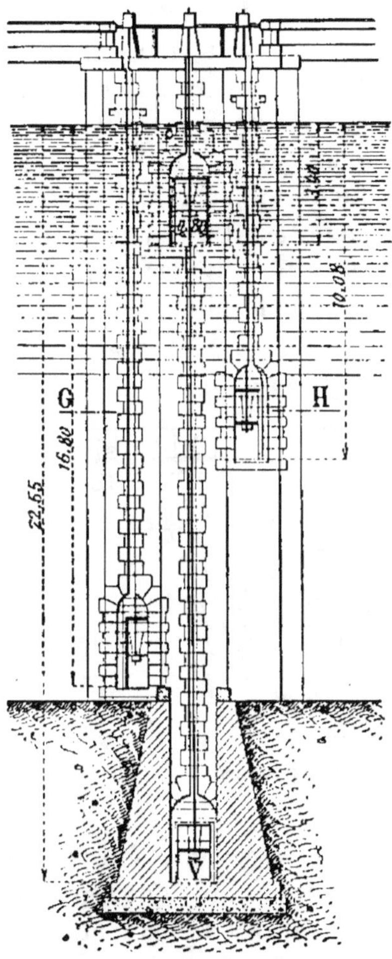

Fig. 246. — Elévation. — Vue d'amont.

Fig. 247. — Coupe horizontale suivant GH.

A celles des deux prises d'eau ci-dessus mentionnées qui sert à alimenter la rivière, les orifices échelonnés à l'extérieur de la demi-tour sont au nombre de quatre ; le premier et le dernier sont placés dans la face antérieure de la tour demi-prismatique parallèle au parement amont du mur de réservoir ; les intermédiaires, dans les deux faces adjacentes. A la prise d'eau d'usine les orifices ne sont qu'au nombre de trois, l'orifice inférieur étant placé dans la face avant, les deux autres dans les faces adjacentes. Dans l'un et l'autre ouvrage les seuils des orifices intérieurs sont au même niveau que celui de l'orifice extérieur le plus bas.

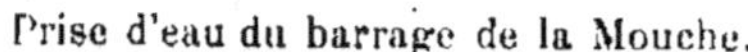

Prise d'eau du barrage de la Mouche.

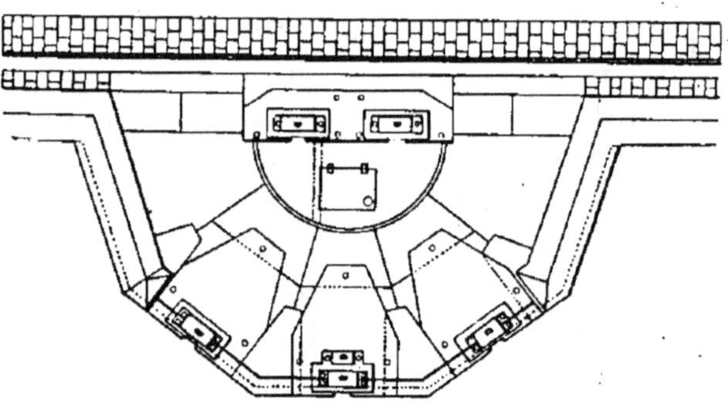

Fig. 248. — Plan. — Vue par dessus.

Cette disposition a pour avantage d'espacer convenablement les crics de manœuvre des vannes, qui sont tous montés sur le couronnement de la tour. Il n'y a d'exception que pour les crics des deux vannes placées dans la face antérieure de la prise d'eau de la Mouche, qui sont accolés et montés sur un bâti commun.

Les vannes sont de simples panneaux rectangulaires en fer forgé qui débordent de 0^m,05 sur chacun des quatre côtés des orifices qu'elles ferment et qui s'appliquent sur des glissières fixes par cette largeur de 0^m,05. L'épaisseur des panneaux varie, suivant leurs dimensions et leur enfoncement sous l'eau, entre 20 et 45 millimètres.

La manœuvre de ces vannes exige, il est vrai, un effort considérable, et il est nécessaire que la tige de commande

soit très solide et que le cric ait une très grande force. Il est
facile de satisfaire à ces deux conditions en formant la tige
de commande d'un tirant cylindrique plein en fer, renfermé
à l'intérieur d'un tube de même métal, et en employant des
crics ayant un grand rapport d'engrenage. Il en résulte que
la manœuvre est très lente ; mais une manœuvre lente convient très bien en l'espèce, car il suffit de lever chaque jour les
vannes de la quantité nécessaire pour compenser la diminution de pression due à l'abaissement de la retenue. Vu la
grandeur des efforts à développer, tous les organes des crics
sont en acier cémenté et trempé.

Au barrage projeté de l'Oued-Athménia, qui doit rester en
eau pendant de longues périodes consécutives, on a prévu,
dans le mur, deux prises placées respectivement à 16 mètres
l'une de l'autre (*fig.* 249). La prise inférieure ne fonctionnera
que lorsque la prise supérieure sera à découvert ; dans ces
conditions la charge sera de 16 mètres
au maximum et en moyenne de 5 à
6 mètres, tandis qu'une prise unique
inférieure aurait à supporter une
charge maximum de près de 30 mètres
et une charge moyenne d'une vingtaine
de mètres. Dans ces conditions les
chances de détérioration des robinets
sont moindres ; de plus, la prise supé-
rieure, la plus employée, sera mise fréquemment à découvert
et pourra facilement être réparée. Enfin, si un accident survenait à la prise supérieure, le barrage ne pourrait se vider
entièrement, le plan d'eau ne pourrait descendre au-dessous
de la cote (710,00).

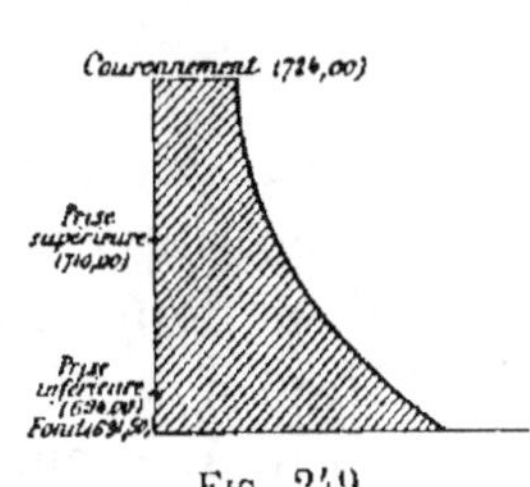

Fig. 249.

La prise inférieure doit être protégée contre les vases par
une cheminée à barbacanes arasée à 15 mètres au-dessus de
l'étiage, hauteur que les vases ne semblent pas devoir
atteindre. De plus, il y aura deux tuyaux de prise pour le cas
d'obstruction de l'un d'eux (*fig.* 250). La prise supérieure, qui
ne courra pas ce risque et sera établie en eau claire, aura un
seul tuyau (*fig.* 251).

La prise supérieure, bien qu'unique, se bifurque en deux

branchements à l'aval, et chacun d'eux portera deux robinets ; un accident à redouter étant celui de l'impossibilité de fermer un tuyau ouvert, on commencera toujours par faire jouer le robinet d'aval et s'assurer de son bon fonctionnement avant d'ouvrir celui d'amont.

Les robinets généralement employés ne diffèrent pas de ceux qui sont en usage dans les distributions d'eau des villes. Ils sont enfermés dans une chambre fermée par une grille dont le gardien du barrage a la clef. Toutefois, comme leurs organes sont très sujets à détérioration, il serait préférable de chercher à leur substituer d'autres appareils plus maniables, comme on l'a fait pour les appareils de vidange (§ 50).

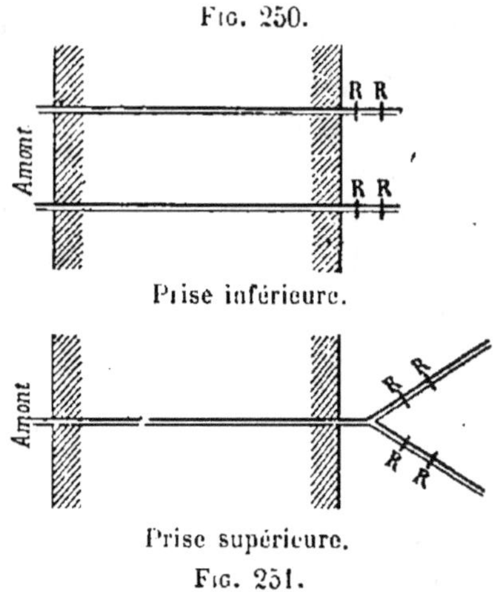

Avant de terminer ce qui est relatif aux ouvrages de prise d'eau, nous croyons intéressant de donner la description de ceux qui ont été établis au barrage de la Sweetwater dont nous avons déjà parlé antérieurement (pl. X, XI, XII, et *fig.* 252).

Le principal ouvrage de prise consiste en une tour creuse en maçonnerie de 0^m,90 d'épaisseur de mur affectant la forme d'un hexagone régulier de 1^m,80 de diamètre de cercle circonscrit, et dont le couronnement est à 1^m,20 en contre-haut du niveau de la retenue. Six ouvertures, formées chacune d'un tuyau en fonte deux fois recourbé et placées à 3 mètres au-dessous les unes des autres, permettent de prendre l'eau à une profondeur quelconque. Ces ouvertures, dont la position en plan est donnée par la figure 2 de la planche XII, sont fermées, en temps ordinaire, au moyen de soupapes qu'on peut manœuvrer du haut de la galerie que supporte le couronnement de la tour. Deux autres ouvertures, fermées **de** la même manière, sont placées l'une en amont et au pied de la tour, l'autre au sommet du tunnel qui donne passage à l'eau à travers le barrage.

Fig. 252.

Barrage de la Sweetwater (Californie).

Ce tunnel, de forme circulaire, est en maçonnerie et a 1 mètre de diamètre. Il se termine au droit du milieu de la digue et se relie à une conduite en tôle de 0ᵐ,91 de diamètre dont le débit se règle au moyen d'un robinet-vanne placé dans une petite chambre en maçonnerie, à l'aval et au pied du barrage. Deux autres conduites formées de tuyaux en fonte ayant respectivement 0ᵐ,45 et 0ᵐ,35 de diamètre, noyés dans une gaine en béton, traversent également le barrage pour aboutir dans la partie inférieure de la chambre de manœuvre dont il vient d'être parlé. Elles permettent d'effectuer la vidange complète de la tour et, de plus, sont destinées à alimenter une turbine et une pompe pour l'irrigation des terres placées en contre-haut du niveau de la retenue.

La tour et le tunnel qui la relie à la digue ont été construits en excellents matériaux, formés d'une roche métamorphique pesant près de 3.000 kilogrammes le mètre cube ; le mortier employé se composait de 1 partie de ciment de Portland pour 2 parties de sable de rivière fin. Malgré la forte pression à laquelle sont soumises les maçonneries quand la tour est vide, aucune filtration n'a été constatée, pas même à la base.

Ce genre de prise d'eau n'a pas été adopté, en France, pour les barrages d'irrigation ; il existe toutefois un exemple d'une construction de ce genre au réservoir de Torcy-Neuf, qui sert à l'alimentation du canal du Centre, et qui est formé d'une digue en terre avec revêtement maçonné sur le parement d'amont. Bien que la plupart des raisons qui ont conduit à l'adoption d'une tour de prise d'eau à Torcy-Neuf, et dont la principale est de ne pas affaiblir le massif en terre par l'interposition de bondes sur toute sa hauteur, n'existent plus dans le cas d'un ouvrage en maçonnerie, il paraît certain que cette solution présente l'avantage de rendre facilement abordables les appareils de prise d'eau et de permettre, s'il y a lieu, leur réparation. On a aussi la faculté de parcourir et de réparer l'aqueduc de fuite qui se termine sous la digue.

Mentionnons, enfin, les appareils de prise d'eau du barrage-réservoir du Goulburn (province de Victoria, Australie), qui sert à l'irrigation d'une vaste plaine. La hauteur totale du barrage est de 15^m,25. La prise d'eau se fait à 6^m,10 en contre-haut du fond du lit de la rivière, au moyen de tuyaux en fonte traversant horizontalement le corps du barrage et

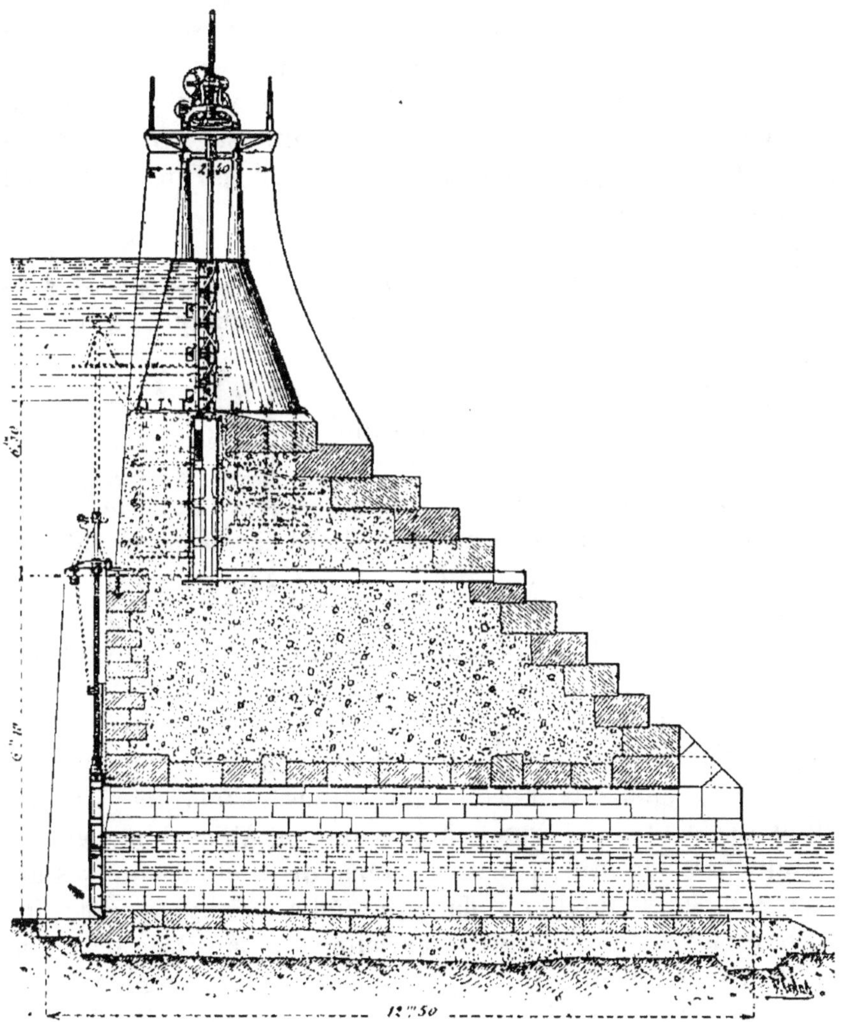

Fig. 253. — Barrage de la rivière du Goulburn. — Section du barrage et des appareils de prise d'eau et de vidange.

se terminant à l'amont au fond de chambres de 6^m,10 de largeur sur 3^m,05 de hauteur, obturées par des portes métalliques qu'on ouvre ou ferme de manière à envoyer dans les tuyaux la quantité d'eau voulue. Cette manœuvre s'exécute au moyen d'engrenages mus par des turbines placées aux deux extrémités de l'ouvrage et mises en mouvement par l'eau du barrage. En cas de nécessité, la manœuvre peut se faire à bras (*fig.* 253).

Dans la partie inférieure de la digue sont ménagés 6 tunnels de 4 mètres carrés de section, qui ont servi à l'écoulement des eaux ordinaires de la rivière pendant l'exécution des travaux. Leur tête amont est fermée par des portes en métal qu'on peut lever, lorsqu'il est nécessaire de vider le réservoir.

50. De la vidange des réservoirs. — Les barrages-réservoirs doivent être pourvus d'appareils de vidange qui ont un double objet :

1° Mettre le réservoir à sec au cas où le mur exige des rejointements ou une réparation quelconque ;

2° Assurer ou faciliter l'écoulement d'une surabondance d'eau provenant d'une crue subite et pour laquelle le déversoir serait insufisant, et tout en évitant le déversement sur la crête du mur-barrage, dont on a signalé plus haut les inconvénients.

Cette vidange est naturellement obtenue au moyen de pertuis pratiqués à la base du mur-réservoir et fermés par des vannes levantes. Ces vannes sont généralement manœuvrées au moyen d'appareils mécaniques placés à la partie supérieure du réservoir ; mais il est préférable, toutes les fois que la disposition des lieux le permet, de prolonger à l'aval le pertuis pratiqué dans le mur, par une galerie de quelques mètres de longueur, sur laquelle on place immédiatement les appareils de manœuvre. On évite ainsi de relier l'appareil de levage à la vanne par une tige de 20, 30, 40 mètres de longueur, qui se fausse facilement.

Pour les barrages importants il y a avantage à substituer, dans les appareils de levage, la manœuvre hydraulique à la main. C'est ainsi qu'au barrage de l'Habra (département d'Oran), il y avait autrefois un appareil de manœuvre à vis (*fig.* 254 et 255) qui exigeait l'effort de 4 hommes, et, comme ce réservoir est assez loin de tout centre habité, le garde était

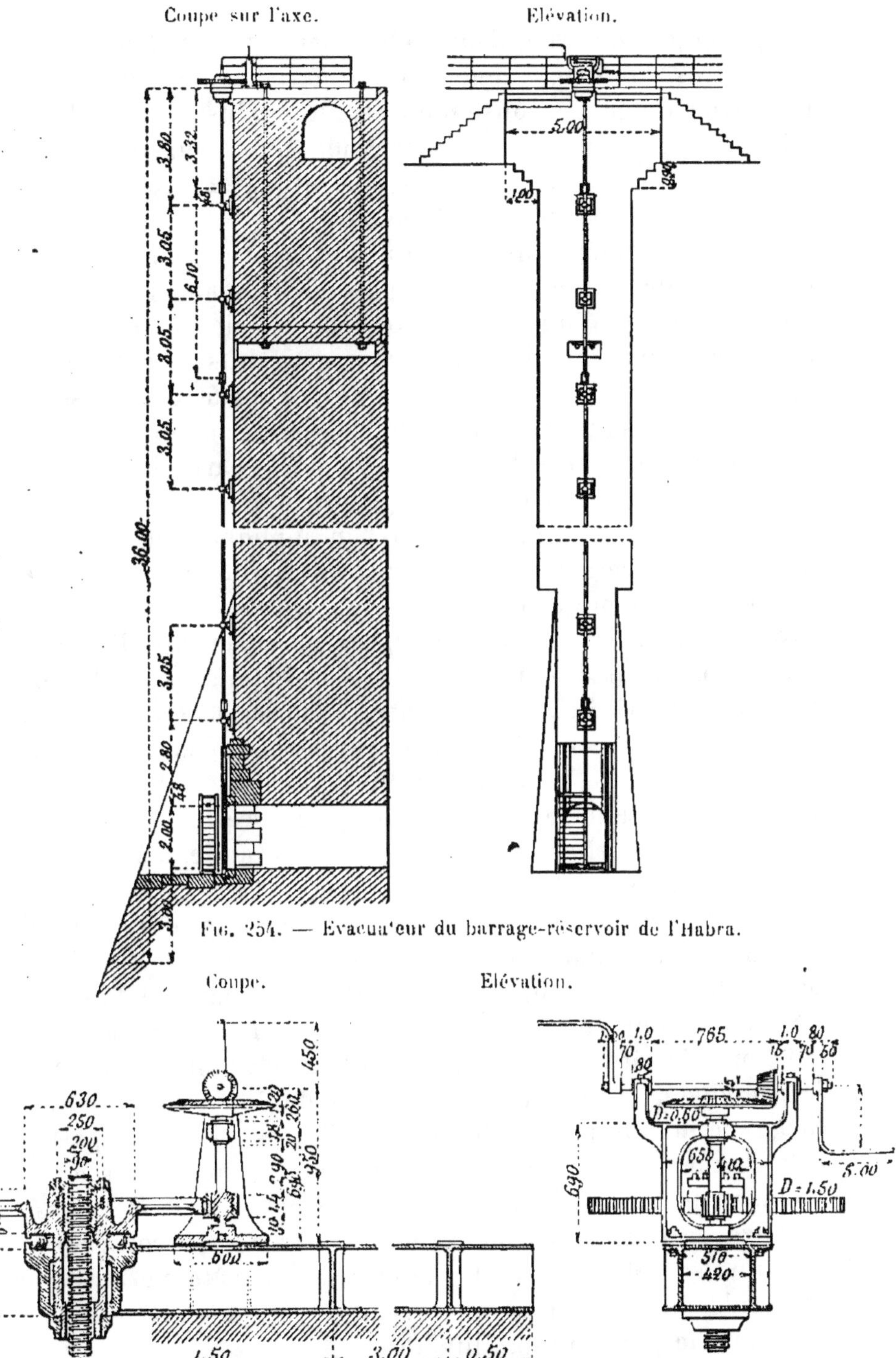

Fig. 254. — Evacua'eur du barrage-réservoir de l'Habra.

Fig. 255. — Manœuvre de la vanne.

obligé, en cas de crue, d'aller chercher des aides à plusieurs kilomètres, dans un moment où la moindre perte de temps peut avoir de graves conséquences. Sur les instances de l'Administration, la compagnie concessionnaire a substitué à ces engins des appareils hydrauliques qui peuvent être mis en mouvement par un seul homme.

Pour la manœuvre hydraulique, la vanne est reliée par une tige verticale rigide avec un appareil de manœuvre formé essentiellement d'un piston plongeur mobile par rapport à un cylindre fixe divisé en deux compartiments; la montée ou la descente s'obtient en envoyant de l'eau sous une pression suffisante dans l'un ou l'autre de ces compartiments fixes de manière à agir, suivant les cas, soit sur la partie inférieure, soit sur la partie supérieure du piston mobile.

On facilite encore la manœuvre en appliquant le principe de la contrepression. En arrière de la vanne établie contre le parement amont du mur, il existe une autre vanne, ordinairement levée. Au moment de lever la vanne d'amont, on commence par abaisser celle d'aval, puis on met l'intervalle compris entre les deux en communication avec un réservoir d'eau comprimée. L'eau agissant sur la face postérieure de la vanne d'amont équilibre la pression de l'eau du réservoir, de telle sorte que l'effort de levée au départ est réduit, à peu de chose près, au poids de la vanne et à la résistance des vases.

La galerie d'évacuation affecte la forme d'une veine liquide s'écoulant sous une forte pression, et la vanne d'aval en occupe la section la plus rétrécie. De cette manière, le débit de l'évacuateur se trouve considérablement augmenté.

Le premier des deux systèmes dont nous venons de donner le principe a été employé au barrage de l'Habra; il a donné lieu à de nombreuses difficultés, attribuées en grande partie à la flexion de la tige sous l'action de l'effort exercé au moment de la fermeture. Par suite de cette flexion et aussi de l'exagération du jeu ménagé entre la vanne et son cadre, la vanne se coince entre les feuillures, les bâtis portant les appareils de manœuvre se brisent et les manœuvres deviennent de plus en plus difficiles.

Pour éviter ces inconvénients, M. Meunier, ingénieur en

chef des Ponts et Chaussées, a proposé de constituer les tiges de manœuvre des vannes par des poutres rigides et de donner à la vanne elle-même la forme d'un rectangle terminé à la partie supérieure par un demi-cercle ; la vanne doit être très robuste, ajustée avec soin dans son cadre et ne comporter aucun organe délicat. Dans ces conditions l'appareil semble devoir se maintenir fort longtemps en bon état d'entretien et n'exiger aucune réparation.

Le système des doubles vannes établies dans des cages étanches paraît assez délicat. Il faut ménager dans la partie supérieure de la cage un orifice pour le passage de la tige de manœuvre de la petite vanne ; l'étanchéité est assurée au moyen d'un presse-étoupe qui exige toujours un certain entretien. Un appareil de ce genre, employé au bassin de Saint-Christophe (canal de Marseille), a donné de bons résultats. Il est vrai que, ce bassin étant mis en vidange chaque année, l'entretien de l'appareil est facile. Mais, en Algérie, nombre de barrages restant en eau pendant plusieurs années consécutives, l'on risquerait de compromettre une saison d'arrosage, si l'on vidait le réservoir pour remettre le robinet-vanne en bon état.

Les auteurs du projet du barrage du Hamiz ont néanmoins préconisé l'emploi de la double vanne dans un projet d'établissement d'appareil de chasses, qu'ils ont présenté comme annexe au premier. Ils ont justifié les dispositions qu'ils proposaient, par les considérations suivantes. La vanne d'aval permet d'établir l'égalité de la pression sur chacune des deux faces de celle d'amont ; on peut compter que cette dernière pourra toujours être manœuvrée, malgré l'altération des surfaces de glissement résultant de leur séjour prolongé dans l'eau vaseuse. La vanne d'aval devait être, d'après les auteurs du projet, un robinet-vanne manœuvré de la chambre ménagée au-dessus de chacun des évacuateurs. Aucun mécompte ne peut être à craindre le jour où l'on devra la fermer pour permettre la levée de la vanne amont, puis la faire fonctionner pour pratiquer une chasse, tous ses organes, glissière, presse-étoupe,... pouvant être facilement entretenus, attendu que la vanne d'amont est habituellement fermée.

Il paraît certain, en effet, que la double vanne donne plus

de garanties qu'une vanne unique, mais rien ne prouve qu'une vanne unique ne puisse suffire.

Quoi qu'il en soit, l'Administration, estimant que, pour l'étude de ces questions spéciales, il y avait intérêt à provoquer les avis des constructeurs, jugea utile de faire appel au concours de l'industrie privée pour l'installation des appareils qu'il était utile d'établir tant au Hamiz qu'aux barrages des Cheurfas et de la Djidiouia.

Deux systèmes différents de vannes d'évacuation ont été ainsi établis à titre d'expérience comparative, l'un par la Compagnie de Fives-Lille, l'autre par M. Jandin, ingénieur constructeur à Lyon. Nous croyons utile de décrire avec quelques détails l'un et l'autre de ces deux systèmes.

51. Appareils de manœuvre des vannes d'évacuation (système de la Compagnie Fives-Lille) (*fig.* 256 à 260, et pl. XIII). — Ce système a été établi au barrage des Cheurfas. Antérieurement, l'orifice d'évacuation était fermé par une portière espagnole. A la suite d'une crue, les eaux de la retenue du barrage s'ouvrirent un passage à travers la montagne de rive droite, en dessous des maçonneries de l'encastrement du mur, et le réservoir se vida complètement. Pour éviter le retour d'un semblable accident, on résolut de remplacer la portière par une vanne mobile mue par l'eau comprimée qui permettrait, suivant qu'elle serait plus ou moins levée, de faire varier à volonté le niveau de l'eau dans le réservoir.

Le radier de l'évacuateur est à 28 mètres en contre-bas du plan d'eau de la retenue ; dans ces conditions la vanne fermée supporte une pression de 120.000 kilogrammes environ ; on estime à 60 tonnes l'effort à vaincre au départ pour lever cette vanne, ce qui nécessite l'emploi de moyens mécaniques.

Le principe du mécanisme est le suivant : l'évacuateur est fermé à l'amont par une vanne en fonte mue par une tige rigide, guidée dans son mouvement par des glissières. A son extrémité supérieure, la tige est assemblée au moyen d'écrous à un appareil de manœuvre composé d'un piston plongeur creux et mobile à l'intérieur d'un cylindre fixe ; une pompe de compression peut envoyer de l'eau comprimée soit à la partie

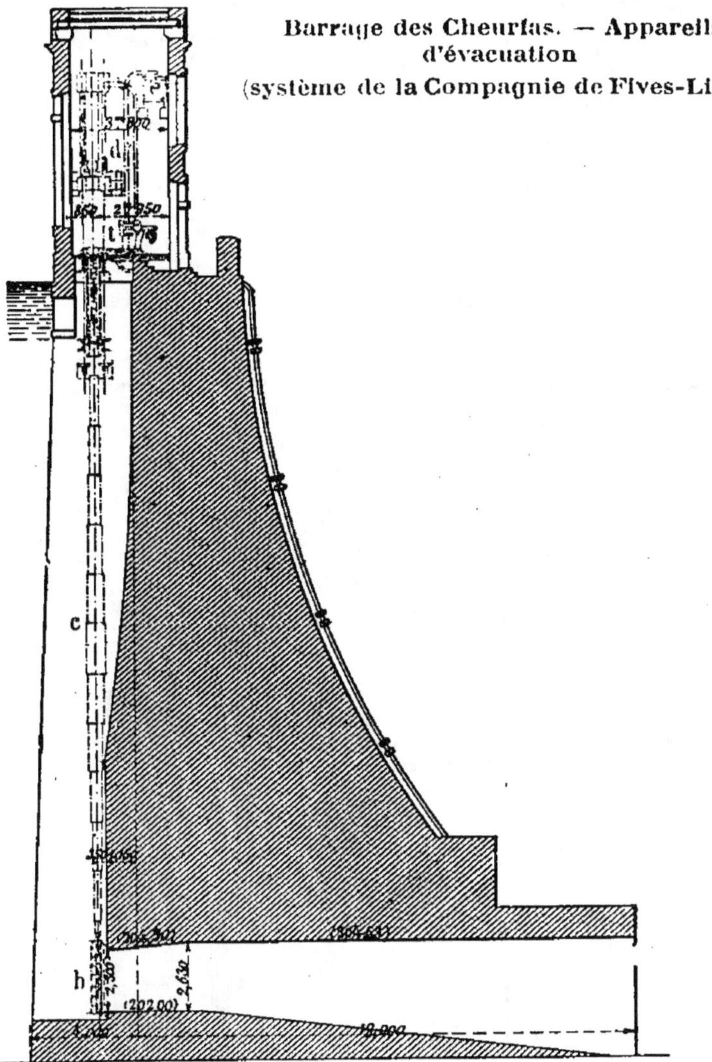

Fig. 256. — Coupe suivant CD du plan.
Légende (*fig*. 256 à 260, et pl. XIII).

a, Pavillon de l'appareil de manœuvre de la vanne de l'évacuateur.

b, Vanne de l'évacuateur.

c, Bielle de la vanne.

d, Appareil de manœuvre de la vanne.

e, Réservoir d'eau.

F, Bâtiment de la machinerie hydraulique.

G, Soupapes de distribution d'eau.

H, Appareils de manœuvre des soupapes.

I, Vannes d'arrêt en cas de réparations.

J, Vannes de prise d'eau de la turbine.

K, Turbine.

L, Pompes de compression.

M, Accumulateur.

N, Réservoir d'eau d'alimentation des pompes.

O, Tuyaux d'eau sous pression.

P, Tuyau de retour d'eau.

Q, Tuyau du trop-plein de l'accumulateur.

R, Tuyau d'aspiration des pompes.

T, Boîte de distribution.

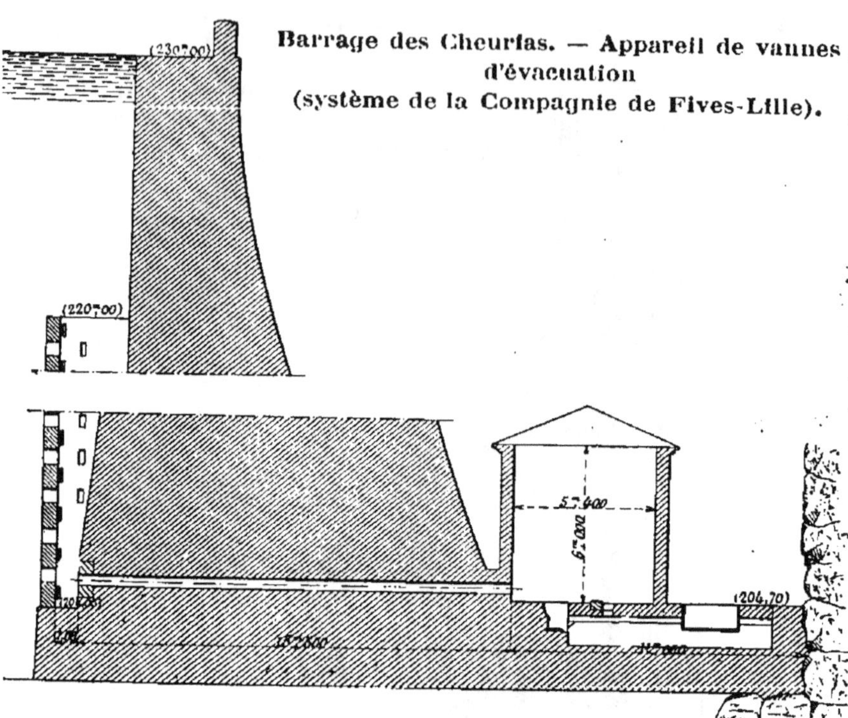

Fig. 257. — Coupe suivant AB du plan.

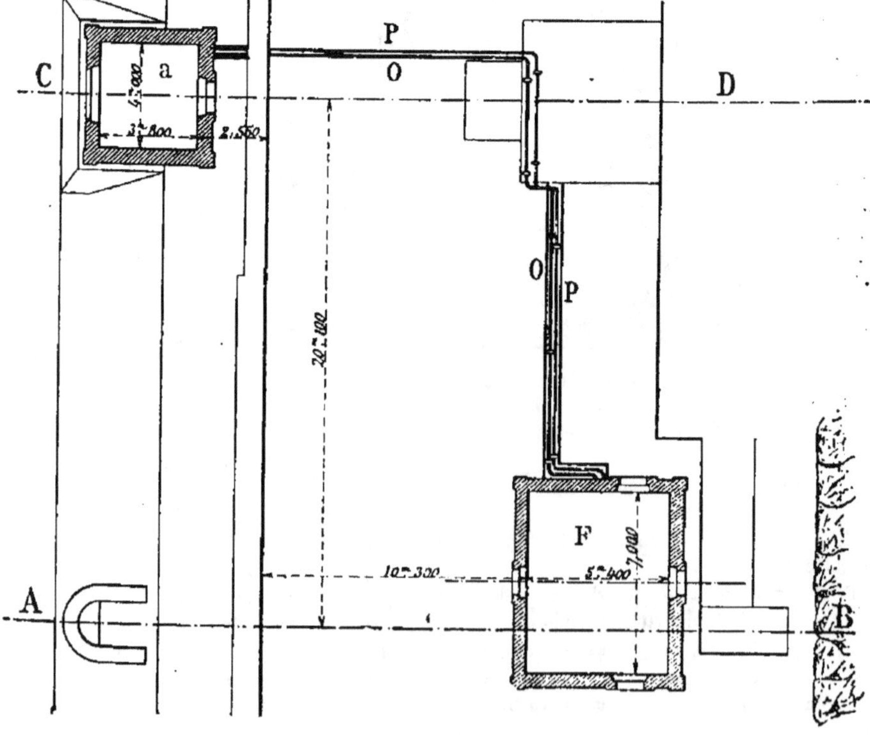

Fig. 258. — Plan général de l'installation.

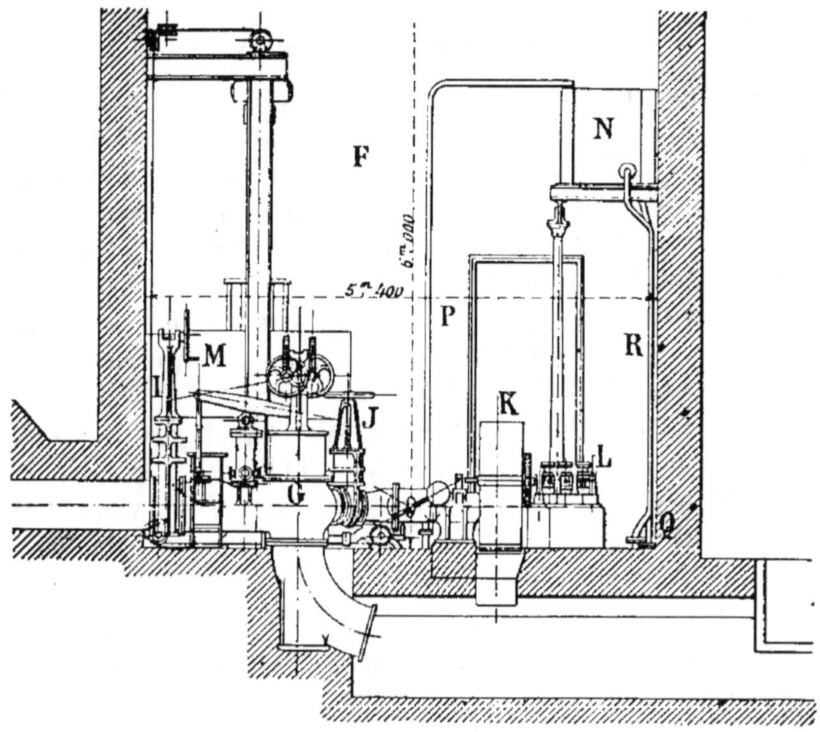

Fig. 259. — Élévation du bâtiment de la machinerie hydraulique.

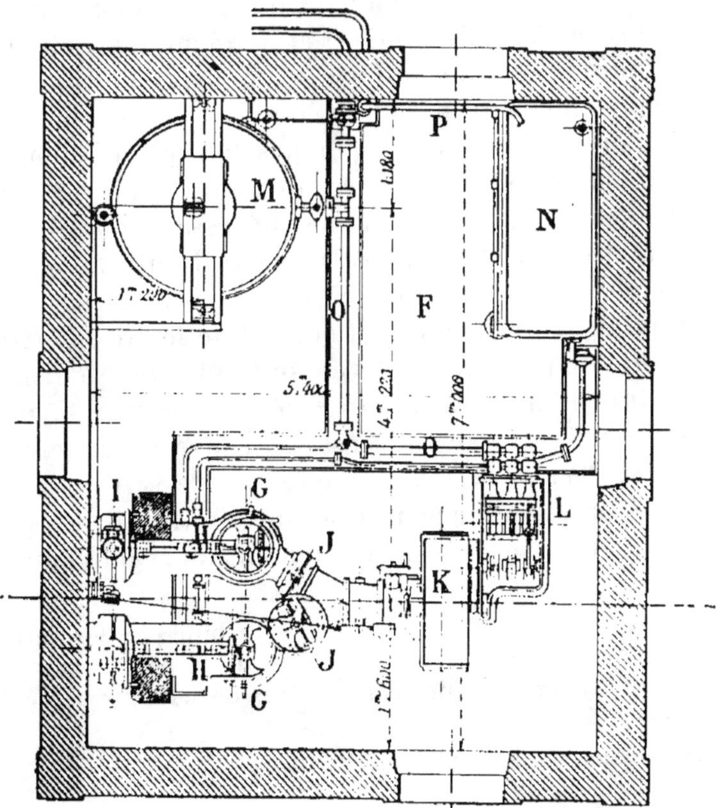

Fig. 260. — Plan du bâtiment de la machinerie hydraulique.

inférieure du piston, ce qui en assure la levée, soit à la partie supérieure, de manière à faire descendre celui-ci. L'eau comprimée est obtenue au moyen d'une prise spéciale faite à la partie inférieure du barrage ; l'eau sous pression se rend dans une turbine actionnant trois pompes à compression, lesquelles refoulent le liquide dans un tuyau qui suit extérieurement le parement aval du barrage et se termine à l'appareil de manœuvre placé sur le couronnement de l'ouvrage (*fig.* 256, 257 et 260).

Il y a ainsi deux groupes distincts d'appareils : ceux qui compriment l'eau à la pression de 50 kilogrammes par centimètre carré, nécessaire pour la levée de la vanne, et les appareils de manœuvre qui utilisent l'énergie ainsi créée.

a) Appareils de compression (fig. 258, 259). — Ces appareils sont installés dans un petit bâtiment F construit au pied du parement aval du barrage. La prise d'eau est formée de deux tuyaux de $0^m,50$ qui, réunis en un seul, conduisent l'eau dans une turbine Girard à axe horizontal K[1], capable de fonctionner entre des limites de chute de 4 mètres et de 28 mètres. Cette turbine met en mouvement une batterie de pompes de compression L ; l'eau comprimée se rend par le conduit O à l'accumulateur M, qui régularise le travail des pompes. Son piston plongeur, de $0^m,20$ de diamètre, a une course de 2 mètres ; il supporte une caisse de charge contenant le lest nécessaire pour faire équilibre à la pression de 50 kilogrammes, et qui commande une soupape de sûreté. Une autre soupape d'arrêt sert à isoler l'accumulateur des pompes et permet de le faire fonctionner isolément. En effet il n'est pas suffisant pour fournir à lui seul le travail nécessaire à la levée de la vanne, mais on peut obtenir la pression nécessaire soit en manœuvrant les pompes seules, en le laissant en haut de sa course, soit en le faisant fonctionner pour diminuer le travail des pompes. L'accumulateur sert ainsi uniquement de régulateur.

---

[1] Pour empêcher l'obstruction de la turbine par les détritus ou les boues que l'eau pourrait entraîner, on a accolé au parement amont du barrage un mur de 16 mètres de hauteur percé de barbacanes (*fig.* 257).

Sur chacun des tuyaux d'amenée de l'eau à la turbine, immédiatement après son entrée dans le bâtiment, se trouve un robinet-vanne d'arrêt qu'on ferme en cas de réparation des appareils.

b) *Appareils de manœuvre* (pl. XIII). — Les appareils de manœuvre sont réunis dans un bâtiment *a* (*fig.* 260), construit sur le sommet du barrage à l'aplomb de l'axe de l'évacuateur. La tige de la vanne est terminée par un cadre que deux tiges *p* relient à la partie supérieure d'un piston plongeur creux *a* (*fig.* 261). Ce piston est mobile par rapport aux deux cylindres fixes *b* et *c* dont le premier est extérieur, et le second pénètre dans le cylindre *a*. Deux tuyaux *l* et *l'* mettent les cylindres fixes en communication avec les deux

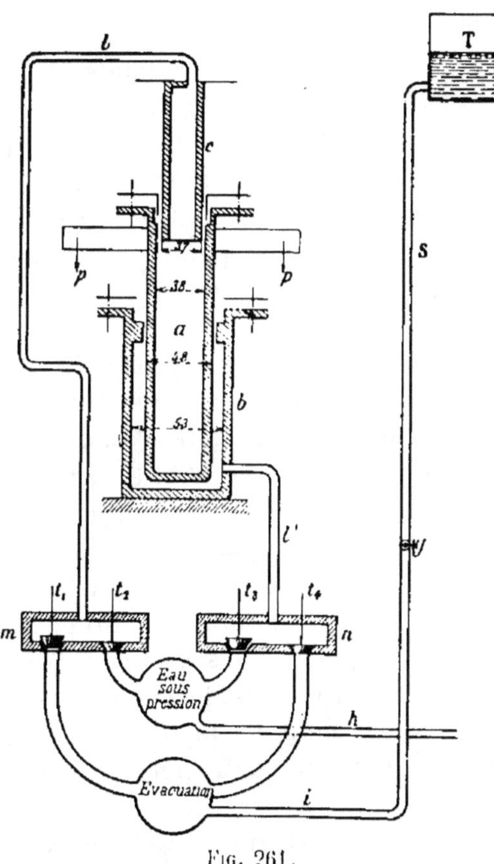

Fig. 261.

boîtes de distribution d'eau sous pression *m* et *n*, munies des quatre soupapes t_1, t_2, t_3, t_4, qui permettent de faire agir cette eau dans l'un ou l'autre des cylindres fixes *b* ou *c*, l'autre étant ouvert à l'évacuation. Dans la position qu'indique la figure, la vanne est fermée, et le piston *a* au bas de sa course ; quand les soupapes t_4 et t_3 viendront à être ouvertes, l'eau sous pression agira dans le cylindre *b* pour soulever le piston mobile *a* ; l'eau intérieure au piston *a*, provenant de la précédente manœuvre de descente, se rendra à l'évacuateur par le tuyau l, la soupape t_1 et le tuyau s; le piston a s'élèvera. On déterminera sa descente en fermant t_1, t_3, puis en ouvrant t_2, t_4.

Les quatre soupapes, renfermées dans une boîte de distribution, sont actionnées deux à deux par des secteurs dentés actionnant des vis sans fin. Celles qui sont fermées sont maintenues dans cette position par des contre poids.

L'eau évacuée sous pression est conduite dans un réservoir T placé en contre-haut des appareils de manœuvre; il en résulte que ces derniers restent constamment pleins d'eau. Ce réservoir alimente les pompes de compression ; c'est, par suite, toujours la même eau qu'on utilise pour la manœuvre ; on n'a qu'à remplacer la petite quantité qui se perd par les fuites ou par l'évaporation.

La vanne de fermeture de l'évacuateur est formée d'une plaque de fonte renforcée par des nervures horizontales armées d'ailettes ayant la forme d'un solide d'égale résistance et par d'autres nervures verticales (pl. XIII, *fig.* 3 et 5). Au bas de sa course, quand elle ferme l'orifice de l'évacuateur, elle est logée dans un cadre fixe en fonte, composé d'une pièce qui règne sur tout le pourtour de l'ouverture, et raccordée, par des plaques venues de fonte, avec la section de l'aqueduc et avec les montants verticaux qui portent les glissières destinées à maintenir la vanne quand elle est levée. La section transversale du cadre se compose de deux plaques parallèles à la vanne, réunies entre elles par une partie perpendiculaire scellée dans la maçonnerie.

La tige de manœuvre, à son extrémité inférieure, est formée d'un cylindre plein assemblé avec la vanne ; au dessus, pour augmenter le moment d'inertie de la section transversale et éviter les flexions, le cylindre est creux ; il se relie à son extrémité supérieure à la presse hydraulique. La partie inférieure pleine de la tige s'introduit à travers la vanne dans un moyeu cylindrique évidé régnant sur toute la hauteur de celle-ci ; elle est maintenue dans cette position par deux écrous placés chacun à une extrémité. De cette manière, le point d'application de l'effort exercé par la tige sur la vanne se trouve à la partie supérieure pendant le mouvement de montée et à la partie inférieure pendant le mouvement de descente. La vanne est donc tirée dans les deux cas, ce qui supprime les coincements.

La tige tubulaire, en tôle d'acier, a un diamètre de $0^m,38$ aux deux extrémités, et de $0^m,53$ au milieu ; dans la partie supérieure, elle prend la forme d'un cadre de $1^m,30$ de large, d'où partent deux tirants qui vont passer dans deux oreilles fondues avec le piston plongeur de la presse hydraulique. En enlevant les écrous qui fixent les tirants aux oreilles du piston plongeur, on peut isoler la vanne de l'appareil de manœuvre.

Le système que nous venons de décrire paraît avoir donné de bons résultats. Il semble néanmoins susceptible de certains perfectionnements. Il conviendrait notamment de chercher à simplifier les manœuvres qui exigent la présence de deux hommes au moins pour la mise en marche simultanée des pompes de compression placées au pied du barrage et de la presse placée sur le couronnement. L'accumulateur, tel qu'il est installé, ne peut suffire à la manœuvre, et il faut faire fonctionner les pompes pendant quinze à vingt minutes pour déterminer l'ouverture de la vanne ; on pourrait accélérer cette mise en mouvement en donnant à l'accumulateur des dimensions suffisantes pour permettre à lui seul la levée de la vanne, mais il en résulterait un surcroît de dépenses important. Enfin, appliqué à un réservoir neuf, le système pourrait être amélioré par la suppression de la longue tige rigide ; on pourrait placer les appareils de manœuvre de vannes dans une chambre située à l'aval au-dessus de l'orifice d'évacuation.

52. Appareil de manœuvre des vannes d'évacuation (système Jandin). — L'appareil de manœuvre des vannes d'évacuation (système Jandin), qui a été installé aux barrages du Hamiz et de la Djidiouia, utilise, comme le précédent, l'eau comprimée qui provient d'un réservoir placé à 50 mètres au-dessus du couronnement du barrage de la Djidiouia et à 36 mètres seulement en contre-haut de ce couronnement au Hamiz. Mais ici, les accumulateurs employés aux Cheurfas, et qui sont dispendieux, n'existent plus ; l'eau du réservoir à flanc de coteau agit directement sur des pistons pleins, par l'intermédiaire de matelas d'air comprimé. La levée des vannes est alors plus rapide.

Ainsi que nous l'avons déjà dit, la galerie de chasse à parois métalliques affecte la forme générale d'une veine liquide; elle présente, à l'amont de la vanne de fermeture, la forme d'un orifice évasé, et à l'aval celle d'un ajutage conique divergent. Cette disposition a pour objet d'augmenter le débit à égalité de section de la vanne, et, par suite, à égalité de force de l'appareil moteur; la partie évasée agit en empêchant la convergence des filets liquides après leur passage à travers la section occupée par la vanne, et l'ajutage conique produit dans cette section un vide qui a pour effet d'augmenter dans de notables proportions la charge sous laquelle s'effectue l'écoulement de l'eau. En amont de la vanne placée dans la section contractée, dont nous avons parlé ci-dessus, il existe une autre vanne, plus grande que la première, et que les appareils moteurs ne permettent pas de déplacer avant d'avoir équilibré la pression sur ses deux faces. Elle a également pour but de servir de batardeau en cas de réparation de la petite vanne, plus exposée à l'usure et aux avaries puisqu'elle se manœuvre sous pression.

Deux petites vannettes placées sur la grande vanne permettent soit d'équilibrer la pression sur les deux faces de cette vanne, soit d'effectuer des chasses réduites, dégageant les abords de l'appareil des vases qui s'y déposent.

Les vannes sont manœuvrées au moyen d'appareils distributeurs de l'eau comprimée ; les vannettes s'ouvrent ou se ferment à l'aide de chaînes actionnées par un treuil.

Nous allons, comme nous l'avons fait pour l'appareil du barrage des Cheurfas, décrire avec quelques détails les principaux organes de l'appareil installé aux barrages du Hamiz et de la Djidiouia (*fig.* 264 et 265).

a) *Galerie de chasse.* — La galerie de chasse, dont nous avons déjà donné une rapide description, diffère de celles des autres barrages par la forme circulaire de sa section transversale et par la forme de son profil longitudinal. **De plus, ses parois sont métalliques.**

Nous avons déjà eu l'occasion de signaler la nécessité de revêtir solidement les parois des galeries d'évacuation pour leur permettre de résister à la violence du courant et aux coups de bélier au moment des chasses. Si durs que soient les matériaux employés dans les parements, les eaux chargées de vase creusent très rapidement de profonds sillons dus à l'usure rapide de la pierre sous l'action du frottement des matières en suspension dans l'eau. Les rainures qui se forment ainsi dans les pierres de taille composant le seuil et les piédroits des têtes d'évacuateurs ont suffi pour empêcher l'étanchéité de la porte espagnole établie au barrage du Hamiz.

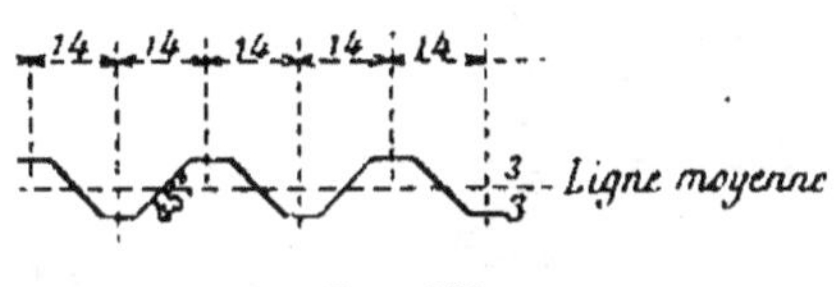

Fig. 262.

En vue de remédier à ces inconvénients, qui sont d'autant plus redoutables que, pendant les chasses, il se produit par l'orifice aval des rentrées d'air occasionnant de fortes vibrations, M. Jandin a employé, pour former le revêtement intérieur des évacuateurs, des anneaux en fonte, s'emboîtant les uns dans les autres, noyés dans la maçonnerie du mur. Mais, pour que les trépidations auxquelles donne lieu l'écoulement de l'eau ne puissent compromettre à la longue la solidité des scellements des anneaux, il est nécessaire de prendre des précautions spéciales. La surface extérieure des anneaux, au lieu d'être unie, est striée comme l'indique la figure 262 ; les brides reliant les anneaux successifs pénètrent de 110 millimètres dans la maçonnerie ; des arrachements ont été pratiqués dans cette maçonnerie, et l'espace compris entre elle et les anneaux en fonte a été rempli avec du béton au mortier de ciment artificiel Vicat.

Nous avons déjà expliqué que la forme de la section longitudinale de la galerie d'évacuation, qui se compose d'un ajutage conique convergent suivi d'un ajutage divergent, a été adoptée en vue d'augmenter le débit de l'orifice pour une même section d'écoulement. Il est facile de calculer la conicité de l'ajutage de telle sorte que la pression dans la section étranglée, qui doit être toujours faible sans devenir nulle, diminue pour des hauteurs d'eau croissantes dans le réservoir et ne devienne nulle qu'au moment où les eaux atteindront le maximum de la retenue[1]. Dans ces conditions

[1] Etant donné un orifice évasé de la forme ABC (*fig.* 263) ayant sa section contractée en BB, il est facile de constater si l'écoulement se fera à gueule bée pour toute hauteur d'eau dans le réservoir. Supposons, en effet, que l'écoulement s'effectue avec une vitesse constante pour tous les filets liquides.

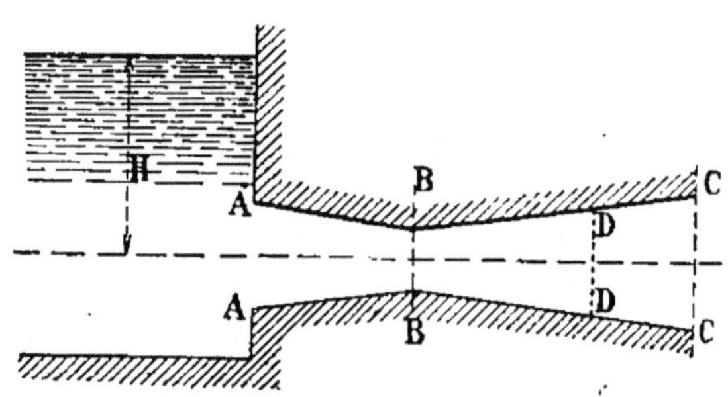

Fig. 263.

Désignons par ω et ω_1 les sections BB et CC ; par V et V_1, les vitesses correspondantes ; et par p et p_1, les pressions (p étant la pression atmosphérique).

On a, d'après le théorème de Bernouilli :

$$\frac{V_1{}^2}{2g} = H \qquad \text{et} \qquad \frac{V^2}{2g} + p = \frac{V_1{}^2}{2g} + p_1.$$

De plus, à cause de la constance du débit,

$$\omega V = \omega_1 V_1.$$

Éliminons V et V_1 entre ces trois équations, il vient :

$$p = p_1 - \left(\frac{\omega_1{}^2}{\omega^2} - 1\right)H.$$

Cette expression ne doit pas devenir négative ; donc $p \geqq 0$. En posant $p = 0$ et en résolvant par rapport à H, on obtient la limite supérieure que H ne doit pas dépasser pour que la pression reste positive dans le cas d'un ajutage donné. Cette valeur est $H = \dfrac{p_1}{\dfrac{\omega_1{}^2}{\omega^2} - 1}$.

Si H et ω sont connus, on tire ω de la relation précédente. Si la

l'écoulement se fait à gueule bée pour toute hauteur du plan d'eau.

Au barrage de la Djidiouia la trop grande conicité de l'ajutage divergent a produit ce résultat que la pression nulle est obtenue avant que la retenue atteigne sa hauteur normale. En réalité, on a constaté dans la section contractée une pression inférieure à $1/10^e$ d'atmosphère. Lorsque le réservoir est plein, l'augmentation du débit par rapport à celui d'un ajutage cylindrique qui aurait eu la même section que la partie étranglée est de 26 0/0, ce qui démontre l'avantage du système. Mais la veine liquide, au lieu de couler à gueule bée par l'orifice d'aval, se détache du tuyau par intervalles de temps très rapprochés et provoque des vibrations qui disloquaient les maçonneries. On a dû augmenter l'épaisseur de ces maçonneries ; en outre, on a relié entre eux les anneaux de l'ajutage qui étaient simplement emboîtés l'un dans l'autre et on les a rendus solidaires avec la maçonnerie au moyen de goujons scellés dans cette dernière.

Au barrage du Hamiz on a réduit expérimentalement la conicité de l'ajutage pour que l'écoulement se fasse à gueule bée pour toutes les hauteurs d'eau possible, de manière à supprimer toute cause de dislocation des maçonneries.

b) *Appareil de compression (fig.* 264 *et* 265). — L'eau motrice est fournie par le réservoir que crée le mur-barrage. Préalablement décantée dans un grand récipient en tôle, elle est ensuite refoulée à l'aide d'une pompe à bras jusqu'au réservoir supérieur établi sur le coteau en contre-haut du couronnement du barrage. On peut donc remplir ce réservoir à loisir, indépendamment des manœuvres hydrauliques des vannes. L'échappement est mis en communication avec le réservoir de décantation, de manière que l'eau clarifiée puisse être utilisée à plusieurs reprises pour les manœuvres.

valeur trouvée est inférieure à la section CC, on en conclut que l'écoulement ne se fera pas à gueule bée sur tout l'ajutage, mais que la veine liquide se séparera des parois à partir d'une section DD dont la surface est égale à ω. Cette section est d'autant plus rapprochée de AA que H est plus grand.

Les cylindres moteurs, C, c, correspondant aux deux vannes, sont placés dans une chambre de manœuvre, sur la crête du barrage ; leurs longueurs sont fixées d'après la course de ces vannes, et leurs tiges sont munies de curseurs qui permettent au barragiste de se rendre compte de la position qu'elles occupent, qu'elles soient au repos ou en cours de manœuvre.

On a prévu le cas où un arrêt brusque anormal venant à se produire, la puissance vive de l'eau contenue dans la conduite qui relie le réservoir supérieur renfermant l'eau comprimée avec les cylindres, pourrait occasionner des coups de bélier susceptibles de produire des ruptures. Pour éviter qu'il en soit ainsi, l'eau de cette conduite passe dans un réservoir d'air R immédiatement avant d'être introduite dans les organes de distribution.

Ces organes sont constitués par deux autres réservoirs d'air, r, r', susceptibles d'être mis en communication, d'une part, soit avec le haut, soit avec le bas de chacun des cylindres C et c, d'autre part, soit avec le réservoir R, soit avec l'échappement.

Avant d'effectuer une manœuvre quelconque on commence, au moyen d'un jeu de robinets, par établir la pression dans les deux réservoirs r et r', puis sur les deux faces du piston qu'on veut faire mouvoir ; on intercepte alors la communication de l'un des petits réservoirs d'air avec le grand réservoir, pour le mettre en communication avec l'échappement. Lorsque la différence de pression sur les deux faces du piston est suffisante, le mouvement commence, et le barragiste en règle la vitesse ou l'arrête à volonté, par la manœuvre du robinet d'échappement.

Grâce à ces dispositions, si un arrêt brusque vient à se produire, la pression dans la partie du cylindre moteur en communication avec l'échappement ne tombe pas immédiatement à zéro, ainsi que cela aurait lieu s'il n'y avait pas de petits réservoirs d'air et de contre-pression élastique ; en effet, sans la présence de ces petits réservoirs, la contre-pression serait exclusivement due à la résistance des conduites d'échappement à l'écoulement ; elle disparaîtrait totalement lorsque la vitesse de l'eau viendrait à s'annuler. La présence

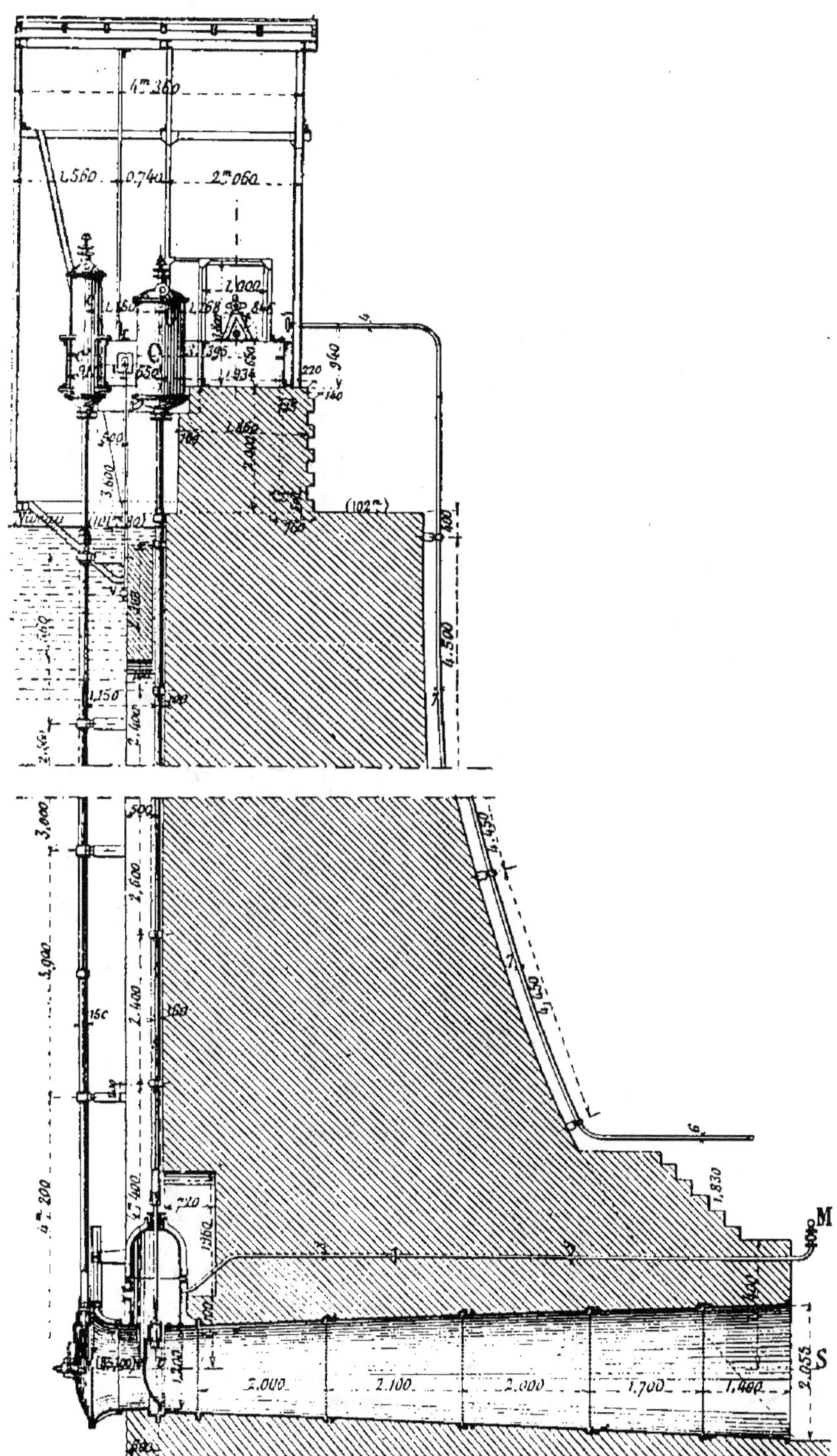

Fig. 264. — Appareil de chasses, système Jandin. — Coupe suivant LM du plan.

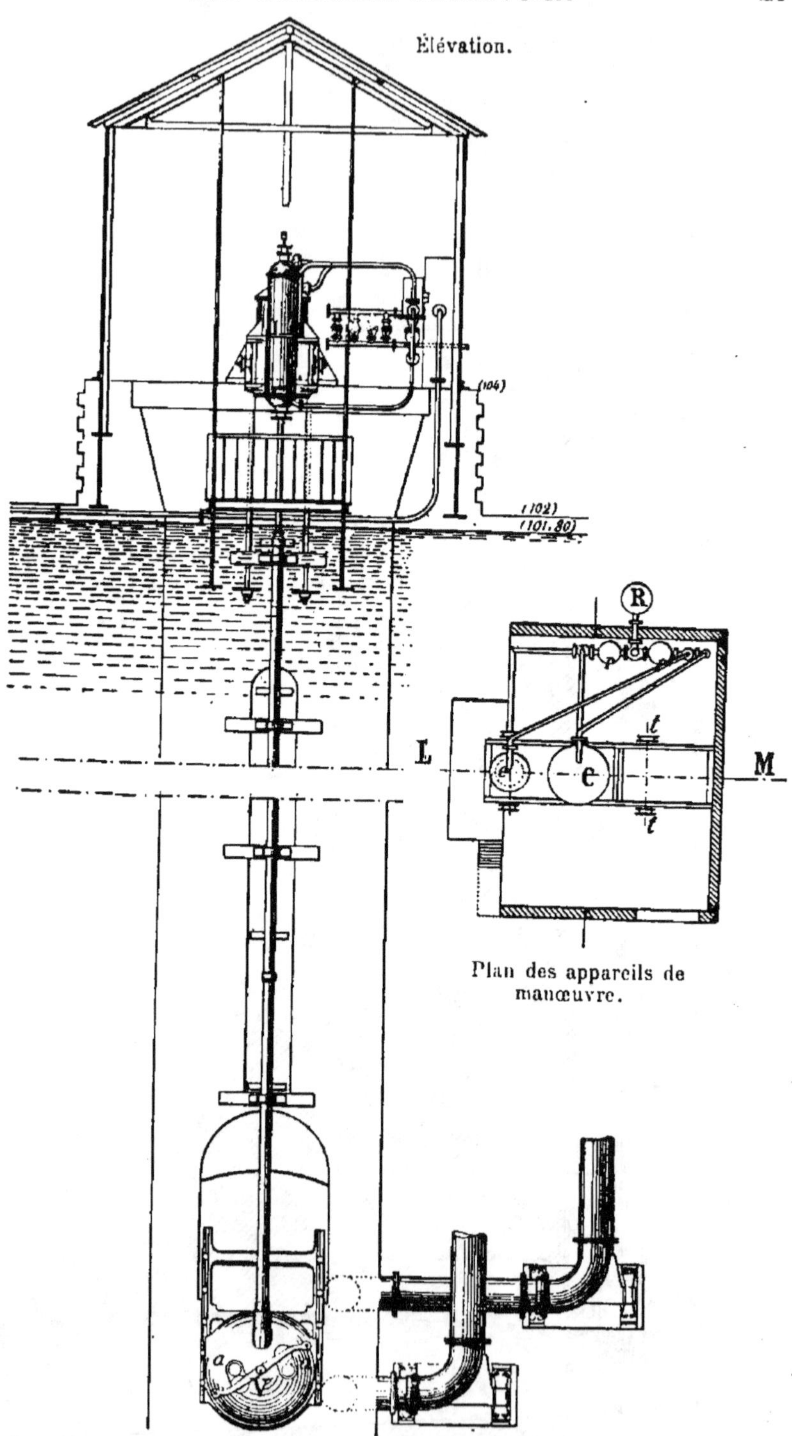

Fig. 265. — Appareil de chasses, système Jandin.

des réservoirs r et r' a donc pour effet d'éviter des à-coups dans l'effort exercé sur les pistons par l'eau sous pression.

c) *Appareils de manœuvre* (*fig.* 265). — Les vannes v et V qui, au barrage de la Djidiouia, obturent respectivement des orifices de 1^m,20 et de 1^m,50 de diamètre, sont constituées par des disques sphériques en fonte munis de nervures qui leur donnent la rigidité nécessaire pour résister à la poussée de l'eau. Les surfaces d'appui sont formées de cadres en bronze qui ont pour effet de diminuer le frottement au départ.

Les tiges des vannes sont constituées par des tuyaux en fer étiré de 130 millimètres de diamètre intérieur; la tige de la petite vanne a 15 millimètres d'épaisseur, celle de la grande vanne 10 millimètres seulement, cette dernière ne devant être manœuvrée qu'après avoir été équilibrée. Des paliers-guides, espacés de 4 mètres environ, s'opposent à la flexion des tiges.

Le disque en fonte constituant la grande vanne contient, au niveau de son centre, et placées symétriquement, deux ouvertures circulaires de 0^m,20 de diamètre a, a, susceptibles d'être fermées simultanément par des disques plats portés sur une même tige mobile autour d'un axe qui coïncide avec l'axe de la galerie. Nous avons dit ci-dessus que ces vannettes servent à équilibrer la pression sur les deux faces de la grande vanne.

L'emploi fait par M. Jandin d'une galerie métallique présentant la forme d'un ajutage divergent paraît réaliser une amélioration notable, quoiqu'il en résulte un surcroît de dépenses important. Mais les autres dispositions de son appareil ne sont pas toutes à l'abri de la critique.

C'est ainsi que la distribution de l'eau sous pression est obtenue au moyen de robinets d'échappement indépendants les uns des autres et dont la manœuvre exige une très grande attention. Quant aux réservoirs à air servant de régulateurs, ils ne paraissent pas indispensables, et les coups de bélier pourraient être évités, semble-t-il, en disposant les robinets d'échappement de telle sorte que la fermeture ou l'ouverture de la vanne de l'orifice de l'évacuateur ne se produise pas instantanément.

La tige de la vanne d'amont ne semble pas complètement à l'abri de toute flexion. Quelque précis que soit, au moment du montage, l'ajustage de cette tige avec les paliers-guides, il peut se produire à la longue assez de jeu pour que les guides cessent d'être capables de s'opposer à toute flexion de la tige quand elle est pressée parallèlement à son axe. Disons cependant qu'au cas où cette tige viendrait à être faussée, il n'en résulterait aucune conséquence fâcheuse, car on pourrait toujours relever la vanne d'amont, la maintenir ouverte, et se servir de la vanne d'aval seule, en attendant la remise en état de la première.

La grande vanne d'amont, dont l'installation augmente considérablement le prix de l'appareil, pourrait être supprimée, étant donné que son seul avantage consiste dans la possibilité de graisser le siège de la petite vanne et, par suite, de réduire les efforts nécessaires pour manœuvrer cette dernière ; la grande vanne pourrait même devenir une cause de grand embarras si, pour une cause quelconque, la manœuvre des vannettes devenait impossible.

Enfin ici, de même qu'à l'appareil de la Compagnie de Fives-Lille, on pourrait, s'il s'agissait d'un barrage-réservoir à construire, améliorer notablement le système en ménageant au-dessus de la galerie d'évacuation une petite galerie donnant accès par l'aval à une chambre de manœuvre intérieure située immédiatement au-dessus de la petite vanne ; on éviterait ainsi la longue tige guidée supportant la vanne et les chances de coincement et de grippement qu'entraîne nécessairement son emploi.

Nous remarquerons toutefois, en terminant, que les appareils installés tant aux barrages du Hamiz et de la Djidiouia qu'au barrage du Hamiz ont bien fonctionné. Les perfectionnements dont ils sont encore susceptibles n'enlèvent rien à leur mérite ; par le fait de leur installation, on a réalisé un très grand progrès dans la manœuvre des vannes de chasses des barrages-réservoirs.

53. Du dévasement des réservoirs. — Il semble au premier abord que les appareils de chasses décrits dans le paragraphe précédent pourraient servir au dévasement d'une manière économique, puisqu'en temps de crue ils écoulent de l'eau trouble ; mais le tourbillon qui se produit à l'amont de la vanne ne s'étend en réalité qu'à une faible distance ; ce qu'on pourrait appeler la section d'écoulement est de plus en plus grande, et par suite la vitesse de plus en plus petite, à mesure qu'on s'éloigne de l'orifice. La masse en mouvement pourrait être comparée théoriquement à un cône horizontal dont la pointe est dans le barrage ; la vitesse n'est réellement considérable que près du mur et l'effet d'entraînement ne se propage pas à une grande distance.

La question de l'enlèvement économique des vases est donc distincte de celle de la vidange.

Les rivières dont les eaux sont emmagasinées dans des barrages-réservoirs charrient souvent, principalement en temps de crues, des quantités énormes de limons. Quand l'eau se trouve arrêtée dans son mouvement par un de ces ouvrages, elle dépose les matières qu'elle tenait en suspension, et les limons s'accumulant finissent par réduire très sensiblement la capacité libre du réservoir, si des mesures spéciales ne sont pas prises pour assurer leur enlèvement.

On a constaté que le réservoir du Sig, dont la capacité était originairement de 3.500.000 mètres cubes, se réduisait annuellement de 100.000 mètres cubes par an, par suite des apports de vases. Au barrage de la Djidiouia, d'une capacité initiale de 2.000.000 mètres cubes, les vases s'accumulaient à raison de 250.000 mètres cubes par an.

Le mur-barrage retient tout le débit solide de la rivière, alors même qu'il n'est pas suffisant pour retenir également tout le débit liquide. On constate, en effet, que, dès que la retenue a quelques centaines de mètres de longueur, les eaux limoneuses se décantent et que ce sont les eaux claires qui passent sur le déversoir. Mais le débit solide ne vient pas s'accumuler en entier au pied du barrage ; c'est au contraire à l'entrée même de la retenue, au point où leur vitesse s'amortit, que les eaux déposent la plus grande partie de leurs vases. Suivant la quantité d'eau contenue dans le réservoir au moment où se produit une crue, l'extrémité de la retenue, c'est-à-dire le point où se forme la plus grande partie des dépôts, se trouve plus ou moins loin du pied du barrage.

Après une série d'années, ces vases se seront par suite déposées sur toute la longueur du thalweg, depuis le parement amont du mur jusqu'à la pointe de la retenue maxima. Si le fond de la retenue est à peu près horizontal, les vases restent en place, sinon elles descendent vers les points les plus bas, qui reçoivent ainsi non seulement les dépôts de la masse d'eau qui les recouvre, mais encore ceux qui n'ont pu s'arrêter autour d'eux. Plus tard, ces masses elles-mêmes glissent à leur tour et se dirigent vers les points les plus bas, en sorte que, finalement, les dépôts présentent, dans le sens de la vallée, une pente longitudinale vers le barrage, laquelle va en diminuant d'année en année jusqu'à disparaître entièrement.

En certaines régions, notamment en Algérie, ces vases finissent par acquérir, au bout de peu d'années, une telle consistance, au moins à la surface, que la drague ordinaire les désagrégerait difficilement, et qu'il faudrait recourir, pour les enlever, à l'emploi d'excavateurs ou des autres procédés de déblais.

54. Des divers systèmes de dévasement. — De ce qui précède il résulte que les barrages-réservoirs s'envaseraient rapidement, si l'on ne prenait des mesures spéciales pour assurer l'évacuation des vases accumulées.

La question du dévasement est donc d'une importance capitale. Bien que, comme nous allons le voir, elle n'ait pas encore été résolue d'une manière satisfaisante, de nombreux essais ayant été tentés ces dernières années dans cette voie, nous croyons utile de traiter la question avec quelques développements.

Les solutions que comporte ce problème peuvent être classées en deux groupes distincts : dans le premier on laisse les vases s'accumuler pendant une ou plusieurs années ; puis, à un moment donné, alors que le barrage renferme encore une certaine quantité d'eau, on ouvre des portes ou vannes fermant des galeries dites d'évacuation placées dans l'axe du thalweg ; les eaux, en s'écoulant, entraînent les dépôts existants. Ce système, qui a été employé d'abord aux barrages d'Espagne, est dit *système espagnol*.

Le deuxième groupe comprend les divers procédés dans lesquels le dévasement doit être effectué *à barrage plein*, pendant la période même des irrigations. Les eaux sont alors chargées de porter les vases sur les terrains irrigués auxquels elles fournissent un excellent engrais.

Nous examinerons successivement les divers procédés que comprend chacun des deux groupes.

55. Influence de la configuration du terrain. — Avant de commencer cet examen, il est utile de faire remarquer l'influence de la configuration du terrain occupé par la retenue que forme le réservoir sur le résultat à attendre de l'emploi des appareils de dévasement.

Pour que le dévasement s'effectue convenablement, il faut que l'action de l'évacuateur puisse se faire sentir très loin. Or il arrive parfois que son effet, sous l'influence des érosions que produit le courant tumultueux, cesse d'être appréciable à une très faible distance de l'orifice de l'évacuateur. A une distance un peu considérable l'effet de la chasse d'eau se manifeste plutôt par la formation d'une petite vague superficielle que par le déplacement des couches inférieures qui, d'ailleurs, n'auraient qu'une vitesse absolument insignifiante. Il faut donc que la vase elle-même chemine peu à peu, grâce à l'appel qui se produit à l'aval, de la pointe amont de la retenue jusqu'au mur. La forme qu'affecte en plan une retenue peut ne pas faciliter ce mouvement des vases. Au barrage de la Djidiouia (département d'Oran), notamment, le réservoir se compose de trois parties distinctes (*fig.* 266). La partie A, longue, peu large et à flancs escarpés, se prête bien à la formation d'un grand fleuve de vase descendant lentement jusqu'au barrage. La troisième, C, est également étroite, mais s'appuie sur des talus bien moins raides. Enfin entre A et C il existe un épanouissement en B; c'est là que les eaux de crues,

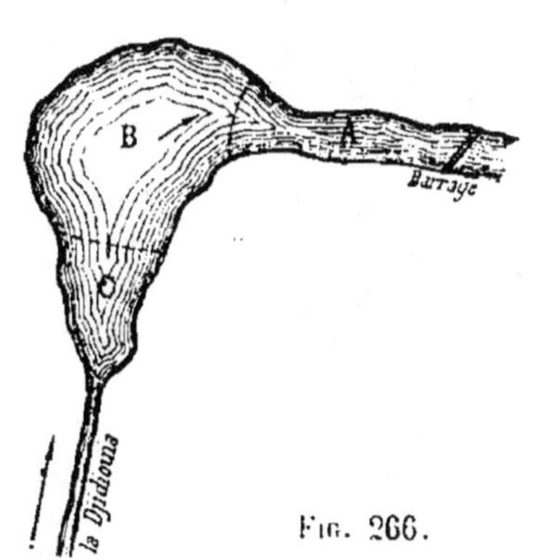

Fig. 266.

ayant perdu à peu près complètement leur vitesse, laissent de préférence, leurs dépôts, et dans les chasses les vases ne s'engagent que difficilement dans la section la plus rétrécie de la partie A, sous l'action de l'écoulement des vases d'aval. En pareil cas, le mouvement des vases vers le barrage ne peut se produire dans des conditions bien satisfaisantes. Aussi a-t-il été impossible de lutter d'une manière efficace contre l'envasement de ce réservoir par l'emploi de procédés de dévasement ayant donné quelques résultats dans des circonstances plus favorables.

56. Des évacuateurs espagnols. — Dans les évacuateurs imités du système espagnol, la galerie de curage, placée dans l'axe même du thalweg, traverse en ligne droite, de l'amont à l'aval, le massif du barrage. Son orifice assez étroit vers l'amont, sur une assez faible longueur, va ensuite en augmentant jusqu'à l'aval, grâce à la forte pente de son radier.

Il s'ensuit que, lorsque l'opération du curage commence, les limons s'échappent compacts, sans arrêt possible. Il est préférable de remplacer la galerie unique à grande section par deux galeries de sections moindres, ce qui affaiblit moins le mur et permet d'obtenir au moment des chasses deux courants qui opèrent efficacement sur la masse des vases.

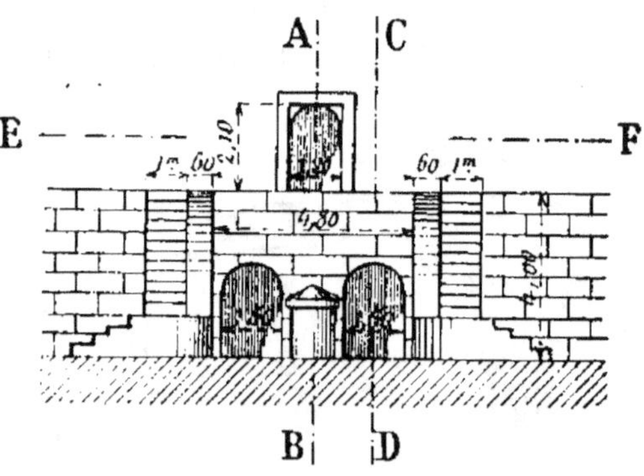

Fig. 267. — Élévation aval.

La galerie de curage est fermée à l'amont par des poutrelles verticales juxtaposées butant contre une feuillure tant sur le radier que sur la voûte et maintenues contre la poussée des eaux du déversoir par trois traverses horizontales encastrées dans les parois latérales de la galerie. Pour procéder au curage, on ruine les étais, travail qui s'opère d'une seconde galerie superposée à la première et dont le dallage est percé d'un grand trou. En ébranlant la porte du haut de

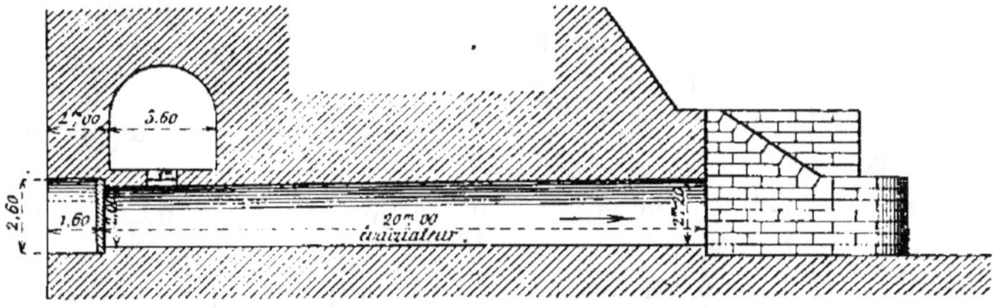

Fig. 268. — Coupe suivant CD de la fig. 267.

cette dernière galerie à l'aide d'une corde passée dans un

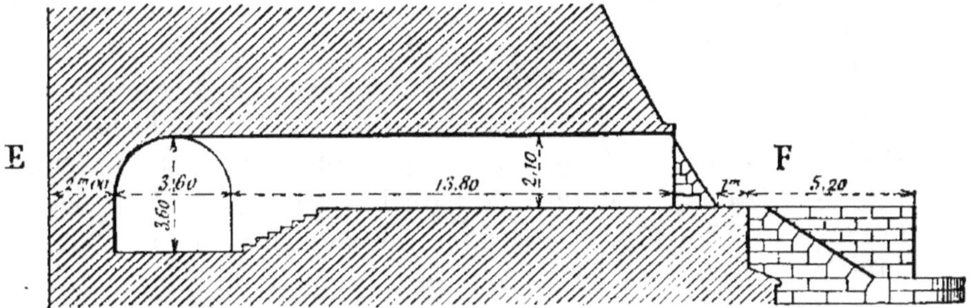

Fig. 269. — Coupe suivant AB de la fig. 270.

crochet fixé à sa partie inférieure, celle-ci cède sous le poids

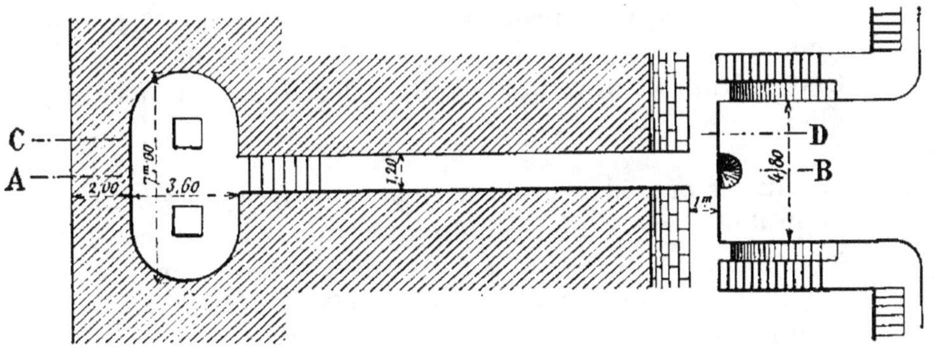

Fig. 270. — Coupe suivant EF de la fig. 269.

de l'eau qui s'échappe en entraînant la vase (*fig.* 267 à 270).
Au barrage projeté du Bou-Roumi, chaque galerie d'éva-

cuation forme à son origine un goulet horizontal de 2 mètres de longueur, 1ᵐ,30 de largeur et 2 mètres de hauteur; puis, elle s'élargit brusquement et se continue jusqu'à son extrémité avec une largeur de 1ᵐ,80.

A partir du goulet, le radier suit une pente de 0ᵐ,05 par mètre.

A l'entrée et à la sortie du goulet sont aménagées des feuillures de 0ᵐ,25.

Ce sont les feuillures d'aval qui sont destinées à recevoir une porte en charpente du système espagnol. Quant aux feuillures d'amont, elles pourront servir à loger des vannes de fermeture le jour où les difficultés qu'on rencontre jusqu'ici dans la manœuvre de ces vannes (§ 50) auront été vaincues.

La chambre de manœuvre a 3ᵐ,50 de largeur et 3ᵐ,60 de hauteur; on y arrive par une galerie de sauvetage de 1ᵐ,20 de largeur et 2ᵐ,20 de hauteur, qui s'ouvre sur le parement aval du barrage, à 6 mètres au-dessus de la fondation. On accède à la galerie de sauvetage par une banquette de 1ᵐ,50 ménagée sur le parement aval du barrage, et par des escaliers placés à droite et à gauche des galeries de curage. Ces galeries sont entièrement revêtues en pierre de taille, pour leur permettre de résister à la violence du courant au moment des chasses. En ce qui concerne la galerie supérieure, seuls le massif de 2 mètres d'épaisseur qui sépare la chambre de manœuvre du réservoir et la voûte de cette chambre, qui aura à supporter une charge d'eau de 30 mètres quand le barrage sera plein, sont en pierre de taille.

Les piédroits et la voûte de cette galerie sont en moellons smillés.

57. Autres procédés de dévasement. — Le système d'évacuation dont nous venons de donner la description présente divers inconvénients dus, les uns au principe même de ce mode de dévasement, les autres au procédé employé pour provoquer les chasses.

L'efficacité du système paraît subordonnée à la nature des vases, à l'importance du débit des sources pérennes qui alimentent le réservoir et à la pente du thalweg.

Si les vases sont peu argileuses, si les sources sont très

abondantes et la pente du lit notable, on se trouve dans de bonnes conditions de réussite. C'est grâce à un semblable concours de circonstances qu'on a pu éviter l'envasement de certains grands barrages d'Espagne, tels que ceux d'Almanza et de Tibi, près Alicante.

Mais, en supposant même qu'il soit possible de provoquer des chasses assez puissantes pour enlever une quantité notable des vases accumulées, ce procédé exige, pour être efficace, que ces vases aient acquis une grande consistance. Force est donc de les laisser déposer pendant quelques années. Dès lors, pendant l'intervalle qui sépare deux ouvrages consécutifs, la capacité vide utilisable se réduit suffisamment pour pouvoir léser gravement les intérêts de la région.

D'autre part, avec ce mode de dévasement il est impossible de vider partiellement le réservoir, puisqu'on ne peut refermer la porte que lorsque toute l'eau s'est écoulée. En outre, il est souvent difficile d'obtenir une fermeture étanche, la pression de l'eau tendant à éloigner la vanne vers l'aval au lieu de la maintenir plaquée contre les maçonneries.

Enfin, dans plusieurs barrages espagnols, la disposition des galeries rend la manœuvre périlleuse pour l'ouvrier chargé de ruiner les cales et qui, au moment de la débâcle, a besoin d'une grande agilité pour pouvoir s'enfuir avant d'être atteint par le flot.

En raison de ces inconvénients, divers ingénieurs algériens ont cherché à substituer à la porte espagnole des systèmes consistant à diluer les vases et à les évacuer par siphonnement d'eau très chargée en limon. Dans une expérience de laboratoire faite à Bédarieux en 1862, M. Léon Philippe, ingénieur des Ponts et Chaussées, put assurer par un siphon à main l'évacuation facile d'un mélange d'eau et de sable fin, qui après écoulement présentait la composition suivante :

Eau	30 0/0
Sable	70 0/0

Le problème serait donc résolu si l'on pouvait provoquer la formation, à l'extrémité amont du siphon, d'un mélange épais d'eau et de vase diluée.

Divers essais ont été faits dans cette voie, et, bien qu'ils aient abouti à des échecs, nous croyons devoir les décrire, parce qu'ils constitueront des renseignements précieux pour ceux qui auront le temps et le désir d'aborder ce problème pratique. Celui qui creuse une galerie de mine sans mettre la main sur le filon évite à ceux qui viendront après lui une manœuvre inutile dans la même direction, et l'inventeur heureux ne fait parfois que cueillir les fruits dont une culture ingrate a épuisé les efforts de ses prédécesseurs.

a) *Appareil Calmels.* — En 1882, Martin Calmels, ingénieur civil, construisit, sous les auspices et avec le concours du Ministère de l'Agriculture, une machine dont le principe était le suivant : une turbine fixe, actionnée par la chute du barrage, mettait en mouvement des pompes qui comprimaient l'air dans un tuyau flexible terminé par une crépine percée de trous que l'on plongeait dans la vase. L'air comprimé s'échappant par les trous diluait la vase, et l'eau limoneuse était écoulée soit par un siphon, soit par les bondes de chasse.

Ce système, irréprochable au point de vue théorique, n'a donné, lors des expériences, que des résultats pratiques médiocres, en raison de la compacité des vases anciennes dans lesquelles les premières bulles d'air échappées de la crépine se frayaient un chenal ou cheminée verticale par où les bulles d'air suivantes s'échappaient sans produire de dilution. D'autre part, les vases récentes s'étalaient en faible talus, ce qui ne permettait pas de porter utilement l'action du tuyau éjecteur d'air à une grande distance du barrage. La quantité d'eau perdue pour l'écoulage d'une quantité donnée de limon était considérable. Les essais, poursuivis avec ardeur, furent d'ailleurs malheureusement interrompus par la mort prématurée de l'inventeur, survenue à la fin de l'année 1882, et n'ont pas été repris depuis.

b) *Appareil Trémaux.* — En 1884, M. Trémaux, conducteur principal des Ponts et Chaussées en retraite, proposa un autre procédé consistant à délayer la vase dans l'eau du réservoir en faisant agir, à l'intérieur des dépôts vaseux, des courants d'eau sous pression.

Une roue hydraulique actionnée par la chute du barrage met en mouvement une pompe rotative qui refoule une partie de l'eau motrice dans une conduite percée de trous, placée sur le fond du réservoir. L'eau jaillissant par ces trous devait désagréger la vase, la mettre en suspension dans l'eau de la retenue qui serait entraînée à l'aval du mur-barrage par une seconde conduite parallèle à la première. Cet appareil, qui présente les mêmes inconvénients que l'appareil Calmels, n'a été ni expérimenté, ni même construit. Il ne paraît d'ailleurs pas devoir produire les résultats désirés.

c) *Appareil Delamarre.* — A peu près à la même époque, M. Delamarre, ancien élève de l'Ecole Polytechnique, soumit au Ministre de l'Agriculture un procédé de son invention, dont l'idée lui avait été inspirée par le fonctionnement d'un trieur de minerai qu'il avait employé dans l'exploitation des mines de zinc de Sakamody et qu'il proposait d'appliquer au barrage-réservoir du Hamiz.

Une série de tuyaux métalliques de $0^m,12$ à $0^m,15$ de diamètre, remplaçant la galerie de curage, sont placés à la base du mur-barrage dans le sens transversal de l'épaisseur. A l'aval du mur, ces tuyaux se relèvent verticalement. Chacun d'eux est muni de trois tubulures portant des robinets-vannes qui dégorgent à l'extérieur, la première à la sortie du mur-barrage, la seconde à environ 18 mètres au-dessus de la première et la troisième à 10 mètres au-dessus de la précédente. A l'intérieur du réservoir, chaque tuyau se partage en trois branches de sections plus faibles se prolongeant aux distances où l'on veut capter la vase, et la tête amont des branches reste libre. Le premier robinet sert à dégorger le tuyau, en donnant le maximum de charge quand il s'engorge accidentellement ; le second et le troisième permettent de n'avoir qu'une charge réduite pour l'écoulement, quel que soit le niveau de l'eau dans le réservoir, de manière à ne dépenser pour l'écoulement d'une quantité de vase donnée que la quantité d'eau strictement nécessaire. La manœuvre consiste à tenir toujours le tuyau libre au moyen du premier robinet et, quand l'eau est suffisamment chargée de vases dans le voisinage des prises d'amont, à la laisser s'écouler en ouvrant soit

le second, soit le troisième robinet, suivant le niveau de la
retenue.

M. Delamarre pensait qu'on arriverait ainsi à maintenir
toujours dégagés les abords du barrage, et que toute la vase
qui se présenterait serait enlevée par les tuyaux avant de se
déposer.

Ce procédé n'a pas non plus été expérimenté, la Commission
de l'Hydraulique agricole ayant estimé qu'il n'était guère
possible d'assimiler le fonctionnement de l'appareil Delamarre à celui du trieur de minerai : l'orifice amont des tuyaux
ne tarderait pas à s'obstruer, malgré le courant produit par
l'écoulement de l'eau.

d) *Appareil Jandin*. — L'expérience la plus complète qui ait
été poursuivie sous le contrôle de l'Administration est celle
d'un appareil inventé et construit par M. Jandin, ingénieur
constructeur à Lyon, auteur du système de vannes de chasses
dont nous avons donné ci-dessus la description (§ 52).

Le système de dévasement de M. Jandin consiste dans
l'emploi d'un siphon débouchant à l'aval du réservoir (*fig.* 271).

La tête amont du siphon plongé dans la vase est munie

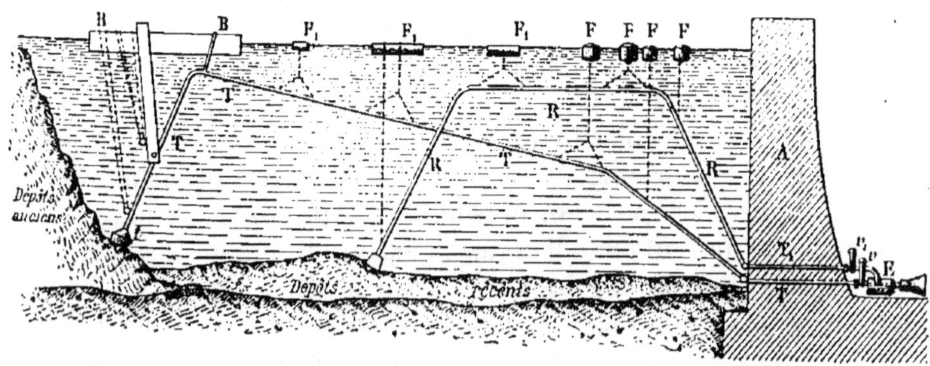

Fig. 271. — Appareil Jandin pour le dévasement des réservoirs.

A, Mur-barrage.
T, Siphon principal de dévasement.
R, Siphon auxiliaire de dévasement.
E, Éjecteur aspirant.

FF₁, Flotteurs et appareils de réglage.
t, Turbine à courant ascendant actionnant le découpeur.
BB, Bateau dragueur.

d'une turbine centrée sur l'axe du siphon, et que l'eau, à son
entrée dans le siphon, met elle-même en mouvement. Sur

l'axe de cette turbine est calée une raboteuse circulaire destinée à découper la vase (*fig.* 272); celle-ci, qui se dilue dès
qu'elle se trouve détachée en lame mince, est entraînée dans

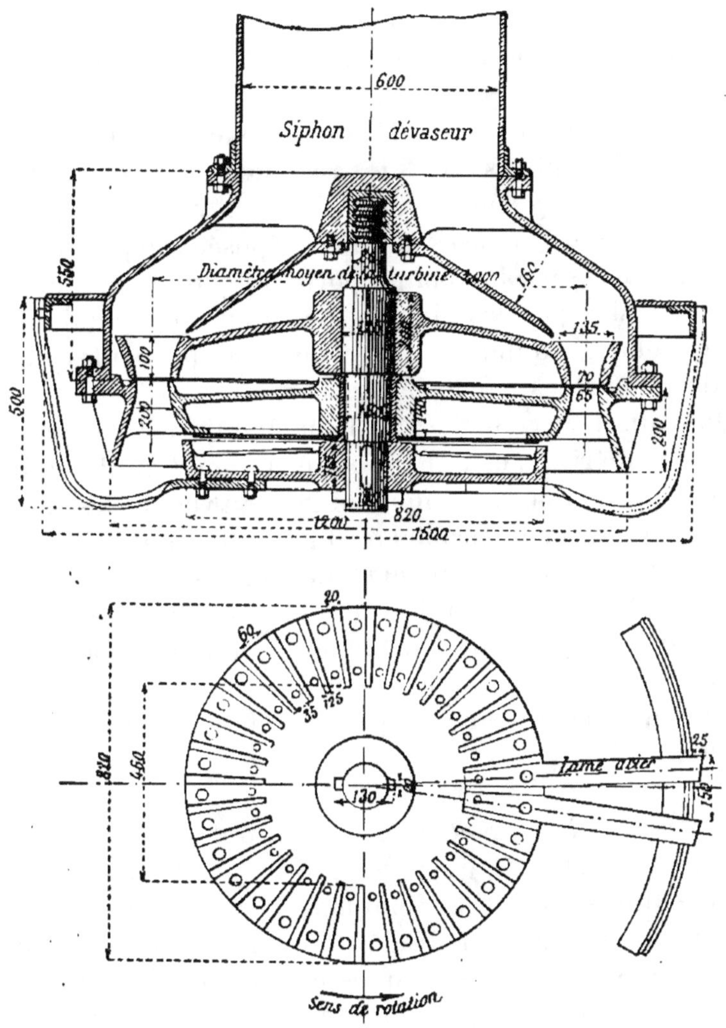

Fig. 272. — Appareil découpeur avec sa turbine motrice.

le siphon dont l'eau est très chargée de limon, ce qui évite
la grande dépense d'eau de la machine Calmels, laquelle diluait la vase dans la masse d'eau du réservoir, au lieu de
l'écouler directement.

L'appareil Jandin a été essayé au barrage de la Djidiouia, d'une capacité initiale de 2 millions de mètres cubes environ et dont le mur est muni de l'appareil de chasse inventé par le même constructeur. Ce barrage, construit en 1875-1876, ne pouvait plus contenir, en 1882, que 500.000 mètres cubes ; le cube des dépôts avait donc été de 250.000 mètres cubes par an.

Les expériences ont été poursuivies pendant plusieurs années consécutives ; mais les résultats obtenus n'ont pas été favorables. Le découpeur n'avait pas la puissance nécessaire pour entamer les vases durcies déposées depuis longtemps au fond du réservoir, et la proportion de limon contenue dans l'eau écoulée par les siphons de dévasement était des plus faibles et ne contenait guère que des particules des vases molles apportées par les crues récentes.

Quoi qu'il en soit, l'essai de M. Jandin est des plus honorables et mérite d'être mentionné comme l'un des efforts les plus remarquables qui aient été faits en vue de résoudre l'important et difficile problème du dévasement des barrages-réservoirs. Peut-être même mériterait-il d'être repris en renonçant à l'idée séduisante, mais peu pratique, de faire mouvoir le découpeur par la force que développe le siphonnement, et en plaçant en regard de la gueule de tête du siphon, un découpeur indépendant actionné par un moteur spécial.

e) *Procédé de M. Souleyre.* — M. Souleyre, ingénieur des Ponts et Chaussées, qui a étudié le projet de barrage de l'Oued-Athménia sur le Rummel, a été amené à examiner également la question du dévasement. Après avoir comparé les divers procédés mécaniques utilisés pour l'enlèvement et le transport des vases, il a posé le principe d'un appareil dans des termes que nous résumons ci-dessous.

Dans un dragage de vases il se succède deux sortes d'efforts de nature bien distincte : 1° fouille de la vase ; 2° élévation verticale de l'eau vaseuse, travaux auxquels il faut ici en ajouter un troisième : mélange d'eau et de vase suivant un rapport déterminé, afin de rendre possible l'expulsion de la vase délayée.

A chacun de ces travaux doit, semble-t-il, correspondre un outil distinct.

Le premier pourrait être soit une roue à palettes de faible diamètre, soit un injecteur d'air comprimé ou d'eau comprimée ; des essais seraient à faire pour choisir entre ces divers systèmes.

Le second serait une simple pompe, puisque l'expérience a prouvé, sur de nombreux chantiers, qu'il est facile de pomper de l'eau vaseuse. La crépine de la pompe serait placée aussi près que possible de l'appareil de mise en suspension de la vase.

Le troisième comprendrait à la fois une pompe qui permettrait d'ajouter de l'eau claire lorsqu'elle manquerait, et un tuyau ménagé dans la caisse où se ferait le mélange, pour expulser, en cas de besoin, l'excédent d'eau. Le mélange se ferait dans un petit bassin ménagé à l'orifice de la conduite.

Les deux derniers outils, simples pompes, seraient d'un maniement très aisé. Le premier serait vraisemblablement moins compliqué qu'une drague ordinaire, dont on aurait pu prévoir l'emploi, puisqu'il se réduirait soit à un compresseur, soit à une roue peu encombrante.

Le transport des déblais liquides ne prenant qu'une partie du débit disponible, M. Souleyre pense qu'on pourrait utiliser la force motrice fournie par le reste de ce débit pour la mise en mouvement des outils. Pour cela, il suffirait de transformer cette force motrice en énergie électrique au moyen de turbines actionnant des dynamos.

Le procédé de M. Souleyre n'a pas encore reçu d'application.

Avant de terminer ce qui est relatif aux essais tentés en vue du dévasement par vidange du réservoir, nous mentionnerons pour mémoire les tentatives faites en vue de la construction, au fond des réservoirs, en prolongement de la galerie de curage, de galeries en maçonnerie dans le plafond desquelles on pratiquait de distance en distance des regards pour donner passage aux dépôts. Ces ouvertures étaient fermées en temps normal par des plateaux qu'on pouvait soulever ou abaisser au moyen d'un accumulateur. On espérait qu'en ouvrant les regards on créerait des chutes d'eau susceptibles d'entraîner de grandes quantités de vases. Ce système, essayé au barrage de Meurad, n'a pas donné de résultats satisfaisants. Si on laisse les orifices découverts, la galerie s'obstrue rapidement. Si, au contraire, on ferme les regards en se proposant de les ouvrir seulement au moment d'évacuer les dépôts, la vase ne tarde pas à recouvrir les plateaux qui ne fonctionnent plus quand on veut les lever.

On a également préconisé l'établissement de canaux de dérivation et de ceinture destinés à recueillir les eaux de crues pour les faire déboucher non plus à l'extrémité amont de la retenue, mais à côté même du barrage. Comme ce sont les grandes crues qui transportent presque tout le débit solide de la rivière, il en résulte qu'il faudrait donner à ces canaux de dérivation des dimensions telles que leur construction et leur entretien seraient des plus dispendieux.

58. Des mesures transitoires à prendre pour combattre l'envasement. — De tout ce qui précède il résulte que, malgré de nombreux essais, le procédé pratique à employer pour combattre efficacement l'envasement des barrages-réservoirs reste encore à trouver. Il est permis d'espérer qu'il n'en sera pas toujours ainsi. Néanmoins, dans l'état de choses actuel, il paraît nécessaire, en cas d'établissement d'un nouveau barrage-réservoir, de lui donner une capacité supérieure à celle qui est réellement utile, afin de se ménager la possibilité de loger les limons pendant un certain nombre d'années.

Dans le projet de barrage de l'Oued-Athménia, dont la capacité utile doit être de 50 millions de mètres cubes, les ingénieurs auteurs du projet ont proposé d'augmenter cette capacité de 20 à 30 millions de mètres cubes, ce qui permettrait de recevoir les limons pendant soixante-cinq ou cent ans.

On commencerait le dévasement dans soixante-cinq ou cent ans, selon qu'on jugerait nécessaire d'avoir une capacité libre de la retenue de 40 ou de 50 millions de mètres cubes, suivant la valeur acquise par l'eau et la richesse agricole du pays, d'une part, et suivant la dépense annuelle de dévasement, d'autre part.

Pendant ce temps, l'utilité de l'ouvrage serait assez grande pour qu'à l'expiration d'une période de cent ans, ou même de soixante-cinq ans, on pût regarder la dépense primitive comme amortie. A ce moment, la région sera probablement assez riche et assez peuplée pour que la dépense qu'il y aura lieu de faire pour le dévasement puisse être facilement supportée par les usiniers et les irrigants intéressés.

L'Administration supérieure n'a pas admis la proposition de laisser les vases s'accumuler dans le réservoir, estimant que l'exhaussement progressif du fond qui en résulterait et qui entraînerait également un relèvement du plan d'eau, aurait l'inconvénient, en augmentant la surface de la nappe et par suite les pertes par évaporation, de diminuer beaucoup les services que le réservoir est appelé à rendre.

Elle a estimé qu'il y avait lieu d'aviser aux moyens de se débarrasser des vases, en ayant recours aux évacuateurs. Dans ce but il a été prévu deux évacuateurs. L'un consiste dans un tunnel latéral au barrage qui doit servir pendant la construction à évacuer les eaux du Rummel, et qui sera utilisé ensuite pour la vidange du réservoir. On évitera ainsi les ébranlements que pourrait subir le barrage de retenue si toute l'eau emmagasinée ne pouvait être vidée que par un orifice percé à travers le mur. L'autre évacuateur sera ménagé dans le corps même du barrage et ne servira qu'après vidange de la retenue ; c'est vers lui qu'on dirigera le courant naturel du Rummel de manière à lui permettre de raviner le fond de vase, sauf à aider son action au moyen de guide-eaux ou de tout autre procédé. L'un et l'autre de ces appareils seront fermés par des vannes à manœuvre hydraulique. De plus, pour se réserver la possibilité de faire usage d'appareils mécaniques de dévasement, si la chose est reconnue ultérieurement avantageuse, on installera dans la digue, à $0^m,50$ au-dessus de l'étiage, un tuyau horizontal de $0^m,60$ de diamètre. Il sera prolongé à l'amont par un tuyau vertical montant à une hauteur suffisante pour que son extrémité ne soit pas obstruée par les vases, et formé d'anneaux amovibles, de façon à permettre de le relier facilement avec la conduite de dévasement, quelle que soit la hauteur de cette conduite.

59. Calcul des profils. — La question de la détermination de la section transversale à donner aux murs-barrages est l'une de celles qui ont soulevé le plus de controverses. Étudiée par beaucoup d'ingénieurs, elle a fait l'objet d'un grand nombre de mémoires. Nous croyons utile de nous arrêter sur ce sujet si important et de faire connaître sommairement les diverses méthodes de calcul préconisées par les auteurs qui ont fait une étude spéciale de cette question.

La donnée générale du problème est la suivante :

Considérons un mur de section transversale quelconque supportant contre l'une de ses faces une certaine charge d'eau et reposant sur un sol incompressible et inaffouillable. Il est soumis à deux forces : son poids et la poussée du liquide. La première force est verticale et dirigée du haut vers le bas; elle tend à asseoir le mur sur le sol de fondation. La seconde force, qui est horizontale, tend, au contraire, et à faire glisser le massif sur sa base, et à le renverser en le faisant pivoter autour de son arête extérieure. Il s'agit de donner à cette section des dimensions suffisantes pour que le moment de stabilité soit supérieur au moment de renversement et pour que le glissement soit rendu impossible, grâce au frottement du mur sur sa base.

Cherchant à réaliser ces deux conditions de non-renversement et de non-glissement, Navier, dans son traité de *Résistance des matériaux*, a donné des formules qui permettent de déterminer immédiatement l'épaisseur d'un mur de section rectangulaire. La condition de non-renversement s'exprime, d'après lui, par la relation $e = 0,577 h \sqrt{\dfrac{1}{D}}$, dans laquelle e désigne l'épaisseur cherchée, h la hauteur de la retenue et D la densité de la maçonnerie. La condition de non-glissement s'exprime par $e = \dfrac{h}{2F} \cdot \dfrac{1}{D}$, F étant le rapport du frottement à la pression.

Il suffit de prendre pour e la plus grande des deux valeurs données par ces expressions.

Cette double condition, suffisante en théorie pure, ne l'est en pratique que pour des ouvrages de très peu d'importance. En effet les formules qui précèdent supposent que le **mur**

constitue un solide invariable et ne tiennent pas compte de
ce que l'inégale répartition des pressions par unité de surface
sur une même section horizontale peut déterminer une ligne
de rupture.

60. Loi du trapèze. — La méthode suivie pour la détermination des profils des murs établis dans ces nouvelles conditions
est basée sur un mode de répartition des pressions d'une
section horizontale quelconque, connu sous le nom de *loi du
trapèze*, et qu'il est nécessaire de rappeler brièvement.

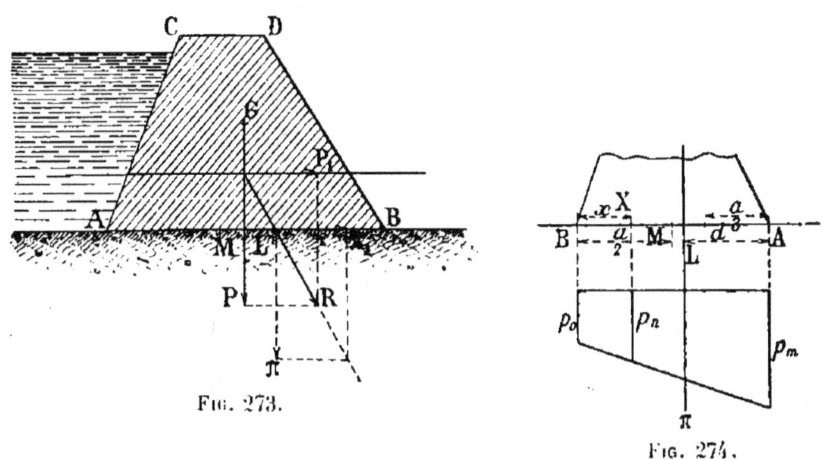

Fig. 273.

Fig. 274.

Soit ABCD (*fig.* 273) le profil d'un barrage quelconque, soumis à une charge d'eau ; une tranche verticale de 1 mètre
d'épaisseur découpée dans ce barrage est soumise aux deux
forces précédemment indiquées, P et P₁, dont la résultante R
coupe la base en L. En ce point L décomposons la force R
en deux forces, l'une verticale π, l'autre horizontale π_1.
On voit que $\pi = P$ et $\pi_1 = P_1$; π_1 tendra à faire glisser le
massif sur sa base et sera annulée par le frottement ou la
résistance des arrachements convenablement calculés.

Quant à la force verticale π, elle se répartit sur la base entière,
son action augmentant constamment depuis l'extrémité
A la plus éloignée du point L d'application de la résultante
jusqu'à l'extrémité B la plus rapprochée de ce même point, et
l'on démontre que sa valeur, en chaque point, est propor-

tionnelle aux ordonnées d'un trapèze dont le centre de gravité se trouve sur la direction de la composante verticale π. Ce qui précède s'applique aussi bien à un joint horizontal fictif quelconque qu'à la base de fondation. Les pressions supportées par l'un de ces joints ou par une base de fondation AB sous l'action d'une force π normale à ce point ou à cette base se déterminent en général comme suit.

Soient : $AB = a$, la longueur du joint considéré (*fig.* 274);

$AL = d$, la distance du point d'application L de la force π à l'extrémité A la plus rapprochée de ce point.

On distingue trois cas :

1° Si le point d'application de la force π est situé entre le milieu M et le tiers du joint AB, on a:

Pour la pression minima p_0 au point B :

$$(1) \qquad p_0 = \frac{6d - 2a}{a} \times \frac{\pi}{a};$$

Pour la pression maxima p_m au point A :

$$(2) \qquad p_m = \frac{4a - 6d}{a} \times \frac{\pi}{a};$$

Et pour la pression p_n en un point X situé à une distance $XB = x$ du point B :

$$(3) \qquad p_n = p_0 + \left(\frac{p_m - p_0}{a}\right) x.$$

2° Si le point d'application de la force π est situé exactement au tiers du joint AB, on a alors:

$$(4) \quad d = \frac{1}{3} a, \qquad p_0 = 0, \qquad p_m = 2\frac{\pi}{a} = 2\frac{\pi}{3d};$$

$$p_n = \frac{p_m}{a} x = \frac{p_m}{3d} x.$$

3° Si, enfin, le point d'application de la force π se trouve entre l'extrémité A et le tiers du joint, soit $d < \frac{1}{3} a$, on démontre, en considérant les sections horizontales comme des solides plans invariables, mais non invariablement reliés les uns aux autres, que la force P se répartit, comme dans le cas précédent, sur la partie aval du joint d'une longueur égale à 3*d*, le reste de ce joint ne portant rien.

Quand la force π occupe cette dernière position, ce qu'on exprime en disant que son point d'application est en dehors du noyau central, à la partie BB' correspond une *pression négative*, c'est-à-dire une *tension*, à laquelle la maçonnerie ne peut résister que par l'adhérence du mortier, mais c'est là une résistance sur laquelle il n'est pas prudent de compter.

On s'accorde aujourd'hui pour reconnaître la nécessité absolue de n'avoir aucune partie des maçonneries travaillant à la tension. En conséquence, nous poserons en principe que le massif AB doit avoir des dimensions telles que le point de passage L de la résultante du poids et de la pression de l'eau ne sorte pas du noyau central.

Ce qui précède s'appliquant à un joint horizontal quelconque aussi bien qu'à la base, il en résulte que le lieu des points de passage L de la résultante, c'est-à-dire la *courbe des pressions*, ne doit en aucun point sortir du tiers médian du profil. Cette condition une fois remplie, on devra s'assurer au moyen des formules ci-dessus qu'en aucun point la pression élémentaire ne dépasse la limite admissible, eu égard à la nature des matériaux employés.

61. Méthode de M. Delocre. — La méthode que nous venons d'exposer a été appliquée par M. Delocre, inspecteur général des Ponts et Chaussées, à la détermination du profil du barrage du Furens.

M. Delocre a établi par le calcul que le profil qui offre la plus faible épaisseur moyenne, tout en présentant de bonnes conditions de stabilité, a son parement amont vertical, et son parement aval concave avec épaisseur nulle au sommet (*fig.* 275). Il chercha à déterminer le parement aval de telle façon que, quelle que fût la hauteur, la pression des matériaux atteignît toujours une valeur constante donnée; il trouva que la courbe qui profile ce mur est logarithmique. Comme, en pratique, une épaisseur nulle au sommet est inadmissible et comme tout mur-barrage doit présenter une certaine revanche au-dessus du niveau de la retenue, on se fixe avant tout cette dernière valeur ainsi que l'épaisseur en couronne. Le profil affecte alors la forme indiquée sur la figure 276. La pression des maçonneries est alors constante sur toute la partie du mur correspondant au parement CB; de B en A elle décroît pour devenir nulle en ce dernier point.

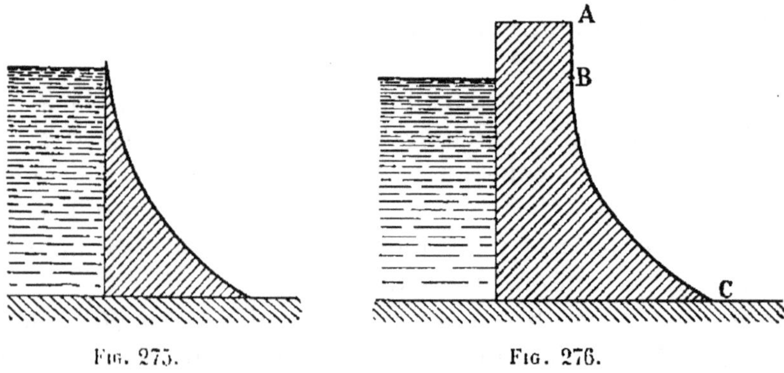

Fig. 275.   Fig. 276.

Jusqu'ici nous avons seulement considéré le cas d'un réservoir plein. Examinons ce qui se passera dans le cas où le réservoir sera vide. La seule force à laquelle le mur est alors soumis est la pesanteur. La courbe des pressions qui, dans le cas précédent, coupe la base AB au point P (*fig.* 277) est alors rejetée du côté du point A, jusqu'en P_1. Il peut se faire qu'en A la pression limite soit dépassée, et si le mur a une certaine hauteur, cette limite peut être dépassée jusqu'au point correspondant à un point tel que F. Dans ce cas il est nécessaire de donner un empâtement GA vers l'amont; le profil type sera modifié et prendra la forme BCDEFG.

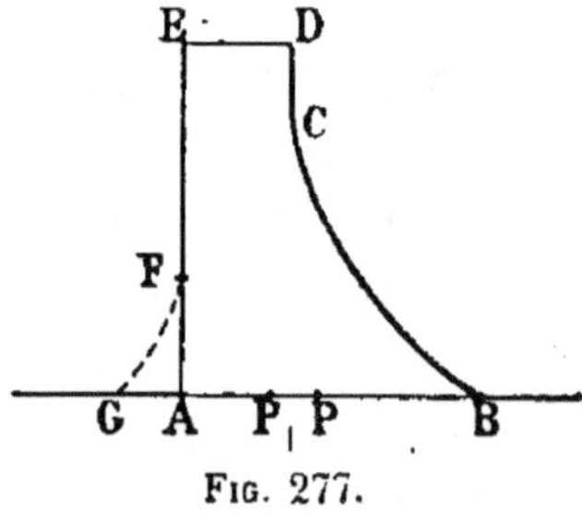

Fig. 277.

62. Méthode de MM. Bouvier et Guillemain. — Dans un mémoire inséré aux *Annales des Ponts et Chaussées* (1875, 2e semestre), M. l'inspecteur général Bouvier a fait remarquer que, dans le cas d'un réservoir en eau, l'hypothèse admise dans ce qui précède, laquelle consiste à supposer que la composante horizontale est détruite par le frottement, et à répartir la seule pression verticale sur toute la longueur d'un point horizontal fictif quelconque, n'est pas conforme à la réalité et ne donne pas l'expression exacte de la pression maximum sur le parement d'aval.

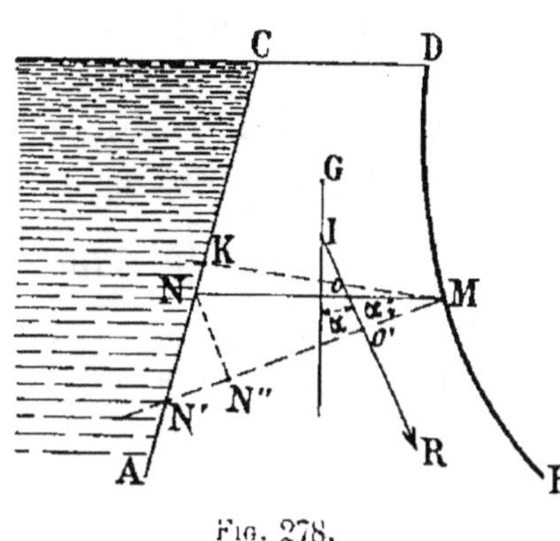

Fig. 278.

Soit en effet ABCD le profil d'un mur soumis à la poussée de l'eau (*fig.* 278); proposons-nous de chercher la valeur de la pression maximum subie en un point quelconque M du parement d'aval. Considérons successivement un massif limité intérieurement par une horizontale MN et par deux lignes inclinées telles que MK et MN'.

La résultante R des forces agissant sur le massif NCDM sera, en valeur absolue, plus grande que la résultante R' des forces agissant sur le massif KCDM, puisque, dans ce dernier cas, on n'aura à tenir compte ni du poids des maçonneries du triangle NKM, ni des pressions d'eau exercées en NK, lesquels ont pourtant tous deux une action sur la pression supportée par le point M. Si donc on répartit successivement ces deux forces R et R' suivant MN et MK, d'après la loi du trapèze, on trouvera pour la pression en M une valeur plus grande dans le premier cas que dans le second.

Considérant maintenant le massif N'CDM, nous n'aurons à faire entrer en ligne de compte ni le poids des maçonneries du triangle N'NM, ni les pressions d'eau exercées sur le parement N'N, qui sont sans action sur le point M. Mais on peut regarder le massif MNN' comme un corps de transmission transportant de o en o' le point d'application de la force R. De toutes les droites passant par M et situées au-dessous de MN, c'est la ligne MN' perpendiculaire à IR qui représentera le joint fictif à considérer pour avoir la plus forte expression de la pression en M, puisque, dans ce cas, la résultante R intervient avec sa valeur absolue et que la distance $o'M$ est alors aussi petite que possible, de sorte que, dans la formule (2), d atteint son minimum et, par suite, p_m son maximum.

Mais la force R peut être décomposée de M en N en forces parallèles, qui ne sont transmises sur le joint MN' que de M en N''.

Si donc on désigne par α l'angle que fait la résultante avec la verticale, et par a la longueur du joint MN, la pression oblique R a pour valeur $\dfrac{\pi}{\cos \alpha}$, et M. Bouvier admet qu'elle se répartit sur une longueur MN'' $= a \cos \alpha$, de sorte que la pression *maximum maximorum* au point M devient :

$$p_m \times \frac{1}{\cos^2 \alpha} = p_m \left(1 + \mathrm{tg}^2 \alpha\right),$$

p_m ayant la valeur fournie par l'équation (2).

La limite des efforts subis en un point quelconque des maçonneries ne devant pas dépasser une certaine valeur qui dépend de la nature des matériaux de construction, la considération des sections obliques peut conduire, dans certains cas, à augmenter les dimensions à donner au profil transversal du barrage.

M. Guillemain [1] estime que, dans le calcul des pressions sur le joint inférieur MN', il n'est pas admissible qu'on ne tienne compte ni du poids du triangle MNN', ni de la pression exercée par l'eau sur la portion de parement NN', ce qui reviendrait à admettre que l'effet de ces deux forces est sans influence sur le point M. D'après lui, il y a lieu, au contraire, de considérer la section MN', non pas comme simplement soumise aux forces agissant au-dessus de MN, mais bien comme soumise au poids de toute la partie du mur N'CDM située au-dessus de MN et à la poussée de l'eau sur toute la hauteur de parement CN'.

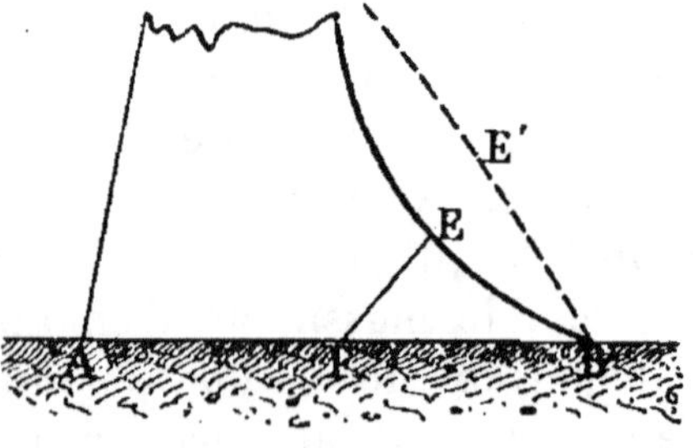

Fig. 279.

<hr>

[1] *Rivières et Canaux (Encyclopédie des Travaux publics).*

Dans cette hypothèse considérons un point E du parement d'aval assez voisin de la base AB (*fig.* 279), et soit EF le joint fictif suivant lequel s'excerce la pression maximum, c'est-à-dire la normale abaissée du point E sur la courbe des pressions. La pression maximum en E s'obtiendra en répartissant sur le joint AFE la résultante du poids total de la maçonnerie, celui du triangle FEB excepté, et de la poussée totale de l'eau. Il peut arriver que la valeur de cette pression en E soit supérieure à la limite admissible; dans ce cas on sera amené à augmenter la longueur des joints tels que EF et à leur donner une valeur telle que E'F.

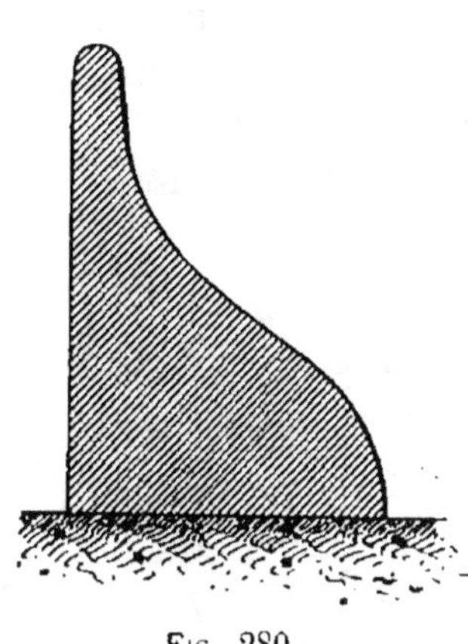

Fig. 280.

Aussi M. Guillemain a-t-il proposé de donner au profil des barrages une surépaisseur dans la région du point E, ce qui revient à donner à la partie inférieure du parement aval la forme d'une courbe convexe (*fig.* 280).

63. Méthodes de MM. Pelletreau et Hétier. — La détermination du profil d'un mur-barrage, quelle que soit celle des théories que nous venons d'esquisser qu'on applique, est une opération longue et délicate; elle exige de nombreux tâtonnements et des calculs souvent pénibles.

Divers ingénieurs ont cherché à simplifier le travail en établissant des formules au moyen desquelles on pourrait opérer sans tâtonnements.

Dans un premier mémoire daté de 1874 [1], et antérieur par conséquent aux recherches de M. Bouvier, M. l'ingénieur en chef Pelletreau s'est proposé d'étudier les diverses questions que soulève la détermination du profil des murs de réservoir. Comme ses prédécesseurs, il a fait abstraction de la composante horizontale de la force à laquelle on doit résister et a admis les deux hypothèses principales suivantes : 1° un mur qui est poussé par de l'eau résiste par son poids sans tra-

---

[1] *Annales des Ponts et Chaussées*, 1876, 2° semestre.

vailler à la flexion ; 2° une force oblique qui agit sur une section du mur produit un danger pour l'écrasement, équivalent
à celui que produirait la composante normale au plan.

M. Pelletreau s'est efforcé de déterminer le profil d'un mur-
barrage, de telle manière que, la section étant minimum, il
n'y ait pas glissement d'une assise sur l'autre, et que, en
aucun point, la pression ne soit supérieure à une quantité
donnée. Il a d'abord examiné les
conditions de résistance de la partie
supérieure d'un mur de réservoir
supposé d'épaisseur nulle au sommet, et il a déterminé la valeur des
angles α et β que doivent faire avec
la verticale les tangentes au sommet des courbes formant les parements amont et aval, pour que les
conditions ci-dessus soient remplies
(*fig.* 281) ; il est arrivé à cette conclu-

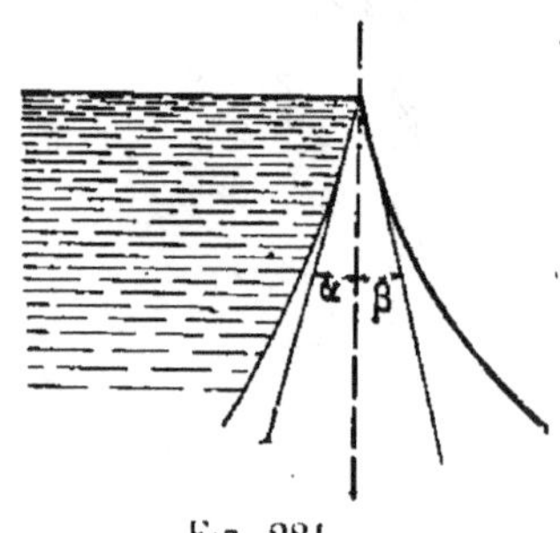

Fig. 281.

sion que le profil vertical amont n'est pas théoriquement le
plus économique. Les valeurs de α et β sont liées, d'après
lui, par une relation dans laquelle entre la densité des matériaux D et qui permet de déterminer l'une d'elles quand
l'autre est donnée.

Passant ensuite au cas pratique d'un mur ayant une certaine épaisseur en couronne, M. Pelletreau a recherché les
équations des courbes de parement amont et aval, et les a
établies en se posant la condition que la pression du joint
le plus comprimé soit égale à la limite R admissible, eu égard
à la nature des matériaux.

Le résultat obtenu a été le suivant. On doit décomposer la
hauteur totale du mur en quatre zones, dans chacune desquelles les deux parements sont profilés suivant des lignes
droites.

Dans la première zone en partant du couronnement, le parement amont est vertical. La pression qu'il supporte, nulle au
sommet, croit avec la hauteur pour atteindre la limite R à
une certaine distance de ce sommet ; c'est en ce point que se
termine la première zone. Le profil doit être calculé en supposant le barrage en eau, et l'on constate qu'il convient éga-

lement au cas du barrage vide. Dans cette zone la courbe des pressions passe par le tiers médian de la section, et la répartition des pressions suivant chaque joint se répartit conformément à la loi du trapèze (formule 4) (§ 60).

Dans chacune des trois zones inférieures les parements amont et aval sont inclinés et déterminés par la condition de la limite de résistance R. La deuxième zone est limitée inférieurement au joint où la courbe des pressions, le barrage étant en eau, sort du tiers médian. Dans cette deuxième zone on calcule la pression maximum amont en supposant le réservoir vide, et celle aval en le supposant plein ; les deux courbes de pression restant dans le tiers médian, la répartition le long d'un joint est donnée par la formule (1).

La troisième zone est limitée au joint où la courbe des pressions du barrage supposé vide sort à son tour du tiers médian ; dans la dernière zone, enfin, les deux courbes de pression sont donc l'une et l'autre en dehors de ce tiers médian. Dans la troisième zone on doit par suite appliquer la formule (4), lorsqu'il s'agit de déterminer le profil amont. Pour le calcul de la pression maximum dans le cas du **réservoir vide**, on répartit la pression uniquement sur la

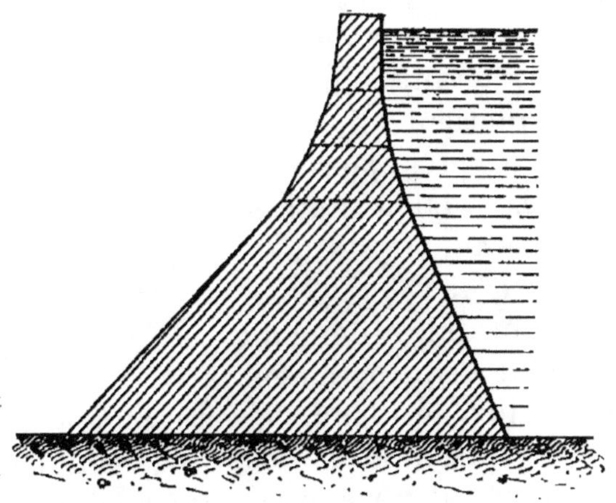

Fig. 282.

partie aval du joint de longueur $3d$. On opère de même dans la dernière zone, tant dans le cas du réservoir vide que dans celui du réservoir plein.

L'application de cette méthode a conduit M. Pelletreau à donner à un mur-barrage qu'il a calculé un profil analogue à celui qui est représenté par la figure 282.

De plus, il a établi qu'il est possible de passer d'un profil correspondant à des valeurs données de R et de la densité D, au profil correspondant à d'autres valeurs de ces quantités par des constructions géométriques très simples. Quant aux dimensions à donner pour une première application, elles sont déterminées sans tâtonnements par la solution d'équations assez simples.

On voit que, dans la théorie qui précède, on ne considère que les compressions et qu'il n'est nullement question des tensions. M. Pelletreau, en effet, s'est efforcé de démontrer ce théorème que, quand la formule des compressions est satisfaite, la tension ne peut atteindre nulle part la limite de sécurité.

M. l'ingénieur en chef Hétier, dans un mémoire inséré également aux *Annales des Ponts et Chaussées*[1], insiste, dès le début de son étude, sur la nécessité de tenir compte de ces tensions, et rappelle que l'existence d'une fissure vers la paroi amont d'un mur-barrage suffit pour provoquer avec le temps la ruine de l'ouvrage. Aussi, considérant un point C du parement intérieur, il étudie comment varient les pressions et les tensions quand la section CD, passant par C, tourne autour de cette arête comme axe (*fig.* 283).

Il établit les formules donnant pour chaque point C du parement

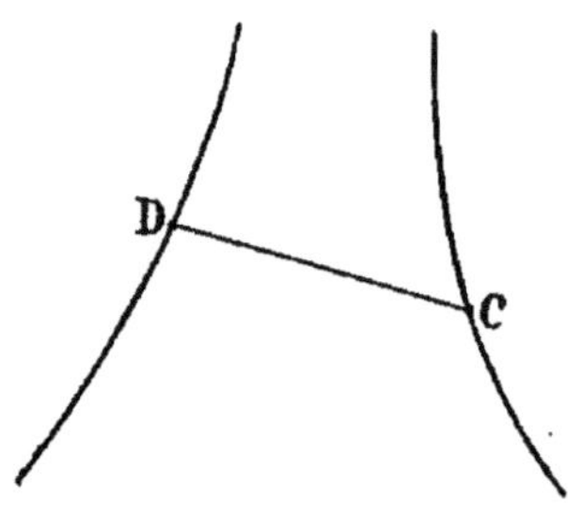

Fig. 283.

amont la position du plan à laquelle correspondent les maxima de pression et de tension et montre que, sauf pour les très grandes profondeurs, il n'y a aucun inconvénient à ne considérer que des sections horizontales. Examinant ensuite le cas d'un mur à parement amont vertical et établissant l'équation différentielle de la courbe aval, les pressions et tensions

---

[1] 1885, 1ᵉʳ semestre.

ne devant pas dépasser un maximum donné, M. Hétier montre qu'il y a lieu de distinguer deux cas :

1° Quand la hauteur du mur ne dépasse pas 40 à 50 mètres, on détermine la courbe en posant comme condition qu'en aucun point de ce parement aval la tension ne doit avoir une valeur supérieure au maximum fixé ;

2° Quand cette hauteur dépasse 50 mètres, la considération des tensions devient secondaire, et l'on se pose comme condition qu'en aucun point du même parement aval la pression ne doit atteindre la valeur regardée comme un maximum.

La discussion de ces équations conduit l'auteur à classer comme suit les différents profils, dans l'ordre des préférences à leur donner :

1° Barrages à parement intérieur vertical ;

2° Barrages à fruit extérieur constant ;

3° Barrages à parements symétriques ;

4° Barrages à parement extérieur vertical.

Le dernier type doit être proscrit, à cause des tensions que subit le mur tant vide que plein ; le troisième, sans être aussi mauvais que le dernier, est bien moins avantageux que le profil à parement intérieur vertical, surtout dès que la profondeur devient un peu grande ; le deuxième, quoique meilleur, est encore inférieur au premier type, auquel il y a lieu de donner la préférence. Le mémoire de M. Hétier donne, à titre d'exemple, le calcul du profil d'un mur à parement intérieur vertical, connaissant la largeur en couronne, le poids des maçonneries et les pressions et tensions maxima.

Dans un autre travail[1], le même auteur a donné une méthode de calcul pour déterminer exactement le profil à parement amont vertical d'un mur-barrage de la première des catégories ci-dessus, par la considération des sections obliques à pression maxima, c'est-à-dire que, étant donnés deux points du parement intérieur, tels que C_1, C_2 (*fig*. 284), M. Hétier a établi les formules qui permettent de calculer exactement en fonction des forces auxquelles le mur est sou-

---

[1] *Annales des Ponts et Chaussées*, 1886, 1er semestre.

mis les angles β_1, β_2, que font avec l'horizontale les sections C_1D_1, C_2D_2, qui subissent les pressions maxima et celles qui, donnant la longueur de ces sections, permettent de déterminer les points correspondants D_1, D_2 du parement extérieur. Vu le danger que présente la moindre fissure, l'auteur s'est posé la condition d'avoir zéro comme maximum de tension et appelle la courbe qui profile le mur *courbe d'égale pression nulle*.

En pratique, on se rend aisément compte, par la discussion des formules, que, quand le mur a une hauteur de moins de 35 mètres, cette courbe se détermine par la seule considération des sections horizontales, ainsi que l'auteur l'a fait dans la première étude que nous avons mentionnée ci-dessus. Quand la hauteur du mur dépasse 35 mètres, il devient nécessaire de tenir compte des pressions dans les sections obliques.

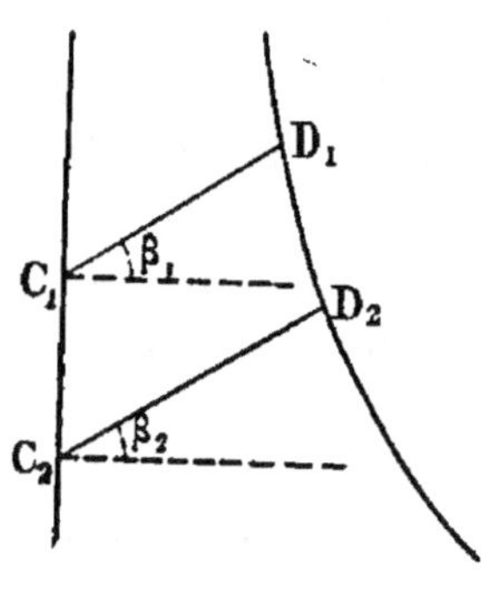

Fig. 284.

M. Hétier est parvenu à établir des formules générales qui donnent l'épaisseur du barrage en chaque point au moyen d'opérations élémentaires. Le profil qu'il obtient se rapproche beaucoup de celui qu'a indiqué M. Guillemain (*fig.* 280).

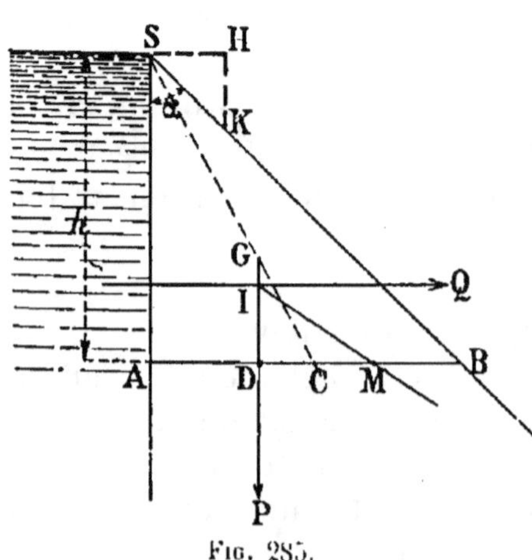

Fig. 285.

A la suite des observations de M. Hétier, M. Pelletreau reprit l'étude de la même question sur de nouvelles bases [1]. Estimant que, lorsqu'on veut supprimer les tensions, le calcul doit conduire

[1] V° Congrès de Navigation intérieure. Paris, 1892.

à des profils de barrages sensiblement rectilignes, il a adopté cette forme et s'est proposé de trouver un profil dans lequel les pressions sur l'arête aval diminuent très rapidement depuis la base jusqu'au sommet de l'ouvrage.

Le sommet S du réservoir étant placé au niveau du plan d'eau maximum (*fig.* 285), la trace SB de la paroi d'aval fait avec la trace SA de la paroi d'amont supposée verticale un angle déterminé par la condition que, pour une section horizontale quelconque AB, la résultante du poids P et de la poussée de l'eau Q passe toujours par le tiers M de cette section. Or, si nous appelons h la profondeur de cette section, nous avons, en désignant par δ la densité de la maçonnerie :

$$P = \delta \times \frac{h^2 \operatorname{tg} \alpha}{2}, \qquad Q = \frac{h^2}{2}.$$

Écrivons que les moments de ces deux forces par rapport au point M sont égaux, nous aurons :

$$P \times DM = Q \times ID.$$

Mais :

$$DM = \frac{AB}{3} = \frac{h \operatorname{tg} \alpha}{3} \qquad \text{et} \qquad ID = \frac{h}{3}.$$

Donc :

$$\frac{\delta \times h^2 \operatorname{tg} \alpha}{2} \times \frac{h \operatorname{tg} \alpha}{3} = \frac{h^3}{6} \qquad \text{ou} \qquad \delta \operatorname{tg}^2 \alpha = 1$$

et :

$$\operatorname{tg} \alpha = \sqrt{\frac{1}{\delta}}.$$

Avec un tel profil, lorsque le réservoir est vide, la résultante des pressions passe par l'extrémité amont du tiers médian; lorsqu'il est plein, elle passe par l'extrémité aval du même tiers; il ne peut donc y avoir de tensions.

L'auteur a établi que les efforts dans les sections obliques sont très peu supérieurs à ceux des sections horizontales. D'après lui, l'effort de glissement ne peut se produire, la poussée de l'eau n'étant pas suffisante pour amener la ruine de l'ouvrage, même si les maçonneries n'étaient pas réunies par un bon mortier.

Considérant ensuite le cas de la pratique, où le barrage présente une certaine épaisseur en couronne, c'est-à-dire quand on ajoute le triangle SHK au profil théorique ASB (*fig.* 285), M. Pelletreau montre que, pour le cas d'un barrage vide, les compressions augmentent assez sensiblement vers la partie supérieure de l'ouvrage, mais sans jamais pouvoir les amener à un chiffre égal à celui des pressions maxima admises; quant aux tensions, elles sont insignifiantes. Quand le barrage est en eau, les conditions de résistance à l'eau et au poids sont entièrement satisfaites.

La section de la figure 285 paraît donc très favorable au point de vue de la sécurité. Néanmoins, elle n'est pas sans inconvénient, attendu que, pour de grandes hauteurs, on augmente beaucoup le cube des maçonneries et, par conséquent, la pression à la base.

64. Méthode de M. Maurice Lévy.

— Dans un mémoire inséré aux *Comptes Rendus des séances de l'Académie des Sciences* [1], M. l'inspecteur général Maurice Lévy a fait remarquer qu'il ne suffit pas de s'imposer la condition qu'à leurs extrémités amont les joints horizontaux ne supportent pas de traction, mais qu'il faut encore arriver à empêcher l'eau de pénétrer dans un joint ou dans une fissure, même si elle est formée. La condition nécessaire et suffisante pour cela, c'est que la compression à l'extrémité amont d'un joint soit supérieure à la pression de l'eau du réservoir en ce point. En prenant le poids spécifique de l'eau pour unité, cette pression à la profondeur y est égale à l'ordonnée y elle-même; soit n' la compression à l'extrémité amont du joint situé à cette profondeur; au lieu de la condition habituelle $n' \geqq o$, on devra s'imposer celle-ci :

$$n' > y.$$

De cette façon, l'eau, au lieu de tendre à pénétrer dans la maçonnerie, tendra toujours à en être chassée.

Les conditions de résistance admises sont dès lors les suivantes :

1° Que suivant aucune ligne *droite ou courbe* tracée dans une section transversale du barrage, et aucun point de cette

---

[1] Séance du 5 août 1895.

ligne, il ne puisse y avoir tendance au glissement, ou tendance au cisaillement, ou écrasement de la maçonnerie, ou effort de traction sur les mortiers; qu'en particulier il ne puisse pas se produire de *soufflures* ou tractions tendant à séparer les parements d'aval du corps du barrage ;

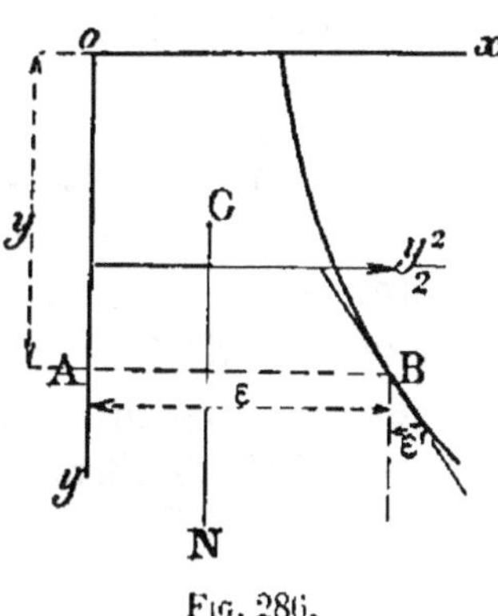

Fig. 286.

2° Qu'en aucun point du parement d'amont la compression de la maçonnerie ne puisse être inférieure à la pression de l'eau en ce point.

Ceci posé, M. Maurice Lévy examine d'abord le cas où le parement amont du barrage est vertical (*fig.* 286). Il désigne par $\varepsilon = \varphi(y)$ l'épaisseur de l'ouvrage à la profondeur y;

N, le poids total de la maçonnerie correspondant à cette hauteur,

K, le poids spécifique de la maçonnerie (exprimée en tonnes);

Il établit les propositions suivantes :

1° Pour qu'il n'y ait pas glissement sur une section placée à la profondeur y, il faut que :

$$(A) \qquad N \geq \frac{y^2}{2f} \qquad \text{ou} \qquad \int_0^y \varepsilon\,dy \geq \frac{y^2}{2fk},$$

f étant le coefficient de frottement pour lequel on admet généralement la valeur de 0,70 à 0,75.

2° Pour que la compression maximum au droit du parement d'aval ne soit en aucun point supérieure à la limite de pression R, qu'on ne veut pas dépasser pour la maçonnerie employée, on doit avoir :

$$(B) \qquad N\varepsilon + 6M \leq \frac{R\varepsilon^2}{1 + \varepsilon'^2}.$$

M désignant le moment de flexion dans la section horizontale faite à la profondeur y et qui a pour valeur:

$$M = \frac{y^3}{6} + \frac{k}{2}\left(\int_0^y \varepsilon^2 dy - \varepsilon \int_0^y \varepsilon\,dy\right)$$

et $\varepsilon' = \dfrac{d\varepsilon}{dy}$ représentant le fruit du parement aval au point considéré.

3° La compression sur un élément passant à l'extrémité amont de la section horizontale faite à la profondeur y est $N\varepsilon - 6M$, et suivant qu'on veut se contenter de s'imposer la condition que cette extrémité ne supporte pas de traction ou que l'on veuille empêcher l'eau de pénétrer dans une fissure horizontale qui se formerait, on doit satisfaire à l'une ou à l'autre des deux conditions :

$$(C) \qquad N\varepsilon - 6M \geqq 0$$
$$(C') \qquad N\varepsilon - 6M \geqq \varepsilon^2 y.$$

Il est facile de vérifier si la condition (A) est satisfaite, et de trouver la valeur minimum admissible du poids N.

En ce qui concerne la condition (B), on part d'une épaisseur donnée ε_0 en couronne, on suppose d'abord le parement aval vertical, on a alors $\varepsilon' = 0$, et l'on cherche la hauteur y pour laquelle l'inégalité est satisfaite ; puis, un fruit $\varepsilon' = 0,1$, par exemple. On cherche la nouvelle hauteur pour laquelle elle est satisfaisante ; puis un fruit $\varepsilon' = 0,2$, et ainsi de suite (*fig.* 287).

On détermine ainsi de proche en proche le parement d'aval. S'il ne satisfait pas partout à la condition de glissement (A), on le renforce. On aura ainsi un profil satisfaisant aux deux conditions (A) et (B).

M. Maurice Lévy estime que, si le profil adopté satisfait aux

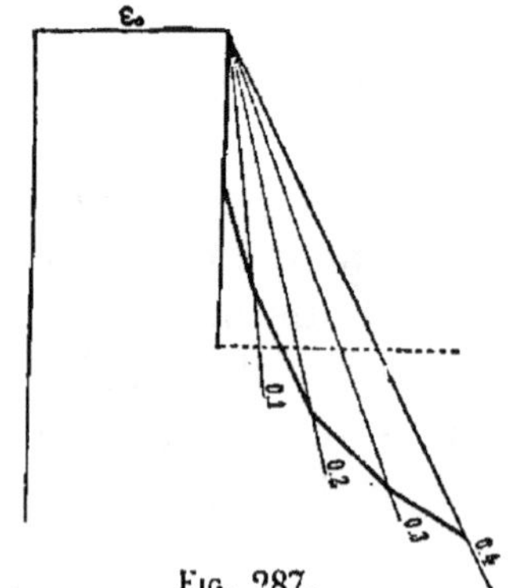

Fig. 287.

trois conditions (A), (B), (C), et surtout aux trois conditions (A), (B), (C'), les dimensions trouvées pour le profil sont satisfaisantes.

Dans le cas où le parement d'amont, au lieu d'être vertical, comme nous l'avons supposé jusqu'ici, a un fruit constant ou variable, les formules auxquelles on arrive sont plus compliquées. A l'abscisse ε du profil d'aval correspond une abscisse $-\varepsilon_1$ du profil d'amont, ε et ε_1 étant deux fonctions de y. Les équations de condition deviennent alors:

Pour la pression normale sur la section horizontale de profondeur y :

$$N = K \int_0^y (\varepsilon + \varepsilon_1) dy + \int_0^y y \frac{d\varepsilon_1}{dy} \, dy \, ;$$

Pour le moment de flexion dans cette section :

$$M = \begin{cases} \dfrac{K}{2} \left[\int_0^y (\varepsilon^2 - \varepsilon^2_1) dy - (\varepsilon - \varepsilon_1) \int_0^y (\varepsilon + \varepsilon_1 dy) \right] + \dfrac{y^3}{6} \\[2ex] + \int_0^y \varepsilon_1 \dfrac{d\varepsilon_1}{dy} \, dy . y - \dfrac{\varepsilon - \varepsilon_1}{2} \int_0^y y \dfrac{d\varepsilon_1}{dy} \, dy \, ; \end{cases}$$

Pour la pression n' sur l'extrémité amont d'un point horizontal :

$$n' = \frac{N}{\varepsilon + \varepsilon_1} - \frac{6M}{(\varepsilon + \varepsilon)_1{}^2} \, ;$$

Et pour la pression n'' à l'extrémité aval du même point :

$$n'' = \frac{N}{\varepsilon + \varepsilon_1} + \frac{6M}{(\varepsilon + \varepsilon_1{}^2)} .$$

Reprenons l'expression (B) de la compression maximum au droit du parement d'aval en un point quelconque de ce parement.

Pour obtenir la pression maximum maximorum M. Maurice Lévy s'appuie sur la proposition suivante : La compression maximum en un point du parement d'aval es égale à celle qui se produit sur l'élément horizontal passan en ce point, divisée par le carré du cosinus de l'angle que ce parement avec la verticale.

Si nous désignons comme précédemment par p_m la pression maximum au point B du parement d'aval, par p la pression qui se produit sur l'élément horizontal passant par ce point, et si nous appelons β l'angle que fait, en ce point, la tangente au parement avec la verticale, la proposition ci-dessus se traduit par la formule $p_m = \dfrac{p}{\cos^2 \beta} = p\,(1 + \text{tg}^2 \beta)$.

La valeur ainsi obtenue pour la pression maximum maximorum diffère de celle qui a été indiquée par M. Bouvier (p. 291).

65. Résumé des méthodes précédentes. — Malgré l'apparente confusion que peut faire naître en l'esprit la multiplicité des méthodes dont nous venons de donner un rapide exposé, il est possible de les résumer d'une façon très nette.

L'étude de la stabilité comporte deux questions :

1° Comment se répartissent les forces auxquelles le corps résistant est soumis, et quelle est leur résultante en chaque point ?

2° Quelles sont, en chaque point, les réactions que la matière leur opposera lorsque l'équilibre moléculaire sera établi, ou, à défaut de la connaissance de ces réactions, quelles dispositions faut-il adopter pour répartir les efforts de telle sorte que, en aucun point, la limite d'élasticité correspondant à la rupture par traction ou à l'écrasement ne soit atteinte ?

Sur la première question, résolue par l'application des méthodes élémentaires de la statique, tous les auteurs sont d'accord.

La solution de la seconde supposerait la connaissance de la constitution moléculaire des corps que nous ignorons complètement, ou tout au moins la connaissance des lois générales qui régissent les actions moléculaires ; nous ne possédons à cet égard que des notions expérimentales empiriques, obtenues en soumettant à des efforts directs, des tiges de longueurs, de sections et de natures diverses. Il faut donc faire une hypothèse sur la répartition des efforts dans la matière, et c'est par le choix de cette hypothèse que les méthodes exposées ci-dessus diffèrent entre elles.

Mais, là encore, il est possible de circonscrire le champ des divergences :

1° Tous les auteurs se sont imposé la condition de ne pas être en désaccord avec les résultats expérimentaux obtenus en soumettant des tiges à la traction ou des blocs à la compression ;

2° Tous sont d'accord pour admettre, avec Navier, qu'une section plane quelconque ne se déforme pas sensiblement sous l'action des forces auxquelles le corps est soumis. Cela n'est pas vrai pour tous les corps solides soumis à l'action des forces, par exemple pour les ressorts; mais l'art du constructeur se restreint aux problèmes d'équilibre où cette hypothèse se vérifie sensiblement; il en résulte, suivant un mode de raisonnement introduit dans la science au xvii° siècle par Simon Stevin, que l'on peut, sans troubler l'équilibre, considérer une section plane comme un solide invariable.

Ces points établis, la divergence existant entre les différents auteurs qui se sont occupés de la stabilité des murs soumis à la pression de l'eau sur une seule de leurs faces réside uniquement dans le choix de la direction des sections planes sur lesquelles on présume que se produira l'effort maximum de compression ou de tension.

Les uns ont admis que cet effort se produit sur une section horizontale ; les autres, sur une section normale à la résultante des pressions ou sur une section normale à la tangente au parement aval, au droit du joint inférieur.

La considération des joints obliques permet seule de trouver la pression maximum maximorum sur le parement aval, laquelle se calcule à la fois par la méthode de M. Bouvier et par celle de M. Maurice Lévy ; la plus forte des deux valeurs ainsi trouvées ne doit pas dépasser la limite admissible.

C'est également en employant la formule de M. M. Lévy qu'on peut se rendre compte des dangers de glissement sur les joints obliques.

En dehors de cette considération de la direction du joint de pression maximum qui différencie divers mémoires, certains auteurs ont eu pour objet spécial de trouver des formules générales permettant de fixer *a priori* les dimensions principales des barrages. Nous ne pensons pas qu'il soit prudent, dans la pratique, de recourir aux formules générales qui ne sont jamais applicables qu'à certains cas particuliers et peuvent, dans ces cas seulement, être employées

à titre de vérification des résultats obtenus. C'est ainsi
que les formules de M. Hétier supposent un mur à parement amont vertical ; elles
sont donc inapplicables dans
tous les cas où l'on est conduit à donner aux murs de
barrages un certain fruit à
l'amont dans le but d'augmenter la valeur de la composante verticale, augmentation qui résulte non seulement du surcroît de poids
résultant de l'addition au profil du triangle CAM (*fig*. 288),
mais encore du poids π' du triangle de liquide GHA agissant
dans le même sens que le précédent et s'ajoutant, par suite,
au poids du trapèze ACDB.

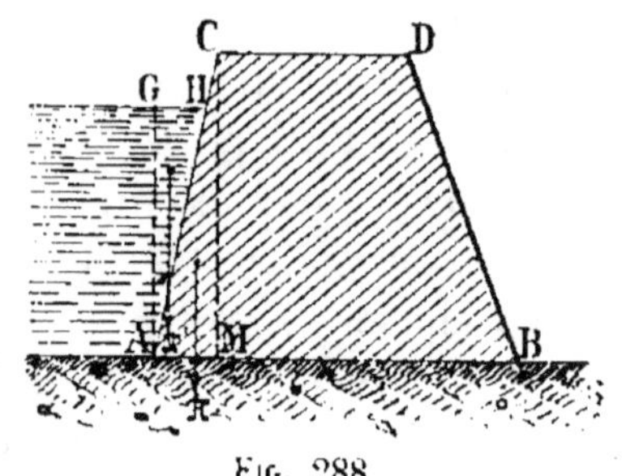

Fig. 288.

Nous avons déjà fait connaître pourquoi le profil triangulaire indiqué par M. Pelletreau n'était guère admissible pour
des ouvrages de grande hauteur.

Par suite, tout en reconnaissant l'avantage qu'il y aurait
à ce qu'on pût établir des formules générales et des tables
permettant d'abréger les calculs longs et laborieux que
nécessite actuellement la recherche de la section des murs-
barrages, nous n'hésiterons pas à conseiller d'employer la
méthode de calcul directe, dans les conditions que nous
indiquerons ci-dessous, toutes les fois que l'on n'est pas certain de se trouver strictement dans le cas pour lequel les
tables ou formules ont été calculées.

Faisons remarquer, en terminant, que dans tout ce qui
précède nous avons supposé qu'il s'agissait d'un barrage
reposant sur un sol imperméable. S'il n'en est pas ainsi,
il est prudent, pour tenir compte des sous-pressions dues à
l'eau traversant le sous-sol de fondations, de ne faire entrer
dans les calculs le poids de la maçonnerie que pour les
19/20 environ de sa valeur effective.

66. Formulaire pratique des calculs de stabilité. — Avant
de donner les formules qu'il convient finalement d'appliquer dans le calcul des dimensions des murs-barrages,

nous ferons remarquer que deux cas peuvent se présenter : celui où il s'agit d'établir un ouvrage nouveau et celui où l'on veut seulement vérifier les conditions de stabilité d'un barrage existant.

Dans le premier cas on adopte un premier profil qu'on choisit par analogie avec un barrage déjà construit et présentant à peu près les mêmes conditions de hauteur de retenue et de densité des matériaux. Suivant les résultats que donne le calcul, on augmente ou on diminue les épaisseurs aux diverses hauteurs jusqu'à ce qu'on arrive à un résultat convenable.

Dans un cas comme dans l'autre, on divise la hauteur totale en un certain nombre de tranches, au moyen de joints fictifs horizontaux et, pour la facilité des calculs, il est bon que la hauteur de ces tranches soit, autant que possible, constante. On admet souvent le chiffre de 2 mètres. Toutefois il est indispensable de placer des joints horizontaux fictifs en tous les points où l'un quelconque des deux parements change d'inclinaison.

On calcule la pression totale normale sur chaque joint en supposant successivement le barrage vide, ce qui conduit aux plus fortes pressions à l'amont, et le barrage en eau, ce qui conduit aux plus fortes pressions à l'aval. Après quoi, l'on trace sur une épure les deux courbes de pression correspondantes :

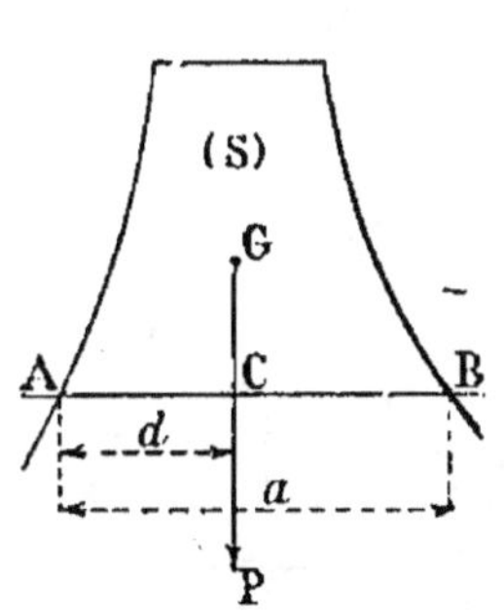

Fig. 289.

Ceci posé, les formules qui doivent être employées sont les suivantes :

Soient (*fig.* 289) :

a, la largeur d'un joint horizontal quelconque AB ;

S, la surface de la partie de la digue située au-dessus de ce joint ;

d, la distance AC de l'extrémité amont du joint à la verticale passant par le centre de gravité de la surface S ;

D, le poids du mètre cube de la maçonnerie sèche.

a) *Réservoir vide.* — Quand le réservoir est vide, le joint AB supporte par mètre courant le poids P de la maçonnerie sèche de la partie de la digue située au-dessus de ce joint, poids qui a pour valeur P = S.D, et qui agit en C, à la distance d de l'extrémité amont du joint.

En appliquant la loi du trapèze, on a, pour la pression moyenne sur le joint AB :

$$\frac{P}{a} ;$$

pour la pression à l'extrémité amont A :

$$\frac{4a - 6d}{a} = \frac{P}{a} ;$$

pour la pression à l'extrémité aval B :

$$\frac{6d - 2a}{a} \times \frac{P}{a} .$$

b) *Réservoir en eau.* — Quand le réservoir est en eau, le liquide qu'il contient pénètre dans la maçonnerie de la digue qu'il imbibe, et vient suinter avec plus ou moins d'abondance sur le parement aval.

Ces eaux d'infiltration augmentent le poids de la digue, mais elles déterminent, par contre, des sous-pressions sur les joints horizontaux, et, pour tenir compte de l'action nuisible qu'elles exercent, il convient de diminuer de 100 kilogrammes le poids de la maçonnerie sèche. On posera donc $D_1 = D - 100$ kilogrammes, et le joint AB supportera par suite par mètre courant (*fig.* 289 *bis*) :

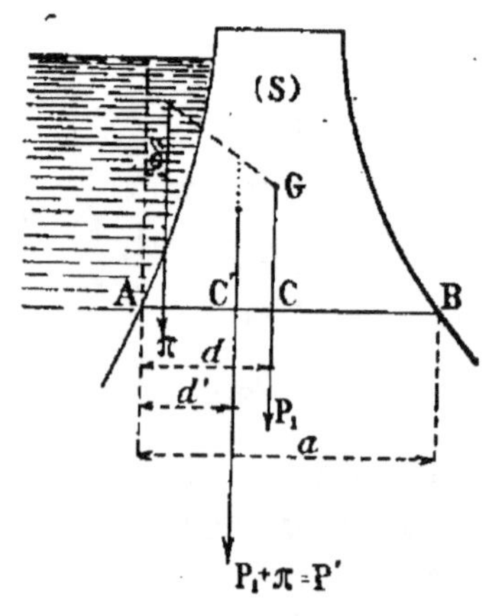

FIG. 289 bis.

D'une part, le poids P_1 de la maçonnerie de la digue, qui a pour valeur $P_1 = SD_1$, et qui agit en C à la distance d de l'extrémité amont du joint ;

D'autre part, le poids π de l'eau du réservoir qui presse sur le parement amont de la digue, et qui agit à une distance d de l'extrémité amont du joint ;

C'est-à-dire qu'il supportera par mètre courant un poids total P′ qui a pour valeur : $P' = P_1 + \pi$, et dont la distance $d' = AC'$ à son extrémité amont est donnée par la relation :

$$d' = \frac{P_1 d + \pi \delta}{P_1 + \pi}.$$

La partie de la digue située au-dessus du joint AB reçoit,

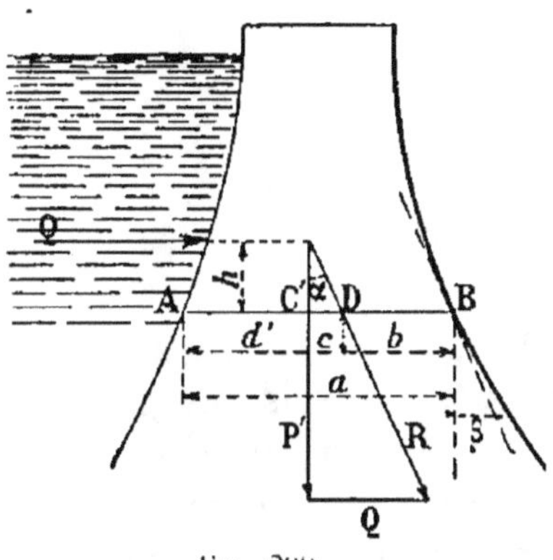

Fig. 290.

d'autre part (*fig.* 290), la poussée Q par mètre courant de l'eau du réservoir qui agit à une hauteur h au-dessus de ce joint, et la résultante R des deux forces P′ et Q vient rencontrer le joint AB au point D.

Cette résultante fait avec la verticale un angle α qui a pour valeur : $\mathrm{tg}\,\alpha = \dfrac{Q}{P'}$.

Si l'on appelle c la distance de son point d'application au point C′, on a :

$$c = h \, \mathrm{tg}\, \alpha,$$

et la distance $b = BD$ du point de la résultante R à l'extrémité aval du joint a pour expression :

$$b = a - (d' + c).$$

La résultante R, qui agit sur le joint AB, peut se décomposer en deux forces : une composante horizontale Q et une composante verticale P′, qui a son application en D à la distance b de l'extrémité aval B du joint.

La composante horizontale Q doit être détruite par le frottement et, si l'on fait, comme il convient, abstraction de la cohésion des maçonneries, on admettra qu'il faut, pour qu'il n'y ait pas glissement, que $\mathrm{tg}\,\alpha$ soit plus petit que le coefficient de frottement, lequel, rappelons-le, varie entre 0,70 et 0,75.

Quant à la composante verticale P', elle se répartit sur le joint horizontal AB, et, en appliquant la loi du trapèze, on a:

Pour la pression moyenne sur le joint AB:

$$\frac{P'}{a};$$

Pour la pression à l'extrémité aval B:

$$\frac{4a - 6b}{a} \times \frac{P'}{a};$$

Pour la pression à l'extrémité amont A:

$$\frac{6b - 2a}{a} \times \frac{P'}{a}.$$

Mais la pression qui se produit sur le joint horizontal à son extrémité aval B, et que nous désignerons par p n'est pas, nous le savons, la plus forte que la maçonnerie ait à supporter en ce point, et il y a enfin à calculer la pression maximum maximorum que la maçonnerie peut avoir à supporter en B sur le parement d'aval.

Cette pression maximum maximorum s'exerce suivant une direction oblique sur l'horizontale et a pour valeur, d'après M. Bouvier (§ 62):

$$\frac{p}{\cos^2 \alpha} = p\,(1 + \text{tg}^2\,\alpha),$$

et d'après M. Maurice Lévy (§ 64):

$$\frac{p}{\cos^2 \beta} = p\,(1 + \text{tg}^2\,\beta).$$

67. Application des formules. — Pour appliquer les formules qui précèdent, on a à calculer d'abord:

1° Les surfaces S et les distances d de leurs centres de gravité à l'extrémité amont:

2° Les poids P et P_1 des maçonneries de la digue pour les deux densités D et D_1;

3° Les valeurs de π et $\pi\delta$;

4° Enfin les valeurs de P′ et de d'.

Les résultats de ces calculs préliminaires peuvent être consignés dans des tableaux conformes aux modèles ci-joints.

TABLEAU N° 1. — Calcul de S et de d

DÉSI-GNATION des joints	DIMENSIONS des surfaces partielles	DISTANCES à l'amont des joints des centres de gravité des surfaces partielles	SURFACES partielles	totales S	MOMENTS partiels	totaux M	DISTANCES à l'amont des joints des centres de gravité des surfaces totales $d = \dfrac{M}{S}$
Joint I...							
Joint II..							
. . . . . .							

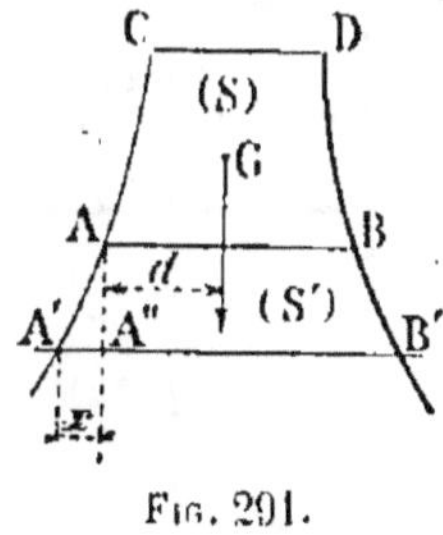

FIG. 291.

NOTA. — Ce tableau suppose que les surfaces totales sont divisées en surfaces partielles (rectangles ou triangles) dont la position du centre de gravité est immédiatement connue.

On connaît pour un joint AB (*fig.* 291) la valeur S de la surface ACDB, celle du moment M de S par rapport à l'extrémité A de ce point et la distance $d = \dfrac{M}{S}$.

Pour passer au joint suivant A′B′ dont l'extrémité se trouve à une distance x de l'extrémité A du joint précédent on a à calculer le moment de la surface A′CDB′ ou S + S′ par rapport à l'extrémité A′, moment qui a pour valeur :

$$M' = Sd + Sx + \text{Moment de } S' \text{ par rapport à } A'.$$

Mais $Sd = M$; par suite, on obtient M′ en ajoutant à la valeur déjà trouvée de M le produit de la surface S par la distance A′A″ et la valeur du moment de la surface S′ par rapport au point A′.

Tableau Nº 2. — Calcul de P et de P_1

DÉSIGNATION des joints	SURFACES	POIDS	
		P pour D =	P_1 pour D_1 =
Joint I ...., Joint II........			

Tableau Nº 3. — Calcul de π et de $\pi\delta$

DÉSIGNATION des joints	DIMENSIONS des surfaces partielles	DISTANCES à l'amont des joints des centres de gravité	POIDS		MOMENTS	
			partiels	totaux π	partiels	totaux $\pi\delta$
1º Retenue normale						
Joint I.....						
Joint II.... etc.						
2º Surélévation de...						
Joint I.....						
Joint II..... etc.						

TABLEAU Nº 4. — Calcul de P' et de d'

DÉSIGNATION des joints	P_1	d	π	$\pi\delta$	$P_1 d$	$P_1 d + \pi\delta$	$P_1 + \pi$ ou P'	d'
1º Retenue normale								
Joint I........								
Joint II.......								
Joint III......								
etc.								
2º Surélévation de...								
Joint I........								
Joint II.......								
Joint III......								
etc.								

TABLEAU Nº 5. — Calcul des pressions à vide

DÉSIGNATION des joints	LARGEUR du joint a	POIDS supportés par les joints P	DISTANCES à l'amont des joints d	PRESSIONS SUR LES JOINTS		
				moyenne	amont	aval
Joint I........						
Joint II.......						
Joint III......						
etc.						

Tableau n° 6. — Calcul des pressions et de tg α en charge

Pour : { *la retenue normale*
{ *une surélévation de…*

DÉSIGNATION des joints	LARGEUR des joints a	POIDS supportés par les joints P'	DISTANCES à l'amont des joints d'	POUSSÉE de l'eau Q	HAUTEUR de la poussée au-dessus des joints h	$\dfrac{Q}{P}$ ou tg α	h tg α ou c	$c + d'$	b	PRESSIONS sur les JOINTS HORIZONTAUX			tg β	PRESSIONS maxima maximorum sur le parement aval d'après	
										moyenne	amont	aval		M. Bouvier	M. M. Lévy
Joint I..															
Joint II..															
Joint III.															
etc.															

Tableau N° 7. — **Disposition de l'épure de stabilité**

Pressions à l'amont
sur
les joints horizontaux

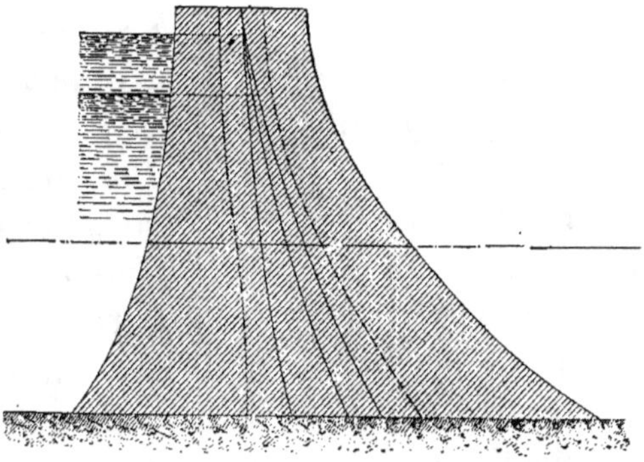

Pressions à l'aval sur les joints horizontaux avec indication, en regard, de la pression sur le parement aval.

RÉSERVOIR EN EAU		RÉSERVOIR vide
surélévation de...	retenue normale	
. . . .	. . . .	. . . .

RÉSERVOIR vide	RÉSERVOIR EN EAU	
	retenue normale	surélévation de...
. . . .	{ Bouvier { M. Lévy	{ Bouvier { M. Lévy

68. Cas où des sous-pressions sont à craindre. — Dans ce qui précède, on a supposé que l'on n'a pas à craindre d'autres sous-pressions que celles que peuvent produire les eaux qui s'infiltrent dans la maçonnerie et viennent suinter sur le parement aval. S'il en était autrement, on aurait à tenir compte des sous-pressions spéciales qui seraient susceptibles de se produire.

Si, par exemple, le sol de fondation était perméable, l'eau en mouvement qui le traverserait exercerait sur la base du barrage une sous-pression qui ne changerait pas le travail de la maçonnerie dans le massif du barrage, mais qui modifierait l'effort transmis par ce massif au sol de fondation, et on aurait à tenir compte de cette sous-pression pour déterminer les efforts supportés par le sol de fondation et s'assurer que le barrage n'est pas exposé à glisser sur ce sol.

69. Méthode de M. Wegmann. — La méthode que nous venons d'exposer a l'inconvénient déjà signalé d'exiger des calculs longs et laborieux. Un ingénieur américain, M. Wegmann, a cherché à établir des profils-types, ainsi que des tableaux permettant de trouver immédiatement les dimensions d'une digue de hauteur et d'épaisseur en couronne connues, ainsi que les efforts qu'elle supporte, en fonction des dimensions et efforts correspondants relatifs à une digue de 61 mètres de hauteur (200 pieds) prise comme type.

L'auteur s'est proposé de donner dans chaque cas pouvant se présenter en pratique le profil présentant la section la plus faible compatible avec les conditions suivantes :

1° Les lignes de pression, réservoir vide et réservoir plein, doivent rester constamment dans le tiers médian du profil ;

2° Les maxima des compressions supportées par les maçonneries et le sol de fondation ne doivent pas dépasser certaines limites, dites *de sûreté ;*

3° Le frottement du mur sur le sol de fondation, ainsi que le frottement l'une sur l'autre de deux tranches du mur

---

[1] *The design and construction of masonry dams,* par Ed. **WEGMANN.**

séparées par un plan horizontal quelconque, doit être suffisant pour s'opposer à tout glissement.

A ces conditions, dans lesquelles on fait entrer uniquement la pression statique, il ajoute la suivante :

4° La digue doit présenter dans toutes ses parties une épaisseur suffisante pour pouvoir résister à l'action des vagues et au choc des corps flottants.

M. Wegmann admet d'ailleurs la loi du trapèze pour la répartition des pressions dans une section horizontale quelconque.

Partant de cette loi, il considère le cas d'une digue partagée en un certain nombre de sections par des plans horizontaux équidistants, et il établit la formule suivante qui donne la longueur d'un joint quelconque, connaissant celle du joint immédiatement supérieur.

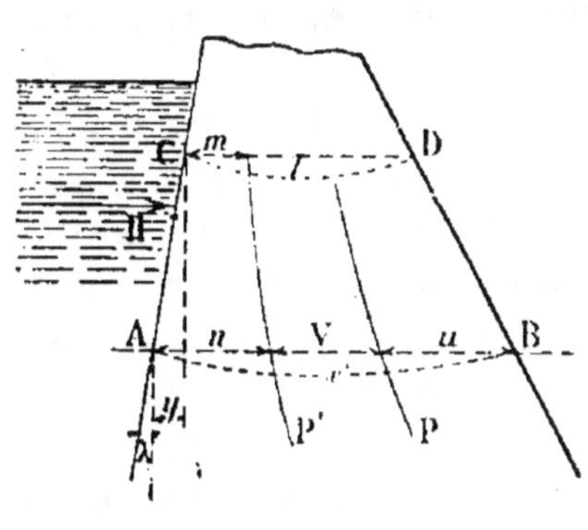

Fig. 292.

Soient (*fig.* 292) :

x, la largeur inconnue du joint considéré, $AB = u + V + n$;

l, la largeur connue du joint immédiatement supérieur, CD ;

h, la distance verticale entre ces deux joints ;

u, la distance à l'extrémité aval B du joint x, du point de passage de la courbe des pressions dans le cas du réservoir plein, P ;

n, la distance à l'extrémité amont A du même joint, du point de passage de la courbe des pressions dans le cas du réservoir vide, P' ;

V, la distance entre les deux courbes P et P' au droit du joint x ;

Q, le poids total de la maçonnerie au-dessus du même joint ;

$M = \dfrac{d^3}{6r}$, le moment de la poussée horizontale de l'eau H par rapport à un point quelconque du joint x (d étant la profondeur de ce joint au-dessous du plan d'eau, et r la densité des maçonneries) (cette dernière dans les calculs numériques ci-après est supposée $= 2\ 1/3$).

On a :

$$(1) \qquad x = u + \cfrac{M}{Q + \left(\dfrac{l + x}{2}\right)h} + n.$$

Partant d'une épaisseur connue au sommet, cette formule permet de déterminer, de proche en proche, la longueur des divers joints.

Dans le cas où les deux parements sont inclinés, cette équation ne suffit plus pour déterminer la position des deux extrémités A et B d'un joint quelconque AB. Cette position est connue, grâce à la formule (2) qui donne l'angle λ, c'est-à-dire le fruit de la face amont, constant dans chaque assise.

Désignant par m la distance à l'extrémité amont C du joint l du point de passage de la courbe des pressions P', et par q le poids de la maçonnerie au-dessus de ce joint, on a pour la valeur de y :

$$(2) \qquad y = \frac{q\,(4x - 6m) + lh\,(x - l) + x^2\,(h - s)}{6q + h\,(2l + x)}$$

s représente la valeur de la pression limite admissible.

Voici maintenant comment M. Wegmann a utilisé ces formules.

Il a d'abord fait remarquer que, dans l'état actuel de nos connaissances, la valeur représentative de la force des vagues et du choc des corps flottants n'est pas susceptible d'être évaluée ; il l'a donc négligée, se réservant de modifier au sentiment le profil susceptible de satisfaire aux trois premières des quatre conditions ci-dessus énoncées.

Il a ensuite montré, comme nous le faisons plus loin, que, dans les conditions dans lesquelles il se place (c'est-à-dire pour des hauteurs de digues ne dépassant pas 61 mètres environ et avec des matériaux ayant une densité comprise entre 2 et 3), la troisième condition, celle de la résistance au glissement, est toujours satisfaite quand la première l'est. Reste donc à considérer les deux premières conditions.

Dans la partie supérieure d'une digue les pressions dans

la maçonnerie sont assez faibles pour être négligées. Alors le profil de section minimum satisfaisant à la première condition affecte la forme d'un triangle rectangle ayant sa face amont verticale [1]. Ce profil se continue jusqu'à ce qu'on

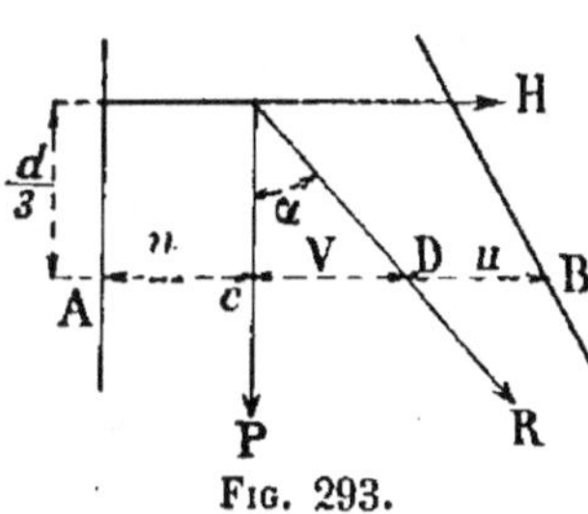

Fig. 293.

[1] Dans une semblable section le centre de gravité de la surface limitée par un plan horizontal quelconque AB (*fig.* 293) se trouve sur une verticale passant par la limite amont c du tiers médian ; il en résulte que la ligne des pressions (réservoir vide) sera la limite amont du noyau central. D'un autre côté, pour que la section du mur soit minimum, il faut que les compressions supportées par la maçonnerie atteignent la valeur limite s, ou encore que la résultante R coupe AB à la limite aval D du même noyau central, R étant la résultante de Q et de H, l'on a :

$$\frac{d}{3} \times \mathrm{H} = \mathrm{M} = \mathrm{Q}v, \qquad \text{d'où} \qquad v = \frac{\mathrm{Q}}{\mathrm{M}}.$$

Dans ce cas l'équation (1) devient :

$$x = u + \frac{\mathrm{M}}{\mathrm{Q}} + n.$$

Mais

$$u = n = \frac{x}{3}, \qquad \mathrm{M} = \frac{d^3}{6r}, \qquad \mathrm{Q} = \frac{dx}{2}.$$

Donc :

(3)
$$x = \frac{d}{\sqrt{r}}.$$

Comme x est proportionnel à d, la ligne des pressions P (réservoir plein) coupera toutes les horizontales des joints de la même manière que la base et formera ainsi la limite aval du noyau central. Le profil triangulaire dont la base est donnée par l'équation (3) fournit ainsi la section minimum satisfaisant à la première condition.

Pour montrer que la troisième condition se trouve également remplie, désignons par f la force qui tend à faire glisser l'une sur l'autre deux tranches séparées par un plan horizontal quelconque. On a :

$$f - \frac{\mathrm{H}}{\mathrm{Q}} = \mathrm{tg}\,\alpha ;$$

or

$$\mathrm{H} = \frac{d^2}{2r}, \qquad = \frac{xd}{2} = \frac{d^2}{2\sqrt{r}}$$

atteigne la hauteur de mur pour laquelle la compression sur les maçonneries atteint sa valeur limite s. Pour rendre ce profil admissible en pratique, il faut lui donner une certaine épaisseur au couronnement. M. Wegmann estime qu'on satisfait convenablement à la quatrième condition en prenant cette épaisseur égale au 1/10° de la hauteur totale de la digue. Il prolonge le parement vertical aval NH jusqu'en son point de rencontre H avec le parement primitif MR (*fig.* 294), et il démontre que l'effet de l'addition du triangle B au profil A est de rapprocher la ligne de pression P de la ligne médiane de la surface et de faire sortir la ligne de pression P′ du noyau central, mais seulement d'une quantité assez faible pour être négligeable en pratique.

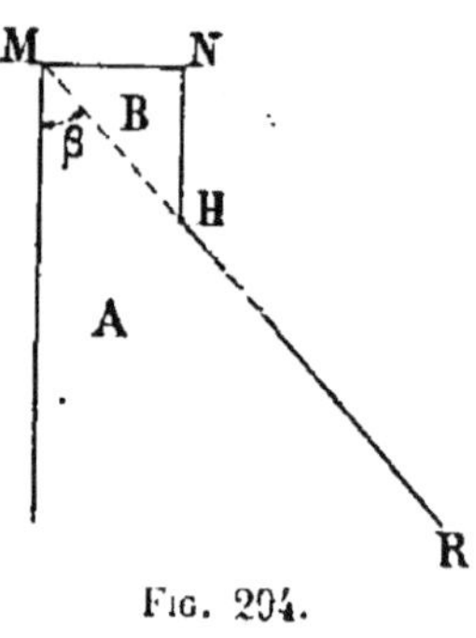

Fig. 294.

Le profil ainsi déterminé, dénommé profil théorique n° I, relatif à une digue de 61 mètres de hauteur (200 pieds), satisfait aux quatre conditions qu'on s'est imposées ; reste à savoir s'il conduit au minimum de surface et, par suite, au minimum de dépense.

donc

$$(4) \qquad f = \frac{\lambda}{\sqrt{r}} = \operatorname{tg} \alpha.$$

Mais soit β l'angle au sommet du profil triangulaire ; $\operatorname{tg} \beta = \dfrac{x}{d}$. Remplaçant x par sa valeur tirée de (3), il vient $\operatorname{tg} \beta = \dfrac{1}{\sqrt{r}}$. Donc :

$$(5) \qquad f = \operatorname{tg} \alpha = \operatorname{tg} \beta = \frac{1}{\sqrt{r}}.$$

Prenant comme limite extrême de densités des matériaux $r = 2$ et $r = 3$, on trouve que cette valeur de f varie entre 0,707 et 0,577. Elle est bien inférieure à la valeur du coefficient de frottement de la pierre sur la pierre, lequel, d'après divers auteurs qui font autorité, M. Krantz entre autres, varie entre 0,67 et 0,75.

Le profil triangulaire satisfait donc à la troisième condition. Comme c'est le profil de section minimum, la même condition est donc remplie *a fortiori* dans tous les cas, dès que la première condition est elle-même satisfaite.

Il n'en est rien. M. Wegmann a établi le profil d'une autre digue ayant la même hauteur que la première (61^m,00), mais en lui donnant *a priori* une épaisseur au sommet de 6^m,10, au lieu d'adopter un profil triangulaire, modifié ensuite au

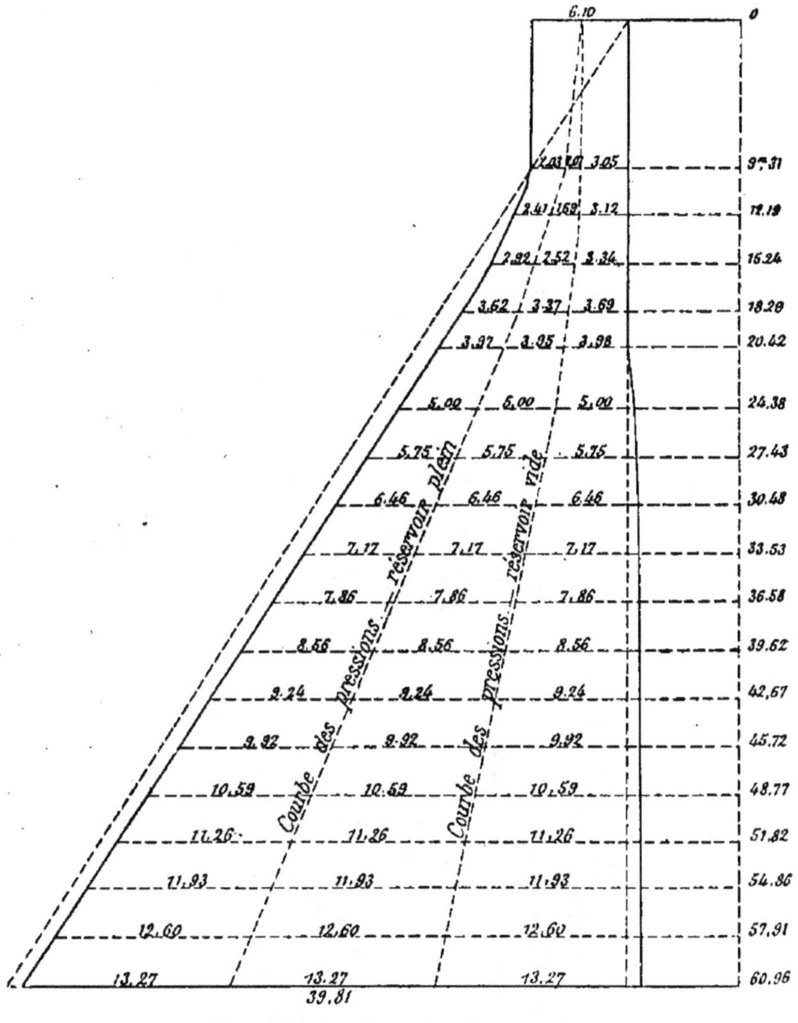

Fig. 295. — Type théorique n° II.

sentiment. Il s'est proposé d'obtenir le minimum de surface compatible avec la seule condition que les courbes de pression restent dans le noyau central. Il est arrivé à un type, dit théorique n° II, qui diffère du premier en ce que sa surface est supérieure à celle du type n° 1 dans la partie voisine du couronnement, et inférieure dans les autres parties. La figure 295 représente ce type; on y a indiqué en pointillé le tracé du type triangulaire.

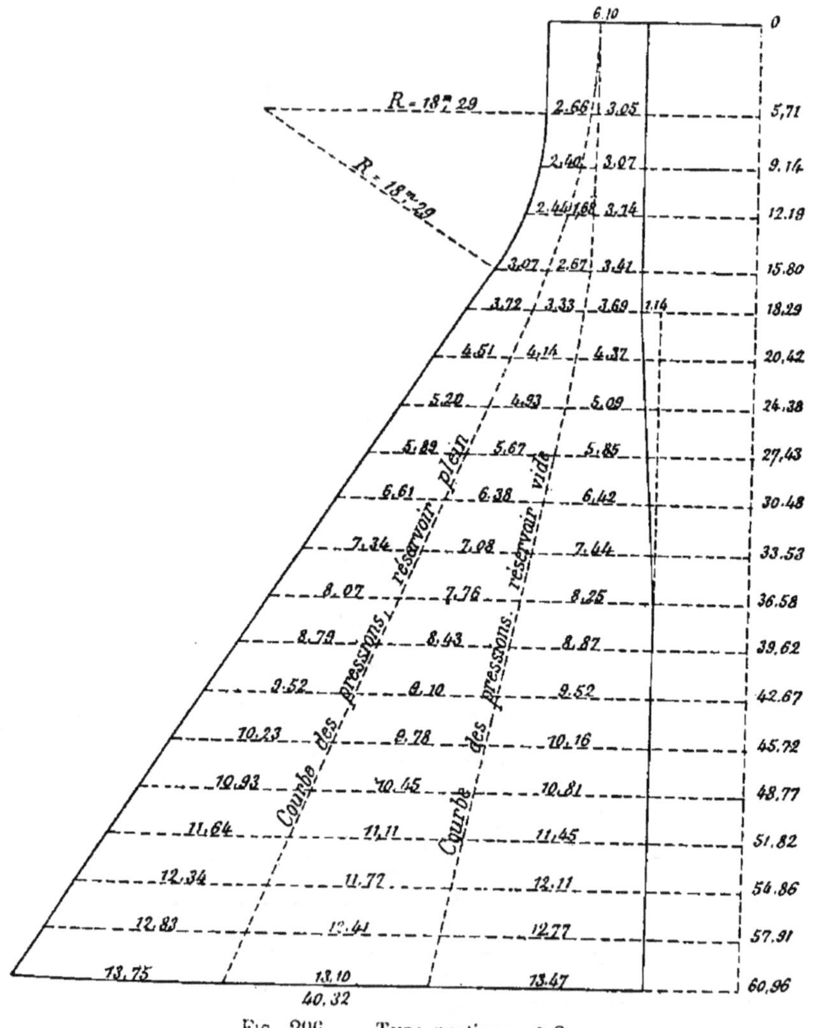

FIG. 296. — Type pratique n° 2.

L'auteur a déduit de ces profils théoriques deux profils dits pratiques nos 1 et 2, qui diffèrent peu des précédents, mais sont susceptibles d'être construits. Dans le type pratique n° 1 l'angle obtus ayant son sommet en H (fig. 294) disparaît, et le raccordement des deux lignes HN, HR formant le parement

PROFONDEUR des divers joints au-dessous du couronnement de la digue (1)	LONGUEUR DES POINTS par rapport à l'axe vertical passant par l'extrémité amont du couronnement — à gauche (2)	à droi'e (3)	LONGUEUR totale des joints (4)	SURFACES totales au-dessus des joints (en m. q.) (5)	DISTANCE au parement aval de la ligne des pressions réservoir plein (6)	DISTANCE au parement amont de la ligne des pressions réservoir vide (7)	PRESSIONS MAXIMA — Réservoir plein (8)	Réservoir vide (9)	COEFFICIENT de frottement nécessaire pour l'équilibre (10)	OBSERVATIONS
0	$6^m,10$	$0^m,00$	$6^m,10$	0	$3^m,05$	$3^m,05$	0	0	0	Les chiffres de ce tableau ont été obtenus par la conversion en mesures françaises des mesures anglaises (1 pied $= 0^m,3048$).
$5^m,70$	6 ,10	0 ,00	6 ,10	$34^{mq},40$	2 ,66	3 ,05	$1^k,85$	$1^k,33$	$0^k,20$	
9 ,14	6 ,42	0 ,00	6 ,42	56 ,11	2 ,40	3 ,07	3 ,59	2 ,31	0, 31	
12 ,19	7 ,29	0 ,00	7 ,29	76 ,85	2 ,44	3 ,14	4 ,91	3 ,45	0, 41	
15 ,57	9 ,14	0 ,00	9 ,14	106 ,50	3 ,07	3 ,41	5 ,40	4 ,80	0, 50	
18 ,29	10 ,76	0 ,00	10 ,76	130 ,90	3 ,72	3 ,69	5 ,46	5 ,50	0, 54	
21 ,34	12 ,80	0 ,19	12 ,99	167 ,20	4 ,51	4 ,37	5 ,80	5 ,97	0, 58	
24 ,38	14 ,84	0 ,37	15 ,21	210 ,16	5 ,20	5 ,00	6 ,30	6 ,44	0, 61	
27 ,43	16 ,86	0 ,57	17 ,43	260 ,00	5 ,89	5 ,85	6 ,85	6 ,92	0, 62	
30 ,48	18 ,62	0 ,76	19 ,38	316 ,40	6 ,61	6 ,42	7 ,44	7 ,43	0, 63	
33 ,53	21 ,00	0 ,95	21 ,95	379 ,70	7 ,34	7 ,44	8 ,07	7 ,96	0, 63	
36 ,58	22 ,92	1 ,14	24 ,06	449 ,70	8 ,07	8 ,25	8 ,69	8 ,49	0, 63	
39 ,63	24 ,73	1 ,14	25 ,87	526 ,20	8 ,79	8 ,87	9 ,33	9 ,33	0, 64	
42 ,67	27 ,00	1 ,14	28 ,14	608 ,90	9 ,52	9 ,52	9 ,98	10 ,70	0, 64	
45 ,72	29 ,03	1 ,14	30 ,17	697 ,75	10 ,23	10 ,16	10 ,64	11 ,43	0, 64	
48 ,77	31 ,05	1 ,14	32 ,19	792 ,80	10 ,93	10 ,81	10 ,80	11 ,06	0, 64	
51 ,82	33 ,02	1 ,14	34 ,16	894 ,00	11 ,64	11 ,49	11 ,96	12 ,65	0, 64	
54 ,86	35 ,09	1 ,14	36 ,23	1.000 ,00	12 ,34	12 ,11	12 ,65	12 ,87	0, 64	
57 ,91	36 ,91	1 ,14	38 ,05	1.150 ,00	12 ,83	12 ,77	13 ,31	13 ,58	0, 64	
60 ,96	39 ,16	1 ,14	40 ,30	1.235 ,00	13 ,75	13 ,17	14 ,00	14 ,31	0, 64	

aval, se fait au moyen d'un arc de cercle. Dans le type théorique nº II le même parement amont affecte la forme d'une courbe à point de rebroussement; dans le profil pratique nº 2 ce parement comporte deux verticales raccordées par une oblique.

Le type nº 2 est préférable au nº 1, au point de vue de l'économie du cube des matériaux. La figure 296 représente le type pratique nº 2.

Ainsi que nous l'avons dit au commencement du présent paragraphe, M. Wegmann a établi pour chacun des quatre profils-types ci-dessus des tableaux donnant les longueurs des divers points, la position des lignes des pressions, la valeur des pressions réservoir vide et réservoir plein, etc. Nous reproduisons ci-contre le tableau relatif au même type pratique nº 2.

Les profils ayant une épaisseur au sommet quelconque, égale au 1/10ᵉ de la hauteur totale, et une hauteur inférieure à 61 mètres, peuvent être établis au moyen de la table ci-contre. Pour déterminer les chiffres applicables à l'un de ces profils, désignons par ρ le rapport entre l'épaisseur en couronne donnée et celle du type pratique : il suffira de diviser les nombres des colonnes (1), (2), (3), (4), (6), (7), (8), (9) et (10) par ρ, et ceux de la colonne (5) par ρ^2.

Dans tout ce qui précède on a admis, comme travail maximum des maçonneries à la compression, le chiffre de 14 kilogrammes par centimètre carré, et, comme le montre le tableau qui précède, cette pression n'est atteinte que vers la base d'une digue de 61 mètres de hauteur, pour une densité de matériaux de 2 1/3. Or une semblable pression est supportée, sans inconvénient, depuis plus de trois cents ans, par la digue d'Almanza (Espagne). Ici, elle ne se fait sentir qu'à la base de l'ouvrage; au sommet, une aussi forte pression pourrait être dangereuse, car elle ferait sortir les lignes de pressions du noyau central; à la base il n'en est plus de même, et le chiffre de 14 kilogrammes paraît acceptable dans ces conditions.

Néanmoins, comme il dépasse notablement la valeur au-dessous de laquelle on considère généralement comme prudent de se tenir, M. Wegmann a cru nécessaire d'établir deux autres types pratiques (n°s 3 et 4) dans lesquels, la densité de la maçonnerie restant toujours de 2 1/3, le travail à la compression ne dépasse pas 10 kilogrammes par centimètre carré. Il a donné respectivement à ces profils des hauteurs de 15^m,20 et de 30^m,50, avec des épaisseurs au sommet de 1^m,52 et 3^m,05. Des tableaux, analogues à celui que nous avons reproduit ci-dessus, ont été dressés de la même manière.

En résumé, le projet d'un mur dont la hauteur ne dépasse pas 61 mètres, construit en maçonnerie dont la densité varie entre 2 et 3, se dresse de la manière suivante: on établit pour les diverses valeurs de densités des profils-types analogues à ceux des types pratiques n°s 1 et 2 ou des types pratiques n°s 3 et 4, suivant qu'on croit pouvoir admettre, comme limite des efforts de compression, 14 kilogrammes par centimètre carré, ou qu'il semble prudent de ne pas dépasser une limite de 10 kilogrammes. On dresse également les tables correspondantes. Ces types donnent tous les éléments d'un profil de digue de hauteur inférieure à 61 mètres, en choisissant pour la figure une échelle telle qu'elle représente un mur de la hauteur donnée. Les chiffres des tableaux correspondants sont utilisables à la seule condition de diviser par ρ^2 ceux de la colonne (5), et par ρ ceux des autres colonnes, ρ étant, nous le savons, le rapport entre l'épaisseur en couronne donnée et celle du profil-type.

Pour des digues d'une hauteur supérieure à 61 mètres, la pression maximum serait dépassée. Il faut alors adopter pour la partie inférieure un profil polygonal établi au moyen des formules (1) et (2) ci-dessus, et le remplacer en pratique par un profil formé d'arcs de cercle enveloppant la ligne polygonale, tout en en différant le moins possible. Les surfaces des profils ainsi déterminés sont bien supérieures à celles qu'on aurait obtenues en continuant sur toute la hauteur du mur le profil triangulaire; leur résistance au glissement et au cisaillement est donc également très supérieure, et les trois conditions qu'on s'est imposé de remplir sont satisfaites.

Faisons remarquer d'ailleurs, en terminant, que les digues d'une hauteur supérieure à 61 mètres sont une exception. D'un tableau dressé par M. Wegmann, et donnant les dimen-

sions des 56 principaux barrages existant tant en Europe
qu'en Amérique, il résulte qu'un seul d'entre eux dépasse
cette hauteur; c'est celui du New-Croton qui emmagasine une
partie de l'eau nécessaire à l'alimentation de la ville de New-
York. Sa hauteur totale est de 72^m,50. Après lui vient le barrage du Furens qui n'a que 58 mètres de hauteur. Comme
ouvrage exceptionnel on peut encore citer le barrage du
Quaker bridge destiné à renforcer l'alimentation en eau de
la ville de New-York, construit tout récemment. Ce barrage
a une hauteur totale de 76^m,20, mais il est encastré de
24 mètres, dans le gravier qui forme le lit de la vallée, de
manière à pouvoir être fondé sur le rocher compact, qui
ne se rencontre qu'à une grande profondeur.

70. Méthode graphique. — Comme complément aux méthodes de calcul qui précèdent, il y a lieu de mentionner
l'emploi possible de la statique graphique qui permet de
déterminer beaucoup plus simplement les dimensions d'un
mur-barrage. La méthode graphique ne se prête pas, il est
vrai, à une approximation aussi rigoureuse que la précédente et exige, en particulier, qu'on remplace le profil exact
par un autre profil composé de surfaces géométriques, telles
que rectangles ou trapèzes, dont il soit facile de déterminer
la position du centre de gravité.

Cependant non seulement cette méthode conduit à des
résultats très suffisamment approchés, mais encore elle peut
surtout être employée pour éviter les tâtonnements qui, avec
le procédé ordinaire, sont des plus pénibles. Une fois les
dimensions du mur déterminées approximativement par la
statique graphique, rien n'empêche d'appliquer le procédé
ci-dessus indiqué au profil ainsi obtenu, afin de connaître
exactement les efforts auxquels est soumise la maçonnerie.

L'épure statique graphique se construit de la manière
suivante:

a) *Construction de la courbe des pressions (réservoir vide).* —
Soit EAA'E' (*fig.* 297) un profil de barrage partagé en quatre
sections par les joints horizontaux fictifs BB', CC', DD'. La

courbe des pressions est la ligne qui passe par les points où les résultantes des forces qui agissent sur la portion de mur supérieure aux divers joints coupent ces joints. Le réservoir étant supposé vide, les seules forces qui agissent sont les poids p_1, p_2, p_3, p_4, des sections I, II, III, IV, ces poids étant

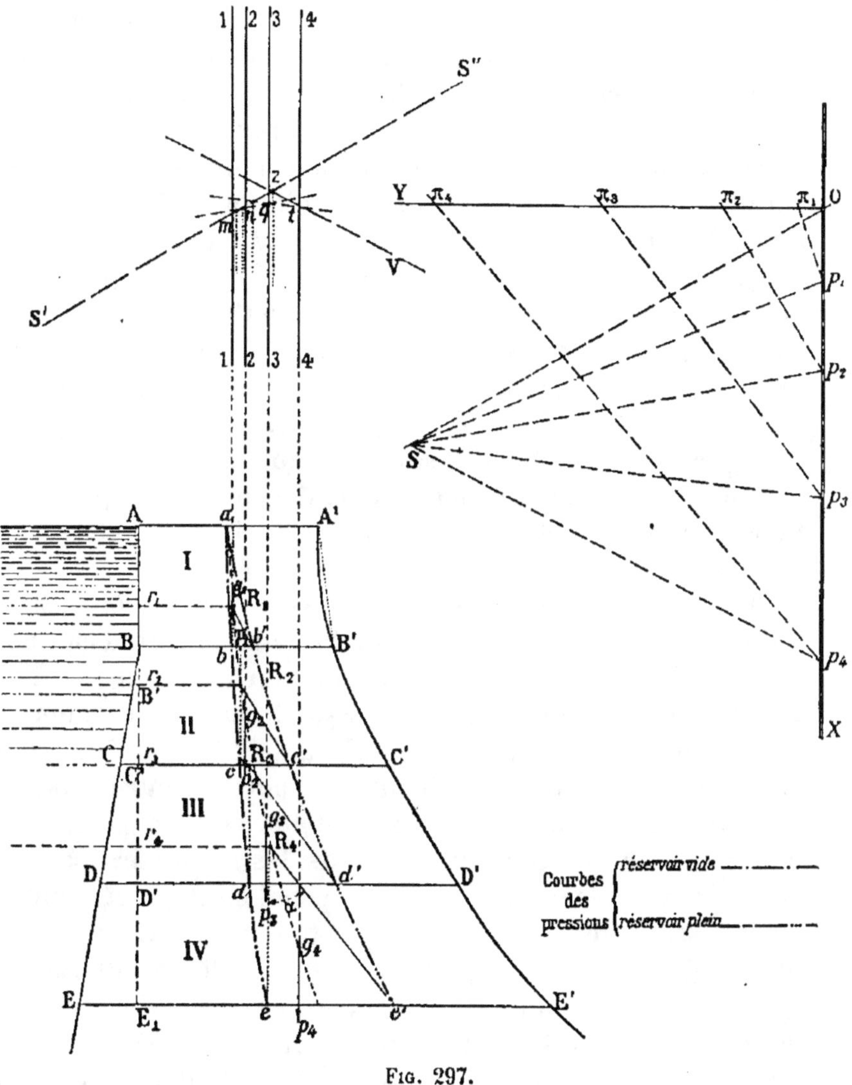

Fig. 297.

appliqués respectivement aux centres de gravité g_1, g_2, g_3, g_4, des surfaces correspondantes,

Pour déterminer les points d'intersection de la courbe des pressions et des joints, traçons un polygone des forces. Dans ce but, sur une verticale quelconque OX (*fig.* 297), prenons à partir d'une origine O des longueurs Op_1, p_1p_2, p_2p_3, p_3p_4, représentant à une échelle convenable les poids des sections I, II, III et IV.

Joignons les points p_1, ..., p_4, à un point quelconque S pris comme pôle. Puis, construisons la figure réciproque ; pour cela, traçons les verticales 11, 22, 33, 44, passant respectivement par les centres de gravité g_1, g_2, g_3, g_4. Le polygone des forces s'obtiendra en menant une ligne S'S" parallèle à SO ; puis, du point m d'intersection des deux lignes S'S" et 11, une ligne mn parallèle à Sp_1 ; de même nq sera parallèle à Sp_2, qt sera parallèle à Sp_3, et tV parallèle à Sp_4. Les points d'intersection de ces quatre dernières lignes mn, nq, qt, tV avec S'S" seront situés sur les mêmes verticales que les points de passage de la courbe des pressions sur les joints BB', CC', etc. Par conséquent, en abaissant du point z une verticale prolongée jusqu'à sa rencontre avec EE', nous obtiendrons un point e appartenant à la courbe des pressions ; nous obtiendrons de même les autres points d, c et b.

b) *Construction de la courbe des pressions (réservoir plein).* — Supposons, pour simplifier l'exemple, que le plan d'eau de la retenue s'élève au niveau même du couronnement, et négligeons la poussée *verticale* de l'eau sur le parement amont, ce qui revient à négliger le poids d'eau du triangle EBE$_1$. Dans le cas du réservoir plein, le mur supportera outre son poids une poussée horizontale. Sur une horizontale passant par le point O de la figure 297, prenons des longueurs $o\pi_1$, $\pi_1\pi_2$, $\pi_2\pi_3$, $\pi_3\pi_4$, représentant à la même échelle que précédemment les poussées de l'eau par les sections I, II, III et IV ; les lignes π_1p_1, π_2p_2, π_3p_3, π_4p_4 représenteront les résultantes des pressions sur les joints. Pour trouver les points d'intersection de ces résultantes et de leurs joints respectifs, traçons les horizontales r_1, r_2, r_3, r_4, qui représentent les poussées de l'eau sur les joints AB', AC', AD', AE', et qui passent, comme on sait, aux 2/3 des hauteurs totales AB'..., AE'. Prolongeons ces horizontales jusqu'à leur point de rencontre avec les verticales bR_1, cR_2, dR_3, eR_4, lesquelles représentent les résultantes des poids des sections situées au-dessus des joints. En menant par les points R_1, R_2, R_3, R_4, des parallèles aux lignes $\pi_1 p_1$, $\pi_2 p_2$, $\pi_3 p_3$, $\pi_4 p_4$, les points où les droites $R_1 b'$, $R_2 c'$, $R_3 d'$, $R_4 e'$, couperont les différents joints, seront les points de la courbe des pressions, le réservoir étant plein.

C'est ainsi que la poussée de l'eau qui agit au-dessus du point EE' passe aux 2/3 de la hauteur totale AE; cette poussée r_4 rencontre en R_4 la verticale menée par le point e où la courbe des pressions correspondant au réservoir vide coupe le joint EE'; de ce point R_4 on mène une ligne $R_4 e'$ parallèle à $\pi_4 p_4$; on déterminera ainsi un point e' de la courbe des pressions, le réservoir étant plein. De même, pour les points correspondant aux autres joints.

Sur l'épure ainsi établie on peut mesurer directement la valeur de α (§ 62) correspondant à chaque joint et s'assurer si, la tangente de cet angle étant inférieure à 0,75, la digue ne présente pas de danger de glissement.

Enfin il est facile de déterminer les pressions sur les extrémités amont et aval de chaque joint, en mesurant les distances de ces extrémités aux courbes des pressions, réservoir vide et réservoir plein. Ces valeurs, que nous avons désignées précédemment par a et b, seront substituées dans les formules ci-dessus indiquées comme déduites de la loi du trapèze (§ 60); les valeurs afférentes aux pressions (réservoir plein) sont données sur l'épure.

La méthode que nous venons d'exposer se recommande par sa simplicité; elle est surtout applicable aux barrages dont la section a une forme géométrique simple; l'erreur qu'on commet en négligeant de tenir compte de la poussée verticale de l'eau sur le parement amont est d'autant moins importante que, la plupart du temps, le fruit de ce parement est très faible, sinon complètement nul. S'il est nécessaire de calculer les pressions supportées par le mur pour diverses hauteurs d'eau, on construit une courbe des pressions (barrage plein) pour chacune de ces hauteurs, et l'on reporte les résultats sur une épure à grande échelle, comme nous l'avons indiqué dans le cas du calcul.

La construction graphique a, enfin, un dernier avantage très appréciable. Si, quand on emploie le calcul, on commet une erreur matérielle, celle-ci influe sur tous les calculs suivants et peut vicier le résultat final. Avec la méthode graphique, les calculs étant très réduits, les chances d'erreur le sont dans la même proportion ; de plus, dans le tracé des épures, les figures présentent toujours une sorte de symétrie, de telle manière que toute erreur importante se révèle immédiatement par une anomalie de tracé qui saute aux yeux. Nous croyons donc que l'emploi de cette dernière méthode, répandue chez les ingénieurs américains notamment, mérite d'être recommandé pour les avant-projets et la comparaison des divers tracés acceptables.

71. De la nature des efforts auxquels peuvent être soumises les maçonneries. — a) *Résistance à l'écrasement.* — La limite supérieure admissible pour la compression en un point quelconque d'un joint dépend évidemment de la nature des matériaux employés à la confection de l'ouvrage et du degré de résistance du sol de fondation. Il n'est donc pas possible de lui assigner une limite fixe et invariable.

L'application des méthodes de calcul que nous avons précédemment exposées montre que la compression maximum correspond au cas du réservoir plein et se fait sentir à la base du parement d'aval.

Pendant longtemps, on s'est astreint à limiter le travail à la compression à des chiffres très faibles. Lors de la construction des réservoirs destinés à l'alimentation du canal de la Marne au Rhin, on avait d'abord admis, avec M. de Sazilly, que la pression par centimètre carré calculée en admettant la loi du trapèze, serait limitée à 4 kilogrammes. Ce chiffre a été ensuite porté à 6 kilogrammes, lequel, d'après M. Krantz, ne devait pas être dépassé. Néanmoins, on a reconnu depuis que cette dernière limite pouvait sans inconvénient être beaucoup augmentée, à la condition toutefois que l'ouvrage reposât sur un sol très résistant; le barrage du Furens a été calculé sur la base de 6^{kg},50 ; celui de Ternay, sur la base de 7 kilogrammes ; et la limite admise pour le barrage du

Ban, destiné au service de la ville de Saint-Chamond, a été porté à 8 kilogrammes.

En réalité, eu égard à l'inexactitude des formules employées, ces limites ont pu être dépassées par l'effort effectif.

Le tableau ci-dessous donne, d'après M. l'Inspecteur général Bouvier, le travail maximum des maçonneries d'un certain nombre de barrages du Midi de la France, établis tous sur un sol inaffouillable et incompressible.

DÉSIGNATION	DATE de la construction	HAUTEUR de la retenue	TRAVAIL MAXIMUM DES MAÇONNERIES d'après la méthode du trapèze	
			sur une section droite	sur une section oblique (méthode de MM. Bouvier et Guillemain)
Barrage du Gouffre d'Enfer ou du Furens (Loire)	1861-1866	50^m	6^k,50	9^k,40
Barrage de Ternay (Ardèche) avant sa surélévation	1861-1867	35 ,35	»	9 ,30
Barrage de Ternay (Ardèche) après surélévation de 1 mètre.	»	36 ,35	7	12
Barrage du Ban (Loire)	1866-1870	45 ,10	8	11
Barrage du Pas-de-Riot (Loire)	1873-1878	33 ,50	7 ,50	10
Barrage des Chartrains (Loire)	1888-1893	46	8 ,50	10 ,30

La pression maximum calculée atteint, comme on le voit, le chiffre de 12 kilogrammes par centimètre carré[1]. C'est une

[1] Dans un massif comme un barrage, composé de matériaux de grande dureté réunis par du mortier, c'est ce dernier qui présente la moindre résistance à l'écrasement: c'est donc de sa résistance que dépend pour ainsi dire celle de l'ouvrage. Les constructeurs admettent généralement qu'on peut faire supporter, d'une manière permanente, aux maçonneries, un effort égal au 1/10e de la force qui produit l'écrasement immédiat des briquettes de mortier à chaux hydraulique. On estime à 140 kilogrammes environ par centimètre carré la valeur de cette force. On pourrait donc faire travailler la maçonnerie à 14 kilogrammes; mais, pour tenir compte des malfaçons possibles dans la confection des mortiers, il est prudent de se limiter au chiffre ci-dessus de 12 kilogrammes.

valeur qu'il paraît prudent de ne pas dépasser. C'est d'ailleurs la conclusion qui a été adoptée par le V⁰ Congrès de Navigation intérieure, dans les termes suivants : « *Avec de bons matériaux on peut faire travailler les maçonneries à la compression, sans imprudence, jusqu'à une limite de 12 kilogrammes par centimètre carré.* »

Si le sol de fondation n'offre pas une grande sécurité, il est nécessaire de réduire le travail à la base du mur. C'est ainsi qu'au barrage de la Mouche construit récemment en vue de l'alimentation du canal de la Marne à la Saône, on a jugé prudent de se limiter à une pression maximum de 6ᵏᵍ,26 à la base, parce que le terrain de fondation est de la marne.

Dans la plupart des barrages algériens on s'est tenu, pour la compression maximum, à un chiffre inférieur à la limite ci-dessus.

Au barrage de l'Habra, qui repose sur du rocher dur, mais fissuré, la pression maximum au pied du parement d'aval est de 6ᵏᵍ,16.

A celui du Hamiz dont le sol de fondation est du micaschiste très dur, on avait constaté que, lorsque l'eau affleurait le couronnement du mur, la pression calculée d'après la loi du trapèze pouvait s'élever jusqu'à 12ᵏᵍ,24 par centimètre carré. Il a paru prudent de ne pas exposer l'ouvrage à de semblables efforts; on en a accru la stabilité au moyen de contreforts, accolés au parement aval, de manière à ramener la compression maximum à 8 kilogrammes par centimètre carré.

b) Résistance au cisaillement et au glissement. — On désigne sous le nom de cisaillement l'effet possible de glissement l'une sur l'autre de deux tranches d'un barrage, suivant une section quelconque, sous l'influence de la poussée de l'eau.

Considérons un joint horizontal tel que AB (*fig.* 290). La force qui tend à faire glisser la partie supérieure sur la partie inférieure est la poussée de l'eau Q. Elle est contrebalancée par le frottement et aussi par la cohésion de la maçonnerie. L'expression du frottement est *f*P, P désignant le poids de la partie du mur au-dessus de AB, et *f* le coefficient de frottement de la maçonnerie sur la maçonnerie, lequel, d'après le général Morin, varie de 0,70 à 0,75. Quant à la cohésion de la maçonnerie, elle est proportionnelle à la longueur l du joint et a pour valeur cl, si l'on désigne par c le coefficient de cohésion.

La condition de non-glissement est donc $Q < fP + cl$.

Dans les bonnes maçonneries la valeur du coefficient c est considérable, mais cette valeur n'est pas exactement connue. Aussi a-t-on l'habitude de ne regarder la résistance due à la cohésion que comme un complément de sécurité. Dès lors, pour s'assurer qu'on n'a pas à craindre le glissement d'une tranche sur l'autre, il suffit de vérifier si la condition $Q < fP$ est remplie.

On s'assure par le même moyen si la digue entière n'est pas exposée à glisser sur sa base, sans tenir compte du surcroît de stabilité qui résulte de l'encastrement de cette base dans le terrain naturel, mais en tenant compte, s'il y a lieu, des sous-pressions, ainsi que nous l'avons indiqué au § 66.

M. Pelletreau a donné, pour la condition de non-glissement sur la base, une autre formule. Il suffit que la condition $f > \dfrac{1}{\sqrt{\delta}}$ soit remplie, f étant, comme ci-dessus, le coefficient de frottement, et δ le poids spécifique de la maçonnerie. Mais cette formule ne s'applique qu'au cas où l'on adopte le profil particulier qu'il considère, c'est-à-dire un barrage de section triangulaire dont l'angle au sommet α est donné par la relation $\mathrm{tg}\,\alpha = \dfrac{1}{\sqrt{\delta}}$ (Ve Congrès de Navigation intérieure).

c) *Résistance à la traction.* — Ainsi que nous l'avons fait remarquer ci-dessus, les désagrégations des maçonneries sont particulièrement redoutables pour le parement amont en raison des sous-pressions qui se produiraient dans les joints ; il peut en résulter la formation de fissures, ce qui est, rappelons-le, une cause possible de la ruine des ouvrages.

Ce serait encore à la cohésion des mortiers qu'il faudrait demander de s'opposer aux efforts de traction ; mais ceux-ci, qui résistent très bien à la compression, résistent au contraire fort mal à l'extension. D'où la nécessité de supprimer aussi complètement que possible ces derniers efforts, ce

qu'on fait, nous le savons, en déterminant le profil du barrage de telle manière que, sur chaque section horizontale, le
point d'application de la résultante sur cette section se trouve
à une distance du parement le plus rapproché supérieure au
tiers de sa longueur. C'est là une condition indispensable à
remplir et sur la nécessité de laquelle on ne saurait trop
insister. On peut, il est vrai, citer des ouvrages tels que le
« Bear Valley dam », dans l'État de Californie, en Amérique,
d'une hauteur de 19^m,50 où cette condition n'est pas rem-

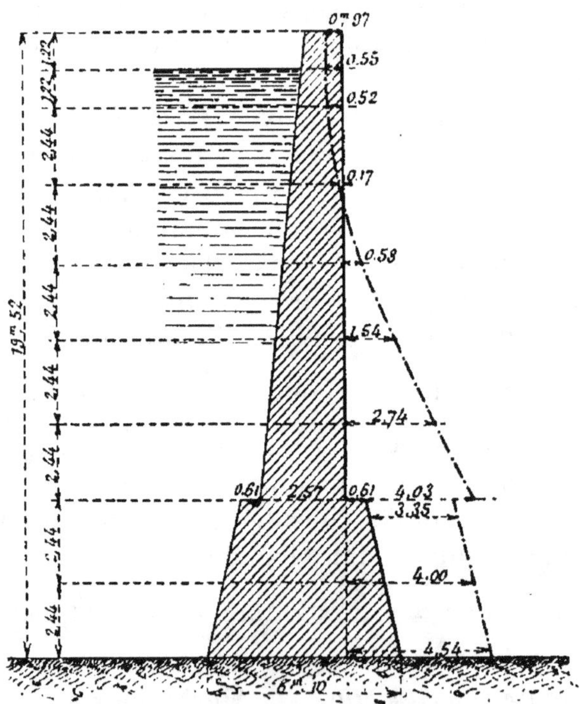

Fig. 298. — Digue de Bear Valley. — Profil en travers et courbe des pressions
(réservoir plein).

plie et où la courbe des pressions sort même complètement du
joint (*fig.* 298). Mais l'ouvrage présente en plan une forme
courbe très accentuée, convexe vers l'amont, et son fonctionnement comme voûte est singulièrement facilité par l'extrême
encaissement de la gorge de la vallée, qui a permis de donner
peu de longueur à l'ouvrage en maçonnerie. Cette hardiesse,
qui n'a d'autre avantage, dans l'espèce, qu'une faible économie
de maçonnerie, n'est pas à imiter.

72. Forme des barrages en plan. — La détermination de la section des barrages en maçonnerie se fait, comme nous l'avons vu, en supposant le mur de longueur indéfinie et en considérant une tranche de 1 mètre de longueur, laquelle doit être établie de manière à résister seule à la poussée de l'eau, abstraction faite du surcroît de stabilité résultant de sa liaison avec le reste de l'ouvrage.

Mais, en général, les barrages sont placés dans des gorges étroites à parois rocheuses, et l'on conçoit qu'en leur donnant une forme cintrée vers l'amont il est possible d'en accroître la solidité, en reportant horizontalement une partie de la poussée de l'eau sur les flancs de la vallée dans lesquels l'ouvrage est encastré. C'est ce qu'on a fait pour le Bear Valley dam, dont nous avons parlé au paragraphe précédent.

Dans les barrages de peu d'épaisseur et de peu de longueur, dont les extrémités peuvent être encastrées solidement dans un rocher résistant, les avantages de la forme cintrée sont incontestables ; le barrage, se comportant comme une voûte à axe vertical, transmet horizontalement la poussée aux flancs indéformables de la vallée, ce qui permet de réduire les dimensions du profil à adopter. Aussi tous les ouvrages en rivière pour l'alimentation des canaux d'irrigation, dont nous avons donné la description (§ 18), présentent-ils cette forme de voûte.

Pour les barrages d'une grande longueur et d'une grande épaisseur, surtout quand les flancs de la vallée ne présentent pas de points d'appui inébranlables, on ne peut plus guère compter sur un surcroît de stabilité en adoptant la forme courbe en plan.

Dans ce cas néanmoins, et bien que le tracé rectiligne ait l'avantage de réduire la longueur du mur à son minimum, la forme courbe semble encore préférable, parce qu'elle permet de remédier en partie aux effets que peut produire la dilatation sur les murs de grande longueur.

En effet, sous l'influence des variations de température, les maçonneries éprouvent alternativement un mouvement de retrait pendant l'hiver et de gonflement pendant l'été ; il en résulte la formation de fissures verticales, dites de dilatation, qui s'ouvrent l'hiver pour se fermer l'été. Au premier abord, elles paraissent ne présenter d'autre inconvénient que de laisser perdre de l'eau, puisque les murs sont établis avec des dimensions suffisantes pour qu'un tronçon considéré isolément puisse résister par son seul poids à la pression de l'eau. Dans la pratique il n'en est pas ainsi : les fissures facilitent le délavage des mortiers et deviennent à la longue une cause d'affaiblissement du mur. M. l'inspecteur général Bouvier a signalé les dangers qui peuvent résulter pour l'avenir des suintements qui se produisent avec plus ou moins d'abondance sur le parement aval des barrages, surtout lorsque ceux-ci sont établis dans des terrains primitifs où les eaux recueillies sont presque chimiquement pures et ont, par suite, une grande puissance dissolvante. Il a recommandé de s'efforcer sinon d'empêcher, tout au moins d'arrêter, dans ce cas, l'appauvrissement des mortiers en faisant entrer dans leur fabrication une proportion de chaux suffisante pour leur permettre de conserver leurs qualités essentielles, malgré les délayages de chaux [1].

D'ailleurs les fissures verticales peuvent être elles-mêmes en communication avec d'autres fissures obliques, lesquelles déterminent des sous-pressions de ce genre. C'est à cette cause, en particulier, que certaines personnes ont attribué en partie la rupture de la digue de Bouzey, laquelle avait été établie, en plan, en ligne droite, dans le but d'en faciliter la construction. La digue, sous l'influence de la poussée de l'eau, a pris une certaine flèche à la partie supérieure ; le pied maintenu par un contrefort n'ayant pas bougé, ces flèches n'ont pu se produire sans déterminer dans la maçonnerie des efforts de tension, et ces efforts ont pu, s'ils étaient supérieurs à la résistance de la maçonnerie, amener l'ouverture de certains joints. C'est suivant une fissure oblique ainsi ouverte, et communiquant avec les fissures verticales que la rupture se serait produite.

Le barrage de la Mouche a été également tracé en plan suivant une ligne droite [2]. Or, à la suite d'un hiver rigoureux,

---

[1] V⁰ Congrès de Navigation intérieure.

[2] Les considérations qui suivent et les renseignements divers relatifs au barrage de la Mouche ont été extraits d'un rapport présenté au V⁰ Congrès de Navigation intérieure par M. CADART, ingénieur en chef des Ponts et Chaussées.

alors que le plan d'eau était maintenu à 3 mètres en contre-bas de son niveau normal, sept fissures verticales se produisirent dans la digue ; elles présentaient leur maximum d'ouverture au sommet de la digue et disparaissaient complètement à 11 mètres au-dessous du niveau normal de la retenue. Elles se refermèrent graduellement lorsque la température se releva. Quatre d'entre elles ont complètement disparu ; les trois autres, bien que singulièrement rétrécies, sont demeurées visibles.

On a constaté, de plus, que la digue se déforme légèrement. D'une manière générale, le mouvement se fait de l'amont vers l'aval. Au moment de fortes chaleurs, elle présentait la forme d'une courbe à deux points d'inflexion, forme qu'elle paraît avoir conservée depuis. L'ouverture et la fermeture des fissures, aussi bien que les déformations d'alignements primitifs, montrent que dans une digue rectiligne les contractions de la maçonnerie dues à l'abaissement de la température se traduisent par des fissures verticales et que les dilatations dues à l'élévation de la température donnent à la digue une forme légèrement courbe.

Il semble qu'il suffise, pour éviter la production des fissures, de substituer à la forme rectiligne celle d'une courbe tournant sa convexité vers l'amont. Le défaut des digues rectilignes, au point de vue des effets de la dilatation est, en effet, de ne comporter qu'un développement unique ; il en résulte que tout retrait entraîne nécessairement une déchirure ; tout allongement, une déformation de l'alignement qui se produit presque toujours d'une manière irrégulière ; quand à une période d'allongement succède la période de retrait, les points qui se sont le plus écartés de l'alignement primitif, surtout ceux qui sont repoussés vers l'aval, ne peuvent plus être ramenés à leur position initiale, la pression de l'eau s'y opposant, et des fissures se produisent.

Les choses doivent se passer bien différemment dans une digue curviligne. Si l'on considère, en effet, une section d'une pareille digue par un plan horizontal quelconque, il suffit que tous les points se rapprochent légèrement du centre de courbure pour que le développement diminue, et qu'il s'en éloigne pour que le développement augmente. Si la courbe est un arc de cercle, un même rapprochement ou un même éloignement du centre produit un retrait ou un allongement également réparti sur toute la longueur, c'est-à-dire exactement réparti suivant la loi linéaire de la contraction ou de la dilatation due à la température. Les variations de température étant plus grandes au sommet de la digue, exposé directement à l'action de la chaleur et du froid, qu'à son pied, en contact avec les couches d'eau inférieures d'une température à peu près constante, les allongements et les retraits, également répartis sur toute la longueur d'une même section horizontale, varieront d'une section à l'autre, et avec eux varieront les éloignements et rapprochements du centre de courbure ; ils seront maxima au sommet, à peu près nuls au pied.

Les variations de la température se traduiront donc par une variation légère du fruit des parements dans la région supérieure de la digue ; le fruit du parement amont diminuera en été et augmentera en hiver. Les seules objections qu'on pourrait formuler contre la forme curviligne sont qu'il en résulte une augmentation de la longueur, et par suite du prix de la digue, et une diminution de la capacité du réservoir. Mais l'augmentation de dépense est toujours des plus minimes et la capacité n'est réduite que dans une proportion insignifiante.

En résumé, il paraît préférable d'adopter dans tous les cas pour la forme en plan des barrages une courbe tournée vers l'amont. C'est d'ailleurs la conclusion à laquelle s'est arrêté, après une discussion approfondie, le Vᵉ Congrès de Navigation intérieure, lequel a adopté la résolution suivante : *La forme en plan d'une courbe tournant sa convexité vers l'amont paraît devoir être recommandée pour les digues en maçonnerie, en raison des effets, sur la région supérieure des digues, de la dilatation et de la contraction dues aux variations de la température.*

Habituellement, on ne tient pas compte de la forme cintrée de l'ouvrage en plan ni de la résistance des flancs de la vallée dans le calcul du profil des grands murs-barrages, bien qu'il doive en résulter une certaine augmentation dans la sécurité.

Mais, si les conditions sont telles qu'il soit permis d'assimiler l'ouvrage à une voûte à axe vertical, c'est-à-dire, rappelons-le, s'il doit fermer une vallée de largeur faible, à peu près constante, les méthodes de calcul précédemment exposées pour un barrage rectiligne, conduiraient à donner aux maçonneries des épaisseurs bien supérieures à celles auxquelles on peut s'arrêter ici.

On se trouve ici en présence d'une voûte dont la surcharge, au lieu d'être dirigée suivant une perpendiculaire à un mur rectiligne en plan, agit, au contraire, normalement à l'extrados. Si l'on admet qu'en chaque point la pression est uniformément répartie sur chaque joint, c'est-à-dire que la courbe horizontale des pressions coïncide avec la courbe des centres des joints, l'épaisseur e du barrage pour une tranche horizontale de hauteur h est donnée par l'expression :

$$Re = \rho \pi h,$$

dans laquelle R désigne la limite admise pour la résistance des matériaux, ρ le rayon de courbure de l'intrados, et π la densité du liquide.

M. Delocre, dans son mémoire déjà cité sur le barrage du Furens, a assimilé les barrages aux voûtes ordinaires et admis que la courbe horizontale des pressions passait au tiers de l'épaisseur de la voûte à partir de l'extrados, cette courbe étant d'ailleurs, par raison de symétrie, un cercle concentrique à celui que forme le parement d'aval. Alors la pression sur le parement d'aval serait nulle, et la pression sur le parement d'amont égale au double de la pression moyenne.

M. Pelletreau, dans une étude sur les barrages cintrés en forme de voûte [1], a calculé l'épaisseur du mur en admettant, avec Dupuit, que dans une voûte ordinaire la pression maximum à la clef est très peu supérieure à la pression moyenne sur le même joint et que la courbe des pressions qui, à cause de la symétrie, est un cercle coupant normalement les joints, passe à la clef un peu au-dessus du centre de figure. Pour une vallée supposée de largeur constante l sur toute la hauteur au droit du barrage, il a obtenu, pour le volume d'un

---

[1] *Annales des Ponts et Chaussées*, 1879, 1er semestre.

mètre courant de barrage,

$$v = \frac{\pi l y^2}{9N},$$

π étant le poids de l'eau, y la hauteur du barrage, et N la pression limite admise. Le volume total V du barrage est alors :

$$V = \frac{\pi l^2 y^2}{9N}.$$

Quand l'épaisseur du barrage devient considérable par rapport au rayon, on se trouve dans des conditions tellement différentes de celles des voûtes que l'assimilation entre les deux genres d'ouvrages n'est plus possible. M. Pelletreau est d'avis que le rapport entre ces deux quantités ne doit pas dépasser la moitié. M. Delocre estime qu'il ne doit pas aller au-delà d'un tiers.

L'étude de la question a été reprise par M. Thiéry, professeur à l'École nationale forestière [1], qui a démontré que la pression sur un joint quelconque est appliquée en un point voisin de son milieu ; quant à l'épaisseur x à une profondeur y au-dessous du plan d'eau, elle est donnée par une des deux formules suivantes dans lesquelles ρ désigne le rayon de l'extrados :

$$x = \frac{\pi \rho y}{N} + \frac{x^2}{2\rho},$$

ou :

$$x = \frac{2\pi \rho y}{N}.$$

suivant qu'on admet avec M. Pelletreau que la pression maximum est égale à la pression moyenne, ou, avec M. Delocre, que la première est le double de la seconde.

Ces deux expressions conduiraient à donner au barrage une épaisseur nulle en couronne ; en réalité on donne à l'ouvrage une épaisseur au sommet suffisante pour ne pas trop affaiblir la maçonnerie.

Remarquons, d'ailleurs, que les hypothèses sur lesquelles sont basées ces formules ne sont pas rigoureusement démon-

---

[1] *Annales des Ponts et Chaussées*, 1888, 2° semestre.

trées et ne paraissent pas avoir reçu la sanction de l'expérience.

Il semble donc plus prudent d'admettre de préférence la seconde, attendu qu'elle donne des résultats sensiblement plus élevés. Enfin rappelons qu'on doit en borner l'application au cas où il s'agit de l'établissement de barrages de peu de hauteur qu'il est possible d'encastrer solidement sur toute cette hauteur, et qu'on doit toujours prévoir un encastrement suffisant pour que l'ouvrage puisse être assimilé à une voûte.

Dans tous les autres cas on ne doit pas tenir compte de la forme cintrée du barrage, et le profil doit être calculé uniquement par les méthodes que nous avons exposées au § 66.

73. Forme des barrages en élévation. — Lorsque l'étude de la configuration du terrain et des besoins à desservir a permis de déterminer la capacité du réservoir, la hauteur de la retenue, et par suite le niveau de la crête du déversoir qui doit donner passage aux eaux de crues, il reste à déterminer les dispositions du couronnement et l'inclinaison des parements.

a) *Position et épaisseur du couronnement.* — La position du couronnement se déduit de ce niveau normal, par rapport auquel il doit présenter une certaine revanche.

Certaines retenues de grande hauteur sont exposées à des vents violents très redoutables, soufflant parfois perpendiculairement au mur, et susceptibles de soulever à la surface des vagues d'une grande hauteur. Au barrage de l'Oued-Athménia, on a admis comme possible, mais à titre extraordinaire, des vagues de 3 mètres de hauteur et faisant, par suite, une saillie de 1^m,50 par rapport au plan d'eau moyen.

Les vagues viennent frapper le barrage contre lequel elles se réfléchissent, et il faut que cet ouvrage ait une épaisseur suffisante pour résister à leur choc et ne pas être exposé à être ébranlé. Mais, une fois cette condition remplie, il serait excessif, dans le calcul du travail de la maçonnerie dans la masse du barrage, de supposer les vagues susceptibles de produire un effet statique équivalent à une surélévation du plan d'eau moyen égal à leur creux, et il paraît suffisant de compter sur une surélévation moitié moindre.

DÉSIGNATION des barrages	EMPLACEMENT	MODE D'UTILISATION des eaux	HAUTEUR de la retenue maximum	ÉPAISSEUR du couronnement	OBSERVATIONS
		1° *Barrages français*			
Gouffre d'Enfer	Loire	Alimentation de Saint-Etienne	50^m	6^m,37	
Les Chartrains.	Loire	Alimentation de Roanne	46	4	
Le Ban	Loire	Alimentation de Saint-Chamond	45	4 ,90	
Le Hamiz	Algérie (Alger)	Irrigation de la plaine de la Mitidja	38	5	
Ternay	Ardèche	Alimentation d'Annonay	35 .35	4 ,77	
La Mouche	Haute-Marne	Alimentation du bief de partage du canal de la Marne à la Saône	34 ,92	3 ,60	
L'Habra	Algérie (Alger)	Irrigation de la plaine de l'Habra	33 ,60	4 ,30	
Oued-Athménia	Algérie (Constantine)	Irrigation et mise en marche d'usines	33	5	En projet
		2° *Barrages américains*			Hauteur totale
Quater-Bridge	Etat de New-York	Alimentation de New-York	52^m	9^m,15	76^m,20
New-Croton	—	—	45 ,72	5 ,49	72 ,54
Titicus	—	—	19 ,81	5 ,49	41 ,14
Sodom	—	—	17 ,68	3 ,66	29 ,87
San Mateo	Californie	Irrigations	45 ,72	6 ,10	51 ,82
Sweetwater	—	—	27 ,43	3 ,66	27 ,43
Bear Valley	—	—	18 ,29	0 ,97	19 ,51

Il n'est pas nécessaire d'ailleurs de relever la plate-forme de la digue jusqu'à la hauteur que les vagues peuvent atteindre après leur réflexion sur la digue ; on peut la maintenir plus bas en arrêtant les embruns au moyen d'un parapet d'une épaisseur et d'une hauteur convenables.

On ne peut donc pas fixer *a priori* l'épaisseur en couronne d'un barrage. Tout ce que l'on peut faire, c'est de déterminer l'épaisseur minimum au-dessous de laquelle on ne doit pas descendre pour mettre le barrage en état de résister à l'action dynamique des vagues et empêcher les infiltrations d'eau dues à la porosité des maçonneries de prendre une importance dangereuse. On cherche ensuite l'épaisseur réelle qu'il convient d'adopter pour satisfaire aux autres conditions qui peuvent s'imposer, et avoir le profil le plus satisfaisant et le plus économique.

Les considérations qui précèdent ont conduit à donner aux grands barrages existants des épaisseurs en couronne assez considérables, ainsi que le montre le tableau ci-dessus, lequel, en regard de ces épaisseurs, indique la hauteur de retenue.

b) *Inclinaison des parements amont et aval.* — Dans la plupart des grands barrages, on donne une certaine inclinaison au parement amont. Outre qu'il serait difficile d'élever verticalement un mur de grande hauteur, il y a souvent intérêt à donner à ce parement un certain empâtement, afin d'utiliser le poids de l'eau du réservoir pour rapprocher la courbe des pressions (réservoir plein) du milieu de la digue, et placer les maçonneries dans de meilleures conditions de résistance. Parfois on donne au parement amont un fruit constant sur toute la hauteur du barrage ; mais, la plupart du temps, on adopte un profil polygonal tel que ABCD (*fig.* 299). Ce n'est que par exception, et pour des retenues d'une médiocre hauteur qu'on peut admettre un parement amont vertical.

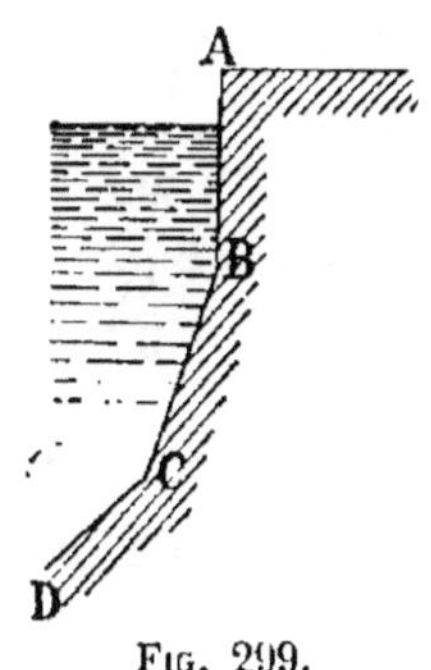

Fig. 299.

Le parement aval affecte toujours la forme d'une ligne

suffisamment inclinée sur la verticale pour que, à la base,
l'ouvrage ait l'empâtement nécessaire. Le parement extérieur
étant visible, on évite de lui donner une forme polygonale

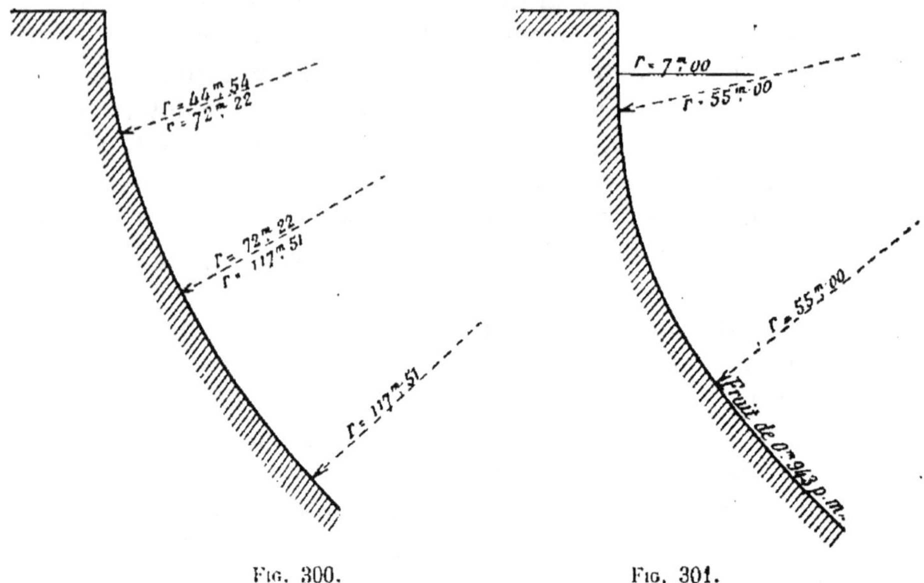

Fig. 300.   Fig. 301.

qui serait disgracieuse, et on admet pour son profil soit une
série d'arcs de cercle à rayon croissant, comme au barrage
du Gouffre d'Enfer (*fig*. 300), soit une série d'arcs de cercles
tangents à des droites qui les prolongent, comme au barrage
de la Mouche (*fig*. 301).

Si l'application des méthodes de calcul précédemment exposées conduit à donner au parement
aval une forme polygonale, on adoptera pour le
tracé définitif de ce parement une courbe enveloppe AE se rapprochant autant que possible du
polygone ABCDE (*fig*. 302).

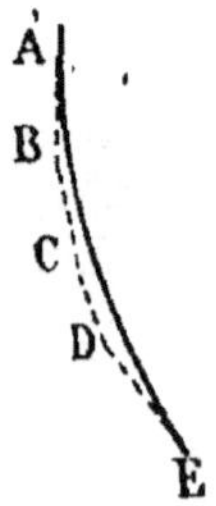

On ne rencontre guère de barrages ayant leur
parement aval composé d'une seule droite que
dans les ouvrages de faible hauteur, comme ceux
dont nous avons donné la description antérieurement (§ 18).

Fig. 302.

En résumé, la fixation définitive des dimensions à donner
à un mur-barrage ne peut s'obtenir qu'à la suite d'une série

de tâtonnements. Connaissant *a priori* la hauteur de la retenue, on fixera d'abord le niveau et la largeur du couronnement; puis, par analogie avec des ouvrages existants, on adoptera un premier tracé provisoire pour les deux parements. On appliquera à ce mur les méthodes de calcul connues, et après divers tâtonnements, au cours desquels on sera amené à modifier plus ou moins la forme des parements, on arrivera à un profil définitif. Il ne restera plus qu'à construire les courbes des pressions pour montrer que les conditions de stabilité que nous avons énumérées précédemment sont convenablement satisfaites.

74. Détails de construction. — Les dimensions d'un ouvrage à établir étant arrêtées, il reste à procéder à l'exécution. Il est à peine utile de faire remarquer que, s'agissant d'un travail de cette nature, les soins les plus minutieux doivent être apportés tant dans le choix des matériaux à employer que dans leur mise en œuvre. Aussi croyons-nous nécessaire d'entrer dans quelques détails à ce sujet.

Nature et qualité des matériaux. — Si l'on n'admet dans le corps de l'ouvrage que des matériaux, moellons ou autres, de la meilleure qualité, si la chaux et le sable employés à la confection des mortiers sont également choisis avec soin et mélangés dans une proportion convenable, il est permis d'assimiler le barrage, au point de vue de la résistance à l'écrasement, à un monolithe homogène.

a) *Sable.* — S'il existe, à proximité des travaux, du bon sable fin quartzeux, on ne doit pas hésiter à l'employer; s'il ne s'en trouve pas, ou si celui qu'on pourrait extraire est de médiocre qualité, on doit avoir recours au sable artificiel. Lors de la construction des barrages du massif des Cévennes, on a pu obtenir sur place du sable d'excellente qualité par le broyage des roches de nature granitique ou porphyrique qui forment le sous-sol. De même, au barrage de la Mouche, le sable a été fabriqué en concassant les éclats des pierres calcaires composant le corps de la digue. Au barrage projeté de l'Oued-Athménia, on avait d'abord eu l'intention d'employer du sable de mer, mais, en raison de l'éloignement et du prix élevé du transport, on l'a remplacé dans le projet par du sable calcaire artificiel.

Les grains doivent être assez fins pour obtenir des maçonneries aussi étanches que possible, et l'Administration supérieure a prescrit de n'employer le sable artificiel qu'après l'avoir fait passer au crible de 6 millimètres.

b) *Mortier*. — Le mortier joue un grand rôle dans les constructions de ce genre, et de sa résistance dépend, pour ainsi dire, celle de l'ouvrage. Dans sa confection il est essentiel de n'employer que des chaux d'excellente qualité, la chaux du Teil, par exemple. La proportion du mélange dans la confection du mortier employé au barrage des Chartrains (Loire), cité souvent comme un modèle du genre, a été de 340 kilogrammes de chaux du Teil pour $0^{m3},900$ de sable par mètre cube de mortier. Au barrage de la Mouche le mortier était composé de 350 kilogrammes de chaux du Teil ou de Cruas par mètre cube de sable de pierre broyée ; dans les maçonneries de fondation de la digue il était composé de 390 kilogrammes de chaux de la région par mètre cube du même sable. Dans les barrages algériens on emploie ordinairement 400 kilogrammes de chaux par mètre cube de sable.

Au barrage de l'Oued-Athménia l'Administration a adopté ce chiffre de 400 kilogrammes de chaux pour le mortier de chaux du Teil, et a prescrit de le porter à 600 kilogrammes de ciment par mètre cube de sable pour le mortier de ciment de Portland à employer dans les rejointoiements et dans la confection de l'enduit à appliquer sur le parement amont de la digue.

Quant à la proportion de mortier entrant dans la maçonnerie, il convient de dépasser la proportion moyenne de 35 0 0, généralement admise dans les constructions, attendu que les pertes de mortier sont plus fortes. Il est prudent de prévoir dans l'analyse du prix des maçonneries une consommation de $0^{m},42$ par mètre cube de maçonnerie, mais il faut bien se garder d'indiquer dans le devis une proportion quelconque. L'entrepreneur doit rester tenu d'employer la quantité de mortier effectivement nécessaire, quelle qu'elle soit, pour obtenir une bonne maçonnerie.

c) *Maçonnerie.* — Sauf certaines parties, telles que les galeries de vidange, les bahuts ou cordons de couronnement, la partie appareillée du sommet, les angles des saillies, etc., qui sont en pierre de taille, toute la masse des barrages s'exécute en maçonnerie ordinaire, avec les matériaux dont on dispose à proximité des ouvrages.

Les conditions de résistance des massifs à l'écrasement et au glissement variant avec le poids de ces massifs, la détermination de la densité de la maçonnerie s'impose. Pendant longtemps, on s'est contenté d'attribuer à cette densité le chiffre rond de 2.000 kilogrammes par mètre cube, qui avait l'avantage de simplifier un peu les calculs, mais qui présentait l'inconvénient grave d'altérer la vérité. M. Krantz et, après lui, M. Bouvier ont signalé la nécessité de procéder à des expériences et observations directes pour déterminer dans chaque espèce la densité avec plus de précision [1].

La densité des matériaux employés à la construction du barrage de la Mouche a été établie avec soin par l'expérience directe suivante : Un massif de 4 mètres cubes avait été construit avec les mêmes matériaux et du mortier de même dosage que ceux qu'on devait employer à la digue; des pesées furent faites tous les cinq jours sur un pont-bascule de 10 tonnes dépendant de la citadelle de Langres. Le poids du massif diminua d'abord graduellement pendant vingt-cinq jours, durée de la dessiccation du mortier; il ne subit plus ensuite que des variations très faibles dues à l'état de l'atmosphère et à l'absorption de l'humidité par les matériaux des parements. Pendant les vingt-cinq jours de l'expérience, les poids spécifiques extrêmes relevés furent 2.147 kilogrammes et 2.161 kilogrammes. On a adopté, dans les calculs, le poids spécifique de 2.150 kilogrammes.

Lors des études de l'Oued-Athménia, les ingénieurs ont déterminé le poids réel de la maçonnerie par le procédé suivant :

On s'est servi de deux poutres de 0^m,50 sur 0^m,60 de section,

---

[1] M. Bouvier a rendu compte des expériences et observations faites par lui sur les maçonneries du barrage de Ternay aux *Annales des Ponts et Chaussées* (1875, 2ᵉ sem.).

et de 2^m,60 de longueur, qui avaient été utilisées antérieurement à des expériences de résistance. Elles ont été plongées
dans l'eau pendant six mois, puis elles sont restées à l'air
libre pendant deux mois. On a ensuite remis l'une d'elles
dans l'eau pendant cinq jours; on l'a pesée ensuite après
égouttement en même temps que l'autre qui était restée à
l'air, et on a trouvé le poids ci-après par mètre cube :

> Poutre restée à l'air............ 2.443 kilogrammes
> Poutre remise dans l'eau....... 2.447   —

Le mortier ayant servi à faire les poutres avait été fabriqué
avec du sable naturel de mer pesant, par mètre cube,
50 kilogrammes de plus que le sable artificiel qu'on se propose d'adopter.

Les ingénieurs ont conclu de leurs expériences qu'on pouvait
admettre comme un minimum le chiffre de 2.450 kilogrammes,
si les mortiers sont faits avec du sable naturel de mer, et celui
de 2.427 kilogrammes, s'ils sont faits avec du sable calcaire.
L'Administration supérieure a estimé que ces chiffres étaient
trop forts, attendu qu'il est probable que la proportion du
mortier entré dans les poutres pesées était un peu faible eu
égard à la forme de ces poutres : elle a fait remarquer que,
pour le barrage de Ternay dont les maçonneries ont été exécutées avec des moellons granitiques et comportent une
proportion de mortier de 40 0/0, M. Bouvier n'est arrivé qu'au
chiffre de 2.360 kilogrammes [1], et qu'au barrage de Grosbois
(canal de Bourgogne), exécuté avec des moellons calcaires,
le poids trouvé a été de 2.300 kilogrammes, en supposant une
proportion de mortier de 1/3, ce qui est faible. Aussi l'Administration a-t-elle prescrit d'adopter dans l'espèce un poids
de 2.300 kilogrammes.

Ainsi que nous avons déjà eu l'occasion de le signaler
(§ 66), le poids de la maçonnerie sèche doit être regardé
comme supérieur à celui de la maçonnerie mouillée. En effet,
quand le réservoir est plein, les eaux qu'il contient pénètrent
dans la maçonnerie du barrage, elles l'imbibent peu à peu et
progressivement, et elles viennent suinter sur le parement

---

[1] *Annales des Ponts et Chaussées*, 1875 (2° sem.).

aval. Cet effet est plus ou moins accusé, suivant le degré de porosité de la maçonnerie ; le poids du massif se trouve ainsi augmenté du poids des eaux d'infiltration, mais, par contre, ces eaux déterminent des sous-pressions sur les joints horizontaux, et la résultante de ces deux forces nouvelles qui sont de valeur différente, de sens contraire et agissent en des points différents, agit dans un sens nuisible.

Il est permis de se demander comment ces eaux, parviennent à produire des sous-pressions. Cela tient à ce que l'eau n'est pas emprisonnée dans des cellules indépendantes et qu'il s'établit en réalité des communications capillaires de l'amont à l'aval ; de là des sous-pressions dont il est prudent de tenir compte. Le moyen le plus pratique de le faire consiste à compter sur un poids de maçonnerie un peu plus faible que celui de la maçonnerie sèche ; et, en attendant des études théoriques plus approfondies et des résultats d'expériences qui seraient désirables, le Conseil général des Ponts et Chaussées a admis, au sujet du barrage de Grosbois, que l'on se donnerait une sécurité suffisante en diminuant de 1,20 à 1/25 le poids de la maçonnerie sèche. C'est en admettant cette même proportion qu'on a diminué de 100 kilogrammes le poids de la maçonnerie sèche du barrage de l'Oued-Athménia et fixé à 2.200 kilogrammes le poids du mètre cube appliqué au cas où le réservoir est plein, alors qu'on compte 2.300 quand il est vide.

Fondations. — Ainsi que nous avons déjà eu l'occasion de le faire remarquer (§ 46), la rupture d'un grand nombre de barrages a été attribuée à un vice de fondation. Aussi non seulement doit-on s'assurer de la bonne qualité du sol, mais encore apporter à la construction du massif de fondation les soins les plus minutieux.

a) *Épuisements.* — Le premier travail consiste à détourner la rivière occupant le thalweg de la vallée qui doit être barrée, au moyen d'un canal de dérivation de pente et de section suffisantes pour en écouler tout le débit.

On détourne l'eau de la rivière dans ce canal au moyen d'un barrage provisoire en pieux et palplanches, par exemple, établi à l'amont de l'emplacement de l'ouvrage projeté. La position à donner au barrage provisoire doit être choisie de telle sorte qu'en ce point l'influence de l'appel exercé par les épuisements dans la fouille de l'ouvrage définitif soit négligeable.

Vers l'aval, cette dérivation doit être prolongée au moins jusqu'à 500 mètres du barrage, et, si l'on craint que des infiltrations ne se produisent à flanc de coteau au-dessous du canal, il est nécessaire d'étancher la cuvette de ce dernier au moyen d'un corroi argileux ou même d'un revêtement en béton.

Mais il reste encore alors en rivière le débit souterrain qu'il est impossible d'intercepter, même partiellement, au moyen d'un barrage provisoire, attendu que le lit majeur, à l'amont de la gorge à fermer, a souvent une grande largeur et que même un barrage très large et très profond n'arrêterait la nappe que partiellement.

Le débit souterrain n'est pas exactement connu, sauf quand la rivière, non loin du point considéré, coule, sur une certaine longueur, sur un fond imperméable ; on peut cependant le déterminer approximativement, soit au moyen du *module* du cours d'eau, s'il est connu, soit au moyen d'une expérience directe, en épuisant avec une pompe d'un débit connu une fouille d'une surface déterminée, et en mesurant l'abaissement de l'eau dans cette fouille au bout d'un certain temps.

La connaissance du débit souterrain approximatif n'est d'ailleurs utile que pour fixer la puissance des machines d'épuisement, et il est indispensable de donner à cette puissance une certaine élasticité.

Pour les épuisements on emploie, suivant les cas, soit les pompes centrifuges, soit les pulsomètres. Les pompes ne fonctionnent bien à l'aspiration que pour des hauteurs inférieures à 6 mètres. Pour des profondeurs plus grandes, on est obligé de les placer dans la fouille blindée à mi-hauteur, de manière à faire intervenir le refoulement : il en résulte des sujétions qui augmentent considérablement la dépense.

Les pulsomètres ne fonctionnent bien à l'aspiration que pour des hauteurs également inférieures à 5 ou 6 mètres, mais il est facile de les utiliser à des épuisements plus profonds en les descendant dans les fouilles et les suspendant à des cordes, sans qu'il soit nécessaire de déplacer le générateur de vapeur.

Toutefois, comme les pulsomètres ont l'inconvénient de consommer au moins deux fois plus de vapeur que les pompes centrifuges, il est rationnel d'employer d'abord ces dernières pour les faibles profondeurs, puis de les remplacer par des pulsomètres à partir du moment où les pompes n'ont plus qu'un rendement insuffisant.

b) *Organisation du travail.* — Nous prendrons comme exemple d'une organisation celle qui a été prévue pour le barrage de l'Oued-Athménia. Ici les parois latérales et le fond de la fouille étant en rocher bien étanche, le mode de construction le plus rationnel consiste à établir à l'amont

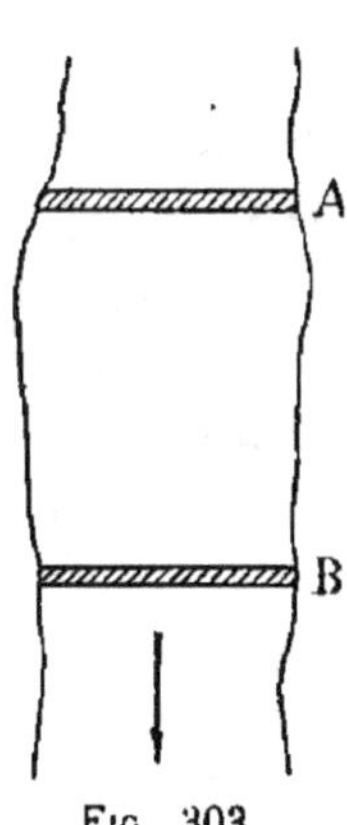

Fig. 303.

et à l'aval du mur deux batardeaux bien étanches A et B (*fig.* 303). On forme ainsi une cavité étanche sur tout son pourtour, dans laquelle on peut achever à sec le reste du travail.

La plupart du temps, le rocher de fondation suivant un profil normal au courant, c'est-à-dire dans le sens de la longueur du mur, est très irrégulier ; dans ce cas, bien que la profondeur du massif de fondation au-dessous de l'étiage soit parfois considérable (elle atteint souvent près de 10 mètres),

il est impossible d'employer l'air comprimé, attendu qu'un caisson fabriqué à l'avance ne s'adapterait pas facilement aux inégalités de forme du sol.

D'un autre côté, ce massif de fondation présente souvent un cube considérable. Au barrage de l'Oued-Athménia, il aura 8 mètres de hauteur et un cube total de maçonnerie de 6.300 mètres environ. Pour établir un massif bien homogène, il est impossible de recourir à la méthode ordinaire des fouilles blindées par parties successives, car, pour relier entre elles ces parties, on aurait à faire des reprises qui laisseraient vraisemblablement à désirer. Il est préférable à tous égards d'exécuter le massif de fondation tout entier d'une seule pièce dans une enceinte unique.

Quant aux batardeaux A et B, indépendants du massif, il a paru bon, dans ce cas particulier, de les construire en maçonnerie. En effet, leur étanchéité plus grande que celle des batardeaux ordinaires et les épuisements à faire pour maintenir l'enceinte à sec sont considérables; de plus, on n'a pas à craindre qu'ils soient enlevés en cas de crues, et on est certain de pouvoir exécuter le massif de fondations dans d'excellentes conditions.

Après achèvement du massif, le vide qui existe entre ce dernier et les batardeaux doit être rempli avec de la maçonnerie ou du béton.

ÉLÉVATION DES MAÇONNERIES. — Après l'achèvement du massif des fondations, la construction du mur rentre dans la catégorie ordinaire des travaux en maçonnerie. Ces maçonneries s'exécutent d'habitude par levées successives de $0^m,80$ à 1 mètre d'épaisseur, le parement d'aval étant toujours maintenu légèrement en avance. Les moellons de remplissage sont enchevêtrés le plus possible, leurs joints étant dirigés dans tous les sens, ne présentant jamais de surfaces continues s'étendant à plusieurs moellons voisins, et surtout jamais de lits horizontaux, de manière à constituer un tout aussi homogène que possible. Au barrage de la Mouche on a, de plus, placé des bornes de liaison, noyées à l'intérieur du massif. Elles étaient placées debout, à des distances de 3 à 4 mètres les unes des autres, en saillie de $0^m,30$ à $0^m,50$ sur le niveau moyen de la levée, dans laquelle leurs pieds étaient encastrés. Il a été posé, en moyenne, une borne par mètre cube de maçonnerie.

En outre, dans les pays chauds, on doit prescrire que les moellons seront parfaitement arrosés avant l'emploi et que l'entrepreneur sera tenu d'installer une machine élévatoire qui distribuera en permanence, sur toute l'étendue du chantier, l'eau nécessaire pour l'arrosage des moellons et de la maçonnerie.

On a parfois préconisé l'exécution du parement amont du

mur en moellons assisés, présentant le moins de joints possible, posés et rejointoyés au mortier de ciment.

Il paraît préférable que ce parement soit exécuté, comme le reste de la maçonnerie, avec de la maçonnerie ordinaire disposée en *opus incertum*. Mais, au lieu de se borner à le rejointoyer, il est préférable de le recouvrir, ainsi qu'on l'a fait au barrage de Ternay, d'un bon enduit en rocaillage ou mortier de ciment, et d'appliquer à chaud sur cet enduit une couche épaisse de coaltar, obtenue au moyen de plusieurs couches superposées. Ensuite, on blanchit la surface à la chaux pour éviter une trop grande absorption de chaleur par la couleur noire, quand le réservoir est en vidange.

S'il est impossible de terminer la construction du mur sur toute la hauteur en une seule campagne, on doit prendre de grandes précautions pour assurer la liaison des nouvelles maçonneries aux anciennes; on ne doit pas se borner à mettre à vif les parties déjà exécutées, mais encore les démolir et les refaire sur une certaine épaisseur. Ces mesures de précaution sont d'autant plus indispensables que, lors de la rupture du barrage de Bouzey, exécuté en deux campagnes, on a constaté que le point où la digue a cédé correspondait exactement à un point de reprise des maçonneries. Il y a donc lieu de supposer que les mesures de précautions prises lors du début de la deuxième campagne étaient insuffisantes pour assurer la parfaite liaison des nouvelles maçonneries avec les anciennes.

75. Mesures à prendre en vue des réparations ultérieures. — Lors de la construction des murs-barrages, il convient de prendre les dispositions nécessaires pour pouvoir visiter et réparer facilement les parements amont et aval.

Pour le parement amont, on pourra se servir d'un bateau ou d'un radeau auquel on accédera au moyen d'escaliers ménagés dans les rives.

Pour le parement aval, on pourra employer des échafaudages de fond, en ménageant dans la berge les chemins nécessaires pour amener les ouvriers ou les matériaux au pied du barrage. Mais ces échafaudages peuvent devenir très dispendieux pour la partie supérieure du parement aval; il peut être alors préférable de se servir, pour cette partie, d'échafaudages volants, suspendus par le haut, auxquels on accède par la plate-forme et dont la pose et le service peuvent être faits au moyen d'une grue roulante et pivotante. C'est là une question qui doit être étudiée dans chaque cas.

76. Rétablissement des communications. — La création d'une retenue occupant dans le sens de la vallée une étendue de plusieurs kilomètres n'est pas sans apporter une certaine perturbation dans les communications entre les deux rives de la gorge. Les chemins qui traversaient auparavant l'emplacement occupé par la nappe d'eau doivent être déviés et, suivant les circonstances, la déviation peut contourner le réservoir ou franchir la vallée sur le couronnement de la digue disposé en conséquence.

Cette dernière solution, rendue assez fréquemment nécessaire, a été adoptée, en particulier, au barrage de la Mouche. La disposition des lieux nécessitait impérieusement le passage d'un chemin vicinal sur le sommet de la digue. L'emplacement du parapet, celui du chemin et de la plinthe portant le garde-corps nécessaire pour protéger ce dernier du côté aval, exigeaient que la largeur du couronnement fût de $7^m,60$, tandis qu'une largeur de $3^m,50$ au sommet aurait suffi pour une digue de la hauteur de celle de la Mouche. Dans ces conditions on limita à ce dernier chiffre la largeur en couronne du mur de réservoir proprement dit, en sorte qu'on ne pouvait établir sur ce mur que le parapet et un peu moins de la moitié amont de la largeur du chemin; pour supporter le surplus de cette largeur, on accola au mur du réservoir une sorte de viaduc formé d'arches en plein cintre de $3^m,50$ de largeur et de 8 mètres d'ouverture, dont les piles viennent reposer sur le fruit courbe du parement aval du mur. La largeur de $7^m,60$ nécessaire a été complétée par un encorbellement de $0^m,60$ donné à la plinthe que supportent des corbeaux faisant eux-mêmes saillie de $0^m,40$ sur le nu des tympans (*fig.* 244).

D'ailleurs la plupart des sommets des digues sont aménagés de manière à donner passage à un chemin d'une largeur égale ou un peu inférieure à celle du couronnement et maintenu entre deux parapets. Ce passage est utilisé pour les besoins du service du barrage lui-même et, si la largeur le permet, il est aménagé, en cas de besoin, comme voie charretière.

Il est aussi parfois utile d'établir un pont sur le canal de décharge pour le rétablissement des communications à l'aval de la retenue ; même si le peu d'importance des échanges ne nécessite pas absolument la construction d'un ouvrage, il est bon de prévoir une passerelle toujours utile pour les besoins du service du barrage.

77. Constructions accessoires. — Les barrages étant établis dans des régions montagneuses, et en général dans des emplacements isolés, il est ordinairement nécessaire d'y prévoir l'établissement d'une maison d'habitation pour les barragistes, d'un magasin et d'un petit atelier de réparations nécessaires pour assurer l'entretien et le fonctionnement régulier des vannes et de la tuyauterie.

CHAPITRE VII

DES LACS-RÉSERVOIRS

78. Généralités. — Nous avons fait remarquer antérieurement
(44) que certains lacs, ou épanouissements de cours d'eau
naturels, sont susceptibles d'être aménagés de manière à
les utiliser comme réservoirs. En France, c'est principalement dans la région des Pyrénées qu'on rencontre des
exemples de ce genre d'ouvrages.

Le canal de la Neste, dont nous avons déjà eu à nous
occuper, et dont le débit concédé est de 7 mètres cubes
par seconde, est alimenté en partie par les eaux du réservoir créé au lac d'Orédon, qui constitue une retenue de
7.270.000 mètres cubes. Le lac de Caillaouas, dont les travaux
d'aménagement sont très avancés, aura une capacité de
6.600.000 mètres cubes ; enfin la transformation des lacs
d'Aumar, d'Aubert et de Cap-du-Long, dont les projets sont
approuvés, créera une disponibilité de 8.650.000 mètres cubes.
Toutes ces eaux sont destinées à assurer l'alimentation du
canal de la Neste.

On a également étudié un projet d'aménagement du lac
d'Oo, pour servir à l'alimentation du canal de Saint-Martory,
en cas d'insuffisance du débit d'étiage de la Garonne ; le
volume emmagasiné serait ici de 14 millions de mètres cubes.

D'une façon générale, la transformation d'un lac en réservoir consiste essentiellement à barrer transversalement son
exutoire naturel en un point convenablement choisi ;
un souterrain de vidange placé à la profondeur nécessaire
pour abaisser le niveau de l'eau dans le lac jusqu'à la cote

voulue, traverse le barrage et le massif formant la cuvette dont le fond est occupé par le lac, et conduit l'eau dans le cours d'eau émissaire. Comme dans le cas des barrages-réservoirs, un déversoir de superficie de dimensions suffisantes est disposé de manière à empêcher l'eau de passer par-dessus la crête du barrage.

Quand les circonstances locales le permettent, il est avantageux de donner à ce dernier ouvrage une hauteur suffisante pour relever le niveau de l'eau du lac, puisqu'on augmente ainsi le volume disponible. Toutefois on est souvent limité dans cette voie, attendu que, la surface couverte croissant plus rapidement que la hauteur, les dépenses d'acquisition de terrains peuvent, dans certains cas, augmenter assez rapidement.

La profondeur à laquelle il est possible de vider un lac est également limitée par la nécessité de ne pas porter atteinte au pittoresque de sites qui sont souvent un attrait pour les touristes. De plus, quand les lacs sont poissonneux, ce qui est le cas le plus ordinaire, il y a utilité à conserver une assez grande épaisseur d'eau. Enfin il faut prévoir le comblement graduel du fond par les apports incessants des cascades qui alimentent les lacs, et l'écoulement progressif d'éboulis des rives, dont les alternatives de remplissage et de vidange doivent avoir pour effet de hâter la désagrégation. En cas d'impossibilité d'exhausser le niveau, la vidange de la tranche dont on peut disposer, s'opère au moyen d'une tranchée pratiquée sur un point de la rive, et fermée par un mur que traversent les appareils de prise d'eau.

En résumé, le volume d'eau dont on peut disposer est assez limité, et comme les travaux de transformation en réservoir de lacs situés à une altitude qui en rend l'accès souvent difficile exigent des dépenses importantes, on ne doit les entreprendre qu'après s'être assuré que le prix de revient du mètre cube d'eau utilisée ne dépassera pas des limites acceptables.

Le tableau ci-dessous donne la comparaison des volumes emmagasinés et des prix de revient de l'eau dans les différents réservoirs de la distribution des eaux de la Neste.

DÉSIGNATION des lacs	HAUTEUR du surélèvement du plan d'eau primitif	PROFONDEUR de la vidange au-dessous du plan d'eau primitif	ÉPAISSEUR totale de la tranche d'eau utilisée	VOLUME DISPONIBLE	PRIX de revient du mètre cube d'eau emmagasiné	OBSERVATIONS
	mètres	mètres	mètres	m. c.		
Orédon......	17	7	24	7.270.000	0ᶠ,10	Travaux terminés.
Caillaouas...	»	18	18	6.600.000	0 ,05	Travaux en cours.
Aumar	»	6	6	1.150.400	0 ,08	En projet.
Aubert......	4	6	10	3.340.000	0 ,10	Id.
Cap-de-Long.	»	4	4	4.158.150	0 ,142	Id.

Les études faites en vue de l'aménagement de divers autres lacs ont montré que le prix de revient de l'eau serait trop élevé pour qu'il y ait lieu de chercher à les aménager en réservoirs.

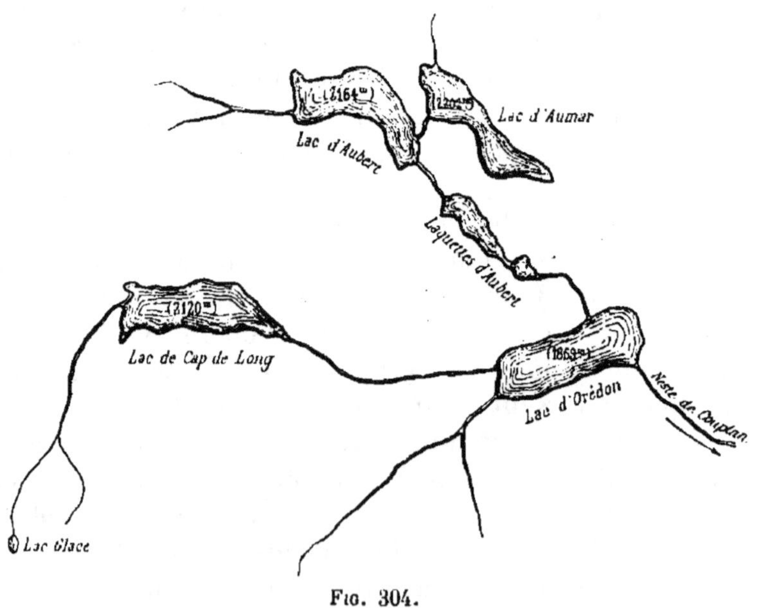

Fig. 304.

Les deux lacs d'Orédon et de Caillaouas sont situés dans des bassins différents et déversent leurs eaux dans la Neste, le premier par le ruisseau de la Neste de Couplan, le second par le ruisseau de Clarabide. Les lacs d'Aumar, d'Aubert et Cap-de-Long appartiennent, au contraire, au même bassin que celui d'Orédon (*fig.* 304). On a aménagé le lac de Caillaouas aussitôt après le précédent pour prévoir une interruption du service des eaux de la Neste au cas où l'un des deux réservoirs devrait être mis en chômage pour cause de réparations.

Pour que le remplissage des lacs puisse se faire sans causer de graves préjudices aux usagers d'aval des eaux du cours d'eau émissaire, il faut qu'il soit possible de prélever le débit à emmagasiner sur les eaux de crues et sur celles qui proviennent de la fonte des neiges.

Au réservoir projeté du lac d'Oo, on a constaté, au moyen des jaugeages faits sur son émissaire, l'One, sous-affluent de la Garonne, que le volume d'eau issu du lac, fourni presque entièrement par la fusion des neiges au printemps et, pour une faible partie, par la fusion des glaciers et par les pluies en été et en automne, atteint près de 25 millions de mètres cubes par an dans les années très sèches. Or la quantité d'eau à utiliser n'est que de 14 millions de mètres cubes; il en résulte non seulement que le remplissage du réservoir est assuré, mais encore qu'il est possible de prélever ce volume sur le seul produit de la fonte des neiges, sans porter aucune atteinte aux droits acquis des usiniers et des arrosants qui utilisent les eaux de l'One. Toute la modification à l'état antérieur produite par la création du réservoir consisterait dans la réduction du débit des grandes eaux de printemps dont la surabondance est très nuisible aux usagers.

Toutefois les circonstances ne sont pas toujours aussi favorables, et il peut arriver que la transformation d'un lac entraîne pour les usagers une certaine gêne, chaque année, pendant la période de remplissage ; bien que cet inconvénient soit compensé par les bénéfices inhérents à une meilleure répartition des eaux pendant le reste de l'année, il n'est pas moins assez sérieux pour pouvoir soulever de nombreuses oppositions à la réalisation de l'entreprise.

79. Des barrages. — Ainsi que nous l'avons fait remarquer, les lacs, pour être transformés en réservoirs, exigent ordinairement la construction d'un barrage, soit que ce dernier ait pour but de surélever le plan d'eau antérieur du lac, soit qu'il serve seulement à fermer la brèche par laquelle s'écoule naturellement le trop-plein du lac.

Ces ouvrages ne diffèrent de ceux dont nous avons parlé précédemment (chap. vi) qu'en ce que leurs dimensions sont plus restreintes. Mais leur établissement est soumis aux mêmes sujétions en ce qui concerne la nécessité de les fonder sur un sol parfaitement résistant et inaffouillable, et aussi de les encastrer suffisamment dans les terrains de fondation. Quant au choix de l'emplacement, il est le plus souvent tout indiqué, le déversoir naturel des lacs des hautes régions, telles que les Pyrénées, étant ordinairement ouvert à travers des gorges rocheuses resserrées, qu'il est facile de barrer transversalement.

Il est essentiel, nous le savons, qu'un mur-barrage ne soit jamais surmonté, ce qui nécessite l'établissement à proximité de ce dernier ouvrage d'un déversoir d'une longueur suffisante pour écouler les eaux de pluie quand l'emmagasinement est complet. Les eaux que débite ce déversoir sont évacuées par un canal de fuite qui les ramène au cours d'eau servant d'exutoire. Au sujet de ces ouvrages, nous n'avons rien à ajouter à ce que nous avons dit précédemment (§ 48).

Actuellement, le barrage le plus important qui existe dans la région des Pyrénées est celui du lac d'Orédon (*fig.* 305 et 306), qui permet de surélever les eaux à 17 mètres en contre-haut du niveau primitif moyen et consiste essentiellement en un remblai en terre muni, du côté amont, d'un revêtement en béton.

Dans le but de constituer un remblai ne subissant aucun tassement, ce qui aurait provoqué des fuites, on n'a employé dans sa confection que des déblais soumis à un délavage méticuleux, de sorte qu'ils étaient purgés de toutes pierrailles et de tous blocs susceptibles d'être ultérieurement pénétrés par l'eau. On a, de plus, essayé d'écarter toute chance d'infiltration possible au travers du remblai, en interposant entre ce dernier et le revêtement un drainage général constitué par un perré à pierres sèches communiquant par des barbacanes avec les drains collecteurs ménagés sur les deux rives à la base du revêtement en béton. Les drains collecteurs versent leurs eaux dans l'aqueduc de vidange.

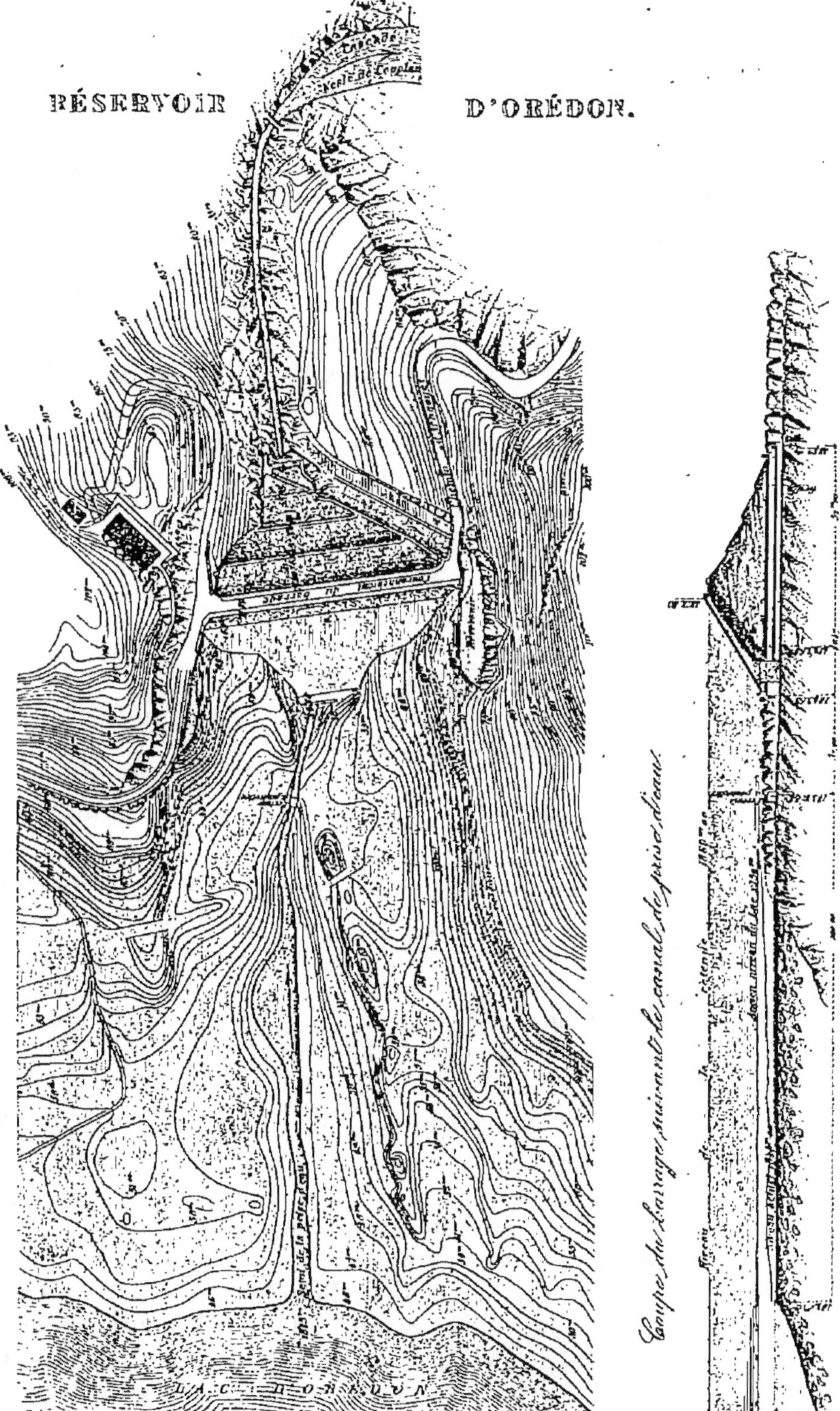

Fig. 305.

Fig. 306.

Le choix de la terre pour former le corps de la digue a été motivé par le surcroît de sécurité que semblait devoir présenter, au point de vue de la stabilité, un semblable ouvrage, lors des tremblements de terre assez fréquents dans la région.

L'expérience ne s'est pas prononcée à cet égard. On a soutenu qu'une maçonnerie épaisse et compacte serait capable de résister à une secousse qui briserait le mince revêtement de maçonnerie du barrage d'Orédon. Une fois une légère fissure pratiquée dans le perré de revêtement, les remblais seraient très menacés, et le moindre renard pourrait être suivi à bref délai d'un effondrement complet.

Nous avons déjà eu l'occasion de signaler les dépenses accessoires qu'a entraînées l'entretien de la digue d'Orédon et les résultats peu satisfaisants du revêtement au moyen d'une chape en bitume (§ 14).

Dans le projet d'aménagement du lac d'Aumar, on a maintenu le plan d'eau à son niveau normal, et la captation est obtenue par une galerie de 6 mètres de profondeur au-dessous du niveau des basses eaux. La tranchée est fermée par un mur-barrage construit entièrement en maçonnerie, reposant sur un massif de béton dans lequel sont encastrés les tuyaux de prise d'eau dont nous parlons plus loin.

Ce mur, dont le couronnement est arasé à 1 mètre au-dessus des hautes eaux du lac, pour empêcher qu'il ne soit surmonté aux époques de crues, est en maçonnerie de chaux hydraulique du Teil et a 2 mètres d'épaisseur en couronne ; son parement amont est vertical, et son parement aval affecte la forme d'une parabole à axe horizontal ayant son sommet au droit du couronnement. Pour résister aux efforts des embruns que les vagues pourront lancer par-dessus le mur en temps d'orage, le sommet est recouvert d'un dallage surmontant une chape.

L'ouvrage est à joints de hasard, les assises horizontales étant rigoureusement proscrites; de plus, on ne doit employer dans la construction que des moellons à arêtes vives provenant de déblais de rochers à la mine, à l'exclusion de moellons provenant de blocs erratiques qui présentent des surfaces arrondies. Le sol de fondation est du rocher vif dans lequel le mur est encastré de 0^m,85; en outre, à ses deux extrémités, il s'encastre de 1^m,70 dans le terrain naturel au niveau du sol; sa longueur totale est de 20 mètres. La face aval sera rejointoyée au mortier de chaux, et la face amont, exposée aux infiltrations et en contact avec l'eau, au mortier de ciment. On évitera les infiltrations par les abouts en les appuyant contre le terrain naturel, tellement dur qu'il se tient verticalement dans les fouilles, et en fichant dans le joint, entre ce terrain et la maçonnerie, du mortier de ciment qui les relie parfaitement l'un à l'autre.

80. Appareils de prise d'eau et de vidange. — La brèche par laquelle les eaux du lac s'écoulaient antérieurement une fois fermée par le barrage dont nous venons de parler, celles-ci n'ont plus d'écoulement que par une galerie de vidange qui débouche dans l'émissaire du lac, aménagé de manière à pouvoir véhiculer le volume d'eau qu'il doit débiter.

Ordinairement, la galerie de vidange traverse la partie inférieure du barrage. Lorsque les rives du lac sont à pic ou très inclinées, il est facile de creuser la tête amont de la galerie à la profondeur nécessaire pour y recueillir l'eau à capter; c'est le cas du lac de Caillaouas et du lac d'Oo. Si, au contraire, les rives sont en pente douce, comme aux lacs d'Orédon et d'Aumar, on doit prolonger vers l'amont la galerie au moyen d'une tranchée creusée dans le roc (*fig.* 307).

Enfin il peut arriver que les circonstances amènent à placer le barrage de retenue sur le cours d'eau émissaire à quelque distance du lac. Dans ce cas la vidange s'opère au moyen d'un tunnel ne traversant pas le barrage.

La prise d'eau se fait, dans tous les cas, au moyen de tuyaux placés vers l'amont de la galerie. La quantité d'eau à dériver est réglée au moyen de robinets-vannes. L'accès à ces appareils est assuré par une galerie spéciale dite de manœuvre, superposée à la première sur une partie de la longueur de celle-ci.

De ce qui précède il résulte qu'on doit distinguer deux cas dans l'établissement des réservoirs : celui où la prise d'eau comporte une tranchée ouverte dans le fond du lac et à laquelle fait suite une galerie de peu de longueur traversant les parois de la cuvette, et celui où cette prise comporte un tunnel ayant sa tête amont à l'aplomb des parois très inclinées du lac.

Nous allons examiner avec quelques détails les travaux d'aménagement nécessaires, quand on se trouve dans l'une ou l'autre de ces deux catégories.

81. Réservoirs avec tranchée de prise et galerie de vidange.

— Les divers ouvrages de prise d'eau et de vidange des réservoirs construits ou projetés qui rentrent dans cette catégorie ne diffèrent entre eux que par des détails commandés par la nature des lieux. Nous nous contenterons dès lors de décrire ceux qui ont été projetés pour le lac d'Aumar (*fig.* 307 à 312) que nous choisirons comme exemple.

Ici, la tranchée de prise qui débouche dans le lac à $6^m,28$ en contre-bas du niveau de la retenue a une longueur de $126^m,60$ et une pente par mètre de $0^m,005$. A la sortie de la galerie qui traverse le barrage fait suite une autre tranchée de $67^m,87$ et de même pente longitudinale, conduisant les eaux dans l'émissaire du lac. Immédiatement à l'aval de la galerie, le plafond de la tranchée s'abaisse de $0^m,50$, afin d'éviter l'engorgement des robinets-vannes.

a) *Prise d'eau.* — Les appareils de prise d'eau sont constitués par sept conduites en fonte de $2^m,50$ de longueur et de $0^m,30$ de diamètre intérieur placées sur deux rangs, dont l'un, qui a son axe à $6^m,22$ en contre-bas du niveau de la retenue, comprend quatre files de tuyaux, et l'autre, qui est à 1 mètre au-dessus du précédent, en comprend trois. Dans chaque rang, les tuyaux sont espacés d'axe en axe de $0^m,73$, l'axe d'un tuyau du rang inférieur étant placé au droit du milieu de l'intervalle qui sépare les axes des deux tuyaux consécutifs de la rangée inférieure. Chaque file se termine à l'aval par un robinet-vanne qui permet d'en régler le débit.

Les conduites sont encastrées dans un massif de béton de ciment qui ferme complètement la tranchée de prise d'eau et s'appuie sur le rocher vif sur tout son pourtour.

Les longueurs totales des files de tuyaux sont respective-

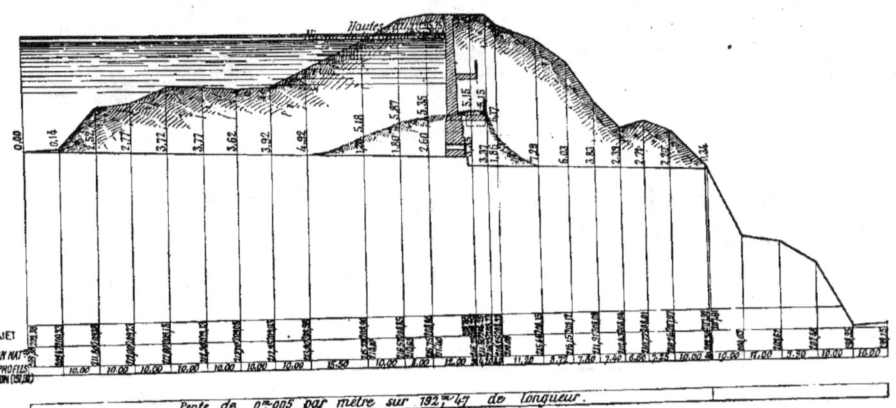

Fig. 307. — Transformation du lac d'Aumar en réservoir. — Profil en long de la tranchée de prise d'eau.

ment de 5ᵐ,40 pour la rangée inférieure et de 5 mètres pour le rang supérieur. Il en résulte que le massif de béton qui les

Transformation du lac d'Aumar en réservoir. — Prise d'eau.

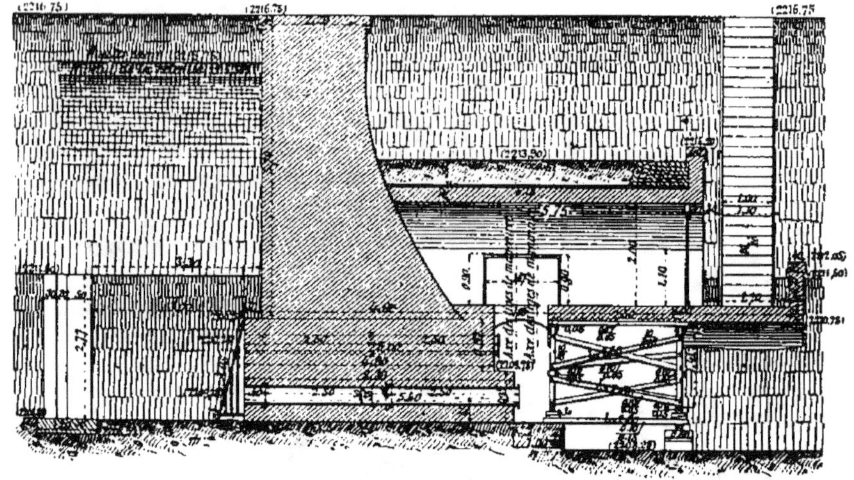

Fig. 308. — Coupe longitudinale de la prise d'eau.

enveloppe a des largeurs correspondantes de 4ᵐ,90 et de 5ᵐ,30, le surplomb de 0ᵐ,10 étant nécessaire pour permettre de boulonner les robinets-vannes. Ces épaisseurs de massif sont

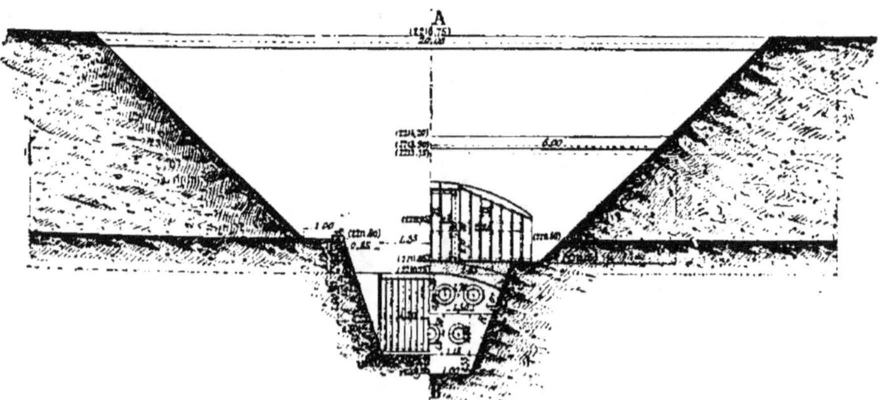

Fig. 309. — Quart élévation d'amont.   Quart élévation d'aval.

supérieures à celles qu'aurait eues le mur-barrage supposé prolongé jusqu'au plafond de la prise d'eau; il présente donc toutes les garanties de résistance désirables.

Transformation du lac d'Aumar en réservoir.

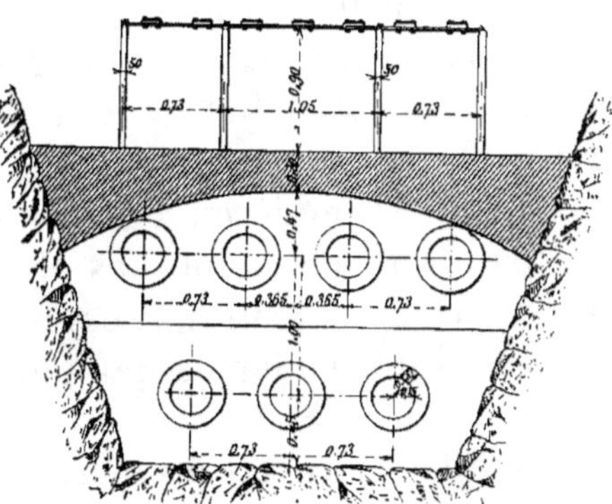

Fig. 310. — Elévation de la table de manœuvre.

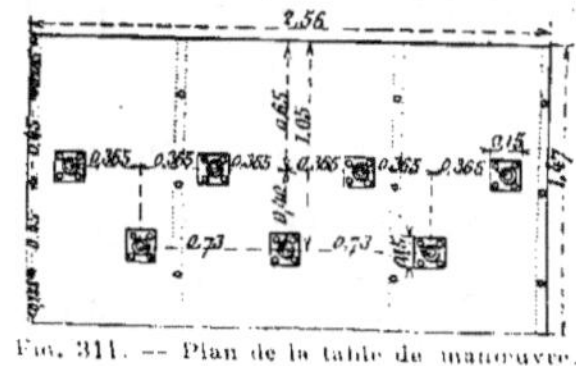

Fig. 311. — Plan de la table de manœuvre.

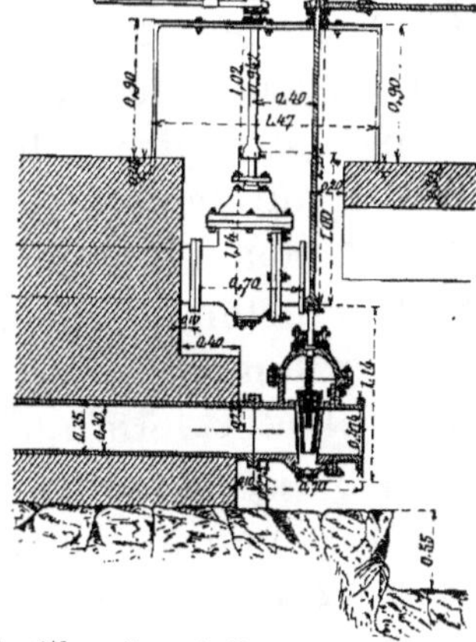

Fig. 312. — Coupe de l'appareil de manœuvre suivant l'axe de l'aqueduc de vidange.

A son extrémité aval, le massif de béton de ciment s'encastre de 0^m,50 dans le radier; à son pied, il est retenu par le radier de la tranchée de vidange qui lui fait suite, et qui est placé à 0^m,50 en contre-haut, de manière à former un massif de butée.

En amont de la prise d'eau, un pertuis à poutrelles permet, en cas de réparations, de maintenir les eaux du lac et de travailler à sec. Au lac d'Aumar, ce pertuis est formé de deux bajoyers en maçonnerie d'une longueur totale de 1 mètre encastrés dans le rocher et reposant sur un massif de béton formant radier.

Pour éviter que des corps flottants puissent s'introduire dans les conduites, il est bon de placer devant les orifices des tuyaux deux grilles, l'une à barreaux de grande résistance espacés pour arrêter les corps flottants de grandes dimensions, l'autre à barreaux plus resserrés pour arrêter ceux qui auraient pu échapper à la première ; ces grilles s'ouvrent pour permettre la réparation des conduites et du massif du béton de ciment. Entre les deux grilles, il est utile de placer une cuve destinée à recevoir les dépôts qui pourraient s'arrêter devant le massif.

L'expérience a montré que les fuites à travers un massif de béton de ciment, soumis, comme ici, à une certaine charge, sont assez importantes. Il serait certainement préférable d'avoir recours à un massif de pierres de taille.

Malheureusement la dureté des pierres de la région et les difficultés de transport rendent cette solution inacceptable. A la suite des nombreuses fuites constatées à la galerie de vidange du réservoir d'Orédon, on a pris le parti, dans les travaux ultérieurs, d'augmenter la proportion du ciment, ce qui suffit pour diminuer notablement les déperditions.

Ainsi que nous l'avons déjà indiqué, chaque conduite se termine à l'aval par un robinet-vanne du type de la ville de Paris. Une tige de manœuvre emboîte la clef de chaque robinet et se termine à sa partie supérieure par une roue d'encliquetage calée sur elle. Tous ces appareils sont supportés par une table de manœuvre en tôle reposant sur des montants en fer scellés dans la maçonnerie. Un levier de manœuvre portant un cliquet qui commande la roue d'encli-

quetage permet d'ouvrir et de fermer les robinets-vannes [1].
La manœuvre se fait de la galerie dont nous allons parler.

b) *Galerie de vidange et de manœuvre.* — Il est prudent que
la table de manœuvre ne soit pas accessible à tout venant. A
cet effet, on la place au fond d'une galerie en maçonnerie,
fermée par une grille, superposée à la galerie de vidange dans
laquelle les robinets déversent leur débit. Les voûtes de ces
deux galeries s'appuient directement sur le rocher, ce qui
oblige à donner à la voûte supérieure une portée assez considérable, le rocher vif étant à environ 2 mètres au-dessous de
l'extrados. Cette portée est de 6^m,92 aux naissances, l'autre
n'ayant qu'une portée correspondante de 3^m,40. La première
a sa tête aval à 10^m,65 du parement vertical du mur-barrage
et se termine par un parapet de 1 mètre de hauteur au-dessus de la clef ; elle ne se prolonge pas jusqu'au massif de
béton de ciment ; un vide de 1^m,05 sépare sa tête amont du
parement vertical de la partie supérieure du massif. C'est par
ce vide que passent les tiges de manœuvre ; il est recouvert
par la table de manœuvre. Ce vide ne s'étend pas sur toute
la largeur de la voûte ; deux petites voûtes latérales s'appuyant sur le massif du béton de ciment et sur la tête amont
de la voûte inférieure laissent entre elles un espace de 2^m,60,
permettant de passer derrière la table de manœuvre pour
accéder aux appareils en cas de réparations nécessaires.

La voûte supérieure a sa tête aval à 8^m,65 du parement
vertical du mur-barrage et se prolonge jusqu'à ce mur. Une
chape en bitume de 0^m,05 la protège contre les infiltrations,
et un remblai de 0^m,50 d'épaisseur à la clef, formant terre-
plein au-dessus de la voûte, met la chape et les maçonneries
à l'abri des gelées. Ce remblai est constitué par des pierres
sèches formant drain et permettant aux eaux provenant de
la fonte des neiges de s'écouler rapidement jusqu'à des barbacanes pratiquées à travers le parapet qui termine la voûte
à l'aval et couronne la galerie de manœuvre.

[1] Tous ces appareils, qui semblent un peu compliqués, ont été
choisis parce qu'ils sont analogues à ceux du lac d'Orédon où ils
fonctionnent convenablement.

Pour éviter les dégradations que produirait l'eau passant par-dessus le barrage et se déversant sur le terre-plein, on a prévu, à la jonction de ce dernier avec le mur, une rigole maçonnée à pentes formant chevrons, de manière à déverser les eaux qu'elle pourra recevoir dans deux drains placés aux naissances de la voûte de la galerie de manœuvre, et à les conduire dans la tranchée.

La voûte supérieure se prolonge assez loin des deux côtés de l'axe de la galerie pour s'appuyer sur le rocher vif. De petits piédroits en maçonnerie limitent la galerie latéralement et supportent la voûte sur une partie de sa longueur.

On accède à la galerie de manœuvre par un escalier de 1 mètre de largeur descendant directement de la berge ; une porte de 1 mètre de largeur et de $1^m,80$ de hauteur permet d'y pénétrer ; l'entrée est fermée des deux côtés de la porte par une grille.

82. Barrages avec tunnel sans tranchée de prise. — Nous avons fait remarquer que, lorsque les rives du lac sont très escarpées, il est possible de prolonger la galerie de vidange vers l'amont au-delà de la chambre des robinets-vannes par un tunnel de prise qui débouche dans le lac à la profondeur nécessaire pour vider le lac jusqu'au niveau prévu. Ladite galerie se prolonge vers l'aval jusqu'à son débouché à l'air libre dans l'émissaire du lac. Les appareils de prise sont logés à l'intérieur du souterrain, en un point choisi de manière à permettre l'accès de la galerie de manœuvre placée au-dessus du tunnel.

a) *Tunnel.* — C'est ce dernier ouvrage qui a la plus grande importance. Sa longueur est parfois assez grande et, au réservoir projeté du lac d'Oo, la longueur totale des galeries de prise et de vidange est de 336 mètres (*fig.* 313 à 319).

Le tracé en plan le plus avantageux est la ligne droite qui correspond au minimum de longueur. La section et la pente dépendent naturellement du débit à écouler ; toutefois, pour la facilité de la construction et de l'entretien, il est utile de donner à l'ouvrage une hauteur suffisante pour qu'un homme puisse y circuler, et une largeur telle que deux mineurs puissent travailler de front à l'avancement. Au tunnel de

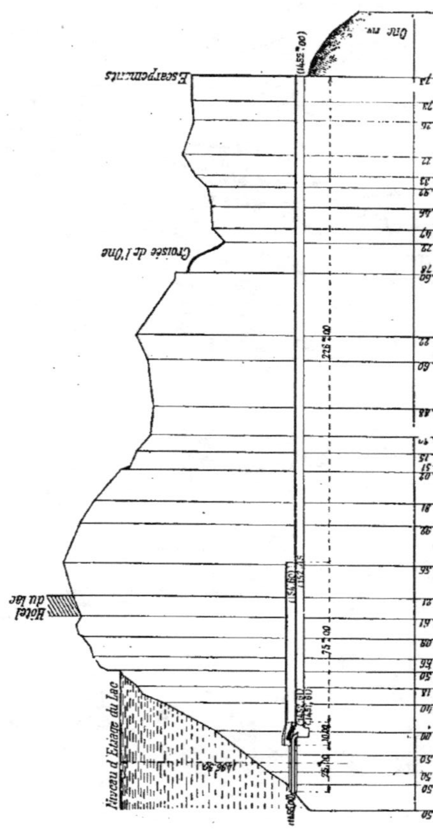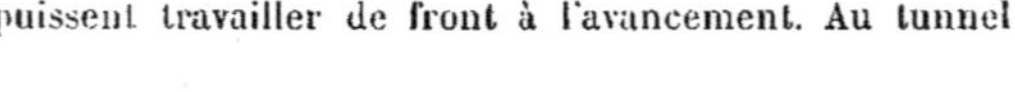

Fig. 313. — Profil en long suivant l'axe du souterrain de vidange.

Caillaouas, la section normale est un rectangle de 1m,50 de

largeur sur 1^m,70 de hauteur surmonté d'un seg-
ment circulaire de 0^m,30
de flèche, et la pente longitudinale de 0^m,02 par
mètre ; la vitesse corres-

Fig. 314. — Plan des lieux.

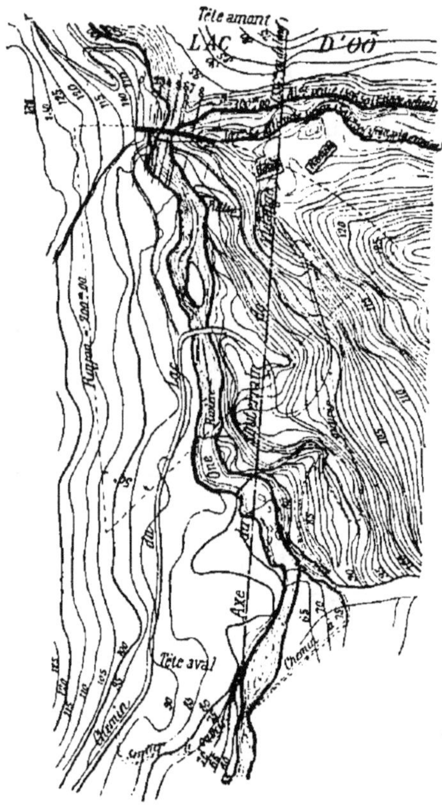

Transformation du lac d'Oo
en réservoir.

pondante est assez faible
pour que le tunnel puisse
évacuer la totalité de l'eau
qu'il est destiné à recevoir
sans qu'il soit besoin d'en
revêtir les parois.

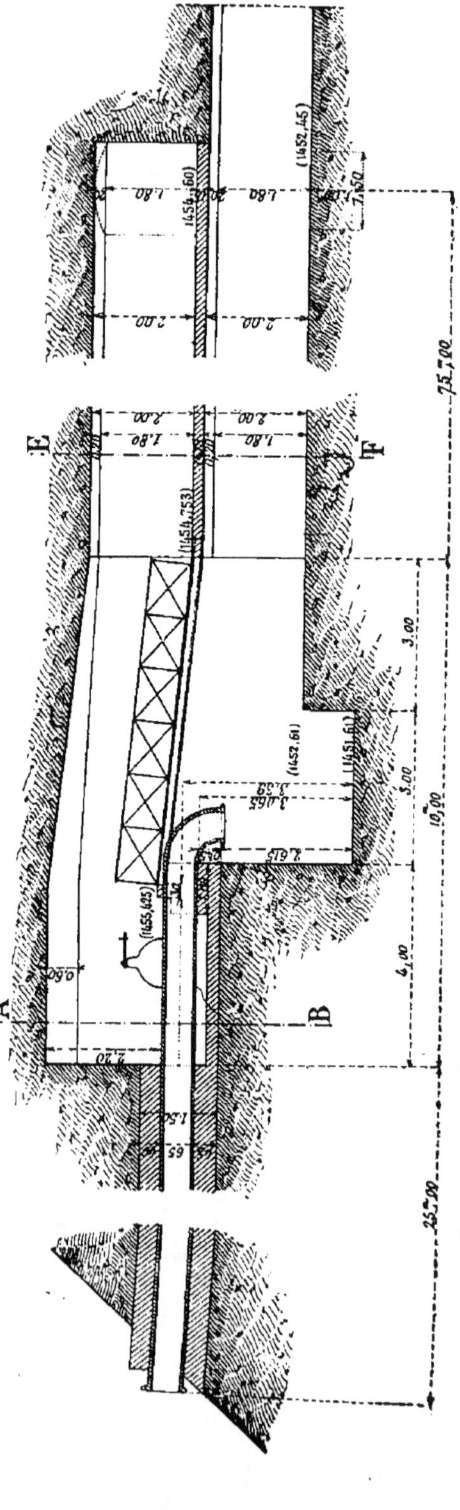

Fig. 315. — Transformation du lac d'Oo en réservoir. — Coupe longitudinale du souterrain de vidange.

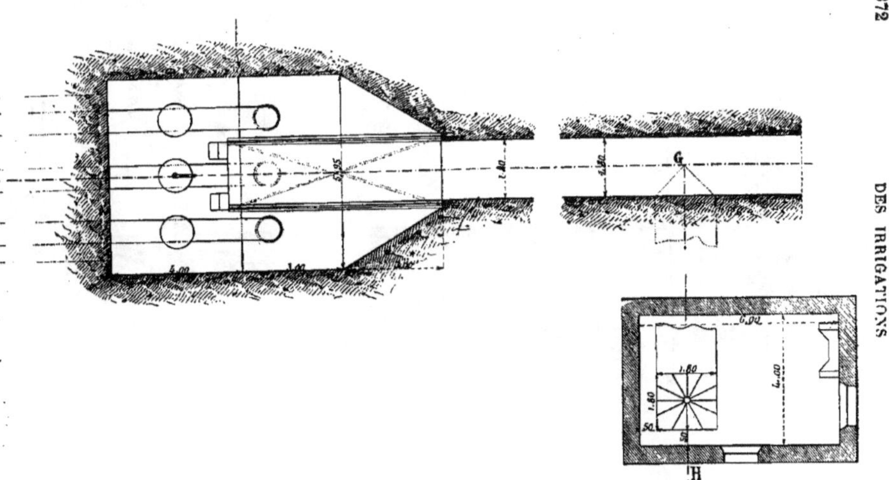

Fig. 316. — Transformation du lac d'Oo en réservoir. — Plan du souterrain de vidange.

Au lac d'Oo, la section normale est un carré de 1^m,80 de

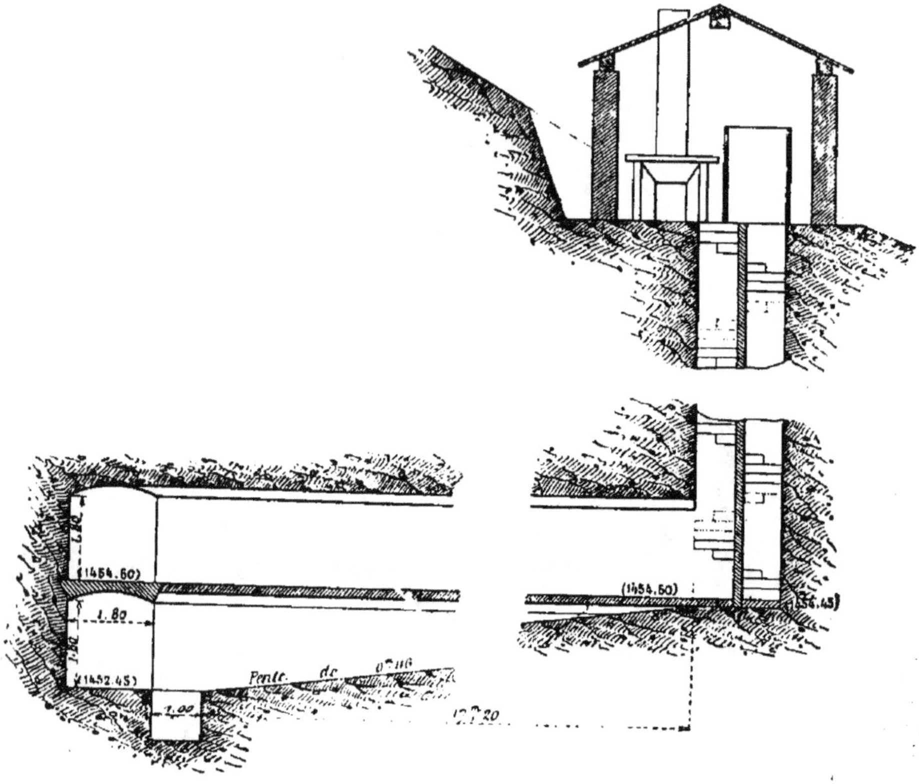

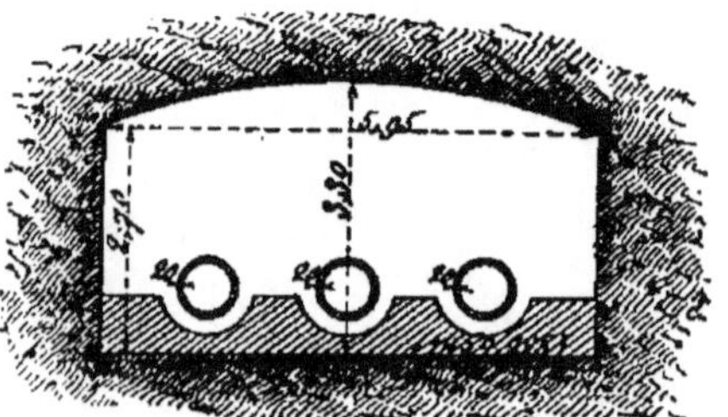

Fig. 317. — Coupe suivant GH du plan.

côté surmonté d'un segment de 0^m,20 de flèche (*fig*. 315). Avec

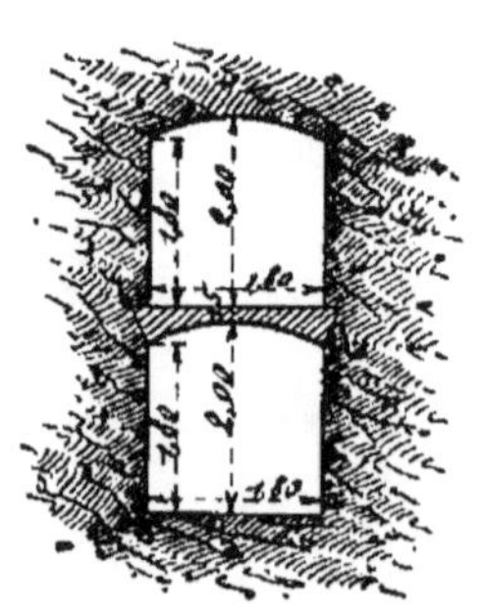

Fig. 318. — Coupe suivant EF
de la fig. 315.

Fig. 319. — Coupe suivant AB de la fig. 315.

une pente longitudinale de 0^m,002 par mètre seulement, on obtiendra le débit voulu avec une hauteur mouillée de 1^m,63.

Pour activer la construction du tunnel, il est avantageux de percer à travers le massif traversé un puits vertical intermédiaire permettant l'ouverture de deux fronts d'attaque nouveaux. Après l'achèvement du travail, ce puits est utilisé comme accès à la galerie de manœuvre des robinets-vannes.

A Caillaouas, le puits d'accès, de 15^m,48 de hauteur totale, a une section circulaire de 1^m,15 de rayon ; il est creusé dans le roc vif, et ses parois sont munies d'un revêtement maçonné de 0^m,30 d'épaisseur. Son axe est à 7 mètres de l'axe du tunnel; il débouche au niveau du sol de la galerie de manœuvre avec laquelle il communique au moyen d'une voûte latérale de même section que le tunnel.

La galerie de manœuvre repose sur le tunnel de vidange ; elle en est séparée par une voûte en maçonnerie ordinaire de 0^m,30 à la clef, dont la section est formée par un rectangle de 5^m,20 de large sur 1^m,44 de hauteur, surmonté d'un segment de cercle de 0^m,56 de flèche. Sa longueur est de 6^m,80.

Au lac d'Oo on a prévu une disposition peu différente de la précédente, mais ici le puits vertical, dont l'axe est à 20 mètres de l'axe du souterrain, a 40 mètres de hauteur. Sa section est un carré de 1^m,80 de côté. Son axe est à 17^m,20 de celui du tunnel; la galerie qui réunit ce dernier à la base du puits a 1^m,80 de largeur.

La galerie d'accès à la chambre de prise a 75 mètres de longueur; elle a la même section courante que la galerie de vidange. Sur toute la longueur de la première, la voûte inférieure est surmontée d'une petite voûte en moellons ordinaires schisteux hourdés en mortier de chaux du Teil. Son épaisseur à la clef est de 0^m,15 ; son extrados forme le plafond de la galerie supérieure.

b) *Galeries de prise d'eau et de vidange. — Chambre de manœuvre.* — Au réservoir de Caillaouas, les appareils de prise d'eau et de vidange ne diffèrent pas essentiellement de ceux du lac d'Aumar. Le tunnel est fermé complètement, dans sa partie amont, par un massif de béton de ciment dans lequel sont enchâssées douze conduites de prise d'eau de 0^m,30 de diamètre, ayant respectivement 7^m,50, 7^m,90 et 8^m,30 de longueur, disposées en quinconce sur trois rangs espacés de 1 mètre de hauteur, et terminées par des robinets-vannes. Le massif de ciment est maintenu dans un encaissement de rocher qui en assure la fixité ; il est à gradins du côté d'ava et présente une longueur de 7^m,30 dans la partie correspondant aux conduites du rang supérieur et de 8^m,20 dans la partie correspondant à celles du rang inférieur.

Pour bien dégager les orifices de conduite, la section du tunnel affecte, sur une longueur de 5 mètres à l'amont et à l'aval de la prise, la forme d'un trapèze dont les bases mesurent 2^m,23 et 3^m,70 et surmonté d'un segment de cercle de 0^m,45 de flèche. Ces sections se raccordent à la section normale du tunnel par des trompes coniques de 2 mètres de longueur.

Les appareils de manœuvre des robinets-vannes et les grilles qui empêchent l'introduction des corps flottants dans les tuyaux sont la reproduction des appareils antérieurement décrits.

Au lac d'Oo on se trouvera dans des conditions différentes. On a estimé qu'il serait préférable de n'avoir qu'une prise d'eau constituée seulement par trois tuyaux en fonte de 0^m,60 de diamètre intérieur, encastrés dans un masque en maçonnerie ordinaire de 25 mètres de longueur, remplissant le vide d'une galerie de prise, préalablement ouverte, de 4^m,95 de largeur sur 1^m,50 de hauteur. Les tuyaux, à la sortie de la galerie, débouchent dans une chambre de 10 mètres de longueur sur 5^m,95 de largeur, dans laquelle vient aboutir également la galerie de vidange (*fig.* 315 et 316). Les tuyaux de prise se continuent à l'air libre sur une longueur de 3 mètres ; dans cette dernière partie sont placés les robinets-vannes, à la suite desquels les conduites, après avoir traversé une murette d'appui, se recourbent à angle droit pour déverser les eaux dans la chambre dont nous venons de parler.

Au sortir des tuyaux, ces eaux tombent dans un puisard de 1 mètre de profondeur, creusé dans le plafond de la chambre, où leur vitesse sera assez amortie pour ne pas corroder les parois rocheuses non revêtues. Elles s'étalent ensuite dans la chambre avant de s'engager dans la galerie de vidange qui les conduit à l'One.

Pour permettre la manœuvre des robinets-vannes, on a prévu une passerelle conduisant de l'extrémité de la galerie d'accès à la tête des robinets de prise.

83. Du déversoir. — Ainsi que nous l'avons fait remarquer, il est nécessaire dans le cas des lacs-réservoirs, comme dans celui des barrages-réservoirs, de prévoir un déversoir de superficie assurant l'écoulement des eaux de crues de manière que l'eau ne surmonte pas les ouvrages de retenue.

Au lac d'Orédon le trop-plein du réservoir s'écoule par un déversoir de 40 mètres de longueur, creusé dans le granit, à droite du barrage.

Dans les plus grandes crues, en supposant le réservoir plein, il passe sur le déversoir une tranche d'eau de $0^m,65$ environ d'épaisseur, ce qui correspond à un débit de 25 mètres cubes par seconde.

Au lac de Caillaouas le déversoir est constitué par un seuil naturel situé à l'ouest du lac; il a un développement de 34 mètres. Le canal de fuite qui évacue les eaux a une pente de $0^m,10$ par mètre ; la section varie, tout en restant suffisante pour écouler le volume de $81^{m3},500$ que le déversoir peut débiter.

Par exception, au lac d'Aùmar il n'a pas été prévu de déversoir, pour ce motif qu'il existe sur une rive une dépression qui laisse en tout temps échapper le trop-plein des eaux dans le lac d'Aubert.

84. Installations et aménagements divers. — Les travaux de transformation des lacs exigent de nombreuses installations diverses. Il est ordinairement nécessaire d'établir un chemin d'accès pour permettre l'approche à pied d'œuvre des matériaux de construction et d'entretien. De plus, les chantiers se trouvant éloignés de tout centre habité, on doit construire, à proximité du lac, une maison de garde pour loger les surveillants des travaux et ensuite ceux de la prise, ainsi que des cantines pour les ouvriers, des magasins et abris pour les matériaux, des forges, des poudrières, des scieries, etc.

a) *Chemins d'accès.* — L'établissement d'une voie d'accès dans des régions comme celles des Pyrénées, très abruptes, à déclivités considérables, où se rencontrent de profonds précipices et constituées en grande partie par du rocher vif et des éboulis de gros blocs, présente des difficultés spéciales.

S'il est possible de construire un chemin carrossable, on lui donne une largeur minimum de $2^m,50$, nécessaire pour le croisement de deux véhicules légers de 1 mètre de largeur d'essieux ; il est bon d'établir les tournants en palier et de porter la largeur à 4 mètres pour faciliter le mouvement des attelages suivant les courbes. La limite supérieure des rampes est ordinairement de $0^m,10$.

On doit étudier pour ces chemins un tracé aussi économique que possible, éviter les rochers et les gros éboulis et se détourner si l'on rencontre des terrains où les frais de déblais seraient considérables, ce qui nécessite l'adoption d'un chemin en lacets.

Le chemin d'accès au lac d'Aumar, projeté d'après ces principes, et partant du lac d'Orédon, doit avoir un développement total de 5.860 mètres avec une pente moyenne de $0^m,0735$ par mètre. La dépense moyenne par mètre courant est de 3 fr. 56.

Il peut arriver que la construction d'un chemin carrossable exige une dépense tellement élevée qu'on ne puisse songer à l'établir. Force est alors de recourir à un chemin muletier dont le tracé plus flexible permet de passer là où un chemin carrossable ne pourrait être établi qu'au moyen de dépenses exagérées.

Ce cas s'est présenté notamment au lac de Caillaouas. On a établi un sentier d'une largeur de 1 mètre en ligne droite et de $1^m,50$ dans les tournants, ce qui suffit pour le passage de convois de mulets. Le rayon minimum de l'axe des tournants est de 2 mètres. Les déclivités supérieures à $0^m,16$ ne se prolongent pas sur plus de 200 mètres de suite. Quand la pente transversale du terrain est supérieure à 45°, les remblais sont soutenus par des murs de soutènement en pierres sèches ; des parapets en maçonnerie sont établis dans tous les endroits où la hauteur de ces murs dépasse 2 mètres.

La longueur totale de ce chemin est de 12.445 mètres, et la pente moyenne de $0^m,073$ par mètre.

Son établissement a nécessité la construction de deux ponts en maçonnerie de 8 mètres d'ouverture; le prix total s'est élevé à 83.200 francs, soit 6 fr. 68 par mètre courant.

b) *Bâtiments.* — Nous n'avons pas à entrer dans de longs détails sur la construction des bâtiments et abris divers. Dans une raison d'économie, les murs extérieurs seuls sont en maçonnerie, les cloisons étant en bois. La toiture, en charpente, doit avoir une inclinaison assez grande pour laisser glisser la neige, et doit être calculée en prévision d'une surcharge de neige.

Le nombre et les dimensions des pièces qui composent chacun des bâtiments dépendent naturellement des circonstances particulières à chaque espèce. La plupart des maisons existantes comportent un rez-de-chaussée et un seul étage et sont orientées de manière à permettre de surveiller les chantiers.

85. Mode d'exécution des travaux. — Les travaux de transformation de lacs en réservoirs s'exécutent en régie. Les travaux du lac d'Orédon, commencés en 1869, avaient cependant fait l'objet d'une adjudication. Mais, après une seule campagne menée par les adjudicataires, la résiliation s'imposa. Soit par inexpérience des travaux de cette nature, soit par fausses manœuvres dans la conduite du chantier, soit par mauvaise utilisation de la main-d'œuvre, les entrepreneurs subirent dès le début des pertes tellement considérables que la résiliation leur fut accordée et les travaux continués en régie.

En ce qui touche les risques à courir dans l'exécution de semblables ouvrages, la situation s'est bien modifiée depuis l'année 1869. Les ressources régionales sont mieux connues; on peut apprécier avec exactitude les conditions de transport, d'installation et de séjour dans ces régions élevées, et les prix peuvent être régulièrement établis. Une adjudication se ferait donc aujourd'hui dans des conditions meilleures, et l'entreprise courrait moins de risques de résiliation.

Toutefois la nature des travaux comporte encore un

grand aléa, en particulier en ce qui concerne le percement d'un tunnel ou d'un puits au voisinage immédiat d'un lac. Quant à l'ouvrage de prise d'eau, il doit être fait avec le plus grand soin, la moindre malfaçon pouvant avoir des conséquences très graves.

Pour éviter absolument toute malfaçon, non seulement la surveillance la plus active est indispensable, mais encore il faut qu'on ne trouve à aucun degré chez le personnel directeur et ouvrier la tentation de réaliser de dangereuses économies.

En outre, à ces altitudes élevées, la campagne annuelle ne peut avoir qu'une faible durée, de deux à quatre mois au maximum. Un entrepreneur n'accepterait sans doute cette situation qu'en vue de bénéfices relativement élevés.

Pour toutes ces raisons, la régie paraît être encore le mode d'exécution le plus sûr. C'est en régie que se construit le réservoir de Caillaouas et que se construiront les autres réservoirs projetés dans la même région.

CHAPITRE VIII

DES APPAREILS ÉLÉVATOIRES

86. Généralités. — Bien que les canaux d'irrigation soient, en général, tracés de telle manière qu'ils dominent toute la surface qui s'étend entre eux et le thalweg de la vallée du cours d'eau dont ils sont dérivés, on rencontre parfois des mamelons plus élevés que le plan d'eau du canal et qui ne peuvent être irrigués.

On peut, jusqu'à un certain point, remédier à cet état de choses en établissant en travers du canal principal des barrages qui en relèvent le plan d'eau et augmentent par suite l'étendue de la surface dominée. Mais ce n'est là qu'une mesure peu efficace ; le relèvement possible est toujours très limité, de sorte qu'on n'arrive, de cette manière, à assurer les bénéfices de l'arrosage qu'à des surfaces restreintes.

Si la nécessité d'étendre l'irrigation à des parties trop élevées pour être desservies directement se fait impérieusement sentir, on est conduit à élever l'eau au moyen de machines.

On doit aussi avoir recours à des appareils élévatoires lorsqu'on veut utiliser pour l'arrosage l'eau de rivières ou de fleuves en travers desquels l'établissement d'un barrage de retenue est impossible. Tel est le cas du bas Rhône, par exemple, dont les eaux sont utilisées à l'irrigation et à la submersion des terres riveraines.

87. Moteur élévatoire du Pont Vincent (canal de Pierre-latte). — Nous n'avons pas à donner ici la description des diverses machines hydrauliques élévatoires[1]. Nous nous bornerons à décrire, à titre d'exemple, quelques-unes des principales installations existantes.

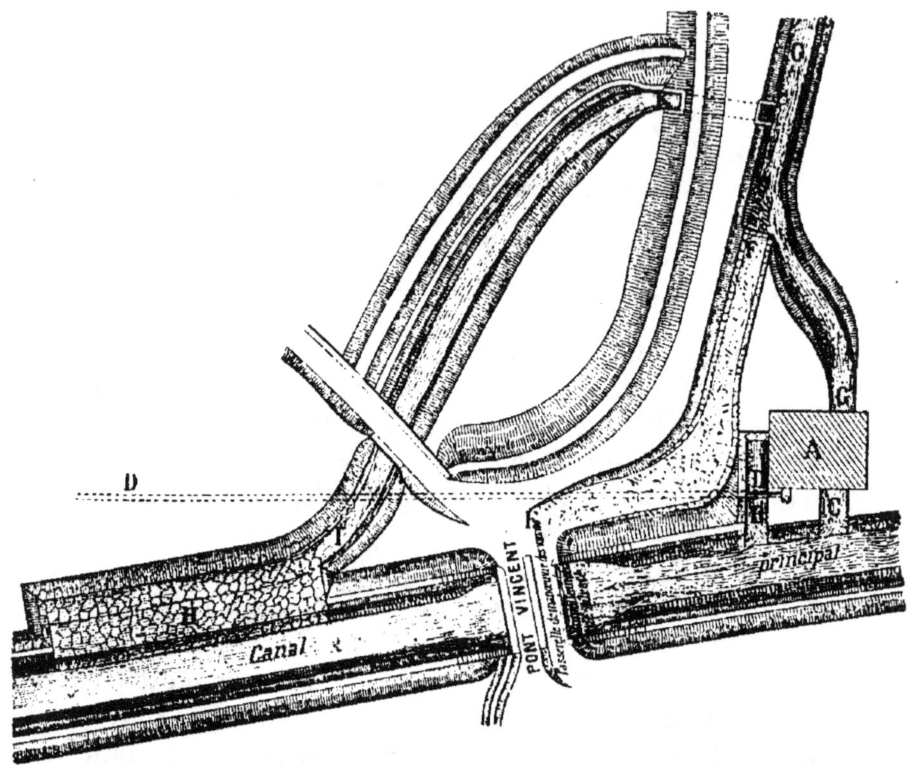

Fig. 320. — Moteur élévatoire hydraulique du Pont Vincent. — Plan général de l'installation.

A, Bâtiment des roues.
B, Prise d'eau de la roue élévatoire.
C, Prise d'eau de la roue motrice.
D, Conduite forcée de refoulement.
EFG, Ancien ravin débouchant dans le Rhône, modifié dans sa partie FG pour faire suite au canal de fuite G'F de la roue motrice.
H, Déversoir.
IK, Canal de fuite du déversoir.
V, Vanne.

Nous commencerons par celle qui a été établie pour l'un des *hauts services* du canal de Pierrelatte.

Le moteur dit du Pont Vincent (pl. XIV, et *fig*. 320 et 321) est destiné à élever un volume d'eau de 400 litres par seconde, nécessaire à l'arrosage d'une surface de 400 hectares envi-

[1] On trouvera les renseignements nécessaires, en ce qui concerne cette question, dans le traité des *Machines hydrauliques*, par M. F. CHAUDY (Bibliothèque du Conducteur de Travaux publics).

ron de terres de la commune de Donzère. Le point le plus élevé de ce périmètre est à 2 mètres en contre-haut du plan d'eau normal du canal au point où l'appareil est établi.

a) *Description de l'appareil.* — L'installation comprend deux roues Sagebien à axe horizontal dont l'une, la roue motrice, a un diamètre de 5 mètres et une largeur de 3 mètres, et l'autre, la roue élévatoire, a le même diamètre et une largeur de 1^m,85. La transmission de la force s'opère au moyen de deux engrenages de 1^m,75 et 2 mètres de diamètre.

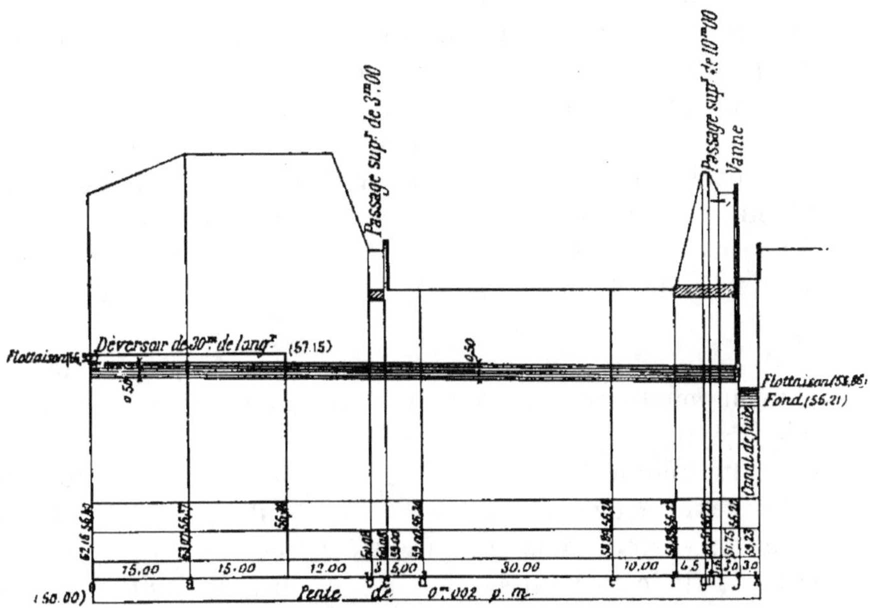

Fig. 321. — Profil en long du déversoir et du canal de fuite.

La force motrice est obtenue au moyen d'un prélèvement au Rhône d'un volume de 1.400 litres par seconde, indépendant de celui qui constitue la dotation du canal, et dérivé au moyen de la même prise ; cette eau est rendue intégralement au Rhône après utilisation. La chute disponible varie naturellement avec le niveau des eaux du fleuve ; mais elle reste comprise entre 1^m,30 et 0^m,75 et ne descend au-dessous de ce dernier chiffre que très rarement et pendant peu de jours.

La machine hydraulique élévatoire. enfermée dans un

bâtiment en maçonnerie, est établie sur la rive droite du canal, à 20 mètres environ en amont des vannes de sûreté du Pont Vincent (§ 17) ou à 3^{km},500 environ au-delà de la prise du canal. Chacune des deux roues a sa prise spéciale. Celle de la roue élévatoire forme bassin de puisage, et celle de la roue motrice sert à sa mise en jeu. Le canal de fuite qui ramène directement au Rhône l'eau motrice est établi en prolongement du canal de prise d'eau du moteur; il est ouvert presque parallèlement au lit d'un ravin qui sert à l'écoulement des eaux d'orage (*fig.* 320).

L'eau montée est reçue dans une bâche en tôle d'où elle s'écoule par un tuyau en fonte de 800 millimètres de diamètre, qui peut débiter 400 litres par seconde avec une vitesse de 0^m,795. Après avoir passé par-dessus le canal de prise d'eau de la roue élévatoire et par-dessous le ravin dont nous avons déjà parlé et la digue insubmersible de défense contre le Rhône, elle débouche dans une cuvette maçonnée. De là l'eau est conduite sur les terrains qu'elle est destinée à arroser au moyen de rigoles à ciel ouvert.

b) Justification du choix du moteur. — L'appareil devant pouvoir fonctionner sous une chute variable, le moteur le mieux approprié est une roue Sagebien. Si, par suite d'une crue du Rhône, l'eau se relève dans un cas particulier, de manière à noyer partiellement la roue, il y aura ralentissement de vitesse, mais la hauteur à laquelle on devra élever l'eau destinée au haut service diminuant, l'effet utile restera le même.

En ce qui concerne l'appareil élévatoire, une roue à augets n'aurait pas été acceptable pour un débit de 400 litres par seconde. On a adopté, comme nous l'avons dit, une roue Sagebien à axe horizontal dont le fonctionnement est en sens inverse de celui de la roue motrice.

c) Calcul des dimensions des roues. — Les conditions de marche et les rapports entre les effets obtenus et les forces dépensées sont exactement les mêmes pour la roue motrice et pour la roue élévatoire. Dans les deux cas les causes de pertes sont les chocs des aubes à la rencontre de l'eau à l'aval

les fuites au radier et aux bajoyers et les frottements de
l'arbre sur ses tourillons. On leur a, par suite, appliqué le
même coefficient de rendement, et, d'après les résultats des
expériences faites antérieurement, on a supposé que le coefficient de rendement, y compris le travail absorbé par les
engrenages de transmission, serait de 80 0/0. Il en résulte que
les dimensions doivent en être calculées comme s'il y avait
lieu d'élever par seconde une quantité d'eau de

$$\frac{400}{0,80} = 500 \text{ litres.}$$

Ceci posé, le diamètre de la roue élévatoire étant de
5 mètres et cette roue étant disposée de manière à plonger

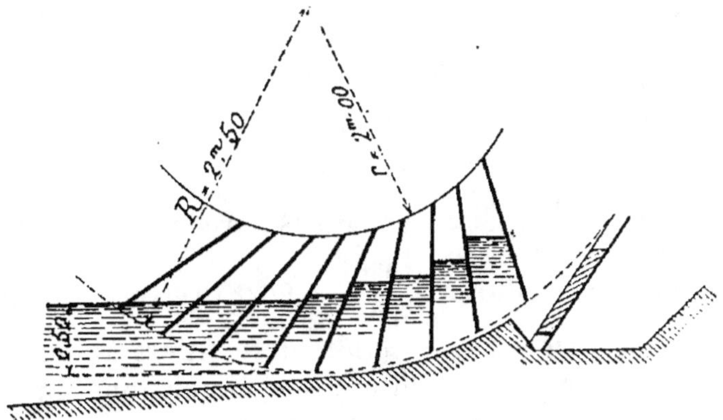

FIG. 322.

de 0^m,50 dans l'eau du canal, la tranche d'eau montée correspondant à un tour de roue et par mètre de largeur sera
(*fig.* 322) :

$$\pi \left(\overline{2,50}^2 - \overline{2,00}^2 \right) = 7^{m2},07.$$

De là, il faut retrancher l'espace occupé par les 48 aubes
dont l'épaisseur est de 20 millimètres, soit :

$$48 \times 0,020 \times 0,50 = 0^{m2},480.$$

La surface de la partie qui soulève l'eau sera donc :

$$7,07 - 0,48 = 6^{m2},59.$$

La circonférence de la roue étant $5\pi = 15^m,71$, le volume d'eau par mètre de largeur de roue et par mètre de circonférence sera $\frac{6,59}{15,71} = 419^{lit},5$.

Toutefois, la vitesse tangentielle n'étant que de $0^m,70$ par seconde, le volume sera réduit à $419,5 \times 0,70 = 293^{lit},65$ et, pour obtenir les 500 litres nécessaires, il faudra donner à la roue une largeur de $\frac{500}{293,65} = 1^m,70$.

Pour obvier aux abaissements possibles de l'eau dans le canal d'amenée, on a adopté une largeur de 2 mètres.

Les dimensions de la roue motrice ont été calculées comme suit : la hauteur d'élévation étant de 2 mètres, le travail à effectuer est de $500 \times 2 = 1.000$ kilogrammètres, lequel, avec un coefficient de rendement de $0^m,80$, devient $\frac{1.000}{0,80} = 1.250$ kilogrammètres.

Lorsque la chute aura sa valeur minimum, soit $0^m,75$, le volume d'eau à dépenser, par seconde, pour produire ce travail, sera de $\frac{1.250}{0,75} = 1.667$ litres ; avec une chute de $1^m,30$, ce volume sera réduit à $\frac{1.250}{1,30} = 962$ litres par seconde.

La roue motrice a été établie de manière à pouvoir fonctionner pour ces deux limites ; ses dimensions ont été calculées pour le cas d'une chute de $0^m,75$, qui correspond au maximum du volume d'eau dépensée.

Son diamètre est de 5 mètres, comme celui de la roue élévatoire ; l'eau y pénètre suivant une zone occupant sur le diamètre une épaisseur de 1 mètre environ. Le volume d'eau par mètre de largeur que représente cette zone se calcule comme ci-dessus.

La surface libre est de $\pi\,(\overline{2,50}^2 - \overline{1,50}^2) = 12^{m2},566$; il faut en déduire l'espace occupé par les 48 aubes de $0^m,020$ d'épaisseur, soit $48 \times 0,020 \times 1 = 0^{m2},960$. Il reste donc :

$$12,566 - 0,960 = 11^{m2},606,$$

et par mètre de circonférence de roue $\frac{11,606}{15,71} = 740$ litres ; soit, avec une vitesse tangentielle de 0,80, 592 litres.

Pour dépenser les 1.667 litres par seconde, correspondant à la chute de 0^m,75, la roue motrice devrait avoir une largeur de $\frac{1.667}{592} = 2^m,82$. On a porté cette largeur à 3 mètres pour prévoir l'utilisation d'un volume plus considérable, dans le cas d'une diminution de chute.

Les deux roues, motrice et élévatoire, sont montées sur deux arbres horizontaux différents. La transmission d'un arbre à l'autre s'établit par deux engrenages qui reportent à la hauteur voulue l'arbre de l'élévateur. Les deux roues étant dans le rapport de 8 à 7 comme vitesses, les deux roues d'engrenage sont dans le même rapport comme diamètres respectifs.

d) *Mode de construction.* — Les deux roues (pl. XIV, *fig.* 4) sont construites entièrement en métal, sauf les aubes qui sont en bois de chêne. Les arbres sont en fer forgé.

L'ossature métallique se compose de 3 estomacs en fonte, recevant chacun 8 bras en fer laminé. Ces bras sont reliés par 3 cercles en fer méplat servant de support aux cornières qui forment appui pour les aubes. Des entretoises en croix de Saint-André, placées dans le plan de l'axe de la roue, contre-ventent tout le système, et des pièces en fer forgé qui relient les cercles extérieurs aux estomacs en fonte garantissent l'indéformabilité de l'assemblage sous l'effort du travail à produire par la roue motrice et à recevoir par la roue élévatoire.

La vanne de la roue motrice se compose d'une cloison en chêne de 5 centimètres d'épaisseur, renforcée par des pièces de fer qui lui permettent de résister sans fléchir à la poussée de l'eau. Elle est actionnée par un pignon et une crémaillère. A l'aide d'une manivelle, un homme peut la manœuvrer facilement suivant les besoins.

Une grille en fer méplat protège la roue contre l'introduction des corps étrangers.

Les paliers des arbres qui supportent les roues sont établis avec des portées d'une fois et demie le diamètre, de façon à rendre l'usure à peu près nulle. La lubrification se fait à l'eau, comme dans toutes les roues hydrauliques.

L'eau montée est reçue dans la bâche en tôle dont nous avons déjà parlé. L'entrée du tuyau de déversement est masquée par un clapet afin d'empêcher l'introduction des eaux de crues extraordinaires. Ce clapet est actionné par une vis sur laquelle s'emboîte une clef à béquille permettant de le manœuvrer.

88. Machine élévatoire de la roubine de l'Aube de Bouic. — Nous avons mentionné antérieurement l'existence de syndicats de la Camargue qui puisent au Rhône leur eau d'alimentation, en la faisant passer en siphon renversé par-dessus la digue insubmersible du Grand-Rhône (§ 16). Nous avons fait connaître, en particulier, les difficultés d'alimentation de la roubine de l'Aube de Bouic, et la nécessité où l'on s'est trouvé de remplacer l'ancienne prise par une nouvelle, située à l'aval de la première (*fig.* 23).

L'installation nouvelle (*fig.* 323) comprend un siphon en tuyaux de fonte de 0^m,80 de diamètre intérieur, à brides tournées avec joints en caoutchouc.

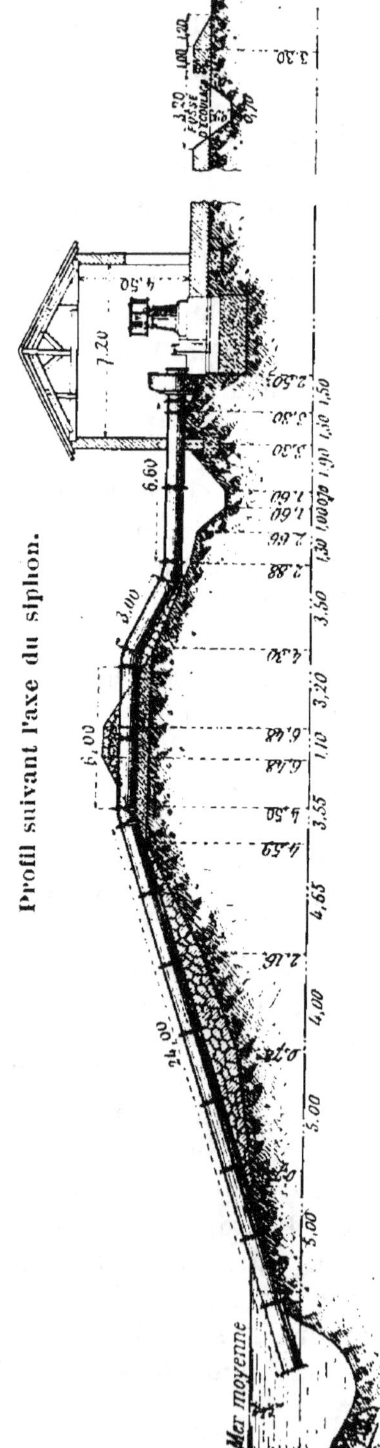

Fig. 323. — Alimentation de la roubine de l'Aube de Bouic.

Ce grand diamètre a été adopté pour réduire le plus possible les pertes de charge qui absorbent inutilement une partie du travail moteur.

Au sommet du tuyau d'aspiration est placé un papillon destiné à en permettre la fermeture, en cas de grandes crues. Du côté du déversement un clapet de retenue avec recouvrement en caoutchouc permet l'amorçage facile au moyen d'un éjecteur. L'eau est aspirée au moyen d'une pompe centrifuge du système Decœur, mue par une machine à vapeur du système compound.

Les divers organes ont été calculés de manière à assurer un débit minimum de 750 litres par seconde avec une hauteur d'élévation normale de 2 mètres et maximum de $2^m,50$, correspondant aux extrêmes basses eaux du Rhône.

Au sortir de la pompe dont le tuyau de déversement est normal à celui d'aspiration, les eaux coulent dans un bassin placé latéralement au bâtiment des chaudières, au pied du remblai et de là se rendent dans la roubine de raccordement qui suit le pied du talus de la chaussée.

En prévision des besoins de l'avenir, les dispositions adoptées permettront, dans le cas où l'utilité viendrait à en être reconnue plus tard, de doubler cette installation.

La dépense de premier établissement a été de 120.000 francs, dont 50.300 francs pour la machinerie, fournie à forfait par la Société des Forges et Chantiers de la Méditerranée.

Les dépenses annuelles de salaire, d'entretien et de fourniture du charbon s'élèvent à 15.400 francs.

89. Machine élévatoire de la roubine de la Petite Montlong. — L'installation d'un autre appareil élévatoire a été poursuivie, pour puiser directement au Rhône et déverser sur des terres riveraines l'eau destinée à la submersion hivernale de 1.000 hectares environ de vignes et à l'arrosage de 1.500 hectares.

Les eaux ainsi élevées par-dessus la digue insubmersible du Grand-Rhône alimentent un cours d'eau naturel dit « roubine de la Petite Montlong ». Cette roubine, qui traverse la Camargue et se jette dans l'étang de Valcarès, prend sa naissance à 6 kilomètres en aval d'Arles ; ce n'est plus aujourd'hui qu'une simple tranchée étroite et profonde de 20 kilomètres environ ; autrefois c'était une branche principale du fleuve, qui fut abandonnée par les eaux il y a plus de quatre cents ans. A partir de cette époque, le lit de la roubine se colmata rapidement et se serait complètement comblé si les riverains ne l'avaient entretenu de manière à y conserver une certaine profondeur d'eau. Mais quand, par suite du développement des cultures et surtout par suite de l'invasion du phylloxera dans la contrée, les quantités d'eau nécessaires à puiser dans la roubine devinrent de plus en plus considérables, on reconnut que l'amélioration de celle-ci s'imposait et qu'il fallait surtout pouvoir compter sur une alimentation régulière, sans avoir à craindre les longues périodes de pénuries résultant soit d'une baisse dans les eaux du Rhône, soit de l'envasement de la cuvette.

Deux modes d'amélioration se présentaient : le premier consistant à élargir et approfondir le lit de la roubine, le second à pourvoir à son alimentation au moyen d'une machine à vapeur placée à son origine, en se contentant d'enlever par un curage ordinaire les vases encombrant le lit. C'est cette dernière solution qui a été admise par l'Association syndicale des propriétaires intéressés, comme étant la plus rapide et la moins coûteuse.

Ainsi que nous l'expliquerons plus loin, la quantité d'eau à introduire par seconde dans la roubine est de 1.500 litres, qui doivent être pris dans le Grand-Rhône, quel que soit le niveau du fleuve. On avait songé tout d'abord à établir, comme dans le cas de la roubine de l'Aube de Bouic, une machine fixe puisant l'eau dans le Rhône et la refoulant à l'aide d'un siphon renversé passant par-dessus la digue de défense. Mais ici on redoutait de ne pas obtenir un résultat satisfaisant : en temps de bas étiage, tandis que la hauteur réelle d'élévation des eaux pompées, c'est-à-dire la différence de niveau entre les eaux du fleuve et celles de la roubine, ne dépassait pas 2^m,60, la différence entre le plan d'eau du fleuve et le point le plus élevé du siphon dépassait la hauteur de 7 mètres, chiffre qui était regardé comme la limite pratique admissible ; on craignait qu'un siphon fixe ne fonctionnât pas d'une manière régulière et fût exposé à se désamorcer fréquemment. On préféra alors recourir à un élévateur

Machine élévatoire de la roubine de la Petite Montlong.

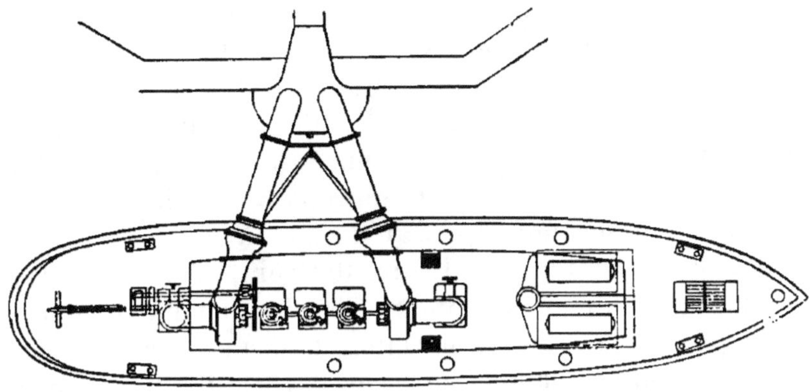

Fig. 324. — Plan supérieur.

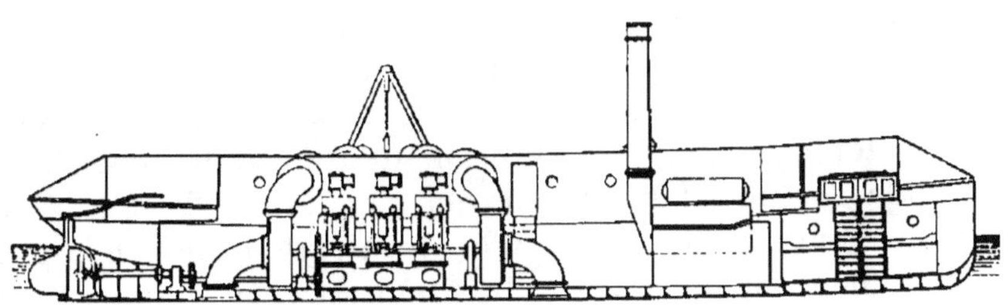

Fig. 325. — Coupe longitudinale.

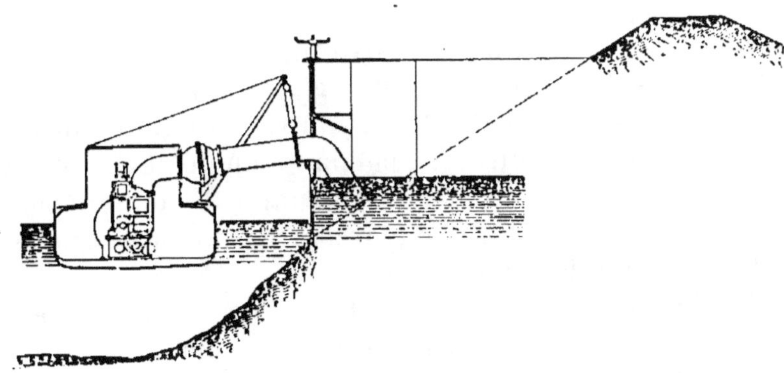

Fig. 326. — Coupe transversale.

flottant, avec lequel on pensait éviter l'inconvénient que nous venons de signaler.

L'installation flottante, faite en 1887, se composait essentiellement (*fig.* 324 à 326) d'un bateau à hélice en fer et acier, de 24 mètres de longueur, 5 mètres de largeur et 2 mètres de profondeur, amarré solidement à la digue de défense et maintenu à une distance fixe de la prise. Sur ce bateau étaient placés deux groupes d'appareils élévatoires comprenant chacun un moteur compound de la force nominale de 60 à 70 chevaux, une chaudière tubulaire permettant de fournir de la vapeur aux deux groupes à la fois et une pompe centrifuge système Decœur pouvant débiter de 750 à 900 litres par seconde, ainsi qu'un moteur de rechange pouvant être attelé à l'une ou l'autre des pompes en cas d'avaries de l'un ou l'autre des moteurs. Le déversement comportait deux siphons à joints sphériques pouvant lever ou baisser du nez suivant la hauteur de l'eau dans le Rhône. Le bateau comprenait en outre des soutes à charbon, des cabines pour les équipes de mécaniciens et chauffeurs, etc.

En dehors de l'installation flottante, une bâche en tôle, placée dans l'embrasure de la prise et scellée au ciment pour éviter toute fuite des joints, permettait l'introduction directe dans la roubine. Cette bâche était pourvue à l'avant d'une vanne pouvant être manœuvrée de la plate-forme de la prise au moment où la hauteur du Rhône permet l'alimentation naturelle.

Dans ces conditions la hauteur maximum d'élévation se trouvait réduite à 3 mètres environ, la quantité d'eau introduite dans la roubine était réglée de telle manière que l'épaisseur de la lame au-dessus du seuil du radier de la prise fût de 2 mètres, ce qui correspondait à un débit de 1.600 litres par seconde, si la cuvette est indemne de tout dépôt, et à un débit de 1.500 litres environ avec un dépôt moyen de $0^m,20$ au fond de cette cuvette.

Les machines devaient fonctionner nuit et jour pendant onze mois et ne chômer qu'au mois de mars, durant lequel on aurait procédé aux travaux d'entretien nécessaires. Les 1.500 litres par seconde devaient être employés du 1er octobre au 1er décembre à la submersion d'un groupe de 500 hectares de vigne, du 1er décembre au 1er février à la submersion d'un autre groupe de même surface, et du 1er avril au 1er octobre à l'arrosage de 1.500 hectares. La submersion absorbait ainsi

3 litres par seconde et par hectare, et l'arrosage 1 litre seulement.

En réalité, cette installation flottante n'a pas donné les résultats sur lesquels on comptait. L'entretien du matériel flottant était difficile et coûteux. Pendant les grands vents, pendant les crues, ainsi que lorsque le Rhône charriait des glaces, ce matériel s'est trouvé plusieurs fois dans une position très critique.

On résolut alors de revenir à la première solution et d'installer les machines à terre. Les craintes que l'on avait eues d'abord au sujet du fonctionnement du siphon d'aspiration étaient dissipées, car des installations analogues venaient d'être faites dans la région. En fait, les machines mises à terre fonctionnent parfaitement, et les machines élévatoires installées dans des conditions analogues pour alimenter d'autres roubines, la roubine Triquette notamment, ont donné également de très bons résultats.

Avant de mettre les pompes en marche, il faut amorcer les siphons. Pour cela, on expulse l'air qu'ils renferment au moyen d'un éjecteur à vapeur qui aboutit au sommet du siphon. Dès que, l'air ayant été chassé, le siphon est plein d'eau, on met les pompes en mouvement, et leur fonctionnement est assuré. Pendant la marche, des bulles d'air se dégagent de l'eau et se réunissent à la partie supérieure du siphon. Une ou deux fois par jour, il faut faire marcher l'éjecteur pour purger le siphon de cette bulle supérieure qui pourrait le désamorcer.

M. Domergue, ingénieur des Ponts et Chaussées, qui a fait installer les deux appareils élévatoires fixes dont nous venons de donner la description, estime que la hauteur de 7 mètres entre le sommet du siphon et le niveau des plus basses eaux n'est certainement pas une limite maximum que l'on ne peut pratiquement dépasser. Il est d'avis qu'avec un appareil puissant comme l'éjecteur et avec des joints bien étanches l'on pourrait compter sur le bon fonctionnement de siphons dont **la hauteur d'élévation se rapprocherait considérablement de la limite théorique de 10^{m},33.**

CHAPITRE IX

DES CANAUX SECONDAIRES ET RIGOLES D'ARROSAGE

90. Nécessité de la division en zones du périmètre dominé.
— Ainsi que nous l'avons déjà fait remarquer (§ 7), les canaux
d'irrigation distribuent en cours de route l'eau d'arrosage,
soit directement, soit par l'intermédiaire des canaux secondaires sur lesquels viennent se greffer des artères de moindre
importance.

Le canal principal, établi à flanc de coteau, domine toute
la surface qui s'étend jusqu'au thalweg, exception faite de
quelques mamelons ; mais la plaine arrosable ne présente
pas une pente continue dans le sens longitudinal de la
vallée ; elle forme, en général, une série d'ondulations, et
les affluents de la rivière alimentaire coulent dans une suite
de dépressions entre chacune desquelles il existe une ligne
de faîte plus ou moins prononcée formant la ligne de partage des eaux tributaires de l'un ou de l'autre de ces affluents.
Si l'on conçoit que, suivant chacune de ces lignes de faîte,
on construise une artère de moindre importance que le
canal principal dont elle sera dérivée, elle dominera toute
l'étendue comprise entre les deux affluents successifs et permettra l'arrosage de cette étendue au moyen de rigoles
faciles à établir.

La surface comprise entre le canal principal, le cours
d'eau alimentaire qui occupe le point le plus bas de la surface arrosable et deux affluents consécutifs forme ce qu'on
appelle une *zone*.

Chaque zone est desservie par un canal dit *secondaire*, qui
ne diffère du canal principal que par ses dimensions plus

restreintes. Au confluent de chaque canal secondaire, la branche principale perd une portion de son débit, proportionnelle à la surface arrosable de la zone correspondante, laquelle sera desservie par ledit canal secondaire; par suite, ses dimensions transversales diminuent progressivement jusqu'à devenir celles d'un simple émissaire de fuite qui rend au cours d'eau alimentaire, soit directement, soit par l'intermédiaire d'un affluent, l'eau non utilisée en cours de route.

Le canal secondaire à son tour voit son débit diminuer chaque fois qu'une saignée y est faite pour conduire une partie de l'eau qu'il roule sur les terres à arroser; sa section va donc aussi en diminuant, et il doit déboucher à l'aval dans un cours d'eau capable d'évacuer la portion de dotation non utilisée par l'arrosage.

En ce qui concerne chaque zone, le canal secondaire qui la dessert joue à son tour le rôle de branche principale ; il donne naissance à des artères de moindre importance qui, suivant qu'elles servent à l'arrosage d'une surface assez importante, d'une série de propriétés ou d'une seule, prennent respectivement les noms de canal tertiaire, rigole d'intérêt collectif ou rigole d'intérêt privé.

L'ensemble de ces diverses artères constitue le réseau des rigoles de distribution.

Nous allons examiner successivement chacune de ces catégories de canaux en commençant par les plus importantes, c'est-à-dire les branches secondaires.

91. Classification des branches d'un réseau. — D'une façon générale, il n'existe aucune définition des diverses variétés de branches d'un réseau de distribution. La question présente cependant un assez grand intérêt au point de vue du régime de la propriété atteinte par les emprises d'un canal : suivant, en effet, qu'on se trouve en présence d'un canal secondaire ou de ramifications d'ordre inférieur, les cahiers des charges des concessions stipulent ordinairement que les terrains nécessaires à l'établissement des canaux doivent être achetés ou simplement frappés d'une servitude de passage, à titre gratuit pour les parcelles appartenant à des souscripteurs et moyennant indemnité pour celles appartenant à des non-usagers aux eaux.

Si l'on s'en réfère uniquement au type habituel de cahier des charges, il semble que la solution de la question ne présente aucune difficulté. Il y est dit, en effet, que chaque zone sera desservie par un canal secondaire unique, d'où cette conséquence que tous les branchements se soudant à ce canal secondaire ne seraient que des canaux tertiaires ou des rigoles.

Cette classification qui, à première vue, paraît très simple et qui correspond à l'idée de l'arête de poisson qu'on se fait généralement des canaux d'irrigation, consisterait à admettre que toute artère s'embranchant sur la branche principale sera un canal secondaire, que les branchements sur canaux secondaires seront tertiaires, et ainsi de suite. Il y a tout lieu de penser que c'est là l'idée première qui a guidé dans le choix de ces expressions.

Mais cette manière d'envisager la question peut, parfois, ne pas cadrer avec une autre idée que l'on se fait de ces mêmes canaux et qui est basée sur leur importance relative. Si on l'adoptait d'une façon rigoureuse, on arriverait à cette conséquence peu logique qu'une cuvette de quelques mètres de longueur, desservant une seule propriété, débitant le volume d'eau minimum serait classée comme canal secondaire au cas où elle serait dérivée directement du canal principal, alors qu'une branche de plusieurs kilomètres de longueur, portant un volume beaucoup plus considérable, presque comparable à un canal principal par l'importance de sa section et de ses emprises, ne serait qu'une rigole d'intérêt collectif ou privé, par le seul fait qu'elle ne serait pas une ramification directe de la branche mère. Il y a même sur le canal principal des prises d'eau individuelles directes, d'importance minime, qu'on ne saurait cependant qualifier de canaux secondaires.

D'un autre côté, il arrive souvent que la forme du terrain ne se prête pas à l'établissement d'une prise d'eau unique par zone. Dans beaucoup de cas on ne pourrait y arriver qu'en construisant un véritable contre-canal parallèle et contigu au canal principal, ce qui reviendrait à doubler ce dernier sur une partie de son parcours et à multiplier sans compensation sérieuse les travaux à exécuter et les longueurs de canal à entretenir.

Si l'on examine ce qui a été fait sur les grands canaux, d'irrigation déjà fréquemment cités, on ne peut en tirer aucune conclusion précise relativement à ce sujet.

Au canal du Forez, en dehors du canal proprement dit, on ne distingue que des *artères* s'embranchant soit sur le canal, soit sur d'autres artères.

Au canal du Verdon, la branche mère alimente des *branches*, soit directement, soit par l'intermédiaire d'autres branches, les ramifications complémentaires de moindre importance étant toujours regardées comme des rigoles, soit qu'elles prennent l'eau à la branche mère, soit qu'elles la prennent à une ramification. Dans un cas comme dans l'autre, on n'a appelé artère ou branche, sans distinction de leur position relative par rapport à la branche mère, que des canaux d'une certaine importance comme longueur et comme débit. C'est ainsi que, pour le dit canal qui domine un périmètre arrosable de 16.400 hectares, on ne compte que 14 branches d'un débit variant entre 3 mètres cubes et 100 litres et d'une longueur moyenne de 10 kilomètres chacune, avec un minimum de 4 à 5 kilomètres. Dans la seule commune d'Aix, pour un périmètre arrosable de 9.000 hectares, le nombre de ces dérivations principales est de 8, formant une longueur cumulée de 83 kilomètres ; l'ensemble des rigoles proprement dites présente un développement de 400 kilomètres.

Au canal de Saint-Martory, la surface dominée a été partagée en 15 zones limitées autant que possible par des cours d'eau ; chacune d'elles est desservie par un ou plusieurs canaux secondaires tracés suivant les lignes de faîte, de manière à garantir l'arrosage de tous les terrains irrigables. Les propriétés souscrites sont desservies au moyen de rigoles tertiaires issues de ces canaux ou des branchements.

Aux canaux de la Bourne et de Pierrelatte, on a subdivisé le périmètre en grandes zones de plusieurs milliers d'hectares de superficie, desservies chacune par un canal secondaire ; il existe, d'ailleurs, sur ces deux canaux, un assez grand nombre de prises directes au canal principal, dominant des étendues variables de terrains, mais classées dans le réseau inférieur de distribution, en raison de leur importance restreinte.

Au canal de Manosque, enfin, il n'existe pas de grandes branches secondaires, et l'expression de canal secondaire n'y est même pas connue. Les artères qui se détachent du canal principal portent les noms de *filioles*, et elles donnent naissance à des branchements, puis à des sous-branchements.

En somme, quelle que soit la diversité des appellations, on peut dire qu'on réserve en général la désignation de canal secondaire ou toute autre désignation équivalente, à des branches d'une certaine importance comme longueur et comme débit. Lors de l'étude récente du réseau de distribution du canal de Gignac, on a constaté que la majeure partie des branches à dériver directement du canal principal ne pouvaient avoir qu'une importance restreinte ; elles sont nombreuses et de faible portée. On a admis alors qu'une branche ne serait considérée comme canal secondaire qu'autant qu'elle desservirait une étendue suffisante pour nécessiter un débit minimum de 105 litres (c'est-à-dire trois fois le débit constant de 35 litres par seconde et par prise, pris comme base de l'étude du réseau et du mode de distribution des eaux). Les autres ne sont que des canaux tertiaires ou des rigoles d'intérêt collectif ou privé, suivant les cas.

De ce qui précède on doit donc conclure qu'il n'est pas possible de donner *a priori* une définition précise des diverses branches d'un canal d'irrigation. La classification des rigoles de tout ordre dépend uniquement de l'état des lieux.

Les actes portant concession des canaux ne peuvent, par suite, contenir aucune indication relativement à ces diverses catégories, le nombre des branches secondaires en particulier ne pouvant être fixé qu'à la suite d'une étude détaillée du groupement des arrosants, laquelle ne peut être utilement entreprise qu'après la concession ; souvent, d'ailleurs, lorsqu'il s'agit de canaux importants, elle ne s'effectue que par fragments au fur et à mesure de l'achèvement des travaux de la branche principale et de l'importance des souscriptions à l'arrosage.

C'est aux auteurs des projets de distribution des eaux qu'il appartient d'étudier les conditions dans lesquelles le réseau des canaux de distribution doit être établi. L'Administration supérieure, à l'approbation de laquelle tous les projets doivent être soumis, arrête en dernier ressort la classification des artères des différents réseaux et leur distinction en canaux à construire sur les terrains acquis par les concessionnaires et en rigoles pouvant traverser les fonds intermédiaires moyennant une servitude de passage.

92. Tracé des canaux secondaires. — Les principes qui doivent guider l'ingénieur dans l'étude du tracé des canaux secondaires découlent de ce qui précède.

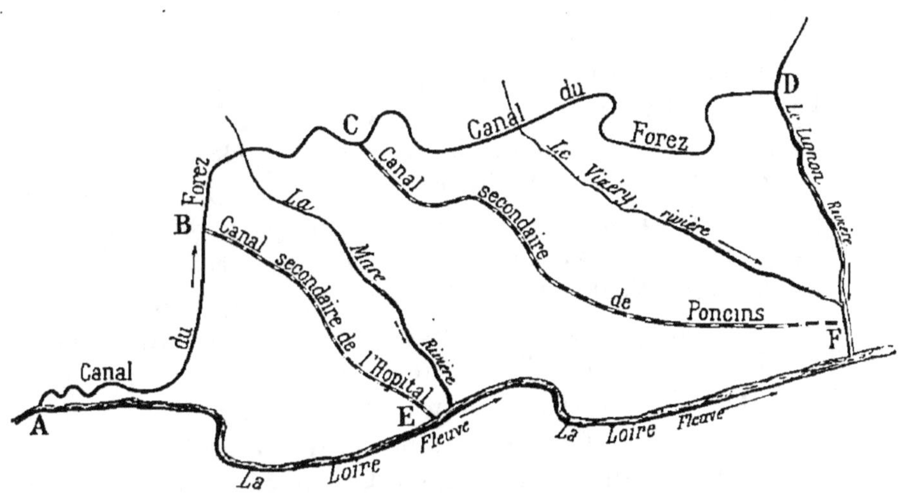

Fig. 327.

Nous allons montrer comment ces principes ont été appliqués à la détermination du tracé des canaux secondaires du canal du Forez (*fig.* 327).

Le territoire dominé par le canal est compris entre la base des montagnes du Forez et la Loire ; il est limité au nord par la rivière du Lignon. La plaine arrosée est traversée par deux cours d'eau principaux : la Mare, affluent direct de la Loire, et le Vizézy, qui tombe dans le Lignon. Les bassins de ces différents cours d'eau sont séparés les uns des autres par deux grandes lignes de faîte ; les autres lignes de faîte de la plaine se branchent sur les précédentes et séparent des cours d'eau secondaires qui n'ont qu'une faible longueur.

Il suit de là que le canal comprend la branche mère ABCD, laquelle se développe à la base des montagnes du Forez, de la Loire au Lignon, et deux branches secondaires, celle de l'Hôpital, BE, qui domine directement la presque totalité des terrains situés sur la rive droite de la Mare, et celle de Poncins, CF, qui suit le faîte de partage des bassins de la Mare et du Vizézy et domine le territoire compris entre ces deux rivières.

Nous décrirons sommairement cette dernière.

Elle a 20 kilomètres de développement ; elle domine une surface de 11.450 hectares, soit les 2/5 de la surface totale arrosable par le canal. Son débit à l'origine est de 4^{m3},404 à la seconde. La branche principale, immédiatement au-dessous du point C où s'en détache la branche de Poncins, n'a plus qu'un débit beaucoup moindre de 2^{m3},924 à la seconde.

La direction générale du tracé de la branche de Poncins est, nous l'avons dit, celle de la ligne de partage des bassins de la Mare et du Vizézy. Cette ligne étant très irrégulière, il n'a pas été possible de la suivre exactement et l'on a dû contourner les saillies ou mamelons rencontrés en tenant le canal de préférence du côté du versant le plus étendu, celui de la Mare. Dans les parties qui ne sont pas trop élevées on a occupé le faîte et, pour suivre la pente irrégulière on a dû prévoir un certain nombre de chutes dont les hauteurs sont calculées de manière à franchir sans remblais trop élevés les parties déprimées et à faciliter la traversée des chemins importants.

Le débit de la branche diminue à la rencontre de chacune des cinq artères qui s'en détachent pour porter l'eau sur les plateaux que domine cette branche. Les sections varient naturellement avec les débits qui sont proportionnels aux surfaces dominées. Les principales dimensions sont indiquées dans le tableau ci-dessous.

DÉSIGNATION des parties du canal	NUMÉROS des profils types	LONGUEUR d'application	DÉBIT	LARGEUR au plafond	HAUTEUR d'eau maxima	REVANCHE	LARGEUR du couronnement des digues	OUVERTURE des ponts par dessus	PENTE du canal	VITESSE de l'eau
De l'origine à la naissance de l'artère n° 1.	1	2.745ᵐ,00	4.404ˡⁱᵗ	3ᵐ,50	1ᵐ,45	0ᵐ,40	2ᵐ,50	4ᵐ,00	0ᵐ,0002	0ᵐ,54
De l'artère n° 1 à la naissance de l'artère n° 2..........	2	4.097 ,00	2 981	2 ,00	1 ,45	0 ,40	2 ,00	3 ,00	0 ,0002	0 ,49
De l'artère n° 2 à l'artère n° 3........	3	3.698 ,50	2.090	1 ,70	1 ,32	0 ,30	1 ,70	2 ,60	0 ,0002	0 ,45
De l'artère n° 3 au point 14ᵏ,063.......	4	3.522 ,50	1.012	1 ,30	1 ,02	0 ,30	1 ,40	2 ,10	0, 0002	0 ,38
Du point 14ᵏ,063 au point 17ᵏ,900.......	5	3.837 ,00	700	1 ,05	0 ,75	0 ,30	1 ,10	1 ,50	0 ,0005	0 ,45
Du point 17ᵏ,900 à l'extrémité........	6	1.604 ,00	350	0 ,85	0 ,60	0 ,30	0 ,90	1 ,10	0, 0005	0 ,39

Tous les talus, tant en déblai qu'en remblai, sont inclinés à 3 de base pour 2 de hauteur ; les digues sont bordées du côté supérieur par un contre-fossé de 0^m,50 de largeur au plafond, séparé du pied des talus par une risberme de 0^m,50.

On voit que les pentes ont été choisies de manière que la vitesse de l'eau reste comprise entre 0^m,38 et 0^m,54 ; avec ces vitesses on n'a à craindre ni les corrosions, ni un développement exagéré de la végétation, ou l'envasement rapide du canal.

Le tracé des canaux secondaires présente moins de sujétions que celui de la branche principale, à cause de leurs dimensions plus restreintes ; on doit s'attacher à suivre de préférence les chemins ou, tout au moins, les limites de parcelles, afin d'éviter le morcellement des propriétés. Il est quelquefois impossible de leur conserver une pente et une section uniformes, tant que le débit demeure constant, sans être amené à construire de profondes tranchées et surtout de grands remblais entraînant toujours des pertes par infiltrations. Dans ce cas il est préférable de modifier la section suivant les pentes successives du terrain.

93. Profils. — Le profil en long des canaux secondaires résulte du tracé même. Les pentes varient avec la déclivité du sol que l'on s'efforce de suivre autant que possible, en rachetant les dénivellations brusques au moyen des chutes dont nous parlons ci-après (§ 94). Le canal suivant la ligne de faîte, il est ordinairement possible de l'établir en tranchée, tout en maintenant le plan d'eau en contre-haut des terres à arroser.

La section des profils en travers se calcule, d'après le débit, au moyen des formules connues. La forme ordinaire de la cuvette en section courante est un trapèze dont l'inclinaison des talus dépend de la nature du terrain traversé. Il est souvent utile d'employer les terres provenant des fouilles de la cuvette pour former des banquettes dont la largeur en couronne descend rarement au-dessous de 0^m,20. La revanche de leur couronnement au-dessus du plan d'eau est ordinairement de 0^m,15 à 0^m,20. Nous donnons (*fig.* 328) la coupe transversale d'un canal secondaire du canal de Pierrelatte.

La vitesse de l'eau varie avec la pente ; elle atteint parfois des valeurs assez considérables. Dans ce cas il est nécessaire d'exécuter des travaux de revêtement qui consistent, suivant l'importance du débit, soit en un bétonnage complet de la cuvette, soit en un rocaillage en maçonnerie, en employant de préférence les matériaux que le pays peut fournir.

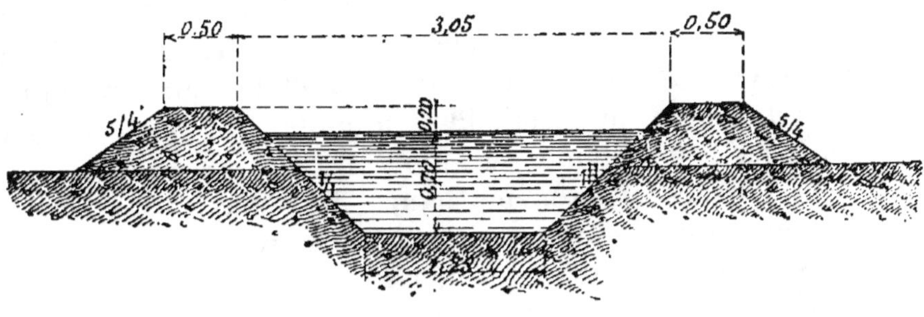

Fig. 328.

Nous avons déjà signalé (§ 13) l'importance des travaux de revêtement qu'on a dû exécuter au canal de la Bourne. Les canaux secondaires ont dû être bétonnés sur une grande partie de leur longueur, ce qui a entraîné une dépense très importante.

94. Ouvrages d'art. — Les ouvrages d'art sur les canaux secondaires ne diffèrent de ceux du canal principal qu'en ce que leur importance est moindre.

a) *Ouvrages courants.* — Les cours d'eau rencontrés ne sont que des fossés ou des ruisseaux de faible débit que l'on peut franchir à l'aide de siphons et d'aqueducs avec ou sans chute à l'amont. Au canal du Forez, ces petits ouvrages ont des puisards ou des têtes en maçonnerie, tandis que le corps de l'ouvrage est généralement une buse en béton de ciment.

Pour la traversée des chemins, on emploie autant que possible des types de ponts et d'aqueducs simples et économiques. On peut adopter, suivant la hauteur dont on dispose, des ponceaux en plein cintre sans parapets, des ponts surbaissés, ou enfin des aqueducs dallés. On doit, en général, donner à ces ouvrages un débouché superficiel équivalent à celui de la section courante. Cependant, si les ponts sont assez éloignés les uns des autres pour qu'on n'ait pas à craindre qu'un étranglement de la section produise des remous nuisibles à l'écoulement régulier des eaux, on peut réduire les dimensions des ouvrages au-dessous de la section mouillée des profils-types correspondants, applicable aux terrassements, ce qui entraîne une économie notable. Au canal du Forez, on a adopté une largeur un peu supérieure à celle qui devrait être donnée à une cuvette rectangulaire maçonnée ayant la pente du canal. Pour atténuer les frottements et empêcher l'affouillement du fond, on a prévu des radiers en béton qui servent en même temps de repères fixes pour le règlement du fond du canal à chaque curage.

Les traversées des routes départementales ou nationales et des chemins de fer exigent l'établissement d'ouvrages spéciaux. De même que pour le canal principal, on est amené, suivant les circonstances locales, à adopter des ouvrages en maçonnerie ou des ponts métalliques. On a pu quelquefois éviter la construction d'un de ces derniers ouvrages, en employant une voûte en briques de $0^m,22$ d'épaisseur surbaissée au $1/10^e$, ce qui est plus économique qu'un pont en maçonnerie.

b) *Chutes*. — D'après ce que nous avons dit ci-dessus, les

Demi-plan supérieur.

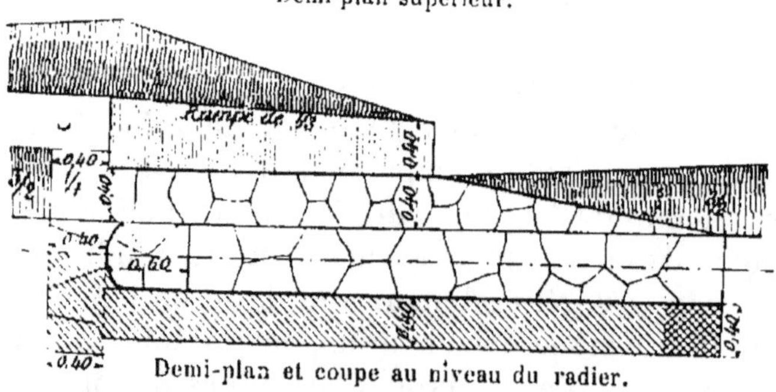

Demi-plan et coupe au niveau du radier.

Fig. 329. — Chute du canal du Forez.

chutes sont nombreuses sur les canaux secondaires. Ce sont ordinairement des ouvrages en maçonnerie très simples.

Le type adopté au canal du Forez (*fig.* 329 et 330) comprend deux bajoyers ou murs parallèles à l'axe du canal, reliés à l'amont par un mur de chute cintré s'appuyant comme une voûte sur ces deux bajoyers, et à l'aval par un petit contre-mur de 1 mètre de hauteur placé au-dessous du plafond. Le tout repose sur un épais radier en maçonnerie. De petits murs en aile placés à l'amont et à l'aval arrêtent les talus qui sont perreyés sur une longueur suffisante pour éviter les érosions.

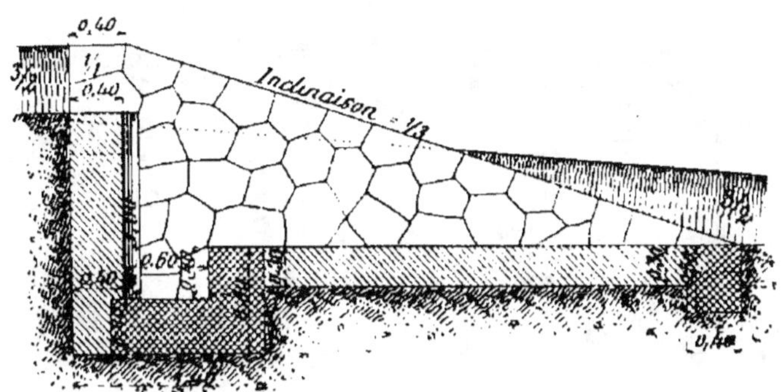

Fig. 330. — Coupe longitudinale.

Les chutes les plus hautes peuvent former deux étages ; elles présentent alors deux murs de chute et deux puisards ou bassins de réception où s'amortit la vitesse de l'eau. Cette disposition permet de diminuer notablement l'épaisseur des maçonneries.

La longueur des chutes doit être dans tous les cas suffisante pour que la nappe d'eau tombe assez loin de la paroi aval du puisard et que la vitesse de l'eau puisse s'amortir avant la sortie de l'ouvrage.

Au canal de Saint-Martory, on interpose entre les parties amont et aval du canal un puisard maçonné suffisamment profond pour emmagasiner un matelas d'eau susceptible d'amortir le choc de l'eau.

Le mur amont de ce puisard est vertical, le mur aval est incliné à 45°, et chacun d'eux se raccorde avec des perrés maçonnés qui règnent le long du canal aux abords de l'ouvrage. L'eau pénètre dans le puisard en traversant une section rétrécie limitée latéralement par deux murs verticaux prolongeant le mur amont et dont le seuil est placé au niveau du fond du canal à l'amont (*fig.* 331 à 334).

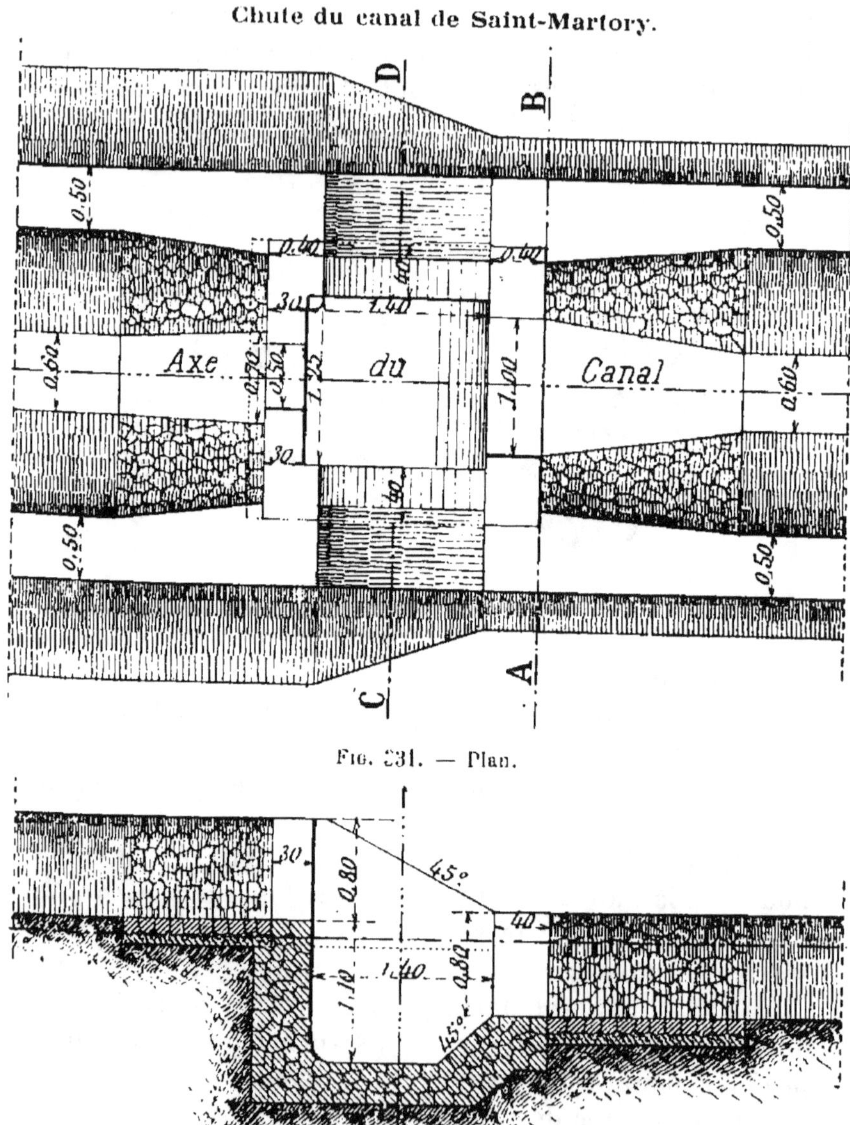

Chute du canal de Saint-Martory.

Fig. 331. — Plan.

Fig. 332. — Coupe longitudinale.

Lorsque les chutes sont assez rapprochées d'un chemin qui exige une traversée au moyen d'une buse posée horizon-

talement, on confond les deux ouvrages. La chute dite *facultative* (*fig*. 335 à 338) s'obtient en élevant les maçonneries du
puisard d'aval, au-dessus des banquettes, jusqu'à la hauteur
de celles du puisard amont et en maintenant le seuil de ce puisard au niveau du plafond du canal après la traversée. On
obtient ainsi des bajoyers très hauts, entre lesquels on peut

Chutes du canal de Saint-Martory.

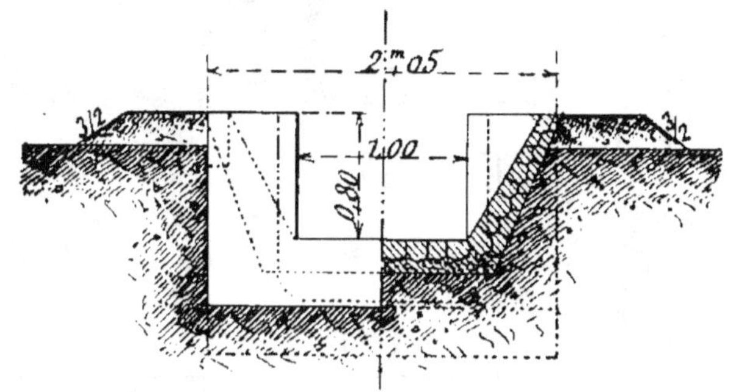

Fig. 333. — Coupe suivant AB de la fig. 331.

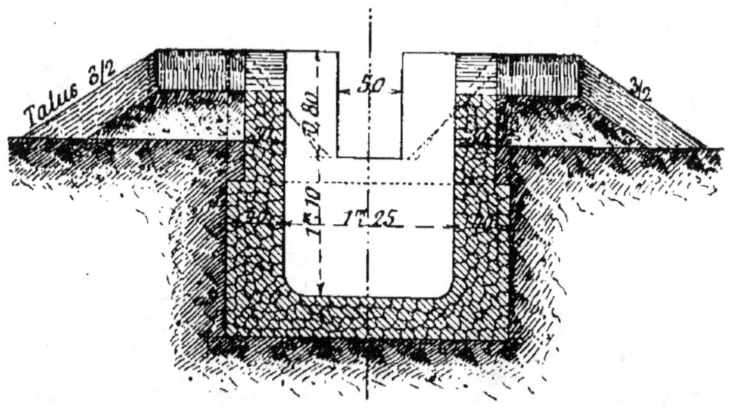

Fig. 334. — Coupe suivant CD de la fig. 331.

introduire un barrage en planches et produire la chute ou
la supprimer à volonté. Cet ouvrage permet de desservir
les parcelles situées en aval du chemin, puisqu'on peut
relever le plan d'eau à une hauteur qui ne diffère de celle
d'amont que par la perte de charge. De plus, en enlevant
brusquement le barrage en planches, on provoque une
chasse qui nettoie la buse.

Au canal de Manosque les chutes se composent essentiellement d'un mur faisant suite au plafond de la cuvette et dont le parement antérieur a un fruit variable ; des bajoyers en

Puisard avec chute facultative du canal de Saint-Martory.

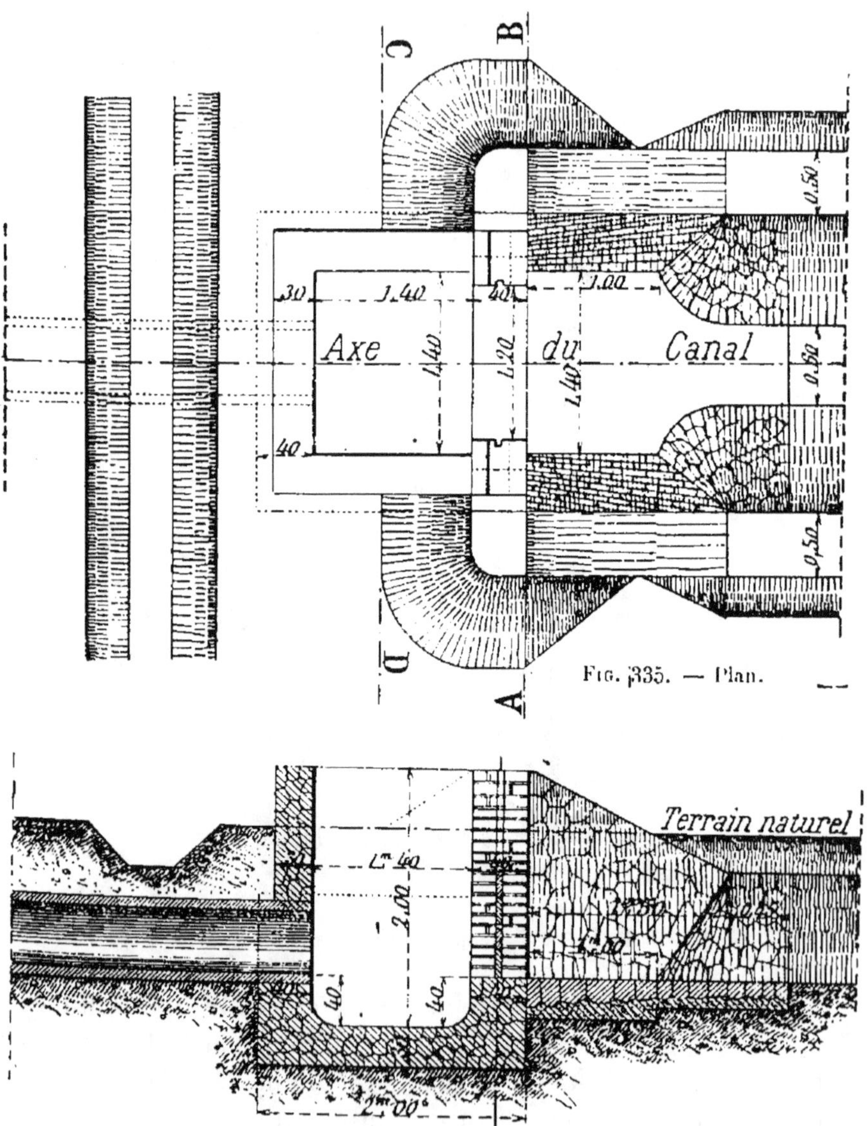

Fig. 335. — Plan.

Fig. 336. — Coupe longitudinale.

maçonnerie limitent la cuvette dans laquelle sont reçues les eaux.

Dans les chutes dites verticales on distingue deux cas, suivant que les rigoles à la suite ne subissent aucune déviation en plan ou qu'elles se retournent à angle droit au pied du mur de chute.

Dans le premier cas il est inutile de prévoir au pied de la chute un puisard pour atténuer le choc de l'eau (*fig.* 339 à 341);

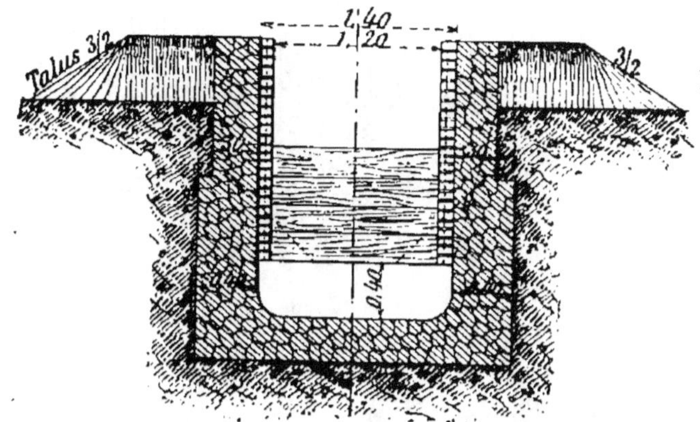

Fig. 337. — Coupe suivant CD de la fig. 335.

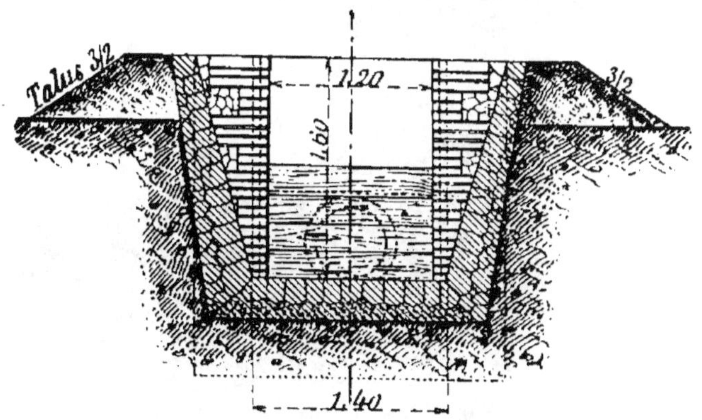

Fig. 338. — Coupe suivant AB de la fig. 335.

dans l'autre, au contraire, on établit un puisard renfermant un matelas d'eau qui amortit la chute (*fig.* 342 et 347).

Dans les chutes dites inclinées on établit au pied de la chute soit une cuvette maçonnée (*fig.* 348 et 349), soit un puisard (*fig.* 350 et 351). La descente elle-même est maçonnée, quand elle n'est pas creusée dans le rocher (*fig.* 352).

Chute verticale de 2ᵐ,50 de hauteur sans puisard.

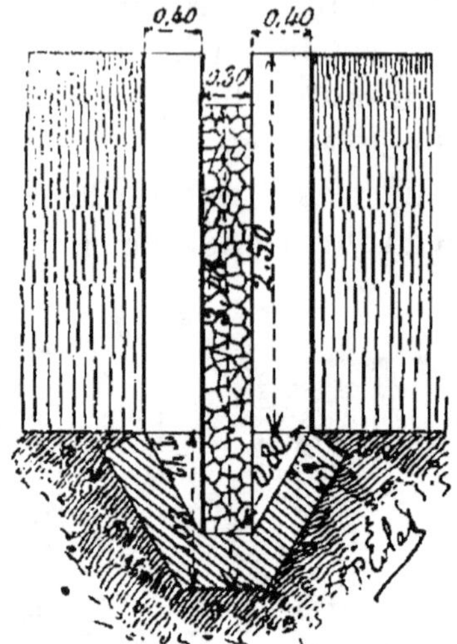

Fig. 339. — Coupe suivant AB.

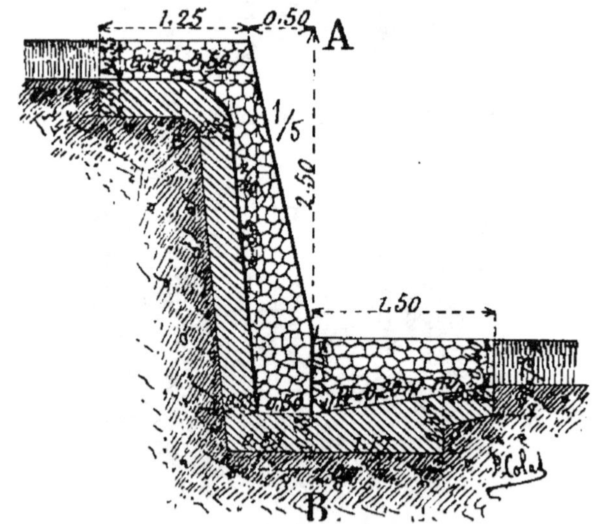

Fig. 340. — Coupe longitudinale.

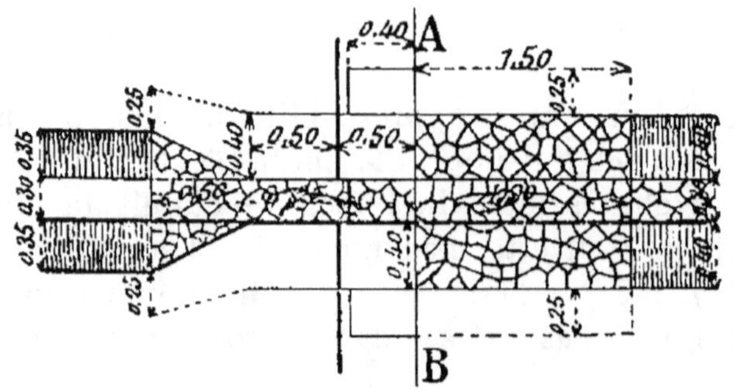

Fig. 341. — Plan.

Chute verticale de 1ᵐ,50 de hauteur avec puisard.

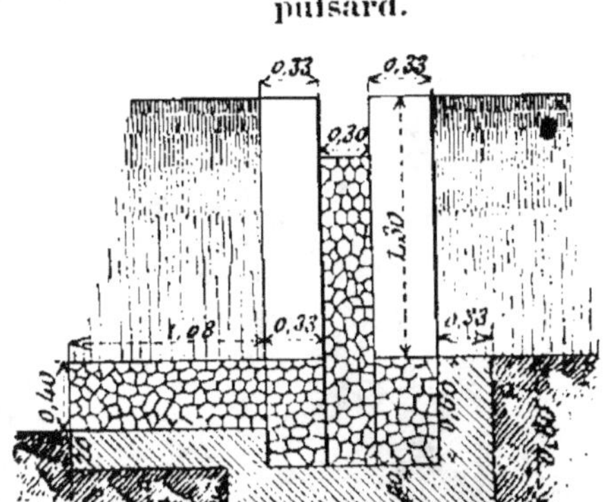

Fig. 342. — Coupe suivant AB.

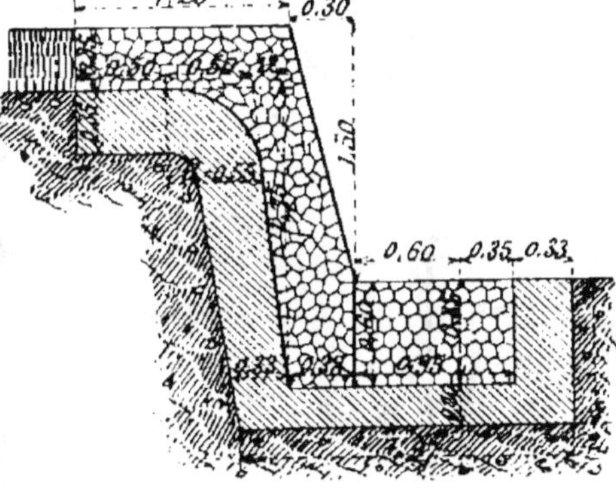

Fig. 343. — Coupe longitudinale.

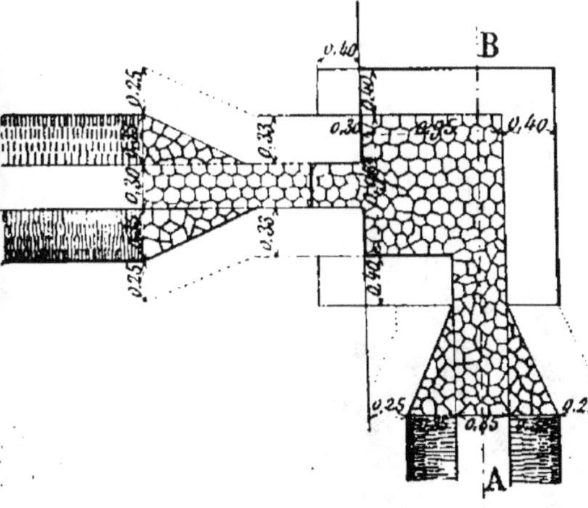

Fig. 344. — Plan.

Chute verticale de 1 mètre de hauteur avec puisard.

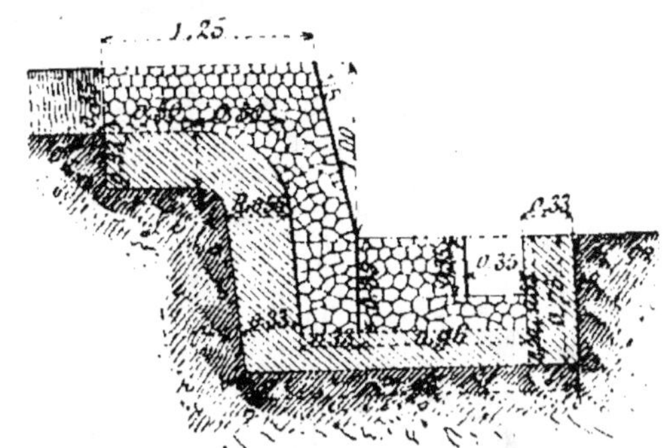

Fig. 345. — Coupe longitudinale.

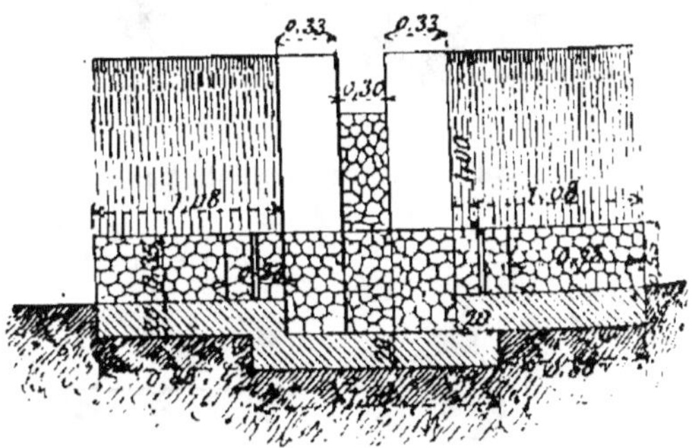

Fig. 346. — Coupe suivant AB.

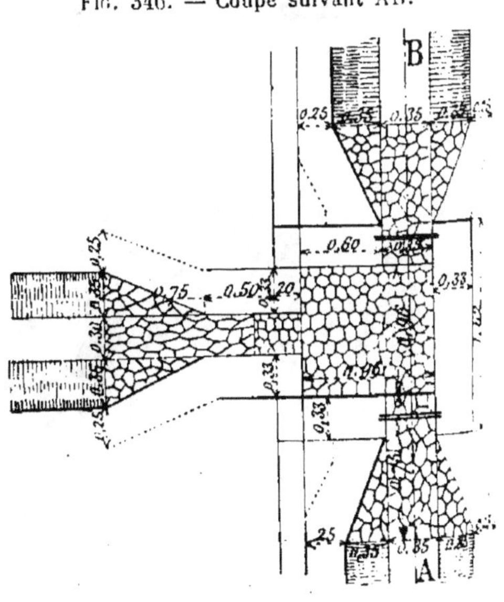

Fig. 347. — Plan.

Chute inclinée sans puisard.

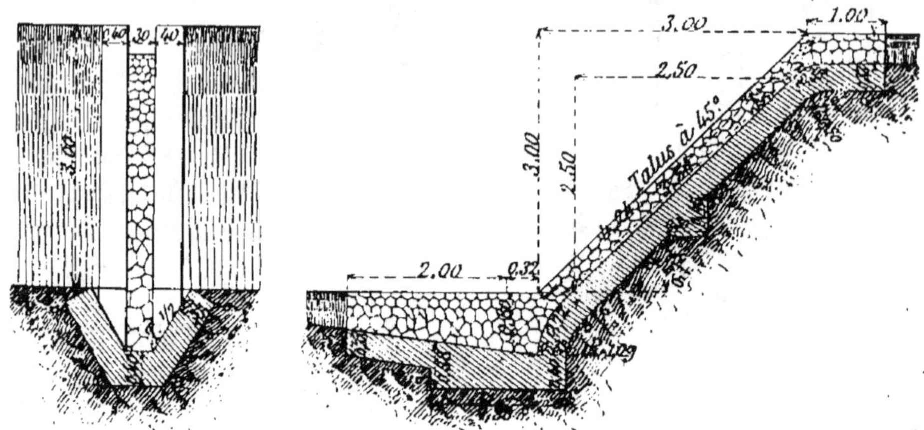

FIG. 348. — Coupe longitudinale.   FIG. 349. — Coupe transversale.

Chute inclinée avec puisard.

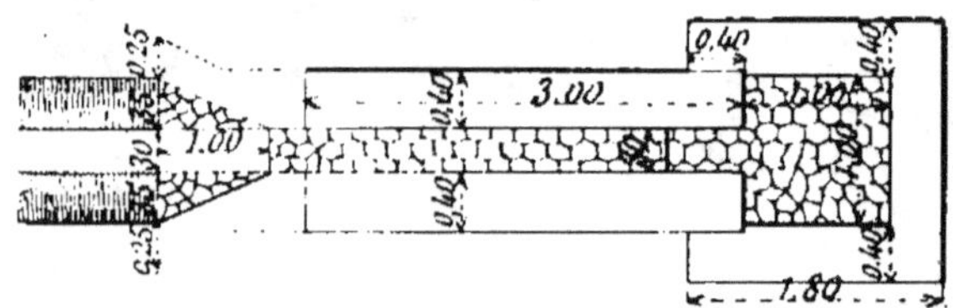

FIG. 350. — Plan.

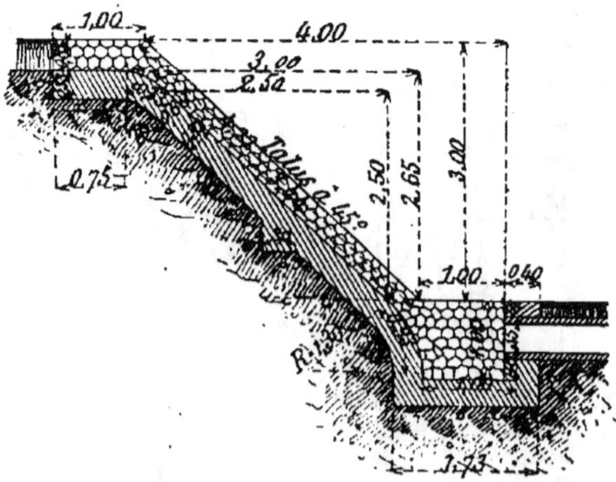

FIG. 351. — Coupe longitudinale.

95. Des canaux tertiaires. — Les canaux tertiaires qui, dans la classification que nous avons donnée ci-dessus des artères d'un réseau de distribution, occupent le rang intermédiaire entre les canaux secondaires et les rigoles de dis-

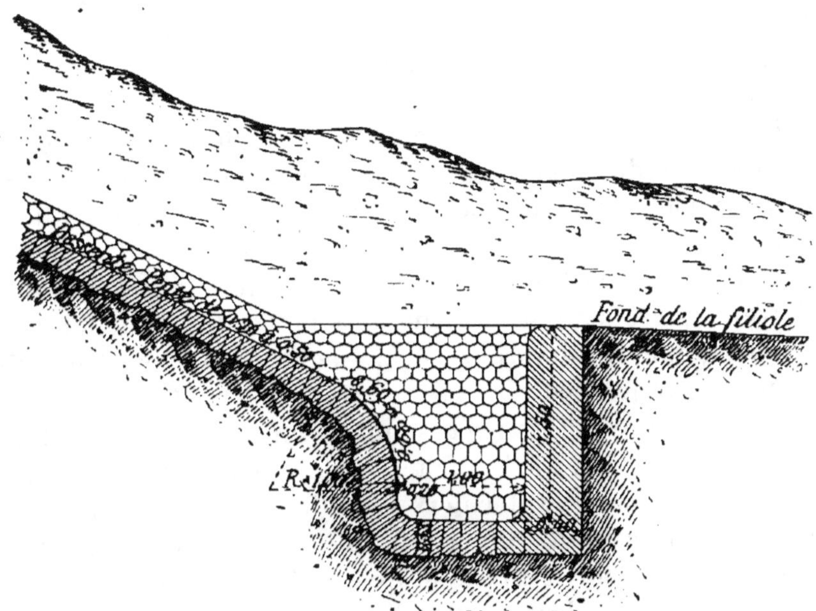

FIG. 352. — Descente maçonnée. — Coupe longitudinale du puisard placé au bas de la chute.

tribution, ne diffèrent des branches secondaires que parce que leur débit est plus faible. Mais tout ce que nous venons de dire touchant ces dernières branches s'applique également aux canaux tertiaires. Il est donc inutile d'insister sur ce sujet. Mentionnons seulement que les terrains nécessaires à leur assiette s'acquièrent toujours au moyen d'une servitude à titre gratuit ou onéreux, suivant qu'ils traversent des parcelles irriguées ou non irriguées.

Les canaux tertiaires n'existent d'ailleurs que dans un petit nombre de canaux d'irrigation. La plupart du temps les rigoles de distribution se détachent directement soit de la branche principale, soit des branches secondaires.

96. Rigoles d'arrosage. — Les cahiers des charges portant concession de canaux d'irrigation stipulent, en général, que le concessionnaire sera tenu d'établir non seulement les branches principales et secondaires, mais encore toutes les rigoles nécessaires pour amener l'eau d'arrosage au point culminant de chaque propriété à desservir. Au contraire, sont à la charge des usagers : leurs prises d'eau particulières, les rigoles, canaux de versure ou de colature, et tous les autres travaux de distribution qui n'intéressent que leur propriété.

Les artères qui se détachent des branches principales ou secondaires du canal pour amener l'eau en tête de chacune des propriétés arrosées portent le nom de rigoles ou filioles d'arrosage.

Ces rigoles, destinées à dominer le territoire arrosable, doivent suivre d'aussi près que possible les lignes de faîte des terrains, et leur nombre est égal à celui de ces lignes de faîte coupées par le canal.

Il existe une différence essentielle entre les rigoles d'arrosage et les canaux ou branches dont nous avons précédemment parlé. Dans ces derniers l'écoulement est permanent et dure pendant toute la saison des arrosages ; le débit est variable et proportionnel à la quantité d'eau à distribuer. Au contraire, les rigoles ne sont mises en eau que périodiquement ; leur débit est constant, mais la durée de l'écoulement varie avec le volume d'eau qu'elles doivent véhiculer.

La raison de cette différence est la suivante : dans la pratique des irrigations l'emploi de l'eau est discontinu et se fait par périodes plus ou moins longues. Pour que cette eau puisse être convenablement utilisée, il faut que l'arrosant n'ait pas à en répartir une trop grande quantité à la fois ; il ne faut pas non plus qu'il en ait trop peu, car un mince filet s'écoule difficilement par une rigole en terre.

La dotation de 1 litre continu par seconde et par hectare, qui sert le plus souvent de base pour la fixation du débit du canal, est une conception théorique qui permet de calculer facilement la durée réelle de chaque arrosage et l'espacement entre deux arrosages successifs. L'expérience a montré qu'on est dans de bonnes conditions quand l'irrigant peut disposer d'un débit de 30 à 40 litres par seconde : le temps effectif d'arrosage est alors 30 à 40 fois moindre que si le débit était réellement continu et à la dose de 1 litre par seconde et par hectare. On règle alors la durée et la périodicité des arrosages de telle sorte que, pendant les six mois que dure la période des irrigations, chaque hectare reçoive au total la même quantité d'eau que si le débit était de 1 litre par seconde durant toute cette période.

Par exemple, au canal de Manosque, chaque souscripteur reçoit l'eau à des intervalles réguliers d'une semaine, et pendant un temps proportionnel à la surface arrosée, de sorte qu'une surface double d'une autre reçoit non pas un débit double de la première, mais bien un débit égal pendant un laps de temps double.

Ce temps est généralement fixé à raison de cinq heures par hectare, durée reconnue convenable dans la région provençale. Pour donner au souscripteur d'un hectare, pendant chaque période hebdomadaire de cinq heures, un volume d'eau égal à celui qu'il aurait reçu à raison de 1 litre par hectare pendant les 168 heures qui composent la semaine, il faut amener en tête de sa propriété un volume de

$$\frac{168}{5} = 33^{lit},60 \text{ par seconde.}$$

Il est d'ailleurs prudent de calculer les sections des rigoles en vue d'un débit un peu supérieur au débit théorique pour tenir compte des pertes dues à la perméabilité des rigoles, aux fausses manœuvres dans l'ouverture et la fermeture des vannes, à l'évaporation, etc. On peut évaluer ces pertes au 1/10e du débit théorique, de sorte qu'on a admis pour les rigoles du canal de Manosque un débit de 37 litres par seconde.

Tant que la surface arrosable desservie par une même filiole n'est pas supérieure à 30 hectares, la filiole, quelle que faible que soit la surface qu'elle arrose, doit être capable d'un débit de 37 litres à la seconde. Elle recevra l'eau une fois chaque semaine pendant autant de fois cinq heures qu'elle desservira d'hectares.

Au-delà de 30 hectares il devient pratiquement impossible de satisfaire à la totalité des arrosages, pendant une période d'une semaine, autrement qu'en desservant simultanément deux parcelles.

On doit alors procéder à une répartition du débit, dans les conditions qui seront expliquées ultérieurement (§ 101).

Il résulte de ce qui précède que les rigoles d'intérêt collectif du canal de Manosque doivent être toujours calculées en vue d'un débit de 37 litres par seconde ou d'un multiple de 37 litres.

Ce chiffre dépend de la durée et de l'espacement des arrosages, qui dépendent des circonstances locales ; il est de 33^{lit},33 au canal du Verdon, et de 42 litres au canal de Saint-Martory.

97. Conditions d'établissement des rigoles. — Les conditions d'établissement des rigoles diffèrent entièrement de celles du canal et des branches secondaires. En général, elles offrent un énorme développement et doivent être construites aussi économiquement que possible. Dans l'établissement des branches principales ou secondaires les indemnités de terrains et de dommages sont relativement peu élevées par rapport au prix de revient. Il n'en est plus de même ici, où les seuls travaux de terrassement nécessaires sont de petits déblais et où les ouvrages d'art sont des plus rudimentaires. Il faut alors chercher à réduire le plus possible les indemnités à payer pour occupations des terrains. Dans ce but on s'efforce, dans le tracé des rigoles, de suivre autant que faire se peut le relief du sol et de passer à la limite des propriétés particulières ; il en résulte que ces rigoles ne sont, en somme, que des fossés sinueux à profil brisé et à section plus ou moins régulière.

a) *Tracé.* — Dans le tracé des rigoles on ne s'inquiète pas de la forme en plan et on ne s'impose pas l'obligation d'avoir des alignements droits reliés par des arcs de cercle. Le profil en long des rigoles principales suit les lignes de faîte transversales ou la limite des terres cultivées et ne présente aucune régularité ; la pente est déterminée à la demande du terrain ; elle doit toutefois être telle que la vitesse qui en résulte ne soit pas assez grande pour désagréger le sol et entraîner des terres. Si le sol n'a pas une grande résistance, cette vitesse ne doit pas dépasser 0^m,70 à 0^m,80 par seconde.

Il en résulte que, dans les rigoles, les chutes ou rapides maçonnés sont en nombre considérable.

On ne peut songer ici à faire des revêtements analogues à

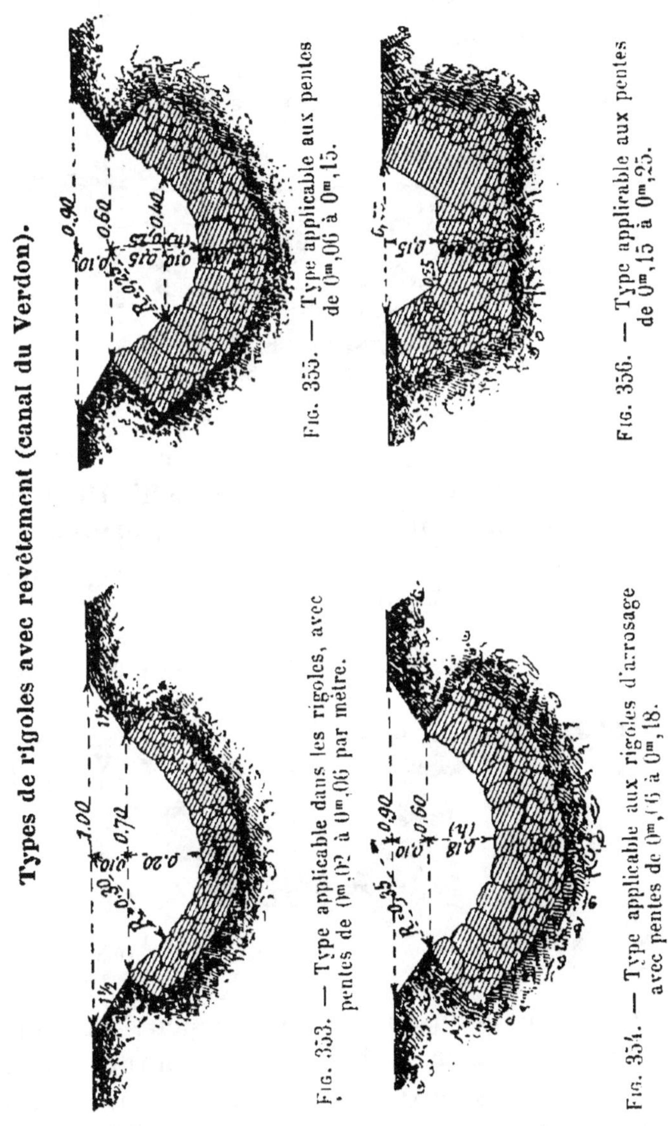

Types de rigoles avec revêtement (canal du Verdon).

Fig. 355. — Type applicable aux pentes de 0m,06 à 0m,15.

Fig. 356. — Type applicable aux pentes de 0m,15 à 0m,25.

Fig. 353. — Type applicable dans les rigoles, avec pentes de 0m,02 à 0m,06 par mètre.

Fig. 354. — Type applicable aux rigoles d'arrosage avec pentes de 0m,06 à 0m,18.

ceux que nous avons décrits précédemment, ce qui nécessiterait des dépenses hors de proportion avec l'importance des travaux. Les chutes exigent des déblais parfois assez profonds, mais elles sont beaucoup plus économiques que les revêtements.

S'il est nécessaire de maçonner les rigoles, on peut se contenter d'un revêtement grossier en pierres sèches dont l'épaisseur varie, suivant la pente, de 0m,10 à 0m,20 (*fig.* 353 à 357) ou d'un enduit (*fig.* 358).

Rigoles du canal de Manosque (terrains ordinaires).

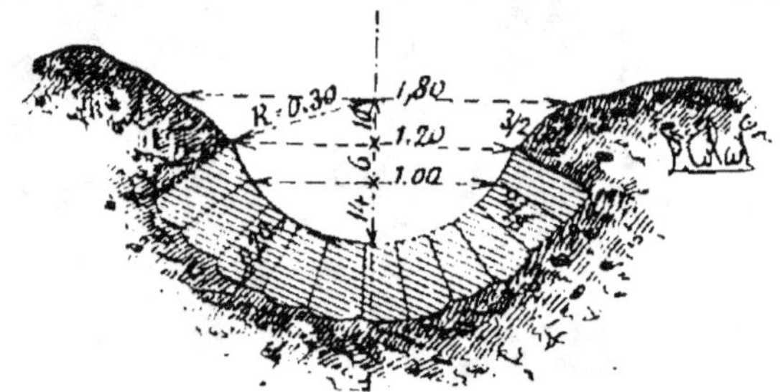

Fig. 357. — Coupe transversale.

Au canal de Pierrelatte, les rigoles de distribution ouvertes dans un terrain sablonneux ou graveleux ont dû être revêtues d'une couche de mortier de chaux hydraulique et grappier, suivant la pente longitudinale.

Rigoles du canal de Manosque.

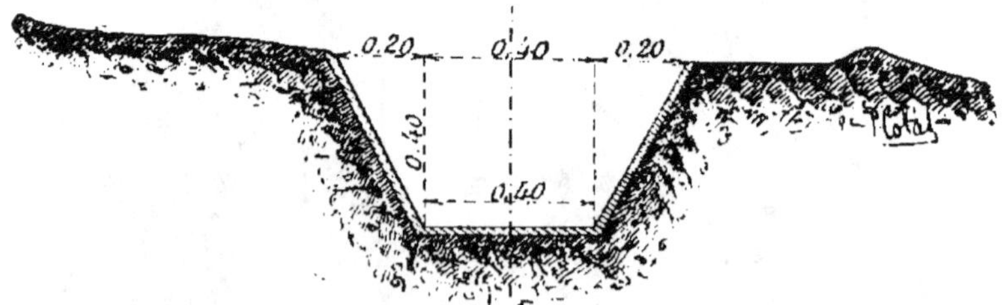

Fig. 358. — Coupe transversale d'une cuvette avec enduit en ciment.

Au canal de Manosque, depuis la pente de 3 millimètres par mètre (au-dessous de laquelle on évite de descendre pour conserver à l'eau une vitesse suffisante et empêcher les dépôts et le développement exagéré des herbes) jusqu'à 0m,010, on a employé des rigoles non revêtues à section trapézoïdale. — Pour les pentes comprises entre 0m,010 et 0m,080 on a eu recours à des revêtements pavés de forme arrondie, placés sur une fondation de cailloutis de 2 à 3 centimètres. Dans les parties dont la pente est comprise entre 0^m,080 et 0^m,150, les rigoles, de forme arrondie, sont revêtues par un perré maçonné à la chaux, de 0^m,20 d'épaisseur (*fig.* 357). Enfin, quand l'inclinaison est supérieure à 0^m,150 par mètre, on a recours à un enduit en ciment qui recouvre complètement le fond et les talus de la rigole (*fig.* 358).

Traversée de ruisseaux.

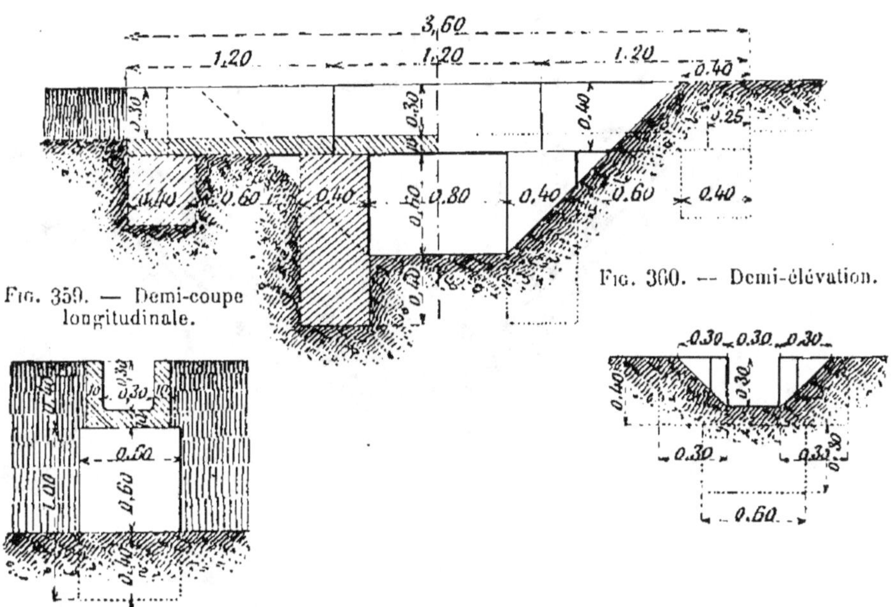

Fig. 359. — Demi-coupe longitudinale.

Fig. 360. — Demi-élévation.

Fig. 361. — Coupe transversale.

Fig. 362. — Coupe suivant AB.

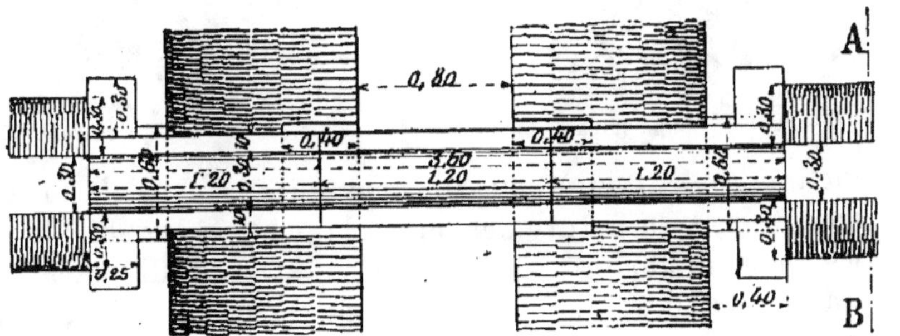

Fig. 363. — Plan.

Dans les parties ainsi revêtues on doit s'efforcer d'atteindre partout le maximum de pente, afin de réduire au strict nécessaire la longueur de ces profils coûteux et augmenter celle des types d'une exécution facile et avantageuse.

La vitesse de l'eau dans les rigoles ne doit, en aucun cas, descendre au-dessous de $0^m,30$; si elle est inférieure à ce chiffre, la section s'obstrue par des dépôts.

b) *Profils en travers*. — Le profil en travers des rigoles est, avec des dimensions plus réduites, le même que celui des canaux plus importants, c'est-à-dire un trapèze avec talus

Type de siphon.

Fɪɢ. 364. — Coupe longitudinale.

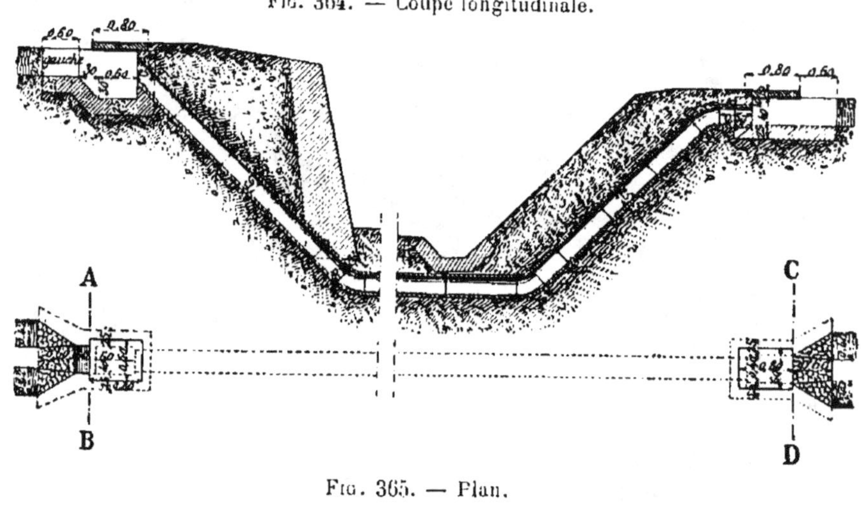

A

B

C

D

Fɪɢ. 365. — Plan.

Fɪɢ. 366. — Coupe suivant AB.

Fɪɢ. 267. — Coupe suivant CD.

inclinés à 45°. Peu à peu, sous l'action des eaux, la forme se modifie avec la nature des terres, la pente et le débit; lorsque les terres ont acquis plus de cohésion, on profite parfois des travaux de curage pour ramener la section à celle d'un rectangle dont la section est supérieure, ce qui permet de forcer au besoin le débit.

c) *Ouvrages d'art*. — Les ouvrages d'art courants sur les rigoles de distribution sont, en général, d'une très faible importance ; par contre, ils sont extrêmement nombreux

Type de siphon (cas de rigole en retour d'équerre).

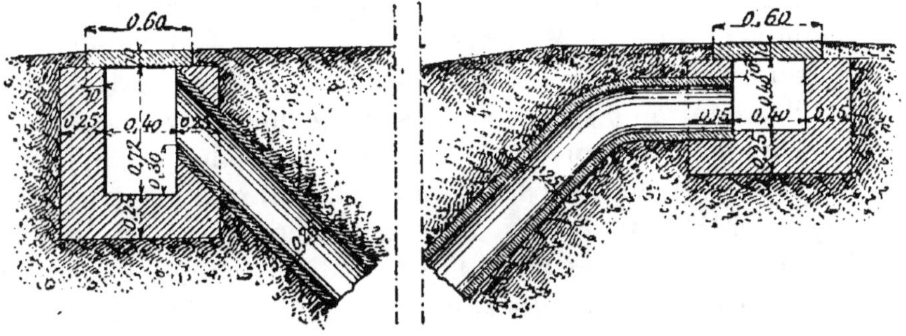

Tête amont.　　Fig. 368. — Coupe longitudinale.　　Tête aval.

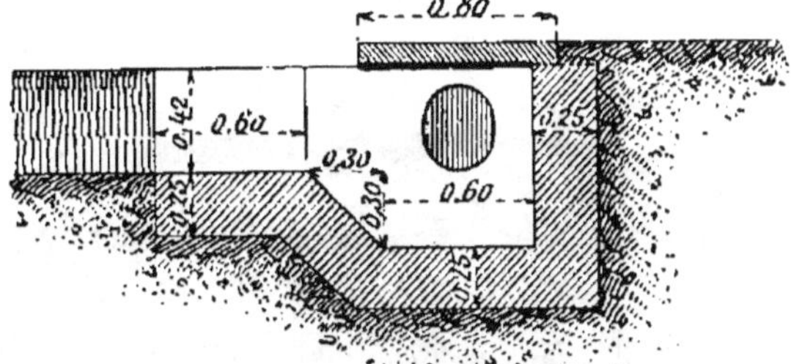

Fig. 369. — Coupe suivant AB.

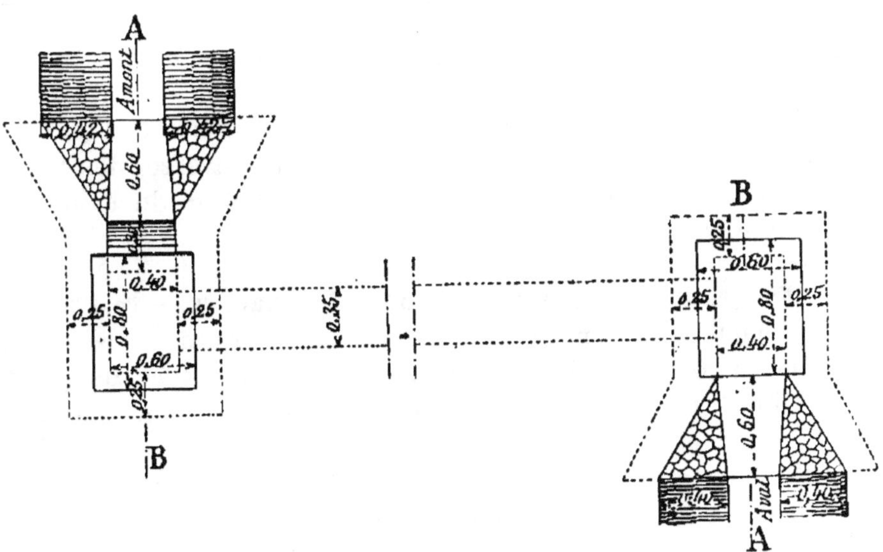

Fig. 370. — Plan.

(10 environ par kilomètre au canal du Verdon). Il est impos-

sible de faire pour chacun d'eux un projet spécial dont le prix atteindrait presque celui de l'exécution. On ramène tous les ouvrages à un certain nombre de types simples qu'on modifie facilement suivant les circonstances locales. Les ouvrages doivent pouvoir être exécutés au besoin par les ouvriers peu habiles dont on dispose dans les campagnes et avec une seule espèce de matériaux pour diminuer le déchet des approvisionnements, qui est considérable; il faut que les maçonneries, dont l'épaisseur est nécessairement très faible, soient homogènes et faites avec d'excellents mortiers pour éviter des réparations coûteuses; enfin le métrage doit être facile et pouvoir être fait rapidement, même par des agents peu instruits [1].

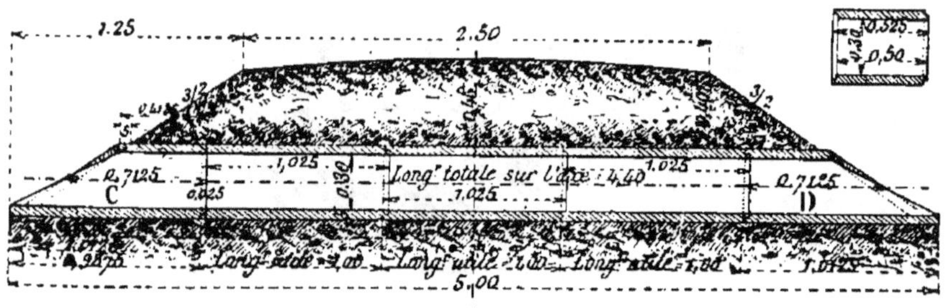

Fig. 371. — Traversée de chemins.

Nous représentons (*fig.* 359 à 371) les principaux types de bâches, buses et siphons employés pour la traversée des cours d'eau et chemins par les rigoles de distribution du canal du Verdon.

98. Des appareils de répartition et de jaugeage. — En parlant des barrages de prise des canaux d'irrigation, nous avons déjà eu l'occasion de décrire les ouvrages au moyen desquels on limite le volume introduit dans la branche principale à la dotation légale du canal.

Ce volume est ensuite divisé et porté jusqu'aux confins de la surface arrosable par le réseau des canaux, rigoles, artères et artérioles. A la naissance de chacune de ces rami-

[1] BRICKA, *Distribution des eaux des canaux d'irrigation* (*Annales des Ponts et Chaussées*, 1882, 1er semestre).

fications de tous ordres, le partage de l'eau entre les deux branches nécessite l'établissement d'appareils au moyen desquels on effectue ce partage au prorata des dotations respectives.

Nous allons décrire ces appareils en commençant par les prises sur le canal principal pour passer ensuite aux ramifications de moindre importance.

a) *Appareils de prises sur le canal principal*. — Il existe un grand nombre de types divers; nous nous bornerons à en mentionner quelques-uns qui ont donné de bons résultats.

Aux canaux de la Bourne et de Pierrelatte, la dérivation et le jaugeage se font au moyen d'une vanne qui porte le nom de *martellière* et qui a été étudiée en vue d'obtenir un débit constant, quelles que soient les différences du niveau de l'eau dans le canal principal à l'amont et à l'aval de celle-ci, ainsi qu'une fermeture de sûreté empêchant la manœuvre par les personnes autres que les gardes du canal (*fig.* 372 à 374).

Le raccordement de l'artère dérivée avec le canal principal se fait à angle droit; la martellière est située en tête de la dérivation et coulisse dans un cadre dont les bajoyers et le seuil sont en pierre de taille dure. L'espacement des bajoyers est commandé par la largeur du canal dérivé, sans toutefois dépasser 1^m,20.

La vis de manœuvre de la martellière traverse une colonne en forme de tronc de cône, terminée à sa partie supérieure par un couvercle mobile à charnière. Le côté opposé à la charnière s'emboîte dans une coupure ménagée au haut de la colonne, de telle sorte que, lorsque le chapeau est complètement baissé, il suffit de traverser par un rivet le vide annulaire qui lui correspond dans le couvercle et dans le haut de la colonne pour qu'il soit impossible de découvrir l'extrémité de la vis. Pour ouvrir le couvercle, il faut couper le rivet, ce qui se fait très facilement au moyen d'une tenaille utilisée également pour le serrage de ce rivet quand on procède à la fermeture. Une fois le rivet coupé, on relève le chapeau, ce qui démasque l'extrémité de la vis.

La permanence du débit, nonobstant les différences de

niveau, est assurée, grâce à un cercle en métal formant roue

Martellière de prise d'eau à une vis.

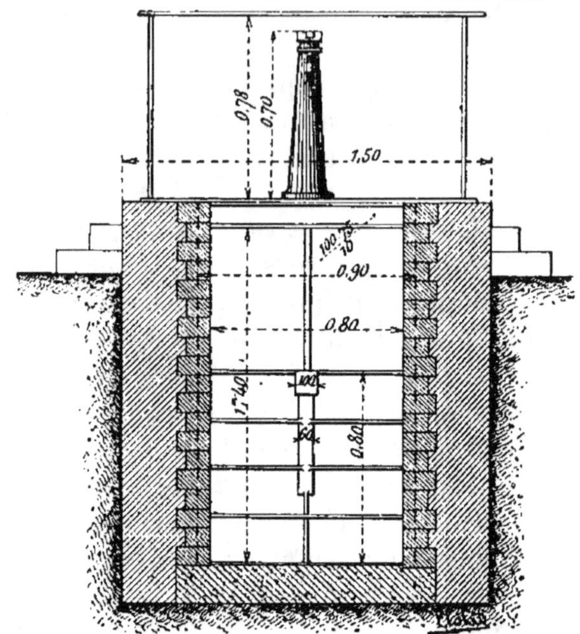

Fig. 372. — Elévation d'amont (la boîte fermée).

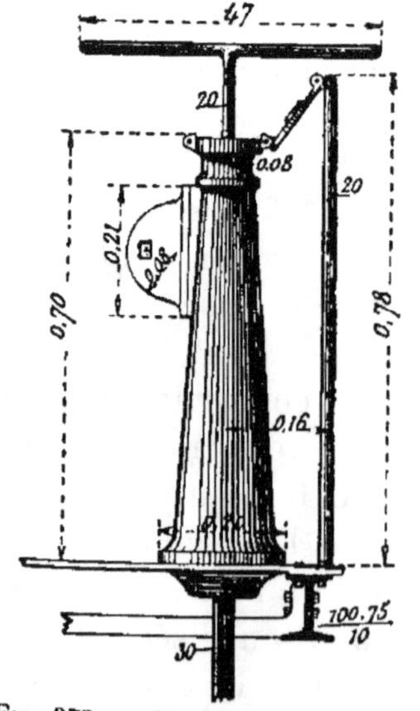

Fig. 373. — Elévation latérale du fût
(la boîte ouverte).

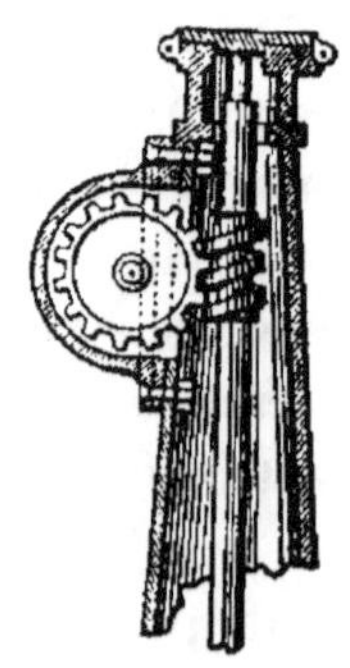

Fig. 374. — Coupe du fût (la boîte fermée)

dentée, appliqué contre la vis de manœuvre, de manière à

tourner en même temps qu'elle. Il est divisé en autant de degrés que la vanne peut se lever de centimètres, le zéro correspondant à la vanne complètement baissée. Cette roue graduée est renfermée dans une boîte maintenue par deux boulons à écrous sur une partie droite ménagée à cet effet au-dessous du couvercle, sur le fût de la colonne montante. Dans cette boîte est pratiquée une petite ouverture qui porte sur ses deux côtés une ligne médiane servant de repère ; pour lever la vanne à 0ᵐ,25 au-dessus du seuil, par exemple, il suffit de tourner la vis jusqu'à ce que le 25ᵉ degré du cadran coïncide avec la ligne médiane.

Pour maintenir la permanence du débit, il ne reste plus qu'à connaître la hauteur dont il faut lever la vanne dans chaque cas particulier. On calcule d'avance cette hauteur pour des différences entre les niveaux de l'eau à l'amont et à l'aval de la martellière, c'est-à-dire pour des charges variant de 5 en 5 centimètres, par exemple. On inscrit les résultats obtenus sur le carnet du garde ; celui-ci n'a plus qu'à faire la différence des cotes d'amont et d'aval qu'il lit sur des échelles établies à une distance suffisante de la martellière pour que le plan d'eau ne se ressente pas du remous, et à lever ou baisser la vanne de la hauteur correspondante inscrite sur son carnet. Cette vanne peut, de cette manière, être réglée de telle sorte que le débit de la dérivation reste constant, quelles que soient les oscillations du niveau de l'eau dans les biefs d'amont et d'aval.

La vanne est en fonte armée de nervures et portant en son milieu un fourreau venu de fonte dans lequel se meut la vis de manœuvre. Cette vis et son écrou sont en bronze. La colonne montante et la boîte du cadran sont en fonte. Cette colonne est fixée par quatre boulons à vis sur la passerelle qui réunit les deux rives.

En tête des canaux secondaires dont le débit légal est compris entre 1.000 et 2.000 litres par seconde, l'espacement des bajoyers devient supérieur à 1ᵐ,20 ; alors on emploie un type de martellière à deux vis. La vanne est en fonte fortement nervée et présente deux fourreaux venus de fonte dans lesquels se meuvent les deux vis de manœuvre. Sa hauteur est de 1ᵐ,80. Les deux vis sont placées chacune au tiers environ de la largeur de la vanne, de manière à répartir uniformément les efforts. Elles sont maintenues, comme la vis unique du type précédent, dans un écrou ; leurs extrémités reçoivent, de deux engrenages cylindriques contre lesquels elles s'appliquent, l'action d'un arbre vertical manœuvré de la passerelle par l'intermédiaire de deux engrenages coniques montés sur un arbre horizontal.

Au canal du Forez, on emploie avec succès, depuis plus de vingt ans, un appareil de prise d'eau d'un système différent dont la caractéristique est l'emploi de vannes inclinées suivant la pente du talus pour la dérivation et de cuves de jaugeage pour la mesure des débits (*fig.* 375 à 380). Il se compose : 1° d'une vanne en fonte posée sur le talus intérieur du canal manœuvrée à

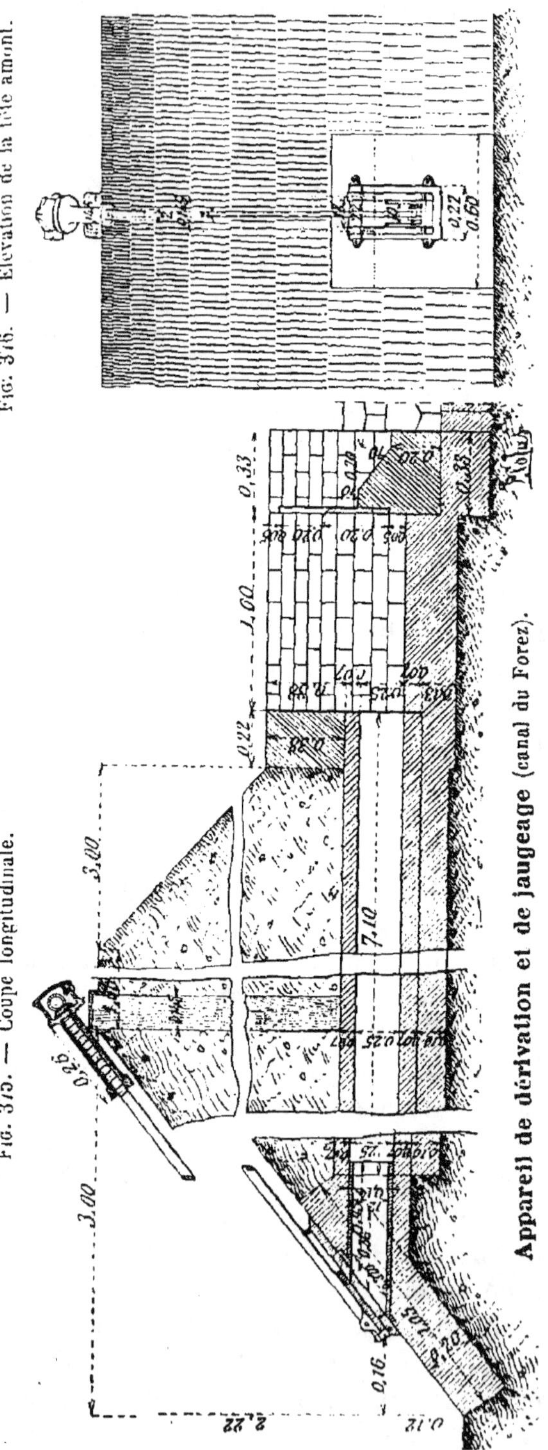

Fig. 376. — Élévation de la tête amont.

Fig. 375. — Coupe longitudinale.

Appareil de dérivation et de jaugeage (canal du Forez).

l'aide d'une tige filetée et d'un petit treuil fermé à secret ;
2° d'un conduit en briques ou en béton de ciment établi sous la
digue du canal et faisant suite à l'orifice de la vanne ; 3° d'une
cuve carrée dite cuve de jauge où l'eau perd sa vitesse et
d'où elle sort par un déversoir rectangulaire en mince paroi

Vanne à main de prise d'eau du canal de Forez.

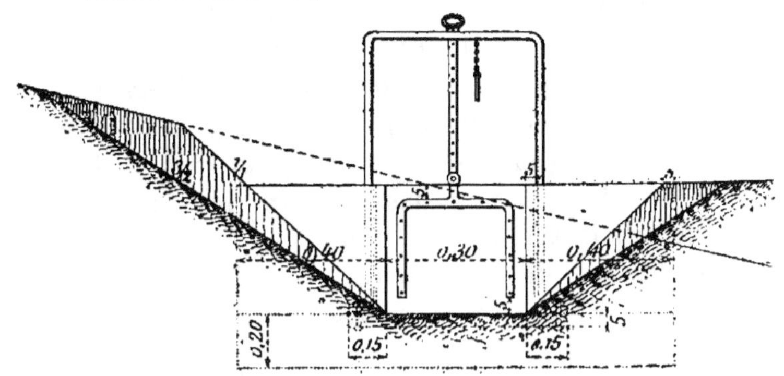

Fig. 377. — Elévation d'amont.

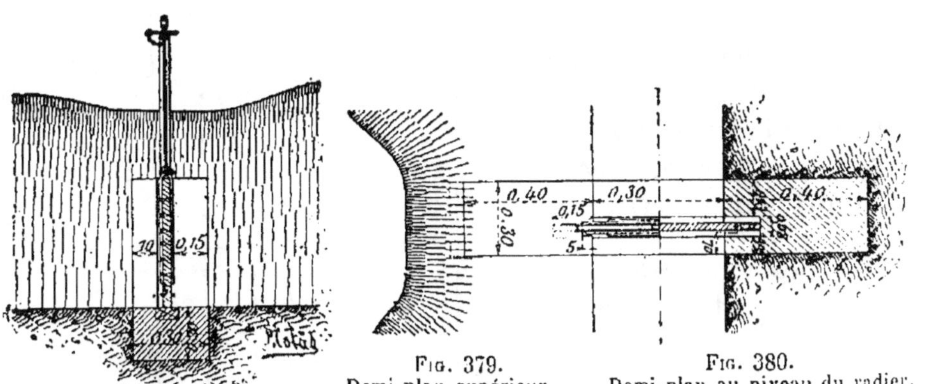

Fig. 378. — Coupe verticale.

Fig. 379.
Demi-plan supérieur.

Fig. 380.
Demi-plan au niveau du radier.

formant plaque de jauge. Cette cuve régulatrice a, suivant les
cas, 1 mètre ou 3 mètres de côté ; elle est construite en maçonnerie ordinaire, en béton de ciment ou en briques. Le déversoir a son seuil et ses deux côtés verticaux taillés en biseau ;
la longueur de ce seuil est de $0^m,20$ ou de $0^m,65$, selon l'importance du débit de l'artère dérivée. Une chute maçonnée
est ménagée immédiatement à l'aval du déversoir, de manière
que la nappe d'eau débouche librement dans l'air, ce qui est
indispensable pour le bon fonctionnement de l'appareil. On

doit aussi avoir dans la cuve régulatrice une vitesse superficielle aussi faible que possible, ce qui s'obtient en plaçant le seuil du déversoir en contre-haut du bord supérieur de l'orifice d'aval du petit aqueduc qui fait suite à la vanne.

On évalue avec beaucoup de précision le débit de la prise en mesurant l'épaisseur de la lame d'eau sur la plaque de jauge. Au moyen d'expériences directes faites sur chacun des deux déversoirs de 0^m,20 et 0^m,65 de longueur, on a déterminé le débit correspondant aux diverses épaisseurs de la lame déversante comprise entre 0 millimètre et 2 mètres. Les valeurs en sont inscrites sur des tables que possèdent les gardes, et pour assurer aux rigoles leur dotation légale, il leur suffit de manœuvrer les tiges filetées au moyen d'une clef de forme particulière, jusqu'à ce que l'épaisseur de la lame déversante lue sur une réglette en acier divisée en millimètres, placée à l'intérieur de la cuve de jauge, accuse la valeur correspondante du débit de la rigole [1].

[1] On avait primitivement calculé le débit des déversoirs par la formule

$$Q = hLm \sqrt{2g\left(y - \frac{1}{2}h\right)};$$

dans laquelle Q représente le débit en mètres cubes par seconde, L la longueur du seuil (0^m,20 ou 0^m,65), h l'épaisseur de la lame déversante, y la différence des niveaux du seuil du déversoir et de l'eau à l'amont, enfin m le coefficient de dépense (0,62) (BRESSE, *Traité d'hydraulique*, 1879, p. 74). Mais on ne tarda pas à reconnaître que le volume réellement débité était bien supérieur à celui

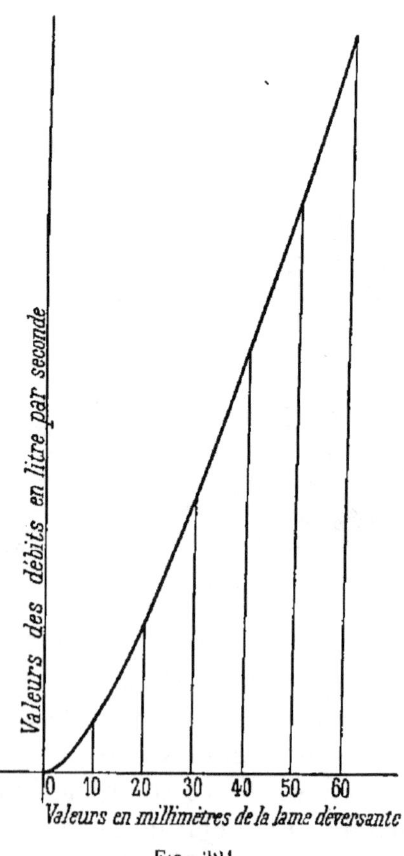

Fig. 381.

Ce mode de prise d'eau a le défaut d'être un peu compliqué. On a employé au canal de Manosque un appareil du même genre, mais simplifié (*fig.* 382 à 384). La vanne de prise, au lieu d'être inclinée, est verticale pour éviter que l'orifice ne s'envase rapidement, avec les eaux de la Durance toujours très chargées de limons.

La prise comprend : 1° une tête verticale en maçonnerie avec murs en aile inclinés à 45°. Cette tête porte une vanne en fonte dont le seuil est placé à $0^m,20$ au-dessous du plafond du canal ; 2° un tuyau de $0^m,30$ de diamètre intérieur,

qu'accusait la formule. On se résolut alors à établir des tables expérimentales où les débits indiqués fussent le résultat de jaugeages directs.

Les opérations ont été faites avec un récipient de 250 litres et deux déversoirs de $0^m,20$ et $0^m,65$. Chacune d'elles a été répétée plusieurs fois, et au moyen des résultats obtenus on a construit une courbe ayant pour ordonnées les débits en litres, et pour abscisses les épaisseurs de lame déversante en millimètres. En remplaçant la ligne brisée obtenue en joignant les points obtenus directement par une ligne courbe continue, on a éliminé les erreurs commises lors des jaugeages (*fig.* 381).

La courbe ainsi tracée a été traduite en tables de la forme ci-dessous.

ÉPAISSEURS de la lame déversante (E)	DÉBITS correspondants (Q)	ÉPAISSEURS de la lame déversante (E)	DÉBITS correspondants (Q)
Déversoir de jauge de $0^m,65$ de longueur			
millimètres		millimètres	
50	17l ,96c	60	23l ,46c
51	18 ,49	61	24 ,11
52	19 ,02	62	24 ,81
53	19 ,55	63	25 ,51
54	20 ,09	64	26 ,21
55	20 ,63	65	26 ,91
56	21 ,17	66	27 ,62
57	21 ,72	67	28 ,33
58	22 ,28	68	29 ,04
59	22 ,85	..	......

en béton de ciment reliant la vanne à la cuve de jauge ;
3° une cuve dite de jauge ayant intérieurement 0^m,80 de profondeur et 1^m,40 de côté, dans laquelle l'eau perd sa vitesse.

La face opposée à celle où débouche le tuyau est percée

Appareil de dérivation et de jaugeage (canal de Manosque).

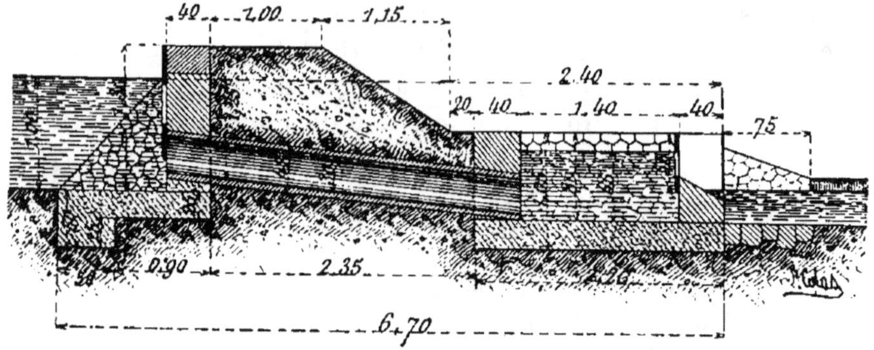

Fig. 382. — Coupe longitudinale.

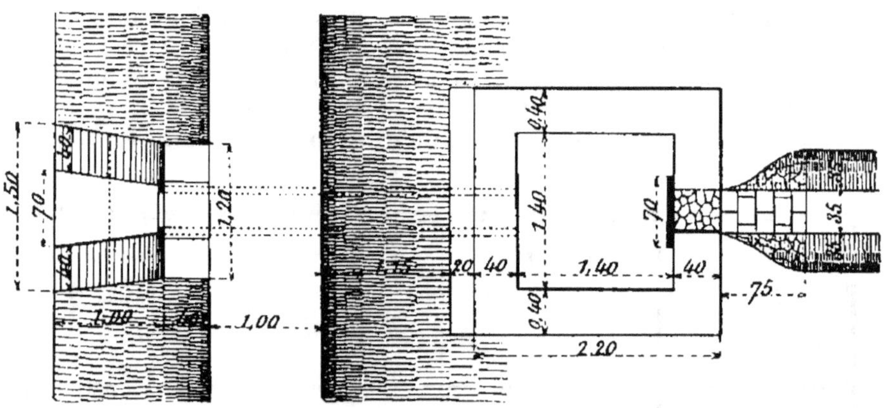

Fig. 383. — Plan.

d'une ouverture rectangulaire de 0^m,40 de largeur sur 0^m,35 de hauteur, devant laquelle on scelle une plaque de jauge en fer formant déversoir en mince paroi, de 0^m,30 de largeur, dont le seuil est placé à 0^m,50 au-dessus du fond. A l'aval de la plaque de jauge la maçonnerie est disposée en glacis à 2 de base pour 1 de hauteur, et le fond de la filiole est placé à 0^m,50 en contre-bas de la plaque du déversoir.

Il n'y a pas d'engrenage, et la vanne est conduite directement par une vis. La tige de manœuvre est un tube léger et rigide qui présente l'avantage de préserver la vis de l'encrassement quand la vanne est levée. Ce tube porte à sa partie supérieure un écrou en bronze ; un étui carré en fonte, fixé à la maçonnerie, empêche cet écrou de tourner, le guide dans son mouvement vertical et préserve la vis des chocs,

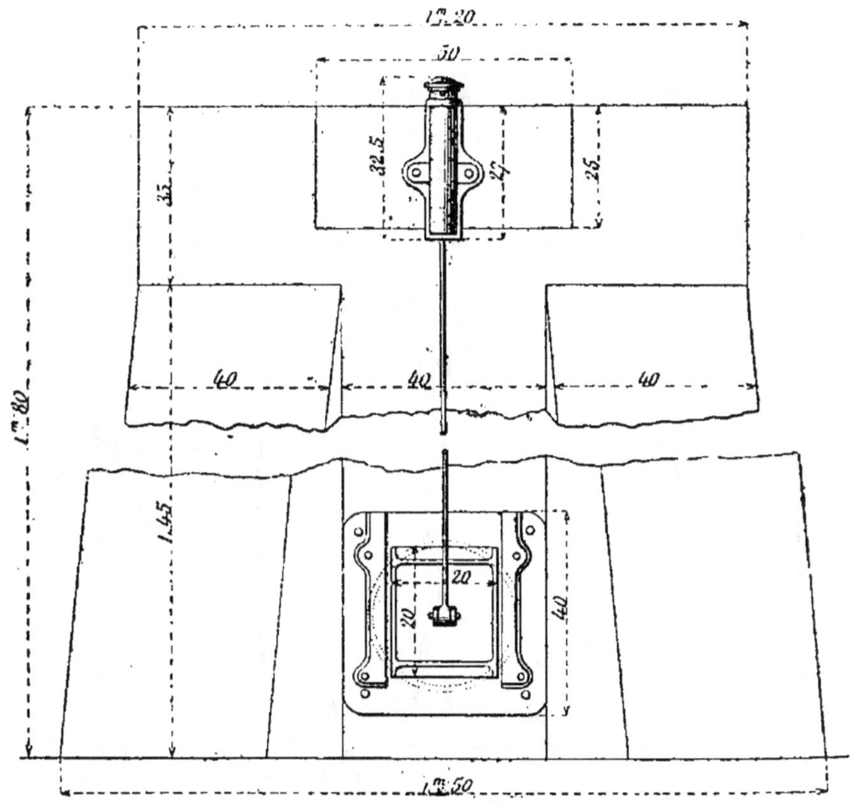

Fig. 384. — Elévation de la tête d'une vanne de dérivation.

quand la vanne est fermée. Le carré qui termine la vis étant très facile à manœuvrer sans clef est renfermé dans une boîte qui ne peut être ouverte qu'à l'aide d'une clef forée (*fig.* 384).

La hauteur de chute nécessaire au bon fonctionnement de l'appareil est de 1 mètre au moins. Pour des hauteurs moindres, on a modifié le type et supprimé la cuve et le déversoir de jauge. Dans ce cas, pour pouvoir néanmoins limiter à la quantité voulue le volume dérivé, on dispose les choses de telle façon qu'il y ait entre le plan d'eau du canal et celui de la rigole la même dénivellation qu'entre le plan d'eau du canal au droit de la cuve de jauge la plus voisine et celui de l'eau dans cette cuve. En donnant aux vis des deux prises le même nombre de tours, on obtiendra le même débit.

b) *Appareils de prise d'eau d'alimentation sur rigoles de distribution.* — Tandis que le débit des canaux principaux et secondaires est variable avec les époques, suivant que la quantité

Vanne d'alimentation des fillioles de distribution (canal de Manosque).

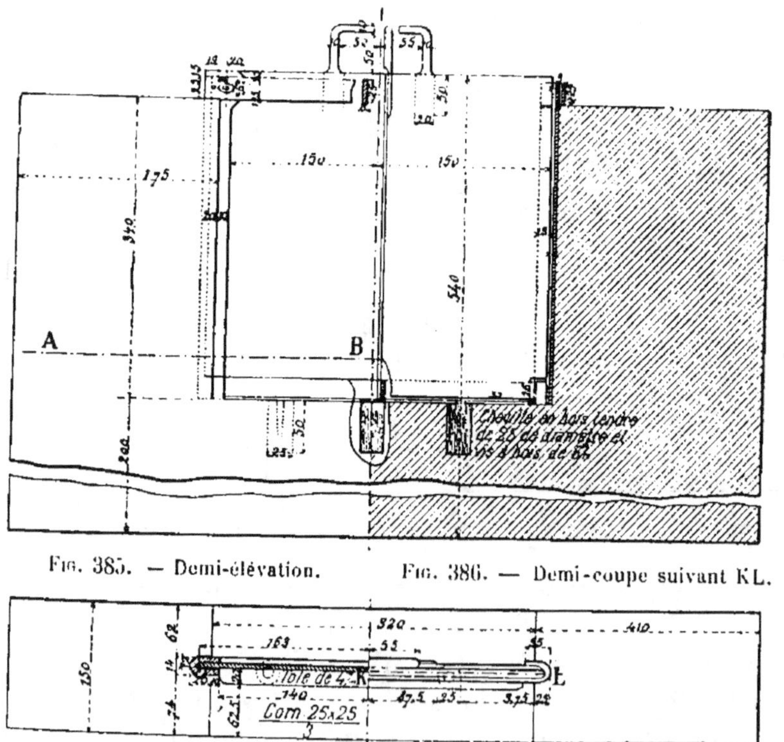

FIG. 385. — Demi-élévation.   FIG. 386. — Demi-coupe suivant KL.

FIG. 387. — Demi-coupe suivant AB.   FIG. 388. — Demi-plan.

d'eau distribuée aux arrosants est plus ou moins grande, celui des rigoles de distribution est fixe, la durée de l'écoulement étant seule variable (§ 96). Il en résulte que les appareils de prise d'eau en tête desdites rigoles se composent de simples vannes qui, levées à toute hauteur, assurent le débit correspondant.

Au canal de Manosque (*fig.* 385 à 388), les prises se composent de deux bâtis en pierre de taille, dans chacun desquels on fixe un cadre à coulisse en fer et une vanne en tôle manœuvrée à la main. L'un des bâtis est placé en travers du canal alimentaire, l'autre à l'origine du branchement qui prend naissance à l'emplacement de la prise. On ferme la vanne à l'aide d'un simple boulon qui la fixe au cadre en fer et que les gardes seuls peuvent desserrer à l'aide d'une clef forée. Selon que la vanne est placée dans l'un ou l'autre de ces bâtis, les eaux continuent leur cours dans le canal ou se déversent latéralement dans la rigole de prise.

Bassin partiteur pour deux arrosages (canal de Manosque).

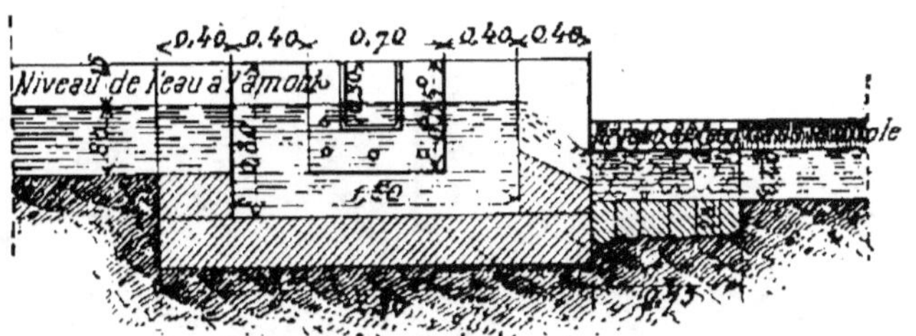

Fig. 389. — Coupe longitudinale.

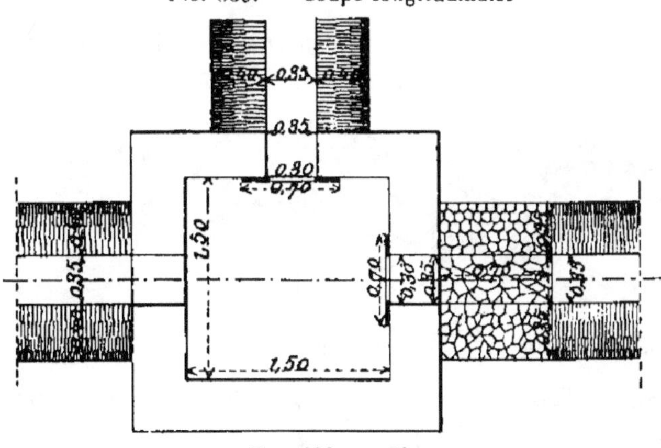

Fig. 390. — Plan.

Lorsqu'une même prise doit desservir deux ou plusieurs rigoles, la répartition se fait à l'aide d'un *partiteur*, c'est-à-dire

Appareil partiteur avec déversoir de 0ᵐ,65 de longueur (canal du Forez).

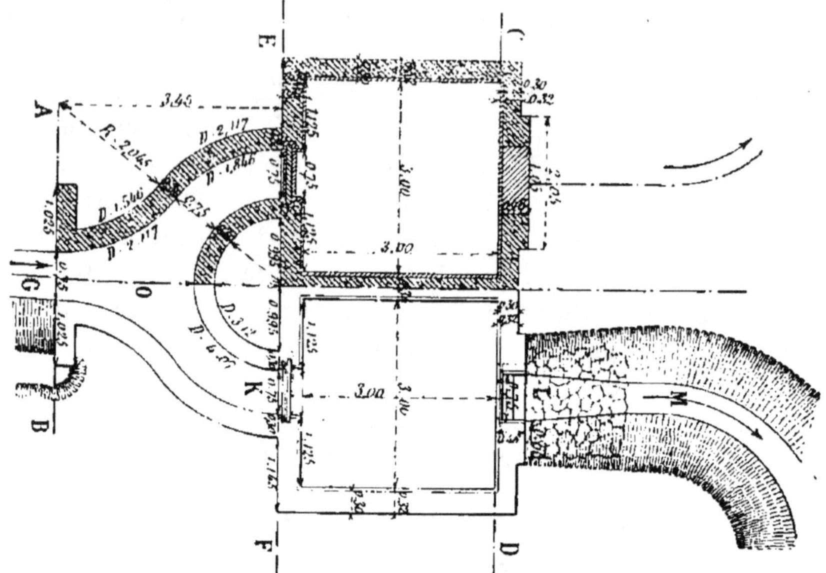

Fig. 391. — Demi-coupe horizontale au niveau du radier.

Fig. 392. — Demi-plan supérieur.

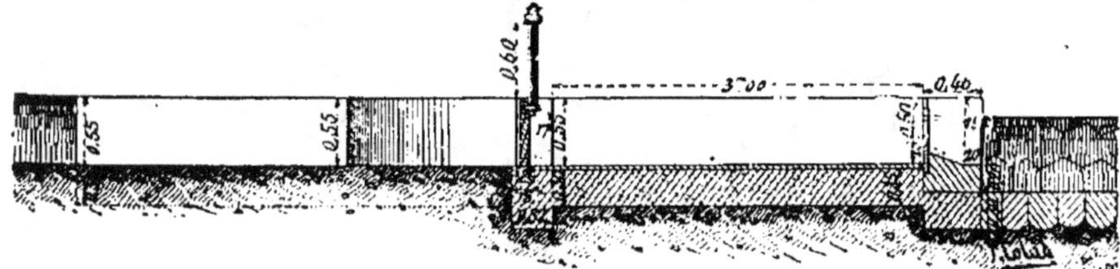

Fig. 393. — Coupe longitudinale suivant GOKLMN.

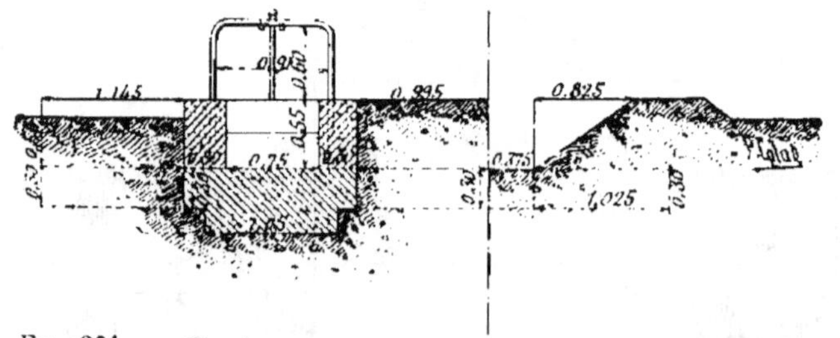

Fig. 394. — Demi-coupe suivant EF. Fig. 395. — Demi-élévation suivant AB.

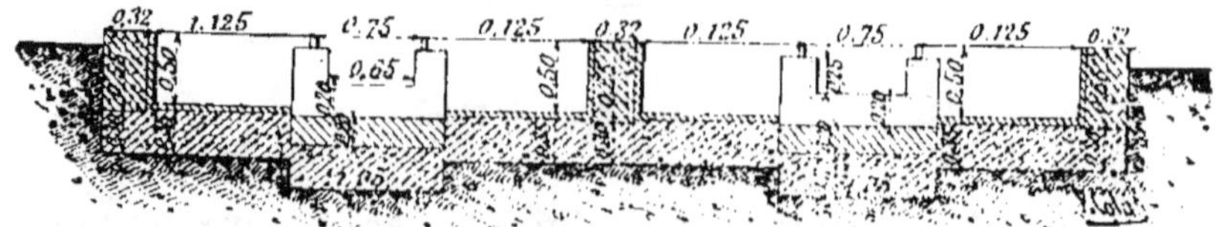

Fig. 396. — Coupe suivant CD (avec élévation des déversoirs).

une cuve carrée en maçonnerie de $1^m,50$ de côté où l'eau perd sa vitesse (*fig.* 389 et 390). Elle ne sort que par des orifices identiques placés autant que possible à la même distance de l'orifice d'entrée et munis de plaques de jauge.

Au canal du Forez (*fig.* 391 à 396) le partiteur comprend deux cuves ; les vannes sont placées en tête, et les déversoirs de jauge à l'extrémité opposée. Dans ce système les deux déversoirs sont exactement placés à la même distance de l'orifice d'entrée. Après le déversoir, on ménage sur chaque rigole un bâti dans lequel glisse une vanne en tôle. Il suffit de baisser la vanne derrière l'un des déversoirs pour que la rigole à la suite n'ait plus d'eau et que les autres orifices puissent fonctionner.

Si les rigoles qui s'embranchent sur le canal secondaire ne doivent jamais être alimentées simultanément, il devient inutile d'établir des jauges : le partiteur, envoyant alternative-ment toute l'eau qu'il reçoit à l'une ou l'autre des rigoles, joue alors le rôle de distributeur.

Il existe également des partiteurs alimentant trois rigoles ; mais, ces appareils étant peu employés, il est inutile d'en donner la description.

99. Appareils de jaugeage du canal de Carpentras. — Au canal de Carpentras, les pertes d'eau par infiltration que nous avons eu l'occasion de signaler (§ 14) et aussi un mode d'exploitation défectueux avaient pour les usagers des consé-quences fâcheuses. De plus, le périmètre est divisé en sections dans lesquelles la quantité d'eau réservée à l'hectare varie d'une section à l'autre. Enfin tous les débits doivent être réduits, en cas de pénurie de la Durance, dans une propor-tion qui dépend du débit de ce cours d'eau.

Sous l'influence de cette triple cause, il arrivait que les arrosants des communes situées près de l'origine du canal recevaient un volume d'eau de $1^{lit},5$ à 2 litres par seconde et par hectare, tandis que les propriétaires de parcelles éloi-gnées de la branche mère recevaient moins d'un demi-litre.

Pour parer à ces inconvénients, on a, d'une part, recouru à l'exécution de travaux d'étanchement, mais on s'est attaché, d'autre part, à apporter dans la manœuvre des vannes de répartition, et par suite dans la mesure des débits, une précision spéciale que la variabilité de ces débits d'une section à l'autre du périmètre rendait particulièrement nécessaire.

Il a été reconnu que l'emploi d'échelles métriques ordinaires était incompatible avec les exigences de ce service. La lecture d'une hauteur dans l'eau en mouvement ne peut se faire que d'une manière approximative; de plus, il est impossible de déduire le débit, à un moment donné, dans un profil donné, de la seule connaissance de la hauteur, parce que les encombrements accidentels, la croissance des herbes, rapide en cette région, les déformations de la cuvette, modifient le débit correspondant à une hauteur donnée ; il faut également connaître la vitesse moyenne de l'eau, laquelle se déduit, par des formules connues, de la vitesse superficielle mesurée au moyen d'un flotteur; mais la mesure presque journalière des vitesses à l'aide de flotteurs libres eût été à peu près impraticable et eût exigé un nombreux personnel. On a paré à cet inconvénient par un procédé empirique, mais pratique, que la dépense à faire pour son installation ne permet d'appliquer que dans le cas où la mesure du débit doit être faite fréquemment, mais qui, dans ce cas, permet d'y procéder avec facilité et rapidité. Nous croyons devoir le décrire.

a) *Appareils de jaugeage sur le canal principal.* — Les appareils de jaugeage sur le canal principal se composent essentiellement d'un puisard contenant une échelle métrique et d'un appareil indicateur des débits placé dans un abri au-dessus de ce puisard. La paroi du canal est revêtue d'un perré sur 75 mètres de longueur, pour assurer la régularité de la section et du débit aux abords de l'appareil.

Le puisard est placé latéralement au canal principal et vers le milieu de la cuvette bétonnée (*fig.* 397 à 403). La prise de ce puisard sur le canal principal est construite en maçonnerie ordinaire avec rampants en maçonnerie de moellons piqués et pierre de taille ; l'ouverture de la prise a $0^m,40$ de largeur; une plaque en fer de $1^m,60$ de hauteur et 15 millimètres d'épaisseur percée de trous empêche les fluctuations de l'eau du canal de se faire sentir dans le puisard. Ce dernier

Puisard de jauge (canal de Carpentras).

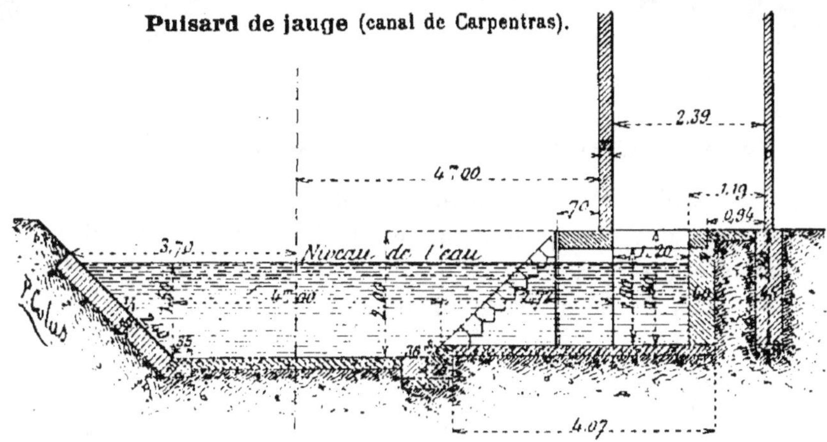

Fig. 397. — Coupe suivant l'axe du puisard.

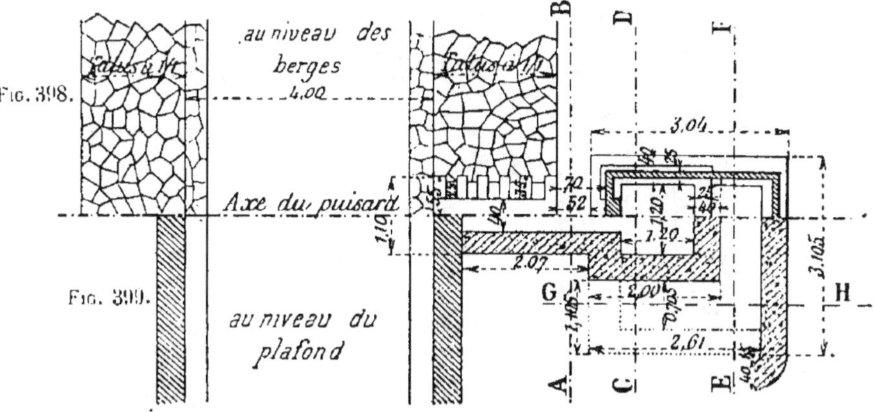

Fig. 398. Fig. 399.

Demi-coupes horizontales aux niveaux des berges et du plafond.

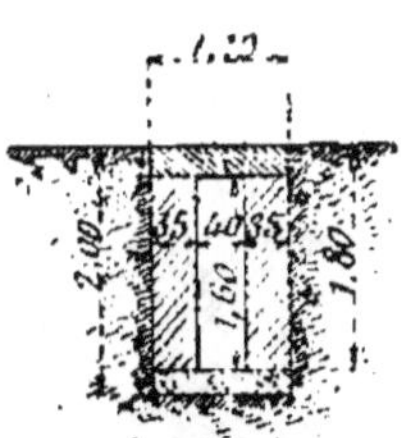

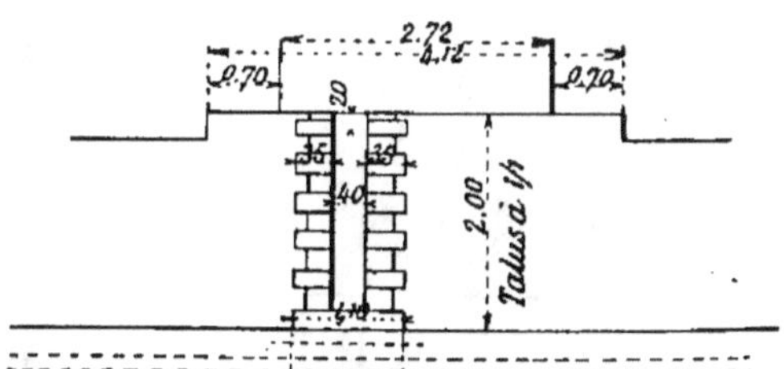

Fig. 400. — Coupe suivant AB.

Fig. 401. — Elévation de la prise du puisard.

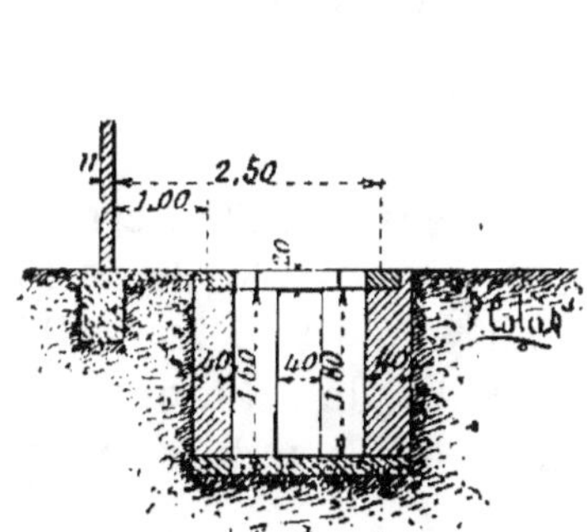

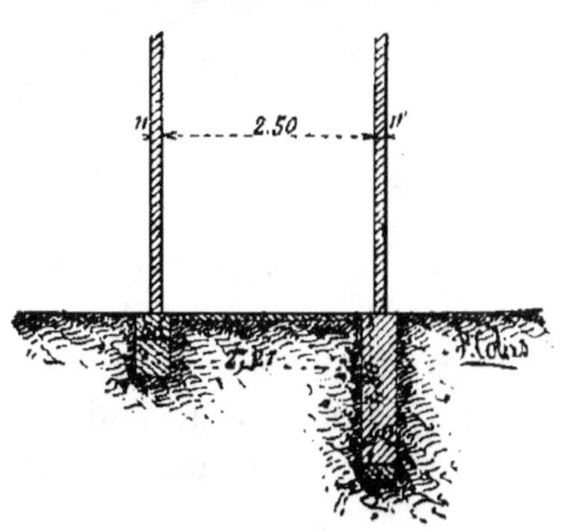

Fig. 402. — Coupe suivant CD.

Fig. 403. — Coupe suivant EF.

a 1^m,20 de côté et 1^m,80 de profondeur totale ; les murs ont
0^m,40 d'épaisseur et reposent sur un radier général en béton
de 0^m,20 d'épaisseur. Un disque de zinc creux de 0^m,70 de
diamètre et de 0^m,06 d'épaisseur, flottant à la surface de l'eau

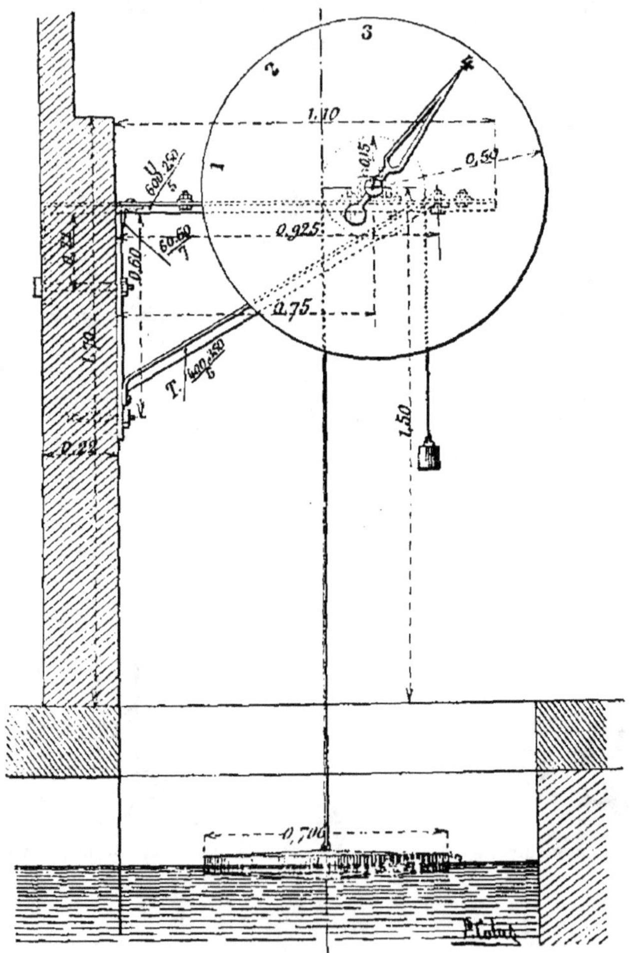

Fig. 404. — Appareil indicateur des hauteurs d'eau.

du puisard (fig. 404), actionne directement, par l'intermédiaire d'un brin de câble à contrepoids, une poulie de 0^m,15
de rayon, reposant par son axe sur un support en fer scellé
dans les murs d'un petit bâtiment de 2^m,50 de côté, qui sert
d'abri. Sur l'axe de la poulie est centrée une aiguille se mou-

vant devant un cadran de 1 mètre de diamètre sur lequel se
fait la lecture des débits.

Pour effectuer la graduation du cadran, on fait une série
d'expériences, lorsque le canal est dans son état normal
d'entretien, afin de déterminer les vitesses de l'eau à la surface de la cuvette correspondant à des hauteurs d'eau de
0ᵐ,30, 0ᵐ,40, etc. On calcule une fois pour toutes les vitesses

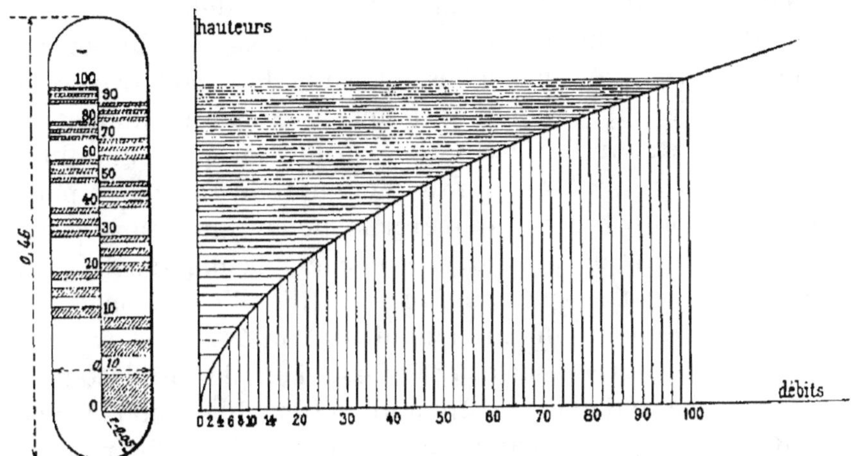

Fig. 405. — Courbe des débits normaux.

moyennes de l'eau correspondant aux diverses vitesses à la
surface, ainsi que les sections mouillées et les débits correspondants. On dresse ensuite une courbe des débits normaux
du canal dans la cuvette (*fig.* 405).

Si ces débits ne subissaient pas de variations, selon l'état
d'entretien du canal et selon les diverses circonstances qui
peuvent faire varier la vitesse des eaux pour une hauteur
déterminée de l'eau dans le canal, il suffirait de régler périodiquement l'appareil pour que ses indications soient suffisamment exactes pour la répartition des eaux. On peut évidemment curer la cuvette de manière que sa section moyenne
soit constante, mais on ne peut empêcher qu'il n'y ait quelques
variations dans la vitesse des eaux par suite de circonstances
imprévues telles qu'une déformation de la cuvette, etc.

Pour remédier à cet inconvénient, on fait de temps à autre
une vérification directe du débit au flotteur libre, et l'on

déplace à la main l'aiguille, de manière à la faire correspondre au chiffre du débit momentané effectif. Cette aiguille est fixée à l'arbre par un écrou que l'on desserre pour la régler et que l'on resserre après le déplacement.

L'indicateur une fois réglé, l'aiguille suivra les variations du débit et permettra de le mesurer sans nouveau calcul, aussi longtemps qu'il ne se sera pas produit de modification considérable dans l'état de la section d'écoulement du canal.

C'est là un avantage très appréciable sur les branches à débit variable, comme celles du canal de Carpentras et qui s'ajoute à l'avantage commun à tous les appareils indicateurs analogues, savoir de faciliter la vérification par l'amplification du mouvement que donne l'emploi du cadran et par la possibilité pour le garde d'opérer la mensuration sans quitter la station normale debout. Il procède à la manœuvre journalière des vannes de manière que l'aiguille se place sur le chiffre du débit momentanément attribué à l'artère, sans avoir besoin de recourir chaque fois à l'emploi du flotteur.

Le réglage seul exige l'emploi du flotteur libre, mais l'expérience a établi qu'au canal de Carpentras il suffit, pour les besoins de la pratique, de procéder à ce réglage une fois tous les quinze jours.

b) *Déversoirs de jauge.* — Les ouvrages de jaugeage des canaux secondaires sont de deux systèmes suivant la disposition des lieux.

Lorsque le canal à alimenter a une pente suffisante pour permettre l'établissement d'une chute, ou qu'il existe déjà des chutes sur son parcours, on établit des déversoirs à lame mince.

Les figures 406 à 412 représentent un de ces ouvrages, formé d'un déversoir en maçonnerie en amont, d'un bassin de repos et d'un orifice métallique de jauge en aval. Cette disposition a pour but d'éliminer autant que possible l'influence que la vitesse de l'eau dans le canal peut avoir sur le déversoir de jauge.

Le déversoir d'amont, en maçonnerie, a 0^m,80 de largeur, 0^m,60 de hauteur et est arasé à 0^m,10 au-dessus du plafond du canal. Sa crête est en pierre de taille ; elle a 0^m,90 de longueur,

0^m,45 de largeur et 0^m,20 d'épaisseur. L'ouverture du déversoir est raccordée avec la cuvette existante par des perrés maçonnés sur une longueur de 1^m,50.

Le bassin de repos a 2 mètres de longueur sur 1^m,50 de largeur. Les murs, en maçonnerie ordinaire, ont 1^m,40 de hauteur et 0^m,40 d'épaisseur.

Déversoir de jauge (canal de Carpentras).

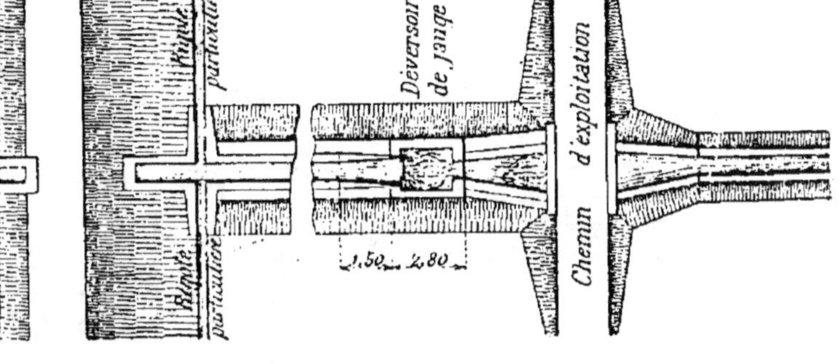

Fig. 406. — Plan général.

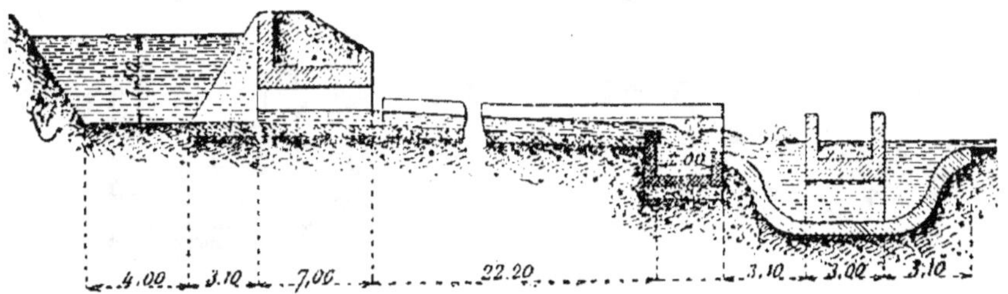

Fig. 407. — Profil en long.

Le déversoir de jauge est encastré dans une ouverture du bassin de repos de 0^m,75 de largeur et 0^m,85 de hauteur, dont la partie inférieure est formée par un seuil en pierre de taille de 0^m,80 de longueur, 0^m,40 de largeur et 0^m,20 d'épaisseur.

L'orifice métallique est constitué par un cadre en tôle de fer de 10 millimètres d'épaisseur, dont le vide a 0^m,50 de largeur et 0^m,75 de hauteur. Les deux parties pleines ont 0^m,10 de largeur. Elles sont reliées à leur sommet par

2 cornières de $\dfrac{50 \times 50}{6}$, recourbées à leurs extrémités pour

être scellées dans les murs du bassin de repos. Ce déversoir est encastré de 0^m,03 dans les parois du bassin.

Déversoir de jauge (canal de Carpentras).

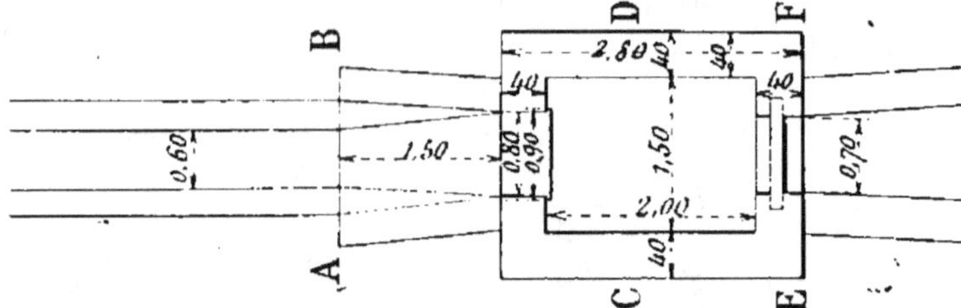

FIG. 408. — Plan du bassin de repos.

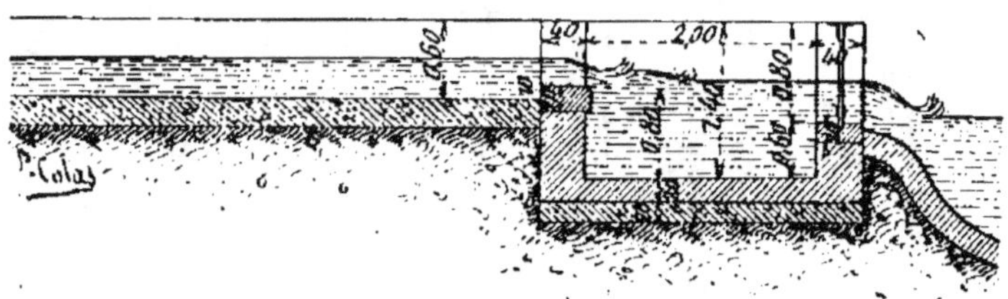

FIG. 409. — Coupe longitudinale.

FIG. 410. — Coupe suivant AB.

FIG. 411. — Coupe suivant CD.

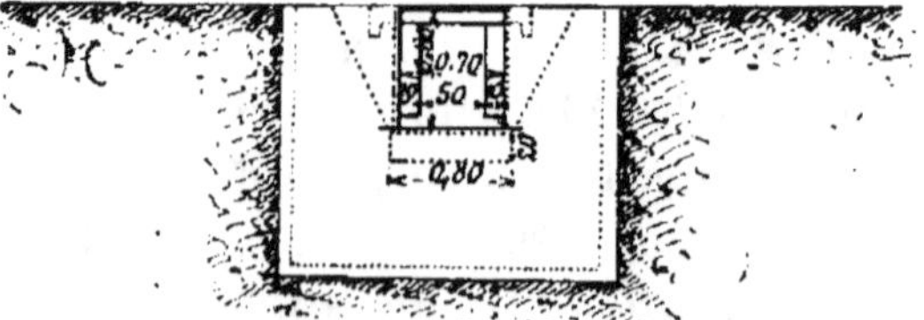

FIG. 412. — Coupe suivant EF.

c) *Cuvettes maçonnées.* — Lorsque la pente du canal secondaire dont on veut mesurer le débit est très faible et qu'on ne dispose pas d'une chute, le procédé ci-dessus n'est plus

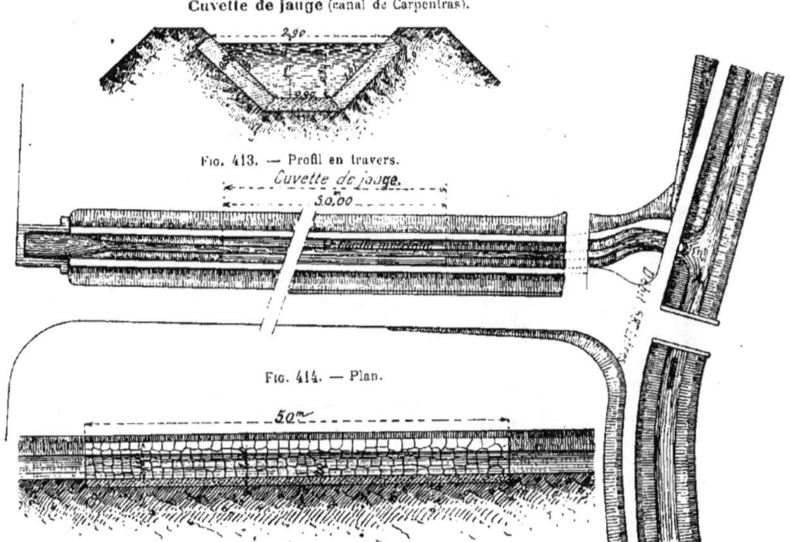

Fig. 413. — Profil en travers.

Fig. 414. — Plan.

Fig. 415 — Profil en long.

applicable. Dans ce cas (*fig.* 413 à 415), le jaugeage se fait au moyen d'une cuvette de jauge de 50 mètres de longueur avec talus à 45° formés par un perré de moellons épincés de 0^m,30 d'épaisseur; le plafond de cette cuvette a 0^m,90 de largeur et repose sur un radier de 0^m,20. La vitesse se mesure au moyen de flotteurs libres. L'échelle métrique est placée le long du talus sur la face rive droite du perré et au milieu de sa longueur.

Au moyen de ces appareils, il est possible de contrôler si la répartition des eaux est faite d'une manière équitable.

CHAPITRE X

ÉTUDE D'UN RÉSEAU DE DISTRIBUTION

100. Dotation des canaux d'irrigation. — Avant d'aborder l'étude de la répartition des eaux d'un canal entre les diverses artères de distribution, il est nécessaire de dire quelques mots sur la dotation en eau de ces ouvrages.

Il existe, dans le Midi de la France, certains canaux dont l'origine est fort ancienne. Les titres réglementaires de ces anciens canaux ne stipulent pas de dotation légale. Tel est le cas du canal de Crapponne (Bouches-du-Rhône), du canal Saint-Julien (Vaucluse) et d'un grand nombre de canaux du département des Pyrénées-Orientales.

Lorsque, par suite du développement progressif des irrigations, il est arrivé que la quantité d'eau disponible pour l'arrosage était à peine suffisante pour satisfaire à tous les besoins, on a dû réglementer les anciennes prises et en limiter le débit ; de plus, les lois ou décrets autorisant la construction des canaux modernes mentionnent toujours le volume maximum concédé. Ce volume est fixé d'après la surface des terrains susceptibles d'être irrigués, dominés par le canal.

Il y a lieu, en effet, de distinguer entre le périmètre *dominé* et le périmètre *arrosable*. Le périmètre dominé comprend la totalité des terrains situés en contre-bas du plan d'eau du canal et susceptibles d'être desservis, l'eau y étant amenée par la gravité. Mais il est évident que ce périmètre ne renferme pas que des terres irrigables. On doit, pour avoir la surface réellement arrosable, en retrancher les surfaces occupées par les centres habités, les forêts et les bois, les lacs, les marais, les terres en friche, les cultures qui n'exigent pas d'eau..., ainsi que les terres déjà irriguées au moyen des eaux d'autres canaux existants ou de rivières.

Il est évident, d'autre part, que la surface arrosable n'exige pas, dans toutes ses parties, la même quantité d'eau. On conçoit que, pour un canal comme celui de Pierrelatte (Drôme et Vaucluse) dont le périmètre arrosable n'est pas inférieur à 20.000 hectares, certaines régions puissent avoir besoin d'un arrosage abondant, pendant que d'autres, celles qui sont situées dans des dépressions de terrains ou près des ruisseaux par exemple aient plutôt besoin d'être assainies qu'irriguées.

En général, en s'appuyant sur ce que nous avons dit ci-dessus touchant la quantité d'eau nécessaire à l'arrosage § 3), on fixe ordinairement le volume concédé en admettant que le périmètre arrosable soit le tiers du périmètre dominé. Cette relation, d'ailleurs, n'a rien d'absolu. Dans certains cas les besoins de l'arrosage sont tels qu'on peut prévoir qu'une bien plus grande proportion de terre sera irriguée. Telle est, par exemple, la situation du canal de Gap, où, pour une surface dominée de 4.000 hectares, la dotation est de 4 mètres cubes par seconde et pourrait suffire pour l'arrosage de la totalité de cette surface. Le canal de Gignac se trouve dans le même cas. Sa dotation est, en temps de crue de l'Hérault, de 5 mètres cubes par seconde, bien que le périmètre dominé ne dépasse pas 3.700 hectares.

La dotation se déduit de la surface arrosable et s'obtient en supposant que l'arrosage d'un hectare exige un débit continu de 1/3 de litre à 1 litre par seconde, suivant la nature du sol, les conditions climatériques, etc.

Quand les canaux dominent une étendue telle qu'il soit impossible de leur assurer en tout temps un débit suffisant pour l'arrosage de toutes les parcelles irrigables, la dotation est variable avec le débit de la rivière alimentaire. C'est ainsi que le canal du Forez, dérivé de la Loire, qui domine un périmètre de 26.000 hectares dont 8.000 environ sont arrosables, a sa dotation fixée à 5 mètres cubes par seconde en temps d'étiage et tant que le débit de la Loire ne dépasse pas 6 mètres cubes. Quand le débit s'élève au-dessus de ce chiffre, celui du canal peut atteindre progressivement jusqu'à 15 mètres cubes par seconde, en laissant à la Loire le 1/6 du volume total. Tel est aussi le cas du canal de Saint-Martory, dérivé de la Garonne. Le débit normal concédé est fixé à 10 mètres par seconde, avec facilité pour l'Administration supérieure de le réduire à 5 mètres cubes en cas d'étiage extraordinaire, et de l'augmenter pendant les crues.

Le tableau ci-dessous donne les périmètres dominés et arrosables et les débits des principaux canaux d'irrigation.

DÉSIGNATION des CANAUX	DÉPARTEMENTS	RIVIÈRES alimentaires	PÉRIMÈTRE dominé	PÉRIMÈTRE arrosable	DÉBIT continu par seconde et par hectare	DOTATION
Canal :			hectares	hect.	litres	m. c.
de Crapponne.....	Bouches-du-Rhône	Durance	40.000	18.000	1	13
du Forez.........	Loire	Loire	26.000	8.000	1/2	5 à 15
de Saint-Martory..	Haute-Garonne	Garonne	36.000	10.780	3/4	5 à 10
de Marseille......	Bouches-du-Rhône	Durance	? [1]	9.000	1	9
de Pierrelatte.....	Drôme et Vaucluse	Rhône	24.000	20.000	1	8
de la Bourne.....	Drôme	Bourne	22.000	10.500	1	7
de Carpentras.....	Vaucluse	Durance	20.000(?)	16.600	1	6
du Verdon........	Bouches-du-Rhône	Verdon	34.800(?)	16.400	1	6
de la Vésubie.....	Alpes-Maritimes	Vésubie	5.300	4.500	1	4
de Gap..........	Hautes-Alpes	Drac	6.000	4.000	1	4
de Gignac........	Hérault	Hérault	3.700	3.500	1	3,5 à 5
de Châteaurenard..	Bouches-du-Rhône	Durance	?	3.000	1	3
de Beaucaire......	Gard	Gardon	7.500	2.500	1	2
de Manosque......	Basses-Alpes	Durance	4.770	3.830	1	2

101. Répartition de la dotation. — Ainsi que nous venons de l'expliquer, la dotation d'un canal d'arrosage se fixe en tenant compte, d'une part, de la surface totale arrosable et, d'autre part, des besoins plus ou moins grands de l'arrosage suivant la nature du terrain. Le rapport entre le débit réservé à une zone et la surface dominée s'appelle le *coefficient d'arrosage.*

Il ne serait d'ailleurs pas rationnel de répartir ces débits entre les diverses zones au prorata des surfaces dominées,

[1] L'irrigation au canal de Marseille ne vient qu'en second rang, la plus grande partie de l'eau étant employée pour les besoins de l'alimentation et du service urbain.

puisqu'on ne tiendrait pas compte, ainsi, de la différence entre les diverses natures de terrain.

Pour opérer la répartition, on cherche à déterminer pour chaque zone, et de la manière que nous indiquons ci-après, un coefficient d'arrosage. Cette détermination ne peut se faire que par l'examen attentif des conditions d'arrosage de la surface considérée et exige une connaissance approfondie de la nature des terrains, des conditions climatériques, de la nature des cultures de la région, etc., et par une comparaison statistique avec des canaux existants. Mais, ainsi que nous l'expliquons ci-dessous, il suffit, ce qui est beaucoup plus facile, d'apprécier, pour un même canal, les valeurs relatives de l'aptitude à l'arrosage des diverses zones.

Si nous supposons d'abord qu'un canal projeté doive dominer une certaine étendue de terrains ayant un égal besoin d'arrosage et non susceptibles d'être desservis autrement que par les eaux du canal, on devra compter une dotation de 1 litre d'eau continu par hectare, et le coefficient d'arrosage sera égal à l'unité. Si, au contraire, la surface dominée comprend des terrains déjà arrosés par d'autres canaux ou des cours d'eau naturels, si certaines portions sont naturellement humides et ne réclament pas d'irrigation, etc., l'eau, à la dose de 1 litre par hectare, ne sera livrable qu'à une surface moindre que la surface dominée ; si le tiers seulement de cette dernière est susceptible d'être irriguée, c'est la proportion sur laquelle on compte habituellement, le coefficient d'arrosage ne sera plus que de 0,33.

L'examen des diverses conditions que nous venons d'énumérer conduit à adopter pour chaque zone une première valeur du coefficient à lui affecter. Mais, comme la somme des produits des coefficients par les surfaces dominées correspondantes doit être égale au débit total du canal, on n'arrive à cette égalité qu'après une série de tâtonnements, en faisant varier les coefficients de telle sorte que ceux qui seront appliqués à des zones placées dans des conditions d'arrosage analogues restent sensiblement égaux. Il est évident, d'ailleurs, que la nature des terrains doit être également prise en considération. Le coefficient, relativement très fort, lorsqu'il s'agit de surfaces exigeant beaucoup d'eau, diminue beaucoup pour les portions de bassins à sous-sol maigre ou caillouteux.

Supposons, pour fixer les idées, qu'un canal dont le débit est de 50 litres par seconde domine un périmètre arrosable de 100 hectares; le coefficient d'arrosage moyen est de 0,50. Si l'ensemble du terrain dominé avait également besoin d'arrosage, on affecterait indistinctement un demi-litre à chaque hectare. Mais supposons que ce terrain soit partagé en trois zones ayant respectivement pour superficies 20 hectares, 30 hectares et 50 hectares, et que l'on ait reconnu en première approximation que les coefficients d'arrosage à affecter aux trois zones soient entre eux dans le rapport des nombres 0,50, 0,70 et 0,60, les quantités d'eau respectivement nécessaires aux trois zones seront entre elles comme les nombres:

$$20 \times 0,50 = 10$$
$$30 \times 0,70 = 21$$
$$50 \times 0,60 = 30$$

et, comme $10 + 21 + 30 = 61$, on devra réduire les trois coefficients dans la proportion de 61 à 50, ce qui donne :

	Coefficients	Débits
Pour la première zone........	0,41	$8^{lit},2$
Pour la deuxième zone........	0,58	$17\ ,2$
Pour la troisième zone........	0,49	$24\ ,6$
Total égal à la dotation du canal.....		$50^{lit},0$

Si, au lieu de tenir compte des coefficients d'arrosage, on avait simplement réparti les 50 litres au prorata des surfaces totales arrosables, on aurait affecté aux trois zones des débits respectifs de 10 litres, 15 litres et 25 litres, et, par suite, donné au premier canal secondaire des dimensions trop fortes, et aux deux autres des dimensions insuffisantes.

En tenant compte des diverses considérations qui précèdent, on arrive assez facilement à une répartition convenable de l'eau.

Dans le calcul de la répartition de la dotation on doit prendre pour le volume utilisable non pas la dotation totale du canal, mais une dotation réduite pour tenir compte des pertes en route par évaporation, et infiltration. Cette perte varie, suivant les conditions climatériques et la nature des terrains traversés, de 1/10 à 1/5.

La quantité d'eau à affecter à chaque zone étant connue, on en déduit les dimensions du canal principal qui doit la desservir.

L'application des principes qui précèdent a conduit à répartir la dotation des canaux de Pierrelatte, de la Bourne et de Gignac conformément aux indications du tableau ci-après (p. 450).

Reste à étudier le réseau des canaux tertiaires destinés à alimenter les rigoles d'intérêt collectif et privé.

Dans cette étude on doit s'arranger de telle sorte qu'on puisse fournir l'eau à toutes les parcelles effectivement arrosables, qu'elles soient ou non soumises à l'irrigation, afin que l'extension ultérieure des arrosages n'entraîne pas des remaniements coûteux, pour permettre aux artères des divers ordres de rouler le débit qu'elles peuvent avoir à fournir. Toutefois, lorsqu'on dresse un projet d'ensemble des arrosages d'une zone, on n'est tenu, en général, de construire que les rigoles desservant un certain nombre de parcelles ; il y a donc lieu de différencier les terrains engagés à l'arrosage et les terrains non engagés.

Le dossier des pièces à produire et formant le projet du réseau composé des canaux secondaires de distribution primitif doit comprendre pour chaque zone :

1° Un plan parcellaire, à grande échelle, 1/2.000 ou 1/2.500, avec cotes ou courbes de niveau, et indication aussi exacte que possible, au moyen de teintes spéciales, des parcelles déjà engagées à l'arrosage. On doit également y représenter, s'il y a lieu, les portions arrosables directement par l'artère principale ou par les canaux secondaires, et représenter les tracés de cette artère et de ces canaux. Ce plan est accompagné d'une légende explicative fournissant tous détails utiles au sujet des souscriptions à l'arrosage déjà recueillies, des ouvrages d'art à construire, des canaux d'évacuation, etc. ;

2° Un cahier des profils en long relevés sur le terrain de l'artère principale et de tous les canaux, avec l'indication des

INDICATION DES ZONES	LONGUEUR des canaux secondaires	VOLUME d'eau affecté à chaque zone	SURFACE arrosable	COEFFICIENT d'arrosage	OBSERVATIONS

Canal de Pierrelatte (dotation, 8.000 litres ; surface dominée, 24.000 hectares ; surface arrosable, 20.000 hectares).

	mètres	litres	hectares		
Zone A de la Drôme...	56.609	1.650	3.940	0,417	
— A' — ...	39.532	700	1.780	0,393	
— B — ...	27.889	500	1.385	0,361	
1re zone de Vaucluse..	37.102	1.130	2.985	0,378	
2e — ..	87.449	1.415	3.955	0,357	
3e — ..	175.018	2.605	6.750	0,398	
Totaux et moyennes...	423.599	8.000	20.795	0,384	

Canal de la Bourne (dotation, 7.000 litres ; surface dominée, 22.000 hectares ; surface arrosable, 16.000 hectares).

	mètres	litres	hectares		
Zone n° 1............	7.000	1.550	3.140	0,493	
— 2............	10.800	2.000	5.200	0,384	
— 3............	4.000	1.400	3.340	0,420	
— 4............	14.600	1.800	4.390	0,410	
Totaux et moyennes...	36.400	6.750	16.070	0,420	

Canal de Gignac (dotation, 3.500 litres ; surface dominée, 3.700 hectares ; surface arrosable, 3.500 hectares).

	mètres	litres	hectares		
Zone n° 1............	2.399	210	212	1,000	
— 2............	2.975	315	331	0,951	
— 3............	260	140	115	1,122	
— 4............	897	140	130	1,080	
— 5............	966	245	255	0,960	
— 6............	792	210	232	0,905	
— 7............	2.473	350	333	1,051	
— 8............	681	280	270	1,040	
— 9............	1.421	315	320	0,984	
— 10............	2.923	525	530	0,990	
— 11............	358	210	210	1,000	
— 12............	689	280	325	0,861	
— 13............	1.313	245	258	0,949	
Totaux et moyennes...	18.147	3.465	3.521	0,984	

ouvrages d'art à construire pour le maintien des communications ou l'écoulement des eaux. Les débits respectifs et les pentes sont aussi indiqués sur ces profils en long ;

3° Un cahier des profils en travers types pour chaque section du canal correspondant aux divers débits et des profils en travers principaux pour la branche principale et pour chacune des artères secondaires. Les sections de ces canaux doivent être calculées en vue d'un débit supérieur de 1/4 à 1/3 à leur dotation normale, tant pour permettre une augmentation éventuelle de cette dotation que pour tenir compte des difficultés d'écoulement pouvant provenir de la présence d'herbes aquatiques ou de tous autres obstacles ;

4° Enfin un plan général coté, embrassant tout le périmètre desservi par le canal, avec teintes différentes par zones, et sur lequel les principales indications des plans parcellaires seront reportées et résumées. Pour faciliter la lecture de ce plan, il est bon d'adopter une échelle assez grande : 1/10.000 par exemple.

102. Évacuation des eaux non employées.

— En même temps qu'on étudie le mode de répartition des eaux, on doit se préoccuper de se ménager les moyens d'évacuer aux cours d'eau naturels celles qui ne sont pas utilisées. A l'aval de chaque saignée faite dans l'artère principale par un canal secondaire, les dimensions de ladite artère diminuent, et celle-ci ne saurait souvent écouler la dotation totale du canal dérivé. Or il arrive parfois que certains propriétaires, pour un motif ou pour un autre, n'ouvrent pas leurs vannes de prise ; quelquefois même, à la suite d'une longue période de pluies par exemple, aucun propriétaire ne consent à irriguer, et, dans ce cas, on doit néanmoins recevoir la dotation entière à la vanne de prise du canal secondaire et évacuer les eaux par un moyen quelconque. On peut donc être conduit, en cours d'exploitation, à fermer un ou plusieurs branchements d'une zone ; alors on doit se ménager les moyens d'évacuer les eaux que les artères amènent à ces branchements, sans causer de dommages aux propriétés riveraines.

Les cahiers des charges des concessions obligent, dans ce cas, les exploitants à rendre les eaux non utilisées ou devenues inutiles, aux ruisseaux naturels, ce qui se fait soit au moyen des déchargeoirs et des déversoirs établis sur les branches principales et secondaires, et dont nous avons déjà

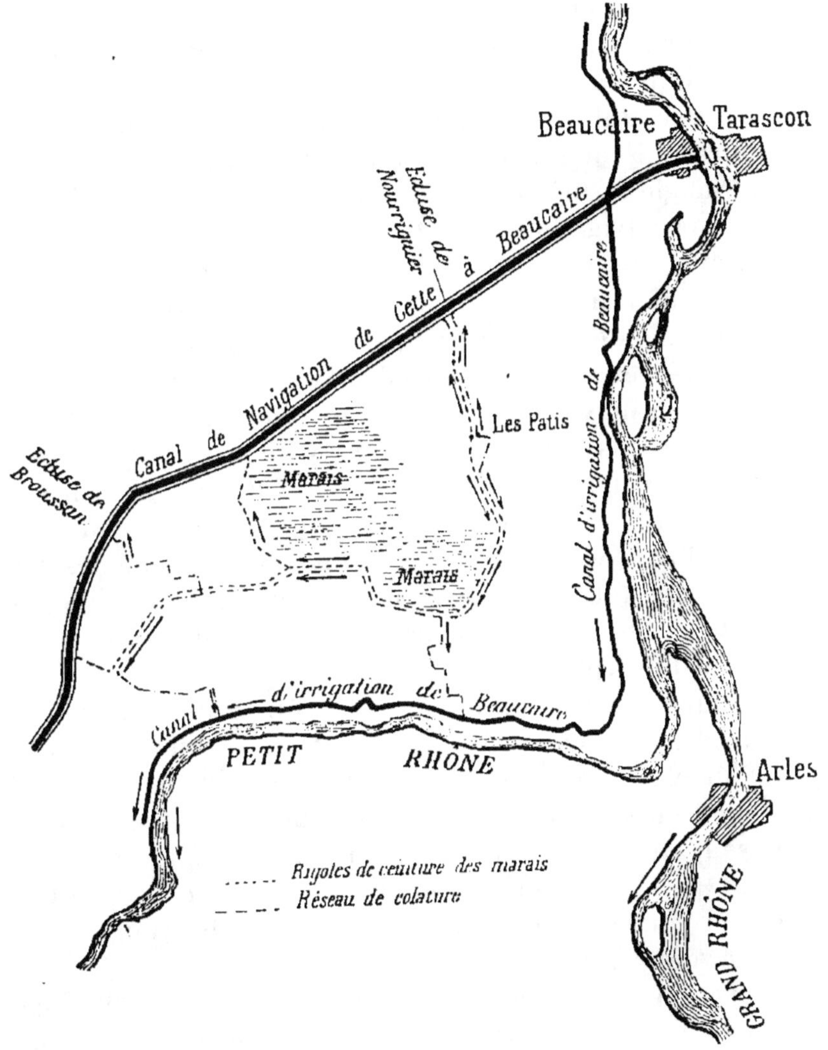

Fig. 416.

parlé (§ 38), soit au moyen de canaux de décharge, dits de fuite ou de colature.

Les eaux non utilisées sont les *eaux de fuite*. La surabondance des eaux employées à l'irrigation constitue les *eaux de colature*.

Lorsque le trop-plein est utilisé à l'arrosage d'un fonds inférieur immédiatement voisin, les eaux de second ou troisième emploi sont dites *eaux de versure*, jusqu'au moment où elles tombent dans les canaux de colature.

Les ouvrages de fuite et de colature ont quelquefois une véritable importance.

C'est ce qui arrive notamment au canal d'irrigation de Beaucaire, lequel sert à l'arrosage d'une plaine située dans un triangle formé par le grand Rhône, le petit Rhône et le canal de navigation de Cette à Beaucaire (*fig.* 416). La plaine présente une pente très faible depuis les deux bras du fleuve et le canal jusqu'à une cuvette qui se trouve au centre du triangle. Celle-ci est occupée par d'anciens marais aujourd'hui desséchés et préservés des eaux des terrains supérieurs voisins au moyen d'une digue et d'un canal de ceinture à deux versants conduisant les eaux qu'il recueille dans deux biefs du canal de navigation de Cette à Beaucaire. Pour éviter l'envahissement de cette cuvette naturelle par les eaux de colature des irrigations, on a dû établir, à côté des canaux d'arrosage, tout un réseau de colateurs dont l'un double le canal de ceinture des marais desséchés et les autres conduisent le surplus au Rhône.

L'étude des canaux de fuite doit être faite en même temps que celle des rigoles d'arrosage ; le tracé ou l'emplacement des ouvrages destinés à assurer d'une manière efficace l'évacuation aux ruisseaux naturels des eaux non employées doivent être reproduits sur les plans parcellaires dont nous avons parlé ci-dessus et, pour les canaux d'évacuation, on doit produire des profils en long, avec indication des profils en travers principaux.

Au contraire, les eaux de colature et de versure sont habituellement écoulées par les arrosants ou associations d'arrosants, à leurs frais, risques et périls, et le concessionnaire du canal n'a pas à y pouvoir. On ne les comprend pas dans le projet, parce que les propriétaires s'arrangent entre eux et utilisent aisément pour cela, sans dépenses et sans peine, les ravins et fossés les plus voisins, tandis que l'obligation légale, pour le concessionnaire ou l'exploitant du canal, d'aller rechercher la surabondance des eaux reçues par le propriétaire, et

de lui assurer un écoulement à tout prix, serait la source
d'une formidable exploitation contentieuse et procédurière,
l'art de tirer un profit de préjudices imaginaires en matière
de travaux publics ayant fait de grands progrès depuis un
quart de siècle. Il y a donc lieu de n'imposer au concessionnaire que l'écoulement des eaux de fuite, c'est-à-dire de
celles qui ne sont pas sorties de ses canaux pour être livrées
aux usagers.

103. Exemple d'une étude de répartition du débit. — A
titre d'exemple de ce qui précède, nous allons résumer
l'étude qui a été faite en vue de la détermination du débit à
affecter aux canaux secondaires et tertiaires de la première
zone de Vaucluse du canal de Pierrelatte (*fig. 417*).

a) *Répartition de la dotation.* — Le périmètre de cette zone,
comprise entre le Rhône et les rivières du Lauzon et du
Lez, embrasse une surface totale de 3.595 hectares, sur lesquels 2.980 sont arrosables.

Cette surface a été partagée en deux parties bien distinctes
à raison de leur situation topographique. La première dessert 380 hectares arrosables; elle comprend les terrains
situés à proximité du canal principal et qui, par suite, peuvent
être irrigués, sans l'intermédiaire de canaux secondaires, au
moyen de prises faites directement sur la branche principale.
Elle s'étend depuis cette dernière jusqu'à une ligne ACB
partant du Lez, passant à l'origine du canal tertiaire du
Lauzon et aboutissant à l'embouchure du Grand-Béal. La
seconde partie embrasse tous les terrains dont l'irrigation ne
peut se faire que par l'intermédiaire des canaux secondaires
et tertiaires; ils sont situés entre cette ligne ABC, le Lauzon
et le Lez. Le long du Rhône, il existe une bande de terrains
naturellement humides et n'ayant pas besoin d'arrosage; ils
occupent une largeur de 400 à 500 mètres en moyenne. La
surface dominée dans cette seconde partie est de 2.600 hectares.

L'arrosage de la première partie est assuré, comme nous
l'avons dit, au moyen de prises faites directement sur le
canal principal. Celui de la deuxième s'effectue au moyen

des eaux du canal secondaire n° 2 dit de Saint-Pierre,
qui occupe la ligne de faîte séparative des bassins du Lauzon

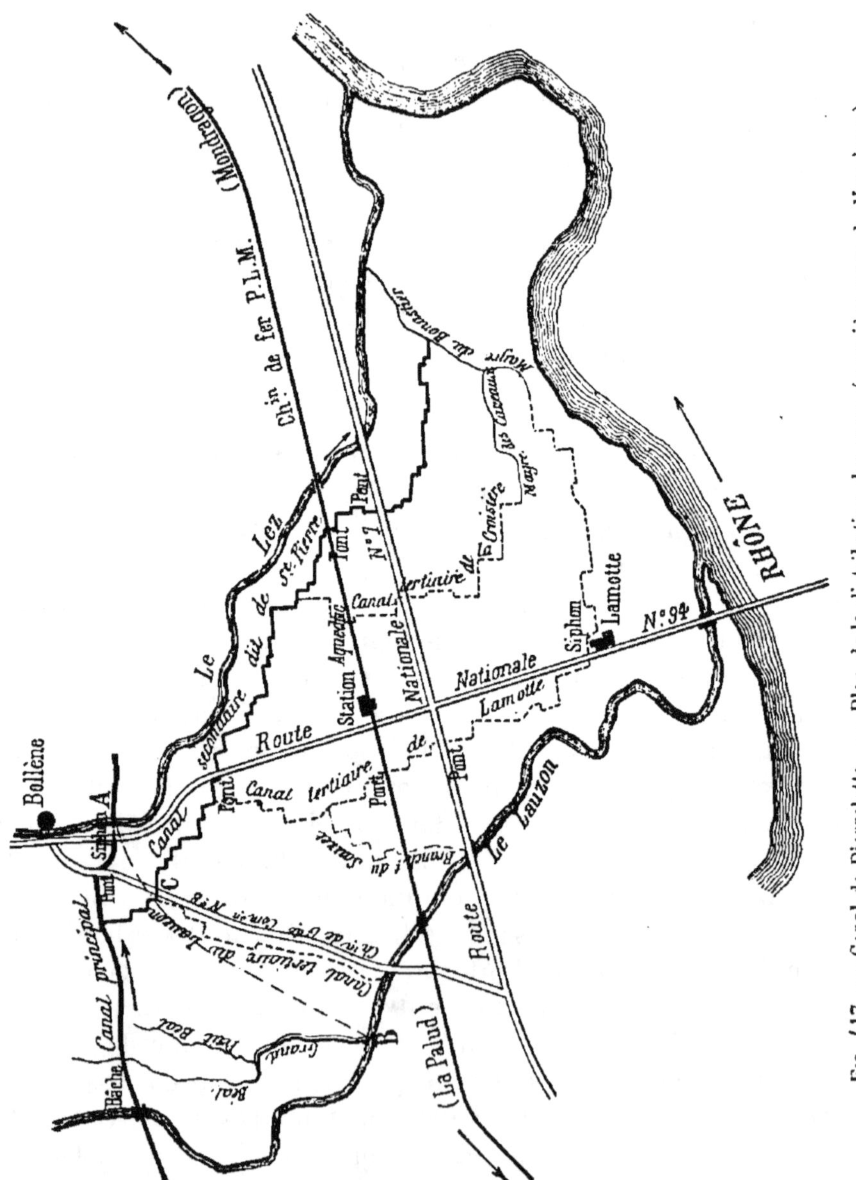

Fig. 417. — Canal de Pierrelatte. — Plan de la distribution des eaux (première zone de Vaucluse.)

et du Lez, et des divers branchements de tous ordres qui en
sont dérivés. Au point de vue de l'étude du système de distribution, la première partie a fait l'objet d'un projet spécial

le reste de la surface arrosable a été divisé en sections distinctes, alimentées chacunes par un branchement ; les branchements sont au nombre de quatre, correspondant aux diverses lignes de faîte secondaires rencontrées, de telle sorte que toute la surface arrosable peut être desservie au moyen de prises faites sur l'un ou l'autre de ces branchements.

Dans une première répartition générale du débit concédé au canal de Pierrelatte, on avait attribué à l'ensemble de la première zone un volume de 1.445 litres. Mais, quand on a levé le plan coté, on a reconnu qu'une surface de 605 hectares, susceptible d'exiger près de 400 litres d'eau, et regardée d'abord comme pouvant être desservie, se trouvait, en réalité, à un niveau trop élevé pour pouvoir recevoir les eaux. En même temps on a ramené le coefficient d'arrosage de la valeur de 0,40 préalablement arrêtée, au chiffre de 0,38. Dans ces conditions le débit à attribuer à la zone a été réduit de 1.445 litres à 1.130 litres, dont 130 litres pour la première partie et 1.000 pour la seconde.

Le coefficient d'arrosage est très variable d'un point à l'autre du périmètre du canal, suivant la nature du sol ; il s'élève jusqu'à 0,60 pour certaines parties où le terrain est très maigre et très caillouteux. Le chiffre de 0,38, admis ici, peut paraître un peu faible ; on l'a justifié en faisant remarquer qu'antérieurement à la construction du canal, cette zone était partiellement arrosée au moyen de canaux dérivés de la rivière du Lez et que, de plus, dans toute cette région, la terre est assez forte et, par suite, craint peu la sécheresse.

D'ailleurs, le coefficient d'arrosage n'est pas le même pour toute l'étendue de la première zone. Pour la première partie, celle qui reçoit directement l'eau du canal principal, et dont l'étendue est de 380 hectares, la dotation étant de 130 litres, le coefficient d'arrosage n'est que de 0,34. Mais ce chiffre est bien suffisant, attendu que, parmi les terrains qui la composent, ceux qui sont situés près du Lauzon ont plutôt besoin d'être assainis que d'être irrigués. Par contre, pour l'autre partie, on a adopté le coefficient d'arrosage de 0,39. En résumé, le chiffre de 0,38, comme coefficient moyen d'arrosage, est acceptable ; pour une surface dominée de

2.600 hectares, il correspond bien au débit de 1.000 litres qui a été attribué au canal desservant cette section.

On a dressé de la première zone un plan au 1/10.000 sur lequel on a tracé les courbes de niveau; il a été facile d'y diviser le périmètre de la deuxième partie en autant de sections ou bassins que le comporte la configuration du sol. On a, en outre, dressé un deuxième plan d'ensemble, ne portant pas de courbes de niveau, mais sur lequel on a indiqué, par une teinte spéciale, le périmètre arrosé par chaque canal, avec sa surface et le volume d'eau qui lui est attribué.

Pour déterminer le coefficient d'arrosage applicable à chaque bassin de la deuxième partie, on a tenu compte des conditions d'humidité ou de sécheresse dans lequel il se trouve et, aussi, des demandes plus ou moins nombreuses d'arrosage.

On a réparti comme suit, entre le canal secondaire n° 2 et les quatre artères qui en dérivent, le volume de 1.000 litres qui lui a été attribué.

Ñ̃ d'ordre	DÉSIGNATION DES CANAUX	LONGUEURS	SURFACE dominée	DÉBIT	COEFICIENT d'arrosage
		mètres	hectares	litres	
1	Canal secondaire n° 2 (à l'aval du canal tertiaire de la Croisière)..	10.255	1.120	400	0,36
2	Canal tertiaire du Lauzon........	2.600	290	100	0,34
3	— de Lamotte.........	8.791	730	300	0,41
4	— de la Croisière....	3.215	300	130	0,43
5	Branchement du Sauzet.........	2.348	160	70	0,43
	Totaux.........	27.209	2.600	1.000	
	et moyenne...				0,39

Tous les canaux qui y figurent ont été établis en vue d'un débit supérieur de 1/4 à leur dotation normale, ce qui permet de transporter suivant les besoins, au moment des arrosages, un plus fort volume d'eau, soit dans un bassin, soit dans un autre.

b) *Description sommaire des canaux.* — Le canal secondaire

n° 2, qui alimente les différents canaux énumérés au tableau ci-dessus, aboutit dans un fossé d'assainissement dit Mayre du Bonastier, qui lui sert d'émissaire de fuite et transporte au Lez l'excédent de ses eaux ; le débit de ce canal, qui est de 1.000 litres à l'origine, n'est plus que de 900 litres après l'embranchement du canal du Lauzon qui lui enlève 100 litres, de 470 litres au-delà du canal de Lamotte, qui dérive 430 litres, et enfin de 400 litres entre le canal de la Croisière et son extrémité. La surface totale qu'il est appelé à arroser est de 1.120 hectares. Une partie des terrains dominés par ce canal étant déjà arrosés directement par les eaux du Lez, on a admis pour le coefficient d'arrosage un chiffre inférieur à la moyenne de 0,39 ; on s'est arrêté, après tâtonnements, au coefficient de 0,36.

Le canal tertiaire du Lauzon longe sur presque tout son parcours le chemin de grande communication n° 8 et, dans la faible portion où il s'en écarte, il suit des limites de parcelles. Il se termine à la rivière du Lauzon, dans laquelle il jette les eaux non utilisées sur son parcours. Son débit est constant depuis son origine jusqu'à l'extrémité. Il traverse à peu près en son milieu le bassin de 290 hectares qu'il est destiné à irriguer. L'arrosage est assuré au moyen de rigoles construites au fur et à mesure des besoins. La surface qu'il dessert, surtout dans la partie voisine du Lauzon, est très humide ; aussi n'a-t-on affecté à ce canal qu'un coefficient d'arrosage encore plus faible que le précédent, soit 0,34.

Le canal tertiaire de Lamotte est le plus important. Il traverse le chemin de fer Paris-Lyon-Méditerranée sous un pont de 18 mètres de longueur qu'il a fallu construire pour lui livrer passage, et franchit la route nationale n° 7 au moyen d'un pont de 14 mètres ; enfin il passe en siphon sous la route nationale n° 94. Il est tracé, d'ailleurs, soit suivant des limites de parcelles, soit le long de chemins. Il aboutit à un fossé d'assainissement qui transporte ses eaux de fuite dans le Lez.

Ce canal donne naissance au branchement du Sauzet, dont il est question ci-après, et son débit, qui est de 370 litres à l'origine, n'est plus que de 300 litres au-delà de l'origine du branchement. La surface qu'il arrose directement ou au moyen de rigoles est de 730 hectares. Sauf une faible portion du périmètre, celle qui est voisine du Lauzon et du Rhône, les terres dominées par ce canal sont susceptibles d'utiliser l'eau dans des conditions avantageuses ; c'est pourquoi on lu a affecté un coefficient d'arrosage non seulement supérieur aux précédents, mais aussi plus fort que le coefficient moyen.

Le branchement du Sauzet est destiné à l'arrosage d'une surface de 160 hectares environ de terrains situés à droite du canal de Lamotte, sur lesquels on n'aurait pu porter l'eau de ce canal qu'en établissant des rigoles d'une grande longueur.

Ce branchement suit une ligne de faîte secondaire pour se terminer dans un fossé qui a son écoulement dans le Lauzon. Son débit étant inférieur à 100 litres, la cuvette en a été rendue étanche au moyen d'un revêtement en béton de chaux hydraulique.

Les surfaces arrosables par les eaux de ce branchement exigent beaucoup d'eau, ce qui explique la valeur élevée du coefficient qui lui a été affecté.

Enfin le canal tertiaire de la Croisière traverse le chemin de fer Paris-Lyon-Méditerranée sous un aqueduc existant, et a nécessité seulement la construction d'un aqueduc sous la route nationale n° 7. Il se jette dans un fossé d'assainissement tributaire du Lez. Il est appelé à desservir une surface de 300 hectares, s'étendant à peu près également à droite et à gauche de son tracé. Les terrains dominés par ce canal se trouvent sensiblement dans les mêmes conditions que ceux qui sont desservis par les eaux du branchement du Sauzet. Aussi a-t-on adopté le même coefficient d'irrigation pour ces deux artères.

c) *Écoulement des eaux.* — Nous avons déjà indiqué sommairement, dans la description qui précède, les moyens d'écoulement des eaux de fuite de chacun des canaux. On s'est ménagé ainsi les moyens d'évacuer, en cas de besoin, la totalité des 1.000 litres d'eau que peut débiter le canal secondaire de Saint-Pierre.

Il faut, en effet, remarquer qu'à l'aval de l'origine dudit canal secondaire, le canal principal n'a plus une section suffisante pour recevoir ces 1.000 litres, il faut donc que le premier soit capable d'évacuer le volume d'eau qui lui est attribué, en cas de non-utilisation. Ici, ce sont les fossés d'assainissement dans lesquels débouchent les diverses branches qui servent à l'évacuation des eaux en excès. Les sections types de ces branches ont été établies de manière à pouvoir débiter largement 1/2 en plus du volume d'eau qui leur est attribué ; elles peuvent débiter le même volume sur tout leur parcours, et il n'a pas été tenu compte de la diminution du débit de l'amont vers l'aval qui pourrait résulter de l'augmentation de la quantité d'eau absorbée sur leur parcours par les arrosages qu'ils desservent.

Le tableau suivant indique le volume d'eau qui peut être écoulé réellement par chacune des artères principales de la zone n° 1.

N°· D'ORDRE	DÉSIGNATION des CANAUX	DÉBIT ATTRIBUÉ	DÉBOUCHÉ EFFECTIF	DÉSIGNATION des ÉVACUATEURS
		litres	litres	
1	Canal secondaire............	400	550	Mayre du Bonastier.
2	— tertiaire du Lauzon.....	100	140	Rivière du Lauzon.
3	— tertiaire de Lamotte....	300	400	Mayre du Bonastier.
4	— tertiaire de la Croisière..	130	190	Mayre des Cazeaux.
5	Branchement du Sauzet.......	70	90	Rivière du Lauzon.
	Totaux	1.000	1.370	

On voit que le volume d'eau de 1.000 litres reçu à l'origine du canal secondaire sera facilement évacué, même si, pour un motif quelconque, l'un des canaux tertiaires ne pouvait recevoir la totalité du débit qui lui est attribué normalement.

104. Tracé et terrassements. — Une fois la dotation de chaque canal connue, il a fallu en étudier le tracé. Nous croyons, en conséquence, utile d'ajouter quelques mots relativement à ce tracé.

On a dressé un profil en long pour chacun des canaux

de distribution. On a cherché à placer la ligne du plafond à une cote telle que le plan d'eau soit à 0^m,20 ou 0^m,30 au-dessus du sol naturel, afin d'éviter la construction de barrages pour élever les eaux destinées à arroser les parcelles avoisinant le canal, et bien que cette sujétion ait nécessité de nombreux emprunts de terres.

D'une manière générale, les pentes du plafond sont telles que la vitesse de l'eau pour les parois en terre ne dépasse pas 1 mètre à la seconde ; des vitesses supérieures provoqueraient des affouillements.

Sauf les cas où la pente naturelle du sol ne s'y prête pas, les pentes sont comprises dans les limites suivantes :

1° Pour tous les débits supérieurs à 500 litres, la pente minimum est de 0^m,0005 par mètre, et on ne descend au dessous que lorsqu'il est absolument impossible de faire autrement.

La pente maximum qui, dans l'espèce, n'est jamais très forte, est déterminée par la condition que la vitesse doit être inférieure à 0^m,80 à la seconde. Cette vitesse est comprise, en général, entre 0^m,50 et 0^m,60 :

2° Pour les débits variant de 250 à 500 litres, la pente minimum est de 0^m,0006 par mètre, le maximum est de 0^m,005, et la moyenne varie entre 0^m,002 et 0^m,003 ;

3° Pour les débits compris entre 150 et 250 litres, la pente minimum est de 0^m,0007, et la pente maximum de 0^m,0008 ;

4° Pour les débits inférieurs à 150 litres, jusqu'à 100 litres, la pente minimum est de 0^m,0008 et la pente maximum, 0^m,01.

Pour tous les débits inférieurs à 100 litres, la cuvette du canal est revêtue. Il en est de même pour les canaux à faible pente, c'est-à-dire au-dessous de 0^m,001 par mètre, toutes les fois que le volume est inférieur à 250 litres. On a également prévu des revêtements dans toutes les parties en remblai des canaux susceptibles d'être submergés par les crues du Rhône.

Les sections applicables aux différents canaux ont été indiquées sur les profils en long, avec mention de la vitesse. En section courante, le profil affecte la forme d'un trapèze dont les talus intérieurs sont inclinés à 1/1, et les talus extérieurs à 3/2 ; dans les parties revêtues le talus intérieur est raidi et présente une inclinaison de 1/2 ou de 3/4, le talus extérieur restant toujours à 3/4.

La revanche varie avec la hauteur d'eau; elle est de 0ᵐ,15 pour les hauteurs inférieures à 0ᵐ,50; de 0ᵐ,20 pour les hauteurs comprises entre 0ᵐ,50 et 0ᵐ,80, et de 0ᵐ,25 pour les hauteurs supérieures.

La largeur des banquettes varie également avec la profondeur d'eau, dans les limites suivantes :

Hauteurs d'eau	Largeur des banquettes
Au-dessous de 0ᵐ,35.........	0ᵐ,30
De 0ᵐ,35 à 0 ,45.........	0 ,35
De 0 ,45 à 0 ,60.........	0 ,40
De 0 ,60 à 0 ,70.........	0 ,45
De 0 .70 à 0 ,85.........	0 ,50
De 0 .85 à 1 ,00.........	0 ,60
Au-delà de 1 ,00.........	0 ,80

Un sentier de 0ᵐ,50 pour les canaux secondaires et de 0ᵐ,40 pour tous les autres canaux est établi sur les deux rives, lorsque le canal est creusé entièrement en déblai.

La section des profils a été calculée au moyen des formules connues de Bazin. Mais, comme l'expérience des canaux de la région a permis de reconnaître que, sous l'influence de la végétation, le débit réel est inférieur de 1/4 à 1/5 au débit calculé, on a augmenté de 1/4 la surface résultant du calcul, et on a établi les sections en supposant la hauteur de l'eau égale à la largeur au plafond ; quand on a eu trouvé une section qui, avec la pente dont on dispose, fût capable de débiter le volume d'eau déterminé, on a ajouté le 1/4 de la surface en prenant toute l'augmentation dans la largeur du plafond, la hauteur de l'eau ne changeant pas.

Il en résulte que toujours, et dans tous les canaux, la largeur au plafond est supérieure à la hauteur de la lame d'eau, ce qui est avantageux, attendu que, à débit égal, lorsque le plafond est étroit, la cuvette s'engorge facilement, et le fond tend à se surélever.

La construction des canaux secondaires de la première zone du canal de Pierrelatte a nécessité l'établissement d'un certain nombre d'ouvrages d'art. Nous n'avons pas à revenir sur ce sujet que nous avons traité précédemment.

105. Cas où la répartition de la dotation est inutile. — Dans les régions où l'arrosage n'exige pas de très grandes quantités d'eau, et lorsque le volume disponible est suffisant pour permettre de desservir la totalité du périmètre dominé, on ne se préoccupe pas de répartir la dotation entre les diverses zones et l'on se contente de donner aux canaux secondaires des dimensions telles qu'ils puissent débiter, au besoin, la quantité d'eau nécessaire à l'arrosage de toute la surface qu'ils dominent. Ce cas se présente notamment au canal du Forez, et nous avons choisi, comme exemple d'un projet de rigoles de distribution, celui des rigoles du Syndicat de la Prairie (*fig*. 418).

Le périmètre arrosable est compris entre la branche-mère du canal du Forez, la route départementale n° 2, le chemin des Bichaisons, deux fossés de desséchement, dits *fossés maîtraux* de Montferrand et des Baraillons[1], et une ligne de faîte du terrain qui va rejoindre la branche-mère du canal aux Tourettes basses.

Ce périmètre, dont la superficie totale est de 120 hectares, comprend à l'ouest un versant à pente rapide placé entre le canal principal et la cuvette de l'étang Portier, et à l'est de cet étang, une vaste prairie extrêmement morcelée, dont le sol est très faiblement accidenté. On y distingue cependant deux lignes de faîte principales ; la plus caractérisée est occupée par le lit du ruisseau de Montferrand[2] ; autre, souvent indécise, se place à peu près à égale distance de ce ruisseau et du fossé maîtral qui porte son nom.

De cette disposition des lieux résulte celle des rigoles d'irrigation. La prise d'eau est placée sur la branche-mère, vers la limite nord du périmètre arrosable, parce que c'est en

---

[1] Dans la plaine du Forez on désigne sous le nom de *fossés maîtraux*, des canaux établis en vue de conduire aux cours d'eau naturels qui sillonnent la plaine les eaux pluviales, lesquelles, sans la présence de ces émissaires, s'accumuleraient à la surface, e sous-sol étant d'une nature argileuse et par suite imperméable.

[2] Il existe dans la plaine du Forez plusieurs exemples de ce fait anormal d'un cours d'eau naturel dont le lit coule suivant une ligne de faîte. Toutefois les ondulations sont si peu prononcées que, seule, une opération de nivellement permet de constater l'emplacement des thalwegs et des lignes de faîte.

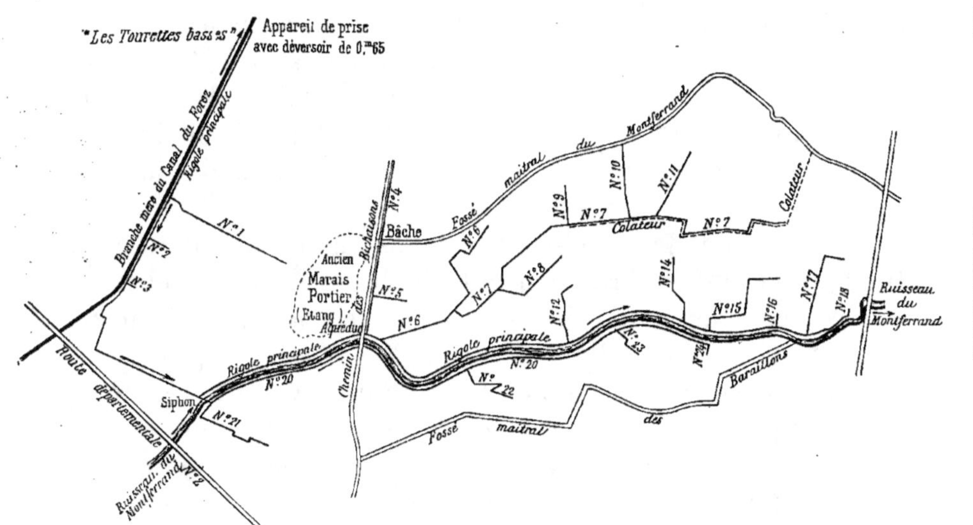

Fig. 418. — Canal du Forez. — Rigoles de distribution du Syndicat de la Prairie (canal du Forez).

ce point que la construction de l'ouvrage est le plus facile. Une rigole principale longe le canal principal à contre-pente jusqu'au voisinage de la route départementale n° 2, de façon à dominer tout le versant supérieur à l'étang Portier. A cause de la grande pente transversale du terrain, le périmètre dominé n'est pas sensiblement diminué par cette disposition un peu anormale, et l'on évite d'établir une prise d'eau dans la tranchée profonde que traverse la route départementale.

Arrivé près de cette route, le tracé de la rigole se retourne à angle droit et rejoint la rive gauche du ruisseau de Montferrand par une série de chutes ; il longe ensuite la berge du ruisseau jusqu'à l'extrémité Est du terrain dominé.

Enfin, comme le ruisseau de Montferrand ne peut pas être traversé par les petites ramifications qui desservent directement les propriétés particulières, on a dû établir encore, sur la rive droite de ce cours d'eau, une artère parallèle à la rigole principale qui domine tous les terrains de la rive droite.

Sur chacune des rigoles dont nous venons d'indiquer le tracé, viennent se brancher des rigoles secondaires plus ou moins importantes disposées de manière à amener l'eau en tête de chaque parcelle souscrite. Comme la propriété est très morcelée, ces branches sont naturellement très nombreuses; pour les distinguer, on a donné à chacune d'elles un numéro qui est inscrit sur le plan ; les artères secondaires qui prennent naissance à gauche de la rigole principale ont reçu des numéros croissant de l'amont vers l'aval, de 1 à 19 ; celles de la rive droite ont été numérotées dans le même ordre 20 à 24.

La rigole principale a une longueur de 2.900 mètres. Elle présente sur toute sa longueur une section capable d'écouler toute l'eau débitée par la prise d'eau, de façon à la rendre à l'aval au Montferrand, si, pour une raison quelconque, l'un des arrosants néglige ou refuse de se servir des eaux pendant le temps qui lui est assigné.

Le profil en travers affecte la forme d'un trapèze ayant $0^m,40$ au plafond et une profondeur égale. Les talus sont inclinés à 3 de base pour 2 de hauteur, et les bourrelets latéraux ont, dans les parties en remblai, 0^m,45 de largeur en couronne. Avec une hauteur d'eau de 0^m,30 qui laisse une revanche de 0^m,10, et la plus faible pente (0^m,001), cette rigole peut écouler 69 litres à la seconde, ce qui, avec la proportion admise dans la région, de 1/2 litre par hectare, permet d'irriguer 138 hectares. Cette superficie est supérieure à celle du périmètre dominé ; de plus, il n'y a pas à espérer que la surface entière arrive jamais à être souscrite. On a donc donné à la rigole des dimensions plus fortes qu'il n'était nécessaire.

Les rigoles secondaires, dont la plus importante ne domine pas plus du 1/3 du périmètre arrosable, ont reçu une section plus faible : la largeur au plafond est réduite à 0^m,30 et reste toujours égale à la profondeur ; les bourrelets latéraux n'ont que 0^m,35 en couronne ; avec la même revanche de 0^m,10, c'est-à-dire avec une hauteur d'eau de 0^m,20, ces rigoles débitent 30 litres à la seconde.

En ce qui concerne les profils en long, la plus faible pente admise pour la rigole principale est de 0^m,001 ; pour les ramifications secondaires, elle est de 0^m,002. Des chutes en maçonnerie disposées de façon à diminuer autant que possible les terrassements et les largeurs d'emprises ont été placées au point où la pente du sol est très forte.

La nécessité de faire suivre au tracé la limite des parcelles pour en éviter le morcellement a obligé de traverser en remblai quelques-unes d'entre elles ; comme les terrains rencontrés sont en grande partie sablonneux, il a été nécessaire d'étancher la cuvette des diverses rigoles dans une partie de leur longueur au moyen d'un corroi en béton de chaux bien pilonné et tassé, de 0^m,15 d'épaisseur.

L'écoulement des eaux de fuite et de colature se fait naturellement en beaucoup de points par les fossés d'assainissement existants. Toutefois, pour assurer l'écoulement des colatures des parcelles situées entre le Montferrand et la rigole secondaire n° 7, on a dû ouvrir, pour le compte des propriétaires intéressés, le long de celle-ci, et en suivant les mêmes limites de parcelles, un fossé pouvant écouler les eaux que cette artère arrête en certains points. Ce fossé a une largeur de 0^m,40 au plafond avec une profondeur variable de 0^m,80 à 0^m,83, cette dernière profondeur, tout à fait exceptionnelle, étant admise seulement pour laisser à la partie inférieure du fossé une pente de 0^m,002.

Les ouvrages d'art, conformes aux types adoptés, sont de peu d'importance et consistent seulement en une prise d'eau avec appareil de jauge, bâches pour la traversée des fossés, aqueducs en béton de ciment pour la traversée des chemins, chutes en maçonnerie et vannes d'arrêt et de dérivation à l'origine des rigoles secondaires.

CHAPITRE XI

DISTRIBUTION DES EAUX DES CANAUX D'IRRIGATION

106. Bases de la distribution. — Dans ce qui précède nous nous sommes occupé uniquement de la construction des divers canaux et ouvrages nécessaires pour amener l'eau en tête de chaque propriété à irriguer; il nous faut maintenant nous occuper de ce qu'on peut appeler l'*exploitation technique* des canaux.

L'alimentation des rigoles de distribution, c'est-à-dire la livraison aux intéressés des eaux auxquelles ils ont souscrit, doit se faire d'une façon méthodique, car il suffit de deux ou trois arrosages manqués pendant les fortes chaleurs pour compromettre une récolte et causer une perte considérable. Il est nécessaire également que cette distribution ait lieu régulièrement, si l'on veut éviter les gaspillages et assurer une bonne utilisation des eaux.

Pour obtenir une répartition régulière et économique des eaux transportées par ces canaux, il est indispensable de régler avec la plus grande précision la quantité à introduire dans chaque rigole, en calculant le temps que l'eau doit employer pour circuler d'une prise à la suivante; de fixer exactement l'ordre dans lequel elle sera livrée à chaque propriétaire et le temps durant lequel chaque prise restera ouverte; enfin d'assurer, par une surveillance active et constante, la répression des abus et des fraudes.

Nous avons vu que la quantité d'eau nécessaire à l'irrigation des diverses cultures a généralement pour valeur moyenne un débit continu de 1 litre par seconde et par hectare. Nous avons fait remarquer aussi que ce n'est là qu'un mode de supputation du nombre d'hectares qu'un canal pourra arroser, l'arrosage ne pouvant utilement se faire qu'en certaines saisons, à des intervalles déterminés, et chaque arrosage devant déverser en quelques heures 7 à 800.000 litres sur un seul hectare. D'autre part, dans des rigoles trop petites, à long parcours, la proportion des pertes par imbibition au débit de la rigole serait trop considérable si l'arrosage était continu.

Il convient donc d'adopter un chiffre minimum pour le débit d'une rigole d'intérêt collectif qui doit desservir les propriétaires à tour de rôle.

La quantité d'eau par unité de temps et par hectare mise à la disposition d'un groupe d'usagers correspond en général à un débit constant, quelle que soit l'étendue de leurs propriétés; la durée seule de l'arrosage varie, de telle sorte que si, pour l'irrigation d'une surface d'un hectare, on emploie tous les sept jours un volume de 30 litres coulant pendant cinq heures, l'arrosage d'une parcelle de 3 hectares nécessitera chaque semaine le même volume de 30 litres pendant $3 \times 5 = 15$ heures.

Dans les contrées où, la propriété étant très morcelée, le nombre des irrigants est considérable, on est obligé de recourir aux arrosages de nuit. On cherche alors à régler la périodicité des arrosages de telle manière que chacun supporte à tour de rôle la sujétion des manœuvres de nuit; d'autres fois, c'est pour une campagne d'arrosage que dure l'obligation des manœuvres nocturnes.

Sur certains canaux, quelques propriétaires reçoivent l'eau par des prises spéciales, d'une manière continue, et l'emmagasinent pour l'utiliser comme bon leur semble. Mais le plus grand nombre sont alimentés périodiquement par des prises communes ou d'intérêt collectif. Ils sont, à cet effet, desservis par un même canal tertiaire s'embranchant soit sur le canal principal, soit sur un des canaux secondaires.

Lorsque la surface totale arrosable dominée par une de ces rigoles tertiaires ne dépasse pas une certaine proportion relativement au débit de la rigole, il est possible d'assurer successivement l'alimentation de toutes les prises particulières pendant chaque période d'arrosage, en livrant toute l'eau à tour de rôle aux divers usagers. Si, reprenant l'exemple précédent, nous supposons qu'on donne à 1 hectare un arrosage hebdomadaire à raison de 30 litres par seconde pendant cinq heures, pendant les cent soixante-huit heures que comprend la semaine, on pourra irriguer $\frac{168}{5} = 33^{\text{ha}},60$.

Ce chiffre est évidemment exagéré, puisqu'il ne tient pas compte des pertes de temps dues aux manœuvres et à la durée de l'écoulement de l'eau dans les canaux. Au canal de Manosque on prend 30 hectares comme maximum de la surface pouvant être desservie par un même canal tertiaire de cet ordre.

Au-delà de cette surface il est indispensable de livrer l'eau simultanément à deux ou plusieurs propriétaires et d'augmenter en conséquence le débit de la rigole. Dans toute surface comprise entre 30 et 60 hectares on dessert à la fois deux propriétaires, et le canal tertiaire, qui est dit à deux arrosages, doit avoir un débit double de la première rigole.

Au-delà de 60 hectares, et jusqu'à 90, on établit un canal tertiaire à trois arrosages et on donne l'eau à la fois à trois usagers.

On assure la répartition entre les usagers desservis par une rigole à un seul arrosage au moyen des dispositions suivantes:

Chaque usager prend à son tour, et pendant le temps prescrit par le règlement des arrosages, la totalité de l'eau que débite le canal tertiaire, la rigole, ou la sous-rigole qui le dessert. Les prises alimentées par le même canal tertiaire sont desservies de l'aval à l'amont en commençant par la plus éloignée, comme l'indique la figure 419, où les prises particulières sont indiquées par des chiffres et sont manœuvrées en suivant l'ordre croissant des numéros.

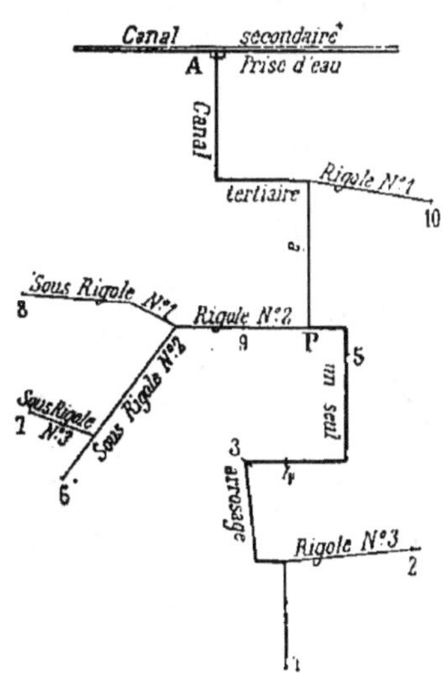

Fig. 419.

A l'heure prescrite par le règlement chaque arrosant

du canal de Manosque barre lui-même la rigole qui le dessert, immédiatement à l'aval de sa prise, et en même temps ouvre celle-ci. Les deux petites vannes qu'il a à construire pour cela, l'une en travers de la rigole, l'autre latéralement, constituent sa prise particulière et sont établies à ses frais; ce sont le plus souvent de simples planches en bois munies d'une poignée, coulissant entre deux rainures.

Au point où une rigole d'intérêt collectif s'embranche sur un canal tertiaire, P de la figure 419, par exemple, doit se placer une double vanne permettant de diriger l'eau à volonté dans le canal ou dans la rigole. Cette prise est établie par le service du canal et généralement manœuvrée par un garde, attendu que le propriétaire de la prise particulière n° 6 qui doit être desservi le premier par la prise d'intérêt collectif P peut être assez éloigné du point P, et aussi parce que celle-ci intéresse plusieurs usagers et que, si elle est ouverte en dehors des heures réglementaires, il peut être difficile de trouver l'auteur du détournement.

Si l'une des lignes de faîte secondaires rencontrées par le canal domine plus de 30 hectares, sans que cette surface dépasse 60 hectares, on doit établir, nous le savons, un canal tertiaire à deux arrosages et organiser les irrigations de manière que deux propriétaires arrosent en même temps pendant la totalité ou une partie du temps pendant lequel la prise d'eau placée en tête de ce canal tertiaire reste ouverte.

Dans la répartition on admet en principe que les deux propriétaires arrosant simultanément ne seront jamais placés sur la même rigole; il est nécessaire que le volume d'eau jaugé en tête

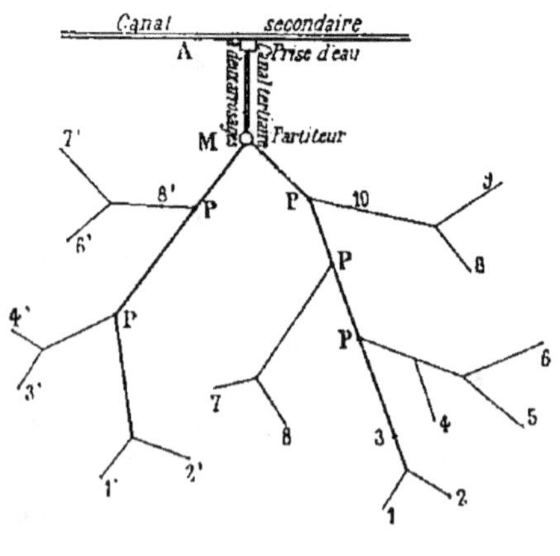

Fig. 420.

du canal de distribution soit exactement partagé entre eux à l'aide d'un partiteur placé à l'une des principales bifurcations.

La disposition des rigoles et des partiteurs peut varier suivant les cas. Nous donnons (*fig.* 420 et 421) les schémas de deux cas qui se sont présentés en pratique.

Dans ces deux figures l'ordre d'arrosage est indiqué par la numérotation des prises particulières, lesquelles sont réparties en deux séries distinguées par un accent. Pour les

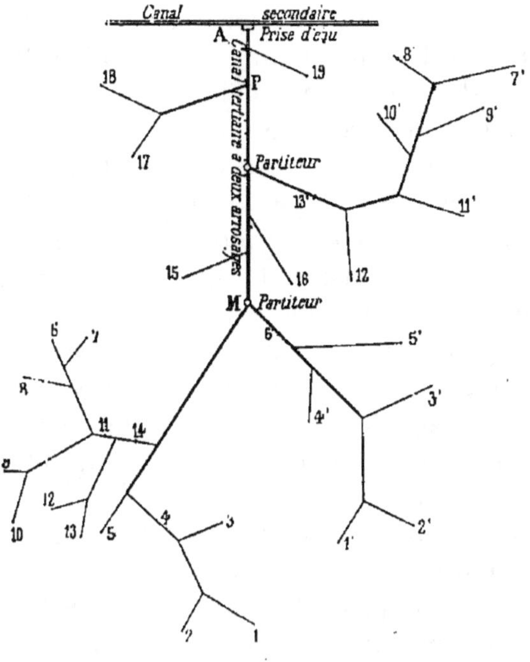

Fig. 421.

deux séries les arrosages commencent en même temps et par le n° 1. On conçoit facilement le fonctionnement des ouvrages. Toutes les prises placées en tête des rigoles, le plus grand nombre des prises sur rigoles et les partiteurs, quand leurs deux orifices ne doivent pas rester ouverts en permanence (ce qui est le cas de la figure 421), sont manœuvrés ordinairement par les gardes. C'est le système suivi aux canaux du Forez et de Manosque; il prévient tout détournement d'eau.

On peut objecter que, dans ce système, à chacune des manœuvres de prises particulières correspond une manœuvre pour les gardes, ce qui exige un nombreux personnel pour que leur service soit possible. Cette crainte paraît avoir inspiré notamment la société du canal de la Bourne, laquelle laisse aux usagers le soin de prendre l'eau sur les canaux d'adduction, en ouvrant eux-mêmes les prises avec appareil de jauge placées en tête des rigoles. Les gardes n'ont plus alors qu'un service de police et de surveillance ; ils sont chargés, en ce qui concerne les prises d'eau, de régler sur la tige des vannettes de distribution, la position d'un curseur à vis qu'ils peuvent seuls manœuvrer à l'aide d'une clef spéciale, et qui est destiné à empêcher les arrosants de lever la vanne à une hauteur trop grande (§ 98).

Quoique, au premier abord, cette simplification de service paraisse devoir procurer une sérieuse économie, il est facile de comprendre que les irrigations ne peuvent se faire régulièrement que si les gardes chargés de la surveillance et de la police font de très fréquentes tournées ; par suite, la longueur des rigoles et canaux à confier à un agent n'est pas beaucoup plus grande dans ce cas que dans l'autre.

Au canal du Verdon, ce sont les gardes chargés de la surveillance qui seuls manœuvrent les vannes établies à l'origine de chaque rigole.

Sans vouloir prétendre qu'on doive d'une manière absolue confier aux employés de l'administration du canal la manœuvre de tous les appareils d'intérêt collectif, nous croyons que ce dernier système est préférable, car, s'il est un peu plus coûteux, il est sans contredit beaucoup plus sûr. D'ailleurs, quand les gardes sont chargés de la manœuvre de tous les appareils, ils sont absolument forcés de faire leurs tournées régulièrement, et leur surveillance est beaucoup plus active. On peut enfin admettre quelquefois des exceptions en ce qui concerne les prises d'eau des rigoles, lorsqu'une prise n'intéressera que deux ou même trois propriétaires ; on peut souvent en confier la manœuvre aux intéressés sans qu'il en résulte aucun abus, parce que ces derniers se surveillent réciproquement avec facilité, ce qui permet de ramener à un chiffre raisonnable le nombre des appareils manœuvrés par les gardes.

Quand la surface dominée par un canal tertiaire est comprise entre 60 et 90 hectares par exemple, on peut employer une rigole à trois arrosages. Au delà il devient nécessaire de construire une branche secondaire spéciale qui, elle-même, dessert le périmètre par l'intermédiaire de canaux tertiaires et de rigoles, ainsi que nous venons de l'expliquer.

107. Confection des tableaux d'arrosage. — Quand, dans un canal d'irrigation, on connaît l'étendue des parcelles à desservir, la position des prises, et qu'on s'est fixé l'unité d'eau par hectare, ainsi que la durée et la périodicité des arrosages, on doit, avant le commencement de chaque saison d'irrigation, arrêter pour la campagne suivante un tableau déterminant pour toute la durée de la saison les heures d'ouverture et de fermeture des prises de chaque propriétaire recevant l'eau périodiquement.

Assez souvent ce sont les conducteurs des Ponts et Chaussées qui sont chargés de la préparation de ces tableaux pour le compte des syndicats ou des départements. Ce travail demande beaucoup de soin de la part des agents qui en sont chargés. Pour en faire comprendre le mécanisme, nous prendrons un exemple, celui du canal de la Bosque-de-Berre (Bouches-du-Rhône), qui est administré par les agents du service de l'Hydraulique agricole pour le compte du syndicat concessionnaire.

La dotation du canal est de 300 litres ; il domine une surface arrosable de 545 hectares. La surface souscrite pendant la campagne considérée a été de 90 hectares environ.

On a admis que la quantité d'eau à livrer par hectare serait de 35 litres par seconde coulant pendant quatre heures et demie. La périodicité des arrosages est de six jours et quart ou cent cinquante heures, afin de répartir entre tous les souscripteurs la sujétion des arrosages de nuit.

Dans cet intervalle de cent cinquante heures qui sépare deux arrosages successifs, on doit pouvoir fournir l'eau à chaque hectare pendant quatre heures et demie, et avoir, en outre, le temps nécessaire pour remplir les rigoles. On a, en conséquence partagé la surface en trois sections d'arrosage de 30 hectares chacune ; chacun de ces trois arrosages prend un temps de $30 \times 4^h 1/2 = 135$ heures, de sorte qu'il reste, pour assurer le remplissage des rigoles, un espace de temps de quinze heures, bien suffisant dans l'espèce. Dans ces conditions le débit du canal doit être de $3 \times 35 = 105$ litres; il est,

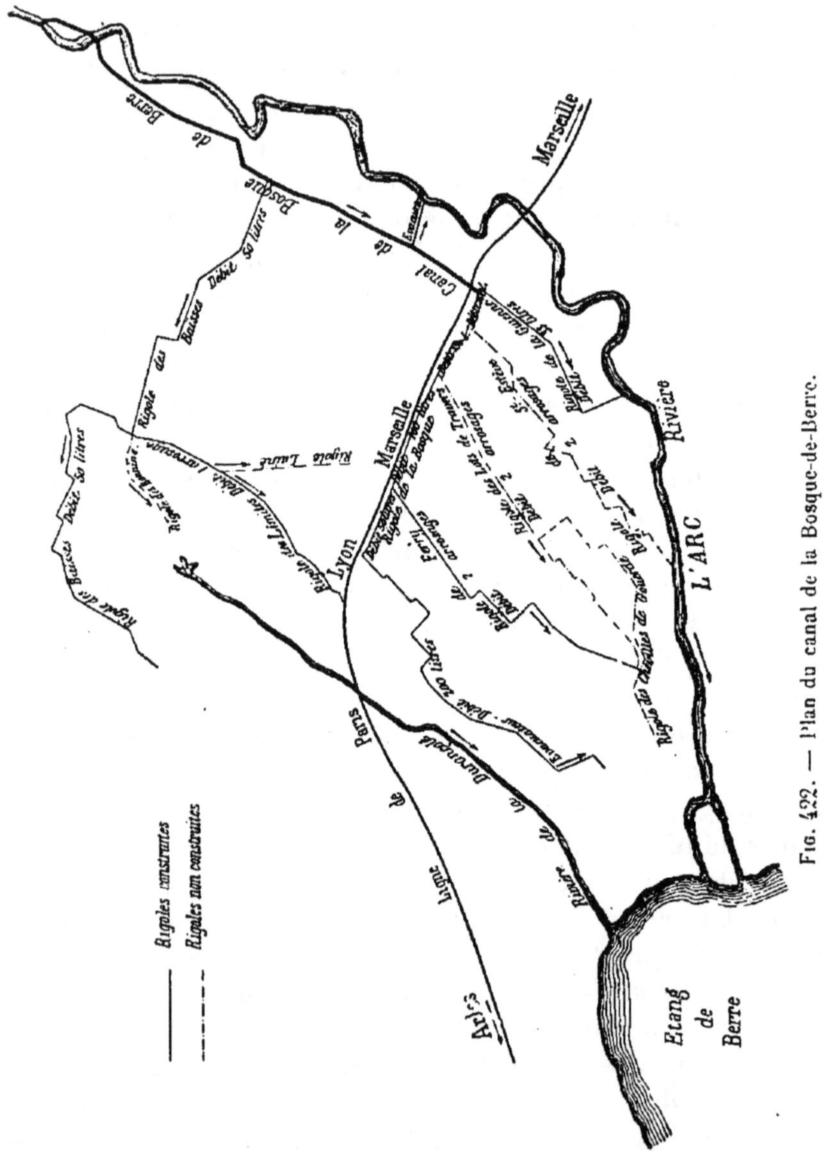

Fig. 422. — Plan du canal de la Bosque-de-Berre.

en réalité, porté à 120 litres, pour permettre de desservir une concession à débit continu de 15 litres, sur la rigole des Baïsses (*fig.* 422).

Pour déterminer les heures d'ouverture et de fermeture des prises dans chacune des trois séries d'arrosage, on dresse un graphique analogue à celui qui est représenté par la planche XV, et dont nous allons indiquer le mécanisme.

Portons, en haut de la feuille, sur une bande horizontale, des longueurs représentant les jours et heures de la saison d'arrosage, c'est-à-dire depuis le 1er avril à minuit jusqu'au 17 octobre à minuit.

Nous pouvons représenter graphiquement la durée des divers arrosages au moyen de traits horizontaux tracés entre les limites de cette durée. Par exemple la ligne AB (*fig.* 423) représente un arrosage commençant le 1er avril à six heures du soir et finissant le 2 avril à quatre heures et demie du matin. On conçoit que, de cette façon, on puisse indiquer par des traits séparés les époques et les durées d'irrigation de chaque parcelle et vérifier si elles ne se gênent pas mutuellement.

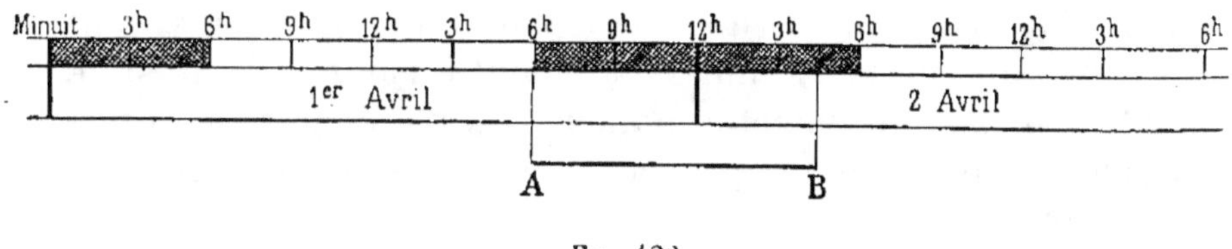

Fig. 423.

Eu égard aux conditions d'exploitation du canal de la Bosque-de-Berre, les heures d'ouverture et de fermeture de chaque prise se retrouvent les mêmes de quatre en quatre arrosages. En effet on a vu plus haut que l'irrigation de chaque parcelle a lieu tous les six jours et quart, et, en multipliant par 4 cet intervalle de six jours et quart, on retrouve un nombre entier de vingt-cinq jours. Or, la campagne étant de deux cents jours, soit huit fois cette période, chaque propriétaire reçoit l'eau $\frac{200}{6,25} = 32$ fois. Il résulte de ce qui précède que, sur ces 32 ouvertures de chaque prise, $\frac{32}{4} = 8$ auront lieu à la même heure que la première, 8 à la même heure que la seconde, 8 à la même heure que la troisième et

8 à la même heure que la quatrième. Il suffit donc de déterminer les heures d'ouverture pour la première période de ces quatre opérations ; les mêmes heures se reproduisent ensuite périodiquement. Grâce à cette circonstance, on peut simplifier les graphiques et grouper les deux cents jours d'arrosage en huit séries de vingt-cinq jours chacune, ce qui permet de donner au tableau une forme condensée et pourtant claire, qui se rapproche de celle des calendriers dits perpétuels.

Il est dès lors facile de fixer les heures d'ouverture et de fermeture des diverses prises. Dans chacune des trois sections d'arrosage on combine le fonctionnement de ces prises en s'arrangeant de telle manière que le garde chargé des manœuvres ait le temps matériel nécessaire pour effectuer toutes les opérations d'ouverture et de fermeture qui lui incombent. Les diverses prises situées sur une même rigole d'intérêt collectif, et dont la manœuvre est assurée par les propriétaires, doivent être desservies en commençant par la plus éloignée de la prise sur le canal alimentaire, puis vient le tour de la propriété immédiatement à l'amont, et ainsi de suite. En agissant de cette manière, on réduit au strict minimum la durée du temps nécessaire à ces manœuvres. De plus, on évite de perdre, en passant d'une rigole à l'autre, tout le volume d'eau contenu dans la première, comme la chose se produirait si l'on desservait les prises en s'éloignant du canal alimentaire.

Le garde, après s'être assuré qu'aucun obstacle ne gêne le remplissage de la rigole au moment de l'ouverture de sa prise, n'a plus à s'occuper de cette rigole.

Chaque arrosant ne manœuvre sa vanne que pour prendre l'eau à l'heure qui lui est assignée. Le propriétaire d'amont, en ouvrant sa vanne, interrompt au moment voulu l'arrosage de la propriété immédiatement en aval.

Il importe de remarquer que, si sur chaque rigole le tour d'arrosage s'établit invariablement de l'aval à l'amont, ainsi qu'il vient d'être expliqué, cette règle ne s'impose pas pour l'ordre de distribution entre les prises directement opérées sur le canal principal, soit par des arrosages particuliers, soit par des rigoles collectives ; on a, au contraire, été conduit dans la pratique à suivre dans chaque groupe l'ordre des distances à l'origine du canal.

Il importe également de remarquer que la répartition des arrosants en groupes ne correspond pas à la distribution géographique des rigoles ; on se rendra aisément compte de la répartition effective en se reportant à la figure schématique 424, sur laquelle chaque rigole est figurée par un trait distinct indiquant dans quel groupe elle a été classée.

Ces principes une fois établis, reportons-nous au tableau de la planche XV et examinons par quel mécanisme il représente la périodicité de la distribution.

La colonne de gauche, intitulée : *Numéros des arrosages*, correspond aux trois groupes dont il a été parlé plus haut, et qui sont figurés par le schéma (*fig.* 424).

Chaque trait noir plein, sur lequel est inscrit le nom d'un propriétaire, indique par sa longueur la durée pendant laquelle on lui donne l'eau pour un arrosage, durée qui est la même pour chacun de ses 32 arrosages.

A la partie supérieure du tableau, se trouve la double ligne dont on a expliqué l'usage à la figure 423. Chacune des cases de la ligne supérieure représente une heure : les cases blanches indiquent les heures de jour, les cases couvertes de hachures indiquent les heures de nuit. Pour éviter de surcharger inutilement le tableau, on s'est borné à numéroter les heures de trois en trois, mais elles doivent être toutes considérées comme numérotées.

La ligne inférieure indique, pour chaque période de vingt-quatre heures, les dates auxquelles l'arrosage revient à la même heure. Les coches noires figurées dans cette ligne inférieure la séparent en intervalles de vingt-quatre heures.

Nous avons vu plus haut que la période de temps nécessaire pour servir une fois tous les arrosants est de six jours et quart, et qu'au bout de quatre fois six jours et quart, soit six cents heures, les arrosages recommencent pour chaque propriétaire aux mêmes heures. Il est donc inutile de donner à la ligne supérieure plus de 600 cases, puisqu'au delà le tableau se reproduirait identique à lui-même pour les dates postérieures.

Mais on peut encore réduire sa longueur en remarquant

que, dans les périodes successives de six jours et quart, représentant le tour complet d'un seul arrosage pour chaque propriété, l'ordre des arrosages et la durée consacrée à chaque propriété restent les mêmes : il n'y a de changé que le point de départ ou l'heure d'arrosage du premier arrosant et, par suite, de tous les autres ; en conséquence, le tableau des traits noirs placés vis-à-vis les nombres 1, 2 et 3 de la colonne de gauche se reproduit quatre fois identique à lui-même, et, pour ne l'écrire qu'une fois, on a partagé la double ligne de six cents heures et des dates correspondantes, en quatre parties égales de cent cinquante heures, ou six jours et quart, qu'on a placées au-dessous les unes des autres, de telle sorte qu'au-dessus du trait noir horizontal qui indique la durée d'un arrosage pour une propriété, une ligne tirée verticalement de l'origine ou de la fin de ce trait noir rencontrera successivement et indiquera les heures et groupes de dates correspondant à l'origine et à la fin de chacun des trente-deux arrosages de ladite propriété.

L'inscription des dates se fera sans difficulté : l'intervalle compris entre deux coches noires de la ligne inférieure représentant un jour de vingt-quatre heures, il y a vingt-cinq intervalles de ce genre. Or, la saison d'arrosage commençant le 1er avril, on écrit 1er avril dans le premier intervalle, 2 avril dans le second, 3 avril dans le troisième, et ainsi de suite; on arrive ainsi à écrire 25 avril dans le dernier intervalle, et, comme les opérations recommencent alors dans le même ordre et aux mêmes heures après vingt-cinq jours (4 fois six jours et quart), on écrit 26 avril dans le premier intervalle, 27 dans le second, et l'on continue ainsi en revenant à la première case quand les cases sont épuisées, jusqu'à ce qu'on soit arrivé à inscrire le 17 octobre, fin de la saison d'arrosage. Toutes les dates comprises dans le même intervalle entre deux coches noires sont celles des jours où l'arrosage d'une propriété commencera à l'heure correspondant verticalement à l'origine du trait noir relatif à cette propriété.

Les parties de traits noirs indiquées en pointillé [exemples: rigole Guien (Albert), 2° groupe ; rigole Tavernier, 3° groupe] correspondent à la période de temps à ménager, dans certains cas, pour laisser l'eau arriver à la prise qu'il s'agit d'alimenter.

Les lettres O et F qui limitent les traits noirs signifient ouverture et fermeture des prises.

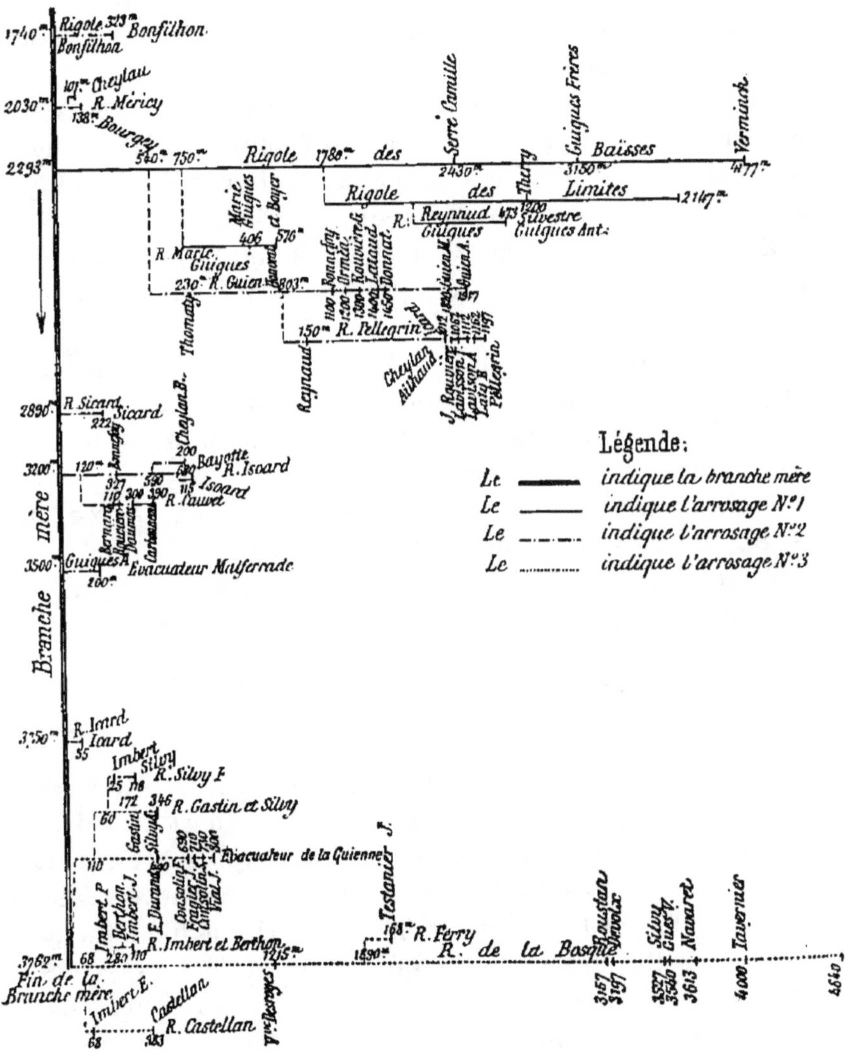

Fig. 424.

Appliquons ces données à quelques exemples, et d'abord au premier groupe, et en particulier à la rigole des Baïsses où l'eau est mise, pour la première fois, le 1er avril à minuit.

Comme on a constaté par expérience qu'elle met six heures pour arriver à la prise Verminck située la plus en aval, c'est le 1er avril, à six heures du matin, que ce propriétaire commencera son irrigation. Il a souscrit à 10 litres; chacun de ses arrosages durera $4^h,30 \times 10 = 45$ heures; le premier s'arrêtera donc, comme l'indique le graphique (pl. XV), le 3 avril à trois heures du matin.

Aussitôt après la fin de l'arrosage Verminck, l'eau est donnée jusqu'à midi, soit pendant neuf heures, à MM. Guigues, qui ont souscrit à 2 litres; puis pendant onze heures et quart à M. Serré, Camille, souscripteur à $2^{lit},50$ [1].

Le tableau des heures d'ouverture et de fermeture indique que M. Verminck, par exemple, recevra l'eau à laquelle il a droit :

A six heures du matin : les 1er-26 avril, — 21 mai, — 15 juin, — 10 juillet, — 4 août, — 29 août, — 23 septembre;

A midi : les 7 avril, — 2-27 mai, — 21 juin, — 16 juillet, — 10 août, — 4 septembre, — 29 septembre ;

A six heures du soir : les 13 avril, — 8 mai, — 2-27 juin, — 22 juillet, — 16 août, — 10 septembre ;

A minuit : les 19 avril, — 14 mai, — 8 juin, — 3 juillet, — 28 juillet, — 22 août, — 16 septembre, — 11 octobre.

On lit de même les heures d'ouverture et de fermeture des autres prises.

L'arrosage par la rigole des Baïsses étant terminé, pour la première fois, le 3 avril à onze heures et quart du soir, vient alors le tour de la rigole des Limites. Après avoir barré la rigole des Baïsses au-delà de l'embranchement de celle des Limites, le garde va ouvrir la seule prise actuellement desservie, celle de Théry. Pour qu'il ait le temps matériel d'arriver en ce point, l'ouverture de la rigole Théry n'a lieu que le 4 avril à une heure du matin; l'arrosage Théry étant terminé le 5 avril à quatre heures du matin, le garde alimente la rigole Silvestre et Guigues (Antoine), dérivée de la

---

[1] Les intervalles existant entre les lignes figuratives des temps d'arrosage des deux irrigants consécutifs représentent les délais reconnus nécessaires pour les manœuvres de vannes.

précédente. Après quoi il revient, sur la rigole principale
des Baïsses, pour ouvrir la prise située le plus près de l'origine, celle de la rigole Marie Guigues.

Actuellement le premier groupe est entièrement desservi
en cinq jours et quatre heures environ ; comme la rotation
est de six jours et quart, il serait possible de desservir de
nouveaux arrosages dans ce groupe sans être obligé d'en
faire fonctionner deux simultanément.

La répartition des eaux entre les arrosants des deux autres
groupes a été faite d'une manière analogue. Elle est seulement
un peu plus compliquée à cause du nombre plus grand des prises
et des rigoles d'intérêt collectif et privé. Considérons les rigoles
Guien et Pellegrin qui font partie du deuxième groupe : la
rigole Guien s'alimente sur celle des Baïsses qui fait partie
du premier groupe, et la rigole Pellegrin est dérivée de la
rigole Guien. On a cherché d'abord à utiliser, pour l'alimentation du second groupe, le temps pendant lequel cette rigole
des Baïsses est inutilisée au premier groupe ; mais le temps
total nécessaire pour alimenter les diverses prises des rigoles
Guien et Pellegrin est supérieur à la durée du chômage du
premier groupe. En cherchant à s'arranger de telle manière
que la fin de la première période d'alimentation de la rigole
Pellegrin arrivât le 7 avril à six heures du matin (c'est-à-dire
au moment où l'on envoie dans la rigole des Baïsses l'eau
nécessaire au deuxième arrosage Verminck), on a trouvé
que le commencement de la période d'alimentation de la
rigole maîtresse Guien serait le 3 avril à dix heures du soir.
De sorte que depuis le 3 avril, à dix heures du soir, jusqu'au
6 avril à quatre heures du matin (fermeture de la rigole
Guigues), la rigole des Baïsses doit recevoir deux arrosages.
dont l'un destiné au second groupe ; du 6 avril à quatre heures
du matin jusqu'au 7 avril à six heures du matin, elle ne
reçoit plus qu'un arrosage et ne dessert plus que le second
groupe ; puis elle reprend le service unique du premier
groupe (prises Verminck, Guigues, Serré, etc.).

Les autres usagers du second groupe sont desservis par
des prises directes au canal principal. On suit, pour la
manœuvre de ces prises, l'ordre croissant des distances à
l'origine du canal ; et l'intervalle entre la fermeture de la

prise Bonnefoy sur la rigole Isoard, et l'ouverture de la prise Carbonneau sur la rigole Cauvet, par exemple, résulte de la nécessité pour le garde de se rendre de l'une à l'autre.

Les mêmes principes ont été appliqués en ce qui concerne la détermination du roulement des prises du troisième groupe.

On profite de ce que certains arrosages durent longtemps pour intercaler dans l'intervalle la manœuvre d'un certain nombre d'autres vannes.

Il en résulte que deux gardes faisant alternativement le service de nuit suffisent pour assurer la manœuvre de toutes les vannes.

Il est facile de comprendre combien le travail de répartition qui précède exige une connaissance approfondie du service et du terrain. Les manœuvres à faire par le même garde doivent être réglées de telle façon qu'il puisse se trouver à chaque vanne à l'heure fixée, qu'il ait le temps de parcourir les rigoles au moment où elles sont mises en eau pour s'assurer qu'aucun obstacle ne s'oppose à l'écoulement, enfin qu'il soit en mesure d'exercer une surveillance, sans cependant cesser d'être constamment occupé; il faut que les rigoles qu'il doit surveiller en même temps soient rapprochées pour qu'il ne perde que le moins de temps possible en allant de l'une à l'autre, et que son itinéraire soit réglé de telle façon qu'il n'ait pas de longs détours à faire, faute de chemins ou de sentiers. Une erreur, en apparence insignifiante, suffit pour rendre impossible la manœuvre de plusieurs vannes à l'heure prévue.

Avant d'arrêter définitivement le tableau des arrosages, il est bon de s'assurer par expérience qu'il peut être facilement appliqué. Une fois qu'il est adopté, on en dresse un extrait pour chacune des propriétés à arroser, conforme à celui dont nous donnons le modèle planche XVI, et qui est destiné à faire connaître à l'intéressé la date de chacun de ses arrosages, ainsi que l'heure à laquelle il doit commencer et celle à laquelle il doit finir. Le garde est porteur d'un carnet sur lequel sont indiqués les jours et les heures du commencement et de la fin de chaque arrosage. Une colonne d'observations est réservée en regard de ces indications;

il y inscrit les irrégularités qui se produisent et leurs causes.

Le seul inconvénient de ce système de répartition est que, si un détournement a lieu, le propriétaire lésé perd son tour d'arrosage qui ne peut pas lui être restitué sans troubler toute l'organisation des arrosages. Par contre tous les propriétaires sont intéressés à faire la police des arrosages, et ceux qui seraient tentés d'opérer des détournements sont retenus par la pensée qu'ils font tort à un propriétaire particulier généralement connu d'eux et non à une collectivité.

108. Autres exemples de distribution d'eau. — a) *Canal du Verdon.* — Le mode de distribution des eaux du canal de la Bosque-de-Berre, que nous venons d'esquisser, est calqué sur celui du canal du Verdon. Pour ce dernier canal le débit théorique normal des rigoles est de 33^{lit},33 ; la période d'arrosage de six jours et quart ; et, par suite, la durée de chaque arrosage, pour 1 litre souscrit, de quatre heures et demie.

Le débit réel des rigoles est de 35 litres pour celles qui desservent une surface égale ou inférieure à 33 hectares; pour les surfaces plus considérables, les débits sont de 70, 105, 140 litres par seconde. Les rigoles de 70 litres desservent simultanément deux prises, et ainsi de suite.

Les vannes établies sur les branches secondaires à l'origine de chaque rigole et celles de bifurcation sont manœuvrées par les gardes; les vannes destinées à introduire l'eau dans les propriétés sont manœuvrées par les usagers. Les gardes sont chargés de la surveillance, qu'ils exercent tout en faisant leur service de manœuvre. Chaque canton, qui comprend 30 kilomètres environ de rigoles, est surveillé par deux gardes faisant alternativement le service de jour et de nuit.

Le système qui consiste à choisir, comme ici, une période d'arrosage non composée d'un nombre entier de jours a l'avantage de répartir également les arrosages de nuit entre tous les souscripteurs, en établissant un roulement régulier. Mais il n'est pas sans présenter plusieurs inconvénients.

En premier lieu, si l'on adopte une périodicité fractionnaire, il faut, de toute nécessité, organiser un service de nuit même dans les régions où les irrigations sont peu développées et le service peu chargé. Il faut donc doubler le nombre des gardes, déjà peu occupés pendant l'hiver, ce qui est une augmentation sensible de dépense. Si, dans un but d'économie, on congédie la moitié des agents pendant l'hiver, on est exposé à se trouver pris au dépourvu au commencement d'une saison, ou à confier le service à des agents présentant peu de garanties. En outre, le tableau dont on impose l'usage aux arrosants (pl. XVI) est assez compliqué et peu à la portée de certains cultivateurs; il en résulte, de la part de ceux-ci, des chances d'erreurs qui apportent de la perturbation dans le service des arrosages.

b) Canal du Forez. — Au canal du Forez on a pu remédier à ces inconvénients en adoptant pour la périodicité des arrosages le chiffre non fractionnaire de sept jours ou cent soixante-huit heures. Il en résulte, il est vrai, que ce sont toujours les mêmes propriétaires qui reçoivent l'eau la nuit; mais, pour atténuer cet inconvénient, on s'est arrangé de manière à placer autant que possible les plus longs arrosages pendant la nuit. Quelquefois aussi on peut intervertir deux arrosages consécutifs d'inégales durées; le second arrosant est alors chargé de fermer la prise d'eau du premier et d'ouvrir sa vanne d'arrêt. Enfin, d'année en année, on organise une sorte de rotation incomplète en retardant de huit à douze heures l'ouverture de certaines prises d'eau. En somme, il ne paraît pas que ce système ait soulevé des difficultés sérieuses.

La quantité d'eau nécessaire à l'irrigation au canal du Forez est beaucoup plus faible qu'au Verdon. L'unité de souscription correspond seulement à un débit continu de un demi-litre par seconde et par hectare, et, vu le morcellement extrême de la propriété dans la région, il peut être fractionné par dixième, et même par vingtième.

Sauf quelques propriétaires importants qui reçoivent l'eau d'une manière continue par des prises spéciales, les autres la reçoivent périodiquement par des prises collectives. La durée de chaque arrosage pour un hectare est variable suivant l'importance de la souscription, et telle que tous les souscripteurs reçoivent l'eau pendant deux heures au moins. Quant au volume à distribuer, un débit de 5 à 15 litres par seconde et par hectare suffit généralement pour les terrains imperméables de la plaine de Forez. La distribution d'une quantité d'eau aussi faible permet de desservir les plus petites parcelles et donne une grande latitude pour l'organisation des irrigations.

La prise d'eau collective placée sur le canal ou sur une de ses artères est formée d'une vanne fermant à clef et d'un appareil de jauge (§ 98). Elle est manœuvrée par un garde qui en règle l'ouverture de manière à mettre dans la rigole le volume d'eau strictement nécessaire. Chacun des propriétaires jouit, une fois par semaine, le même jour, et aux mêmes heures, de la totalité du débit de la rigole pendant un temps proportionnel à l'importance de sa souscription. A cet effet il établit sur la rigole, en tête de sa propriété, une vanne d'arrêt qu'il manœuvre lui-même aux heures fixées par les règlements de la saison.

Les arrosages commencent par le propriétaire le plus éloigné du canal et se font dans l'ordre où sont rencontrées les prises d'eau particulières quand on remonte le cours de l'eau.

On peut laisser à chaque arrosant le soin de manœuvrer lui-même sa prise particulière, car il n'a qu'à barrer sa rigole à l'heure prévue par le règlement de la saison et n'a pas à se préoccuper de la fermeture de sa prise : l'eau cesse naturellement de lui arriver dès que son voisin d'amont a commencé son arrosage.

Avec cette organisation les gardes n'ont à faire sur les rigoles de distribution qu'un service de surveillance et de police. Les détournements d'eau qui auraient l'inconvénient déjà signalé de faire perdre un tour d'arrosage à un propriétaire sont rares et faciles à constater.

La confection du tableau des arrosages est simplifiée par le fait que les heures d'ouverture et de fermeture des vannes se reproduisent chaque semaine au même jour et à la même heure; il suffit donc d'établir le roulement pour une semaine.

Ici, au lieu de fixer invariablement le temps d'arrosage de 1 hectare et le débit de la prise, on en détermine la durée de manière à éviter les manœuvres de nuit, tout en rendant possibles les tournées des gardes ; une fois cette durée connue, on en déduit le débit correspondant. C'est ainsi qu'on trouve sur une même branche, à quelque distance l'une de l'autre, deux prises directes desservant respectivement des surfaces de 1 hectare et de 20 ares ; la durée de l'arrosage est de vingt-quatre heures pour l'un comme pour l'autre, mais les débits varient naturellement en conséquence, et en proportion directe de la surface arrosée.

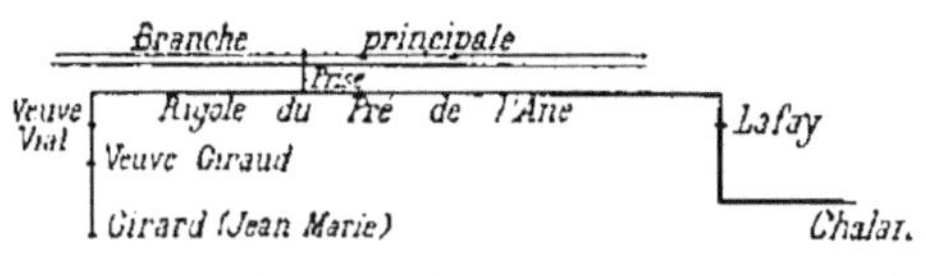

Fig. 425.

Lorsque plusieurs propriétaires sont desservis par une même prise sur la branche mère ou l'une des branches secondaires, nous savons qu'on donne à tour de rôle la totalité de l'eau débitée, à chacun des usagers, en commençant par les plus éloignés. On fixe le temps pendant lequel la prise devra rester ouverte en cherchant à donner à chaque irriguant l'eau pendant deux heures au minimum et s'arrangeant de telle manière que ceux qui n'ont droit à l'arrosage que pendant peu d'heures soient desservis pendant le jour. Comme exemple d'application des principes qui précèdent, nous donnons ci-dessous un extrait du tableau des arrosages desservis par la rigole dite du Pré-de-l'Ane (*fig.* 425).

NOMS DES ARROSANTS	SURFACE irriguée	NOMBRE d'heures	HAUTEUR sur plaque de jauge	DÉSIGNATION DES JOURS d'arrosage
Rigole du Pré-de-l'Ane	h. a. 1,40	heures 28	centim. 4,3	Du mardi à 6 h. 1/2 du matin au mercredi à 10 h. 1/2 du matin.
Veuve Vial..........	50	10	»	Du mardi à 6 h. 1/2 du soir au mercredi à 4 h. 1/2 du matin.
Veuve Giraud........	20	4	»	Du mardi à 10 h. 1/2 du matin au mardi à 2 h. 1/2 du soir.
Girard, Jean-Marie.....	20	4	»	Du mardi à 6 h. 1/2 du matin au mardi à 10 h. 1/2 du matin.
Lafay, Jean..........	30	6	»	Du mardi à 4 h. 1/2 du matin au mercredi à 10 h. 1/2 du matin.
Chalan, Georges......	20	4	»	Du mardi à 2 h. 1/2 du soir au mardi à 6 h. 1/2 du soir.

On délivre à chaque propriétaire une simple carte le prévenant des heures auxquelles l'eau lui sera livrée chaque semaine.

Quant aux gardes, leur carnet se réduit à un tableau mentionnant pour chaque jour de la semaine les opérations d'ouverture et de fermeture qu'ils devront effectuer, ainsi que la hauteur à laquelle l'eau doit s'élever sur chaque plaque de jauge lors de l'ouverture de la vanne, pour que la rigole reçoive exactement le débit qui lui est attribué.

c) *Canal de Saint-Martory*. — Dans le système de distribution des eaux du canal de Saint-Martory l'eau est livrée à l'hectare, sur une base fixe de 3/4 de litre par seconde et par hectare pour toute la saison. La rotation des arrosages est de sept jours, comme au canal du Forez, mais la durée de chaque opération est invariablement de trois heures par hectare; elle est, par suite, de une heure et demie pour 50 ares, de trois heures pour 1 hectare, de six heures pour 2 hectares, etc... La quantité d'eau livrée est de 42 litres par seconde et par hectare durant chaque période de trois heures d'arrosage, et le débit de chaque rigole de distribution est d'autant de fois 42 litres qu'elle est appelée à desservir d'arrosages simultanés.

Au canal de Saint-Martory, les surfaces engagées à l'arrosage sont encore très peu nombreuses, et, pendant l'été de 1896, on n'a eu à fournir l'eau qu'à une surface de 2.763 hectares, le périmètre arrosable étant de 10.700 hectares. Les parcelles arrosées ne sont pas très disséminées, la Compagnie concessionnaire n'étant tenue d'établir une rigole que lorsqu'elle est assurée de retirer des redevances un revenu de 6 0/0 des dépenses de premier établissement. Dans ces conditions il a été possible d'éviter les arrosages de nuit, sauf pour les souscriptions importantes.

Les tableaux de roulement ont été dressés d'après les mêmes principes que précédemment : commencement des arrosages par la parcelle la plus éloignée de la prise d'eau au canal principal ou secondaire ; possibilité pour les gardes d'ouvrir et de fermer les prises sans revenir sur leurs pas.

	CONTENANCES ARROSÉES		NOMBRE	DÉSIGNATION DES JOURS
NOMS DES ARROSANTS	à la surface	au module (eaux continues)	d'heures	d'arrosage
CANAL DE MURET				
	h. a.		heures	
Garrigues, Paul..	1,00		3	Du samedi à 1 heure du soir au même jour à 4 heures soir.
Commune de Muret	5,00		15	Du samedi 4 heures du soir au dimanche 7 heures matin.
Rodoloze, Georges	»	1/2 module	»	Eau continue.
Fitte, Émile......	0,30		0,54	Du dimanche 7 heures du matin au même jour 7 h. 54 du matin.
Geste, Bernard...	0,45		1,21	Du dimanche 8 heures du matin au même jour 9 h. 21 du matin.
Garrigues, Jean..	0,30		0,54	Du dimanche 9 h. 30 du matin au même jour 10 h. 24 du matin.
Garrigues, Jacques	1,48		4,26	Du dimanche 10 h. 30 du matin au même jour 2 h. 56 du soir.
Maury, Jean.....	0,37		1,7	Du dimanche 3 heures du soir au même jour 4 h. 7 du soir.

Nous donnons ci-dessus le tableau des arrosages desservis en 1896 par la rigole secondaire dite canal de Muret, sur laquelle on ne rencontre que des prises individuelles.

Comme dans les exemples précédents, ce sont les gardes du canal qui manœuvrent les prises en tête des rigoles d'intérêt collectif; sur les dernières ramifications, les arrosants prennent l'eau à tour de rôle, aux heures fixées par le tableau dont un extrait leur a été remis, en barrant la rigole immédiatement à l'aval de leur prise, et en ouvrant cette dernière. Cette opération s'exécute de l'aval vers l'amont sous la surveillance des gardes.

d) *Canal de Carpentras.* — La répartition des eaux du canal de Carpentras a présenté de grandes difficultés dues à des causes diverses que nous avons déjà eu l'occasion de signaler. Bien qu'il soit en exploitation depuis plus de trente-cinq ans, il n'a pas encore été possible d'arrêter un règlement définitif. Par suite de la perméabilité de la branche principale, de l'insuffisance du réseau des rigoles et filioles de distribution et aussi des abus et gaspillages dont se rendent coupables les usagers riverains de la prise et du canal principal au détriment des autres arrosants, l'espacement entre deux arrosages, qui est de sept jours et demi pour les propriétaires les mieux desservis, atteint jusqu'à vingt et un jours pour les moins favorisés.

Pour remédier à un état de choses aussi préjudiciable, on a commencé par exécuter des travaux d'étanchement, afin de réduire autant que possible les pertes en route. De plus, dans le but de faciliter la surveillance de l'emploi de l'eau par les usagers, on a remplacé les anciennes échelles de jaugeage par des appareils plus perfectionnés dont nous avons donné la description (§ 99). Enfin le syndicat concessionnaire du canal a fait étudier, en 1893, un projet de règlement dans lequel on s'est efforcé de répartir l'eau entre les arrosants d'une manière équitable.

Remarquons d'abord qu'il ne peut s'agir actuellement que d'élaborer un projet de réglementation provisoire, attendu que les travaux d'étanchement, étant en cours d'exécution, n'ont pas encore produit les résultats qu'on est en droit d'en attendre, et que le développement progressif des arrosages entraînera une modification corrélative dans la répartition des eaux.

Ici, les redevances à payer annuellement par les usagers pour frais d'entretien et de répartition des eaux sont établies en prenant pour base, non pas le volume d'eau qui leur est fourni, lequel varie avec le débit de la Durance qui alimente le canal, mais bien la surface que chaque propriétaire irrigue. Les recettes d'arrosage par hectare se composent, d'une part, d'une taxe d'entretien de 3 francs que payent tous les souscripteurs, qu'ils utilisent ou non l'eau d'arrosage, et, d'autre part, d'une taxe de 30 francs pour chaque hectare effectivement irrigué.

Or, en examinant l'état des arrosages en 1892, dont les chiffres ont servi de base pour l'étude faite en 1893, on a constaté qu'il y avait 2.600 hectares effectivement desservis et 2.790 hectares engagés, mais non arrosés.

On a partagé l'ensemble du périmètre du canal en huit sections, de manière que chacune d'elles comprît, en moyenne, 325 hectares.

Comme le réseau des rigoles de distribution n'est pas achevé et que, par suite, il existe, d'une section à l'autre, des différences très notables dans la proportion entre les surfaces arrosées et les surfaces engagées, mais non arrosées, il en résulte que, si la répartition des eaux entre les sections était faite proportionnellement aux surfaces arrosées, les usagers des sections utilisant le moins payeraient plus cher que les autres par hectare réellement arrosé [1].

Pour atténuer cette anomalie, on a pris, pour base de la répartition du débit disponible entre les sections, une surface

---

[1] C'est ainsi que, en 1892, il y a eu dans la première section 307 hectares arrosés et 193 hectares engagés, mais non arrosés, et, dans la deuxième section, 295 hectares arrosés et 355 engagés, mais non arrosés. La première section a payé une contribution par hectare arrosé de $\dfrac{307 \times 33 + 193 \times 3}{307} = 32$ francs, tandis que, pour la deuxième section, le chiffre de cette contribution a été de $\dfrac{295 \times 33 + 355 \times 3}{295} = 39$ francs.

DÉSIGNATION des sections (1)	SURFACES arrosées en 1892 (2)	SURFACES engagées non arrosées en 1892 (3)	SURFACE de base de répartition des eaux en 1893 (4)	LONGUEUR des filioles dans chaque section (5)	PERTES D'EAU du canal principal (6)	PERTES D'EAU des filioles (7)	PERTES D'EAU totales (8)	VOLUME à attribuer à chaque section pour l'arrosage (9)	VOLUME total à attribuer à chaque section en tenant compte des pertes d'eau (10)	OBSERVATIONS
	hectares	hectares	hectares	mètres	litres	litres	litres	litres	litres	
1re section....	307	193	326	24.190	430	50	480	481	961	Le volume à répartir entre les associés est de 6.000 litres, moins les pertes, ou 1.750 litres, soit 4.250 litres d'eau.
2e —	295	355	330	33.950	200	70	270	487	757	La surface à compter pour la répartition des eaux étant de 2.879 hectares, on a par hectare et par seconde :
3e —	446	177	464	43.165	»	90	90	685	775	$\frac{4.250}{2.879} = 1^{l},476.$
4e —	494	567	551	43.528	95	90	185	813	998	Les chiffres de la col. (9) sont obtenus en multipliant les chiffres de la colonne (4) par le coefficient 1.476.
5e —	345	235	368	55.032	20	114	134	543	677	
6e —	238	447	283	35.835	200	74	274	418	692	
7e —	255	376	293	61.730	55	127	182	432	614	
8e —	220	410	264	65.000	»	135	135	391	526	
	2.600	2.790	2.879	362.430	1.000	750	1.750	4.250	6.000	
	5.390									

égale à la surface arrosée, augmentée du dixième de la surface souscrite, mais non arrosée.

La répartition de la quantité d'eau disponible, déduction faite des pertes en route, est faite conformément au tableau ci-contre.

Mais il ne suffisait pas de fixer seulement la répartition entre les sections du volume de 6.000 litres qui forme la dotation normale. On a dû opérer de même pour tous les débits de la prise compris entre le chiffre de 7.000 litres, débit concédé en hautes eaux, et celui de 3.500 litres au-dessous duquel la répartition devient impossible. On a dressé des tableaux analogues au précédent pour des volumes compris entre ces deux limites, et variant de 250 en 250 litres. Dans ce but on a déterminé, pour chaque débit, la quantité d'eau disponible, abstraction faite des pertes en route ; en la divisant par 2.879, chiffre qui représente le nombre d'hectares à compter pour la répartition, on a obtenu la quantité d'eau à livrer par hectare arrosé d'une façon permanente. De cette manière on a obtenu les résultats ci-dessous.

DÉBITS à l'origine [1]	PERTE D'EAU correspondante totale	VOLUME D'EAU à partager	SOIT PAR HECTARE ARROSÉ d'une manière permanente
litres	litres	litres	
7000	2042	4958	1 lit ,722
6750	1969	4781	1 ,660
6500	1896	4604	1 ,599
6250	1824	4426	1 ,537
6000	1750	4250	1 ,476
5750	1677	4073	1 ,412
5500	1604	3896	1 ,353
5250	1531	3719	1 ,288
5000	1458	3542	1 ,226
4750	1385	3365	1 ,164
4500	1312	3188	1 ,102
4250	1239	3011	1 ,040
4000	1166	2834	0 ,978
3750	1093	2657	0 ,916
3500	1021	2479	0 ,854

(1) Les chiffres de la première colonne verticale du tableau représentent les quantités d'eau dérivées à la prise, suivant les débits de la Durance. Bien que le volume concédé ne soit que 6 mètres cubes par seconde, en temps de hautes eaux on tolère une augmentation, quand cette tolérance n'est pas de nature à nuire aux concessions d'aval.

Connaissant la quantité d'eau à attribuer par hectare compris dans la répartition, on a déterminé le volume à attribuer à chaque section, pour les divers débits de la prise du canal, en multipliant les coefficients de la dernière ligne verticale du tableau précédent par les surfaces de base de la répartition (colonne 4 du premier tableau).

Examinons maintenant comment s'effectue la répartition de l'eau affectée à chaque section.

En raison d'une pratique contractée depuis longtemps par les usagers, et qu'il serait difficile de modifier, les arrosages s'effectuent, sur chaque filiole, de l'amont à l'aval, sans discontinuité ; tout arrosant qui laisse passer son tour d'arrosage ne peut avoir l'eau qu'au tour suivant.

En ce qui concerne la quantité d'eau à introduire dans les filioles, l'expérience a prouvé qu'il est avantageux de donner aux terrains à arroser le plus d'eau possible à la fois, tout en ayant soin de ne pas provoquer le ravinement du sol. On a admis que ce volume varierait entre 40 litres et 60 litres par seconde, suivant la nature des cultures ; quant à l'espacement des arrosages, il a été fixé à sept jours et demi, ce qui donne quatre arrosages par mois, et la durée est calculée en conséquence.

CHAPITRE XII

UTILISATION DE L'EAU PAR LES INTÉRESSÉS

109. Méthodes d'arrosage. — Une fois que l'eau empruntée aux rivières a été amenée, par le réseau des canaux, en tête de chaque propriété à desservir, l'utilisation de cette eau incombe à l'usager seul. Néanmoins l'intérêt général qui s'attache à ce que le propriétaire tire le meilleur parti possible de son emploi suffit pour que les agents du service hydraulique ne se désintéressent pas de cette question et pour qu'ils soient à même de donner à ce sujet des conseils aux irrigants, souvent peu aptes à préparer leurs terrains en vue de la fertilisation par les arrosages.

Nous ferons, par suite, connaître aussi succinctement que possible les principaux procédés en usage.

Les principales méthodes d'arrosage sont au nombre de quatre : 1° la méthode dite des ados; 2° la méthode dite par déversement; 3° la méthode dite par infiltration; 4° la méthode dite par submersion. On emploie parfois, en outre, une méthode dite par irrigation et drainage combinés.

La submersion peut être appliquée à la culture des céréales et du riz dans les terrains plats, mais elle a été surtout appliquée, dans ces dernières années, à la protection des vignes contre le phylloxera, dans le Midi de la France, et, de ce chef, elle a acquis une importance considérable.

Les trois premières méthodes sont dominées par un principe commun qui peut se formuler ainsi : l'eau doit arriver partout, elle ne doit séjourner nulle part.

Toute méthode d'irrigation suppose donc l'emploi de canaux de distribution amenant l'eau sur le terrain à arroser, et aussi de canaux de colature enlevant l'eau en excès, de manière qu'elle ne séjourne pas sur les parties basses de ce terrain.

a) *Méthode des ados.* — La méthode des ados est appliquée à peu près exclusivement à la création des prairies. Elle est employée dans le cas de terrains peu inclinés, situés dans un climat tempéré. Elle constitue un bon mode d'usage de l'eau, mais son application exige beaucoup de soin et d'habileté, à cause des travaux de terrassement qu'elle entraîne.

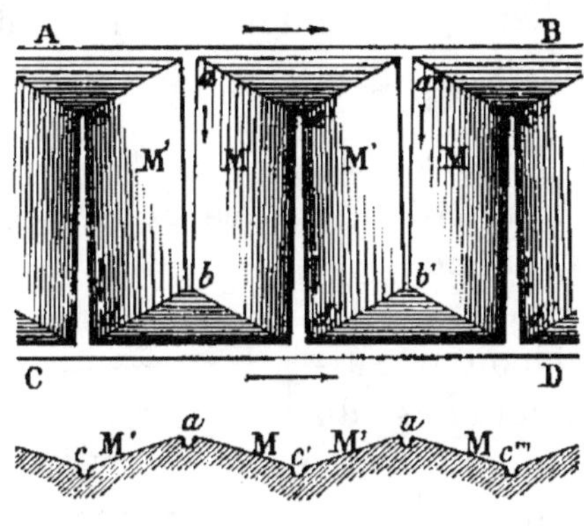

Fig. 426.

Le terrain (*fig.* 426) est disposé en une série de planches rectangulaires en forme de toits aplatis. Aux sommets de ces toits sont tracées des rigoles de distribution *aba'b'*... qui s'embranchent sur la rigole alimentaire AB. A la base, et séparant deux planches consécutives, sont construites des rigoles de colature *cd, c'd'*... qui viennent déboucher dans un canal d'évacuation générale CD. Les flancs MM' des planches portent le nom d'ailes.

L'eau amenée dans les rigoles *ab, a'b'* se déverse sur les ailes, et le trop-plein est recueilli par les rigoles de colature *cd, c'd'*.

Les rigoles *ab* doivent avoir des dimensions décroissantes de l'amont vers l'aval; au contraire, les dimensions des rigoles *cd* croissent de l'amont vers l'aval.

Les planches ont ordinairement leur longueur dirigée à peu près suivant la plus grande pente du terrain. La longueur des ados ne doit pas dépasser 35 à 40 mètres; elle est souvent limitée par la disposition du terrain, de façon à éviter de trop forts terrassements. La largeur des ailes varie entre 2 et 10 mètres; on leur donne généralement une pente transversale de 5 centimètres par mètre.

Les rigoles, tant d'alimentation que de colature, ont 15 à 30 centimètres de largeur à l'extrémité la plus grande, 6 à 10 centimètres à l'extrémité opposée. La profondeur des premières oscille entre 5 et 10 centimètres, et on leur donne une pente longitudinale de 1 centimètre par mètre. Les dernières ont une profondeur qui varie de $0^m,10$ à l'amont à $0^m,25$ à l'aval. Leur pente longitudinale ne dépasse pas 3 millimètres par mètre.

b) *Méthode par déversement.* — Cette méthode est applicable à l'irrigation des prairies et des terres labourables. Elle consiste à amener l'eau dans une série de rigoles tracées sensiblement suivant les horizontales du terrain et fermées à leur extrémité aval. L'eau ne trouvant pas d'issue déborde et arrose la surface située entre chaque rigole et la rigole immédiatement inférieure.

En pratique, l'eau amenée par la branche MN (*fig.* 427) alimente une série de rigoles AC, BD,... tracées sensiblement suivant les lignes

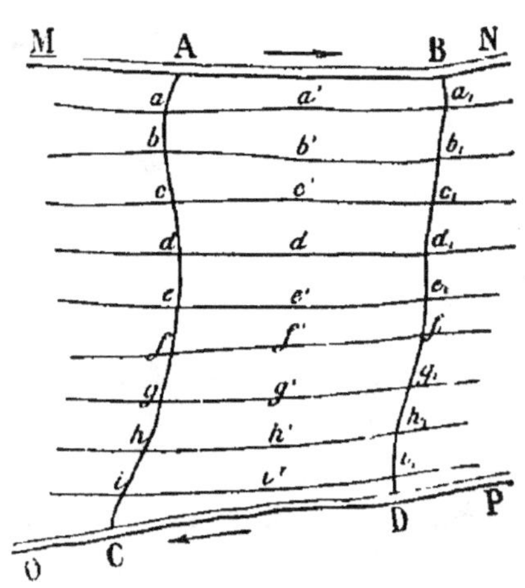

Fig. 427.

de plus grandes pentes du terrain. Sur ces rigoles s'embranchent une série de fossés aa_1, bb_1, cc_1, ... établies à peu près suivant les horizontales de niveau.

Pour irriguer la bande de terrain comprise entre les deux rigoles AC, BD, on barre d'abord la branche AB un peu au-dessous du point A: l'eau se répand dans la rigole AC. On a fermé auparavant toutes les rigoles horizontales qui s'embranchent à gauche de AC et aussi les fossés aa_1, bb_1, cc_1, ...

aux points a', b', c', …, de manière à limiter l'irrigation sur la droite. L'eau pénètre bientôt dans chacune des rigoles horizontales aa', bb', cc', …, déborde sur toute leur longueur et s'étale en couche mince sur le terrain. Le surplus des eaux est recueilli par le fossé de colature OP.

On alimente ensuite au moyen de la rigole BD les parties de fossés $a'a_1$, $b'b_1$, $c'c_1$, …, situées à gauche de DB, et ainsi de suite.

Cette méthode est applicable aux terrains à forte pente, atteignant jusqu'à $0^m,05$ par mètre.

L'écartement des rigoles horizontales varie avec l'inclinaison et le degré de perméabilité du terrain; il oscille, en général, entre 5 et 25 mètres. Quant à leur longueur, elle varie entre 20 et 25 mètres.

Leur largeur et leur profondeur décroissent de l'amont à l'aval; à l'embranchement sur la rigole distributrice la largeur est de $0^m,18$, et la profondeur de $0^m,15$ à $0^m,20$; à l'extrémité la largeur n'est plus que de $0^m,05$, et la profondeur de $0^m,08$ à $0^m,10$.

La pente de ces rigoles ne dépasse pas 5 millimètres par mètre.

c) *Méthode par infiltration.* — La méthode d'irrigation par infiltration, appelée encore arrosage à la raie, est employée pour l'arrosage des jardins, des céréales, des plantes industrielles et pour la culture maraîchère. On l'emploie également lorsqu'il s'agit d'utiliser des eaux impures. Elle convient surtout aux terrains plats.

L'eau amenée par la rigole AB (*fig.* 428) se répand dans une série de sillons parallèles RR. L'eau contenue dans ces sillons s'infiltre peu à peu dans le sol et

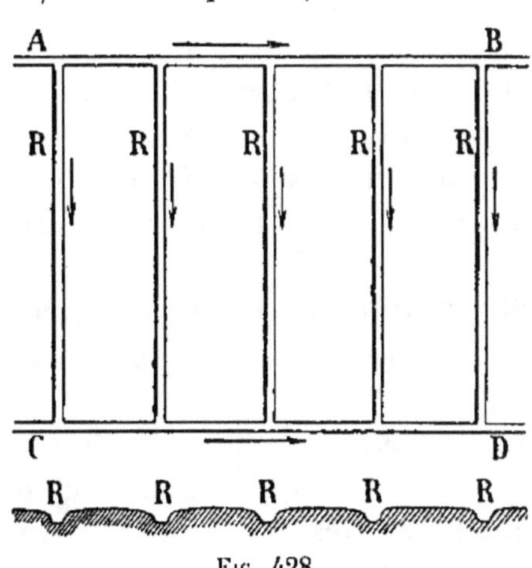

Fig. 428.

pénètre ainsi jusqu'aux racines des plantes. Les raies sont espacées de 2 à 4 mètres suivant les cas. Elles s'exécutent soit à la bêche, soit à la charrue.

d) *Méthode par submersion.* — Cette méthode consiste à faire séjourner l'eau en couche épaisse sur toute la superficie des terrains à irriguer, pendant un temps plus ou moins long. Elle est applicable à des cultures diverses, notamment celles des céréales et du riz. Comme nous l'avons dit plus haut, elle a acquis récemment une grande importance comme moyen de préservation de la vigne contre le phylloxera.

Dans ce procédé on entoure de toutes parts la surface à arroser par de petits bourrelets en terre ; l'eau maintenue par ces digues s'étend sur le terrain et le recouvre d'une couche plus ou moins épaisse. Quand on juge que la submersion a duré un temps suffisant, on met le terrain en communication avec une rigole de colature qui reçoit l'excès d'eau.

Dans le Midi de la France, pour combattre le phylloxera, on maintient les vignes sous l'eau pendant l'hiver durant une période continue de quarante à soixante jours, lorsque les terres sont fortes, argileuses et peu perméables. Quelquefois, lorsque les terrains sont perméables, la durée de la submersion peut être réduite à trente jours. Elle doit être abandonnée dans les terrains tout à fait perméables, car elle appauvrit le sol et tue quelquefois la vigne. En tous cas, elle exigerait dans ces terrains une trop grande quantité d'eau.

La submersion ne peut être pratiquée que sur des terrains à faible pente ; autrement, il faudrait trop rapprocher les bourrelets.

La mise en eau commence ordinairement vers le 15 octobre. La hauteur de l'eau au-dessus du sol doit être de $0^{m},40$ environ. Il existe cependant des exemples de vignes maintenues complètement submergées sous 1 mètre d'eau pendant cinq mois d'hiver, sans qu'il en résulte aucun inconvénient.

Les bassins de retenue, de section carrée, sont formés par

des bourrelets en terre ou en maçonnerie A, A', A" (*fig.* 429) ayant au moins 0^m,50 de largeur, quand ils sont établis en terre, et leur hauteur est telle que leur couronnement soit à 0^m,30 au-dessus du plan d'eau normal du bassin. Ils sont défendus à la hauteur de la ligne d'eau, contre le batillage, par des gazonnements ou des plantations de roseaux.

Les dimensions à donner aux carrés sont très variables. Les facilités de la culture et la nécessité de perdre le moins de terrain possible conduisent à admettre de grandes dimensions. D'un autre côté, les grands carrés peuvent exiger, surtout lorsque la pente du sol est sensible, de fortes digues qu'il faut exécuter en maçonnerie, ce qui en élève le prix. D'ailleurs, dans ces grands bassins, la moindre rupture de digue entraîne toujours de grands inconvénients. Dans la pratique on ne descend pas au-dessous de 2 ares pour la superficie des carrés, et cette superficie ne dépasse pas 15 hectares.

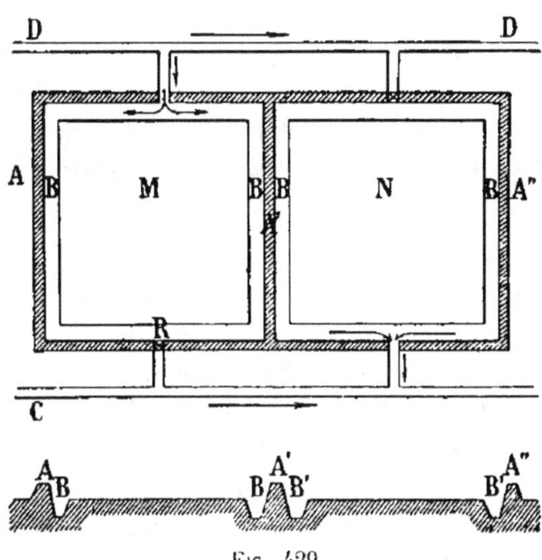

Fig. 429.

L'orientation des carrés est déterminée par la double condition de gêner la culture le moins possible et d'éviter l'effet du batillage sur les bourrelets. Ceux-ci doivent donc, si faire se peut, être parallèles aux rangées de souches et autant que possible avoir une direction inclinée sur celle des vents dominants.

Chaque carré de submersion est muni d'un ou plusieurs petits déversoirs parementés en maçonnerie rustique R dont la crête est dérasée à 0^m,30 au moins en contre-bas de celle des digues, et qui sont destinés à assurer l'écoulement du trop-plein des eaux. Des poutrelles permettent de régler à volonté le niveau de la crête déversante.

L'alimentation des carrés se fait en amenant l'eau dans la partie la plus élevée de la propriété, soit au moyen d'une prise directe dans une rivière ou un canal alimentaire, soit au moyen des eaux en excès provenant de la propriété voisine. On commence par ouvrir les prises à plein débit de manière à remplir les carrés; puis, quand le remplissage est effectué, on règle le débit de ces prises, de manière à ne laisser passer que la quantité d'eau nécessaire pour maintenir les eaux au niveau voulu.

e) Méthode par irrigation et drainage combinés. — L'idée de combiner le drainage ordinaire avec l'irrigation au moyen des eaux recueillies par les tuyaux de drainage, en utilisant un seul système de conduites pour ce double rôle, a été préconisée par divers auteurs, Barral notamment.

On a critiqué cette combinaison en lui objectant que le drainage suppose des conduits placés dans le sol au-dessous de la partie où se trouvent les racines des plantes, tandis que dans l'irrigation on amène l'eau, sinon à la surface, du moins à une profondeur assez faible pour qu'elle soit en contact avec ces racines. Néanmoins, dans certaines conditions, on a pu obtenir de bons résultats. En Allemagne, notamment, une combinaison de ce genre, connue sous le nom de *méthode de Petersen*, a été appliquée avec succès.

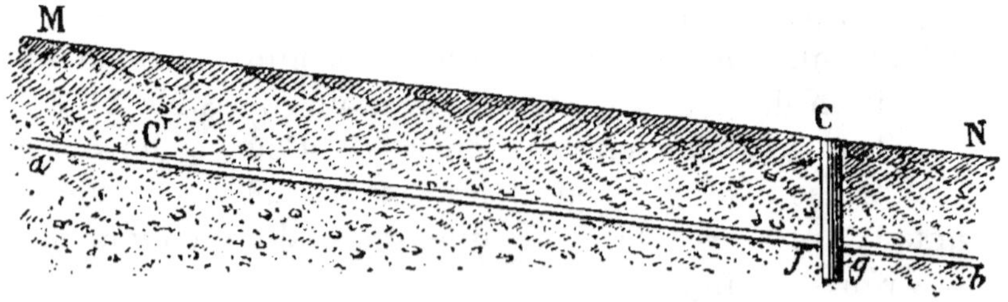

Fig. 430.

Le principe de cette méthode consiste à placer de distance en distance des obturateurs sur les drains principaux pour arrêter l'écoulement de l'eau. Soit MN (*fig.* 430) le profil d'une prairie, et *ab* une conduite de drainage supposée placée parallèlement à la surface du sol. Sur le passage du drain on interpose un puisard C ouvert à sa partie supérieure, et dans lequel débouchent les deux parties du drain *af*, *gb*. Si l'on ferme l'orifice d'entrée *g* de la partie inférieure, l'eau de drainage montera dans le puisard, et, si l'extrémité supérieure du drain *af* est située au-dessus du point C' où l'horizontale passant par l'orifice C du puisard coupe la ligne *af*, l'eau finira par déborder et ruisseler sur le terrain inférieur. Un autre obturateur placé sur le même drain au-dessus du point C' se remplira également dans les mêmes conditions et pourra servir à l'irrigation de la portion MC du terrain.

Lorsque nous traiterons la question du drainage, nous montrerons qu'il est logique de tracer les collecteurs principaux à peu près suivant les lignes de plus grande pente du terrain; si, dans le cas présent, on dispose les drains secondaires affluant au collecteur presque horizontalement, on reconnaît qu'il suffit d'un petit nombre d'obturateurs pour permettre l'irrigation.

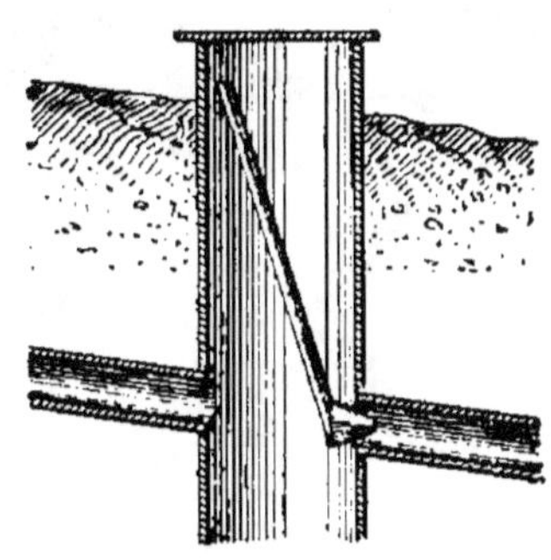

Fig. 431.

Les obturateurs sont ordinairement composés d'un pot cylindrique en terre cuite; les orifices du drain peuvent être bouchés par un clapet en métal actionné au moyen d'une tringle en fer (*fig.* 431).

Cette méthode d'arrosage a été décrite avec beaucoup de détails par l'ingénieur allemand Dunkelberg [1] et par M. Ronna [2].

110. Exemple d'une irrigation. — A titre d'exemple d'irrigation, nous donnons le plan d'une prairie d'une surface de

[1] *Encyclopédie de la technique de la culture*, t. II (1883, Vieweg, éditeur à Brunswick).

[2] *Les Irrigations*, par A. RONNA, t. II, p. 589.

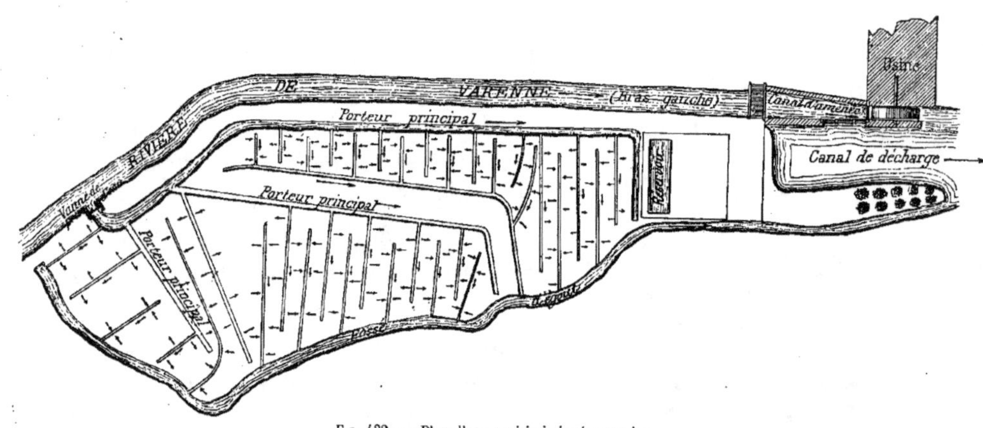

Fig. 432. — Plan d'une prairie irriguée en ados.

64 ares, arrosée par la méthode des ados, au moyen d'une prise faite dans le bief d'une usine (*fig.* 432 et 433). Cette prairie, située en Normandie, est irriguée chaque année, du 25 mars au 1er juin, du 15 juillet au 10 août, du 20 septembre au 15 octobre et du 1er décembre au 1er mars. Elle est fauchée deux fois, vers le 20 juin et vers le 1er septembre, et donne annuellement 13.000 kilogrammes de foin par hectare ; pendant les périodes de pâturage, c'est-à-dire du 5 juin au 1er décembre et du 5 au 25 mars, elle nourrit 4 vaches. La quantité d'eau employée pour un arrosage est approximativement de 80 litres par seconde pour 1 hectare.

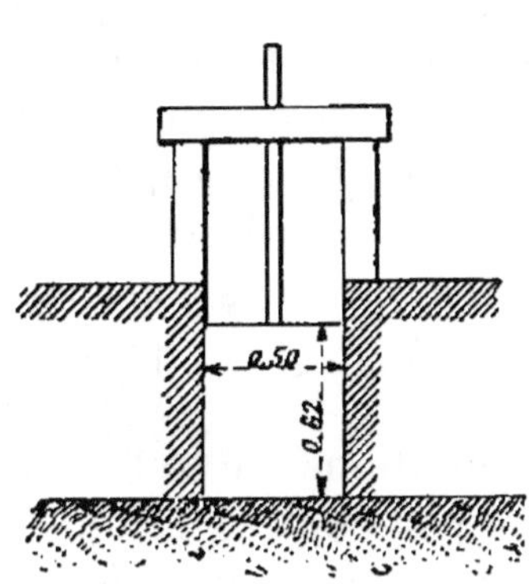

Fig. 433. — Vanne de prise d'eau.

Les résultats obtenus ont été très satisfaisants. La prairie a une valeur de 6.250 francs par hectare et une valeur locative de plus de 300 francs l'hectare.

111. Plus-values réalisées par l'emploi des arrosages. — L'utilité de l'établissement d'un canal d'irrigation se mesure par l'intérêt qu'auront les propriétaires à souscrire aux eaux. Il est donc nécessaire, avant d'en entreprendre la construction, de chercher à savoir : 1º à quelles dépenses de premier établissement par hectare le propriétaire sera tenu pour disposer ses terrains en vue de l'arrosage ; 2º quelle augmentation de revenu net il en retirera.

Les seules réponses qu'on puisse faire à ces questions consistent à citer les résultats acquis avec les canaux existants. Ces résultats sont d'ailleurs peu nombreux, vu la difficulté d'obtenir des renseignements de la part des intéressés.

Cependant, M. Fontès, ingénieur en chef des Ponts et Chaussées à Toulouse, a pu faire relever avec soin les résultats pratiques d'irrigation de diverses catégories de terrains du département de la Haute-Garonne [1]. Il est arrivé à prouver

---

[1] *Considérations sur l'avantage des canaux d'irrigation*, par M. Fontès (Association française pour l'avancement des Sciences. — Congrès de Toulouse, 1887).

qu'un propriétaire qui s'occupe avec soin de ses irrigations et qui consacre au début par hectare : 350 francs à l'aménagement du terrain et des rigoles, 100 francs à l'engrais et 50 francs en premier semis, soit en tout 500 francs aux frais de premier établissement, qui dépense, en outre, annuellement 130 francs en frais de culture, peut opérer un accroissement de revenu net d'au moins 150 francs par hectare, soit au moins 100 francs d'augmentation, y compris l'amortissement du capital engagé.

On a même constaté des augmentations de revenus nets de 320 francs par hectare ; mais, par contre, certains propriétaires qui n'ont fait que peu de dépenses en frais de premier établissement et en frais de culture n'ont obtenu qu'une augmentation de 52 francs par hectare.

Toutefois ces résultats doivent être considérés comme exceptionnels, car, dans la région des Alpes et de la Durance, le prix de l'aménagement intérieur de la propriété s'est souvent élevé à 800 francs par hectare.

Les résultats des investigations de M. Fontès sont résumés dans les deux tableaux reproduits ci-après, relatifs l'un aux arrosages par les eaux du canal de Saint-Martory, l'autre aux arrosages effectués par des procédés très différents, sources, dérivations de rivières, etc., à des altitudes très variées et dans des terrains de nature variable, soit orographiquement, soit géologiquement. On voit que les moyennes des plus-values annuelles sont de 176 francs par hectare dans le tableau n° 1, et de 169 francs dans le tableau n° 2.

TABLEAU N° 1

RELEVÉ DE QUELQUES RÉSULTATS OBTENUS PAR L'IRRIGATION AU MOYEN DU CANAL DE SAINT-MARTORY

							SUR L'ENSEMBLE D'UNE PARCELLE OU D'UNE PROPRIÉTÉ		RAPPORTÉS A L'HECTARE ARROSÉ									
PROPRIÉTAIRES	CONTENANCE de chaque arrosage	NATURE du sol et épaisseur	NATURE du sous-sol	GENRE DE CULTURE	MODE D'ARROSAGE	DATE DU PREMIER ARROSAGE	PLUS-VALUE annuelle par parcelle ou par propriété — sans amortissement	— avec amortissement	PRIX de premier établissement et frais de toute nature par hectare arrosé — aménagement, nivellement du sol, labourage, et piochage	engrais	ensemencement	total par hectare	REVENU NET ANNUEL avant l'arrosage	FRAIS MOYENS ANNUELS tout compris	REVENU annuel par hectare — brut	net	PLUS-VALUE annuelle par hectare — sans amortissement	avec amortissement
1	2	3	4	5	6	7	8	9	10	11	12	13	14	15	16	17	18	19
Premier Groupe. — *Propriétaires ayant obtenu les meilleurs rendements nets en argent sur une parcelle*																		
1	8 06 60	grav. 0m,50	gr.	sainf.	A	1881	2783	2581	140	80	30	250	105	130	580	450	345	320
2	2 » »	grav. 0 ,30	Id.	pré	D	1885	660	127	2500	125	40	2665	150	200	680	480	330	63
3	30 » »	grav. 1 , »	Id.	sainf.	Id.	1879	8340	7575	140	40	35	255	130	118	526	408	278	252
4	1 83 60	sabl. 1 , »	Id.	pré	Id.	1879	481	458	20	70	35	125	230	226	618	492	262	249
5	3 25 »	grav. 0 ,50	Id.	sainf.	Id.	1880	845	693	300	70	65	435	120	120	500	380	260	216
6	» 37 »	grav. 0 ,40	Id.	Id.	Id.	1878	92	81	150	70	68	288	450	194	892	698	248	219
7	1 13 80	boul. 1 ,50	Id.	sainf.	Id.	1879	262	232	200	7	53	260	130	90	450	360	230	204
8	1 26 50	arg. 0 ,40	grès	pré	Id.	1877	285	271	50	60	»	110	160	105	490	385	225	113
Deuxième Groupe. — *Propriétaires ayant obtenu les moins bons rendements nets en argent sur une parcelle*																		
1	30 » »	grav. 0m,40	gr.	pré	D	1879	1770	1575	30	»	35	65	76	90	225	135	59	52
2	2 » »	boul. 0 ,50	grès	pré	A	1878	170	128	100	70	40	210	40	85	210	125	85	64
3	» 87 »	Id. 0 ,25	gr.	Id.	D	1879	83	46	350	20	60	430	150	95	340	245	95	52
4	5 90 »	Id.	Id.	Id.	Id.	1879	560	336	300	20	60	380	159	95	340	245	95	57
5	2 37 60	grav. 0 ,50	Id.	Id.	Id.	1880	238	179	140	80	30	250	105	110	315	205	100	75
Troisième Groupe. — *Exemples d'arrosages appliqués à une surface étendue dépendant d'un même propriétaire* [1]																		
1 [2]	30 » »						8340	7575	140	80	35	255	130	118	526	408	278	252
2	20 43 28	var.	var.	pré	D	1879	3829	3180	215	68	35	318	222	111	521	410	188	166
3	26 » »	arg. 0m,45	grès	sf, pr	Id.	1879	4053	2939	300	60	68	428	145	131	432	301	156	113
4	56 72 30	arg. 1 ,50	gr.	luz.	A	80 à 82	8810	4953	600	10	70	680	20	88	263	175	155	87
5	44 50 60	var.	Id.	pré	Id.	1880	6232	3962	400	70	40	510	110	110	360	250	140	89
6	26 45 »	grav. 0 ,45	Id.	Id.	D	75 à 81	3320	2609	187	55	26	268	91	80	298	218	127	100
7	32 46 85	boul. ou arg.	grès	Id.	Id.	1879	3984	2725	278	70	40	400	60	93	276	183	123	83
8 [3]	30 » »	grav. 0 ,40	gr.	Id.	Id.	1879	1770	1575	30	»	35	65	76	90	225	135	59	52
Totaux et moyennes pr les grandes surfaces.	266 58 03						40338	29518	311	48	46	405	93	103	346	245	152	111
Quatrième Groupe. — *Exemple d'une commune où les irrigations sont réputées avoir mal réussi (celle de Lherm)*																		
Divers.....	36 96 »	var.	var.	var.	AD	77 à 81	4521	2893	358	24	58	440	64	82	268	186	112	78
Cinquième Groupe. — *Totaux et moyenne générale résultant de l'ensemble*																		
Tous.......	578 23 »	var.	var.	p.sf.lr	AD	77 à 81	84776	64058	259	56	43	358	119	108	373	265	146	110

1 Cette surface n'est pas nécessairement d'un seul tenant. Elle peut être répartie sur diverses fractions d'une grande propriété.
2 Cet arrosage n'est autre que le numéro 3 du premier groupe.
3 Cet arrosage est le même que le numéro 1 du deuxième groupe.

ABRÉVIATIONS EMPLOYÉES DANS LE TABLEAU

A., Ados.	D., Déversement.	Luz., Luzerne.	Sf., pr., Sainfoin. pré.
AD., Ados et déversement.	Gr., Gravier.	Sabl., Sableux.	P., sf., lr., Pré, sainfoin, luzerne.
Arg., Argileux.	Grav., Graveleux.	Sainf., Sainfoin.	Var., Variable.
Boul., Boulbène.			

TABLEAU N° 2

ASSOCIATIONS ET SYNDICATS ORGANISÉS EN VUE DE L'IRRIGATION D'UN ENSEMBLE DE PARCELLES [1]

TITRE OU DÉSIGNATION du syndicat OU DE L'ASSOCIATION	NOM de la COMMUNE	SURFACE arrosée	PLUS - VALUE NETTE ANNUELLE	
			sur l'ensemble de la surface arrosée	par hectare
Association des Arriouas......	Labarthe-Inard.	30ʰ »	6600 »	220 »
Syndicat de la Hierle et Augueras...............	—	20 »	4400 »	220 »
Association de Lamaguère.....	—	40 »	5600 »	140 »
— de la Hierle.......	—	10 »	1200 »	120 »
— du canal d'Ausson.	Ausson.	30 »	6000 »	200 »
Syndicat de las Nougarolles....	Soueich.	28 »	5600 »	200 »
— de la Hierle-Close	—	20 »	4000 »	200 »
Société du canal de Lestelle ...	Lestelle.	84.23	16003.70	190 »
Syndicat d'Auné.............	Saint-Gaudens.	56 »	10640 »	190 »
— de las Carraou.......	Pointis-Inard.	16 »	3040 »	190 »
— de Castillon	—	11.39	2164.10	190 »
Association de Villeneuve-de-Rivière...............	Villeneuve-de-Rivʳᵉ.	132 »	21120 »	160 »
Association de Latour	Bordes.	54 »	8640 »	160 »
— d'Artigue-Longue..	Caubous.	2.20	292 »	133 »
— de las Gayes......	Estancarbon.	28 »	3360 »	120 »
Syndicat de Lasmoles........	Izaut-de-l'Hôtel.	25 »	3000 »	120 »
— de Langlade........	—	4.50	540 »	120 »
Association d'Argut-Dessous...	Argut-Dessous.	12.13	1334.30	110 »
— de Saussat........	Cirès.	1.96	215.60	110 »
Syndicat de Juzet............	Juzet-d'Izaut.	10 »	640 »	64 »
TOTAUX...................		615ʰ41	104389.70	

$$\text{Moyenne} = \frac{104.389^{\text{fr}},70}{615^{\text{h}},41} = 169^{\text{fr}},63.$$

Ces chiffres sont sensiblement concordants, bien que les moyennes soient déduites : la première, d'arrosages s'appliquant exclusivement à une région de plaine irriguée artificiellement, et la seconde d'irrigations effectuées dans la région sub-pyrénéenne où l'abondance des eaux dispense de créer

---

1 On n'a pu obtenir pour les arrosages du présent tableau des renseignements aussi détaillés que pour le canal de Saint-Martory où les arrosants ont intérêt à faciliter le travail du conducteur du contrôle.

des canaux à longue portée. Ils représentent par hectare une augmentation en capital de 3.500 à 4.000 francs par hectare.

D'autres renseignements, recueillis à la suite de la grande sécheresse de 1893, il résulte que, cette année, la première coupe sur les terrains de propriétaires non arrosants a été mauvaise partout. Au contraire, les arrosants ont réalisé en moyenne (bons ou mauvais terrains) sur cette première coupe une plus-value brute de 240 francs par hectare, soit une plus-value nette de 200 francs environ.

D'autres recherches dans le but de connaître les résultats produits par l'irrigation ont été entreprises au canal du Forez, lequel a transformé la plaine du même nom, autrefois couverte d'étangs pestilentiels, et en a fait une région fertile du Centre de la France.

M. Péniguel, ingénieur des Ponts et Chaussées à Montbrison, a évalué en moyenne à 2.500 francs en capital la plus-value nette par hectare due à l'irrigation. La valeur du terrain irrigué a augmenté de 27,3 0/0, et le nombre des bêtes à corne de 75 0/0. Cet ingénieur estime que le canal qui, lorsqu'il sera terminé, aura coûté 7 millions, augmentera la richesse publique de 27.000.000 francs et produira, en outre, un revenu net annuel de 200.000 francs [1].

La submersion des vignes de plaines de la région du Midi pour les protéger contre les attaques du phylloxera est susceptible, encore plus que l'arrosage, de donner d'excellents résultats. Ces vignes produisent, en moyenne, 60 hectolitres de vin ordinaire à l'hectare, représentant un revenu brut de 900 francs au moins et un revenu net d'environ 600 francs.

Chaque hectolitre de vin mis dans la circulation procure à l'État, par les impôts divers qu'il perçoit, un revenu net d'environ 5 francs. En tenant compte de la consommation locale non soumise aux impôts, chaque hectare de vigne rapporte donc à l'État un revenu net annuel d'environ 250 francs. La submersion lui assure la perception de ce revenu.

[1] *Bulletin de la Société d'Agriculture de Montbrison*, numéro d'août 1895.

Dans l'Aude et dans l'Hérault, 6.000 hectares de vigne au moins ont été sauvés par la submersion. L'emploi des procédés de submersion dans ces deux départements a conservé à la production territoriale un revenu net annuel de plus de 3 millions de francs, représentant environ la moitié du capital consacré à l'opération, et à l'État une recette annuelle de plus de 1.500.000 francs.

En dehors de ce cas particulier, il est permis d'admettre que l'irrigation sagement employée peut procurer, en moyenne, un accroissement de revenu net d'au moins 200 francs par hectare, déduction faite de toutes les charges résultant de l'arrosage. La plus-value foncière qu'acquiert une terre soumise à l'irrigation peut, en conséquence, s'élever jusqu'à environ 4.000 francs par hectare. Elle peut même atteindre un chiffre plus élevé pour les terres de mauvaise qualité.

Le colmatage pratiqué avec les eaux troubles des crues peut, après l'achèvement de l'opération, procurer une plus-value de 2.000 francs au moins par hectare. Cette plus-value est même de beaucoup supérieure lorsqu'après le colmatage on peut arroser régulièrement la terre.

Les résultats qui précèdent seraient donc de nature à engager les propriétaires dans la voie des irrigations. Malheureusement, dans beaucoup de cas, les eaux amenées à grands frais à leur portée sont loin d'être utilisées comme elles pourraient l'être et l'on doit reconnaître que les canaux établis jusqu'à ce jour n'ont pas rémunéré les capitaux engagés.

C'est ainsi qu'au canal de la Bourne, qui dessert, dans le département de la Drôme, un périmètre de 10.500 hectares à l'est de Valence, 5.500 litres d'eau sur une concession de 7.000 litres par seconde restent inutilisés par suite de l'inertie des propriétaires. C'est ainsi qu'au canal de Pierrelatte, dont la concession est de 8.000 litres, sur lesquels des souscriptions avaient été recueillies à l'origine pour 3.200 litres, on arrose à peine 1.100 hectares; le concessionnaire est obligé de plaider contre les signataires des engagements sur la foi desquels le canal a été construit, et de les contraindre à subir les bienfaits de l'irrigation.

Nous pourrions malheureusement multiplier ces exemples peu encourageants, et le contraste entre les brillants résultats locaux relatés plus haut et le peu d'empressement des cultivateurs à bénéficier sur d'autres points de l'eau mise à leur disposition, appelle les méditations et les études de l'ingénieur agronome.

Dans une leçon professée, le 4 mars 1897, au Muséum d'histoire naturelle, un des Maîtres de la science agronomique, M. Dehérain, de l'Institut, concluait ainsi : « *Pour que le cultivateur trouve une juste rémunération de ses avances de semences et d'engrais, la récompense de son travail, il faut mettre à sa portée des eaux abondantes qui, disons-le encore, sont la condition même de la fertilité. La construction d'un vaste réseau de canaux d'irrigation donnerait à la production agricole de la France, un essor prodigieux ; elle offrirait, en outre, à l'épargne française, un placement solide ; employée à féconder le sol de la patrie, elle n'irait plus follement s'engloutir à l'étranger. Ce n'est pas ici le lieu de discuter le mode d'exécution de cette grande entreprise, c'est affaire aux ingénieurs et aux financiers* [1]. »

Les indications techniques et pratiques, données dans le présent ouvrage, permettent de se rendre compte de la difficulté de l'opération et des conditions auxquelles les généreuses espérances de M. Dehérain pourraient être réalisées.

L'agriculture est pauvre ; elle n'est pas encore en état d'offrir aux capitaux la même rémunération que l'industrie. Le capital est mû non par des considérations de patriotisme, mais par des considérations de revenu ; c'est ce qui fait qu'actuellement les financiers auxquels M. Dehérain fait appel recherchent peu les entreprises d'irrigation ; nous parlons, bien entendu, des financiers honnêtes et non de ceux qui n'ont vu dans les canaux d'irrigation qu'un prétexte à émission de titres placés dans la petite épargne, à laquelle ils laissaient tous les risques de l'opération, après avoir escompté et prélevé à l'avance, sur le capital souscrit, tous les bénéfices à espérer de l'entreprise. La baisse progressive du taux de l'intérêt pourra seule déterminer les financiers sérieux à se

---

[1] *Annales agronomiques*, t. XXIII, n° 5 (mai 1897).

porter vers ces œuvres utiles qu'ils ont jusqu'ici dédai-
gnées.

Quant aux ingénieurs, il faut, s'ils veulent répondre à
l'appel de M. Dehérain, qu'ils s'attachent à réduire au minimum le capital engagé et à réaliser en exécution toutes les
économies possibles, ce à quoi ils n'arriveront que par la
rusticité des constructions et la proscription absolue de toute
dépense de luxe, par la limitation au strict nécessaire du
personnel employé aux travaux, enfin par une étude minutieuse et serrée du tracé dans ses rapports avec la configuration du terrain, non seulement pour le canal principal,
mais encore pour ses moindres rigoles. Or c'est là une tâche
aussi ingrate que modeste et peu appréciée, car les quelques
rigoles que le voyageur remarque distraitement, dans sa
rapide traversée des régions agricoles en chemin de fer, ne
donnent aucune idée de l'ensemble de l'œuvre et des labeurs
qu'elle a coûtés et n'attirent pas l'attention comme les
façades monumentales des édifices que l'architecte élève
dans les villes.

Quand le financier sera venu à ce genre d'opérations,
quand l'ingénieur aura poussé à son degré le plus élevé l'art
d'établir un canal d'irrigation dans les meilleures conditions
possibles, il faudra encore autre chose pour que l'épargne
française trouve dans les canaux d'irrigation le placement
rémunérateur que lui promet M. Dehérain. Il faudra que les
agriculteurs, dont les terrains sont compris dans le périmètre
desservi, se décident à souscrire des abonnements à l'usage
de l'eau, et plus encore à tenir les engagements qu'ils auront
souscrits, car la perspective de plaider contre des centaines
de propriétaires est de nature à écarter les demandeurs en
concession.

Mais il est juste de reconnaître que l'ignorance et l'inertie
des agriculteurs ne sont pas les seules causes du peu de développement des revenus des canaux d'irrigation existants ; nous
avons établi plus haut que l'aménagement du sol pour le
mettre en état de recevoir l'eau exige une mise de fonds qui
varie de 350 francs à 800 francs par hectare, selon les régions.
Ce capital fait défaut à beaucoup d'agriculteurs. Comment
le leur fournir ? Le système de la garantie d'intérêt servie

par l'État aux concessionnaires, a été essayé, et il est condamné par l'expérience. L'intervention indispensable de l'État doit donc se produire sous une autre forme. L'Administration supérieure de l'Hydraulique agricole avait tenté de résoudre le problème en préparant un projet de loi d'organisation du crédit agricole appliqué aux irrigations. Ce projet de loi a été déposé le 4 juin 1892 sur le bureau de la Chambre des députés[1]; il n'a reçu aucune suite; mais, que la formule qu'il propose soit bonne ou mauvaise, la question qu'il pose subsiste et doit être résolue.

Elle le sera certainement un jour ou l'autre, et, grâce à ce résultat ainsi qu'au développement de l'enseignement agricole si activement poursuivi par le Ministère de l'Agriculture, et dont la restauration honore le nom de M. Tisserand à l'initiative féconde duquel elle est due, il est permis d'entrevoir, avec M. Dehérain, la réalisation, dans l'avenir, des espérances que l'on avait fondées sur les canaux d'irrigation pour l'accroissement de la puissance productive du pays.

[1] Ce projet de loi, dont nous donnons le texte dans l'*Annexe H*, consiste, en ses traits essentiels, dans la création de facilités spéciales accordées pour l'émission des obligations des Sociétés qui consentiraient des prêts pour l'irrigation. En cas de non-paiement des annuités ou de non-exécution des travaux d'irrigation qui font l'objet du prêt, la Société créancière peut entrer en possession temporaire de l'immeuble, achever les travaux et exploiter la propriété jusqu'à ce qu'elle ait recouvré ses débours, après quoi elle vend à l'agriculteur la propriété améliorée.

CHAPITRE XIII

CONCESSION ET ADMINISTRATION DES CANAUX D'IRRIGATION

112. Divers modes de concession. — Pour terminer l'étude des canaux d'irrigation, il nous reste à entrer dans quelques considérations au sujet de leur mode de concession et de leur administration.

Les grands canaux d'irrigation sont exécutés soit par des collectivités (départements ou villes), soit par des associations syndicales formées des propriétaires intéressés, soit enfin par des compagnies concessionnaires.

L'État subventionne ces entreprises, et son concours peut revêtir trois formes principales : 1° L'État avance les fonds nécessaires à la réalisation de l'œuvre, ou, en d'autres termes, il exécute à ses frais les travaux, sauf, bien entendu, ceux qui incombent aux usagers ; 2° il prend à sa charge une partie des dépenses de construction ; 3° il garantit l'intérêt d'une partie du capital de premier établissement.

Dans le premier et le troisième cas l'État rentre dans ses déboursés, au moins en partie, en encaissant pendant un certain nombre d'années (ordinairement cinquante ans) une fraction déterminée des recettes d'exploitation. Dans le second cas la subvention est ferme et accordée à titre définitif; elle est, en général, fixée au 1/3 de l'estimation du projet.

Les deux derniers modes de concours sont quelquefois combinés dans une même entreprise, l'État prenant à sa charge une partie de la dépense et accordant une garantie d'intérêts à une partie du capital de premier établissement.

Si la concession est accordée à une collectivité (département ou ville), ou à une association syndicale, elle est parfois perpétuelle. Elle est, au contraire, toujours d'une durée limitée lorsqu'il s'agit d'une compagnie et, dans ce cas, le canal fait généralement retour à l'État à l'expiration de la concession.

La tendance actuelle est de laisser aux intéressés réunis en association syndicale le soin de construire et d'exploiter les canaux d'irrigation à leurs risques et périls. La construction est facilitée par l'allocation d'une subvention à titre définitif s'élevant généralement au 1/3 de l'estimation du projet.

La concession des grands canaux d'irrigation doit faire l'objet d'une loi. Il n'existe, d'ailleurs, pas de règle générale à ce sujet, et chaque espèce donne lieu à une loi particulière.

Lorsqu'il s'agit d'un canal de faible importance, ou qui peut être considéré comme la dépendance immédiate d'un canal déjà construit, la concession peut être donnée par simple décret. On se réfère souvent, pour la distinction à faire, entre les cas où une loi votée par le Parlement est nécessaire et ceux où un simple décret peut suffire, à la loi du 3 mai 1841, portant que, pour un chemin de fer ou un canal de navigation, on se trouve dans le premier cas ou dans le second, selon que le canal a plus ou moins de 20 kilomètres de longueur [1]. Mais cette formule, bien que consacrée par la jurisprudence, est contestable dans le cas actuel, attendu qu'un canal d'irrigation se subdivisant toujours en un grand nombre de branches, c'est le périmètre desservi, et non la longueur de l'artère principale, qui donne la mesure de l'importance de l'œuvre.

C'est un cas que le législateur de 1841 n'a pas prévu. En pratique, on prend généralement comme longueur du canal celle de la branche principale. C'est ainsi que, lorsqu'il s'est agi de procéder à la concession du canal de Bazert (Haute-Garonne), dont la branche principale devait avoir une longueur de 17 kilomètres environ, l'Administration, appliquant

[1] Cette règle ne s'applique pas aux canaux construits entre 1852 et 1870. En vertu d'un sénatus-consulte en date du 23 décembre 1852, l'exécution de ces canaux a été autorisée par un décret impérial. Cette mesure exceptionnelle a été rapportée par la loi du 27 juillet 1870.

la règle qui précède, avait préparé un projet de décret. Mais le Conseil d'État a estimé que cette longueur de 17 kilomètres s'approchait trop de la limite pour qu'il fût possible de procéder de cette manière ; en conséquence, un projet de loi a dû être élaboré.

113. Concession aux collectivités et aux syndicats. — Les canaux qui ont pour objet principal l'alimentation d'une agglomération urbaine et qui doivent, en même temps, servir à l'irrigation du territoire traversé, sont quelquefois construits et exploités par les villes elles-mêmes ; tel sont les cas du canal de Marseille, du canal du Foulon, à Grasse, etc... D'autres fois, la concession est rétrocédée par la ville, pour une première période, à un particulier ou à une compagnie qui se charge d'exécuter les travaux et qui se récupère de ses dépenses en percevant des redevances pendant un certain nombre d'années. C'est le cas des canaux du Verdon (ville d'Aix), de la Vésubie (ville de Nice), de la Siagne (ville de Cannes).

Certains canaux, d'intérêt surtout agricole, ont été concédés à des départements : tel est le cas du canal du Forez (Loire). Ceux de Saint-Martory (Haute-Garonne) et de la Siagnole (Var), concédés pour une période limitée à des sociétés anonymes, doivent, à l'expiration de cette période, faire retour aux départements. Mais cet abandon, dû au fait du Prince, ne doit pas être pris comme exemple. La règle, quand l'État concède, est le retour à l'État.

Il existe également des exemples de canaux concédés à des syndicats et confiés pour une certaine durée à des concessionnaires chargés de les construire [canal du Lagoin (Basses-Pyrénées), canal de Gap (Hautes-Alpes)].

Enfin, comme exemple de canaux appartenant à des syndicats et construits par l'État, à ses frais, à titre d'avance remboursable, nous citerons le canal de Manosque (Basses-Alpes) (loi du 7 juillet 1881) et divers canaux de submersion des vignes (Aude, Hérault) (lois du 8 avril 1880 et du 30 juillet 1881).

Aux termes de la jurisprudence actuellement en vigueur, lorsque le canal concédé doit être rétrocédé, cette rétrocession et la convention qui la consacre doivent faire l'objet d'un décret délibéré en Conseil d'État, à moins que la dite rétrocession n'ait été expressément stipulée par la loi ou le décret de concession. Il y a eu des exemples de rétrocession contractuelle sans intervention de l'Administration (canal de Saint-Martory, 1873) ; mais cette procédure ne serait pas admise aujourd'hui.

114. Concession aux compagnies. — Les seules compagnies concessionnaires de canaux d'irrigation jouissant de la garantie d'intérêts de l'État sont celles de la Bourne et de Pierrelatte. Toutes les deux l'ont obtenue postérieurement à la concession. A l'origine, on admettait que la garantie n'aurait que le caractère d'une avance permettant aux concessionnaires de traverser les difficultés des premières années d'exploitation et serait ensuite remboursée sur le montant des souscriptions à l'arrosage.

Mais de nombreux mécomptes se sont produits. Les dépenses de premier établissement et de parachèvement ont dépassé de beaucoup les prévisions, tandis que les recettes ne croissaient que très lentement. Le remboursement des avances de l'État est devenu peu probable.

Le système de la garantie d'intérêts n'est, dans ces conditions, qu'une subvention déguisée. En présence des résultats peu encourageants qu'il a donnés, il est d'ailleurs virtuellement abandonné.

115. Cahiers des charges de concessions. — Les cahiers des charges qui déterminent les droits et les obligations des concessionnaires des canaux d'irrigation ne sont pas rédigés sur un modèle uniforme ; ils varient avec la situation des canaux et avec le mode de concession.

Nous nous contenterons de donner, à titre d'exemple, un modèle de cahier des charges applicable au cas de la concession à une compagnie (Voir *Annexe D*).

Dans quelques cahiers des charges on a réservé aux arrosants la faculté de racheter leurs redevances moyennant un versement en capital. C'est là une disposition vicieuse, très regrettable et qui doit être évitée à tout prix.

Non seulement elle est de nature à soulever de multiples difficultés contentieuses à la fin de la concession, mais, si pendant la durée de la concession, le taux de l'intérêt de l'argent vient à baisser, les rachats placeront le concessionnaire dans une situation désastreuse. Lors même que cette baisse ne se produirait pas, le concessionnaire dont tous les abonnements seraient rachetés n'aurait plus aucun intérêt à entretenir le canal. L'Administration pourrait, il est vrai, l'y contraindre, s'il est solvable, par voie de coercition et de contrainte, mais les délais inhérents aux actions juridiques rendent cette solution peu pratique.

Il convient, au contraire, d'insérer dans tous les cahiers des charges, comme il a été fait dans le modèle (*Annexe D*), une clause ainsi conçue : « ART.   . — *Le rachat des redevances par capitalisation est interdit.* »

116. Comparaison entre les deux modes de construction et d'exploitation par des syndicats ou par des concessionnaires. — Les deux systèmes de construction, d'exploitation et d'administration des canaux d'irrigation par les syndicats d'une part, par les compagnies de l'autre, présentent l'un et l'autre des avantages et des inconvénients.

En ce qui concerne la construction, si les travaux nécessitent une première mise de fonds considérable, ce qui est le cas général pour les canaux d'une certaine importance, l'intervention d'une compagnie financière permet d'assurer la création des ressources nécessaires, surtout si l'État vient en aide au concessionnaire par l'allocation d'une subvention ou d'une garantie d'intérêt. Cependant ce genre d'intervention n'a guère donné jusqu'ici que des résultats désastreux.

Si la compagnie ne remplit pas les obligations que lui impose son cahier des charges, si, notamment, elle n'achève pas les travaux dans les délais impartis, l'État, bien qu'il accorde souvent des prorogations de délais, finit par se voir obligé de mettre le canal sous séquestre ou de prononcer la déchéance. C'est ce qui s'est passé pour la compagnie dite *des Canaux agricoles*, laquelle avait obtenu la concession de trois canaux importants : ceux du Verdon, de

Saint-Martory et du Lagoin. Pour les deux premiers la déchéance a été prononcée, et la concession rétrocédée à vil prix. Quant au canal du Lagoin, virtuellement abandonné avant son complet achèvement, l'État a dû l'administrer provisoirement et assurer l'entretien et l'exploitation des parties terminées au moyen du produit des redevances.

La construction par les syndicats présente de grands avantages quand elle est possible. Les propriétaires associés construisent eux-mêmes le canal qui doit les desservir; on n'a pas à se préoccuper de distribuer des dividendes, on n'établit pas de redevances spéciales pour l'entretien et l'exploitation; la dépense effective se répartit chaque année entre les arrosants au prorata de la surface arrosée. Malheureusement, ce procédé n'a réussi que pour des canaux de peu d'étendue, qui sont d'ailleurs les plus nombreux. Les grandes entreprises exigeant une dépense supérieure à 500.000 francs en capital nécessitent une unité d'action et de direction que présente rarement un syndicat, dans lequel se produisent souvent des rivalités individuelles. De plus, la facilité avec laquelle les syndicats se sont dégagés de leurs obligations envers leurs créanciers, en profitant de l'absence dans leur caisse de fonds saisissables, a fait qu'aujourd'hui aucun établissement financier ne veut plus avancer aux syndicats les fonds nécessaires aux travaux de premier établissement. Tel a été le cas notamment pour le canal de Fabrezan (Aude), destiné à dériver de la rivière d'Orbieu, l'eau destinée à la submersion de 2.700 hectares de vignes. La déclaration d'utilité publique a été prononcée au profit du syndicat des intéressés par une loi du 31 juillet 1888, laquelle accordait une subvention du 1/3 de la dépense. Le syndicat n'a pu réunir les fonds indispensables à la réalisation de l'œuvre, et les travaux n'ont pas été entrepris.

Pour remédier aux abus auxquels ont donné lieu les concessions de canaux à des sociétés financières et dans l'impossibilité où se trouvent souvent les syndicats intéressés de se procurer les ressources nécessaires, un inspecteur des Finances a émis l'avis qu'on pourrait imiter ici ce qui se passe pour la construction des routes départementales et des chemins vicinaux ou ruraux, c'est-à-dire répartir les charges de la construction en trois parties égales entre les départements, les communes intéressées et l'État dont la subvention serait payable par annuités. La répartition entre les communes se ferait proportionnellement aux engagements souscrits par chacune d'elles. Les produits de l'entreprise seraient affectés d'abord aux frais d'exploitation, ensuite à l'amortissement du tiers dépensé par les communes, et enfin, en cas d'excédents ultérieurs, le département en bénéficierait. Les travaux seraient exécutés sous le contrôle et la direction du service de l'hydraulique agricole. Cette conception n'a pas été soumise à l'épreuve de l'expérience.

Relativement à l'exploitation des canaux, les deux systèmes de concessions à des compagnies et d'administration par les syndicats ont des partisans et des adversaires.

A priori, l'exploitation par les syndicats est plus rationnelle. Les usagers étant chargés de la gérance de leurs propres intérêts, ceux-ci sont mieux sauvegardés, et les réclamations qui se produisent ont plus de chance d'être accueillies. Les dépenses sont réduites au minimum, et les augmentations de revenus que produit le développement progressif des arrosages peuvent venir en diminution des charges qui pèsent sur les associés. Malheureusement les syndicats sont trop souvent soumis à des influences locales ou autres, nuisibles à la bonne direction de l'exploitation. Ici aussi le manque d'argent se fait souvent sentir, et l'entretien est négligé jusqu'à ce que la distribution des eaux devienne assez défectueuse pour qu'il soit indispensable d'y remédier ; dans ce cas le syndicat impuissant se tourne trop souvent vers l'État pour lui demander aide, et quelquefois même se dérobe complètement, laissant à l'Administration le soin de prendre les mesures nécessaires pour sauver l'entreprise de la ruine.

Avec une compagnie concessionnaire la direction est plus uniforme et plus régulière, les influences sont moins puissantes. Mais les dépenses d'exploitation sont beaucoup plus élevées.

Au canal du Forez, concédé au département de la Loire, et administré en son nom par le service de l'Hydraulique agricole, l'exploitation des diverses branches est confiée, sinon à des syndicats dans le sens réel du mot, du moins à des groupements de propriétaires arrosants; grâce à l'ingérence du service hydraulique, l'entretien est assuré dans de bonnes conditions, et les résultats de l'exploitation sont en progression constante. Mais cela tient à des circonstances locales, et l'on peut dire que sur les petits canaux, l'exploitation syndicale est assurément préférable. En ce qui concerne les grands canaux, aucun mode d'exploitation n'a encore donné des résultats complètement satisfaisants.

Quant à l'exploitation par l'État, elle doit être proscrite. Elle n'existe sur quelques canaux qu'à titre temporaire et conservatoire, notamment dans le cas où il y a séquestre.

117. Engagements aux eaux. — Après l'achèvement des travaux, les rapports entre l'exploitant et les usagers sont réglés par des actes d'engagement aux eaux. Ordinairement, la déclaration d'utilité publique d'un canal n'est poursuivie par l'Administration que lorsque le concessionnaire a préalablement réuni une quantité de souscriptions suffisante pour assurer un minimum de revenu témoignant de l'utilité de l'œuvre.

La base des souscriptions aux eaux d'arrosage est, comme nous le savons, le litre, c'est-à-dire un volume d'eau équivalant à un débit continu de 1 litre par seconde à recevoir périodiquement pendant toute la durée de la saison des irrigations.

Pour la submersion des vignes le prix est habituellement fixé par hectare, et il est stipulé que, si la quantité d'eau nécessaire pour une saison de submersion dépasse un certain volume (ordinairement 25.000 mètres cubes par hectare), l'engagement pourra être résilié. Une exception à cette règle a été faite en ce qui concerne le canal de Pierrelatte. Le cahier des charges de la concession stipule qu'il pourra être livré pour 1 hectare de vigne submergé un volume de 50.000 mètres cubes. Toutefois c'est là un chiffre trop élevé, et cette situation, qui n'a d'ailleurs été reproduite dans aucun autre cahier des charges, n'est signalée ici que pour en faire ressortir l'exagération.

Enfin les eaux *continues*, à recevoir toute l'année pour usages domestiques ou d'agrément, sont livrées au *module*, lequel correspond à un débit de 1 décilitre par seconde ; le module peut être fractionné en dixièmes et quelquefois même en vingtièmes.

La location des chutes pour utilisation de leur force motrice est parfois aussi une source de revenus appréciable. La redevance est fixée d'après la force utilisable en chevaux-vapeur, la force de cheval étant représentée par un volume de 100 litres d'eau par seconde tombant d'une hauteur de 1 mètre.

Les prix unitaires sont des plus variables et dépendent principalement de la dépense nécessitée par les travaux d'établissement du canal.

Les formules d'engagement à remplir par les souscripteurs sont ordinairement accompagnées d'un extrait des clauses et conditions générales de la concession, dans le but de faire connaître à ceux-ci la nature des engagements qu'ils contractent en souscrivant.

Nous reproduisons ci-après (*Annexe E*) trois types de formules approuvés par l'Administration supérieure, applicables respectivement aux eaux périodiques pour l'irrigation, aux eaux continues pour les usages domestiques et d'agrément et aux eaux pour la submersion des vignes. Les clauses et conditions spéciales qui font suite à la dernière de ces formules sont textuellement reproduites à la suite de chacune des deux autres.

118. Résultats de l'exploitation des canaux.

— Malgré les avantages que les terres retirent de l'irrigation, avantages que nous avons eu l'occasion de signaler, les arrosages ne se développent qu'avec la plus extrême lenteur. Nous ne reviendrons pas sur ce que nous avons dit touchant les raisons pour lesquelles les propriétaires hésitent à faire les sacrifices nécessaires pour mettre leurs terres en état de bénéficier de l'emploi de l'eau. Nous nous bornerons à présenter sous forme de graphiques le tableau du nombre d'hectares effectivement arrosés durant ces dernières années au moyen des eaux de divers canaux (*fig.* 434). Les chiffres

entre parenthèses, à droite du graphique, indiquent le
nombre d'hectares arrosables par chaque canal. On voit
combien la progression des arrosages est lente, et combien
il reste à faire pour que les eaux amenées à grands frais à
proximité des terres irrigables soient utilisées dans une proportion satisfaisante.

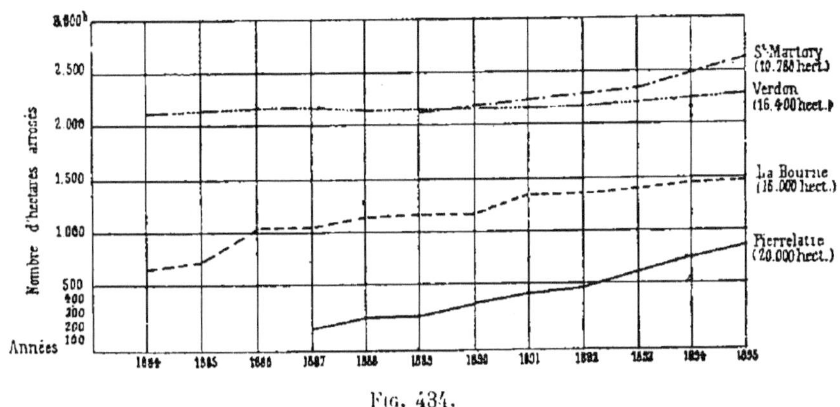

Fig. 434.

Il serait toutefois injuste de tirer de ce tableau des conséquences trop pessimistes. Les canaux d'irrigation contribuent
incontestablement à l'accroissement de la richesse publique
au même titre qu'un certain nombre d'autres œuvres d'intérêt
régional. L'État a donc le devoir de favoriser la création de
ces canaux au même titre qu'il intervient dans le développement du réseau des voies de communication vicinales ou des
chemins de fer d'intérêt local. Il faut simplement conclure
des résultats qui précèdent qu'il est sage d'attendre, avant de
construire de nouveaux canaux importants, que l'usage des
eaux se soit généralisé sur ceux qui existent et soit passé
dans les mœurs. Mais, si les canaux existants ne constituent pas une opération financière immédiatement avantageuse, ils sont une ressource précieuse pour l'avenir, et
la période de résistance inerte à l'emploi de l'eau que ces
canaux traversent aujourd'hui, constitue une phase regrettable, mais inévitable, de leur développement qui n'en est pas
moins assuré.

ANNEXES

ANNEXE A

CANAL DE MANOSQUE
(BASSES-ALPES)

SIPHON A DOUBLE TUYAU EN FONTE DE $0^m,90$ DE DIAMÈTRE
INTÉRIEUR, A CONSTRUIRE
POUR LA TRAVERSÉE DU RAVIN DE VALVÉRANNE AU KILOMÈTRE 41
(Voir pl. VIII, et *fig.* 171 à 188)

DEVIS ET CAHIER DES CHARGES

CHAPITRE I

INDICATIONS GÉNÉRALES, ALIGNEMENTS, COURBES, PROFILS EN LONG ET EN TRAVERS, TALUS, CHAUSSÉES, ETC.

ARTICLE PREMIER. — *Objet de l'entreprise.* — La partie du canal de Manosque faisant l'objet du présent devis comprend la construction d'un siphon à double tuyau en fonte de $0^m,90$ de diamètre intérieur destiné à la traversée du ravin de Valvéranne.

L'entreprise comprend la construction du siphon proprement dit entre l'hectomètre 403H $+$ 91,22 et l'hectomètre 406H $+$ 35,75 sur une longueur de $244^m,53$, une vanne de décharge et un déversoir à l'origine, un canal de vidange, un dallot à double ouverture de $0^m,80$ sous le chemin de Gaude, des perrés de raccordement à chaque extrémité de l'ouvrage. Des massifs en maçonnerie sont placés aux angles saillants et rentrants des conduites et de distance en distance dans les parties inclinées ; ils sont destinés à supporter et à maintenir les tuyaux. Des ventouses et des robinets à air sont placés sur les conduites aux angles saillants et dans les parties où l'air pourrait s'accumuler ; les ventouses et les robinets sont disposés dans des chambres en maçonnerie reposant sur les massifs de fondation. Enfin une chambre de vidange avec robinets et trou d'homme est ménagée dans la partie basse du siphon.

Un mur de chute placé à l'aval des tuyaux et de la chambre de vidange permet de diminuer sensiblement le cube des déblais à la traversée du ravin et facilite la vidange du siphon qui se fait naturellement par les robinets-vannes avec conduite à la suite et sans le secours de pompes à épuisement.

ART. 2. — *Tracé de l'axe du canal.* — Le siphon de Valvéranne se trouve compris dans un alignement de 248^m,29 qui comprend l'ouvrage entier : du côté de l'origine, le tracé présente une courbe de 8 mètres de rayon raccordant deux alignements dont l'angle est de 126° 28′ ; la longueur de la courbe est de 7^m,47, et celle des tangentes, de 4^m,03. Du côté de Manosque, le tracé présente une courbe de 6 mètres de rayon raccordant deux alignements dont l'angle est de 92° 23′. La longueur de la courbe est de 9^m,17, et celle des tangentes de 5^m,76.

ART. 3. — *Profil en long.* — En amont du siphon, le canal a une pente de 0^m,00025. A l'origine de la tête amont, la cote du plafond rapportée au plan de comparaison du canal est égale à 390^m,091. A l'entrée du puisard d'aval, c'est-à-dire à 240^m,463 de distance du seuil du premier puisard, la cote du plafond s'abaisse à 389^m,102. En aval, il existe une pente de 0^m,0005.

ART. 4. — *Inclinaison des talus.* — Les talus sont généralement réglés, savoir: en remblai à 1 et demi de base pour 1 de hauteur, en déblai à 1 de base pour 1 de hauteur ; mais dans le rocher et dans certains cas spéciaux, tels que pour l'ouverture de la tranchée pour l'emplacement des tuyaux, les talus pourront être dressés suivant un fruit plus roide de 0^m,50 et même de 0^m,20, suivant les profils qui seront donnés par l'ingénieur.

ART. 5. — *Profil des routes et chemins à rétablir.* — *Chaussées.* — La largeur et les profils des routes et chemins à exécuter pour rétablir les communications interceptées par le canal seront fixés par des profils spéciaux remis à l'entrepreneur.

Les talus en déblai seront inclinés et réglés comme ceux du canal (art. 4).

Les chaussées des routes et chemins à rétablir et leurs accotements seront faits suivant les ordres et projets remis à l'entrepreneur.

CHAPITRE II

DESCRIPTION DES OUVRAGES D'ART

ART. 6. — *Ouvrages pour la traversée du cours d'eau et de sa vallée.* — Le siphon de Valvéranne passe par-dessous ce cours d'eau et ne nécessite d'autres ouvrages spéciaux que des murs de chute avec revêtements perreyés, les tranchées devant être comblées après la pose des tuyaux.

ART. 7. — *Passages supérieurs.* — Le canal de vidange du siphon traverse le chemin de Gaude, au piquet hectométrique 404H $+$ 65,40 du kilométrage du canal, au moyen d'un dallot à double ouverture de 0^m,80.

Description détaillée des ouvrages

ART. 8. — PARTIE MÉTALLIQUE. — *Tuyaux.* — Les conduites sont formées de portions de tuyaux en fonte de 0^m,90 de diamètre intérieur, à emboîtement et cordon, de 4 mètres de longueur utile et de 0^m,022 d'épaisseur dans les parties droites. Ils présentent les formes et les dimensions de ceux qui sont employés pour le service des eaux de la Ville de Paris. Dans les parties courbes, l'épaisseur sera augmentée d'un quart, c'est-à-dire portée à 0^m,0275.

L'axe des conduites présente en plan vertical les alignements et les courbes de raccordement indiqués au tableau ci-après.

INDICATION DES ALIGNEMENTS et DE LEURS REPÈRES	LONGUEURS des alignements non compris les courbes de raccordement	LONGUEURS des courbes	ANGLES des alignements adjacents	RAYONS des courbes de raccordem¹ quand elles seront des arcs de cercle	LONGUEU des tangen à parti de leur point de rencon
	m	m		mètres	m.
1er alignement.............	41,30	»	»	»	»
1re courbe....	»	1,40	172°	10,00	0,70
2e —	24,11	»	»	»	»
2e —	»	4,05	156° 47′ 20″	10,00	2,05
3e —	35,77	»	»	»	»
3e —	»	3,55	159° 41′ 20″	10,00	1,79
4° —	4,28	»	»	»	»
4° —	»	3,78	158° 22′ 38″	10,00	1,90
5e —	12,58	»	»	»	»
5e —	»	3,40	160° 32′ 20″	10,00	1,71
6e —	8,18	»	»	»	»
6e —	»	2,25	167° 6′	10,00	1,13
7e —	53,42	»	»	»	»
7e —	»	2,59	165° 8′	10,00	1,30
8e —	43,24	»	»	»	»
	222,88	21,02			
Longueur totale de la conduite.	243,90				

A leurs extrémités engagées dans les maçonneries des puisards,
les tuyaux présenteront un écartement de 2^m,10 d'axe en axe.
L'écartement sera ramené à 1^m,90 par deux alignements convergents et des courbes de grand rayon. Le raccordement se fera
entre chaque tête et le massif en maçonnerie le plus voisin.

L'axe de la conduite suivra les pentes, rampes, paliers indiqués
dans le tableau ci-après :

N° du profil hectométrique précédant chaque changement de déclivité	Distance du profil précédant à l'origine de chaque déclivité	Indication des PENTES, PALIERS ET RAMPES	Longueur des paliers	PENTES			RAMPES			Ordonnée de l'extrémité de chaque déclivité
				Longueur	Pente par mètre	Abaissement	Longueur	Rampe par mètre	Élévation	
403	$g + 4.537$									387,87
404	b	Pente de 0^m,30	»	40^m,243	0^m,30	12^m,07	»	»	»	375,80
404	d	— 0 ,46	»	24 ,40	0 ,46	11 ,22	»	»	»	364,58
405	»	— 0 ,026	»	39 ,60	0 ,026	1 ,02	»	»	»	363,56
405	a	— 0 ,40	»	7 ,40	0 ,40	2 ,96	»	»	»	360,60
405	$e + 3,00$	— 0 ,003	»	16 ,20	0 ,003	0 ,05	»	»	»	360,55
405	$i + 2,00$	Rampe de 0 ,35	»	»	»	»	40^m,40	0^m,35	3^m,64	364,19
405	$l + 2,00$	— 0 ,112	»	»	»	»	55 ,50	0 ,112	6 ,20	370,39
406	$a + 16.013$	— 0 ,389	»	»	»	»	41 ,513	0 ,389	16 ,144	386,534
		Totaux......................		127 ,843		27 ,32	107 ,413		25 ,984	
		Report des rampes.................		107 ,413						
		Longueur totale horizontale.....		235 ,256						

Cote de départ... 387,87

Somme des abaissements.. 27,32

360,55

Somme des élévations... 25,984

Cote d'arrivée.. 386,534

Coudes — Les coudes qui, dans chaque file de tuyaux, raccordent deux alignements consécutifs, sont formés d'un ou plusieurs tuyaux courbes de 10 mètres de rayon, conformément à la distribution des joints acceptée par l'ingénieur en cours d'exécution. Ces coudes reposent dans toute leur longueur sur un massif en maçonnerie.

Vidange et nettoyage. — Au point le plus bas de chaque file de tuyaux est disposé un manchon droit de 966 millimètres de diamètre intérieur sur lequel sont ménagés un trou d'homme semblable à ceux des chaudières à vapeur et une tubulure tangentielle de 20 centimètres de diamètre placée au niveau de la génératrice inférieure et disposée de manière à pouvoir y adapter un robinet-vanne de même diamètre.

La vidange des tuyaux se fera naturellement par ces robinets auxquels fait suite une conduite en fonte de 20 centimètres de diamètre et de 42 mètres de longueur débouchant dans le ravin de Valvéranne, dans le parement du mur de chute existant. Les robinets et la conduite seront conformes à ceux de la Ville de Paris et satisferont à toutes les conditions du cahier des charges du service des eaux de cette ville.

Les pièces de sujétions seront conformes aux dessins approuvés par l'ingénieur en cours d'exécution sur la proposition de l'entrepreneur.

ART. 9. — MAÇONNERIES. — *Têtes en maçonnerie.* — A leurs deux extrémités les tuyaux aboutissent à des têtes en maçonnerie qui les mettent en communication avec le canal. Chacune de ces têtes est commune aux deux tuyaux; les dispositions sont d'ailleurs identiques à l'amont et à l'aval, sauf l'adjonction, à l'amont, d'un déversoir et d'une vanne de décharge destinés à évacuer l'eau du canal en cas d'accident.

Des vannes de tête, placées à l'entrée des puisards amont et à la sortie des puisards aval, permettent de ne faire fonctionner qu'un tuyau séparément, quand l'autre nécessite des réparations, sans cesser de faire fonctionner le canal à l'aval. Ces vannes permettent aussi de régler à volonté l'introduction de l'eau dans les tuyaux, lors du remplissage, et d'éviter des à-coups dangereux pour la conduite. A cet effet elles seront munies de vannettes-déversoirs de $0^m,30$ sur $0^m,30$. Les dispositions de détail de ces vannes sont arrêtées en cours d'exécution.

TÊTE AMONT

La tête amont comprend, comme il a été dit plus haut, la tête proprement dite, un déversoir et une vanne de décharge

La tête proprement dite, composée de deux puisards séparés par un mur de refend de 1 mètre de largeur uniforme, et couronné par une assise en pierre de taille de 0^m,30 d'épaisseur dont la face supérieure est placée à 2 mètres au-dessus du plafond du canal.

Les puisards sont limités par le mur de face, les murs latéraux formant retour, et le mur de fond adossé au terrain.

Mur de face et murs latéraux avec retour. — Les murs latéraux et le mur de face ont 0^m,80 d'épaisseur à leur partie supérieure. Le mur de face présente extérieurement un fruit de 1/4 jusqu'au niveau de l'établissement placé à la cote 388^m,732; il se raccorde par des quarts de cône avec les murs latéraux dont le parement extérieur présente une surface gauche ayant un fruit de 1/4 contre le mur de face et se tournant verticalement à l'angle formé par les retours qui présentent une saillie de 0^m,20, ce qui porte leur largeur à 1 mètre. Ces retours, qui ont 0^m,80 de longueur dans le prolongement des murs latéraux, sont eux-mêmes montés verticalement.

Mur de fond. — Le mur de fond du puisard, adossé au terrain, présente au niveau du lit de pose des seuils des vannes, une largeur de 0^m,50. Son parement vu offre un fruit de 1/4 jusqu'à 1 mètre au-dessus du fond des puisards, établi à la cote 386^m,008.

Puisards. — Chaque puisard présente, au fond, une largeur de 1 mètre sur 1^m,50 de longueur. Cette largeur est portée au niveau du plafond du canal à 2^m,788 par suite du fruit du mur de fond et de celui que présente intérieurement le mur de face. Le parement de ce mur, d'abord vertical sur 1 mètre de hauteur, est dressé perpendiculairement à la direction des tuyaux sur une hauteur de 1^m,80 mesurée parallèlement au parement et se relève ensuite verticalement jusqu'au niveau du couronnement. Au point de pénétration des tuyaux, on a ménagé une ouverture de 0^m,944 de diamètre entourée de moellons appareillés suivant le pourtour de l'ouverture.

Les puisards reçoivent intérieurement un enduit en mortier de ciment lent de 0^m,015 d'épaisseur.

Au niveau de l'établissement défini plus haut, les maçonneries de la tête présentent extérieurement une saillie de 0^m,30 sur la face antérieure, et de 0^m,10 sur les faces latérales. Au-dessus, les parements extérieurs sont descendus verticalement jusqu'au niveau des fondations, qui sera déterminé en cours d'exécution.

Déversoir et vanne de décharge. — Dans le but de ménager un écoulement aux eaux qui viendraient en trop grande abondance dans le canal au moment des pluies ou pour parer à un accident qui surviendrait dans un tuyau, on a ménagé un déversoir de 3^m,40 de longueur moyenne. Le seuil en pierre de taille est placé à 1^m,40 au-dessus du plafond du canal. Il est formé d'une assise en pierre de taille de 0^m,40 d'épaisseur et présente une largeur de 0^m,50. La vanne de décharge ménagée à côté du déversoir servira à écouler les eaux dans le canal de vidange en cas de réparation à faire aux tuyaux. Elle aura 0^m,80 d'ouverture et sera conforme aux dessins délivrés en cours d'exécution.

Vannages. — Les montants et les seuils des vannes de tête ou de décharge seront en pierre de taille et présenteront les dispositions de détails indiquées en cours d'exécution, après l'adoption d'un type de vanne. Les seuils des vannes de tête seront soutenus par deux arcs de décharge en maçonnerie de 0^m,30 d'épaisseur s'appuyant latéralement sur l'extrémité des murs latéraux formant retour, et, au milieu, sur un contrefort de 1^m,20 de largeur et de 0^m,50 de saillie placé en prolongement du mur de refend séparant les puisards contre le parement du mur de fond de la tête proprement dite.

TÊTE AVAL

Les dispositions de la tête aval reproduisent exactement celles qui ont été décrites pour la partie de la tête amont désignée sous le nom de *tête proprement dite*. Elle ne comprend ni déversoir, ni vanne de décharge et se compose simplement de deux puisards séparés par un mur de refend de 1 mètre de largeur et de deux vannes de 0^m.80 d'ouverture, dites vannes de tête. Il suffit de signaler les cotes et dimensions suivantes dont toutes les autres se déduisent facilement par analogie avec ce qui a été dit de l'autre tête.

Niveau du seuil des vannes ou du plafond du canal. 389,102
Niveau du fond des puisards........................ 384,695
Niveau de l'établissement.......................... 387,373

Les fruits extérieurs du mur de face et des murs latéraux sont les mêmes que pour la tête amont.

Les murs latéraux formant retour et le mur de refend se prolongent avec 1 mètre de largeur en arrière du mur de fond, de manière à former chacun une saillie de 0^m,50 égale à celle du contrefort placé en prolongement du mur de refend.

Massifs dans les parties inclinées. — Des massifs sont établis dans les parties inclinées et de distance en distance pour retenir les terres, faciliter la pose des tuyaux et s'opposer au glissement. Ces massifs sont fondés par redans dans le terrain solide et s'élèvent jusqu'à la hauteur de l'axe des tuyaux qu'ils enveloppent dans leur partie inférieure.

Massifs des angles rentrants. — Des massifs en maçonnerie sont également prévus aux angles rentrants pour supporter les tuyaux et s'opposer à tout mouvement de glissement. Ces massifs sont fondés par redans dans le terrain solide et s'élèvent à une hauteur variable au-dessus des tuyaux qu'ils enveloppent pour soutenir les remblais supérieurs. La partie inférieure des tuyaux se trouve seule en contact avec les massifs ; un évidement de 0ᵐ,05 est ménagé entre les tuyaux à la partie supérieure des massifs pour éviter une rupture en cas de tassement des maçonneries.

Massifs des angles saillants. — Aux angles saillants les tuyaux reposent également sur des massifs en maçonnerie auxquels ils sont fixés par des brides en fer scellées dans le rocher ou la maçonnerie pour neutraliser l'effet de déboîtement résultant de la pression de l'eau dans les parties où elle est supérieure à 10 mètres. Les dessins de ces brides et de leurs scellements seront donnés en cours d'exécution.

Chambres des ventouses. — Une chambre rectangulaire de 1ᵐ,30 de largeur intérieure et de 3ᵐ,85 de longueur repose sur les massifs des angles saillants décrits ci-dessus et renferme deux tubulures de 0ᵐ,30 de diamètre munies de brides destinées à recevoir les ventouses pour permettre l'échappement de l'air qui pourra s'accumuler dans ces angles.

L'accès dans ces chambres pour la manœuvre des robinets des ventouses se fait au moyen d'un regard de 0ᵐ,60 sur 0ᵐ,50 fermé par une plaque en tôle striée.

La chambre des ventouses est surmontée d'une voûte en briques de 0ᵐ,11 d'épaisseur s'appuyant sur les murs amont et aval. La flèche est égale au 1/15 de la largeur, soit 0ᵐ,26. La chambre est couronnée sur tout son pourtour par un cadre en pierre de taille de 0ᵐ,40 de largeur et 0ᵐ,30 d'épaisseur. Dans l'intérieur de ce cadre la voûte sera recouverte d'un dallage en ciment lent présentant une inclinaison transversale de 3 centimètres par mètre.

Chambre de vidange. — Une chambre de vidange, de forme rectangulaire, est ménagée dans la partie basse de la conduite et sur la rive droite du ravin. Elle a dans œuvre 4ᵐ,34 de longueur et 2 mètres de largeur.

Le radier de cette chambre, établi sur le terrain incompressible, est placé à la cote 359,68 ; et son plafond, formé de voûtains en briques de 1ᵐ,04 de portée et de 0ᵐ,11 d'épaisseur repose sur des fers à double **T** placés à 2ᵐ,90 au-dessus du radier. Les voûtes sont recouvertes d'un dallage en ciment présentant une inclinaison transversale de 3 centimètres par mètre. Ce dallage est entouré par le couronnement des murs de la chambre qui consiste en une assise en pierre de taille de 0ᵐ,30 d'épaisseur sur 0ᵐ,50 de largeur. Il est percé d'une ouverture rectangulaire de 1ᵐ,10 sur 0ᵐ,60 fermée par un trappon en tôle striée.

Les murs de la chambre ont 0ᵐ,60 d'épaisseur dans la partie placée au-dessus du sol. Extérieurement, le parement de la face placée dans le prolongement du mur de chute a le même fruit que ce mur, soit 1/5 ; celui du mur transversal aval aura un fruit convenable pour résister à la poussée des terres ; enfin les autres faces présentent un fruit de 1/10.

Les parements intérieurs sont verticaux et ils seront revêtus d'un enduit de 15 millimètres en mortier de ciment lent.

Mur de chute. — Le mur de chute établi à l'aval du siphon est dirigé parallèlement à l'axe de l'ouvrage ; son couronnement, formé d'une assise en pierre de taille ébauchée de 0m,50 d'épaisseur, présente dans son milieu une flèche de 0m,50 et a 0m,60 de largeur.

Au-dessous de cette assise le mur a 0m,68 de largeur ; son parement est réglé avec un fruit de 1/5, et le parement du côté des terres est vertical jusqu'au niveau du sol. Sa fondation sera préservée à l'aval contre les affouillements par des blocs naturels.

Canal de vidange. — Le canal de vidange, qui servira à écouler les eaux du déversoir et de la vanne de décharge, est entièrement revêtu en maçonnerie : sa section normale est de 0m,80 au plafond avec des talus à 45° revêtus jusqu'à 0m,60 de hauteur.

Dallot double sous le chemin des mines de Gaude. — La traversée du canal de vidange sous ce chemin a nécessité la construction d'un dallot à deux ouvertures de 0m,80 chacune, séparées par un mur intérieur de 0m,40 d'épaisseur.

La longueur du dallot entre têtes est de 5m,80, la hauteur sous dalles est de 0m,80 à l'amont et de 1m,38 à l'aval. Les dalles, d'une épaisseur de 0m,20 et de 1m,20 de largeur chacune, reposent de 0m,20 sur le mur intérieur et sur les culées dont l'épaisseur est de 0m,55. Les fondations sont établies par redans horizontaux. Les têtes se prolongent par des murs en retour de 0m,50 d'épaisseur et dont la longueur est de 4m,50 à l'amont et de 6m,30 à l'aval. Les dalles de tête auront 1m,30 de longueur chacune ; elles seront jointives au milieu de la pile séparant les deux ouvertures et présenteront une section de 0m,30 de hauteur sur 0m,50 de largeur. Elles font sur le parement des têtes une saillie de 10 centimètres.

Mode d'exécution des maçonneries. — Seront exécutés en maçonnerie de pierre de taille : le couronnement des têtes, celui des chambres, des ventouses et de la chambre de vidange, les seuils des puisards, les seuils du déversoir et de la vanne de décharge, les angles des vannages, le couronnement du mur de chute établi à la traversée du ravin de Valvéranne.

La maçonnerie de dalles comprend : les dalles de recouvrement et de tête du dallot à la traversée du chemin de Gaude.

Toutes les autres maçonneries seront exécutées en moellons bruts, mais les parties vues seront têtuées. Le prix du parement porté au bordereau tient compte de ce têtuage.

L'entrepreneur devra se conformer rigoureusement aux ordres de service de l'ingénieur et aux instructions qui lui seront données en cours d'exécution.

CHAPITRE III

PROVENANCE, QUALITÉ ET PRÉPARATION DES MATÉRIAUX

§ 1er. — PROVENANCE DES MATÉRIAUX

ART. 10. — *Provenance et nature des matériaux.* — Les matériaux destinés à la construction des ouvrages d'art ou des chaussées proviendront des lieux d'extraction et de production indiqués dans le tableau ci-dessous :

NATURE DES MATÉRIAUX	PROVENANCE DES MATÉRIAUX
Sable............................	La Durance et les ravins environnants.
Pierres cassées et cailloux pour chaussées et béton............	Coteaux environnants et lits des ravins.
Remblai en gravier et pierres cassées............................	Carrières de Gaude et de Pimayon.
Pavés d'échantillon...............	Carrières de Gaude et de Pimayon.
Chaux hydraulique...............	Usines du Teil ou de Cruas.
Moellons bruts...................	Carrières de la vallée de Gaude et de Pimayon. Coteaux environnants.
Moellons têtués.................	Carrières de Gaude et de Pimayon.
Dalles..........................	Carrières de Beauchamp (Marne).
Pierre de taille.................	Carrières de Beauchamp, de Réclavier et de Ruoms (Ardèche).
Ciment naturel à prise lente, dit de Portland..........................	Usines de la Porte de France (Grenoble). Usine Vicat.

§ 2. — QUALITÉ ET PRÉPARATION DES MATÉRIAUX

ART. 11. — *Sable pour pavage et mortier.* — Le sable sera de moyen grain, pur, exempt de toute matière terreuse, bien criant à la main, ne s'y attachant pas, passé à la claie et lavé, si cela est nécessaire.

Le sable employé à la confection du mortier destiné à la pose et au rejointement de la pierre de taille et du moellon têtué sera tamisé.

ART. 12. — *Pierres cassées, gravier, cailloux pour chaussées, béton et remblais sous les tuyaux.* — Les pierres cassées, cailloux et graviers destinés aux empierrements pour le béton et les remblais sous les tuyaux devront passer en tous sens dans un anneau de 6 centimètres de diamètre : ils seront passés à la claie ou au râteau et débarrassés de toutes matières terreuses et de tous débris de dimensions inférieures à 2 centimètres.

La pierre cassée, dans tous les cas, proviendra des bancs non gélifs et les plus durs des carrières indiquées ; on rebutera également les galets tendres et friables.

Le cassage sera toujours fait hors des lieux d'emploi.

Art. 13. — *Qualité des moellons.* — Les moellons de toute espèce proviendront des meilleurs bancs des carrières indiquées : ils seront durs, bien gisants, sans fils, non gélifs, dégagés de toute gangue ou terre, propres et lavés si cela est nécessaire.

Les moellons ne seront employés en parements qu'après avoir perdu leur eau de carrière. Ils seront extraits, autant que possible, avant l'hiver.

Art. 14. — *Dimensions et préparations.* — *Moellons ordinaires.* — Les moellons ordinaires pour maçonnerie de remplissage auront au moins $0^m,15$ sur $0^m,25$ de queue. Les moellons pour parements seront choisis avec soin dans les bancs les plus réguliers et les plus résistants des carrières désignées : ils seront bien gisants et pleins dans toutes leurs faces.

Le parement sera débruti au têtu.

Art. 15. — *Pierre de taille.* — Les pierres de taille proviendront toujours des meilleurs bancs des carrières indiquées : elles seront parfaitement homogènes, non gélives, exemptes de fils, housin, etc., pleines, d'un grain égal, ayant toutes les qualités requises pour offrir, après la taille, un parement très régulier.

Elles devront rendre un son clair sous le choc du marteau : celles qui rendraient un son sourd, qui contiennent des parties tendres et s'écrasant en grains sablonneux, au lieu de se briser en éclats et à arêtes vives seront rejetées. Elles seront, autant que possible, extraites avant l'hiver, placées en délit et exposées aux pluies et aux gelées avant d'être taillées.

Aucune pierre ne sera posée en délit dans les constructions.

Elles auront les formes et dimensions indiquées par les dessins d'appareil. La taille sera faite exactement suivant les panneaux : les lits seront dressés sans démaigrissement sensible sur toute leur étendue : les joints montants seront également de franc appareil et bien dressés d'équerre sur $0^m,20$ au moins à partir du parement.

Les pierres des voussoirs, des plates-bandes, des couronnements seront dressées sans aucun démaigrissement sur toutes leurs faces.

Les pierres seront très proprement taillées, dressées en parements avec la boucharde à pointes fines et entourées d'une ciselure de $0^m,025$ de largeur sur les arêtes du parement.

Art. 16. — *Chaux*. — Toute la chaux sera de nature hydraulique; elle sera amenée sur les chantiers, en poudre, renfermée dans des sacs plombés, avec une marque de fabrique agréée par l'ingénieur. Les plombs seront fixés à la ficelle liant les sacs, de telle sorte qu'on ne puisse pas ouvrir les sacs sans couper la ficelle.

La chaux proviendra directement des usines et ne pourra jamais être prise dans les magasins des intermédiaires. Pendant le transport de l'usine aux chantiers, on veillera avec grand soin à ce que la chaux ne soit pas exposée à la pluie ou à l'humidité. Sur les chantiers, elle sera conservée dans des hangars bien clos, dont le plancher en bois sera établi de telle sorte qu'il ne puisse jamais être atteint par les eaux, même accidentelles.

Tout sac dans lequel se trouveraient des parties de chaux ayant fait prise par l'effet de l'humidité sera immédiatement vidé au remblai. Afin de laisser aux usines la responsabilité entière de leurs fournitures, on ne devra jamais employer des chaux de deux provenances différentes dans un même ouvrage. Toutefois, s'il s'agit d'un travail très considérable, l'ingénieur pourra autoriser l'entrepreneur à déroger à cette clause formelle, et lui remettra alors un ordre de service définissant les parties à exécuter avec les chaux de diverses provenances.

L'entrepreneur devra justifier, par lettres de voiture, de la provenance de la chaux, toutes les fois qu'il en sera requis.

La chaux en poudre devra être préparée avec le plus grand soin; elle sera bien éteinte, bien homogène et parfaitement tamisée.

Art. 17. — *Ciment*. — Le ciment dit de Portland sera à prise lente, de la meilleure qualité. On l'approvisionnera en barils hermétiquement fermés et pourvus de la marque de fabrique indiquée.

Sa provenance sera d'ailleurs justifiée au besoin par les lettres de voiture.

Le ciment sera, comme la chaux, conservé dans des magasins clos et couverts. Tout baril de ciment éventé, humide, contenant des grumeaux, sera refusé.

Il devra peser au moins 1.240 kilogrammes au mètre cube, mesuré en le versant lentement sans le faire tasser, dans une mesure d'un litre, en pesant 25 litres à la fois.

Plusieurs échantillons pris au hasard et gâchés en pâte ferme devront faire prise sous l'eau après huit heures d'immersion. On refuserait le ciment qui, gâché pur, ne résisterait pas, sans se déformer, à une forte pression du doigt après douze heures d'immersion. On refuserait également le ciment à prise trop rapide qui supporterait cette épreuve après moins de deux heures d'immersion.

Les ingénieurs pourront d'ailleurs faire, en outre, toutes les épreuves qu'ils jugeront utiles, pour s'assurer de la bonne qualité du ciment et exiger qu'il offre une résistance égale à celle des ciments réputés les meilleurs.

Des briquettes composées de 10 kilogrammes de ciment pour 1 litre de sable, devront, après 120 heures d'immersion, offrir, en leur milieu, découpé en cubes de 0^m,04 de côté, une résistance à la rupture par traction de 4 kilogrammes au moins par centimètre carré.

ART. 18. — *Dosage du mortier*. — Le mortier de chaux hydraulique sera composé de 200 kilogrammes de chaux en poudre pour 0^m,90 de sable pour le mortier rentrant dans la fabrication du béton maigre, et de 300 kilogrammes de chaux en poudre pour 0^m,90 de sable pour le mortier rentrant dans la fabrication du béton ordinaire et des maçonneries. La chaux sera dosée d'après le nombre de sacs plombés qui ne seront ouverts qu'au moment de l'emploi, le poids moyen des sacs étant établi contradictoirement au moment où on entame chaque nouvelle livraison de chaux et plus souvent si l'ingénieur le juge convenable. Le sable sera soigneusement mesuré dans des caisses fournies par l'entrepreneur et dont le volume sera taré de manière à présenter un rapport très simple avec le nombre des sacs de chaux en poudre qui doivent lui être incorporés.

Pour le mortier destiné au béton immergé, on augmentera la proportion de chaux, et on emploiera alors 350 kilogrammes de chaux en poudre pour 0^m,90 de sable.

ART. 19. — *Fabrication du mortier*. — Pour les petits ouvrages le mortier pourra être fabriqué au pilon et au rabot, sur aires en planches jointives; pour les ouvrages plus importants on emploiera des broyeurs, malaxeurs ou manèges mis en mouvement par des chevaux ou des machines, et installés sous des hangars de dimensions suffisantes pour garantir complétement l'atelier de la pluie et du soleil. Pour les ouvrages nécessitant la fabrication d'au moins 100 mètres cubes de mortier, l'ingénieur pourra prescrire l'usage exclusif de manèges à roues verticales, roulant dans des auges circulaires et pesant au moins 25 kilogrammes par centimètre de largeur de bande; les auges n'auront pas de rebord extérieur et les matières seront constamment ramenées sous les roues par des rabots convenablement disposés ou manœuvrés par des ouvriers.

La fabrication du mortier se fera directement avec la chaux en poudre sans transformation préalable de la poudre en pâte; la chaux et le sable dosés seront étendus par couches minces sur une aire en planches et mélangés à sec de la façon la plus complète; puis le mélange sera introduit dans le malaxeur et additionné progressivement, au moyen d'arrosoirs, de la quantité d'eau strictement nécessaire pour produire une pâte ferme. Le mélange sera corroyé et trituré jusqu'à ce que le mortier soit bien lié et parfaitement homogène.

Le mortier devra, dans les divers cas, être gâché assez ferme pour qu'en l'agitant dans la main il forme une boule légèrement humide à la surface, mais ne se laissant pas aller entre les doigts.

Art. 20. — *Fabrication du béton.* — Le béton sera fabriqué et conservé sur des aires en planches établies sous de grands hangars couverts et bien abrités de la pluie et du soleil.

Le béton maigre sera composé de $0^m,35$ de mortier maigre avec 1 mètre de pierres cassées ; le béton ordinaire sera composé de $0^m,45$ de mortier ordinaire et de $0^m,85$ de pierres cassées.

Les matières seront mesurées dans des caisses fournies par l'entrepreneur, d'après les dimensions et indications qui seront fournies par l'ingénieur.

Le mélange ne pourra pas être commencé avant la vérification du mesurage par l'agent de l'Administration préposé à cet effet ; en cas de non-exécution, les tas de béton auxquels elle s'appliquerait ne seront pas reçus en compte.

On commencera par faire le mortier de la manière indiquée ci-dessus ; on y ajoutera par parties successives le gravier ou la pierre cassée, et le mélange s'opèrera au moyen de rabots ou de griffes en fer, aussi longtemps qu'il sera nécessaire pour qu'on ne distingue plus aucune pierre qui ne soit recouverte d'une couche de mortier.

La fabrication du béton sera faite sans aucune addition d'eau. Les graviers ou pierres cassées seront, au contraire, arrosés avec soin, afin de les disposer à se lier avec le mortier ; mais cet arrosage sera fait sur le dépôt des matériaux et toujours une heure au moins avant l'emploi.

Le béton sera toujours employé aussitôt après sa fabrication ; il sera, au besoin, remanié avant l'emploi.

Le béton qui serait desséché au point de ne pouvoir revenir par la trituration ou le pilonnage sans addition d'eau sera rejeté hors du chantier et ne pourra pas être mélangé avec du béton frais.

Art. 21. — *Mortier de ciment.* — Le mortier de ciment de Portland sera composé en volume de 1 partie de ciment pour 1 partie de sable dans les enduits et chapes, et de 1 partie de ciment pour 2 parties de sable dans les maçonneries de briques et de béton.

Il sera fabriqué sur une aire en planches, abritée, comme pour le mortier de chaux ; le mélange des matières se fera à sec et sera gâché ferme en ajoutant, avec des arrosoirs à pomme, la moindre quantité d'eau possible, jusqu'à ce que le mortier soit bien homogène, bien lié, adhérant à la pelle en fer.

Art. 22. — *Qualités des bois.* — Les bois de fortes et de moyennes dimensions, les palplanches et les madriers seront en chêne ou en sapin, suivant les prescriptions.

Ils seront abattus en bonne saison, depuis un an au moins pour les charpentes.

Ils seront de droit fil, ni échauffés, ni gras, sans malandres, aubier, roulures, gélivures, nœuds vicieux, pourritures ou autres défauts.

Art. 23. — *Fers.* — Les fers seront bien corroyés, doux, non cassants, malléables à froid, nerveux, d'un grain homogène, sans pailles, gerçures, brûlures, ni autres défauts.

L'ingénieur pourra faire, soit dans les usines, soit dans les ateliers de construction, tous les essais qu'il jugera nécessaires pour s'assurer de la qualité et de la résistance des métaux : tous les frais de cet essai seront à la charge de l'entrepreneur.

Les essais pour les fers destinés à être employés sans être travaillés à chaud consisteront à découper dans quelques fers de chaque espèce, choisis par l'ingénieur ou ses agents, des bandes de $0^m,35$ de longueur et de $0^m,03$ de largeur. Ces bandes, après avoir été bien dressées au maillet, seront rabotées sur les côtés, de manière à présenter, sur une longueur de $0^m,20$, une largeur de $0^m,02$: la partie rabotée sera raccordée avec les bords laissés bruts, par de longs congés. Les barreaux ainsi préparés seront rompus par traction au moyen de poids agissant directement ou par l'intermédiaire de leviers tarés avec soin.

Les barreaux pourront être découpés soit dans le sens du laminage, soit dans le sens perpendiculaire.

Les fers ordinaires devront s'allonger de $0^m,04$ au moins par mètre, sous une charge de 28 kilogrammes par millimètre carré de section ; ils ne devront pas se rompre avant que la charge atteigne 32 kilogrammes par millimètre carré de section.

Les fers devant être travaillés à la forge devront s'allonger de $0^m,06$ au moins par mètre, sous une charge de 30 kilogrammes par millimètre carré de section, et la rupture ne devra pas se produire sous une charge inférieure à 34 kilogrammes par millimètre carré de section.

Les fers destinés à être travaillés à chaud devront pouvoir prendre les formes indiquées par les projets, sans qu'aucune fente ou gerçure se manifeste, même lorsque le refroidissement s'opère dans un courant d'air vif.

Art. 24. — *Qualité de la fonte.* — *Mode d'exécution.* — La fonte sera de la meilleure qualité, point aigre, bien homogène, susceptible d'être travaillée à la lime, sans fente ni écornure.

Pour en constater la qualité, on la soumettra à l'épreuve suivante : il sera coulé par chaque fusion une paire de barreaux d'épreuve dans du sable très sec; l'agent réceptionnaire présent à la fusion déterminera le moment où les barreaux doivent être coulés.

Ces barreaux auront 4 centimètres d'équarrissage et seront terminés par des appendices disposés en vue de s'opposer au retrait. Un barreau placé horizontalement sur deux couteaux, espacés de 16 centimètres, devra supporter sans se rompre le choc d'un mouton de 12 kilogrammes tombant librement sur le barreau de $0^m,40$ de hauteur au milieu de l'intervalle des points d'appui.

L'enclume supportant les couteaux aura un poids d'au moins 800 kilogrammes.

Le barreaux pourront aussi être travaillés au tour, puis soumis à des épreuves de résistance à la traction ou à la flexion. A la traction, ils ne devront se rompre que sous un effort de $13^{kg},50$ par millimètre carré.

Tous les tuyaux droits sont coulés debout. Le moulage devra être fait avec des précautions telles qu'il ne se trouve aucune bavure. Les parois intérieures des pièces devront être lisses et parfaitement nettoyées de sable. Les brides ne pourront être percées que suivant les modèles étalons en zinc ou les dessins indiquant l'espacement et les dimensions des trous et qui seront remis à l'entrepreneur par l'Administration.

Chaque pièce portera une marque en relief en caractères de $0^m,01$ de hauteur, au moins, indiquant en toutes lettres le nom de l'usine dans laquelle elle aura été fondue.

Cette marque sera placée sur le filet de l'emboîtement ou de la bride; ou à $0^m,20$ de l'extrémité, si la pièce n'a ni emboîtement ni bride.

A une distance de 1 centimètre de leur origine, tous les emboîtements seront évidés suivant une surface annulaire de 6 millimètres de diamètre

Toutes les pièces des fontes, avant d'être livrées, seront enduites de coaltar, mais la coaltarisation ne sera faite qu'après l'examen et l'épreuve des pièces dont il sera parlé à l'article suivant.

On ne recevra aucune pièce sur laquelle on apercevrait des vestiges de rouille.

ART. 25. — *Vérification, essais et réception des fontes à l'usine.* — L'adjudicataire sera soumis aux vérifications à l'usine que l'Administration jugera convenable d'ordonner pour s'assurer de la qualité de la fonte, comme il a été dit à l'article 24 ci-dessus, et pour vérifier si toutes les précautions propres à garantir une bonne exécution sont prises, tant pour le parfait dressage des modèles que pour l'exact ajustement des châssis et pour les soins de moulage et de percement.

L'agent délégué par l'Administration procédera, en outre, en présence de l'entrepreneur ou de son représentant, aux vérifications et épreuves suivantes :

Chaque pièce sera examinée tant à l'intérieur qu'à l'extérieur. Les dimensions seront mesurées, et on la frappera à petits coups de marteau pour s'assurer s'il n'y a ni chambres ni soufflures.

On rebutera les tuyaux :

1° Dont on aurait caché les défauts avec du plomb, du mastic ou autrement ;

2° Dont l'épaisseur non uniforme dans le pourtour présenterait entre son maximum et son minimum une différence supérieure à la limite accordée ci-après ;

3° Dont l'emboîtement aurait un de ses diamètres intérieurs plus grand ou plus petit que le diamètre prescrit d'une quantité dépassant la tolérance ;

4° Dont le bout mâle aurait un de ses diamètres extérieurs présentant un vice analogue ;

Les tolérances concédées pour les différences d'épaisseur des tuyaux, les excédents des emboîtements et les moins trouvés des bouts mâles seront de $0^m,003$ pour les tuyaux de $0^m,20$ de diamètre, et de $0^m,004$ pour ceux de $0^m,80$ et $0^m,90$.

Ces tolérances seront de moitié seulement pour les moins trouvés des emboîtements et pour les excédents des bouts mâles.

Les tuyaux droits seront essayés à la presse hydraulique sous une pression de 15 atmosphères.

Lorsqu'il y aura suintement avec bouillonnement, et, à plus forte raison, si l'eau s'échappe par petits jets, le tuyau sera rebuté. Si la dixième partie d'une coulée ne résiste pas aux essais, tous les tuyaux compris dans cette coulée seront rebutés.

Toutes les pièces seront pesées ; celles dont les poids ne seront pas inférieurs d'un vingtième aux poids normaux indiqués dans les tableaux ci-après seront reçues si elles résistent aux épreuves ; il en sera de même de celles qui présenteraient des poids trop forts. Mais, si le poids total des pièces fournies dépasse le total des poids réglementaires de ces pièces, l'excédent ne sera pas compté au fournisseur.

Il sera dressé, de chaque réception, un procès-verbal qui sera immédiatement soumis pour acceptation à la signature de l'entrepreneur ; chaque pièce figurera sur le procès-verbal avec son poids et son numéro d'ordre qui sera peint à l'huile sur le tuyau.

Une expédition de ce procès-verbal sera remise à l'entrepreneur, et la minute restera entre les mains de l'ingénieur pour servir à la rédaction du compte de l'entreprise.

Les poids normaux des tuyaux droits sont les suivants:

DIAMÈTRE intérieur en millimètres	LONGUEUR utile en mètres	POIDS du mètre courant utile	POIDS du tuyau en kilogrammes
millimètres	mètres	kilogrammes	kilogrammes
200	3	58	174
800	4	400	1.600
900	4	460	1.840

Comme il a été dit à l'article 8 ci-dessus, les tuyaux courbes auront une épaisseur plus forte d'un quart, et leurs poids seront calculés en conséquence.

Art. 26. — *Plomb.* — Le plomb en saumon ou laminé sera de la meilleure qualité.

Art. 27. — *Goudron.* — On n'emploiera sur les bois que le goudron végétal de première qualité fourni par le commerce. On le fera bouillir et on y versera de la chaux éteinte en poudre en quantité nécessaire pour que le goudron acquière une consistance suffisante.

Art. 28. — *Peinture à l'huile.* — Pour les peintures extérieures, on emploiera l'huile de lin sans essences, le blanc de zinc et la céruse.

Les couleurs seront bien broyées et incorporées à l'huile. Les tons seront essayés avant l'emploi et rendus conformes aux prescriptions.

CHAPITRE IV

MODE D'EXÉCUTION DES TERRASSEMENTS ET DES CHAUSSÉES

Art. 29. — *Piquetage pour l'exécution des terrassements.* — Avant l'ouverture du canal ou de chaque route, le tracé sera fait par les soins de l'ingénieur ou d'un agent sous ses ordres ; l'entrepreneur sera tenu d'y assister.

Aux extrémités de chaque alignement et de chaque courbe, aux extrémités de chaque rampe et pente et sur des points intermédiaires, s'il est jugé nécessaire, il sera établi, sur l'axe ou sur une ligne parallèle, des piquets numérotés à la peinture à l'huile.

Ces piquets devront avoir 8 à 10 centimètres de diamètre à leur tête et prendre une fiche de 50 centimètres au moins dans le sol. Ils seront enfoncés de manière que leurs têtes soient, autant que possible, à la hauteur du sommet des terrassements indiqués dans les profils : partout où cette hauteur n'excédera pas 1 mètre, les piquets seront placés dans des trous ou sur des buttes en terre préparées à cet effet.

Sur les points où cette hauteur excédera 1 mètre les piquets seront encore placés dans les trous ou sur des buttes, et leur tête sera établie à un nombre exact de décimètres au-dessus ou au-dessous du niveau qu'ils doivent indiquer.

Ces différences seront consignées dans un état de piquetage qui sera remis à l'entrepreneur par l'ingénieur.

Art. 30. — *Achèvement du piquetage par l'entrepreneur.* — L'entrepreneur complètera lui-même le piquetage en plaçant, au droit de chaque piquet d'axe, d'autres piquets pour déterminer la limite des talus.

Indépendamment de ces piquets, complétant le tracé sur les profils choisis par l'ingénieur, l'entrepreneur en placera d'autres sur des profils intermédiaires dont la distance n'excédera pas 30 mètres.

Dans toutes les parties où les remblais auront plus de 1 mètre de hauteur, l'entrepreneur placera, au droit de chacun des piquets limitant le pied des talus, des gabarits portant une règle de 0^{m},75 de longueur, dont la rive inférieure sera dirigée dans le plan des talus.

Dans les parties en remblai, pour obvier au tassement des terres, le couronnement des terrassements sera relevé de la quantité fixée par l'ingénieur, et la plate-forme élargie, si cette mesure est jugée nécessaire.

Dans les tranchées l'entrepreneur veillera avec grand soin à ce que l'on n'attaque pas les talus avec la pioche, et les travaux de consolidation que pourraient entraîner les fausses mains-d'œuvre de cette nature seraient entièrement à sa charge.

Art. 31. — *Frais de piquetage.* — *Conservation des piquets.* — L'entrepreneur fournira à ses frais les ouvriers, piquets, cordeaux et outils nécessaires à l'opération du piquetage : faute de quoi, il y serait suppléé à ses frais.

L'entrepreneur sera d'ailleurs tenu de veiller à la conservation des piquets. Il devra remplacer ceux qui seraient dérangés pour une cause quelconque.

Art. 32. — *Vérification du piquetage.* — Dans aucun cas l'entrepreneur ne sera admis à réclamer ultérieurement contre les erreurs qui auraient pu être faites dans les opérations du piquetage, attendu qu'il devra y assister et demander immédiatement les vérifications qu'il croirait nécessaires.

ART. 33. — *Profils à suivre*. — Les surfaces planes ou inclinées seront exécutées conformément aux profils qui auront été remis à l'entrepreneur. Elles seront proprement dressées, de manière à ne présenter aucun jarret, aucune irrégularité.

Dans les parties en déblai on pourra exécuter de suite le profil définitif ; mais dans les parties en remblai on suivra d'abord le profil provisoire surexhaussé et, lorsque le tassement sera suffisamment opéré, on dressera la surface et les talus suivant le profil prescrit.

L'entrepreneur devra se conformer aux ordres de service qui pourront modifier la forme des profils prévus.

ART. 34. — *Commencement des terrassements*. — L'entrepreneur ne commencera le travail des terrassements qu'après l'expiration des délais fixés par l'article 61 pour la vérification des métrés et ne pourra ouvrir ses chantiers que sur les portions de terrain mises par l'État à sa disposition.

ART. 35. — *Précautions à prendre*. — Il devra, sous sa responsabilité, conduire les travaux de telle sorte que les communications et les écoulements d'eau ne soient point interceptés, entravés ou gênés : les travaux provisoires qu'il serait indispensable de construire seront entièrement à sa charge. Il détournera également à ses frais les eaux qu'il rencontrera dans les tranchées et qui gêneront les travaux.

ART. 36. — *Exécution des remblais*. — Les remblais ne devront contenir ni mottes, ni gazons, ni souches, ni débris de haies ou de végétaux. Le sol sur lequel ils reposeront sera de même débarrassé de toutes racines, souches, haies et autres végétaux.

Les pierres seront écartées avec soin et recouvertes successivement de couches de terre, afin qu'il ne reste entre elles aucun vide.

Le pied des talus baignés par les eaux sera formé autant que possible des déblais pierreux les plus résistants.

Les terres légères, graveleuses et la pierraille seront réservées pour le couronnement, et les terres végétales pour les talus.

ART. 37. — *Tassement et réglage des remblais*. — Les remblais seront toujours exécutés sur toute leur largeur à la fois. Cette condition est de rigueur en toutes circonstances, quel que soit le mode de transport.

Les remblais faits à la brouette et à la voiture seront régalés par couches de 30 centimètres d'épaisseur au plus.

Les brouettes et les voitures devront passer sur la surface de chaque couche pour en opérer le tassement.

Les remblais faits au wagon roulant sur rails s'avanceront sur toute la hauteur à la fois ; les déblais seront répandus et régalés au fur et à mesure du déchargement sur toute la largeur.

L'entrepreneur sera tenu d'avoir aux ateliers de décharge des ouvriers spécialement occupés à briser les gros blocs de pierre et les mottes et à enlever les gazons, souches, branches et racines, si ce travail n'est fait qu'incomplètement aux ateliers de fouille et de charge.

Art. 38. — *Dépôts.* — Les déblais en excès et ceux que leur mauvaise nature empêche d'employer dans les remblais seront mis en dépôt. L'acquisition des terrains nécessaires pour ces dépôts reste à la charge de l'entrepreneur. L'entrepreneur devra les disposer de manière qu'ils ne s'éboulent pas et n'interceptent ni la circulation, ni l'écoulement des eaux.

La pente de leur couronnement sera de $0^m,05$ par mètre et dirigée du côté opposé au canal ; les talus seront généralement réglés à un et demi de base pour un de hauteur : mais, pour les argiles, l'inclinaison pourra être réduite à deux de base pour un de hauteur.

Art. 39. — *Pilonnage.* — Le pilonnage des remblais autour des ouvrages d'art ou ailleurs se fera généralement en régie ; l'entrepreneur devra exécuter l'apport et le répandage des terres, de manière à faciliter l'opération.

Les terres seront répandues par couches de $0^m,20$ d'épaisseur et tassées avec des dames du poids de 10 kilogrammes.

Si les pilonnages sont demandés à l'entrepreneur, ils lui seront payés au prix spécial fixé à cet effet.

Cette main-d'œuvre ne lui sera comptée qu'autant qu'elle lui aura été ordonnée par écrit et seulement pour les étendues indiquées.

Art. 40. — *Déblais dans le rocher.* — Dans le rocher le fond de la plate-forme ou de l'encaissement sera simplement dégrossi, avec la condition de ne laisser aucune saillie sur la ligne des profils, et l'on se contentera de former les talus par arrachements ou redans et en échelons.

Dans tous les cas l'on abattra et l'on enlèvera les parties ébranlées ou détachées qui menaceraient de s'ébouler, et l'entrepreneur ne pourra réclamer, pour ces déblais, un cube supérieur à celui des profils types qui lui seront remis.

Pour les mines à faire dans le rocher, quelle que soit sa nature, on emploiera exclusivement les *fusées de sûreté* dites *mèches anglaises.* Tous les bourroirs seront en cuivre.

Art. 41. — *Vérification des profils.* — *Chaussées d'empierrement.* — L'entrepreneur ne commencera la construction des chaussées qu'après vérification, par l'ingénieur, des inclinaisons du profil en long et de la régularité des profils en travers.

Les matériaux destinés à l'empierrement et ayant été parfaitement cassés, seront généralement emmétrés sur l'un des accotements dressé et réglé à l'avance, en un seul cordon de 0^m,50 de hauteur.

Après que la réception en aura été faite régulièrement, ces matériaux seront répandus sans aucun mélange de terre ni de sable et régalés suivant la hauteur et le bombement prescrits, dans la forme préparée.

Art. 42. — *Instruments à avoir sur les ateliers.* — L'entrepreneur aura toujours sur le chantier un niveau d'eau avec son pied, une mire, une chaîne métrique, un double mètre et plusieurs règles de 4 à 5 mètres de longueur bien divisées.

CHAPITRE V

MODE D'EXÉCUTION DES OUVRAGES D'ART

Art. 43. — *Tracé des ouvrages.* — Avant l'ouverture des travaux, le tracé de l'axe et la reconnaissance des repères seront faits par les soins de l'ingénieur ou du conducteur, en présence de l'entrepreneur, qui restera chargé d'achever l'opération du tracé et qui fournira à ses frais les ouvriers et les objets nécessaires.

Art. 44. — *Fouilles de fondations.* — Les fouilles pour fondations seront exécutées par l'entrepreneur suivant les formes et les profondeurs prescrites; on aura soin de donner au talus une inclinaison suffisante pour prévenir les éboulements ou d'établir à mesure les ouvrages provisoires en charpente nécessaires pour étayer.

Les fouilles seront faites à sec autant que possible, au moyen d'épuisements. Le massif des fondations sera construit soit en maçonnerie de moellons, soit en béton.

Art. 45. — *Béton posé à sec.* — Le béton posé à sec sera simplement roulé à la brouette et déchargé en procédant toujours par massifs présentant un talus à redans et non par couches générales; les talus et surtout les redans seront successivement tassés et fortement comprimés, de manière à ne former qu'une seule masse bien serrée et bien compacte. On évitera d'ailleurs toujours avec soin les coups répétés qui auraient pour résultat de ramollir outre mesure le mortier.

Les parties de béton qui seraient desséchées seront soigneusement recoupées, ravivées et enduites de mortier avant la pose du nouveau béton ; enfin les surfaces visibles et particulièrement les talus seront au besoin défendues contre l'action du soleil, de la pluie et du vent, en les couvrant soit d'une toile humide, soit de planches, de nattes, etc...

Art. 46. — *Prescriptions communes à toutes les maçonneries.* — Une demi-heure au moins avant l'emploi, les pierres et les moellons seront arrosés à grande eau sur le tas.

Dans les temps secs les maçonneries seront arrosées légèrement, mais fréquemment, afin de prévenir une dessiccation trop prompte.

Dans les temps secs, ou dans les temps de pluie, il conviendra aussi de préserver les nouvelles maçonneries au moyen de nattes ou de paillassons qui seront fournis par l'entrepreneur.

Quand on appliquera une maçonnerie nouvelle sur une maçonnerie déjà ancienne, les surfaces de jonction de cette dernière seront soigneusement nettoyées, arrosées et même lavées au besoin.

Enfin le mortier devra toujours être déposé dans des auges en bois sur les chantiers et non à même sur les maçonneries, et ces auges seront, d'ailleurs, soigneusement abritées, au moyen de nattes, dans les temps pluvieux ou dans les temps très chauds.

Art. 47. — *Façon des maçonneries de moellon.* — Pour les maçonneries, les moellons seront posés à bain de mortier et en liaison. Ils seront placés à la main et serrés par glissement les uns contre les autres, de manière que le mortier reflue à la surface par tous les joints. Ils seront frappés et tassés avec un maillet en bois ; ceux qui casseraient seront repris, nettoyés et employés avec de nouveau mortier. Les joints et intervalles bien garnis de mortier seront remplis d'éclats de pierre enfoncés et serrés de façon que chaque moellon ou éclat soit toujours enveloppé de mortier.

Les parements cachés du côté des terres seront construits en moellons bien gisants, les joints seront bien garnis, le mortier refluant par les lits et joints sera proprement relevé sans bavures et lissé fortement à la truelle. Les fournitures et mains-d'œuvre de ce jointement sont comprises dans le prix du mètre cube de maçonnerie.

Les maçonneries de moellons bruts seront successivement arasées pour les piles et pour les massifs verticaux de peu d'épaisseur, suivant le plan des assises de pierre de taille; pour les voûtes, suivant le plan des joints des voussoirs; pour les massifs soumis à de fortes pressions, tels que les retombées des voûtes, suivant des plans normaux à la courbe des pressions; enfin, pour les grands massifs en maçonnerie, les matériaux seront enchevêtrés de manière à se relier dans tous les sens.

Les parements vus de maçonnerie ordinaire seront têtués et rempliront les conditions énoncées à l'article 48 pour les maçonneries de moellons têtués.

Les types des diverses espèces de maçonneries à employer ont été construits dans les lots du canal déjà exécutés et sur la ligne du chemin de fer.

ART. 48. — *Maçonneries avec parements en moellons têtués à joints réguliers et assises réglées, ou à joints incertains.* — Les moellons têtués seront employés par assises horizontales réglées, correspondant aux lits des pierres de taille et des moellons d'angle.

La différence de hauteur de deux assises consécutives n'excédera pas 20 0/0 de la hauteur, et les joints verticaux de deux assises superposées se découperont de 10 centimètres au moins.

Les moellons seront posés en bonne liaison par carreaux et boutisses, et pour mieux assurer la liaison des parements avec le reste de la maçonnerie, on placera par mètre superficiel au moins un moellon de 0^m,50 de queue. La largeur des joints ne devra pas dépasser 2 centimètres.

Pour les maçonneries à joints incertains, on suivra les mêmes prescriptions, sauf en ce qui concerne les dispositions des assises.

ART. 49. — *Maçonnerie de pierre de taille.* — Les appareils et la pose seront faits avec le plus grand soin. Les arêtes des chaines montantes seront dans la même verticale, formant à droite et à gauche des harpes conformes aux dessins. Quand ces harpes ne seront pas cotées spécialement, on les fera égales à la hauteur des assises pour celles en liaison avec la pierre de taille, et à la demi-hauteur d'assise pour celles en liaison avec le moellon.

Les pierres de revêtement seront également d'appareil et de longueur déterminée par les dessins, employées par carreaux et boutisses et auront, lorsque la longueur de pénétration ne sera pas indiquée, 0^m,50 de queue réduite.

Pendant les travaux et jusqu'à la réception définitive, toute pierre qui serait avariée, écornée, épaufrée, sera remplacée.

La pose sera faite à bain de mortier fin de chaux et de sable. On commencera par présenter la pierre, on la retirera pour la piquer au besoin; on nettoiera et on humectera les surfaces de pose qui doivent être en contact avec le mortier; on étendra sur le lit inférieur et sur les joints des pierres voisines une couche de mortier de 0^m,025 d'épaisseur. La pierre sera ensuite amenée, placée, assujettie et tassée en tous sens à coups de masse de bois, de manière que le mortier reflue, garnisse exactement les lits et joints et que la largeur des joints et des lits soit réduite à 1 centimètre. Les inégalités qui pourraient se trouver vers la queue seront soigneusement garnies avec des éclats de pierre dure enfoncés au marteau.

Art. 50. — *Ragréement et rejointement des maçonneries de parements vus.* — Après l'achèvement des maçonneries, les parements vus seront toujours ragréés, nettoyés et rejointoyés avec soin.

Le ragréement consistera à tailler sur place les saillies, les irrégularités résultant de l'imperfection de la préparation ou de la pose.

Le nettoyage consistera à enlever les bavures en grattant ou lavant à l'eau ou à l'acide.

Pour opérer le rejointement, on commencera par dégrader ou refouiller au crochet les joints horizontaux et verticaux sur 3 centimètres de profondeur, et on mouillera les surfaces avec une brosse trempée dans du lait de chaux. On appliquera ensuite dans les joints du mortier fin un peu ferme, qu'on serrera fortement contre la pierre et on enlèvera avec soin toutes les bavures. On laissera le mortier rejeter son eau et prendre une certaine consistance ; puis on le refoulera et on le lissera à plusieurs reprises différentes avec une spatule en fer, jusqu'à ce que le retrait occasionné par la dessiccation ne donne plus lieu à aucune gerçure.

On aura soin, d'ailleurs, de ne pas frotter le mortier trop vite ni trop longtemps.

Les surfaces des rejointements seront tenues en retraites de 1 centimètre environ sur le plan des arêtes des moellons et de 5 millimètres sur les parements vus de pierre de taille.

Art. 51. — *Enduits en ciments.* — Les enduits en ciments seront faits en deux couches dont la première devra combler tous les joints, vides ou flâches de la maçonnerie et sera dressée suivant une surface régulière, mais rugueuse. La deuxième couche sera appliquée ensuite et lissée à la truelle en la tassant fortement.

Avant d'appliquer l'enduit, on aura soin de dégarnir les joints de maçonnerie de tout le mortier qui ne serait pas parfaitement durci, de nettoyer le parement à la brosse ou au balai et d'arroser la surface de façon à faciliter l'adhérence du ciment par une légère humidité.

Pour éviter le retrait du ciment, on garnira les cavités ou joints un peu profonds avec des cailloutis ou des éclats de pierre noyés dans le mortier de la première couche de l'enduit.

Il est expliqué, d'ailleurs, que l'épaisseur de l'enduit, indiqué au devis et au bordereau, devra être mesurée, non du fond des joints ou des parties creuses des parements, mais à partir de la surface extérieure des moellons.

ART. 52. — *Remblais derrière les maçonneries. — Barbacanes.* — Les remblais au pourtour des maçonneries seront exécutés en même temps que celles-ci. On ménagera partout des moyens de drainage suffisants en pierres sèches ou sable, pour que l'eau ne séjourne pas contre les parements cachés, et l'on pratiquera dans les murs des barbacanes pour assurer l'écoulement des eaux.

ART. 53. — *Parements cachés.* — Les joints des parements cachés des maçonneries seront bien garnis, et le mortier refluant par les lits et joints sera fortement lissé à la truelle et au fur et à mesure de la construction.

ART. 54. — *Charpentes, façon, mise en œuvre.* — Les assemblages des charpentes seront parfaitement pleins, sans déjoints, ni épaufrures.

Toutes les tailles seront faites avec précision et suivant les règles de l'art. Les trous de boulons seront exactement du calibre de ces boulons; les encastrements pour étriers seront de la dimension des fers.

Avant l'assemblage des charpentes ou la pose des ferrures, toutes les faces cachées du bois seront peintes ou goudronnées à deux couches. Cette dépense est implicitement comprise dans le prix des bois.

Les prescriptions ci-dessus s'appliquent aux charpentes provisoires qui seront reprises par l'entrepreneur après l'emploi.

ART. 55. — *Fers et fontes.* — Toutes les façons seront exécutées avec le plus grand soin, suivant les règles de l'art, les assemblages parfaitement ajustés, les montants ou traverses bien alignés.

Les trous d'assemblage des pièces de fonte entre elles ou avec les fers seront percés à froid et alésés suivant les dimensions strictes, pour qu'il n'y ait aucun jour dans les assemblages.

Les étriers seront placés sans cales, épousant exactement la forme des entailles.

Les boulons et les écrous seront taraudés avec soin.

Les trous pour boulons et rivets, bien calibrés ; ceux à percer dans les cornières seront toujours faits au foret et non à la poinçonneuse.

Les rivets seront fortement refoulés sur les pièces à assembler, la tête portant sur toute son étendue.

ART. 56. — *Pose des tuyaux ; façon des joints.* — Les tuyaux reposeront sur une couche de pierres ou graviers cassés et parfaitement tassés qui s'élèvera jusqu'à la hauteur de l'axe de chaque tuyau. Le bourrage devra être fait avec un soin particulier, pour éviter les tassements. L'entrepreneur restera responsable des accidents qui pourraient résulter de la non-observation de ces prescriptions.

Les assemblages seront à emboîtement. Pour former cet assemblage, après avoir placé le petit bout d'un tuyau dans l'emboîtement de l'autre, on remplira l'intervalle des deux parois avec de la corde goudronnée qu'on fera pénétrer avec un ciseau à mater, jusqu'à ce qu'elle soit arrêtée par le filet qui termine le tuyau intérieur. Quand elle aura été fortement comprimée et qu'il ne restera plus à remplir qu'un intervalle de $0^m,04$ à $0^m,05$ de longueur jusqu'à l'extrémité du joint, on garnira tout le pourtour de ce joint avec un boudin d'argile plastique, en réservant, à la partie supérieure une sorte de godet pour y couler du plomb fondu, de manière à remplir tout l'espace resté libre entre les deux parois des tuyaux. Ce plomb doit être à une température assez élevée pour qu'il ne se refroidisse pas au contact de la fonte, au point de se solidifier avant d'avoir rempli tout le vide du joint.

Quand le refroidissement aura eu lieu, le bourrelet de glaise sera enlevé et le plomb sera comprimé avec le ciseau à mater dans le pourtour du joint, de manière à le rendre complètement étanche.

Tous les faux frais et fournitures nécessaires pour ces opérations sont compris dans le prix de la fonte.

Art. 57. — *Scellements.* — Les trous ou encastrements pour scellements seront pratiqués de telle sorte que la pièce à sceller, mise en place, n'ait jamais plus de *cinq millimètres de jeu.* Ils seront toujours plus larges à la base qu'au sommet.

Avant le coulage du plomb, on aura soin de bien assécher les parois de la pierre et de les chauffer, de manière à prévenir un refroidissement subit propre à nuire à l'adhérence du plomb avec la pierre. On placera ensuite la pièce à sceller bien au milieu des trous ou encastrements, afin que le plomb l'enveloppe complètement et d'une manière uniforme. Puis on disposera à la main des cales en fer, de manière qu'il y ait entre elles des vides pour laisser pénétrer le plomb.

Le plomb fondu sera porté à une température convenable pour être coulé liquide et sans discontinuité jusqu'à parfait remplissage.

Le prix des scellements, ainsi que celui des fournitures, est compris dans le prix de la fourniture des fers et fontes.

Art. 58. — *Peinture des bois et fers.* — Les bois recevront trois couches de peinture. La première couche sera appliquée bouillante sur les bois, qui devront être très propres et avoir été exposés à l'air sous des hangars, pendant un temps suffisant pour que toute leur humidité intérieure soit rejetée au dehors.

Après l'application de la première couche on aura soin, avant de mettre la deuxième, de remplir exactement jusqu'au fond, avec du mastic, les trous, fentes et gerçures qui paraîtraient à la surface du bois.

Les fers et fontes autres que les tuyaux recevront trois couches de peinture, dont les deux premières au minium, et la troisième à la céruse mêlée d'un peu de noir de fumée. Ces trois couches seront implicitement comprises dans les prix des fers et fontes et ne seront pas portées en compte.

Pour toutes les peintures on n'appliquera chaque couche que plusieurs jours après la précédente, par un temps sec et chaud.

ART. 59. — *Goudronnage.* — On choisira un temps sec pour faire les goudronnages. Les bois à goudronner seront préalablement grattés, afin que leurs surfaces soient bien nettes, puis chauffés avec un feu de paille. On les nettoiera ensuite de nouveau et on appliquera une première couche de goudron bouillant.

Lorsque la première couche sera sèche, on en étendra une seconde à laquelle on aura mêlé 6 à 7 parties pour 100 de chaux hydraulique en poudre tamisée. On fera de même pour la troisième couche.

Les tuyaux en fonte recevront également trois couches de goudronnage. La première sera passée à l'usine après la réception provisoire et est comprise dans le prix de la fonte. Les deux dernières couches ne seront passées que lorsque les tuyaux seront en place et sur ordre écrit de l'ingénieur.

ART. 60. — *Enlèvement des échafaudages, décombres, etc.* — A la fin de chaque ouvrage en maçonnerie, l'entrepreneur fera enlever à ses frais les décombres et les échafaudages, boucher les trous faits pour établir ceux-ci et faire partout place nette, tant à l'intérieur qu'à l'extérieur.

CHAPITRE VI

MODE D'ÉVALUATION DES OUVRAGES

ART. 61. — *Règlement du cube des terrassements et de leur emploi.* — Après que le piquetage aura été opéré par les soins de l'ingénieur, conformément à l'article 29, l'entrepreneur, avant de procéder à l'exécution, devra se rendre compte, en consultant les plans, profils en long et profils en travers types qui lui auront été remis sur récépissés, de l'exactitude du calcul du cube total des terrassements : il lui sera accordé à cet effet un délai de quinze jours, à dater de la notification du piquetage.

L'entrepreneur devra demander, avant l'expiration dudit délai, la vérification contradictoire des profils et de l'avant-métré qui lui paraîtraient présenter quelque erreur; toute réclamation ultérieure sera rejetée. Il n'en sera admis aucune à aucun moment au sujet des distances de transport qui font l'objet d'un forfait, comme il est expliqué à l'article 63.

Les métrés partiels qui seront dressés par suite de cette vérification et les parties des avant-métrés qui n'auront donné lieu à aucune réclamation, serviront de base au réglement définitif du cube des terrasses. Les résultats ne pourront en être modifiés qu'en raison des changements ordonnés en cours d'exécution, lesquels seront l'objet de profils et d'avant-métrés spéciaux présentés au préalable à l'acceptation de l'entrepreneur.

Tout commencement d'exécution sans réclamation entrainera l'acceptation, par l'entrepreneur, de la partie correspondante de l'avant-métré. Pour tous les ouvrages d'art les cubes des terrassements seront mesurés en déblais d'après les profils du terrain levés avant et pendant les travaux par différences, sauf les réductions qu'il y aurait lieu de faire par application de l'article 23 des clauses et conditions générales.

Art. 62. — *Classification des déblais.* — Les terrassements à exécuter dans toute l'étendue du tracé ont été réunis en une seule masse à laquelle est affecté un prix forfaitaire et unique applicable indistinctement à tous les déblais quelconques.

L'entrepreneur devra se rendre compte exactement, avant l'adjudication, des difficultés que peuvent présenter les diverses tranchées ou les emprunts, parce que, après l'adjudication, le prix fixé ne pourra être modifié sous aucun prétexte.

Pour les tranchées du siphon et fouilles des canaux de décharge, l'entrepreneur se conformera en cours d'exécution aux profils types qui lui seront notifiés.

Quand il sera impossible d'assurer par des fossés ou une disposition convenable des fouilles l'écoulement naturel des eaux et qu'elles dépasseront une hauteur de 0^m,20, les épuisements seront mis à la charge de l'Administration.

Si l'on était conduit à faire des dragages sous l'eau, ce qui parait improbable, ils seront faits en régie, ou feraient l'objet d'un prix spécial débattu avec l'entrepreneur et approuvé par le Préfet des Basses-Alpes.

Art. 63. — *Transports.* — Les transports font également l'objet d'un prix moyen calculé en raison des divers modes de transport à employer, de la profondeur des fouilles, de leurs distances au lieu d'emploi et de tous les faux frais. Ce prix moyen sera appliqué au cube de déblais indiqué au détail estimatif, cube qui est censé être vérifié par l'entrepreneur avant l'adjudication, de sorte que les transports sont en réalité payés à forfait, sans qu'il puisse être élevé aucune difficulté sur leurs prix, ni sur les distances, ni sur les modes de transport ou le cube des déblais transportés, même si ce cube a été modifié en cours d'exécution, pourvu qu'il n'ait pas été augmenté de plus d'un quart.

L'entrepreneur reste, d'ailleurs, absolument libre d'organiser ses chantiers comme il l'entendra, en employant tels modes de transports qu'il jugera convenable, qu'ils soient ou non prévus au bordereau des prix, ou même en faisant des emprunts ou des dépôts non prévus au mouvement des terres.

Il devra toutefois se conformer aux dispositions du projet et aux ordres des ingénieurs pour tous les déblais, remblais, dépôts ou emprunts à faire dans l'étendue de l'emprise du canal.

Art. 64. — *Matériaux provenant des fouilles.* — Lorsque les fouilles ou déblais produiront des matériaux propres à être employés dans les ouvrages d'art, ou dans les chaussées, il pourra en être fait usage, mais seulement dans les limites et conditions fixées par un ordre écrit de l'ingénieur.

Le bordereau des prix contient des prix spéciaux pour tous les ouvrages qui seront faits avec les matériaux provenant des fouilles ou déblais, prix spéciaux qui comprennent notamment les frais du triage, nettoyage et transport à pied d'œuvre.

Art. 65. — *Fouilles des fondations des ouvrages d'art.* — Seront comptés comme déblais d'ouvrages d'art tous les déblais exécutés au-dessous de la ligne du plafond et ceux en dehors de la ligne des talus du profil adopté en tranchée.

Jusqu'à 0^m,50 au-dessous du niveau du plan d'eau, les fouilles des ouvrages d'art seront comptées comme déblais ordinaires à sec ; l'entrepreneur sera chargé de faire de petits batardeaux et des épuisements qu'il jugera nécessaires pour faciliter son travail.

Le prix des déblais pour fouilles des fondations des ouvrages d'art comprend, entre autres choses, le dressement du fond, celui des talus des fouilles et le blindage, s'il y a lieu, le jet des déblais sur berge ou banquette, la charge et la décharge, le régalage, l'emploi en remblai et l'enlèvement des éboulements, s'il s'en produit, quelle que soit l'importance des cubes éboulés.

Art. 66. — *Ouvrages d'art.* — *Dispositions générales.* — Une expédition dûment collationnée des plans et dessins des ouvrages d'art sera remise à l'entrepreneur sur récépissé.

Les pièces relatives aux changements qui seraient prescrits pendant le travail lui seront remis de même.

Art. 67. — *Maçonnerie de pierre de taille.* — Le mesurage des tailles de parements vus sera fait à la surface réelle, sans plus-value pour les parties courbes ou refouillées, ni pour les angles saillants ou rentrants : on ne comptera, comme parements vus, que les surfaces réellement vues, après l'achèvement de tous les travaux, notamment de ceux de terrassements et de perrés.

Les saillies de la pierre de taille sur le nu des moellons, inférieures à 5 centimètres, seront considérées comme lits et joints et ne seront pas comptées comme parements.

Le cube de la maçonnerie de pierre de taille sera compté d'après ses dimensions réelles en œuvre.

Seulement, pour les plinthes et corniches, on comptera comme section celle du plus petit rectangle circonscrit.

Il ne sera d'ailleurs rien alloué séparément pour la façon des évidements, parties creuses ou refouillées, ni pour les refouillements nécessaires à l'encastrement des bois et des fers et les trous de scellements.

Art. 68. — *Cintres des ouvrages de moins de 2ᵐ,40 d'ouverture.* — Les prix de maçonneries comprennent implicitement la fourniture, la pose et l'enlèvement des cintres des ouvrages jusqu'à 2ᵐ,40 d'ouverture inclusivement.

Art. 69. — *Parements vus.* — *Ragréments et rejointoiements.* — Les prix de parements vus ne s'appliquent qu'aux surfaces restant vues réellement après l'achèvement des travaux. Le prix de parement vu tient compte aussi du ragréement et du rejointoiement pour la maçonnerie de pierre de taille, de dalles ou de moellons d'appareil ; mais on a établi un prix spécial pour le ragréement et le rejointoiement de parements vus de maçonnerie de moellons têtués ou dégrossis, disposés en mosaïque.

La fourniture et les mains-d'œuvre relatives aux parements et aux joints situés du côté des terres ou cachés, sont implicitement comprises dans le prix des maçonneries.

Art. 70. — *Charpente.* — Les ouvrages de charpente seront évalués d'après leurs dimensions en œuvre.

Les prix comprennent les refouillements nécessaires dans les maçonneries, la pose des fers, les scellements et la mise en place définitive des bois.

Ils comprennent aussi les clous et les pointes au-dessous de 0ᵐ,12 de longueur, nécessaires à la pose des chevrons, des couchis, des madriers. Ils comprennent enfin, outre la fourniture et la pose, les déchets, le transport, les échafaudages, le montage, le levage, la démolition ou le décintrement, l'enlèvement, toutes les mains-d'œuvre nécessaires pour la complète exécution.

ART. 71. — *Fers et fontes.* — Les fers, les fontes, tous les métaux seront payés au poids. En conséquence, ils seront pesés contradictoirement avant leur emploi, soit à l'usine, soit sur les chantiers, à proximité desquels l'entrepreneur devra établir des bascules à ses frais. Aucune pièce ne pourra être mise en place, avant que la constatation des pesées n'ait été faite régulièrement. Les prix portés au bordereau tiennent compte des frais de pesées, des frais d'épreuves, de montage, etc., enfin de toutes les mains-d'œuvre et fournitures nécessaires pour l'achèvement complet des ouvrages.

ART. 72. — *Joints des conduites ou tuyaux en fonte.* — Les prix n°s 56, 57 et 58 du bordereau, applicables à la pose des tuyaux, comprennent toutes les fournitures et mains-d'œuvre nécessaires pour amener les tuyaux au fond de la fouille, les assujettir à leur emplacement définitif, faire les joints à emboîtement ou à brides et enfin réparer les joints ou les étancher après l'épreuve des conduites en place.

Ils ne comprennent pas, toutefois, la fourniture du plomb, qui sera payé au kilogramme, après constatation contradictoire du poids de plomb nécessaire pour faire un joint sur chaque espèce de conduite. Pour cette constatation on pèsera avec soin le plomb employé à la confection de dix joints de chaque espèce, et on appliquera le poids moyen ainsi trouvé à tous les autres joints de même dimension.

ART. 73. — *Faux frais.* — Sont mis à la charge de l'entrepreneur tous les faux frais auxquels pourraient donner lieu l'exécution des travaux, et notamment :

Les ouvrages provisoires qui seraient nécessaires pour faciliter le transport des terrassements par-dessus les cours d'eau ou des voies de communication dans l'emplacement des ouvrages projetés, mais que l'entrepreneur n'aurait pas exécutés en temps utile ;

Les drainages à faire autour des maçonneries et les barbacanes à ménager dans les murs pour écouler les eaux ;

Les travaux ou les ouvrages provisoires à faire pour assurer l'écoulement des eaux des tranchées pendant l'exécution des terrassements ;

Les frais d'éclairage, de garde-corps et toutes les mesures à prendre dans l'intérêt de la sécurité de la circulation pendant l'exécution des ouvrages.

ART. 74. — *Épuisements et autres travaux exécutés en régie.* — Les épuisements pour la fondation des ouvrages d'art seront faits en régie aux frais de l'État. Mais, pour que leur durée ne soit pas prolongée au-delà du temps nécessaire, l'entrepreneur sera tenu de réunir le nombre d'ouvriers et d'organiser ses ateliers de construction suivant les indications qui lui seront données par l'ingénieur. S'il ne se conformait pas à ces instructions, le surcroit des frais d'épuisement qui en résulterait serait à sa charge.

CHAPITRE VII

CONDITIONS PARTICULIÈRES ET GÉNÉRALES

Art. 75. — *Réception des matériaux.* — *Vérifications.* — *Épreuves.* — Tous les matériaux seront vérifiés et reçus avant leur emploi.

Les pierres cassées et cailloux, le sable et la chaux qui seront refusés devront être employés immédiatement dans les remblais.

· Les autres matériaux rebutés resteront en vue sur les chantiers jusqu'à l'entier achèvement des travaux ou seront immédiatement enlevés, suivant les ordres qui seront donnés par l'ingénieur, afin qu'on soit sûr qu'ils ne seront pas employés.

Les matériaux à recevoir seront disposés conformément aux instructions de l'ingénieur.

Les pierres de taille et les moellons qui seront refusés par l'ingénieur seront marqués à la peinture à l'huile, en noir ou en rouge, d'un R de $0^m,10$ de hauteur, tracé sur le parement.

Les moellons têtués pour parement, qui seront refusés, seront marqués semblablement d'une large croix.

Toutes les fois que les pierres de taille et les moellons présenteront une partie cloqueuse ou avariée, ou une partie rapportée, cette partie sera d'abord enlevée sur l'ordre et en présence de l'ingénieur, et la pierre sera marquée comme refusée.

On ne considérera comme matériaux approvisionnés que ceux déposés sur les chantiers des travaux, et il ne sera délivré d'acompte que sur la valeur des approvisionnements recevables.

Toutes les pièces métalliques seront l'objet d'une réception provisoire dans l'atelier du constructeur où elles seront provisoirement montées et assemblées à cet effet : elles y seront également soumises à toutes les épreuves jugées utiles par l'ingénieur pour constater la qualité et la résistance des matériaux et la solidité des assemblages. Tous les frais qui en résulteront sont à la charge de l'entrepreneur.

Art. 76. — *Épreuves des conduites après la pose.* — Outre la vérification et l'épreuve auxquelles les tuyaux seront soumis à l'usine, on procédera, après la mise en place, à l'essai de la conduite entière.

Pour faire cet essai, les deux tuyaux extrêmes seront solidement arc-boutés et bouchés avec un tampon obturateur muni d'un ajutage, lequel sera mis en communication avec un réservoir d'eau de 1.000 litres au moins de capacité placé à 15 mètres au moins au-dessus du plan d'eau du canal, et qui sera alimenté par une forte pompe au moyen des eaux du canal. La communication sera maintenue pendant six heures au moins, et l'épreuve pourra être recommencée jusqu'à ce que le siphon ait été reconnu absolument étanche par une visite minutieuse de toutes les parties qui seront désignées par l'ingénieur.

L'entrepreneur adoptera sous sa propre responsabilité telles dispositions qu'il jugera convenables pour la mise en eau des siphons, l'arc-boutement des obturateurs et les autres opérations de l'épreuve.

Tous les frais de main-d'œuvre, location et fournitures, nécessités par ces épreuves, seront exclusivement à sa charge et sont compris implicitement dans les prix du bordereau applicables aux conduites.

Il ne sera pas tenu compte à l'entrepreneur des terrassements qu'il pourrait avoir à faire au moment de l'épreuve pour la mise à découvert des joints, s'il était amené, dans le courant des travaux, à recouvrir les tuyaux d'une couche de remblai dans l'intérêt de leur conservation. Toutefois une fouille comblée par un torrent serait déblayée aux frais de l'Administration, si l'entrepreneur avait fait constater le cas de force majeure dans le délai réglementaire de dix jours.

Les tuyaux dont le renflement éclatera par le matage ou qui éprouveront quelque autre accident, soit au moment de la pose, soit au moment de la seconde épreuve mentionnée ci-dessus, soit pendant l'année de garantie, seront rebutés et remplacés.

Le remplacement et les frais qui en résulteront, de même que les frais d'épreuves, sont entièrement à la charge de l'entrepreneur et compris dans le prix de la fonte.

ART. 77. — *Pièces spéciales.* — L'entrepreneur sera tenu de présenter à l'approbation des ingénieurs les dispositions de détail des pièces spéciales, telles que robinets, ventouses, coudes, etc.; néanmoins l'Administration se réserve le droit de faire fournir en régie les vannes de têtes et de décharge, les robinets-vannes et les ventouses.

ART. 78. — *Délai de garantie.* — Le délai de garantie sera d'un an pour tous les ouvrages. Ce délai courra à partir de la réception provisoire, et l'entrepreneur sera tenu, pendant ce temps, d'entretenir, à ses frais, les ouvrages en bon état. Cette obligation se prolongera, s'il est nécessaire, au-delà du terme fixé ci-dessus, jusqu'à ce que les ouvrages aient été mis en état de réception définitive.

Pour le siphon le délai de garantie sera d'un an après l'épreuve. L'entrepreneur n'aura rien à réclamer au sujet du retard que subirait la mise en eau du canal.

L'entrepreneur ne pourra se prévaloir de réceptions provisoires ou partielles pour justifier de l'emploi de matériaux de mauvaise qualité ; la réception définitive des parties où ils auraient été employés sera ajournée jusqu'à ce qu'elles aient été rétablies en bons matériaux. Pour le paiement des acomptes, les tuyaux essayés à l'usine seront comptés pour les $\frac{3}{10^e}$ de leur valeur, mis en place. Il sera délivré un nouvel acompte de $\frac{3}{10^e}$ lorsqu'ils seront conduits à pied d'œuvre ; et un troisième égal aux deux autres, après la mise en place et leur épreuve. Le dernier dixième servira de retenue de garantie.

Art. 79. — *Limite de la garantie financière.* — La retenue de garantie sera du dixième du montant des travaux.

Après la réception provisoire, on pourra rembourser à l'entrepreneur la moitié de ladite retenue.

Art. 80. — *Cautionnement.* — Le cautionnement provisoire sera de ... francs. Il servira de cautionnement définitif.

Art. 81. — *Entretien pendant le délai de garantie.* — Jusqu'à l'expiration du délai de garantie, l'entrepreneur devra réparer les effets du tassement dans les remblais faits au wagon, à la voiture ou à la brouette, et exécuter, au prix du bordereau, les nouveaux remblais qui seraient nécessaires pour obvier aux tassements qui dépasseraient le surhaussement prévu.

Il devra conserver les plates-formes, les couronnements, les talus en déblais et en remblais, suivant les profils arrêtés.

Il devra de même exécuter, à ses frais, au fur et à mesure, les réparations des ouvrages d'art et des chaussées pavées et empierrées ; mais, pour ces dernières, il lui sera tenu compte, aux prix du bordereau, des pierres cassées nécessaires qu'il aura fournies sur états d'indication dressés par l'ingénieur.

Art. 82. — *Précautions contre les accidents.* — L'entrepreneur prendra toutes les mesures d'ordre, de sûreté et de précautions propres à prévenir les accidents sur les chantiers et au passage des routes et chemins.

Il se conformera à tous les ordres de service qu'il recevra à ce sujet.

Les points où le passage sur routes et chemins deviendrait dangereux seront garantis par des garde-corps provisoires et éclairés pendant la nuit.

L'entrepreneur sera responsable des conséquences que pourrait avoir à cet égard sa négligence ou celle de ses agents, ainsi que des dommages et poursuites pouvant résulter de dépôts de matériaux non autorisés sur les chemins ou les propriétés.

L'Administration se réserve le droit de faire exécuter les mesures que l'entrepreneur aurait omis de prendre.

Ces dépenses seront à la charge de l'entrepreneur.

ART. 83. — *Droits de douane et d'octroi.* — Tous les droits de douane et d'octroi à payer pour les matériaux ont été compris dans le prix de la série et font partie des charges de l'entrepreneur.

ART. 84. — *Maintien de la circulation sur les chemins.* — Sont également à la charge de l'entrepreneur les dépenses à faire et les indemnités à payer pour assurer le maintien convenable de la circulation sur les chemins et routes et le libre écoulement des eaux pendant que l'on exécutera le déplacement ou la modification de ces voies de communication et les ouvrages ou passages des chemins et cours d'eau.

ART. 85. — *Durée de l'exécution.* — L'entrepreneur prendra les mesures nécessaires pour que les travaux puissent être exécutés dans un délai de deux années à dater du jour de la notification qui lui sera faite du procès-verbal d'adjudication revêtu de l'approbation préfectorale.

Si cette durée, à raison de l'insuffisance des crédits ou de toute autre cause, est portée à quatre années, il ne pourra élever de ce fait aucune réclamation.

Passé ce délai et pour chacune des années ultérieures, l'entrepreneur aura droit, en dehors du prix des travaux exécutés, à l'allocation d'une somme de ... francs, diminuée du rabais d'adjudication.

A l'expiration de la sixième année, l'Administration, sur la demande de l'adjudicataire, prononcera la résiliation de l'entreprise ; elle pourra également la prononcer de sa propre initiative.

Dans l'un ou l'autre cas il sera alloué à l'entrepreneur une indemnité égale au vingtième du montant de la dépense restant à faire en vertu de l'adjudication, après le retranchement du sixième réservé ci-dessous.

Les dispositions du paragraphe qui précède sont applicables au cas de cessation absolue des travaux, ou de leur ajournement pour plus d'une année.

Elles n'auront, d'ailleurs, nullement pour effet de déroger au droit qui appartient à l'Administration de réduire du sixième la masse des ouvrages, en vertu de l'article 31 des clauses et condition générales.

ART. 86. — *Difficultés d'expropriation.* — L'entrepreneur ne pourra réclamer aucune indemnité pour le retard ou la gêne que les difficultés relatives à l'acquisition des terrains pourraient apporter dans l'exécution des travaux.

ART. 87. — *Élection de domicile.* — A défaut d'élection de domicile à proximité des travaux, conformément à l'article 7 des clauses et des conditions générales, les notifications relatives à l'entreprise seront valablement faites à la mairie de la commune de Manosque.

ART. 88. — *Droits d'enregistrement.* — L'entrepreneur sera tenu d'acquitter les droits d'enregistrement auxquels peut donner lieu son marché, tels qu'ils sont fixés par les lois et règlements en vigueur, nonobstant toutes indications contraires de l'article 7 des clauses et conditions générales.

ART. 89. — *Clauses et conditions générales.* — L'entrepreneur sera d'ailleurs soumis aux clauses et conditions générales imposées aux entrepreneurs des Ponts et Chaussées par l'arrêté de M. le Ministre des Travaux publics, en date du 16 novembre 1866 [1].

[1]. Ainsi que nous avons déjà eu l'occasion de l'indiquer, les clauses et conditions générales applicables actuellement aux travaux d'hydraulique agricole sont celles qui ont été déterminées par l'arrêté du Ministre de l'Agriculture en date du 29 mars 1895.

ANNEXE B

AQUEDUC D'ACHÈRES

CAHIER DES CHARGES

POUR L'EXÉCUTION DES TRAVAUX DE CANALISATION
ET DE DISTRIBUTION
DES EAUX D'IRRIGATION SUR LES TERRAINS DOMANIAUX D'ACHÈRES

CHAPITRE I

OBJET, DURÉE ET MONTANT DE L'ENTREPRISE

Article premier. — *Objet de l'entreprise.* — L'entreprise a pour objet l'exécution des travaux de canalisation nécessaires pour la répartition et la distribution des eaux d'égout sur les terrains domaniaux d'Achères comprenant des conduites de 1^m,10, 0^m,80 et 0^m,40 en acier et ciment avec tube intérieur en tôle d'acier doux plombée, système Bonna, et dont la désignation suit :

1° Conduite d'adduction en acier en + et ciment avec tube intérieur en tôle d'acier doux plombée devant supporter une pression de 40 mètres en service normal;

Fabrication et pose d'une conduite d'adduction de 1^m,10 de diamètre intérieur sur une longueur approximative de 500 mètres à partir des robinets-vannes placés à l'extrémité des tuyaux de 1 mètre du siphon d'Herblay, rive gauche de la Seine, se dirigeant vers Achères;

2° Conduites de répartition en acier en + et ciment avec tube intérieur en tôle d'acier doux plombée, système Bonna, devant supporter une pression de 40 mètres :

Fabrication et pose de conduites de répartition pour chacun des deux secteurs d'irrigation sur une longueur approximative de :

	1er secteur	2e secteur
Diamètre intérieur : 0^m,800.....	2.700^m	2.800^m
Diamètre intérieur : 0^m,400.....	4.400^m	3.600^m

3° Branchements de bouches de distribution de 0^m,300 de diamètre intérieur se répartissant de la manière suivante :

1er secteur : 250 mètres de longueur environ ;
2e secteur : 250 mètres de longueur environ.

Art. 2. — *Durée de l'entreprise ou délais d'exécution.* — Les travaux devront commencer au plus tard dans le délai d'un mois après que l'entrepreneur aura reçu l'ordre de les commencer. Ils seront continués sans interruption, de manière que la pose de toute la canalisation soit complètement achevée le 30 novembre 1894, si l'approbation de la soumission est notifiée avant le 15 mai 1894.

Si cette approbation n'était pas notifiée à cette date, il serait accordé à l'entrepreneur un délai supplémentaire pour l'achèvement des travaux. Ce délai, qui ne commencerait à courir qu'à partir du 15 mars 1895, comprendrait un nombre de jours égal à celui qui s'écoulerait du 15 mai 1894 au jour de la notification.

Art. 3. — *Montant de l'entreprise.* — Les travaux et fournitures sont évalués approximativement à la somme de 435.000 francs.

CHAPITRE II

CONDITIONS D'EXÉCUTION DES TRAVAUX DE FABRICATION ET DE POSE DES CONDUITES

Art. 4. — *Exécution des tuyaux.* — Les conduites seront formées de tuyaux en acier en + et ciment, système A. Bonna, munis d'un tube intérieur en tôle d'acier doux plombée, pouvant supporter une pression normale de 40 mètres.

Les tuyaux seront composés d'une armature métallique hélicoïdale, constituée au moyen de spires et de génératrices en acier profilé en +, noyée dans une enveloppe en ciment.

Cette enveloppe en ciment sera composée d'un mortier de ciment prompt de la Porte-de-France (à prise rapide) ou de ciment de Portland artificiel à prise demi-lente de la Porte-de-France ou de toute autre usine agréée par la Ville de Paris. Le dosage variera de 600 à 800 kilogrammes par mètre cube de sable.

Les spires seront cintrées à la machine cintreuse à leur diamètre exact.

La section et l'écartement de ces spires varieront pour chaque diamètre de tuyaux et seront déterminés par le calcul, en adoptant comme coefficient de tension maxima 11 kilogrammes par millimètre carré de section, en ne tenant compte dans le calcul ni de la résistance de l'enveloppe en ciment, ni de celle du tube intérieur.

La résistance des spires et de l'ensemble du système sera, par suite, proportionnée à la pression normale de 40 mètres.

Les tuyaux auront une longueur de 3 ou 4 mètres suivant le mode de fabrication adopté. Ils seront reliés entre eux au moyen d'un joint à emboîtement précis garni intérieurement de fil de trame imprégné de cire et de suif et d'un mélange composé de plombagine et de saindoux.

Le joint à emboîtement sera, en outre, recouvert d'un manchon spécial en acier en + et ciment coulé dans la tranchée. Ces manchons seront de même forme et composés des mêmes éléments de résistance que les tuyaux et devront assurer une étanchéité parfaite de la conduite.

Les tuyaux en acier en + et ciment seront coulés soit verticalement, soit horizontalement. Ils auront au moins 3 mètres de longueur dans le cas de coulée verticale, et 4 mètres au moins dans le cas de coulée horizontale.

L'épaisseur minima des tuyaux sera la suivante :

Pour les tuyaux de 1^m,100 de diamètre : 0^m,06
— 0 .800 — 0 ,05
— 0 ,400 — 0 ,038
— 0 ,300 — 0 ,035

D'ailleurs toutes les dispositions de détail d'exécution feront l'objet de dessins soigneusement cotés qui seront soumis à l'ingénieur et visés par lui avant exécution, ainsi que les calculs de résistance et les sections des aciers profilés.

Art. 5. — *Ouverture des tranchées.* — Le soumissionnaire procédera à l'ouverture des tranchées suivant le tracé indiqué par les ingénieurs de la Ville de Paris. La tranchée aura au minimum 1 mètre de profondeur mesurée au-dessus du tuyau. Le fond en sera parfaitement réglé suivant une pente uniforme.

La largeur des tranchées n'est pas déterminée ; elle sera toujours suffisante pour que la pose et l'assemblage des tuyaux, ainsi que les remblais, soient exécutés sans difficultés.

Art. 6. — *Pose des tuyaux.* — Les tuyaux seront placés avec soin dans la tranchée et devront toujours reposer sur le sol naturel du fond de la tranchée. Ils seront posés bout à bout avec le plus grand soin et sans inflexion. Ils seront dirigés suivant une pente régulière vers les décharges, afin que les parties du réseau à isoler puissent être vidées complètement.

Au moment de leur mise en place, les tuyaux devront être soigneusement visités à l'intérieur et débarrassés de tous les corps étrangers qui pourraient y avoir été accidentellement introduits.

ART. 7. — *Remblai des tranchées.* — Le remblai des tranchées sera fait avec le plus grand soin en prenant les précautions nécessaires pour ne pas détériorer les conduites.

Les terres remises en remblai seront convenablement pilonnées spécialement sous les flancs inférieurs et sur les reins des tuyaux.

Les terres en excès seront jetées à la pelle de chaque côté de la tranchée remblayée, en ayant soin de faire le régalage régulier sur le sol et autour des bouches.

ART. 8. — *Épuisements dans les tranchées.* — Les gouttières et tranchées pour écoulement des eaux pluviales et l'enlèvement de ces eaux, même en temps d'orage, sont à la charge de l'entreprise.

L'épuisement des eaux souterraines sera à la charge de l'Administration.

ART. 9. — *Éclairage et gardiennage.* — L'entrepreneur devra éclairer convenablement et à ses frais ses ateliers, chantiers et dépôts de matériaux. Il sera exclusivement garant et responsable dudit éclairage. Les frais de gardiennage comme ceux d'éclairage sont, sans exception, à la charge de l'entreprise.

ART. 10. — *Travaux accessoires.* — Les travaux accessoires, indépendamment des conduites d'adduction, de distribution et branchements, tels que massifs d'amarrage et de butée de conduite, etc., seront exécutés par le soumissionnaire suivant les projets de détail qui lui seront remis par les ingénieurs de la Ville de Paris, et facturés à part.

CHAPITRE III

QUALITÉ DES MATÉRIAUX

ART. 11. — *Tôle d'acier.* — La tôle employée pour le tube intérieur sera de la qualité dite « tôle d'acier doux laminé ».

Les tôles aigres à nerf feuillé qui se fendraient ou s'ouvriraient sous le poinçon, ou qui se déchireraient quand on voudrait les courber, infléchir ou cisailler seront refusées. Les feuilles seront bien dressées.

La charge de rupture moyenne par millimètre carré de section sera d'au moins 40 kilogrammes, et l'allongement moyen sera de 20 0/0, sans qu'aucun résultat puisse être inférieur à 18 0/0.

Les tôles qui ne satisferaient pas à ces conditions seraient rebutées.

Art. 12. — *Fer forgé.* — Le fer forgé pour boulons et colliers sera de la meilleure qualité, point aigre, bien corroyé, doux et non cassant à froid.

Art. 13. — *Acier doux pour spires et génératrices.* — L'acier profilé en + pour spires et génératrices sera de première qualité.

La charge de rupture moyenne par millimètre carré de section sera de 35 à 40 kilogrammes, et l'allongement moyen sera de 18 à 20 0/0.

Les aciers profilés en + qui ne satisferaient pas à ces conditions seraient rebutés.

Art. 14. — *Ciment.* — Le ciment prompt à prise rapide, ou le ciment de Portland naturel à prise demi-lente, ne sera reçu qu'autant qu'il satisfera aux épreuves réglementaires fixées par le Laboratoire du Service municipal des travaux de Paris, chargé du contrôle des ciments, ou par l'ingénieur chargé de la direction des travaux ; à cet effet les approvisionnements de ciment devront être faits au moins quinze jours avant leur emploi et être déposés dans des magasins clos et couverts et parfaitement distincts suivant l'époque de la fourniture.

Le ciment sera fourni dans des sacs portant deux plombs, l'un à la marque de l'usine, l'autre à la marque de la ville.

La ficelle formant lien devra traverser tous les plis du sac avant de recevoir les plombs. Toutes les coutures des sacs seront intérieures.

Art. 15. — *Sable.* — Le sable, dit « de rivière », proviendra de la Seine. Il sera propre et débarrassé de toute matière étrangère.

Le sable de plaine proviendra des carrières noyées de la plaine de Gennevilliers ou similaires.

CHAPITRE IV

ÉVALUATION DES TRAVAUX, RÉCEPTION, ETC.

Art. 16. — *Mode d'évaluation des travaux.* — Les travaux des conduites proprement dites seront payés au mètre courant conformément aux prix composés portés dans la soumission.

S'il se présente en cours d'exécution quelques ouvrages auxquels les prix de la soumission ne seraient pas applicables, on aurait recours au bordereau des prix des travaux du service de l'Assainissement (adjudication du 19 décembre 1891) frappé d'un rabais de 20 0/0.

Art. 17. — *Bordereau des prix.* — Les prix indiqués à la soumission seront invariables ; ils comprennent toutes les fournitures et mains-d'œuvre nécessaires et tous faux frais pour l'exécution des travaux.

Il ne sera payé aucune plus-value en dehors du forfait pour les sujétions de raccords des conduites les unes avec les autres ou de raccordement des conduites avec les robinets-vannes et autres appareils de distribution.

En ce qui concerne les conduites de $0^m.30$ pour branchements de bouches, les longueurs d'application s'étendront de l'extérieur de la conduite de distribution jusqu'au raccordement avec la bouche d'arrosage, lequel raccordement est implicitement compris dans la soumission.

Art. 18. — *Longueurs des conduites.* — L'Administration se réserve le droit de fixer, comme elle le jugera convenable, les longueurs respectives des conduites de différents diamètres : $1^m,10$-$0^m,80$-$0^m,40$-$0^m,30$, et les chiffres portés à la soumission et à l'article 1er ci-dessus ne sont donnés qu'à titre d'indication. Le soumissionnaire s'engage à ne soulever aucune réclamation au sujet de la répartition des longueurs par diamètre de ces conduites.

Art. 19. — *Travaux en régie.* — L'entrepreneur fournira aux prix de la série d'entretien des égouts de Paris, mais sans rabais, les ouvriers, voitures et matériel qui lui seront demandés pour travaux en régie.

Art. 20. — *Paiement des travaux.* — Il sera délivré à l'entrepreneur, au fur et à mesure de l'avancement des travaux et jusqu'à la réception provisoire, des acomptes sur les prix consentis jusqu'à concurrence des $\frac{8}{10^e}$, cette réception provisoire devant avoir lieu dans le mois qui suivra les essais de la conduite en service normal.

Art. 21. — *Retenue de garantie.* — Les $\frac{2}{10^e}$ du prix seront retenus à titre de garantie, et le solde sera payé de la manière suivante : $\frac{1}{10^e}$ après la réception provisoire, et le dernier dixième deux ans après ladite réception.

Pendant ce délai le soumissionnaire sera tenu d'entretenir à ses frais tous les ouvrages établis par lui et de réparer toutes les dégradations ou fuites qui pourraient survenir.

Art. 22. — *Délais d'exécution et essai des conduites*. — Le soumissionnaire devra prendre toutes les dispositions nécessaires pour terminer les diverses parties de ses travaux dans les délais prescrits dans le présent cahier des charges.

Si à l'expiration des délais les travaux avaient pour effet de retarder le fonctionnement de la canalisation, le soumissionnaire serait passible d'une amende de 100 francs par jour de retard.

La mise en charge et l'essai des conduites auront lieu au plus tôt vingt jours après la pose du dernier tuyau.

L'essai des conduites sera fait à la pression de 40 mètres.

Les joints ou les parties des conduites qui ne seraient pas étanches lors des essais seront refaits, et la canalisation soumise à une nouvelle épreuve semblable à la première.

Les essais du réseau de distribution se feront par secteur d'irrigations.

ANNEXE C

AQUEDUC D'ACHÈRES

CAHIER DES CHARGES

POUR LA FOURNITURE ET LA POSE D'UNE CONDUITE EN TÔLE D'ACIER
DOUX DE 1^m,800 DE DIAMÈTRE À ÉTABLIR POUR L'AQUEDUC
D'ACHÈRES DANS LA GALERIE D'ARGENTEUIL.

ARTICLE PREMIER. — *Objet de l'entreprise.* — L'entreprise a pour objet la fabrication et l'installation d'une conduite en tôle d'acier doux à établir en galerie sur le territoire d'Argenteuil entre le pont-aqueduc d'Argenteuil et le chemin vieux du Perreux sur 1.000 mètres de longueur environ.

ART. 2. — *Dispositions générales.* — Les tuyaux auront 1^m,800 de diamètre intérieur au minimum, 11 millimètres d'épaisseur et environ 6 mètres de longueur chacun.

Chaque tuyau sera composé de cinq viroles rivées entre elles et de deux viroles soudées à chaque extrémité du tuyau.

Les tuyaux seront reliés entre eux par un joint composé d'une bague et de deux contre-brides en acier laminé, de deux rondelles en caoutchouc et de boulons de serrage au nombre de trente-six : ces joints seront au nombre de cent soixante-huit environ.

Chaque tuyau sera posé sur deux supports en fonte et maintenu de distance en distance aux supports par deux colliers en fer entourant le tuyau. Sur certains points de la conduite à désigner par MM. les ingénieurs, il sera posé des robinets-ventouses de 0^m,06 de diamètre.

Toutes les dispositions de détail d'exécution feront l'objet de dessins soigneusement cotés qui seront soumis à l'ingénieur et visés par lui avant exécution.

QUALITÉ DES MATÉRIAUX ET MODE D'EXÉCUTION

ART. 3. — *Tôle d'acier.* — La tôle employée pour la conduite sera de la qualité dite « tôle d'acier doux laminé ».

Les tôles aigres à nerf feuillé qui se fendraient ou s'ouvriraient sous le poinçon ou qui se déchireraient quand on voudrait les courber, infléchir ou cisailler seront refusées. Les feuilles seront bien dressées.

Pour s'assurer de la qualité des tôles, il sera fait deux sortes d'épreuves : des épreuves à chaud et des épreuves à froid.

Pour l'épreuve à chaud, on découpera une bande de 40 millimètres de largeur, et de longueur convenable, dans une feuille prise au hasard dans chaque livraison.

Cette bande, après trempe à l'eau à 18° au rouge cerise, devra se plier de façon à amener les deux branches parallèles distantes de quatre épaisseurs de tôle, sans rupture.

Cette expérience sera faite autant de fois que l'ingénieur le jugera utile.

A froid, les épreuves consisteront à déterminer la force de rupture des tôles et leur faculté d'allongement, tant dans le sens du laminage que dans le sens perpendiculaire.

On établira séparément les résultats moyens de résistance et d'allongement obtenus dans chacun de ces deux sens, au moyen de cinq épreuves au moins pour chacun d'eux.

Dans le sens qui aura donné la moindre résistance, la charge de rupture moyenne par millimètre carré de section sera d'au moins 40 kilogrammes, et l'allongement moyen correspondant d'au moins 20 0/0.

En outre, aucune épreuve isolée faite sur une bande reconnue saine ne devra donner un résultat inférieur à 40 kilogrammes par millimètre carré, ni un allongement inférieur à 18 0/0.

Pour ces épreuves on découpera un certain nombre de bandes de tôle dans un certain nombre de feuilles prises au hasard dans chaque livraison, en ayant soin d'expérimenter pour chaque feuille un nombre égal de bandes dans le sens du laminage et dans le sens perpendiculaire. Ces bandes sont façonnées de manière à avoir pour section de rupture un rectangle dont l'un des côtés aura 30 millimètres de largeur, et l'autre l'épaisseur de la tôle. La longueur de la partie prismatique soumise à la traction sera toujours de 20 centimètres. Ces bandes seront soumises, au moyen de poids agissant directement ou par l'intermédiaire de leviers tarés avec soin, à des efforts de traction croissant jusqu'à ce que la rupture ait lieu.

La charge initiale sera calculée de manière à produire un effort de traction de 35 kilogrammes par millimètre carré de section : cette première charge sera maintenue en action pendant cinq minutes.

Les charges additionnelles seront ensuite placées à des intervalles de temps sensiblement égaux et d'environ une minute. Elles seront calculées aussi approximativement que le permettra la division des poids en usage, à raison de 1/4 de kilogramme de traction par millimètre carré de section.

On notera pour chaque charge l'allongement correspondant mesuré sur la longueur prismatique de 20 centimètres.

Les tôles qui ne satisferont pas à ces conditions seront rebutées.

ART. 4. — *Acier pour rivets.* — L'acier doux employé pour les rivets sera soumis aux mêmes épreuves que l'acier doux des tôles.

Les aciers doux pour rivets qui ne satisferont pas à ces conditions seront rebutés.

ART. 5. — *Fer forgé.* — Le fer forgé pour boulons, colliers ou ancrages sera de première qualité, non cassant à froid.

ART. 6. — *Fonte.* — La fonte sera de la meilleure qualité, point aigre, bien homogène, susceptible d'être travaillée à la lime sans aucune fente ni écornure.

Toutes les pièces de fonte devront être rigoureusement moulées ; elles seront, après le moulage, ébarbées avec le plus grand soin au burin et à la lime.

Les fontes devront résister aux épreuves suivantes : au choc, à la flexion et à la traction.

Première épreuve. — Un barreau de 20 centimètres de longueur et de 4 centimètres d'équarrissage, placé horizontalement sur des couteaux en acier espacés de 16 centimètres, devra supporter, sans se rompre, le choc d'un mouton de 12 kilogrammes tombant librement sur le barreau de 40 centimètres de hauteur au milieu de l'intervalle des points d'appui.

Deuxième épreuve. — Un lingot de 4 centimètres d'épaisseur soumis par l'appareil de Monge à un effort de flexion supportera, sans se rompre, l'action d'un poids de 160 kilogrammes agissant sur le levier à une distance de 1^m,50 du point d'appui le plus voisin du poids.

Le poids du levier, celui du plateau et des accessoires ramenés à la même distance de 1^m,50 sont compris dans le poids de 160 kilogrammes indiqué ci-dessus.

Si l'une des pièces est brisée dans l'épreuve qui lui est relative, toutes les pièces provenant de la même coulée seront refusées sans autre examen.

Un agent désigné par l'ingénieur assistera à la coulée des pièces et déterminera le moment où les barreaux devront être fondus.

ART. 7. — *Réception et essai.* — La réception et l'essai des tôles aura lieu à l'usine.

L'agent réceptionnaire délégué par la Ville procédera en présence du fournisseur à l'essai des tôles qui serviront à la fabrication des tuyaux.

Après la fabrication des tuyaux le fournisseur fera présenter successivement chacun d'eux à la réception et le fera rouler afin qu'on puisse l'examiner à l'intérieur et à l'extérieur et reconnaître s'il y a des défauts, et en mesurer les dimensions.

On procédera ensuite à l'épreuve de chacun d'eux sous une charge de 8 atmosphères de pression par centimètre carré.

Lorsqu'il y aura suintement avec bouillonnement, quelque faible qu'il soit, le tuyau sera rebuté si le suintement a lieu à travers la paroi de la tôle; il ne sera accepté, s'il se produit dans un assemblage, que quand le matage aura fait disparaître la fuite.

Le tuyau sera ensuite pesé.

Le fournisseur distinguera chaque pièce par un numéro d'ordre qui sera peint à l'huile sur le tuyau. Il sera dressé de chaque réception un procès-verbal correspondant à chaque expédition sur le chantier.

ART. 8. — *Transport à pied d'œuvre.* — Le fournisseur, après la réception des tuyaux, les fera transporter aux abords du chantier pour les mettre en place au fur et à mesure des ordres qui lui seront donnés.

ART. 9. — *Peinture des pièces.* — Les tuyaux recevront une couche de goudron à l'intérieur et une couche de minium à l'extérieur avant leur réception à l'usine.

Après leur pose ils seront revêtus à l'extérieur d'une seconde couche de goudron ou de peinture dont le ton sera fixé et agréé par l'ingénieur.

ART. 10. — *Essai des conduites.* — L'essai des conduites sera fait après la pose à l'aide de pompes de presses hydrauliques à une pression équivalente à 5 atmosphères; cette opération, y compris le remplissage et les travaux préparatoires nécessaires sera faite par les soins et aux frais du soumissionnaire.

Les joints qui ne seraient pas étanches lors de l'essai seront refaits et soumis à une nouvelle épreuve semblable à la première.

PAIEMENT DES TRAVAUX

ART. 11. — *Évaluation.* — Le prix indiqué par la soumission est un prix forfaitaire qui comprend toutes fournitures, ouvrages, main-d'œuvre et faux frais nécessaires à la fabrication, matériel de pose, la pose de la conduite jusqu'à sa mise en service, ainsi que ses supports dans la galerie, les agrafes, les pièces et charpentes d'ancrage et leur scellement dans les maçonneries, ainsi que la peinture et le goudronnage de toutes pièces.

Les frais d'épreuve à l'usine sont d'ailleurs à la charge du soumissionnaire.

L'entrepreneur sera, en outre, tenu d'éclairer et de faire garder à ses frais ses ateliers, chantiers et dépôts, et d'établir des barrières de sûreté sur les routes et les chemins ou dans leur voisinage et en général sur tous les points où l'autorité l'exigera.

Le prix forfaitaire s'applique à une longueur de conduite de 1.000 mètres.

Si cette longueur totale était diminuée ou augmentée, le prix forfaitaire serait diminué ou augmenté proportionnellement à la différence entre le projet et l'exécution.

Art. 12. — *Paiement.* — Il sera délivré à l'entrepreneur, au fur et à mesure de l'avancement des travaux, des acomptes sur le prix consenti.

Avant le commencement de la pose, ces acomptes ne pourront pas dépasser les 7/10es du prix total et ils devront être justifiés par des états de situation dressés contradictoirement et qui constitueront pour la Ville un droit de propriété, encore que les tuyaux soient à l'usine.

Ils atteindront au plus les 8/10es après l'arrivée des tuyaux sur les chantiers et leur pose.

Il sera délivré un dernier acompte de 1/10e à la réception provisoire qui aura lieu un mois au plus après le dernier essai des conduites mises en place.

Art. 13. — *Retenue de garantie.* — Le dernier dixième du prix sera retenu à titre de garantie, et le solde ne sera payé qu'un an après la réception provisoire.

Pendant ce délai, le soumissionnaire sera tenu d'entretenir, à ses frais, tous les ouvrages établis par lui et de réparer toutes les dégradations ou fuites qui pourraient survenir.

CONDITIONS PARTICULIÈRES ET GÉNÉRALES

Art. 14. — *Délais d'exécution.* — L'entrepreneur devra prendre toutes ses dispositions pour terminer les diverses parties de ses travaux dans les délais qui lui seront impartis par les ordres de service de l'ingénieur.

Il lui sera, toutefois, accordé un délai minimum de deux mois après l'approbation de la soumission pour commencer la fabrication des tuyaux, et à la suite un délai d'au moins un an pour terminer l'entreprise.

ANNEXE D

CAHIER DES CHARGES

APPLICABLE A LA CONCESSION D'UN CANAL D'IRRIGATION
A UNE COMPAGNIE

ARTICLE PREMIER. — *Objet du canal.* — Le canal d   , dérivé de la rivière d   , est destiné à l'irrigation des terres, à la submersion des vignes, aux usages domestiques et d'agrément, à l'alimentation publique des communes et à la mise en jeu des usines.

ART. 2. — *Indications générales du tracé du canal principal et des canaux secondaires.* — Le canal aura sa prise sur la rive... de la rivière d   (à environ   mètres en aval du pont de la route nationale n°   ). Il se composera du canal principal, des canaux secondaires ou tertiaires, rigoles et filioles nécessaires pour amener les eaux en tête de chaque propriété, à établir sur le territoire des communes d   .

Le tracé définitif du canal principal et des canaux secondaires sera ultérieurement arrêté par l'Administration lors de la présentation du projet définitif.

ART. 3. — *Volume à dériver.* — Le volume d'eau à dériver de la rivière d   est fixé à   mètres cubes par seconde. Il pourra être porté à   en temps de hautes eaux.

Art. 4. — *Périmètre à desservir.* — Le périmètre est limité, à partir de la prise d'eau, par la rive   de la rivière d   , par le chemin de   et le ruisseau d   à son extrémité aval. Le périmètre sera divisé en zones dont chacune sera desservie par un canal spécial secondaire dérivé du canal principal.

ART. 5. — *Obligations du concessionnaire et des usagers.* — 1° Le concessionnaire s'engage à exécuter et à entretenii à ses frais, risques et périls, le canal principal, les canaux secondaires, les canaux tertiaires, ainsi que les rigoles d'intérêt collectif et les martellières destinées à amener l'eau en tête de chaque propriété à desservir.

2° Seront à la charge exclusive des usagers et sous leur responsabilité : les prises d'eau autres que la première prise établie par le concessionnaire, les rigoles, fossés de versure et de colature et tous autres travaux n'intéressant que leur propriété.

3° Le canal principal devra être entièrement terminé et mis en état d'être exploité dans le délai de (deux) ans à partir de l'approbation des projets définitifs, et les canaux secondaires, dans un délai de (quatre) ans à partir de la mise en eau du canal principal. Toutefois, lorsque les propriétaires qui devront profiter d'un canal secondaire auront souscrit pour une somme représentant 6 0/0 du prix du canal secondaire, ce canal devra être exécuté un an après, sans attendre le délai de quatre ans.

4° Le concessionnaire ne sera tenu d'entreprendre les canaux tertiaires et les rigoles pour les eaux périodiques ou continues qu'autant que l'exécution de ses travaux lui assurera, au préalable, un revenu de 6 0/0 du capital à dépenser, d'après les devis approuvés par l'Administration.

5° Si la somme des redevances préalablement souscrites, capitalisées à 6 0/0, était inférieure à la dépense prévue par les devis approuvés, les propriétaires, réunis en association syndicale autorisée, pourraient contraindre le concessionnaire à exécuter les travaux, mais à la condition de lui payer d'avance le complément de la dépense ou de souscrire le complément des redevances nécessaires.

Dans le premier cas le concessionnaire devra rembourser à l'association ce complément de la dépense, dès que le chiffre des souscriptions aura atteint la somme qui aurait suffi pour l'obliger à l'exécution des travaux.

Dans le second cas l'association aura le droit de céder, dans l'étendue de son périmètre, ces souscriptions syndicales, aux prix fixés par le cahier des charges, et le concessionnaire n'y pourra recevoir de nouvelles souscriptions que lorsque celles-ci auront été entièrement placées.

Ces travaux, pour une zone ou une commune, une fois commencés, devront être terminés dans le délai d'un an.

Art. 6. — *Production et approbation des projets définitifs.* — Le concessionnaire devra soumettre à l'approbation du Ministre de l'Agriculture, dans le délai de six mois à partir de la promulgation de la loi de concession, le projet définitif des travaux à exécuter pour la construction du canal principal.

Les projets des travaux à exécuter pour la construction des canaux secondaires, tertiaires et des rigoles qui en dépendent et pour les distributions d'eau dans les communes, devront également être soumis à l'approbation de l'administration supérieure.

En cours d'exécution, le concessionnaire aura la faculté de proposer les modifications qu'il jugera utile d'introduire, mais ces modifications ne pourront être exécutées qu'après avoir été approuvées dans la même forme que les projets.

Art. 7. — *Rétablissement des voies existantes et du libre cours des eaux.* — Le concessionnaire devra construire à ses frais les ouvrages nécessaires pour la traversée de toutes les voies existantes qui seront rencontrées par ses canaux.

Les dimensions de ces ouvrages seront fixées par l'Administration.

Toutefois, lorsque le canal passera au-dessous de la voie, la largeur des ponts entre les parapets ne pourra en aucun cas être inférieure à 8 mètres pour les routes nationales et les chemins de fer, à 7 mètres pour les routes départementales, à 5 mètres pour les chemins de grande communication, et à 4 mètres pour les chemins vicinaux et ruraux.

Dans le cas où le canal passera au-dessus de la voie, l'ouverture du viaduc ne pourra, dans aucun cas, être inférieure à 8 mètres pour une route nationale ou un chemin de fer, à 7 mètres pour une route départementale, à 5 mètres pour un chemin de grande communication et à 4 mètres pour les chemins vicinaux et ruraux.

Pour les viaducs de forme cintrée, la hauteur sous clef, à partir du sol de la route, ne pourra être moindre que 5 mètres pour les routes et chemins.

Pour ceux qui seront formés de poutres horizontales en bois ou en fer, la hauteur sous poutres sera de 4^m,30 au moins.

Pour les chemins de fer, la distance verticale ménagée au-dessus des rails extérieurs de chaque voie pour le passage des trains ne sera pas inférieure à 4^m,80.

S'il y a lieu de déplacer les routes existantes, la déclivité des pentes et rampes ne pourra pas dépasser 3 centimètres par mètre pour les routes nationales et départementales et 5 centimètres pour les chemins vicinaux et ruraux. L'Administration reste libre, toutefois, d'apprécier les circonstances qui pourraient motiver une dérogation à la règle précédente.

Le concessionnaire sera également tenu de rétablir et d'assurer à ses frais, conformément à des projets approuvés par l'Administration supérieure, le libre écoulement de toutes les eaux naturelles et artificielles dont le cours serait détourné ou modifié par ses travaux.

Il sera tenu également de prendre les dispositions qui seront prescrites par l'Administration pour arrêter les filtrations qui pourraient se faire à travers ses canaux et empêcher ces filtrations de nuire aux parties basses du territoire.

Les ponts à construire à la rencontre des routes nationales et des chemins de fer ne pourront être entrepris qu'en vertu de projets approuvés par l'Administration supérieure.

Le préfet du département, sur l'avis de l'ingénieur en chef des Ponts et Chaussées, après consultation de l'agent voyer en chef, s'il y a lieu, pourra approuver les projets relatifs au déplacement des routes départementales et des chemins vicinaux, et à la construction des ponts à la rencontre de ces routes et chemins.

A la rencontre des routes nationales et départementales et de tous les autres chemins publics, le concessionnaire sera tenu d'éta-

blir des chemins et des ponts provisoires partout où il sera nécessaire, pour que la circulation n'éprouve ni interruption ni gêne
pendant l'exécution de ses travaux. Avant que les communications
existantes puissent être interceptées, les ingénieurs et les agents
voyers devront reconnaître et constater, chacun en ce qui le concerne,
si les ouvrages provisoires présentent une solidité suffisante et s'ils
peuvent assurer le service de la circulation.

Un délai sera fixé pour l'exécution de ces travaux provisoires.

Dans le cas où le canal ou ses branches devraient traverser un
chemin de fer, les ponts, aqueducs ou siphons, qui seront construits à cet effet, devront être établis de manière à ne jamais interrompre la circulation sur le chemin de fer. Le concessionnaire sera
tenu de se conformer à toutes les dispositions qui lui seront prescrites par l'autorité administrative, dans l'intérêt de la conservation
du chemin de fer et de la sûreté du passage.

ART. 8. — *Nature et qualité des matériaux.* — Le concessionnaire emploiera, pour l'exécution des ouvrages, les matériaux
communément en usage dans les travaux publics de la localité.
Les têtes de voûtes, les angles, socles, couronnements et extrémité
de radiers des ouvrages d'art seront en moellons de choix.

Les piédroits, montants et radiers des martellières, seront en
pierre de taille dure. Les vannes seront en tôle ou en fonte ; elles
seront pourvues d'une fermeture de sûreté.

ART. 9. — *Indemnités des terrains et de dommages.* — Tous les
terrains destinés à servir d'emplacement au canal principal et aux
canaux secondaires, ainsi qu'au rétablissement des communications déplacées ou modifiées et aux nouveaux lits des cours d'eau,
seront acquis et payés par le concessionnaire.

Les indemnités qui pourraient être dues soit pour l'occupation
des terrains nécessaires à l'établissement des canaux tertiaires et
rigoles, soit pour obtenir le passage des eaux sur les fonds intermédiaires, à titre de simple servitude, seront aussi payées par le
concessionnaire.

Les indemnités pour occupations temporaires ou détérioration
de terrains, pour chômages d'usines ou pour tous les dommages
quelconques qui seront la conséquence de la concession ou de
l'exécution des travaux seront supportées et payées par le concessionnaire, sauf recours contre les usagers.

ART. 10. — *Contrôle et surveillance de l'Administration pour
l'exécution et l'entretien des travaux.* — Le concessionnaire exécutera les travaux par des moyens et agents de son choix, mais en
restant soumis au contrôle et à la surveillance de l'Administration.

Le canal principal, avec ses dérivations et ses dépendances, sera
toujours maintenu en bon état.

Il sera constamment alimenté du volume d'eau nécessaire pour assurer le service régulier des eaux périodiques pour lesquelles les propriétaires auront souscrit et, dans le cours comme en dehors de la saison des arrosages et des submersions, le service régulier des eaux continues pour l'alimentation publique et privée, et pour la mise en jeu des usines, conformément aux conventions faites, sans toutefois dépasser le volume d'eau concédé.

L'état dudit canal, de ses dérivations et de ses dépendances, sera reconnu annuellement, et plus souvent en cas d'urgence ou d'accident, par les ingénieurs du contrôle.

L'alimentation, l'entretien et les réparations, soit ordinaires, soit extraordinaires, du canal, demeurent soumis au contrôle et à la surveillance de l'Administration qui pourra y pourvoir d'office, aux frais du concessionnaire, après mise en demeure restée sans résultat; le montant des avances ainsi faites sera recouvré au moyen de rôles rendus exécutoires par le préfet.

Art. 11. — *Réception des travaux.* — Après l'achèvement du canal principal, il sera procédé à sa réception par un ou plusieurs commissaires que l'Administration désignera. Le procès-verbal de réception ne sera valable qu'après son homologation par l'Administration supérieure.

Le concessionnaire fera faire, à ses frais, un bornage contradictoire, un plan cadastral du canal et de ses dépendances et un état descriptif des ponts, aqueducs, siphons et autres ouvrages d'art établis sur son parcours.

Ce travail devra être terminé dans le délai d'un an.

Une expédition dûment certifiée du procès-verbal de réception du bornage, du plan cadastral et de l'état descriptif sera déposée à la préfecture d...   et au Ministère de l'Agriculture.

La même opération sera faite, dans le même délai d'un an, après l'achèvement des canaux secondaires et tertiaires et des rigoles qui en dépendent, pour chacune des zones qu'ils sont destinés à desservir.

La réception sera faite par les ingénieurs du contrôle et le procès-verbal approuvé par le préfet. Les expéditions seront déposées comme il a été dit ci-dessus.

Art. 12. — *Clauses de déchéance.* — Si, dans le délai de trois mois à dater de l'approbation de chaque projet, le concessionnaire n'a pas commencé les travaux, il pourra être déchu de tous les droits qui lui seront conférés par la loi de concession, un mois après la notification d'un arrêté de mise en demeure resté sans effet.

Faute par le concessionnaire d'avoir terminé les travaux du canal principal et des canaux secondaires dans les délais respectivement fixés par l'article 5 ci-dessus, d'obtempérer aux réquisitions qu'il y aurait lieu de lui adresser, à l'effet de construire les autres canaux que pourraient réclamer les propriétaires intéressés et de remplir les diverses obligations qui lui sont imposées par le présent cahier des charges, le concessionnaire encourra la déchéance et il sera pourvu à la continuation et à l'achèvement des travaux, comme à l'exécution des autres engagements par lui contractés, au moyen d'une adjudication ouverte sur une mise à prix des ouvrages exécutés, des matériaux approvisionnés et des parties du canal déjà livrées à l'exploitation, déduction faite des subventions que le concessionnaire pourrait avoir reçues.

Cette adjudication sera prononcée au profit de celui des soumissionnaires qui, après avoir fourni un cautionnement dont le montant sera fixé par le Ministre de l'Agriculture, offrira la plus forte somme pour les objets compris dans la mise à prix. Les soumissions pourront être inférieures à la mise à prix.

Le nouveau concessionnaire sera soumis aux clauses du cahier des charges.

Le concessionnaire évincé recevra de lui le prix que l'adjudication aura fixé, et le nouveau prendra à sa charge le service des emprunts que le concessionnaire aurait été autorisé à contracter avec la garantie de l'État.

Dans le cas où l'adjudication ouverte n'amènerait aucun résultat, une nouvelle adjudication serait tentée sur les mêmes bases, après un délai de trois mois ; si cette dernière tentative reste également sans résultat, le concessionnaire sera définitivement déchu de tous ses droits, et les ouvrages exécutés, les matériaux approvisionnés et les parties du canal déjà livrées à l'exploitation appartiendront à l'État, qui restera toutefois chargé de servir les intérêts des emprunts que le concessionnaire aurait été autorisé à contracter avec la garantie de l'État.

Si l'exploitation du canal vient à être interrompue, en totalité ou en partie, par la faute du concessionnaire, l'Administration prendra immédiatement, aux frais et risques de ce dernier, les mesures nécessaires pour assurer le service, et si, dans les trois mois de l'organisation du service provisoire, le concessionnaire n'a pas valablement justifié qu'il est en état de reprendre l'exploitation, et s'il ne l'a pas effectivement reprise, la déchéance pourra être prononcée par le Ministre de l'Agriculture. La déchéance prononcée, le canal et toutes ses dépendances seront mis en adjudication, et il sera procédé ainsi qu'il a été dit ci-dessus.

Les dispositions qui précèdent cesseront d'être applicables, et la déchéance ne serait pas encourue, dans le cas où le concessionnaire n'aurait pu remplir ses engagements par suite de circonstances de force majeure régulièrement constatées.

Toute cession totale ou partielle de la concession, tout changement de concessionnaire ne pourront avoir lieu qu'en vertu d'un décret délibéré en Conseil d'Etat.

Toute cession faite en dehors des conditions ci-dessus serait nulle de plein droit et entraînerait la déchéance du concessionnaire.

Dans tous les cas prévus au présent article la déchéance pourra être prononcée par le Ministre de l'Agriculture, sauf recours devant la juridiction compétente.

ART. 13. — *Contribution foncière.* — La contribution foncière sera établie en raison de la surface des terrains occupés par le canal et ses dépendances. La cote en sera calculée conformément à la loi du 5 floréal an XI.

Les bâtiments et magasins dépendant de l'exploitation du canal seront assimilés aux propriétés bâties dans la localité, et le concessionnaire devra payer également toutes les contributions auxquelles ils pourront être soumis.

ART. 14. — *Règlement de l'usage des eaux périodiques.* — *Règlement d'eau des usines.* — Un règlement d'administration publique rendu après enquête, le concessionnaire entendu, déterminera la période et la durée des arrosages, et en dehors de la saison des arrosages, la période et la durée de la submersion des vignes.

Les usines à établir pour utiliser les chutes créées sur le canal principal et les canaux secondaires et tertiaires ne pourront être construites qu'après autorisation régulière du Ministre de l'Agriculture et sous la condition expresse de restituer aux canaux les eaux qu'elles leur auraient empruntées, et de ne porter aucun préjudice aux autres usagers des eaux.

ART. 15. — *Redevances.* — Pour indemniser le concessionnaire des travaux et dépenses qu'il s'engage à faire par le présent cahier des charges, il lui est accordé, en outre de la subvention et de la garantie d'intérêts fixées par la convention ci-jointe :

1° L'autorisation de percevoir, pendant la durée de la concession, des propriétaires qui voudront se servir des eaux périodiques pour l'arrosage et qui souscriront avant la promulgation de la loi de concession, une redevance annuelle de (60 francs) pour un volume d'eau correspondant au débit de 1 litre par seconde, pendant la durée des arrosages.

Ce prix sera diminué de 5 0/0 si l'engagement est contracté pour une durée d'au moins vingt années, et de 10 0/0 s'il est contracté pour toute la durée de la concession.

La redevance sera portée à (70 francs) pour ceux qui souscriront six mois après la loi de concession.

Ce prix sera diminué de 5 0/0 si l'engagement est contracté pour une durée d'au moins vingt années, et de 10 0/0 s'il est contracté pour une durée d'au moins cinquante ans.

Les souscriptions à l'arrosage ne pourront être inférieures à 1 décilitre, sauf aux propriétaires qui n'auraient pas besoin d'un volume aussi grand à se réunir pour souscrire en commun le minimum de 1 décilitre à recevoir par une même prise d'eau.

Les eaux périodiques pour l'irrigation ne pourront être utilisées qu'au profit de tout ou partie des fonds affectés à la garantie du paiement de la redevance.

Cette affectation pourra d'ailleurs être restreinte à toute époque au gré du souscripteur, mais sans que la contenance des fonds de garantie soit jamais réduite au-dessous d'un minimum de 1 hectare par litre souscrit.

2° L'autorisation de percevoir des propriétaires qui voudront se servir des eaux, en dehors de la saison des arrosages, pour la submersion des vignes, une redevance annuelle de (60 francs) par hectare pour ceux qui souscriront avant la promulgation de la loi de concession, et de (70 francs) par hectare pour ceux qui souscriront six mois après, si le volume d'eau nécessaire pour maintenir la submersion, pendant la durée réglementaire n'excède pas (15.000 mètres) cubes par hectare. Dans le cas où le volume d'eau nécessaire excéderait ce chiffre, la taxe serait augmentée de (4 francs) par 1.000 mètres cubes d'eau fournis en sus, sans pouvoir excéder (100 francs) par hectare.

Le concessionnaire ne sera jamais tenu de fournir plus de (25.000) mètres cubes d'eau par hectare. Dans le cas où ce volume serait reconnu insuffisant pour submerger les terrains engagés pendant la durée réglementaire, le souscripteur aurait la faculté de résilier son engagement.

Les prix ci-dessus seront diminués de 5 0/0 si l'engagement est contracté pour une durée d'au moins dix années.

Les souscriptions pour la submersion des vignes ne pourront être inférieures à 50 ares; toute surface au-dessous sera comptée pour 50 ares.

3° L'autorisation de percevoir, pendant la durée de la concession, des propriétaires qui voudront se servir des eaux continues pour potagers, jardins, jets d'eau, usages domestiques et d'agrément, et des communes pour l'alimentation publique, une redevance fixée par module et fraction de module de 1 décilitre par seconde, conformément au tableau suivant pour les souscriptions antérieures à la promulgation de la loi de concession.

QUANTITÉ D'EAU		REDEVANCE ANNUELLE
en décilitres par seconde	en litres par 24 heures	en francs
1,00	8.640	80
0,90	7.776	75
0,80	6.912	70
0,70	6.048	65
0,60	5.184	60
0,50	4.320	55
0,40	3.456	50
0,30	2.592	45
0,20	1.728	40
0,10	864	35
0,05	432	20

La redevance pour chaque module ou fraction de module en sus du premier sera calculée en prenant pour base le prix de (60 francs) par module.

Ces prix seront diminués de 5 0/0 si l'engagement est contracté pour une durée d'au moins vingt années, et de 10 0/0, s'il l'est pour toute la durée de la concession.

Pour les souscriptions qui seront signées six mois après la promulgation de la loi de concession, ces prix seront augmentés de 25 0/0, de 15 0/0 ou de 10 0/0, suivant que les engagements seront contractés pour une durée de dix ans et au-dessus, de vingt ans et au-dessus ou d'au moins cinquante ans.

4° L'autorisation d'amodier les forces motrices pendant la durée de la concession, au profit des propriétaires qui voudraient les utiliser moyennant une redevance annuelle déterminée dans une convention qui sera approuvée par l'Administration.

Les prix des redevances portés au présent article ne seront pas susceptibles de réduction.

Art. 16. — Les engagements à l'usage de l'eau commencent à courir à partir de l'époque où l'eau est livrée en tête de la propriété à desservir.

Ils sont contractés pour une durée de cinq années au moins pour la submersion et de dix années au moins pour les autres usages.

Les eaux de colature et de versure appartiendront au concessionnaire qui pourra les faire servir à de nouvelles irrigations ou à d'autres usages, aux conditions du tarif fixé par l'article précédent.

Tous les frais d'appareils régulateurs, de jaugeage, réservoirs, conduites d'amenée sous pression et autres, pour le service des eaux continues et d'agrément et des forces motrices, seront à la charge des usagers ; mais les travaux seront exécutés par les soins du concessionnaire, depuis les conduites générales de distribution jusqu'aux propriétés particulières.

Art. 17. — *Interdiction de racheter les redevances.* — Le rachat par capitalisation des redevances est interdit.

Art. 18. — *Forme des actes d'engagement.* — Les engagements définitifs des propriétaires pour l'usage des eaux seront dressés suivant les modèles arrêtés par l'Administration, sur la proposition du concessionnaire.

Le droit à l'usage de l'eau et les obligations qui en dérivent sont inhérents à l'immeuble et le suivent en quelques mains qu'il vienne à passer. En conséquence les actes d'engagement devront déterminer les immeubles affectés à l'usage de l'eau.

Art. 19. — *Paiement des redevances.* — Les redevances pour usage quelconque des eaux seront exigibles dans les trois derniers mois de l'année. Les rôles seront rendus exécutoires par le préfet, et le recouvrement aura lieu comme en matière de contribution foncière et avec les mêmes garanties.

Art. 20. — *Irrégularité de service due à des cas de force majeure ou à des accidents.* — La suspension du service ou l'insuffisance des eaux ne donnent lieu, au profit des usagers, à aucune indemnité. Ils ont seulement droit au dégrèvement total ou partiel de la redevance, dans les conditions ci-après :

Si la suspension ou l'insuffisance provient soit de la mise en chômage du canal, pour travaux de curage et d'entretien aux époques fixées par l'Administration, soit de circonstances auxquelles l'Administration reconnaîtrait le caractère de force majeure, elle ne donne lieu à aucun dégrèvement :

1° Pour les souscripteurs à la submersion lorsqu'elle n'a pas empêché que leurs vignes puissent être submergées, dans la période réglementaire, pendant une durée d'au moins quarante jours ;

2° Pour les autres usagers lorsque sa durée n'excède pas trente jours.

Dans tout autre cas il y a lieu à dégrèvement d'une fraction de la redevance, proportionnelle à la diminution de jouissance. Ce dégrèvement est calculé, pour les irrigations, en regardant le tarif annuel comme s'appliquant à six mois d'arrosage et, pour la submersion, en le considérant comme s'appliquant à cinquante jours de submersion.

Il y a lieu à dégrèvement total lorsque la suspension des arrosages dure plus de trois mois, ou que la durée de la submersion descend au-dessous de trente-cinq jours.

Art. 21. — *Travaux postérieurs à l'exécution du canal.* — Dans le cas où il viendrait à être construit des routes nationales, départementales ou vicinales et des chemins de fer qui traverseraient le canal, le concessionnaire ne pourrait mettre obstacle à ces travaux. Toutes les précautions seront prises pour qu'il n'en résulte aucune interruption dans le service du canal, ni aucun frais pour le concessionnaire.

Art. 22. — *Agents et gardes préposés au canal.* — Les agents ou les gardes que le concessionnaire établira, soit pour la perception des redevances, soit pour la surveillance ou la police des canaux pourront être assermentés et seront, dans ce cas, assimilés aux gardes champêtres.

Art. 23. — *Frais de contrôle.* — Les frais de surveillance et de réception des travaux et les frais du contrôle de l'exploitation dus aux ingénieurs et agents des Ponts et Chaussées seront supportés par le concessionnaire. Ces frais seront payés d'après les règlements qui en seront faits par l'Administration, conformément aux lois et règlements qui régissent la matière.

Art. 24. — *Siège social.* — La société aura son siège social à (Paris).

En tout état, le concessionnaire sera tenu d'avoir à un agent y résidant en permanence et chargé de recevoir, en son nom, les significations, notifications ou réquisitions.

A défaut de désignation d'un domicile légal et d'un agent à , toute signification au concessionnaire sera valable lorsqu'elle sera faite soit au siège social à (Paris), soit au secrétariat de la préfecture d...

Art. 25. — *Règlement des contestations.* — Les contestations qui pourraient s'élever entre l'Administration et le concessionnaire, au sujet de l'exécution et de l'interprétation du présent cahier des charges, seront jugées administrativement par le conseil de préfecture d , sauf recours au Conseil d'Etat.

Art. 26. — *Cautionnement.* — Dans les huit jours qui suivront la promulgation de la loi le concessionnaire devra verser à la Caisse des Consignations, à titre de cautionnement, une somme de , dans les conditions prévues par le décret du 18 novembre 1882.

Ce cautionnement sera restitué au concessionnaire, savoir la moitié après la réception définitive du canal principal, et l'autre moitié un an après la réception définitive des canaux secondaires.

Art. 27. — *Redevance due à l'État.* — Le concessionnaire payera à l'Etat, pour le volume d'eau à dériver de la rivière d , une redevance annuelle de 1 franc [1].

---

[1] Cet article doit être supprimé au cas où la prise d'eau n'est pas faite dans un cours d'eau du domaine public.

ANNEXE E

Formules d'engagement à l'usage des eaux

DÉPARTEMENT

d

CANAL D

NOM DU SOUSCRIPTEUR :

LITRES SOUSCRITS :

NUMÉRO D'ORDRE :

¹ Pour une durée de
ou pour toute la
durée de la concession.

Formules approuvées par décision du
21 septembre 1887

N° 1

ENGAGEMENT

AUX EAUX PÉRIODIQUES POUR

L'IRRIGATION

pour durée de ¹

Je, soussigné,

propriétaire, domicilié à

après avoir pris connaissance des clauses et conditions spéciales
annexées au présent acte, déclare les accepter, m'y soumettre, en
ce qui me concerne et souscrire, pour
durée de   ¹, à
par seconde, à dériver du canal d
pour l'irrigation des parcelles désignées au tableau ci-après :

INDICATION DES COMMUNES et désignation des parcelles engagées	DÉSIGNATION CADASTRALE		CONTENANCE		
	Section	Numéro	Hectares	Ares	Centiares
Commune d					
			TOTAL.....		

Je m'oblige à payer, par année, une redevance à raison de
                                        par litre souscrit,
soit de   en totalité,
déclarant affecter spécialement au paiement de la dite redevance
les immeubles ou parties d'immeubles désignés dans le tableau ci-
dessus.

Le concessionnaire fera les avances des frais de timbre et d'enregistrement qui sont à ma charge. Je les lui rembourserai en cinq
paiements égaux, dans les cinq premières années qui suivront
l'arrivée de l'eau sur ma propriété.

Le présent engagement n'est valable qu'autant que l'eau sera
mise à ma disposition dans un délai de (six) ans à partir de ce
jour.

Fait double, à   , le
                                        (*Signature.*)

M   , ayant déclaré ne savoir signer, a accepté
le présent engagement en présence de M   ,
maire de la commune de   , délégué à cet effet.

A   , le
                        Le Maire,

DÉPARTEMENT
d ———————

CANAL D ———————

NOM DU SOUSCRIPTEUR :

MODULES SOUSCRITS :
———————

MONTANT
DE LA REDEVANCE :
———————

NUMÉRO D'ORDRE :
———————

N° 2

ENGAGEMENT

AUX EAUX CONTINUES POUR LES USAG[ES]

DOMESTIQUES ET D'AGRÉMENT

pour   durée de [1]

———————

[1] Pour une durée de
      ou pour toute la
durée de la concession.

Je, soussigné,

propriétaire, domicilié à

après avoir pris connaissance des clauses et conditions spécial[es] annexées au présent acte, déclare les accepter, m'y soumettre [en] ce qui me concerne, et souscrire pour   durée de [1] , à   par second[e] à dériver du canal d   pour être employés aux usages dome[s-] tiques et d'agrément dans que je possède, commune d sous le n°   , section   de la matrice cadastrale.

Je m'oblige à payer par année une redevance de   et à affecter au paiement de la di[te] redevance l'immeuble désigné ci-dessus.

Le concessionnaire fera les avances des frais de timbre [et] d'enregistrement qui sont à ma charge.

Je les lui rembourserai en cinq paiements égaux, dans le[s] cinq premières années qui suivront l'arrivée de l'eau sur ma pro- priété.

Le présent engagement n'est valable qu'autant que l'eau ser[a] mise à ma disposition dans un délai de (six) ans à partir d[e] ce jour.

Fait double à   , le

(Signature.)

M   , ayant déclaré ne savoir signer, accepté le présent engagement en présence de M maire de la commune d   , délégué à cet effe[t]

A   , le

Le Maire,

DÉPARTEMENT

d ——————

CANAL D ——————

NOM DU SOUSCRIPTEUR :
——————

HECTARES SOUSCRITS :
——————

MONTANT
DE LA REDEVANCE :
——————

NUMÉRO D'ORDRE :
——————

[1] Pour une durée de
ou pour toute la
durée de la concession.

N° 3

ENGAGEMENT

A LA SUBMERSION DES VIGNES

pour   durée de [1]

——————

Je, soussigné,

propriétaire, domicilié à

après avoir pris connaissance des clauses et conditions spéciales annexées au présent acte, déclare les accepter, m'y soumettre en ce qui me concerne, et souscrire pour   durée de [1] à la submersion hivernale, au moyen des eaux du canal, des parcelles cultivées en vignes désignées au tableau ci-après :

INDICATION DES COMMUNES et désignation des parcelles engagées	DÉSIGNATION CADASTRALE		CONTENANCES		
	Section	Numéro	Hectares	Ares	Centiares
Commune d					
TOTAL..........					

Je m'oblige à payer par année : 1° une redevance à raison de
par hectare souscrit,
soit de   en totalité pour la
submersion au moyen d'un volume total d'eau n'excédant pas
15.000 mètres cubes par hectare ; 2° une taxe supplémentaire de
par 1.000 mètres cubes qui
devraient être fournis en sus de ces 15.000 mètres cubes par hectare, pour maintenir la submersion pendant la durée réglementaire ; sans toutefois que le prix total puisse excéder 100 francs
par hectare ; soit en totalité

Je déclare affecter spécialement au paiement de ladite redevance
les immeubles ou parties d'immeubles désignés dans le tableau
ci-dessus.

Le concessionnaire fera les avances des frais de timbre et d'enregistrement qui sont à ma charge. Je les lui rembourserai en cinq
paiements égaux dans les cinq premières années qui suivront
l'arrivée de l'eau sur ma propriété.

Le présent engagement n'est valable qu'autant que l'eau sera
mise à ma disposition dans un délai de (six) ans à partir de ce jour.

Fait double à   , le
(Signature.)

M   , ayant déclaré ne savoir signer, a accepté
le présent engagement en présence de M
maire de la commune d   , délégué
à cet effet.

A   . le
Le Maire,

CLAUSES ET CONDITIONS SPÉCIALES

Article premier. — Le concessionnaire est tenu d'exécuter et d'entretenir à ses frais, risques et périls, tous les travaux destinés à amener et à livrer les eaux à chaque propriétaire, en tête du domaine à desservir, y compris la vanne de prise d'eau spéciale à chaque propriété faisant l'objet d'un engagement distinct et composée de parcelles contiguës et non séparées par un chemin public.

Cette prise d'eau doit être établie au point le plus favorable pour desservir l'ensemble de la propriété.

Lorsque l'Administration a reconnu qu'une propriété ne peut être convenablement desservie que par plusieurs prises d'eau, le propriétaire peut souscrire autant d'engagements qu'il est nécessaire d'établir de prises d'eau.

En cas de morcellement postérieur à l'engagement, le concessionnaire est tenu, si les nouveaux propriétaires le requièrent, d'établir une prise d'eau spéciale pour chacun d'eux, mais il n'en supporte pas la dépense.

Sont à la charge exclusive des usagers, et sous leur responsabilité, les prises d'eau autres que la première prise établie par le concessionnaire, les rigoles, canaux de versure et de colature et tous autres travaux de distribution intérieure n'intéressant que leur propriété.

Art. 2. — Les propriétaires qui ont souscrit aux eaux périodiques pour l'irrigation, avant le décret ou la loi de concession, paient une redevance annuelle de (60) francs par litre souscrit.

Ce prix est diminué de 5 0/0 si l'engagement est contracté pour une durée d'au moins vingt années, et de 10 0/0 s'il est contracté pour toute la durée de la concession.

Les souscriptions à l'arrosage ne peuvent être inférieures à 1 décilitre, sauf aux propriétaires qui n'auraient pas besoin d'un volume d'eau aussi grand à se réunir pour souscrire en commun le minimum de 1 décilitre à recevoir par une même prise d'eau.

Art. 3. — Les eaux périodiques pour l'irrigation ne peuvent être utilisées qu'au profit de tout ou partie des fonds affectés à la garantie du paiement de la redevance.

Cette affectation peut d'ailleurs être restreinte à toute époque au gré du souscripteur, mais sans que la contenance des fonds de garantie soit jamais réduite au-dessous d'un minimum de 1 hectare par litre souscrit.

Art. 4. — Les propriétaires qui ont souscrit avant la loi ou le décret de concession aux eaux continues pour potagers, jardins, jets d'eau, usages domestiques et d'agrément, paient une redevance fixée par module et fraction de module de 1 décilitre par seconde, conformément au tableau suivant :

QUANTITÉ D'EAU		REDEVANCES ANNUELLES
EN MODULE D'UN DÉCILITRE par seconde	EN LITRES par vingt-quatre heures	en francs
1.00	8.640	80
0.90	7.776	75
0.80	6.912	70
0.70	6.048	65
0.60	5.184	60
0.50	4.320	55
0.40	3.456	50
0.30	2.592	45
0.20	1.728	40
0.10	864	35
0.05	432	20

La redevance pour chaque module ou fraction de module en sus du premier module est calculée en prenant pour base le prix de (60) francs par module.

Ces prix sont diminués de 5 0/0 si l'engagement est contracté pour une durée d'au moins vingt années, et de 10 0/0 s'il l'est pour toute la durée de la concession.

Art. 5. — Les propriétaires qui ont souscrit à la submersion hivernale des vignes avant le décret ou la loi de concession paient une redevance annuelle de (60) francs par hectare souscrit, si le volume d'eau nécessaire pour maintenir la submersion pendant la durée réglementaire n'excède pas 15.000 mètres cubes par hectare.

Dans le cas où le volume d'eau nécessaire excéderait ce chiffre, la taxe serait augmentée de (4) francs par 1.000 mètres cubes d'eau fournis en sus, sans pouvoir excéder (100) francs par hectare.

Le concessionnaire n'est jamais tenu de fournir plus de 25.000 mètres cubes d'eau par hectare. Dans le cas où ce volume serait reconnu insuffisant pour submerger les terrains engagés pendant la durée réglementaire, le souscripteur aurait la faculté de résilier son engagement.

Les prix ci-dessus sont diminués de 5 0/0 si l'engagement est contracté pour une durée d'au moins dix années.

Art. 6. — Les prix inscrits aux articles 2, 4 et 5 ci-dessus pourront être augmentés par l'acte de concession pour les souscriptions qui ne seront pas signées avant la concession.

Art. 7. — Les engagements à l'usage de l'eau commencent à courir à partir de l'époque où l'eau est livrée en tête de la propriété à desservir.

Ils sont contractés pour une durée de cinq années au moins pour la submersion et de dix années au moins pour les autres usages.

Art. 8. — Le concessionnaire et les souscripteurs sont tenus de se conformer à toutes les dispositions relatives à l'usage des eaux, contenues dans l'acte de concession et dans les règlements administratifs.

Art. 9. — En cas d'insuffisance temporaire des eaux, les quantités attribuées aux souscripteurs à l'irrigation ou à la submersion sont réduites, en proportion de la diminution du volume.

Art. 10. — La suspension du service ou l'insuffisance des eaux ne donnent lieu au profit des usagers à aucune indemnité. Ils ont seulement droit au dégrèvement total ou partiel de la redevance dans les conditions ci-après :

Si la suspension ou l'insuffisance provient soit de la mise en chômage du canal pour travaux de curage et d'entretien aux époques fixées par l'Administration, soit de circonstances auxquelles l'Administration reconnaîtrait le caractère de force majeure, elle ne donne lieu à aucun dégrèvement : 1° pour les souscripteurs à la submersion, lorsqu'elle n'a pas empêché que leurs vignes puissent être submergées dans la période réglementaire, pendant une durée d'au moins quarante jours ; 2° pour les autres usagers, lorsque sa durée n'excède pas trente jours.

Dans tout autre cas il y a lieu à dégrèvement d'une fraction de la redevance proportionnelle à la diminution de jouissance. Ce dégrèvement est calculé pour les irrigations, en regardant le tarif annuel comme s'appliquant à six mois d'arrosage, et, pour la submersion des vignes, en le considérant comme s'appliquant à cinquante jours de submersion.

Il y a lieu à dégrèvement total lorsque la suspension des arrosages dure plus de trois mois ou que la durée de submersion descend au-dessous de trente-cinq jours.

Art. 11. — Les droits et obligations résultant des engagements relatifs à l'usage des eaux sont attachés aux fonds spécialement affectés par chaque souscripteur à la garantie de son engagement, et suivent ces fonds, en quelques mains qu'ils viennent à passer.

En cas de morcellement, les souscriptions se fractionnent proportionnellement à la surface de chaque parcelle, sauf application de l'article 3 ci-dessus.

Art. 12. — Les redevances pour les eaux périodiques ou continues sont exigibles dans les trois derniers mois de l'année.

Les rôles sont rendus exécutoires par le préfet, et le recouvrement a lieu comme en matière de contribution foncière et avec les mêmes garanties.

Art. 13. — Les frais de timbre et d'enregistrement sont à la charge des souscripteurs.

Nous croyons utile, avant de terminer, de résumer, à titre
d'exemples, deux projets relatifs, l'un à la rectification d'un cana
existant, l'autre à la construction d'une branche d'un canal. C'es
l'objet des deux annexes F et G ci-après.

ANNEXE F

PROJET DE RECTIFICATION DU CANAL D'IRRIGATION
DE LA ROCHE (Isère)

(Pl. XVII. et *fig*. 436 à 459)

RAPPORT

Objet du projet. — Le projet de rectification de la branche principale du canal d'irrigation de la Roche, dérivé du torrent de la
Bonne, consiste à reporter la prise d'eau à 850 mètres en aval de
son emplacement primitif. Grâce aux améliorations apportées dans
le tracé de cette rectification, on a pu, tout en diminuant ainsi la
longueur de la tête morte, rejoindre l'ancien tracé en deçà du
point où commence le périmètre arrosable, compris entre le coteau
sur le flanc duquel est bâti le village de la Roche et le torrent.

Tracé et profil en long. — Le canal de la Roche, d'origine fort
ancienne, était établi antérieurement, sur les 400 premiers mètres
de son parcours, sur les flancs des berges de la Bonne. A la suite
d'une crue, le torrent, s'étant jeté sur sa rive gauche, corroda profondément ses rives, et depuis lors, à chaque crue nouvelle, il
emporta un tronçon du canal. En plusieurs points, on dut assurer
le passage de l'eau au moyen de chevalets en planches dont l'entretien était très onéreux. En même temps, la berge abrupte au
pied de laquelle avaient été disposés les ouvrages de prise disparut
pour faire place à une vaste plage de graviers dans laquelle il
était nécessaire de faire, après chaque crue, des travaux considérables
pour introduire l'eau dans le canal.

Pour remédier à ces inconvénients, on résolut de rectifier toute
la partie du canal à l'amont de l'origine de la plaine arrosée. On
a pu en réduire notablement la longueur en substituant à la pente
très irrégulière de l'ancien tracé une pente continue, de manière à
aboutir, comme nous l'avons dit, au point le plus élevé de la plaine
arrosable. On avait d'abord cherché à utiliser pour le nouveau
tracé le canal des Moulins d'Entraigues (*fig*. 436); on a dû y renoncer, attendu que ce dernier, qui est en très mauvais état, aurait dû être
refait entièrement, et qu'en outre, sur la plus grande partie de sa

Fᴵɢ. 436. — Projet de rectification du canal d'irrigation de la Roche. — Plan général.

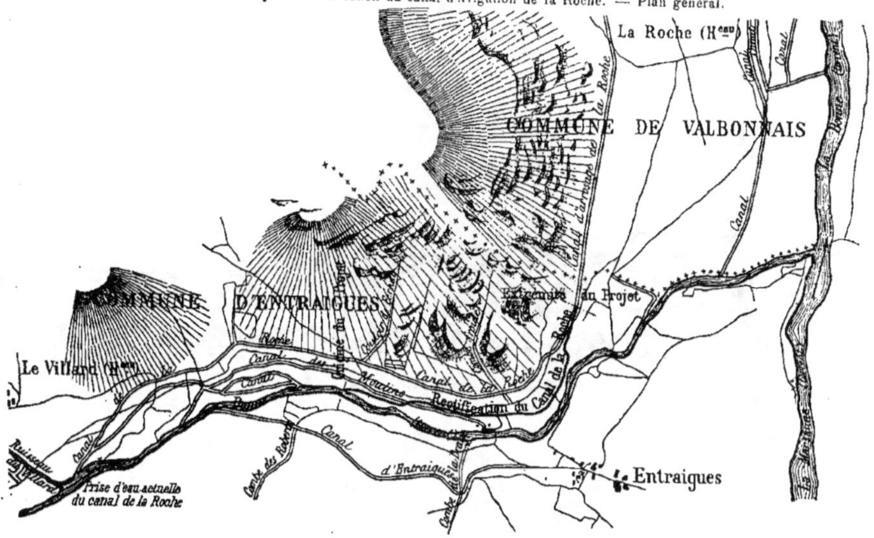

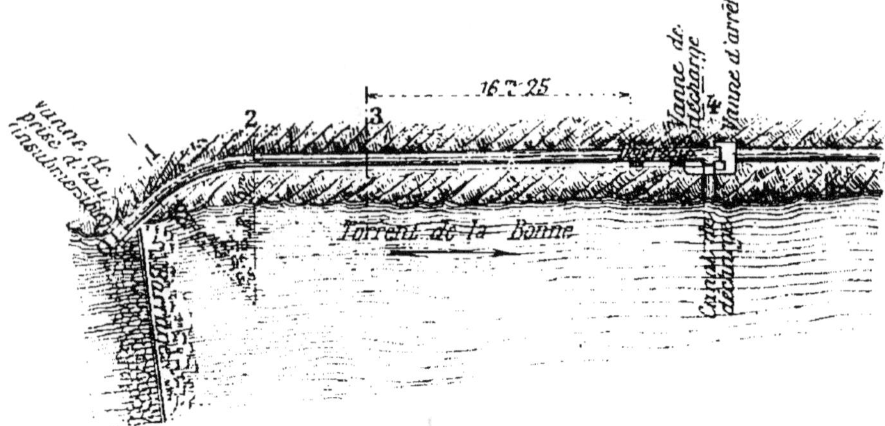

Fig. 437. — Plan de la prise.

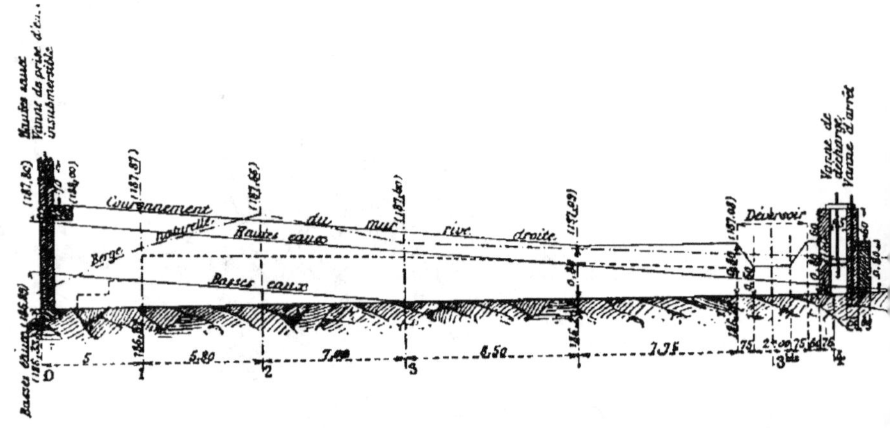

Fig. 438. — Coupe longitudinale.

Fig. 439. — Coupe transversale suivant la vanne d'arrêt.

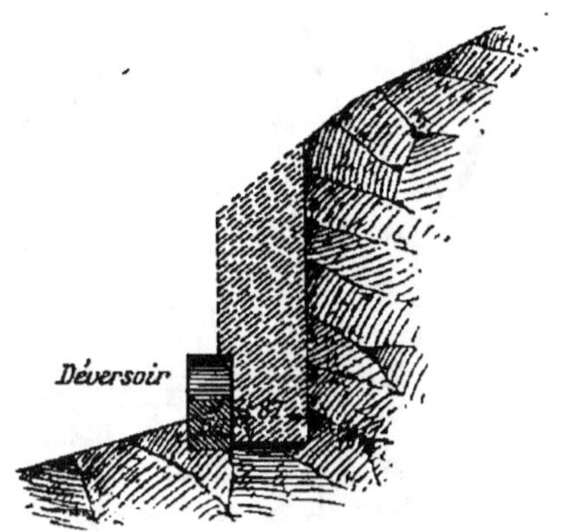

Fig. 441. — Profil 1.

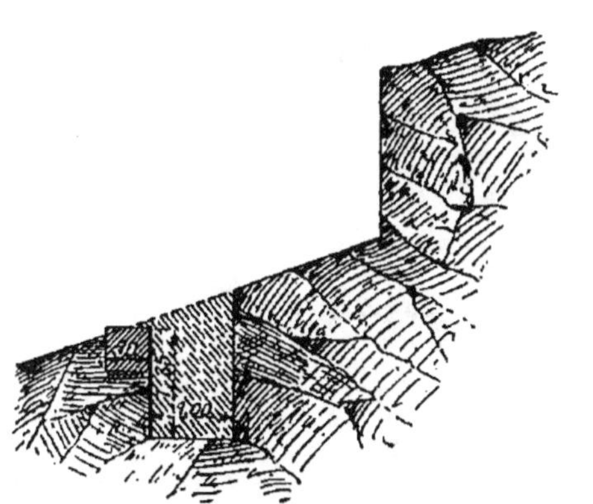

Fig. 442. — Profil 2.

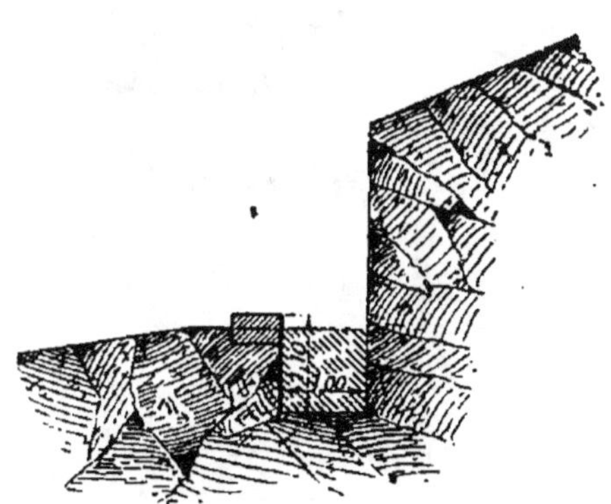

Fig. 443. — Profil 3.

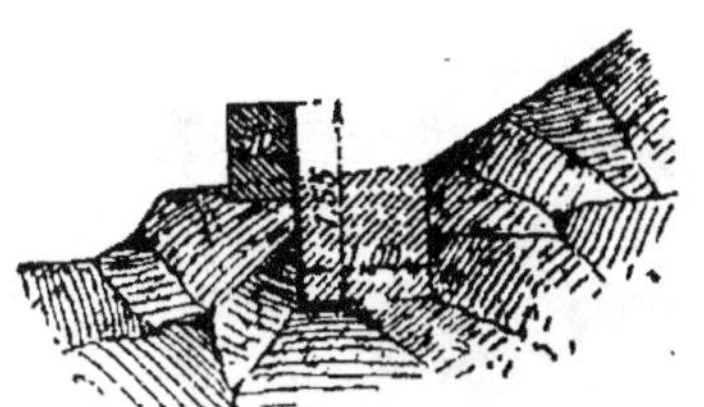

Fig. 444. — Profil 3 *bis*.

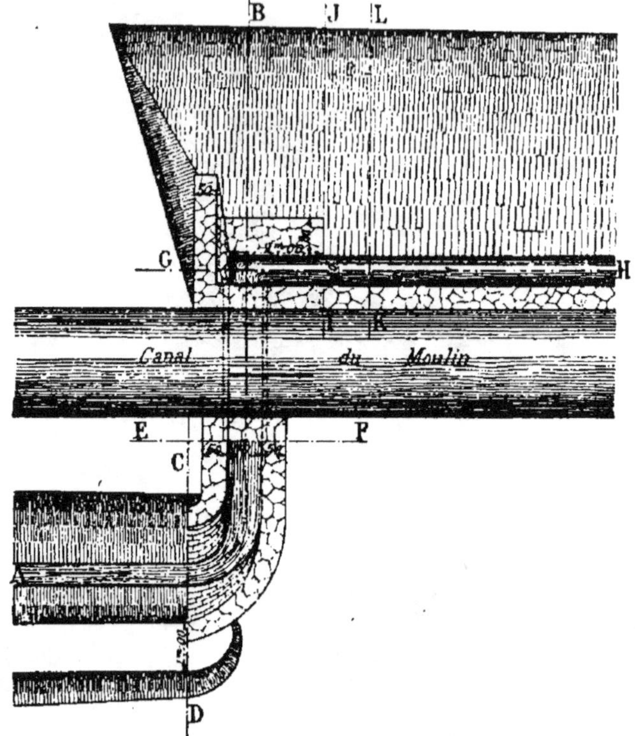

Fig. 445. — Plan de la traversée du canal du Moulin.

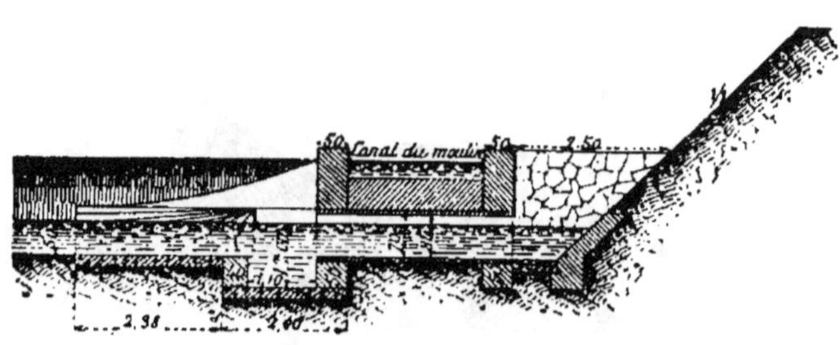

Fig. 446. — Coupe suivant AB.

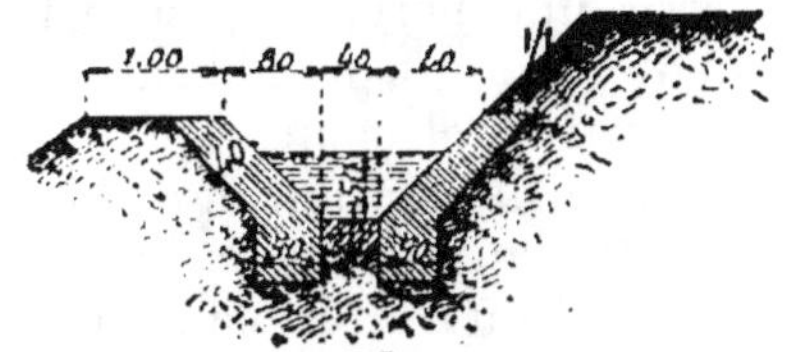

Fig. 447. — Coupe suivant CD.

Fig. 448. — Coupe suivant EF.

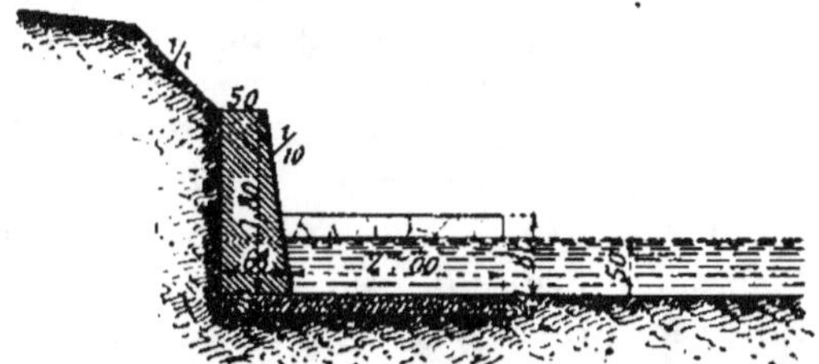

Fig. 449. — Coupe suivant GH.

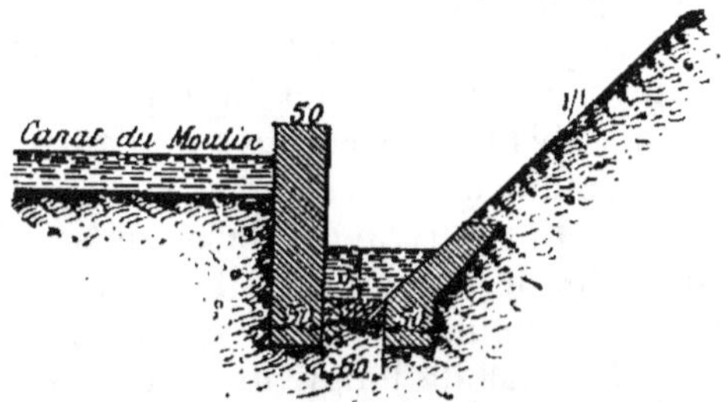

Fig. 450. — Coupe suivant IJ.

Fig. 451. — Coupe suivant KL.

longueur, il traverse une berge argileuse très humide, constamment en mouvement ; enfin sa prise d'eau est établie sur une vaste plage où la Bonne divague et change de lit après chaque crue, en sorte que, pour ramener le courant dans la dérivation, il eût fallu exécuter de coûteux travaux en lit de rivière.

Au contraire, au point où est placée l'origine du canal d'amenée, la berge est stable, et le courant toujours fixé. L'ouvrage de prise est appuyé contre un éperon rocheux sur lequel vient battre le courant. Aucune divagation n'est à craindre, et il n'y aura jamais de travaux à faire pour assurer l'entrée de l'eau dans le canal.

De la diminution de longueur du tracé résulte naturellement une réduction dans la pente ; mais celle-ci est encore de $0^m,002$ par mètre, et supérieure à celle des autres canaux d'irrigation de la région.

Profils en travers. — Les profils en travers types ont été calculés de manière à débiter un volume de 200 litres par seconde. Ce débit est plus que suffisant pour les besoins actuels et permettra, dans l'avenir, l'extension du périmètre arrosable.

L'épaisseur de la lame d'eau est de $0^m,50$; la berge présente une revanche de $0^m,30$; la largeur au plafond est de $0^m,45$. Les talus de rocher sont verticaux, ce qui n'offre aucun inconvénient pour des tranchées peu profondes ouvertes dans un rocher granitique très dur. Entre les profils 4 à 10, il aurait été impossible de creuser une cunette dans le rocher ; on s'est contenté de ménager une plate-forme horizontale sur laquelle on a construit un mur de cuvette de $0^m,50$ d'épaisseur.

Tout le long du canal règne un marchepied de 1 mètre de largeur, sauf dans les parties où est établi un mur de cuvette ; en ces points la circulation des agents chargés de l'entretien du canal se fait sur le couronnement du mur.

Ouvrages d'art. — Les ouvrages de prise se composent d'une vanne insubmersible, de 1 mètre de largeur, placée à $39^m,80$ en amont des ouvrages régulateurs. Ceux-ci comprennent un déversoir de superficie de $3^m,50$ de longueur et une vanne de décharge de $0^m,85$ de largeur. Une vanne d'arrêt accolée à cette dernière empêche l'introduction des graviers dans le canal en temps de crue.

Les autres ouvrages d'art comprennent quatre buses avec puisard à la rencontre des canaux d'amenée et de fuite du moulin d'Entraigues et des deux chemins. Le canal passe normalement sous ces canaux et chemins au moyen de buses en béton de ciment de $0^m,70$ de diamètre intérieur, dimension qui permet de curer facilement ces ouvrages ; avec une lame d'eau de $0^m,50$ de hauteur, le débit est de 200 litres par seconde. Quant aux puisards, ils ont $1^m,10$ de largeur ; ils sont formés d'un mur de maçonnerie de $0^m,40$ reposant sur un radier en béton de $0^m,20$ d'épaisseur.

CALCULS JUSTIFICATIFS DES PROFILS-TYPES

DU CANAL DE LA ROCHE

TYPE N° 1 (ROCHER) (*fig.* 452)

$$S = 1,00 \times 0,50 \qquad = 0,50 \ \text{m}^2$$
$$P = 1,00 + (2.0,50) \qquad = 2,00$$
$$R = \frac{0,500}{2,00} \qquad = 0,25$$
$$I = \qquad = 0,0012$$
$$RI = 0,25 \times 0,0012 \qquad = 0,0003$$
$$\frac{RI}{V^2} = \qquad = 0,001680$$
$$V^2 = \frac{0,000300}{0,001680} \qquad = 0,1786$$
$$V = \sqrt{0,1786} \qquad = 0,423$$
$$Q = 0,50.0,423 \qquad = 0,211 \ \text{m}^3$$

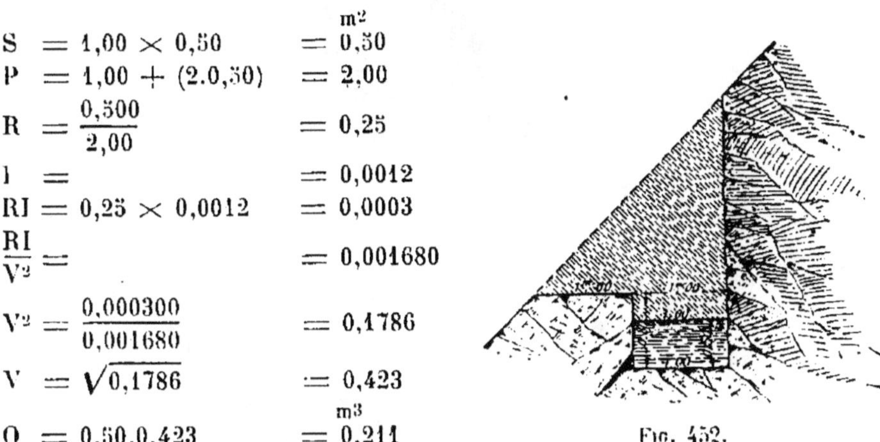

Fig. 452.

TYPE N° 2 (MUR ET ROCHER) (*fig.* 453)

Rocher		*Mur* (peu uni)	
$S = 0,85 \times 0,50$	$= 0,425 \ \text{m}^2$	$S = 0,85 \times 0,50$	$= 0,425 \ \text{m}^2$
$P = 0,85 + (2.0,50)$	$= 1,85 \ \text{m}$	$P = 0,85 + (2.0,50)$	$= 1,85 \ \text{m}$
$R = \dfrac{0,425}{1,85}$	$= 0,23$	$R = \dfrac{0,425}{1,85}$	$= 0,23$
$I =$	$= 0,0012$	$I =$	$= 0,0012$
$RI = 0,23 \times 0,0012$	$= 0,000276$	$RI = 0,23 \times 0,0012$	$= 0,000276$
$\dfrac{RI}{V^2} =$	$= 0,001802$	$\dfrac{RI}{V^2} =$	$= 0,000501$
$V^2 = \dfrac{0,000276}{0,001802}$	$= 0,15316$	$V^2 = \dfrac{0,000276}{0,000501}$	$= 0,5509$
$V = \sqrt{0,15316}$	$= 0,391$	$V = \sqrt{0,5509}$	$= 0,742$
$Q = 0,425 \times 0,391$	$= 0,166 \ \text{m}^3$	$Q = 0,425 \times 0,742$	$= 0,315 \ \text{m}^3$

$$\text{Débit} \ \frac{(0,315 \times 0,50) + (0,166 \times 1,35)}{1,85} = 206 \ \text{litres.}$$

Fig. 453.

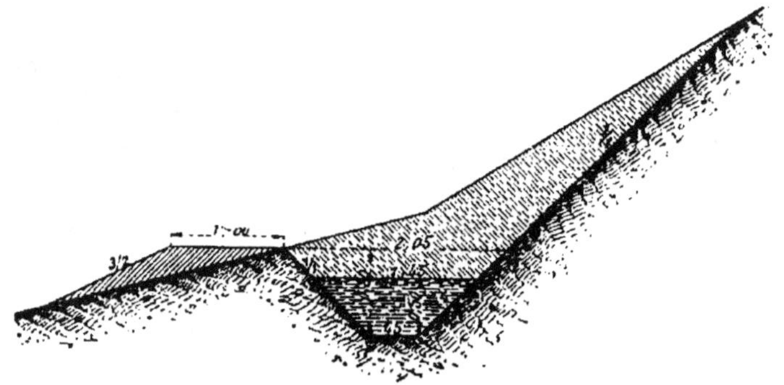

Fig. 454.

TYPE N° 3 (TERRE)

$$S = \left(\frac{0,45 + 1,45}{2}\right).0,50 \qquad = 0,475 \ \text{m}^2$$

$$P = 0,45 + \left(2.0,50\sqrt{2}\right) \qquad = 1,864 \ \text{m}$$

$$R = \frac{0,475}{1,864} \qquad = 0,2548$$

$$I = \qquad = 0,0012$$

$$RI = 0,2548 \times 0,0012 \qquad = 0,0003058$$

$$\frac{RI}{V^2} = \qquad = 0,001654$$

$$V^2 = \frac{0,0003058}{0,001634} \qquad = 0,1849$$

$$V = \sqrt{0,1849} \qquad = 0,43$$

$$Q = 0,475 \times 0,43 \qquad = 0,204 \ \text{m}^3$$

FIG. 455.

TYPE N° 4 (MUR ET TERRE) (*fig*. 455)

Terre | *Mur* (peu uni)

$$S = \left(\frac{0,60 + 1,10}{2}\right) 0,50 = 0,425 \ \text{m}^2 \qquad\qquad S = \left(\frac{0,60 + 1,10}{2}\right).0,50 = 0,425 \ \text{m}^2$$

$$P = 0,60 + 0,50 + (0,50\sqrt{2}) = 1,81 \ \text{m} \qquad\qquad P = 0,60 + 0,50 + (0,50\sqrt{2}) = 1,81 \ \text{m}$$

$$R = \frac{0,425}{1,81} = 0,2348 \qquad\qquad R = \frac{0,425}{1,81} = 0,2348$$

$$I = {} = 0,0012 \qquad\qquad I = {} = 0,0012$$

$$RI = 0,2348 \times 0,0012 = 0,000282 \qquad\qquad RI = 0,2348 \times 0,0012 = 0,000282$$

$$\frac{RI}{V^2} = {} = 0,001771 \qquad\qquad \frac{RI}{V^2} = {} = 0,000496$$

$$V^2 = \frac{0,000282}{0,001771} = 0,1592 \qquad\qquad V^2 = \frac{0,000282}{0,000496} = 0,5685$$

$$V = \sqrt{0,1592} = 0,399 \qquad\qquad V = \sqrt{0,5685} = 0,754$$

$$Q = 0,425 \times 0,399 = 0,169 \ \text{m}^3 \qquad\qquad Q = 0,425 \times 0,754 = 0,320 \ \text{m}^3$$

$$\text{Débit} = \frac{(0,169 \times 1,31) + (0,50 \times 0,320)}{1,81} = 210 \ \text{litres.}$$

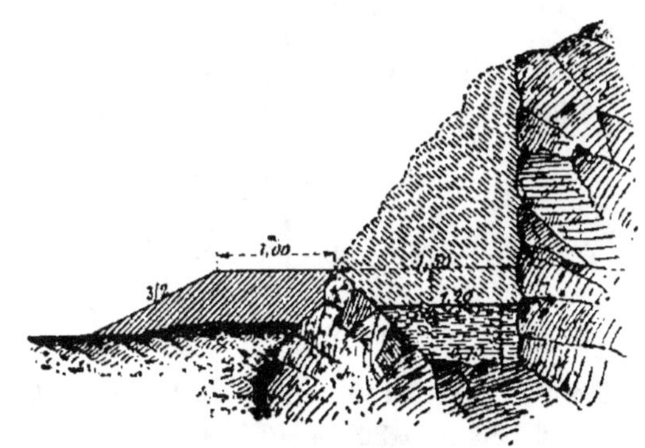

FIG. 456.

TYPE N° 5 (ROCHER) (*fig.* 456)

$$S = \left(\frac{0,70 + 1,20}{2}\right) 0,50 \qquad\qquad = 0,475 \text{ m}^2$$

$$P = 0,70 + 0,50 + 0,50\,\sqrt{2} \qquad = 1,91 \text{ m}$$

$$R = \frac{0,475}{1,91} \qquad\qquad\qquad = 0,2487$$

$$I = \qquad\qquad\qquad\qquad\qquad = 0,0012$$

$$RI = 0,2487 \times 0,0012 \qquad\quad = 0,000298$$

$$\frac{RI}{V^2} = \qquad\qquad\qquad\qquad = 0,001688$$

$$V^2 = \frac{0,000298}{0,001688} \qquad\qquad = 0,1765$$

$$V = \sqrt{0,1765} \qquad\qquad\quad = 0,42$$

$$Q = 0,475 \times 0,42 \qquad\qquad = 0,1995 \text{ m}^3$$

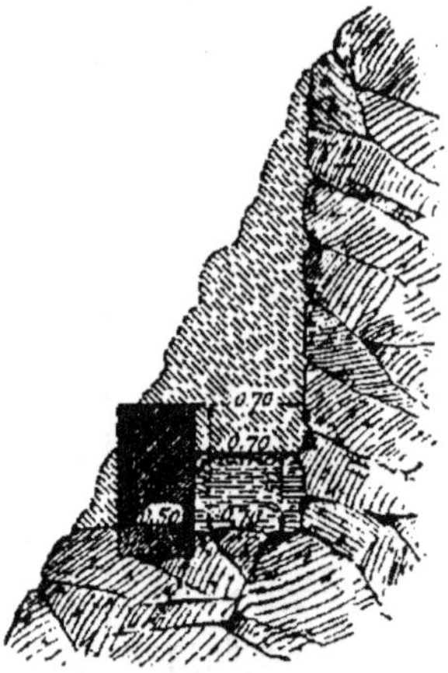

Fig. 457.

TYPE N° 6 (MUR ET ROCHER) (*fig.* 457)

Rocher

$$S = 0,70 \times 0,50 \qquad\qquad = 0,350 \text{ m}^2$$
$$P = 0,70 \times 2 \times 0,50 = 1,70 \text{ m}$$
$$R = \frac{0,350}{1,70} \qquad\qquad\quad = 0,2059$$
$$I = \qquad\qquad\qquad\qquad = 0,002$$
$$RI = 0,2059 \times 0,002 \quad = 0,000412$$
$$\frac{RI}{V^2} = \qquad\qquad\qquad = 0,001981$$
$$V^2 = \frac{0,000412}{0,001981} \qquad = 0,2079$$
$$V = \sqrt{0,2079} \qquad\quad = 0,456$$
$$Q = 0,350 \times 0,456 \quad = 0,159 \text{ m}^3$$

Mur

$$S = 0,70 \times 0,50 \qquad\qquad = 0,350 \text{ m}^2$$
$$P = 0,70 + 2 \times 050 = 1,70 \text{ m}$$
$$R = \frac{0,350}{1,70} \qquad\qquad\quad = 0,2059$$
$$I = \qquad\qquad\qquad\qquad = 0,002$$
$$RI = 0,2059 \times 0,002 \quad = 0,0004$$
$$\frac{RI}{V^2} = \qquad\qquad\qquad = 0,0005$$
$$V^2 = \frac{0,000412}{0,000532} \qquad = 0,7741$$
$$V = \sqrt{0,7741} \qquad\quad = 0,88$$
$$Q = 0,350 \times 0,88 \quad = 0,308 \text{ m}^3$$

$$\text{Débit} = \frac{(0,159 \times 1,20) + (0,308 \times 0,50)}{1,70} = 203 \text{ litres.}$$

TYPE N° 7 (TERRE) (*fig. 458*)

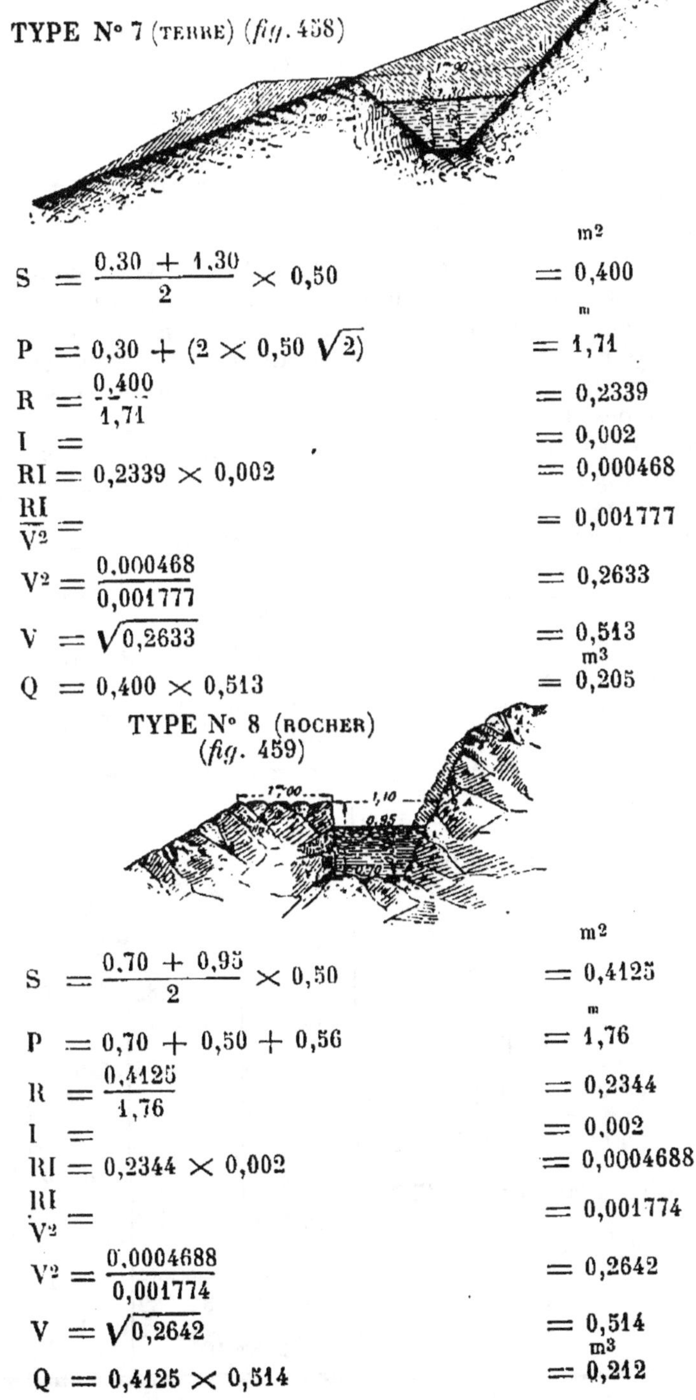

$$S = \frac{0.30 + 1.30}{2} \times 0.50 \qquad = 0.400 \;\text{m}^2$$

$$P = 0.30 + (2 \times 0.50 \sqrt{2}) \qquad = 1.71 \;\text{m}$$

$$R = \frac{0.400}{1.71} \qquad = 0.2339$$

$$I = \qquad = 0.002$$

$$RI = 0.2339 \times 0.002 \qquad = 0.000468$$

$$\frac{RI}{V^2} = \qquad = 0.001777$$

$$V^2 = \frac{0.000468}{0.001777} \qquad = 0.2633$$

$$V = \sqrt{0.2633} \qquad = 0.513$$

$$Q = 0.400 \times 0.513 \qquad = 0.205 \;\text{m}^3$$

TYPE N° 8 (ROCHER)
(*fig. 459*)

$$S = \frac{0.70 + 0.95}{2} \times 0.50 \qquad = 0.4125 \;\text{m}^2$$

$$P = 0.70 + 0.50 + 0.56 \qquad = 1.76 \;\text{m}$$

$$R = \frac{0.4125}{1.76} \qquad = 0.2344$$

$$I = \qquad = 0.002$$

$$RI = 0.2344 \times 0.002 \qquad = 0.0004688$$

$$\frac{RI}{V^2} = \qquad = 0.001774$$

$$V^2 = \frac{0.0004688}{0.001774} \qquad = 0.2642$$

$$V = \sqrt{0.2642} \qquad = 0.514$$

$$Q = 0.4125 \times 0.514 \qquad = 0.212 \;\text{m}^3$$

DEVIS ET CAHIER DES CHARGES (EXTRAITS)

CHAPITRE I

DESCRIPTION DES TRAVAUX

ARTICLE PREMIER. — *Objet du devis.* — Le présent devis a pour objet l'exécution d'une rectification du canal principal de la Roche, sur une longueur de 968ᵐ,10.

ART. 2. — *Travaux à exécuter.* — Les travaux compris dans l'entreprise sont les suivants : 1° tous les terrassements, déblais ou remblais nécessaires soit à la construction du canal principal, soit au rétablissement des chemins interceptés ; 2° la construction des ouvrages tels que prise d'eau, cuvettes maçonnées, aqueducs cylindriques et murs de soutènement.

ART. 3. — *Tracé du canal.* — L'axe du canal présentera en plan les alignements et les courbes de raccordement indiqués au tableau ci-après :

INDICATION DES ALIGNEMENTS et de LEURS REPÈRES	LONGUEUR des alignements non compris les courbes de raccordement	LONGUEUR des courbes	ANGLES des alignements	RAYONS des courbes
Profil 0..............	4ᵐ »			
1 mètre en amont du profil 1.		6ᵐ,80	136°50'	9ᵐ »
Profil 2................	28 ,10			
Profil 4................		11,85	167°40'	55 »
2ᵐ,20 en aval du profil 46....		7,25	136°50'	9 ,65
0 ,75 en amont du profil 47..	5 ,65			
4 ,90 en aval du profil 47....		8 »	148°35'	14 ,10
10 ,70 en aval du profil 47....	35 »			
Profil 49 *bis*............				
TOTAUX........	582, 28	383, 82		
	968ᵐ,10			

Art. 4. — *Profil en long du canal principal.* — Le profil en long du canal principal suivra les pentes qui sont indiquées ci-dessous

Du profil 0 au profil 36, sur une longueur de 669^m,55, une pente de 0^m,004889 par mètre ;

Du profil 36 au profil 49 *bis*, sur une longueur de 298^m,55, une pente de 0^m,002 par mètre.

Art. 5. — *Profils en travers du canal principal.* — Le canal principal présentera les diverses sections indiquées dans le tableau ci-dessous :

DÉSIGNATION des profils	NUMÉRO du profil-type	LONGUEUR applicable	LARGEUR au plafond	LARGEUR en gueule	LARGEUR de la banquette	INCLINAISON des talus	HAUTEUR	OBSERVATIONS
1 à 3	P.I	28 35	1.00	1,00	1,00	0°	0.80	Rocher.
4 à 10	P.II	116,05	0,85	0,85	0,50	0°	0,80	Mur de cuvette à droite, rocher à gauche.
11 à 12	P.III	48.19	0,45	2,05	1,00	45°	0.80	Terre.
13 à 19	P.IV	139.30	0.60	1,40	0,50	0° et 45°	0.80	Mur de cuvette à droite, terre à gauche.
20 à 24	P.III	94.90	0,45	2,05	1,00	45°	0.80	Terre.
25	P.V	20,92	0,70	1,50	1,00	45° et 0°	0,80	Terre à droite, rocher à gauche.
26 à 31	P.III	136,41	0,45	2,05	1,00	45°	0,80	Terre.
32	P.I	19,50	1,00	1,00	1,00	0°	0,80	Rocher.
33 à 35	P.III	47,85	0,45	2,05	1,00	45°	0.80	Terre.
36	P.I	15,15	1,00	1,00	1,00	0°	0.80	Rocher.
37 à 44	P.VI	215,65	0,70	0,70	0,50	0°	0.80	Mur de cuvette à droite, rocher à gauche.
44 à 47	P.VII	38,80	0,30	1,90	1,00	45°	0.80	Terre.
48 à 49 *bis*	P.VIII	39,60	0,70	1,10	1,00	0° et 1/2°	0.80	Rocher.

Art. 6. — *Ouvrages d'art.* — Les ouvrages d'art seront établis conformément aux dessins d'exécution qui seront remis à l'entrepreneur ; ils comprendront :

1° Au profil 1, une vanne de prise de 1 mètre de largeur libre et 1^m,67 de hauteur comprise entre deux bajoyers en maçonnerie ayant 2^m,37 de hauteur et une section carrée de 0^m,60 de côté ;

2° A 38^m,15 en aval de la précédente, une vanne d'arrêt de 0^m,85 de largeur libre et de 0^m,60 de hauteur, dont les piédroits n'auront que 1^m,40 de hauteur ;

3° Immédiatement en amont de la précédente, une vanne de décharge de 0^m,85 de largeur et 0^m,50 de hauteur ;

4° En amont de la vanne de décharge, un déversoir de superficie arasé sur 2 mètres de longueur à 0^m,50 au-dessus du plafond du canal ; ses deux extrémités seront raccordées avec le niveau de la banquette par deux plans inclinés de 0^m,75 de longueur

5° A 12 mètres en aval du profil 11, un aqueduc cylindrique en béton de ciment de 0^m,70 de diamètre et de 4 mètres de longueur sous le canal de décharge du Moulin ; il sera soutenu par un mur de soutènement de 3^m,00 de hauteur et de 0^m,60 d'épaisseur moyenne ; la base de ce mur sera consolidée par un mur de garde de 1^m,00 de largeur et 0^m,50 d'épaisseur. Les têtes de l'aqueduc seront raccordées avec les talus par des perrés guide-eau à surfaces gauches de 1^m,50 de longueur ;

6° Au profil 13, un aqueduc cylindrique en béton de ciment de 0^m,70 de diamètre et de 3^m,20 de longueur sous le canal du Moulin, la longueur des murs de soutènement et des perrés de guide-eau nécessaires pour raccorder les têtes sera indiquée sur les dessins d'exécution ; un puisard sera aménagé à la tête amont, il aura 1^m,10 de longueur et 0^m,50 de profondeur ;

7° A 7^m,65 en aval du profil 24, un aqueduc cylindrique en béton de ciment de 0^m,70 de diamètre et 5^m,00 de longueur sous le chemin d'Entraigues au Villard ; les têtes seront raccordées avec les talus par des perrés de guide-eau ; un puisard sera aménagé à la tête amont ; il aura 1^m,53 de longueur et 0^m,50 de profondeur ;

8° A 2^m,50 à l'aval du profil 47, un aqueduc semblable au précédent sous le chemin de la Rochette ;

9° Des murs de soutènement et de cuvette répartis ainsi qu'il suit :

A droite : entre la vanne de tête et le déversoir ;
— entre les profils 3 *bis* et 19 *bis* ;
— entre les profils 36 et 44 ;

A gauche : entre les profils 7 *bis* et 8 *bis* ;

Pour tous les ouvrages d'art, les talus des fouilles seront verticaux en déblai de rocher, et inclinés à 1/3 en déblai de terre.

CHAPITRE II

LIEUX D'EXTRACTION, QUALITÉ ET PRÉPARATION DES MATÉRIAUX

ART. 7. — *Lieux d'extraction.* — Les matériaux proviendront des lieux d'extraction indiqués dans le tableau ci-dessous :

NATURE DES MATÉRIAUX	LIEUX D'EXTRACTION
Remblais..........	Déblais provenant des fouilles du canal.
Sable.............	Plage de la Bonne.
Gravier..	Plage de la Bonne.
Moellons bruts pour maçonnerie......	Déblais granitiques du canal ; éboulis granitiques de la Rochette.
Ciment...........	Usine du Pont-du-Prêtre (ciment lent Pelloux de Valbonnais n° 2).

CHAPITRE V

CONDITIONS PARTICULIÈRES ET GÉNÉRALES

. . . .

ART. 28. — *Société d'ouvriers français.* — Les sociétés d'ouvriers français devront, pour être admises à l'adjudication des travaux, se faire représenter, vis-à-vis du syndicat, par un délégué unique, muni des pouvoirs nécessaires en bonne et due forme, et pourvu du certificat de capacité exigé par l'article 3 des clauses et conditions générales.

Ce représentant aura, au regard du syndicat, les mêmes droits et les mêmes obligations qu'un entrepreneur agissant pour son propre compte.

S'il vient à mourir ou à se retirer au cours de l'entreprise, la société devra présenter un remplaçant à l'ingénieur en chef dans un délai de quinze jours.

Cette présentation sera transmise d'urgence au directeur du syndicat, avec l'avis motivé de l'ingénieur en chef et de celui du préfet.

Le directeur du syndicat aura le droit de résilier le marché, avec reprise facultative du matériel, s'il ne juge pas pouvoir agréer le remplaçant proposé, ou si la société n'a pas fait de présentation dans le délai ci-dessus indiqué.

Il aura également le droit de prononcer la résiliation du marché avec reprise facultative du matériel, dans le cas où il serait constaté, après l'adjudication, que la société n'est pas ou qu'elle a cessé d'être valablement constituée.

ART. 29. — *Approbation de l'adjudication.* — L'adjudication sera approuvée par le préfet si elle n'a donné lieu à aucune réclamation ou protestation ; dans le cas contraire le préfet statuera après avoir pris l'avis de la commission syndicale.

. . . .

ANNEXE G

PROJET DE CONSTRUCTION DE LA DEUXIÈME PARTIE
DE L'ARTÈRE DE VEAUGIRARD (Canal du Forez)

(Pl. XVIII, et *fig.* 460 à 492)

Objet du projet. — Le projet de construction de l'artère de Veau-girard (deuxième partie), dérivée de la branche principale du canal du Forez, comprend essentiellement :

1° L'établissement d'une artère de 0^m,50 de largeur au plafond et de 2.887 mètres de longueur entre le chemin de grande communication n° 5 et le domaine des Belles-Dents ;

2° L'établissement aux abords du village de Barges d'une rigole de 0^m,30 de largeur au plafond et de 750 mètres de longueur.

Le débit normal de l'artère de Veaugirard est de 150 litres par seconde pour la partie comprise entre l'origine du canal du Forez et le village de Barges ; au-delà du village de Barges, le débit normal n'est plus que la moitié du précédent, soit 75 litres par seconde.

Tracé en plan et profils. — Le tracé de l'artère suit le faîte qui sépare les bassins des ruisseaux le Chanry, le Vizézy et le Commelon, entre lesquels est compris le territoire dominé; en plan, il se compose d'une série d'alignements droits raccordés par des courbes dont le rayon ne descend pas au-dessous de 10 mètres. Ce tracé a été dirigé de manière à atteindre le plus directement possible les limites des propriétés à arroser, tout en suivant, autant que faire se peut, les limites des parcelles, afin d'éviter les morcellements.

Le profil en long de l'artère présente : 1° du profil 10 au profil 40, une pente uniforme de 0^m,002 par mètre, brisée par 8 chutes d'une hauteur totale de 7 mètres ; 2° du profil 40 au profil 63, un siphon à section circulaire de 0^m,45 de diamètre intérieur dont la perte de charge par mètre courant est égale à 0^m,00106 ; 3° du profil 63 à l'extrémité de l'artère, une pente de 0^m,0005 par mètre.

La rigole secondaire présente une pente uniforme de 0^m,0005 par mètre.

Les eaux surabondantes qui arriveront à l'extrémité de l'artère se déverseront par l'intermédiaire d'un fossé existant dans le fossé maîtral de Veaugirard, affluent du ruisseau le Commelon. La

FIG. 460. — Projet de construction de la 2ᵉ partie de l'artère de Veaugirard (canal du Forez). — Plan général.

NOTA. — Les surfaces hachurées représentent les parcelles engagées à l'arrosage.

Aqueduc-siphon de 0ᵐ,45 de diamètre intérieur.

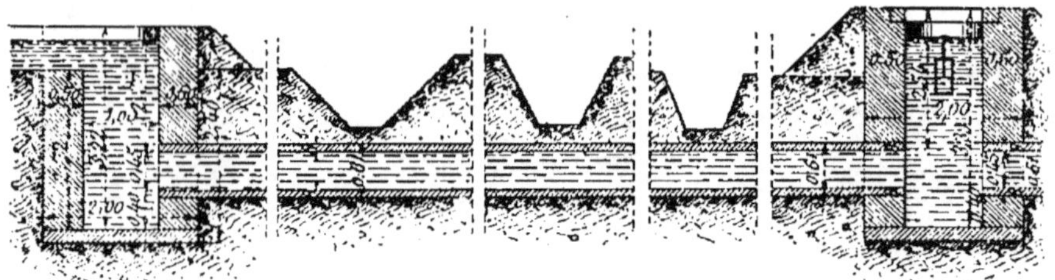

Fig. 461. — Coupe longitudinale.

Fig. 462. — Demi-coupe horizontale.

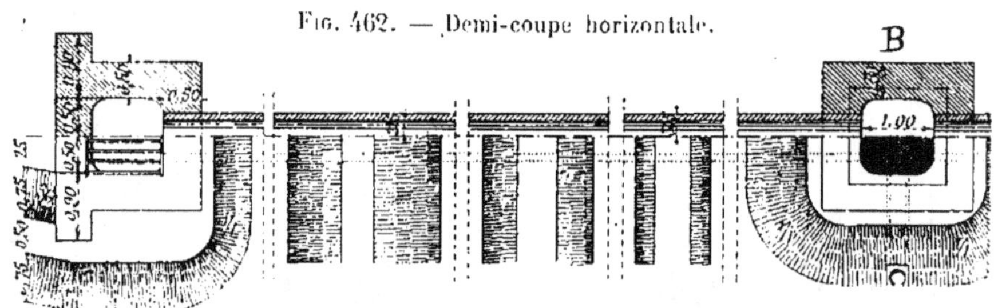

Fig. 463. — Demi-plan supérieur.

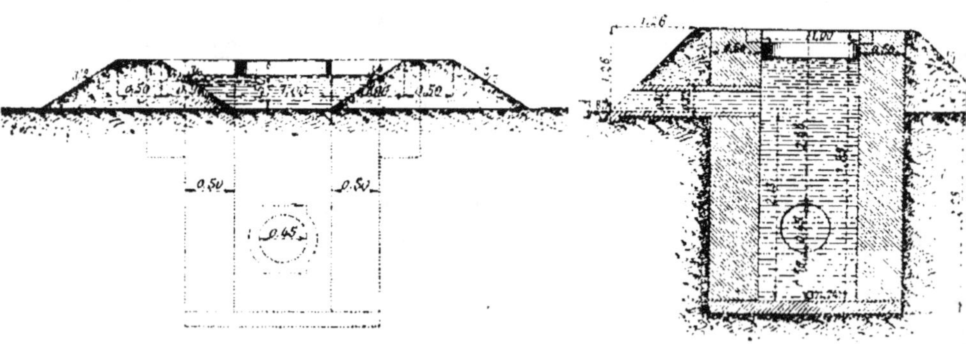

Fig. 464. — Élévation de la tête amont.

Fig. 465. — Coupe suivant AB du pl

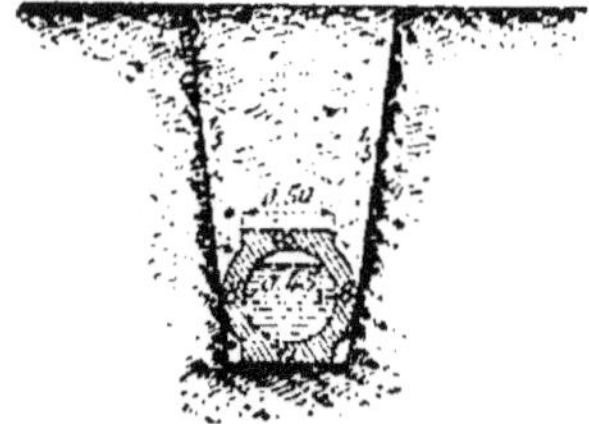

Fig. 466. — Coupe en travers
de l'aqueduc.

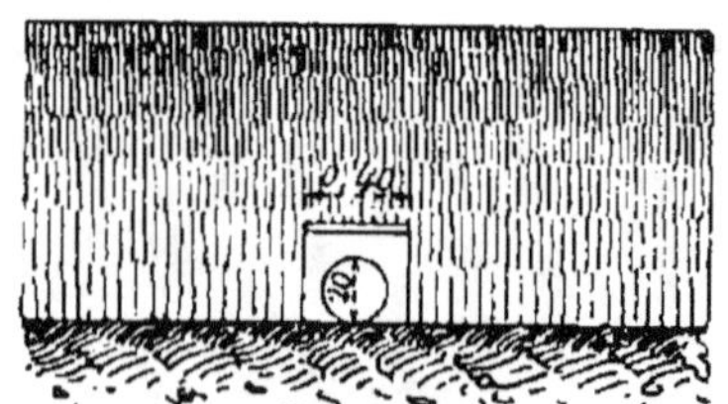

Fig. 467. — Coupe de l'aqueduc de
fuite.

Fig. 468. — Élévation
l'aqueduc de fuite

Fig. 469. — Aqueduc de prise d'eau sur le siphon de 0,45 de diamètre.
Coupe longitudinale.

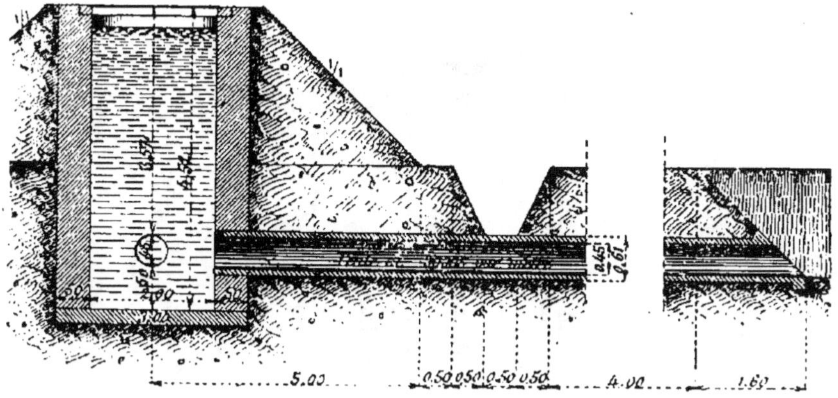

Aqueduc-siphon de 0ᵐ,45 de diamètre intérieur. — Appareil de vidange.

Fig. 470. — Tête amont. — Coupe longitudinale.

Fig. 471. — Tête aval.
Coupe longitudinale.

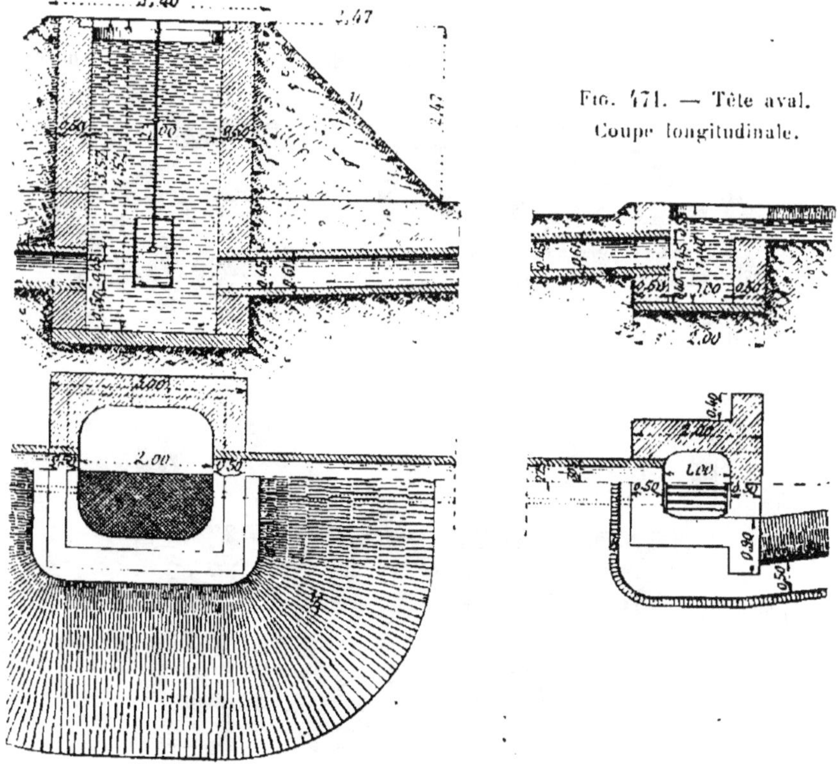

Fig. 472. — Demi-coupe horizontale et demi-plan.

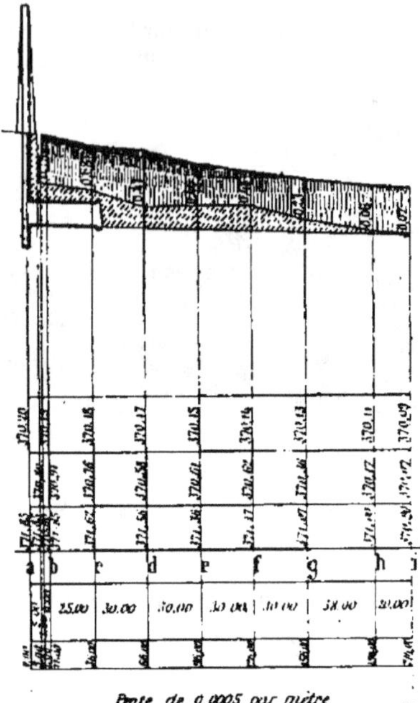

Fig. 473. — Profil en long du fossé de vidange du siphon de 0^m,45 de diamètre.

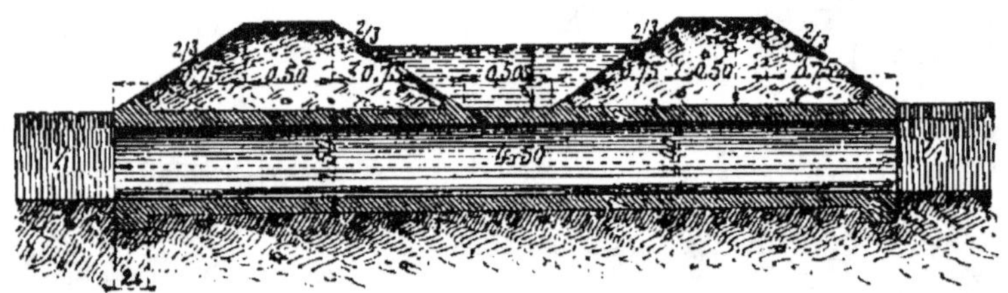

Fig. 474. — Demi-coupe horizontale.

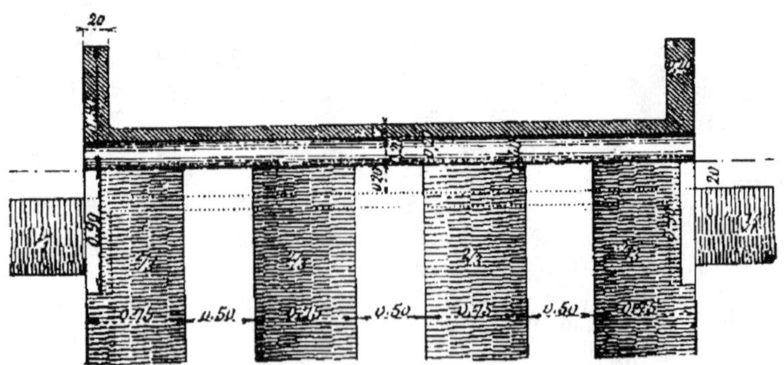

Fig. 475. — Demi-plan supérieur.

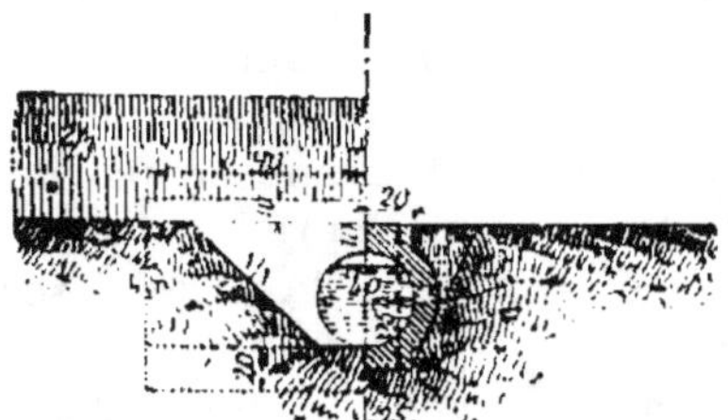

Fig. 476. — Demi-élévation d'une tête.   Fig. 477. — Demi-coupe transversale.

Type d'aqueduc par dessus.

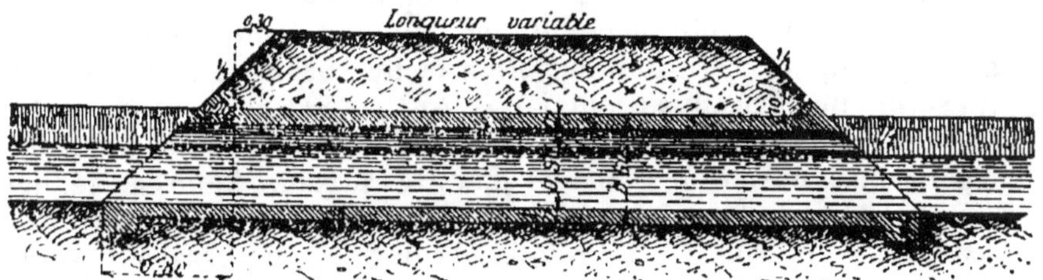

Fig. 478. — Coupe longitudinale.

Fig. 479. — Demi-coupe horizontale.

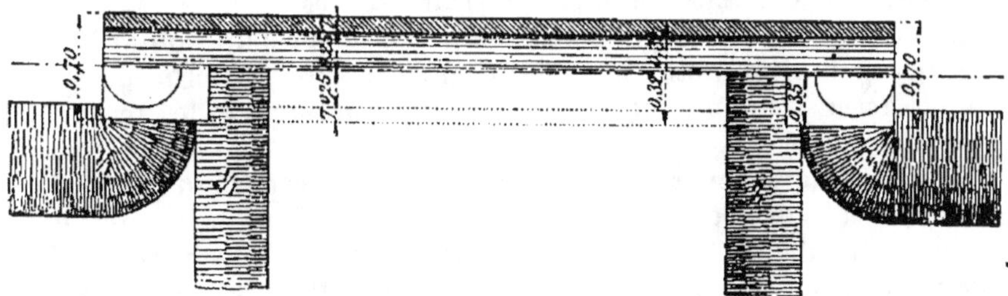

Fig. 480. — Demi-plan supérieur.

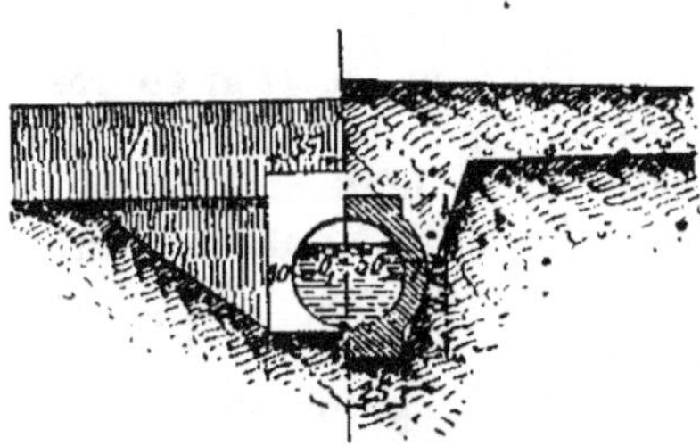

Fig. 481. — Demi-élévation d'une tête.   Fig. 482. — Demi-coupe transversale.

vidange du siphon se fera, au profil 63, dans le fossé maîtral de Veaugirard. Les eaux surabondantes de la rigole secondaire se déverseront dans le ruisseau le Chanry.

Le profil en long de l'artère accuse généralement des parties à déblayer ; cette disposition est imposée par la nature des terrains traversés dont la couche supérieure est très perméable ; dans les conditions où elle est prévue, la rigole sera presque partout ouverte dans le sous-sol argileux imperméable que l'on rencontre à environ 0ᵐ,30 de profondeur, ce qui permet d'espérer que les pertes d'eau par infiltration seront peu importantes.

Le faîte que suit le tracé de l'artère présente, entre Barges et les Belles-Dents, une inflexion dont le franchissement doit être fait de manière à assurer l'irrigation du plateau des Belles-Dents. Ce franchissement pouvait se faire : soit par un remblai, soit par un aqueduc, soit par un siphon on a adopté la solution par siphon, parce qu'elle est la plus économique. Quoique d'une longueur assez grande, le siphon sera d'un entretien facile, à cause : 1° des regards qui seront ménagés aux profils 40, 41, 44, 46, 53, 60 et 63 ; 2° des pentes du radier qui dirigeront vers les puisards la plus grande partie des dépôts qui tendront à se former dans les tuyaux ; 3° de la vidange complète du tuyau qui pourra être faite dans le fossé maîtral de Veaugirard au profil 63. Enfin, si cela devenait nécessaire, il serait très facile de faire le nettoyage complet du tuyau par le procédé suivant : on passerait entre deux regards voisins un fil de fer d'une longueur un peu plus grande que le double de la distance séparant les regards ; au milieu de ce fil de fer, on fixerait un bouchon de paille de fer ; deux hommes en tirant sur les extrémités du fil de fer feraient circuler le bouchon de paille de fer d'un bout à l'autre du tuyau dont le nettoyage serait ainsi assuré. Ce procédé s'emploie assez fréquemment, au canal du Forez, pour le curage des siphons d'une certaine longueur.

L'artère aura, en section courante, une largeur au plafond de 0ᵐ,50, des talus inclinés à 3 de base pour 2 de hauteur et une hauteur d'eau de 0ᵐ.35. Le débit maximum dont elle sera capable, dans ces conditions, sera de 162 litres pour la partie en amont du hameau de Barges et de 81 litres pour la partie aval ; ces chiffres correspondent assez exactement aux débits normaux fixés précédemment.

La rigole secondaire aura, en section courante, une largeur de 0ᵐ,30 au plafond, des talus à un sur un et une hauteur d'eau de 0ᵐ.20 ; elle sera capable d'un débit maximum de 15 litres. C'est le type le plus faible des rigoles du canal du Forez.

Ouvrages d'art. — Les ouvrages d'art prévus sont au nombre de 28, savoir :

6 aqueducs **par dessous, en béton de ciment, de** 0ᵐ,40 **de diamètre intérieur;**

Chute type de 1ᵐ,00 de hauteur et de 0ᵐ,50 d'ouverture.

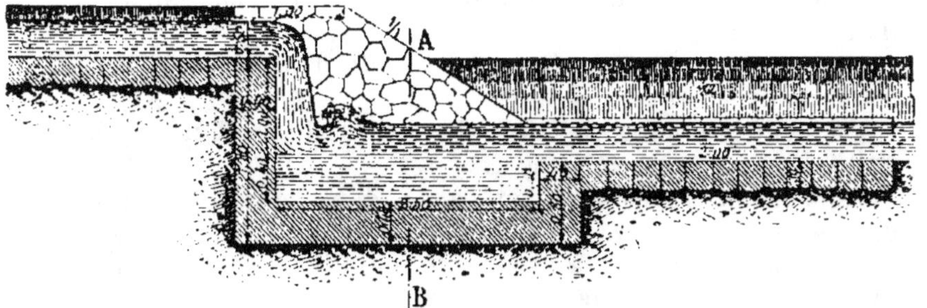

Fig. 484. — Coupe longitudinale.

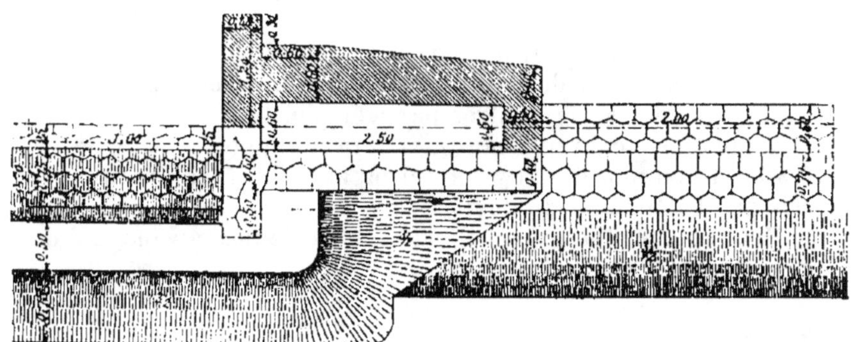

Fig. 485. — Demi-coupe.

Fig. 486. — Demi-plan supérieur.

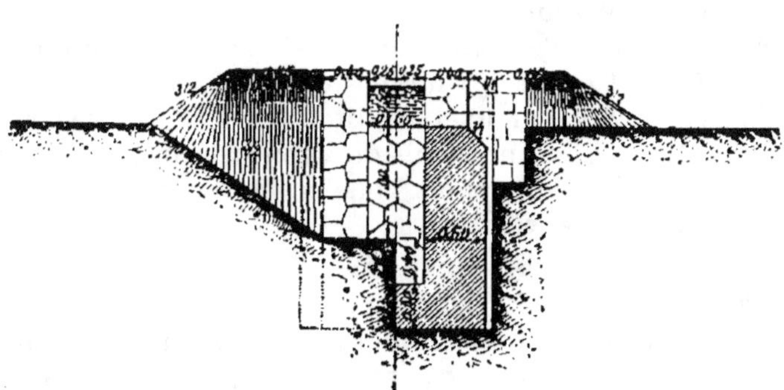

Fig. 487. — Demi-élévation.   Fig. 488. — Demi-coupe suivant AB.

10 aqueducs par dessus, en béton de ciment, à section circulaire de 0^m,50 de diamètre intérieur :

2 aqueducs par dessus, en béton de ciment, à section circulaire de 0^m,30 de diamètre intérieur ;

6 chutes en maçonnerie ordinaire, de 1 mètre de hauteur et de 0^m,50 d'ouverture ;

2 chutes en maçonnerie ordinaire, de 0^m,50 de hauteur et de 0^m,50 d'ouverture ;

1 chute en maçonnerie ordinaire, de 0^m,50 de hauteur et de 0^m,30 d'ouverture ;

1 aqueduc-siphon, en béton de ciment, de section circulaire, de 0^m,45 de diamètre intérieur.

Tous ces ouvrages sont conformes, dans leurs dispositions principales, aux types en usage au service du canal du Forez. Ils ont été prévus de manière à assurer le maintien des communications existantes et l'écoulement des eaux.

L'aqueduc-siphon, de 0^m,45 de diamètre et de 894^m,20 de longueur, qui s'étendra du profil 40 au profil 63, mérite seul une mention spéciale. En étudiant le tracé de l'artère, on a montré l'utilité et le mode de fonctionnement de cet ouvrage; il reste à en faire connaître les détails.

L'ouvrage sera constitué par un tuyau en béton de ciment de 0^m,08 d'épaisseur et de 0^m,45 de diamètre intérieur. Le débit dont il sera capable est de 75 litres par seconde.

La plus forte charge d'eau qu'il aura à supporter sera de 4^m,70. L'essai et l'emploi des tuyaux seront faits dans les conditions prévues par l'article 56 du devis.

L'épaisseur e donnée au tuyau a été calculée au moyen de la formule $e = \dfrac{Pd}{30}$[1], dans laquelle on a fait $P = 4^m,70$ et $d = 0^m,47$. On a trouvé ainsi $e = 0^m,07$.

L'épreuve des tuyaux devant être faite sous une pression $H = 10$ mètres (art. 56 du devis), on a admis $e = 0^m,08$.

Le tuyau sera partout recouvert d'une couche de terre d'au moins 0^m,50 d'épaisseur.

Les regards, dont l'établissement est prévu aux profils 40, 41, 44, 46, 53, 60 et 63, ont des dimensions suffisantes pour que leur curage puisse s'effectuer avec facilité. Trois de ces regards, ceux des profils 41, 43, 53, sont munis de vannes de prise d'eau qui permettront l'arrosage de terrains voisins. Le regard du profil 63 est muni d'une vanne de vidange.

---

[1] Cette formule, qui est celle qu'emploient les principaux fabricants de ciment de Grenoble, diffère de celle que nous avons donnée (§ 25) et donne des épaisseurs un peu plus faibles. Nous croyons préférable d'employer notre formule.

On a dit que c'est la raison d'économie qui a conduit à adopter un siphon pour le franchissement de l'inflexion qui existe entre les profils 40 et 63 dans la ligne de faîte suivie par le tracé. Trois solutions s'offraient ici : remblai, aqueduc, siphon.

L'aqueduc, à cause du cube important de maçonnerie qu'il nécessitait, a paru tout d'abord devoir être écarté ; on n'a alors étudié que les deux autres solutions.

En ce qui concerne le remblai, sa construction aurait nécessité entre les profils 40 et 63 l'établissement de : 1° trois siphons pour le passage des chemins et la desserte des propriétés ; 2° deux aqueducs par dessus pour la desserte des propriétés ; 3° trois aqueducs par dessous pour l'écoulement des eaux ; 4° d'un revêtement bétonné de la cuvette.

Elle aurait exigé, en outre, l'acquisition d'une surface de terrain assez importante.

Avec la construction d'un siphon on réalise sur la solution précédente une économie de 1.000 francs environ. C'est donc à l'établissement d'un siphon qu'on s'est arrêté.

Montant du projet. — Dans ces conditions les dépenses de construction de la deuxième partie de l'artère de Veaugirard s'élèvent à 15.400 francs, ce qui fait ressortir le prix de revient du mètre courant à 5 fr. 34.

CALCULS JUSTIFICATIFS DES PROFILS-TYPES

DU CANAL DU FOREZ (artère de Veaugirard)

I. — Artère

1° Section des terrassements (*fig.* 489)

Formule employée : $RI = Au^2$ (Bazin, parois en terre)

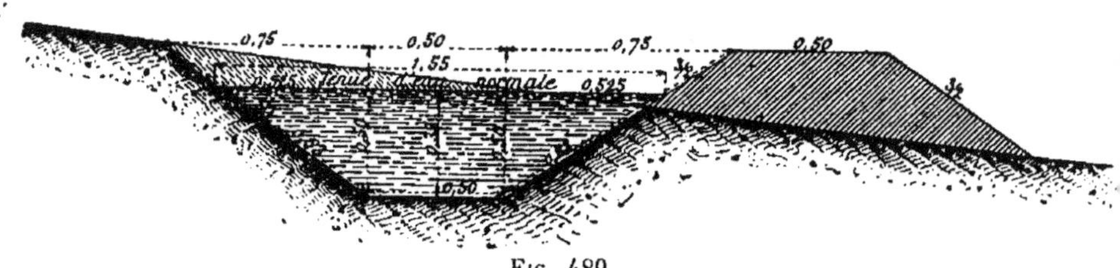

FIG. 489.

De l'origine au profil n° 40

$I = 0,002$ (pente minimum)

$S = \dfrac{1,55 + 0,50}{2} \times 0,35 = 0,36$

$P = 0,50 + 0,63 \times 2 = 1,76$

$R = \dfrac{0,36}{1,76} = 0,205$

$RI = 0,000410$

$A = \dfrac{RI}{u^2} = 0,001989$

$u = 0,45$ (vitesse reconnue inoffensive par expérience dans les terrains de la nature de ceux à traverser).

$Q = 0,36 \times 0,45 = 162$ litres.

Au-delà du profil n° 40

$I = 0,0005$ (pente minimum)

$S = 0,36$

$P = 1,76$

$R = 0,205$

$RI = 0,000102$

$A = \dfrac{RI}{u^2} = 0,001989$

$u = 0,226$

$Q = 0,36 \times 0,226 = 81$ lit.

2° Section des ouvrages d'art (Aqueducs par dessus) (*fig.* 490)

Formule employée : $RI = Au^2$ (Bazin, parois unies)

$$l = 0,002$$
$$S = \frac{3,14 \times \overline{0,25}^2 \times 227°18'}{360°} + \frac{0,458 \times 0,10}{2} = 0,147$$
$$P = 0,99$$
$$R = \frac{0,147}{0,99} = 0,148$$
$$RI = 0,000296$$
$$A = \frac{RI}{u^2} = 0,000280$$
$$u = 1,03$$
$$Q = 0,147 \times 1,03 = 151 \text{ litres.}$$

$$l = 0,0005$$
$$S = 0,147$$
$$P = 0,99$$
$$R = 0,148$$
$$RI = 0,000072$$
$$A = \frac{RI}{u^2} = 0,000280$$
$$u = 0,51$$
$$Q = 0,147 \times 0,51 = 75 \text{ lit.}$$

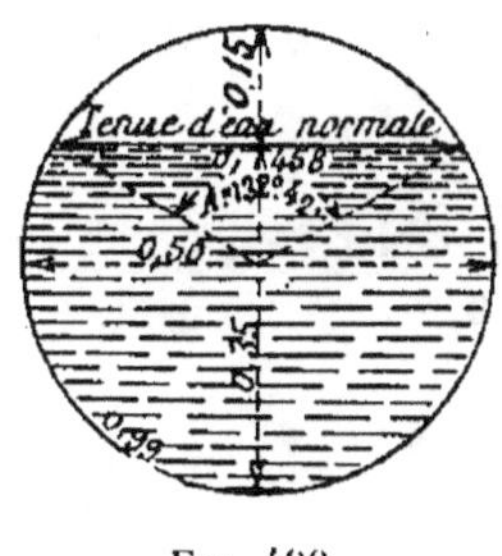

Fig. 490.

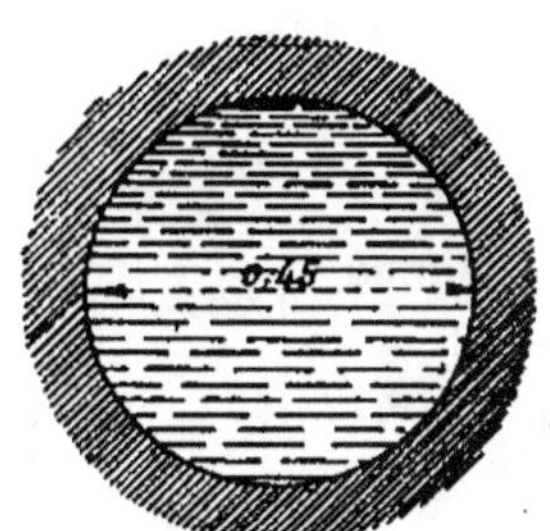

Fig. 491.

3° Section des ouvrages d'art (aqueducs-siphons) (*fig.* 491)

Formule employée : $RJ = b_1 u^2$ (Darcy, parois recouvertes de dépôts)

d'où :

$$u = \sqrt{\frac{RJ}{b_1}}$$

$$R = 0,225$$
$$J = 0,0010624$$
$$u = \sqrt{\frac{0,225 \times 0,0010624}{0,001070}} = 0,47$$
$$Q = 3,14 \times \overline{0,225}^2 \times 0,47 = 75 \text{ litres.}$$

II. — Rigole secondaire (*fig.* 492)

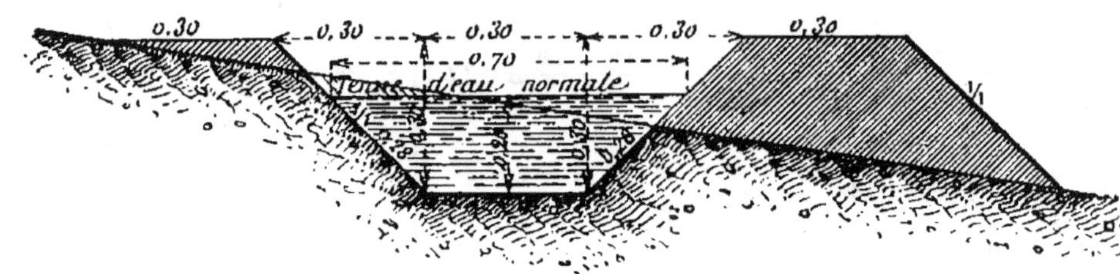

Fig. 492.

1° Section des terrassements

Formule employée :
$$RI = Au^2$$
(Bazin, parois en terre)

$I = 0{,}0005$

$S = \dfrac{0{,}70 + 0{,}30}{2} \times 0{,}20 = 0{,}10$

$P = 0{,}30 + 0{,}28 \times 2 = 0{,}86$

$R = \dfrac{0{,}10}{0{,}86} = 0{,}116$

$RI = 0{,}000058$

$A = \dfrac{RI}{u^2} = 0{,}003303$

$u = 0{,}132$

$Q = 0{,}10 \times 0{,}132 = 13$ lit.

2° Section des ouvrages d'art (Aqueducs par dessus)

Formule employée : $RI = Au^2$
(Bazin, parois unies)

$I = 0{,}005$

$S = \dfrac{3{,}14 \times \overline{0{,}15}^2 \times 219°54}{360°} + \dfrac{0{,}282 \times 0{,}05}{2} = 0{,}05$

$P = 0{,}57$

$R = 0{,}100$

$RI = 0{,}000050$

$A = \dfrac{RI}{u^2} = 0{,}000326$

$u = 0{,}387$

$Q = 0{,}056 \times 0{,}387 = 22$ litres.

AVANT-MÉTRÉ DES TRAVAUX (extraits)

Nᵒˢ des profils	LONGUEURS auxquelles s'appliquent les profils	DÉBLAIS		REMBLAIS		INDICATIONS SOMMAIRES DES CALCULS particuliers à certains profils — OBSERVATIONS
		Surface totale par profil	CUBES	Surface totale par profil	CUBES	

Iʳᵉ SECTION. — TERRASSEMENTS ET TRANSPORTS

I. — Artère de Veaugirard

1° Terrassements généraux

Nᵒˢ des profils	LONGUEURS	Surface totale par profil	CUBES	Surface totale par profil	CUBES	OBSERVATIONS
10	17,25	0,41	7ᵐᶜ,02	0,15	2,57	
11	17,25	0,01	0,17	1,21	20,72	
»	»	»	2,64	»	»	Chute de 1ᵐ,00 de hauteur.
11 *bis*	19,75	2,04	40,29	»	»	
12	23,25	0,34	7,90	0,24	5,58	
»	»	»	1,92	»	»	Aqueduc par dessous de 0ᵐ,40.
13	15,00	0,01	0,15	1,21	18,15	
14	26,00	0,73	18,98	»	»	
15	43,45	0,84	36,50	»	»	
16	33,625	»	»	1,52	51,11	
»	»	»	0,25	»	52,24	Aqueduc par dessus de 0ᵐ,50.
16 *bis*	4,675	»	»	2,21	10,33	
»	»	»	3,87	»	»	Chute de 1ᵐ,00 de hauteur.
16 *ter*	14,575	1,36	19,82	»	»	
17	20,875	1,11	23,17	»	»	
»	»	»	4,33	»	3,18	Aqueduc par dessus de 0ᵐ,50.
18	21,245	0,51	10,83	0,07	1,49	
19	35,975	0,67	24,10	»	»	
20	40,88	0,15	6,13	0,60	24,53	
»	»	»	0,73	»	31,93	Aqueduc par dessus de 0ᵐ,50.
21	26,35	0,01	0,26	1,17	30,83	
»	»	»	1,92	»	»	Aqueduc par dessous de 0ᵐ,40.
22	6,50	»	»	2,11	13,70	
»	»	»	3,77	»	»	Chute de 1ᵐ,00 de hauteur.
22 *bis*	23,70	1,42	33,65	»	»	
23	44,79	0,91	40,76	»	»	
»	»	»	2,41	»	1,80	Aqueduc par dessus de 0ᵐ,50.
. . .	. . .	. . .	. . .	. . .	. . .	. . .
81	56,00	0,28	15,68	0,32	17,92	
82	28,91	0,12	3,47	0,69	19,95	
83	9,04	0,13	1,18	0,66	5,97	
Totaux.	2.758,00	»	2.213,93	»	4.609,00	

2° Calcul des terrassements des ouvrages d'art

CHUTE DE 1ᵐ,00 DE HAUTEUR AU PROFIL Nº 11

Déblai

Corps de l'ouvrage, 1ʳᵉ partie..	1,00	1,70	1,80	3ᵐ³,06
— — 2° partie..	2,30	$\frac{1,70 + 1,30}{2}$	1,80	6 ,21
Murs en retour..............	2 × 0,30	0,40	0,40	0 ,10
				9 ,37
A déduire : Les déblais généraux déjà comptés..	2,04	3,30		6 ,73
Reste à compter..............				2ᵐ³,64

AQUEDUC PAR DESSOUS DE 0ᵐ,40 DE DIAMÈTRE AU PROFIL Nº 13

Déblai

Corps de l'ouvrage............	4,10	$\frac{0,50 + 0,80}{2}$	0,54	1ᵐ³,44
Têtes..................	2 × 1,80	0,20	0,67	0 ,48
				1ᵐ³,92

Répartition des déblais

Déblai de toute nature transporté en remblai, à la brouette, à 20ᵐ,00 de distance................	1.032,76
Déblai de toute nature transporté au tombereau, à 200ᵐ,00 de distance................	576,24
Déblai de toute nature transporté en dépôt permanent à 100ᵐ,00 de distance................	604,93
Total égal aux déblais..............	2.243,93

Calcul du prix de revient par mètre courant de tous les terrassements de la 2ᵉ partie de l'artère de Veaugirard.

	QUANTITÉS	NUMÉROS des prix du bordereau	PRIX de l'unité	MONTANT
Déblai de toute nature transporté en remblai à 20ᵐ,00...	1.032,76	1, 3 et 4	fr. 0.82	fr. 846,86
Déblai de toute nature transporté en remblai à 200ᵐ,00 .	576,24	1, 5 et 6	1,20	691,49
Déblai de toute nature transporté en dépôt permanent à 100ᵐ,00.	604,93	2 et 5	1,00	604,93
Dressage et ensemencement de tous les talus (au mèt. courant)	1.992,80	7	0,05	99,64
				2.242,92

Divisant la dépense par la longueur de l'artère, on obtient pour prix unique du mètre courant :

$$\frac{2.242,92}{2.758,00} = 0,81 \text{ en nombre rond.}$$

II. — Rigole secondaire

1° Terrassements généraux

. . . .

2° Calcul des terrassements des ouvrages d'art

. . . .

Répartition des déblais

Déblai de toute nature transporté en remblai à la brouette à 20ᵐ,00	31,85
Déblai de toute nature transporté au tombereau en remblai à 200ᵐ,00	32,68
Déblai de toute nature transporté en dépôt à 100ᵐ,00.	32,16
	96,69

Calcul du prix de revient par mètre courant
de tous les terrassements de la rigole secondaire

	QUANTITÉS	Nᵒˢ DES PRIX du bordereau	PRIX de l'unité	MONTANT
Déblai de toute nature transporté en remblai à la brouette à 20ᵐ.00....	31,85	1.3 et 4	0,82	26,12
Déblai de toute nature transporté en remblai au tombereau à 200ᵐ.00...............	32,68	1.5 et 6	1,20	39,22
Déblai de toute nature transporté en dépôt à 100ᵐ,00.....	32,16	2 et 5	1,00	32,16
Dressage et ensemencement des talus....................	570,00	7	0,05	28,50
				126,00

Divisant la dépense par la longueur de la rigole secondaire, on obtient pour prix unique du mètre courant :

$$\frac{126,00}{570,00} = 0,221, \text{ soit } 0 \text{ fr. } 22 \text{ par mètre courant.}$$

GAZONNEMENTS PAR ASSISES (AU MÈTRE CARRÉ)

Aux abords des ouvrages (par aperçu) .... | 150ᵐ2,00

Récapitulation générale

Exécution de tous les terrassements de la deuxième partie de l'artère de Veaugirard (au mètre carré)..	2.758ᵐ,80
Exécution de tous les terrassements de la rigole secondaire (au mètre courant)	570 ,00
Gazonnements par assises (au mètre carré).........	150 ,00

IIe SECTION. — PERRÉS ET EMPIERREMENTS

Perrés à pierres sèches (au m²)

Amont des chutes. — Plafond et talus.	8 × 1,00	1,90	15m²,20
Aval — —	8 × 2,00	1,90	30 ,40

Total.............. 45m²,60

Empierrements en cailloux cassés (au m³)

Sur les aqueducs (par aperçu)............|13,00|1,00| 13m²,00

IIIe SECTION. — OUVRAGES D'ART.

DÉSIGNATION des OUVRAGES ET PARTIES D'OUVRAGES et indication de leur nature	NOMBRE des parties ou pièces semblables	Longueur pour chacune ou ensemble	Largeur	Hauteur ou épaisseur	auxiliaires	définitifs
			DIMENSIONS RÉDUITES		**CUBES**	

Chute de 1m,00 de hauteur aux profils nos 11, 16 bis, 22, 25, 27 et 30 bis

Maçonnerie ordinaire.

DÉSIGNATION	NOMBRE	Longueur	Largeur	Hauteur	auxiliaires	définitifs
Radier général, 1re partie...............	»	1.00	1.70	0,40	0,68	
Radier général, 2e partie...............	»	2,30	$\frac{1.70 + 1.30}{2}$	0,40	1,38	
Mur de chute.........	»	0.50	0.40	1,40	0,28	
Garde-radier du puisard.	»	0,50	0,40	0,40	0,08	
Bajoyers, 1re partie...	2	1,00	1,90	0,60	2,28	
— 2e partie....	2	2,30	$\frac{0.40 + 1.90}{2}$	$\frac{0.60 + 0.40}{2}$	2,64	
Murs en retour........	2	0,30	1.00	0,40	0,24	
						7.58

Chute de 0,50 de hauteur aux profils nos 29 et 34

Maçonnerie ordinaire.

DÉSIGNATION	NOMBRE	Longueur	Largeur	Hauteur	auxiliaires	définitifs
Radier général, 1re partie...............	»	0,80	1,40	0,30	0,34	
Radier général, 2e partie...............	»	1,00	$\frac{1.40 + 1.10}{2}$	0,30	0,37	
Mur de chute.........	»	0,50	0,30	0,80	0,12	
Garde-radier du puisard.	»	0,50	0,30	0,30	0,04	
Bajoyers, 1re partie...	2	0,80	1,30	0,45	0,94	
— 2e partie.....	2	1,00	$\frac{0.30 + 1.30}{2}$	$\frac{0.45 + 0.30}{2}$	0,60	
Murs en retour.......	2	0,45	0,30	1,00	0,27	
						2,68

BORDEREAU DES PRIX D'APPLICATION (extraits)

DÉSIGNATION DE LA NATURE D'OUVRAGES ET PRIX D'APPLICATION (En toutes lettres)	PRIX exprimés EN CHIFFRES
OBSERVATION GÉNÉRALE Tous les prix ci-après renferment les frais d'outils, les faux frais et le bénéfice de l'entrepreneur.	
PREMIÈRE SECTION **TERRASSEMENTS**	
Déblai de toutes natures exécuté jusqu'à $0^m,20$ sous l'eau, pour terrassements généraux et fouilles d'ouvrages d'art, employé en remblai soit pour rampes de chemins, soit pour la cuvette de la rigole, y compris le dégazonnement du sol, les jets de pelle, le cassage des mottes, le régalage, le pilonnage par couches de $0^m,20$ d'épaisseur et toutes sujétions. — Le mètre cube : soixante-dix centimes..	0,70
Dito, à mettre en dépôt permanent, y compris les frais d'occupation des terrains, soit pour la chambre de dépôt, soit pour les chemins d'accès. — Le mètre cube : soixante centimes....................	0,60
Transport à la brouette horizontalement ou en rampe de déblai de toutes natures, provenant de la cuvette ou des fouilles d'ouvrages d'art, à mettre en dépôt ou en remblai à dix mètres de distance, y compris le chargement, le déchargement et toutes sujétions. — Le mètre cube : six centimes..........	0,06
Transport au tombereau horizontalement ou en rampe de déblai de toutes natures provenant de la cuvette des rigoles ou des fouilles des ouvrages d'art, à mettre en dépôt ou en remblai à une distance de un hectomètre, y compris le chargement, le déchargement, tous faux frais et sujétions. — Le mètre cube : quarante centimes................	0,40
Dito, pour chaque hectomètre au-delà du premier. — Le mètre cube : dix centimes.....................	0,10
Dressage et ensemencement de tous les talus, tant en déblai qu'en remblai, y compris le règlement du plafond et du couronnement des digues. — Le mètre courant, suivant l'axe : cinq centimes......	0,05
Exécution de tous les terrassements de quelque na-	

DÉSIGNATION DE LA NATURE D'OUVRAGES ET PRIX D'APPLICATION (En toutes lettres)	PRIX exprimés EN CHIFFRES
ture qu'ils soient, tant en déblai qu'en remblai, la largeur du plafond étant de 0^m.50, les talus inclinés à 3 de base pour 2 de hauteur, et la profondeur celle indiquée par le profil en long, sans être jamais inférieure à 0^m,50, y compris l'emploi et le transport en remblai ou en dépôt des déblais provenant de la cunette de l'artère ou des déblais pour fouilles d'ouvrages d'art ou des contre-fossés, le dressage et l'ensemencement de tous les talus et toutes les sujétions indiquées précédemment. — Le mètre courant suivant l'axe : quatre-vingt-un centimes..	0.81
Exécution de tous les terrassements de la rigole secondaire de l'artère de Veaugirard, de quelque nature qu'ils soient, tant en déblai qu'en remblai, la largeur au plafond étant de 0^m.30, les talus inclinés à 1 de base pour 1 de hauteur, et la profondeur celle indiquée par le profil en long, sans être jamais inférieure à 0^m,30, y compris l'emploi et le transport en remblai ou en dépôt des déblais provenant de la cunette de la rigole ou des déblais pour fouilles d'ouvrages d'art, le dressage et l'ensemencement des talus et toutes les sujétions indiquées précédemment. — Le mètre courant suivant l'axe : vingt-deux centimes.............................	0,22
Gazonnements par assises pour revêtement des talus de l'artère, chemins ou cassis sur les talus, déviations et rectifications de fossés, y compris la préparation de la forme, la fourniture, le transport, l'emploi, l'arrosage, le damage, l'entretien jusqu'à prise complète, tous faux frais et sujétions. — Le mètre carré : cinquante centimes........	0,50

DEUXIÈME SECTION

PERRÉS ET EMPIERREMENTS

Perrés à pierres sèches de 0^m,30 de queue moyenne, provenant des carrières granitiques de Moingt, à joints de hasard sans vides de 0^m,02 jusqu'à 0^m,30 sous l'eau, y compris les déblais de toute nature pour fouilles, le transport, l'emploi en remblai et la mise en dépôt des terres en excès, le pilonnage derrière les perrés et toutes sujétions. — Le mètre carré : trois francs cinquante centimes..........	3,50

DÉSIGNATION DE LA NATURE D'OUVRAGES ET PRIX D'APPLICATION (En toutes lettres)	PRIX exprimés EN CHIFFRES

TROISIÈME SECTION

OUVRAGES D'ART

Maçonnerie de béton avec mortier de chaux du Teil (cent trente litres de sable pour 50 kilogrammes de chaux) et cailloux cassés à l'anneau de 0^m,05, dans la proportion de une partie de mortier et de deux de pierres cassées pour fondations d'ouvrages d'art, y compris la fourniture des matériaux à pied d'œuvre, l'approche, le dosage, le damage, le lissage avec une couche de mortier de 0^m,02 d'épaisseur et toutes sujétions. — Le mètre cube : quinze francs...	15,00
Maçonnerie de béton avec mortier de ciment à prise rapide de Grenoble ou de Vassy (800 litres de sable pour 700 kilogrammes de ciment) et cailloux cassés à l'anneau de 0^m,04 formé de volumes égaux de mortier et de pierres cassées, pour ouvrages d'art, prise d'eau, tuyau, siphons, etc.. y compris les formes, moules, mandrins, leur pose, leur dépose, tous faux frais et sujétions. — Le mètre cube : quarante francs...	40,00
Maçonnerie de béton avec mortier de ciment naturel à prise lente de la Porte-de-France et Vicat n° 2 (800 litres de sable pour 900 kilogrammes de ciment) et cailloux cassés à l'anneau de 0^m,04 dans la proportion de une partie de mortier et de deux de pierres cassées, y compris le lissage ou le brettelage avec une couche de mortier fin, le mortier de soudure, les gabarits, moules, mandrins, leur pose, leur dépose et toutes sujétions. — Le mètre cube : quarante-quatre francs.............................	44,00
Revêtement en béton de chaux hydraulique de talus quelconque ou de la cuvette de la rigole sur une épaisseur de 0^m,12, y compris la fouille ou la préparation de la forme, le damage, le savatage au besoin, la mise en dépôt ou l'emploi en remblai des terres en excès provenant des fouilles, un enduit en mortier de 0^m,01 sur la surface vue. — Le mètre carré : un franc quatre-vingt-quinze centimes....	1,95
Maçonnerie ordinaire pour parements droits ou courbes ou de remplissage, avec moellons des carrières granitiques de Moingt et chaux du Teil ou de Cruas et sable de la Loire ou de ses affluents, y compris la fourniture des matériaux à pied d'œuvre, le déchet, l'approche et le choix des matériaux, le	

DÉSIGNATION DE LA NATURE D'OUVRAGES ET PRIX D'APPLICATION (En toutes lettres)	PRIX exprimés EN CHIFFRES
lavage et le brossage au besoin, le lissage à la truelle des parements intérieurs et extérieurs, le rejointoiement de tous les parements vus, toutes sujétions, telles que rainures, pose de vannes, etc. Le mètre cube : quinze francs....................	15,00
Journée de terrassier, de manœuvre ou aide-maçon. — L'heure : trente centimes....................	0,30
Journée de maçon ou d'applicateur de ciment. — L'heure : cinquante centimes....................	0,50

RENSEIGNEMENTS DE LA COMPOSITION DES PRIX

(Extraits)

NUMÉRO ET OBJET DES SOUS-DÉTAILS	DÉTAIL DES FOURNITURES ET MAIN-D'ŒUVRE	PRIX	
		ÉLÉMEN-TAIRE	D'APPLI-CATION
	PREMIÈRE SECTION. — Terrassements		
N° 1. — (Prix n° 1 du bordereau.) Mètre cube de déblai de toutes natures exécuté jusqu'à 0ᵐ,20 sous l'eau, employé en remblai.	Préparation du sol, fouilles, jet de pelle ou charge.....	0,50	
	Décharge, régalage, pilonnage.................	0,20	
	Total..........	0,70	0,70
	DEUXIÈME SECTION. — Perrés et empierrements		
N° 4. — (Prix n° 11 du bordereau.) Mètre cube de moellons bruts provenant des carrières granitiques de Moingt.	Achat en carrière et chargement.................	2,00	
	Transport à pied d'œuvre et déchargement	3.00	
	Total..........	5,00	5,00
	TROISIÈME SECTION. — Ouvrages d'art		
N° 9. — (Prix n° 16 du bordereau.) Tonne de chaux hydraulique.	Achat à l'usine	16,00	
	Transport à pied d'œuvre de l'usine au lieu d'emploi, y compris les frais de déchargement.................	14,00	
	Total..........	30,00	30,00
N° 12. — (Prix n° 19 du bordereau.) Mètre cube de mortier de chaux hydraulique du Teil et sable de la Loire ou de ses affluents.	0ᵐ³,900 de sable à 4 francs le m³ (S. D., n° 7)...........	3,60	
	340 kilog. de chaux blutée, à 30 francs la tonne (S. D., n° 9).................	10,20	
	Approche des matériaux, dosage et fabrication du mortier, frais d'appareil.......	2,20	
	Total..........	16,00	16,00

NUMÉRO ET OBJET DES SOUS-DÉTAILS	DÉTAIL DES FOURNITURES ET MAIN-D'ŒUVRE	PRIX ÉLÉMENTAIRE	PRIX D'APPLICATION
N° 13. — (Prix n° 20 du bordereau.) Mètre cube de mortier de ciment de Vassy ou de Grenoble à prise rapide.	700 kilog. de ciment à 58 fr. la tonne (S. D., n° 10).....	40,60	
	0^{m3}.800 de sable à 4 fr. le m^3 (S. D., n° 7).............	3,20	
	Approche des matériaux, dosage et fabrication du mortier, frais d'appareil......	3,20	
	Total..........	47,00	47,00
N° 14. — (Prix n° 21 du bordereau.) Mètre cube de mortier de ciment de la Porte-de-France à prise lente.	900 kilog. de ciment à 63 fr. la tonne (S. D., n° 11).....	56,70	
	0^{m3},800 de sable à 4 fr. le m^3 (S. D., n° 7).............	3,20	
	Approche des matériaux, dosage et fabrication du mortier, frais d'appareil...... .	4,10	
	Total..........	64,00	64,00
N° 15. — (Prix n° 22 du bordereau.) Mètre cube de maçonnerie de béton avec mortier de chaux hydraulique et cailloux cassés à l'anneau de 0^m,05.	0^{m3},900 de cailloux cassés à l'anneau de 0^m.05 à 4 fr. le m^3 (S. D., n° 6)...........	3,60	
	0^{m3},450 de mortier de chaux à 16 fr. le m^3 (S. D., n° 12).	7,20	
	Fabrication du béton, bardage, emploi, y compris les frais d'appareils, moules, gabarits................	4,20	
	Total..........	15,00	15,00
N° 16. — (Prix n° 23 du bordereau.) Mètre cube de béton avec mortier de ciment à prise rapide et cailloux cassés à l'anneau de 0^m,04.	0^{m3},900 de cailloux cassés à l'anneau de 0^m,05 à 4 fr. le m^3 (S. D., n° 6)...........	3,60	
	Surcassage à l'anneau de 0^m.04.....................	1,00	
	0^m,450 de mortier de ciment à prise rapide, à 47 fr. le m^3 (S. D., n° 19).............	21,15	
	Fabrication du béton, bardage, emploi, y compris les frais d'appareils, moules, gabarits	12,25	
	Mortier de soudure des joints.	2,00	
	Total..........	40,00	40,00
N° 17. — (Prix n° 24 du bordereau.) Maçonnerie de béton avec mortier de ciment naturel à prise	0^{m3},900 de cailloux cassés à l'anneau de 0^m,05 à 4 fr. le m^3 (S. D., n° 6)...........	3,60	
	Surcassage à l'anneau de 0^m,04.....................	1,00	

NUMÉRO ET OBJET DES SOUS-DÉTAILS	DÉTAIL DES FOURNITURES ET MAIN-D'ŒUVRE	PRIX ÉLÉMENTAIRE	PRIX D'APPLICATION
lente de la Porte-de-France et cailloux cassés à l'anneau de 0^m,04.	0^{m3},450 de mortier de ciment à prise rapide, à 64 fr. le m³ (S. D., n° 20)...........	28,80	
	Fabrication du béton, bardage, emploi, y compris les frais d'appareils, moules, gabarits................	10,60	
	Total............	44,00	44,00
N° 18. — (Prix n° 25 du bordereau.) Mètre carré de revêtement en béton de chaux hydraulique de 0^m,12 d'épaisseur.	0^{m3},12 de béton de chaux hydraulique, à 15 fr. le m³ (S. D., n° 15).............	1,80	
	Préparation de la forme, approche, emploi et répandage des terres en excès...	0,15	
	Total...........	1,95	1,95
N° 19. — (Prix n° 26 du bordereau.) Mètre cube de maçonnerie ordinaire avec moellons des carrières de Moingt et mortier de chaux hydraulique.	1^{m3},10 de moellons, déchet compris, à 5 fr. le m³ (S. D., n° 4)......................	5,50	
	0^{m3},33 de mortier de chaux, à 16 fr. le m³ (S. D., n° 12)...	5,28	
	Main-d'œuvre, y compris frais d'appareil...........	4,22	
	Total...........	15,00	15,00
N° 21. — (Prix n° 28 du bordereau.) Mètre cube de maçonnerie de pierre de taille provenant des carrières de Moingt avec mortier de chaux hydraulique.	1^{m3},00 de pierre de taille à 80 fr. le m³ (S. D., n° 20)...	80,00	
	0^{m3},15 de mortier de chaux, à 16 fr. le m³ (S. D., n° 12)...	2,40	
	Bardage, pose et main-d'œuvre y compris frais d'appareil.	7,60	
	Total...........	90,00	90,00
N° 23. — (Prix n° 30 du bordereau.) Mètre cube de maçonnerie de dalles de 0^m,10 à 0^m,15 d'épaisseur provenant de Moingt, avec mortier de chaux hydraulique.	1^{m3},00 de pierre de taille, à 45 fr. le m³ (S. D., n° 28)..	45,00	
	0^{m3},15 de mortier de chaux, à 16 fr. le m³ (S. D., n° 12)..	2,40	
	Bardage, pose et main-d'œuvre y compris frais d'appareil..	5,60	
	Total...........	53,00	53,00

DEVIS ET CAHIER DES CHARGES (EXTRAITS)

CHAPITRE I

INDICATIONS GÉNÉRALES, PROFILS EN LONG ET EN TRAVERS

ARTICLE PREMIER. — *Objet de l'entreprise.* — Le présent devis s'applique à la construction sur le territoire de la commune de Savigneux de la deuxième partie de la branche secondaire du canal du Forez, dite de Veaugirard, et d'une rigole secondaire dérivée de cette artère.

L'entreprise consiste :

1° En terrassements pour déblais et remblais, y compris les transports et les dépôts permanents ;

2° En perrés, radiers perreyés, empierrements, gazonnements, etc. ;

3° En travaux d'art, tels que : prises d'eau, aqueducs, siphons, chutes, etc. ;

4° En fourniture de journées d'ouvriers, pour travaux en régie.

ART. 2. — *Ouvrages en régie.* — L'Administration se réserve de commander directement à des ouvriers ou fabricants spéciaux la fourniture et la pose des appareils de distribution d'eau tels que : vannes hydrométriques ou autres, diaphragmes, déversoirs de jauge, treuils, crics, etc.

ART. 3. — *Tracé en plan.* — L'axe de l'artère présentera en plan les alignements et les courbes de raccordement indiqués dans le tableau ci-après :

INDICATION des points de repère		LONGUEUR des alignements droits	des courbes	ANGLES des alignements adjacents	RAYONS des arcs de cercle	LONGUEUR des tangentes	NATURE des courbes
1		2	3	4	5	6	7
Du point	Au point	m	m		m	m	
$0^k,410^m,00$	$0^k,550^m,25$	140,25	»	»	»	»	arc de cercle
0 ,550 ,25	0 ,566 ,22	»	15,97	82°,30'	10,00	11,40	
0 ,566 ,22	0 ,569 ,87	3,65	»	»	»	»	
0 ,569 ,87	0 ,583 ,30	»	13,43	103°,00'	10,00	7,95	
0 ,583 ,30	0 ,651 ,75	68,45	»	»	»	»	
0 ,651 ,75	0 ,681 ,64	»	29,89	145°,45'	50,00	15,41	
0 ,681 ,64	0 ,725 ,26	43,62	»	»	»	»	
. . . . .		. . . . .	. . . .	. . . . .	. . . .	. . . .	. . . .
Total des alignements droits..............		2.412,85	»	»	»	»	»
Total des courbes.....		»	345,95	»	»	»	»
Longueur totale.......		$2.758^m,80$	»	»	»	»	»

Art. 4. — *Courbes de raccordement*. — Les courbes de raccordement seront des portions de cercle se raccordant avec les alignements aux distances de leurs points de rencontre qui sont portées dans la colonne n° 6 du tableau précédent.

L'axe présentera en plan les sinuosités des limites des parcelles traversées, mais sans jarrets ni courbes disgracieuses. Un marchepied d'une largeur convenable sera maintenu entre la limite des parcelles et la crête des talus en déblai ; cette largeur sera indiquée en cours d'exécution à l'entrepreneur pour chaque cas particulier.

Art. 5. — *Profil en long*. — L'axe du plafond suivra les pentes qui sont indiquées dans le tableau ci-après :

DÉSIGNATION des points de repère	N^{os} D'ORDRE des ouvrages d'art	LONGUEURS	PENTES par mètre	ABAISSEMENTS
1	2	3	4	5
1° Artère de Vaugirard				
De l'origine au point 410^m,00 au point 0^k,444^m,25..............	»	m 34,25	m 0,002	m 0,07
Chute au point 0^k,444^m,25.........	1	»	»	1,00
Du point 0^k,444^m,25 au point 0^k,610	»	165.75	0,002	0,33
Chute au point 0^k,610^m,00.........	4	»	»	1,00
Cote de départ.....................				383,79
Cote d'arrivée.....................				373,07
Différence sensiblement égale à la somme des abaissements..				10,72
Rigole secondaire				
Au point 0^m,00 chute............	25	»	»	0,50
Du point 0^m,00 au point 570^m,00..	»	570,00	0,0005	0,29
Totaux............	»	570,00	»	0,79
Cote de départ.....................				373,87
Cote d'arrivée.....................				373,08
Différence sensiblement égale à la somme des abaissements..				0,79

Art. 6. — *Profils en travers*. — Le profil en travers du canal ou de ses embranchements est fixé ainsi qu'il suit :

DÉSIGNATION des PARTIES DU CANAL	LARGEUR de la cuvette au plafond	PROFONDEUR de la cuvette ou remblai	INCLINAISON DES TALUS				LARGEUR du couronnement des digues
			EN DÉBLAI :		EN REMBLAI :		
			base	hauteur	base	hauteur	
1	2	3	4	5	6	7	8
1° *Artère de Veaugirard* Du point 0ᵏ,410 au point 3ᵏ,168ᵐ 80	m 0,50	m 0,50	mèt. 3	mètres 2	mèt. 3	mètres 2	m 0,50
2° *Rigole secondaire* Du point 0ᵏ,000 au point 570ᵐ,00	0,30	0,30	1	1	1	1	0,30

Aʀᴛ. 7. — *Couronnement des digues.* — Le couronnement des digues, ou bourrelets latéraux, sera établi parallèlement au plafond de la cuvette. Aux abords des ouvrages par dessus, il sera disposé en pentes ou rampes de raccordement qui, à défaut d'indications contraires en cours d'exécution, seront de 10 centimètres par mètre.

Aʀᴛ. 8. — *Profils et talus exceptionnels.* — Aux abords des ouvrages d'art, on pourra admettre des talus en déblai ou en remblai variant entre quarante degrés et 1 de base pour 1 de hauteur ; mais alors il y aura lieu de les revêtir de perrés ou simplement de gazons posés comme il sera dit plus loin.

Aʀᴛ. 9. — *Section des ouvrages d'art et hauteur des chutes.* — Les sections des ouvrages d'art auront les dimensions principales indiquées dans le tableau ci-après qui donne également les hauteurs des chutes :

DÉSIGNATION des PARTIES DU CANAL et des profils ou points de repère	NUMÉROS D'ORDRE des ouvrages	NATURE des OUVRAGES	NATURE DES TRAVERSÉES (chemins, cours d'eau, fossés)	LARGEURS ou débouchés linéaires	HAUTEURS sous dalles ou sous clef	HAUTEUR DES CHUTES
1	2	3	4	5	6	7
Artère de Veaugirard				m	m	m.
Profil n° 11..	1	Chute en maçonnerie ordinaire.	»	0,50	»	1
13..	2	Aqueduc par dessous en maçonnerie de béton de ciment.	Fossé d'écoulement.	0,40	0,40	»
16..	3	Aqueduc par dessus en maçonnerie de béton de ciment	Desserte privée.	0,50	0,50	»
16bis	4	Chute en maçonnerie ordinaire.	»	0,50	»	1
17..	5	Aqueduc par dessus en maçonnerie de béton de ciment.	Chemin vicinal ordinaire.	0,50	0,50	»
17bis	5bis	—	---	0,50	0,50	»
20..	6	—	Desserte privée.	0,50	0,50	»
. . .	. .	. . . . .	. . . . .	. .	. .	. .

Art. 10 — *Chemins traversés.* — Le canal traverse ou dévie les chemins de la manière indiquée dans le tableau ci-après :

Nos D'ORDRE DES CHEMINS	NUMÉROS DES PROFILS	DÉSIGNATION DES CHEMINS	LONGUEUR des parties modifiées ou déviées	DÉCLIVITÉ des rampes ou pentes	LARGEUR EN COURONNE ou entre fossés	INCLINAISON des talus en remblai	INCLINAISON des talus en déblai	EMPIERREMENTS EN CAILLOUX OU PIERRES CASSÉES largeur	épaisseur sur l'axe
1	2	3	4	5	6	7	8	9	10
		Artère de Veaugirard	m	m	m			m	m
1	16	Chemin de desserte.	34,00	0,05	3,00	1/1	1/1	»	»
2	18	Chemin vicinal ordinaire de Barges à Champdieu.	6,50	0,05	6,00	--	—	5,00	0,20
3	20	Chemin de desserte.	27,20	0,05	3,00	—	—	»	»
4	23	—	6,80	0,05	3,00	—	—	»	»
.	. .	. . . . .	.	.	.	. .	.	. . .	. . .

Art. 11. — *Disposition des ouvrages.* — Les profils et dessins du projet, auxquels on renvoie d'ailleurs, donnent toutes les indications d'ensemble ou de détail concernant la disposition ou la forme des diverses parties des ouvrages d'art et des autres travaux.

L'entrepreneur s'y conformera, ainsi qu'aux changements qui pourront lui être prescrits pendant le cours du travail.

CHAPITRE II

PROVENANCE. — QUALITÉS ET PRÉPARATION DES MATÉRIAUX

Art. 12. — *Provenance des matériaux.* — Les matériaux destinés à la construction des ouvrages d'art et autres proviendront des lieux d'extraction ou d'origine désignés dans le tableau ci-après :

Nature des matériaux	Lieux d'extraction ou d'origine
Gazons	Abords du canal.
Chaux	Le Teil (fours Lafarge).

Art. 13. — *Chaux hydraulique.* — La chaux éteinte et blutée dans les usines du Teil sera de la meilleure qualité.

Elle sera expédiée par sacs plombés de 50 kilogrammes dans le mois de sa fabrication, et chaque envoi sera accompagné d'une lettre de voiture.

L'ouverture de chaque sac sera faite devant un agent de l'Administration qui en conservera le plomb dans un but de contrôle. L'empreinte des plombs sera toujours lisible.

Les sacs seront entreposés à l'abri de la pluie et de l'humidité dans des hangars bien fermés à proximité des travaux.

Toute chaux avariée d'une manière quelconque sera rebutée, et l'entrepreneur tenu d'en faire l'enlèvement aussitôt hors du périmètre des chantiers.

Toute chaux devra faire prise sous l'eau au plus tard au bout de huit jours, et celle qui ne satisfera pas à cette condition sera rebutée.

Les essais ordinaires consisteront à mettre la chaux éteinte et réduite en pâte ferme dans un verre en la recouvrant d'une quantité d'eau égale au tiers de la profondeur du verre. Elle devra supporter au bout de huit jours, sans aucune dépression, une aiguille à tricoter de $1^{mm}.2$ de diamètre, limée carrément à l'une de ses extrémités et chargée à l'autre d'un culot de plomb du poids de 300 grammes.

D'autres essais, et notamment des analyses chimiques, pourront être faits si les premiers sont jugés insuffisants.

Les frais d'essai, de pesée ou d'analyse resteront à la charge de l'entrepreneur.

Art. 14. — *Ciments.* — Le ciment sera réduit en poudre fine ne laissant pas de résidu sur un tamis en toile métallique de cent quatre-vingt-cinq largeurs de mailles au décimètre.

Il sera approvisionné sur les chantiers dans des barriques goudronnées, garnies à l'intérieur et portant la marque de la fabrique.

Tous les ciments seront conservés sous un hangar à l'abri de l'humidité et hors de contact avec le sol.

Tout ciment mouillé, éventé ou avarié d'une manière quelconque sera rebuté.

ART. 15. — *Ciment à prise rapide, dit ciment romain.* — Le ciment à prise rapide, en poudre sèche, au degré de tassement naturel, pèsera de 900 à 960 grammes par litre.

Préparé à l'état de pâte molle, sans mélange de sable, par parties d'environ 150 grammes de ciment et 70 grammes d'eau, le ciment fera prise à l'air après six minutes.

Une briquette en mortier de ciment à prise rapide composée de parties égales de ciment et de sable et tenue constamment dans l'eau devra pouvoir supporter une pression de 13 kilogrammes par centimètre carré.

ART. 16. — *Ciment à prise lente.* — Le ciment à prise lente sera le Portland, couleur gris clair; il fera prise en deux heures au moins.

ART. 17. — *Sable.* — Le sable sera bien grené, sec, criant à la main, non terreux et dégagé de tous corps étrangers.

Le sable destiné au béton, aux maçonneries ordinaires, sera passé à une claie dont les mailles seront espacées de 1 centimètre au plus.

Le sable destiné aux maçonneries de pierre de taille, aux rejointoiements et aux enduits, sera passé au tamis avec mailles espacées au plus de 3 millimètres.

ART. 18. — *Cailloux pour empierrements et bétons.* — Les cailloux pour empierrements ou maçonneries de béton seront de nature granitique ou basaltique, bien sains et bien durs.

Les cailloux pour empierrements ou maçonneries de béton seront cassés à l'anneau de 6, 5 ou 4 centimètres, suivant les cas, et, au besoin, lavés avant ou après le cassage pour être purgés de tous les corps étrangers; on les passera, en outre à une claie dont les mailles seront espacées de deux centimètres.

L'entrepreneur pourra employer aux bétons de la pierre cassée provenant des mêmes carrières que les moellons, les conditions de préparation étant d'ailleurs identiques à celles imposées pour les cailloux.

ART. 19. — *Gravier pour empierrements et béton.* — Le gravier pour empierrements devra se composer de cailloux ayant de 1 à 6 centimètres de diamètre et être purgé de terre, débris végétaux et sable fin.

ART. 20. — *Moellons.* — **Tous les moellons à employer seront extraits des meilleurs bancs des carrières; ils ne seront pas** gélifs ; ils seront sonores au marteau, sans parties molles ni terreuses ou autres défauts quelconques.

Art. 24. — *Dalles.* — Le lit inférieur et les joints des dalles seront bien dressés et proprement piqués. Il en sera de même pour le lit supérieur, s'il doit être vu. On rebutera toute dalle qui ne sera pas bien sonore au marteau, présentera des fils ou parties terreuses, aura une largeur de lit de pose sur chaque piédroit inférieure à 12 centimètres ou dont les dimensions seront inférieures à celles prescrites par les ordres de service.

Art. 26. — *Bouteroues.* — Les bouteroues en pierre de taille auront une culasse cubique de 40 centimètres au moins de côté. Cette culasse sera surmontée d'un tronc de cône de 40 centimètres de hauteur, de 30 centimètres de diamètre à la base inférieure et de 20 centimètres de diamètre à la partie supérieure.

Elles seront conformes au dessin coté qui sera remis à l'entrepreneur en cours d'exécution.

Art. 27. — *Briques cuites.* — Les briques en terre seront de la première qualité et parfaitement cuites. Elles rendront un son clair en les frappant, seront dures, auront le grain fin et serré dans la cassure et seront exemptes de chaux à l'état libre.

100 kilogrammes de briques sèches ne devront pas absorber plus de 13 kilogrammes d'eau.

Leur couleur sera rouge brun foncé.

Elles devront d'ailleurs pouvoir résister à l'action de la gelée.

Après la cuisson les briques employées auront les dimensions suivantes :

Les petites, 23 centimètres de longueur, 11 centimètres de largeur et 55 millimètres d'épaisseur ; les moyennes ou briques anglaises, 25 centimètres de longueur, 12 centimètres de largeur et 6 centimètres d'épaisseur ; enfin les grosses, 33 centimètres de longueur, 16 centimètres de largeur et 7 centimètres d'épaisseur.

Art. 28. — *Briques hydrauliques.* — L'entrepreneur n'emploiera que les briques hydrauliques d'Andrézieux, fabriquées à l'usine Marquet avec du sable de la Loire et du ciment à prise lente.

Ces briques seront de deux échantillons : le premier aura 23 centimètres de longueur, 11 centimètres de largeur et 55 millimètres d'épaisseur ; le second, 33 centimètres de longueur, 16 centimètres de largeur et 7 centimètres d'épaisseur.

Leur nuance sera gris clair. Elles seront de première qualité, d'un grain fin et serré, bien homogènes, entières et régulières de forme ; elles rendront un son clair en les frappant et ne s'émietteront pas sous la pression des doigts ou le choc du marteau.

La cassure sera nette et franche.

Elles ne seront point gélives et auront au moins trois mois de fabrication ; les arêtes seront parfaitement dessinées sans écornures ni épaufrures.

Aᴙᴛ. 29. — *Métaux, fers.* — Les fers seront d'excellente qualité, bien corroyés, doux, liants, élastiques, non cassants à froid ou à chaud, d'un grain fin et homogène, sans pailles, gerçures, brûlures et autres défauts. Ils seront toujours de l'espèce demandée.

Les fers ronds et carrés seront parfaitement dressés, bien calibrés, d'égales dimensions.

Les fers à **T** et les cornières seront exactement de l'échantillon demandé, parfaitement dressés et d'un calibre uniforme.

Une barre d'essai de 1 centimètre carré de section sera susceptible d'être ployée à froid jusqu'à l'équerre et redressée sans fentes ni déchirures.

La cassure des fers présentera une texture nerveuse et des arrachements.

La charge de rupture ou la limite de résistance ne devra pas être inférieure à 30 kilogrammes par millimètre carré pour les fers ordinaires, à 35 kilogrammes pour les boulons et les rivets, et à 40 kilogrammes pour les tôles.

Fonte. — La fonte sera de la meilleure qualité, dite fonte à la pointe, c'est-à-dire susceptible d'être facilement travaillée au burin, au foret et à la lime. Elle sera bien compacte, bien homogène, sans solutions de continuité, gerçures, bulles, ni boursouflures : sa surface ne présentera ni scories, ni sable entraîné dans la fusion, ni aucune espèce d'impureté.

Sa cassure présentera un grain gris, serré.

Toute fonte blanche et truitée sera rejetée.

La fonte sera coulée en châssis. Pour aider au coulage, les angles rentrants seront légèrement arrondis ; mais les arêtes saillantes seront vives, et toutes les lignes seront parfaitement régulières. Les modèles seront exécutés en bois et en tous points conformes aux indications données par les dessins.

Plomb. — Le plomb sera homogène et pur. Il ne s'écrouira pas par le travail. Récemment coupé, il sera d'un gris bleuâtre et très brillant.

Aᴙᴛ. 30. — *Bois.* — Tous les bois employés seront neufs, bien sains, de fil droit, sans aubier, piqûres, fentes ou nœuds vicieux.

Leurs faces seront dressées à vive arête et rabotées au besoin.

Ils seront assemblés suivant les règles de l'art.

On n'acceptera que des bois ayant deux ans de coupe au moins.

Aᴙᴛ. 31. — *Tuyaux en terre cuite.* — Les tuyaux en terre cuite et à section circulaire employés pour l'écoulement des eaux auront un diamètre intérieur variant de 5 à 50 centimètres, avec une épaisseur proportionnée au diamètre.

Leur longueur sera de 70 centimètres.

Ils seront à emboîtement ou à manchon, selon ce qui sera prescrit en cours d'exécution.

Par le choc ils devront rendre un son sec, très clair ; leur forme sera régulière.

Plongés dans l'eau pendant une dizaine d'heures, après avoir été bien desséchés, ils n'absorberont pas plus des quinze centièmes de leur poids de ce liquide.

Ils seront dépourvus de chaux à l'état libre.

Mis à bouillir pendant une dizaine de minutes dans une dissolution contenant 2 parties de sulfate de soude pour 1 partie d'eau, puis retirés de ce bain et exposés à l'air et à l'humidité, ils devront résister à cette épreuve sans se briser.

Exposés sur un pré aux plus fortes gelées de l'hiver, ils devront également résister à cette épreuve sans éprouver aucune détérioration.

On rebutera tout tuyau présentant dans le sens de sa longueur, une flèche de plus de 1 centimètre et plus de 1 centimètre d'ovale dans le sens de sa section transversale.

Art. 32. — *Matières des peintures.* — On n'emploiera dans les peintures que de l'huile de lin bien pure rendue siccative par ébullition avec de la litharge, et coupée d'essence de térébenthine.

Les matières colorantes seront :

Le blanc de céruse de Vichy :

Le blanc de zinc :

Le noir d'ivoire ;

Le minium.

Ces matières seront réduites en poudre fine sans mélange de substances étrangères.

Art. 33. — *Goudron.* — On emploiera pour le goudronnage ou le goudron minéral provenant de la distillation de la houille (*coaltar*) ou le goudron végétal.

Le goudron végétal devra être de couleur jaune d'or en couche mince, liquide et visqueux, de telle sorte qu'une baguette de 8 millimètres de diamètre, longue de 1 mètre, présentée verticalement à sa surface, s'y enfonce et y descende lentement par son propre poids. Retirée ensuite, cette baguette devra avoir au plus doublé de volume ; et, tenue verticalement, elle devra être débarrassée de goudron après deux ou trois minutes.

CHAPITRE III

MODE D'EXÉCUTION DES TERRASSEMENTS, EMPIERREMENTS, RADIERS PERREYÉS, PERRÉS, GAZONNEMENTS, SEMIS, ETC.

ART. 34. — *Piquetage.* — Avant le commencement des travaux il sera procédé au piquetage ; l'entrepreneur sera tenu d'y assister.

À l'extrémité de chaque alignement droit ou courbe, et aux profils principaux, il sera établi, sur l'axe, des piquets numérotés. Il pourra être établi, en outre, au gré de l'Administration, en dehors des terrains à occuper par le canal, une ligne de bornes et de piquets-repères. Dans ce cas les bornes seront distantes de 1.000 mètres l'une de l'autre, et les piquets seront intercalés de 100 en 100 mètres. Les bornes seront en pierre de taille ; elles auront 20 centimètres de côté et 60 centimètres de hauteur, y compris une culasse de 30 centimètres. Elles seront encastrées dans un socle en maçonnerie de 50 centimètres de hauteur et de 40 centimètres de largeur ou d'épaisseur.

Les piquets-repères seront injectés, goudronnés ou carbonisés ; ils seront en bois de chêne ; ils auront de 8 à 10 centimètres de côté ; ils devront prendre une fiche de 50 à 60 centimètres.

Il sera dressé un état ou procès-verbal de piquetage dans lequel seront consignées les cotes du plafond par rapport à la tête des bornes et des piquets-repères et la largeur normale du même plafond. Ce procès-verbal sera notifié à l'entrepreneur aussitôt après sa clôture.

L'entrepreneur sera tenu de veiller, sous sa propre responsabilité, à la conservation des piquets, bornes, repères (etc.), et de remplacer ceux qui manqueraient ou seraient dérangés pour une cause quelconque.

Toutes erreurs, malfaçons ou fausses mains-d'œuvre ayant pour cause un dérangement de piquets ou de repères resteront à la charge de l'entrepreneur.

ART. 35. — *Achèvement du piquetage par l'entrepreneur.* — L'entrepreneur complètera lui-même, dans le plus bref délai possible, le piquetage, en plaçant au droit de chaque piquet d'autres piquets, des profils ou des lattes pour marquer la largeur du plafond, les arêtes des digues, l'inclinaison des talus et les limites des diverses parties du canal.

ART. 39. — *Frais d'occupation des terrains pour dépôts permanents des déblais. Chambres d'emprunt et ouverture des chemins.* — L'entrepreneur aura à sa charge tous les frais d'occupation des terrains destinés à recevoir les dépôts permanents des déblais en excès.

Il supportera également seul les frais d'occupation des terrains pour ouverture de chambres d'emprunt dans le cas où le cube des déblais ne suffirait pas pour compléter les remblais, ainsi que les indemnités à payer aux propriétaires pour tous dommages causés à leurs fonds en dehors des emprises du canal par l'installation des chantiers, l'établissement des chemins provisoires, le mouvement des terres, ou les approvisionnements.

L'entrepreneur n'occupera aucune parcelle de terrain en dehors des emprises, sans avoir obtenu, à défaut d'entente amiable entre le propriétaire et lui, un arrêté préfectoral d'occupation temporaire.

ART. 40. — *Chambres d'emprunt et lieux de dépôt.* — Avant d'ouvrir une chambre d'emprunt, l'entrepreneur devra la faire accepter par l'ingénieur.

Les chambres d'emprunt devront se trouver dans le périmètre de la distance de transport prévue par le mouvement des terres, sauf le cas de force majeure.

Les déblais d'emprunt seront exclusivement de nature végétale ou argilo-végétale.

Les terres rocailleuses, caillouteuses, sablonneuses et marneuses sont rigoureusement prohibées.

Les chambres d'emprunt ne pourront être creusées à une distance moindre de 1 mètre de la limite du canal ; mais elles pourront être ouvertes dans la cunette même sur un ordre écrit de l'ingénieur.

La mise en dépôt permanent des déblais en excès ne pourra avoir lieu que sur des parcelles désignées par l'ingénieur.

ART. 41. — *Préparation du sol à remblayer.* — *Dégazonnements.* — Le sol à remblayer sera nettoyé avec soin et débarrassé de troncs et souches d'arbres, racines traçantes et tous autres débris végétaux sans qu'il en puisse résulter pour l'entrepreneur le droit à une indemnité spéciale, les prix du bordereau comprenant implicitement cette main-d'œuvre.

Le piochage ou le labourage du sol sera de rigueur partout où cette opération sera jugée nécessaire, et ce, encore aux frais de l'entrepreneur.

L'entrepreneur enlèvera, en outre, les gazons des prairies dans l'étendue des emprises occupées par le canal et ses dépendances.

Les gazons seront découpés régulièrement en plaquettes de dimensions uniformes, puis mis avec soin en tas pour être ultérieurement employés en revêtement de talus partout où l'ingénieur en donnera l'ordre.

Dans les parties en coteau, des entailles à gradins horizontaux seront pratiquées sur le sol pour recevoir les remblais, si l'ingénieur en reconnaît la nécessité. Cette sujétion ne donnera lieu à aucune indemnité spéciale en faveur de l'entrepreneur.

ART. 42. — *Exécution des remblais.* — Les terres employées à la confection de la cunette proprement dite ne devront contenir ni souches, ni racines, ni débris de pierres ou de végétaux.

Toutes les mottes seront cassées avec beaucoup de soin.

Les remblais seront exécutés en les réglant par couches horizontales de 15 à 20 centimètres d'épaisseur sur des longueurs d'au moins 40 mètres à la fois.

Chaque couche sera pilonnée soit au moyen de dames en bois du poids de 8 kilogrammes au moins chacune, soit au moyen d'un rouleau en fonte cannelé du poids de 150 kilogrammes au moins. Le roulage des brouettes et des tombereaux y sera établi, autant que possible, de manière à compléter le tassement.

Le nombre des ouvriers employés au régalage et au damage des remblais ne devra pas être inférieur au tiers de celui des ouvriers employés aux fouilles et au transport des terres.

Les remblais à exécuter à la suite d'une portion de digue déjà terrassée seront reliés à l'extrémité du remblai précédent à l'aide d'entailles ou gradins de 15 centimètres de hauteur sur une largeur de 30 centimètres au moins.

Les remblais des chemins et autres analogues pourront ne pas être pilonnés si l'ingénieur juge cette opération superflue. Mais ils seront toujours régalés avec soin par couches de 25 centimètres au plus d'épaisseur en cassant les mottes et en comblant tous les vides.

Le tassement de ces remblais est d'ailleurs soumis aux mêmes prescriptions que celui des remblais de la cunette du canal.

ART. 43. — *Épreuves partielles des remblais et mises en eau.* — Indépendamment de l'épreuve finale de l'ensemble des ouvrages, les travaux de terrassements seront soumis à des épreuves partielles et successives toutes les fois que l'ingénieur le jugera convenable par la mise en eau du canal.

Cette opération aura pour but principal de favoriser le tassement des remblais et la liaison des terres.

La durée de chaque mise en eau pourra être de quarante-huit heures, le canal étant rempli d'eau jusqu'à 10 centimètres en contre-bas du couronnement des digues. Les tassements, avaries, accidents ou dommages qui seraient reconnus provenir de malfaçons, de défaut de précautions de l'entrepreneur ou de ses agents seront réparés par ses soins et à ses frais.

ART. 44. — *Règlement des surfaces.* — *Semis.* — Les surfaces des talus de déblai, du plafond et du couronnement des digues seront remaniées et dressées avec beaucoup de soin après l'exécution des terrassements généraux.

Tous les talus en déblai ou en remblai et le couronnement des digues ou bourrelets latéraux seront ensemencés à l'époque la plus favorable, avec une graine composée de sainfoin, trèfle et luzerne, mélangés dans les proportions suivantes: moitié sainfoin, un quart trèfle et un quart luzerne.

Les surfaces à ensemencer seront arrosées si le temps est trop sec, avant et après l'ensemencement, pendant une quinzaine de jours.

L'entrepreneur sera d'ailleurs tenu de faire une seconde fois à ses frais les ensemencements, s'ils ne réussissent pas une première fois.

Les travaux de règlement et d'ensemencement ne seront exécutés qu'après les mises en eau d'épreuve.

Aᴿᴛ. 45. — *Gazonnements*. — Les gazonnements des talus ne seront exécutés par l'entrepreneur que sur un ordre écrit; ils seront, suivant les cas, exécutés par assises ou à plat avec des gazons bien fournis et bien vivaces.

Les gazonnements par assises auront une épaisseur moyenne de 15 centimètres.

La forme sera préparée d'avance pour recevoir les gazons, lesquels, après avoir été découpés régulièrement, seront posés, l'herbe en dessous, par assises avec parpaings de 20 centimètres, et normalement aux surfaces à protéger, à la manière des moellons des perrés, bien damés, arrosés, sans vide entre eux et le massif d'appui.

Le parement sera d'ailleurs bien battu, promptement dressé, sans bosses, ni flâches, ni jarrets, et devra présenter la forme plane, courbe ou gauche représentée dans les dessins ou prescrite par l'ingénieur.

Les gazonnements à plat ou superficiels ne différeront des précédents qu'en ce que les gazons seront simplement plaqués avec battage et arrosage contre les talus à revêtir sur une épaisseur moyenne de 75 millimètres.

Les gazonnements seront entretenus jusqu'à prise complète par l'entrepreneur et à ses frais.

Aᴿᴛ. 46. — *Corrois en argile*. — Quand il y aura lieu de faire un corroi d'étanchement, l'entrepreneur fournira à pied-d'œuvre la terre argileuse la plus propre à cet emploi, c'est-à-dire bien liante et renfermant le moins possible de matières étrangères. Cette terre sera débarrassée des pierres qui s'y trouvent mélangées, puis petrie avec soin de manière à former une pâte homogène et ductile.

Des ouvriers spéciaux feront ce corroyage sur une aire en planches en marchant sur l'argile, en la remuant et en la battant à plusieurs reprises dans tous les sens avec des instruments convenables.

On n'y ajoutera que la quantité d'eau suffisante pour que la pâte soit bien ductile. Le pétrissage pourra s'opérer avec des cylindres passant sur la terre ou au moyen de laminoirs. La terre ainsi préparée sera descendue dans les fouilles ouvertes à cet effet, étalée et damée par couches de 10 à 15 centimètres, en ayant soin de ne pas laisser durcir, en se desséchant, les lits successifs de pose et de ne pas interposer des matières étrangères telles que sable, terre, gravier, paille, etc.

ART. 47. — *Perrés et radiers perreyés.* — Les perrés à pierres sèches seront exécutés en *opus incertum* avec des joints n'ayant pas plus de 3 centimètres d'épaisseur.

Ils devront présenter des surfaces régulières sans flâches ni parties saillantes. Ils auront une épaisseur moyenne de 30 centimètres. Les moellons seront posés de manière que leurs plus grandes dimensions soient perpendiculaires au talus. Ils seront bien calés ; leur queue sera enracinée solidement dans le sol sur lequel ils reposeront.

L'entrepreneur sera tenu de les faire jusqu'à 30 centimètres sous l'eau. Les fouilles des perrés étant comprises dans le prix des perrés ne seront pas comptées à part.

On remblayera avec soin et en pilonnant derrière les perrés au fur et à mesure de leur élévation. La terre employée pour ce remblai sera franche et non sablonneuse.

. . . .

CHAPITRE IV

MODE D'EXÉCUTION DES OUVRAGES D'ART

. . . .

ART. 56. — *Bétons de ciment.* — Le béton de ciment à prise rapide pour aqueducs-siphons, tuyaux et autres travaux nécessitant une exécution et une prise rapides en même temps qu'une grande imperméabilité, se composera de 1 partie de mortier ordinaire de ciment et de 1 partie de pierres cassées à l'anneau de 4 centimètres, suivant les prescriptions de l'ingénieur.

Le dosage des matières sera fait avec la plus grande exactitude avec des caisses sans fond ou des brouettes jaugées.

Lorsque, le sable et le ciment étant mélangés suivant les proportions convenables dans la gamate ou l'auge, on aura, avec la quantité d'eau voulue, obtenu une pâte molle de la consistance du mortier pour maçonnerie, alors seulement on ajoutera la pierre cassée ou le gravier ; on brassera vigoureusement le tout, et on emploiera immédiatement après le béton ainsi fabriqué.

L'entrepreneur se conformera d'ailleurs, pour l'exécution de cette maçonnerie, aux ordres de service et dessins qui lui seront remis par l'ingénieur.

Le béton de ciment, à prise lente, pour aqueducs ordinaires, cuves régulatrices des appareils de jauge, culées des vannes et autres ouvrages, sera fabriqué de la même manière que le béton de chaux. Toutes les prescriptions de l'article précédent lui sont applicables.

Les ouvrages en béton de ciment seront exécutés sur place dans les fouilles préparées à cet effet, sans solution de continuité et avec la plus grande activité possible. Le béton de ciment sera versé, puis bourré dans les moules ou gabarits, de manière à ne laisser aucun vide dans la maçonnerie. Aussitôt la prise du ciment commencée, on cessera toute manipulation.

Après chaque interruption de travail ayant duré plus d'une heure, les surfaces d'attente seront nettoyées, grattées, lavées au besoin, afin que le nouveau béton fasse bien corps avec celui qu'on aura exécuté précédemment.

Le moulage des tuyaux du grand aqueduc-siphon sera fait hors de la tranchée, mais à proximité du lieu d'emploi; les dispositions de l'appareil de moulage seront soumises à l'approbation de l'ingénieur, avant tout commencement de mise en œuvre.

Le démoulage ne sera opéré qu'après la prise du ciment et avec assez de soin pour que rien ne se détache plus du tuyau, surtout de l'intérieur et des bouts.

Chaque tuyau aura une longueur de 1 mètre au moins et sera terminé en biseau aux deux extrémités, afin de faciliter ultérieurement sa jonction avec les tuyaux d'amont et d'aval.

On rebutera les tuyaux déformés et brisés, ainsi que ceux dont les parois intérieures ne seraient pas suffisamment lisses.

Les épaisseurs indiquées par les diverses maçonneries de béton de ciment sont des minima de rigueur; toute maçonnerie qui n'y satisfera pas sera démolie et refaite aux frais de l'entrepreneur.

Lorsque les tuyaux fabriqués ainsi qu'il a été dit plus haut auront atteint une dureté suffisante et auront été vérifiés, puis reçus par l'ingénieur, on les descendra dans la tranchée préparée à cet effet. Leur pose aura lieu en allant de l'amont à l'aval. Ils seront placés bout à bout, et leur jonction s'opérera de la manière suivante :

On introduira dans les tuyaux un mandrin auquel on fera occuper aussi complétement que possible leur section intérieure; on placera extérieurement au droit du joint des planches de coffrage et dans le vide ainsi formé entre les planches et les extrémités des tuyaux placés bout à bout et taillés en biseaux, on coulera du mortier qui formera bourrelet, composé d'une partie de sable et d'une partie de ciment Portland à prise lente.

Dès que le mortier aura fait prise, on fera glisser le mandrin dans l'intérieur de la conduite et on l'amènera à l'endroit du joint suivant, lequel s'exécutera de la même manière.

On n'exécutera les remblais sur la conduite qu'après avoir soumis celle-ci à des vérifications minutieuses et à des essais hydrauliques. L'une des épreuves consistera à porter l'eau qui s'y trouvera renfermée et après expulsion complète de l'air, à une pression de 1 atmosphère à l'aide d'une machine ou d'une presse hydraulique. Cette expérience portera sur des longueurs de 100 mètres au moins. L'eau sera amenée dans la conduite et sous la plus grande pression dont on pourra disposer, aux frais de l'Administration : mais tous les autres frais d'essai et de vérification seront supportés par l'entrepreneur.

Ce dernier aura soin d'arcbouter solidement le dernier tuyau posé et de faire dégager l'air renfermé dans la conduite.

Les parties de conduite reconnues mauvaises ou perméables seront immédiatement démolies et refaites par les soins et aux frais de l'entrepreneur et soumises à une nouvelle épreuve.

. . . .

ART. 65. — *Maçonnerie de dalles.* — La maçonnerie de dalles sera faite avec le même mortier, les mêmes soins et les mêmes précautions que celle de la pierre de taille (V. l'article ci-après).

ART. 66. — *Maçonnerie de pierre de taille.* — La pierre de taille sera nettoyée et arrosée avant la pose.

Elle sera posée sur bain soufflant de mortier de 9 à 10 millimètres d'épaisseur au moyen d'une chèvre et d'une louve ou au moyen de pinces si l'emploi de la chèvre est jugé impossible ou inutile, puis battue avec une masse en bois du poids de 10 kilogrammes jusqu'à ce que le mortier reflue par les bords et que les joints se trouvent réduits à 7 millimètres d'épaisseur.

ART. 67. — *Taille et arêtes des parements vus de la pierre de taille.* — Les parements vus de la pierre de taille, pour lesquels la main-d'œuvre ci-après sera prévue ou ordonnée en cours d'exécution, seront proprement bouchardés, dégauchis ou arrondis avec un fini tel que, sous la règle ou la cerce, les bosses ou flèches n'atteignent pas 2 millimètres de saillie ou de profondeur. Les arêtes seront parfaitement profilées suivant l'appareil droit ou courbe, bien nettes, régulières, sans écornures, avec ciselure de 25 millimètres de largeur.

Toute pierre épaufrée ou écornée sera refusée et remplacée à bref délai, lors même qu'elle serait déjà posée.

ART. 72. — *Étanchement en béton de chaux hydraulique.* — Les revêtements en béton de chaux auront les épaisseurs prescrites par l'ingénieur.

On aura soin, au préalable, de bien nettoyer et laver la surface de pose.

Le béton sera tassé à la hie au fur et à mesure de sa pose, puis battu avec une savate en cuir armée de clous à grosse tête.

La couche de béton ainsi posée sera recouverte ensuite, après avoir été bien nettoyée et humectée à la surface, d'une couche de mortier fin lissée à la truelle. Ce lissage sera continué jusqu'à ce que la chape ou l'enduit soit dur et brun.

Les épaisseurs et autres dimensions ou conditions d'établissement des diverses parties des revêtements en béton feront d'ailleurs, dans chaque cas particulier, l'objet d'un ordre de service spécial.

ART. 73. — *Enduits en mortier de ciment.* — Si l'enduit en ciment doit être posé sur une maçonnerie de béton, la surface de cette dernière sera grattée au vif d'abord et à sec, puis brossée avec une brosse très dure en la lavant en même temps à grande eau jusqu'à ce qu'il ne s'en détache plus rien.

Le béton devra d'ailleurs avoir atteint son durcissement complet avant d'être enduit.

L'épaisseur, l'étendue, la forme et les autres conditions d'établissement des enduits de ciment seront fixées dans chaque cas particulier par l'ingénieur. Ils seront posés, sur des surfaces horizontales, verticales ou inclinées, planes ou courbes, par petites parties avec la truelle, puis dressés avec le tranchant et terminés avec le dos de cet outil ou passés à la truelle brettée.

ART. 78. — *Vannages.* — Les vannages pour caissons d'enceintes provisoires ou autres seront en sapin ou en pin et assemblés en panneaux avec les épaisseurs et selon les dispositions prescrites par l'ingénieur.

Ils seront échoués dans l'eau par l'entrepreneur qui supportera tous les frais de pose.

Les vannages auront au moins 3 centimètres d'épaisseur.

ART. 82. — *Maçonnerie de tuyaux en poterie.* — Les tuyaux en poterie pour aqueducs, passages d'eau (etc.) seront posés avec ou sans béton comme enveloppe extérieure.

On les mettra en place sur un lit de béton ou sur une couche de terre préalablement pilonnée, de manière que le vide des emboîtements ou des manchons soit uniforme.

On remplira ensuite ce vide avec du mortier de ciment en le bourrant bien et en évitant toute bavure à l'intérieur.

Le mortier sera proprement lissé à l'extérieur.

On couvrira ensuite les tuyaux de terre ou de béton en bourrant bien par dessous, de manière à ne laisser aucun vide, et en pilonnant avec précaution pour ne pas casser les tuyaux.

Les dimensions des fouilles, des lits de pose, des enveloppes en terre ou en béton et autres dispositions feront l'objet d'ordres de service spéciaux en cours d'exécution des travaux.

ART. 86. — *Fondations des ouvrages d'art.* — L'entrepreneur est tenu d'établir les fondations des ouvrages sur le terrain solide sans pouvoir élever aucune réclamation, ni prétendre à aucune augmentation de prix ou indemnité, quelle que soit la profondeur à laquelle se trouve le terrain convenable. Il ne pourra commencer à fonder aucun ouvrage qu'après que le sol des fondations aura été reconnu par l'ingénieur ou son délégué et qu'il y aura été autorisé par écrit.

CHAPITRE V

MÉTRÉ ET ÉVALUATION DES OUVRAGES DE TOUTE NATURE
APPLICATION DES PRIX DU BORDEREAU

. . . .

Art. 91. — *Gazonnements.* — Les gazonnements seront évalués au mètre carré. Il ne sera accordé aucune plus-value à l'entrepreneur pour les parements dont la forme géométrique compliquée exigerait l'emploi de gabarits spéciaux.

Art. 94. — *Métrage des ouvrages d'art.* — Quand les ouvrages d'art devront être établis conformément aux dessins du projet ou aux types approuvés, les comptes seront établis simplement en reproduisant les avant-métrés correspondants.

Quand des changements seront jugés nécessaires par l'ingénieur, soit pour les fondations, soit pour le reste d'un ouvrage, ils feront l'objet d'ordres écrits accompagnés de dessins ou croquis cotés. Dans ce cas les travaux seront payés à raison des quantités réellement exécutées et constatées par des attachements contradictoires.

Ces quantités seront toujours mesurées dans œuvre et suivant les règles de la géométrie, sans tenir compte d'aucun déchet, ni fausse taille ou coupe, et payés en raison des cubes, surfaces et poids effectifs, suivant les prix du bordereau.

Art. 95. — *Maçonnerie de béton.* — Les frais de gabarits, moules, vannages, cintres (etc.), pour l'exécution des tuyaux, siphons et ouvrages analogues en béton de ciment, étant compris dans les prix du bordereau applicables à la maçonnerie des dits ouvrages, l'entrepreneur ne pourra rien réclamer de ce chef.

Art. 99. — *Bois.* — Les bois seront payés d'après la surface ou le cube effectif mis en œuvre. Les dimensions seront prises au centimètre ; toutefois le vide des assemblages ne sera pas déduit. Une pièce à tenon sera mesurée sur toute sa longueur sans déduire l'évidement du tenon.

Art. 101. — *Fouilles des ouvrages d'art.* — Les frais d'étrésillonnement et de consolidation des parois des fouilles seront à la charge exclusive de l'entrepreneur.

Art. 102. — *Épuisements.* — Les épuisements à faire pour l'extraction des déblais jusqu'à 20 centimètres sous l'eau ou des perrés et enrochements jusqu'à 30 centimètres sous l'eau seront à la charge exclusive de l'entrepreneur. Les frais d'épuisements pour l'extraction des déblais ou la confection des perrés et enrochements en contre-bas des niveaux superficiels ci-dessus seront supportés par l'Administration.

Il est d'ailleurs expressément stipulé que toutes les fois que l'écoulement des eaux pourra se faire en ouvrant une simple rigole dans les limites de l'emprise du canal, l'entrepreneur sera tenu de l'exécuter à ses frais.

Les épuisements nécessaires à l'établissement des fondations et des parties inférieures des ouvrages d'art seront à la charge exclusive de l'entrepreneur quand ils pourront se faire à l'aide de l'écope et du seau ou que les eaux pourront être détournées par l'ouverture de simples rigoles ; ils seront, au contraire, à la charge de l'Administration, quand ils exigeront l'emploi de machines plus parfaites et de procédés plus dispendieux, circonstances qui devront toutefois être constatées régulièrement, par l'ingénieur. Dans ce cas l'entrepreneur fournira à l'Administration, aux prix du bordereau, les ouvriers, outils et pompes nécessaires.

ART. 104. — *Refouillements. — Rainures. — Feuillures. — Profils divers.* — L'Administration se réserve expressément la faculté de faire faire dans tous les ouvrages en pierre de taille, dalles, moellons smillés, moellons ordinaires, briques, bois, fers, etc., des refouillements, rainures, feuillures et profils quelconques sans que l'entrepreneur puisse réclamer une augmentation de prix ou une indemnité pour ces différents travaux, lesquels sont implicitement compris dans les prix du bordereau correspondant à ces diverses natures d'ouvrages.

ART. 105. — *Journées d'ouvriers.* — Des attachements réguliers seront tenus des journées d'ouvriers, fournis par l'entrepreneur.

La journée normale sera de dix heures.

Il n'y aura pas de fraction inférieure à l'heure.

On ne payera d'ailleurs que les heures de travail réellement effectif.

ART. 106. — *Faux frais.* — Tous les faux frais seront à la charge exclusive de l'entrepreneur, que ce soit ou non libellé dans les prix du bordereau.

DÉTAIL ESTIMATIF DES TRAVAUX

INDICATION DES OUVRAGES	NUMÉROS des PRIX d'application	QUANTITÉS	PRIX de L'UNITÉ	DÉPENSES par ARTICLE	DÉPENSES par OUVRAGE	DÉPENSES par SECTION de l'avant-métré
1re Section. — Terrassements et transports		m.		f.		
Exécution de tous les terrassements de la 2e partie de l'artère de Veaugirard (au mètre courant)............	8	2.758,80	0,81	2.234,63		
Exécution de tous les terrassements de la rigole secondaire (au mètre courant)........	9	570 »	0,22	125,40		
Gazonnements par assises (au mètre carré)............	10	150 »	0,50	75 »	f. 2.435,03	f. 2.435,03
2e Section. — Perrés et empierrements						
Perrés à pierres sèches (au mètre carré)............	12	45,60	3,50	159,60		
Empierrements en cailloux cassés (au mètre cube)......	15	13 »	4,50	58,50	218,10	218,10
3e Section. — Ouvrages d'art						
Chute de 1 mètre au profil n° 11						
Maçonnerie ordinaire (au mètre cube).................	26	7,58	15 »	113,70	113,70	
Et pour 5 semblables aux profils n°s 16 *bis*, 22, 25, 27 et 30 *bis*..................					568,50	
Chute de 0m,50 de hauteur au profil n° 29						
Maçonnerie ordinaire (au mètre cube)...............	26	2,68	15 »	40,20	40,20	
Et pour 1 ouvrage semblable au profil n° 34.................					40,20	
Aqueduc par dessus de 0m,50 de diamètre aux profils n°s 16, 17, 17 bis, 20, 23, 24, 26, 27 ter, 29 bis, 32, 33, 38, 67 bis et 72						
Maçonnerie de béton de ciment à prise rapide (au m³)..	23	18,25	40 »	730 »		730 »
Aqueduc par dessous de 0m,40 de diamètre aux profils n°s 13, 22, 34, 69 et 75						
Maçonnerie de béton de ciment à prise rapide (au m³)..	23	5 »	40 »	200 »		200 »
Aqueduc-siphon de 0m,45 de diamètre entre les profils n°s 40 et 63						
Maçonnerie de béton de ciment à prise rapide (au m³)..	23	126,46	40 »	5.058,40		
Maçonnerie de pierre de taille (au mètre cube).........	28	0,67	90 »	60,30		
Fers pour grilles, regards, vannes, etc. (au kilog.)......	31	350 »	0,70	245 »		
Maçonnerie ordinaire (au mètre cube).................	26	80,25	15, »	1.203,75	6.567,45	
Chute de 0m,50 de hauteur et de 0m,30 d'ouverture au profil n° 41 bis						
Maçonnerie ordinaire (au mètre cube)..................	26	2,06	15 »	30,90	30,90	
Aqueduc par dessus de 0m,30 de diamètre aux profils n°s 84 et 85						
Maçonnerie de béton de ciment à prise rapide (au m³)..	23	1,05	40 »	42 »		42 »
Aqueduc par dessous de 0m,40 de diamètre au profil n° 91						
Maçonnerie de béton de ciment à prise rapide (au m³)...	23	0,76	40 »	30,40	30,40	8.363,35
Somme à valoir pour imprévus divers, frais de surveillance, etc.................						11.016,48
						1.133,52
Montant total..................						12.150 »

ÉTAT SOMMAIRE DES TERRAINS A ACQUÉRIR

NATURE DES TERRAINS A ACQUÉRIR	SURFACES	PRIX de l'are	MONTANT
Terres labourables, pâtures, etc.	»	»	3.196f,62 [1]
Montant total des terrains à acquérir			3.196f,62

[1] Ce chiffre est le montant des acquisitions de terrains amiables faites.

TABLEAU DES SOUSCRIPTEURS

NOMS, PRÉNOMS et domicile des propriétaires	DÉSIGNATION CADASTRALE				SURFACES souscrites
	Commune	Section	Lieux-dits	Nos du plan	
Bouchet, Jean-Marie, fermier des Hospices à Merlieux.........	Savigneux	E	Belles-Dents	14bis, 14, 6, 9, 11 12, 13, 53bis, 53, 54	15h,00a,00ca
Dupuy, Henri, pharmacien à Montbrison...	—	—	Barge	70	1 ,40 ,00
Le même............	—	—	—	75	1 ,00 ,00
Gorand, Claude, propriétaire à Barge, commune de Savigneux.	—	—	—	65	0 ,18 ,00
Reymond, Francisque, sénateur à Montbrison	—	—	—	72	2 ,50 ,00
Rolland, Antoine, propriétaire à Chaury, commune de Champdieu	—	—	—	69-71	1 ,40 ,00
Charvet, Benoît, propriétaire à Saint-Étienne.	—	—	—	79-79bis	5 ,00 ,00
					26h,48a,00ca

ANNEXE H

PROJET DE LOI RELATIF AU CRÉDIT AGRICOLE APPLIQUÉ AUX IRRIGATIONS

(Présenté par le Gouvernement en 1892)

TITRE I

DES SOCIÉTÉS DE CRÉDIT POUR TRAVAUX D'IRRIGATION

ARTICLE PREMIER. — Des Sociétés ayant pour objet de faciliter aux agriculteurs les moyens d'obtenir les avances de fonds nécessaires à l'aménagement intérieur des propriétés en vue de l'irrigation des terres (arrosage estival, submersion des vignes, etc.) et de leur procurer la possibilité de se libérer au moyen d'annuités, peuvent être autorisées par décret du Président de la République, le Conseil d'État entendu.

Elles jouissent alors des droits et sont soumises aux règles établis par la présente loi.

ART. 2. — Les Sociétés peuvent être restreintes à certaines circonscriptions territoriales qui seront déterminées par le décret l'autorisation.

ART. 3. — Les Sociétés peuvent, avec l'autorisation des Ministres de l'Agriculture et des Finances et dans les limites fixées par le décret d'autorisation, émettre des obligations à l'effet d'employer les fonds ou prêts destinés à l'aménagement intérieur des propriétés soumises à l'irrigation.

ART. 4. — Le décret détermine les mesures de surveillance auxquelles chaque Société sera soumise, notamment en ce qui concerne l'émission et le remboursement des obligations.

TITRE II

DES PRÊTS FAITS ET DES OBLIGATIONS ÉMISES PAR LES SOCIÉTÉS

ART. 5. — Le prêt ne peut, en aucun cas, excéder la somme reconnue nécessaire à l'aménagement indispensable à l'irrigation.

Il devra être précédé de la rédaction d'un devis dressé par la Société, d'accord avec l'agriculteur emprunteur.

Art. 6. — Le prêt est réalisé aux époques fixées par le contrat sans qu'à aucun moment le montant des avances puisse excéder celui des fournitures et travaux faits et dûment justifiés, ni que le dernier tiers du prêt puisse être payé avant le complet achèvement des travaux.

Art. 7. — Si les travaux sont interrompus sans que l'emprunteur ait remboursé, la Société peut être autorisée, par le juge de paix du canton de la situation des biens, à exécuter aux frais, risques et périls de l'emprunteur, les travaux nécessaires pour rendre productive la dépense déjà faite.

Art. 8. — Une expédition du contrat de prêt, s'il est authentique, ou l'un des doubles sous seing privé, est transcrit par le conservateur des hypothèques de l'arrondissement de la situation des biens. Cette transcription aura lieu moyennant le payement du droit fixe de un franc en principal.

Art. 9. — L'agriculteur emprunteur acquitte sa dette par annuités ; il a toujours le droit de se libérer par anticipation, soit en totalité, soit partiellement.

Dans le cas de remboursement par anticipation, total ou partiel, la Société a droit à une indemnité de 1 0/0 sur le capital remboursé.

Le recouvrement des annuités a lieu comme en matière de contributions directes.

Art. 10. — L'annuité comprend l'intérêt stipulé, qui ne peut excéder 5 0/0, et la somme affectée à l'amortissement du capital, fixée d'après la durée du prêt.

Il peut, en outre, être stipulé une commission qui, en aucun cas, ne dépassera 0 fr. 50 par 100 francs et par an.

Art. 11. — En cas de non-paiement des annuités, la Société, indépendamment des droits qui appartiennent à tout créancier, peut recourir aux moyens d'exécution déterminés par le titre III de la présente loi.

Les annuités non payées à l'échéance produisent intérêt de plein droit.

Art. 12. — Le capital réalisé en obligations ne peut dépasser le montant des prêts.

Dans le courant de chaque année il est procédé au remboursement des obligations au prorata de la rentrée des sommes prêtées.

Art. 13. — Les porteurs d'obligations n'ont d'autre action, pour le recouvrement des capitaux et des intérêts exigibles, que celle qu'ils peuvent exercer directement contre la Société.

Art. 14. — Il n'est admis aucune opposition au paiement du capital et des intérêts, si ce n'est en cas de perte de l'obligation.

TITRE III

DES DROITS, DES PRIVILÈGES ET MOYENS D'EXÉCUTION DE LA SOCIÉTÉ VIS-A-VIS DE L'EMPRUNTEUR ET VIS-A-VIS DES TIERS

ART. 15. — Les juges ne peuvent accorder aucun délai pour le paiement des annuités.

Ce paiement ne peut être arrêté par aucune opposition.

ART. 16. — En cas de non-paiement de deux termes de l'annuité, la Société peut, en vertu d'une ordonnance rendue sur requête par le juge de paix du canton de la situation des biens, et sans mise en demeure, se mettre en possession des immeubles soumis à l'irrigation et même de ceux qui pourraient être nécessaires à leur exploitation, aux frais et risques du débiteur en retard.

ART. 17. — Pendant la durée du séquestre, la Société perçoit, nonosbtant toute opposition ou saisie, le montant des revenus et récoltes, et l'applique, par privilège, à l'acquittement des termes échus d'annuités et des frais.

Ce privilège prend rang immédiatement après ceux qui sont attachés : 1° aux frais faits pour la conservation de la chose ; 2° aux frais de labour et de semences : 3° aux droits du Trésor pour le recouvrement des impôts et aux taxes d'arrosage perçues dans la forme des contributions directes ; 4° aux droits du séquestre du Crédit foncier de France, tel qu'il est déterminé par sa législation spéciale.

En cas de contestation sur le compte du séquestre, il est statué par le juge de paix du canton de la situation des biens.

ART. 18. — S'il se trouve, au nombre des propriétaires des biens soumis à l'irrigation, des incapables, soit mineurs, soit femmes mariées sous le régime dotal, soit interdits ou aliénés ; s'il se trouve des absents, que l'absence soit ou non constatée, le prêt est autorisé à la requête des parties intéressées dûment autorisées par ordonnance du juge de paix du canton de la situation des biens.

Cette ordonnance doit reconnaître que le prêt est fait dans l'intérêt des incapables ou des absents.

Elle est rendue sur le vu du devis des travaux et du projet de contrat, sans appel et sans recours de la part desdits incapables ou absents.

ART. 19. — Les droits et actions qui, en vertu du droit commun, appartiennent à tout créancier hypothécaire ou privilégié, non inscrit à la date de la transcription du contrat, ne peuvent en aucun cas, être opposables à la Société, qui, dans tous ordres et contributions, comme en cas de faillite, déconfiture ou liquidation judiciaire, doit toujours être colloquée de préférence à tous autres, pour le montant de sa créance, en principal, intérêts, frais, indemnités et autres accessoires, à l'exception des droits et **privilèges** dont il est question en l'article 17, § 2, de la présente loi et des droits du créancier hypothécaire antérieurement inscrit pour une somme déterminée, en vertu des articles 2134 et 2151 du Code civil.

Art. 20. — Dans les cas de résolution, de folle enchère, de nullité, de rescision ou de révocation, pour une cause quelconque, du titre de propriété de l'agriculteur emprunteur, le poursuivant, sur une simple ordonnance rendue par le juge de paix du canton de la situation des biens, doit, avant de pouvoir rentrer en possession, rembourser à la Société le montant intégral du prêt **restant dû**, en principal, intérêts, frais, indemnités et autres accessoires, si mieux il n'aime être substitué dans les droits et obligations résultant du contrat.

TITRE IV

DISPOSITIONS GÉNÉRALES

Art. 21. — Les dispositions ci-dessus ne font pas obstacle à ce que les Sociétés de crédit pour travaux d'irrigation passent avec les emprunteurs toutes conventions particulières qui seraient autorisées par leurs statuts et qui concerneraient notamment soit l'exécution des travaux par les Sociétés elles-mêmes, soit l'exploitation par elles de l'immeuble irrigué pendant la période d'exécution du contrat.

Art. 22. — Les dispositions des articles 5 à 11, celles du titre III, ainsi que celles de l'article 21 ci-dessus, sont applicables aux prêts consentis en vue de l'irrigation par des associations agricoles de toute nature, autorisées à cet effet par décret délibéré en Conseil d'État.

Art. 23. — Un règlement d'administration publique déterminera, s'il y a lieu, les dispositions nécessaires pour l'exécution de la présente loi.

ANNEXE I

NOTE RELATIVE A LA RÉGLEMENTATION DES BARRAGES D'USINES

(Voir Ire partie. — *Police des cours d'eau non navigables.* — Chapitre II)

Un grand nombre de barrages d'usines ou d'irrigations sont arasés au niveau légal de la retenue, bien que munis d'un déversoir, en sorte qu'on réalise ainsi une ligne de déversement de longueur double de la largeur du cours d'eau.

Cette pratique est depuis longtemps en vigueur dans plusieurs services où l'utilisation comme déversoir du barrage lui-même était considérée comme une exception d'espèce. C'est ainsi que nous trouvons, dans divers règlements d'eau, des considérants analogues au suivant, emprunté à un arrêté du 1er juillet 1895 :

« Considérant que par dérogation à la circulaire du Ministre des « Travaux publics du 23 octobre 1851, il n'y a pas lieu de prescrire « l'établissement d'un déversoir spécial, vu qu'il peut y être suppléé « par le dérasement au niveau légal de la crête du barrage, lequel « présente une largeur égale à la largeur du cours d'eau. »

Ainsi l'utilisation du barrage comme déversoir était considérée comme une dérogation d'espèce aux instructions générales.

Nous avons, pour notre part, recommandé, dans la première partie du présent ouvrage, l'usage consistant à réaliser une ligne de déversement double de la largeur du cours d'eau.

Cette opinion tendait à passer dans la doctrine de l'Administration ; mais, un grand nombre d'ingénieurs l'ayant contestée en tant qu'interprétation exacte de la circulaire du 23 octobre 1851, l'Administration a cru devoir en référer à la Commission de l'Hydraulique agricole, laquelle, après mûre discussion, a émis l'avis que la circulaire de 1851, laquelle ne fixe que le niveau du déversoir, et non celui du barrage, n'a entendu exiger qu'une ligne de déversement de longueur égale à la largeur de la rivière et non pas double (Avis du 5 mars 1897).

Nous croyons, en conséquence, devoir rectifier sur ce point l'indication que nous avons donnée dans le premier volume (chap. II, § 12, p. 70, ligne 4).

A ce sujet, la question s'est posée de savoir ce qu'on doit entendre par largeur de la rivière ; sur ce point la doctrine varie selon les services. Les diverses opinions émises par les ingénieurs peuvent être ramenées à deux. Selon les uns, la largeur de la rivière doit être mesurée *au niveau des eaux de pleines rives ;* selon les autres, c'est la largeur du cours d'eau *au niveau légal de la retenue* qui doit donner la mesure de la longueur du déversoir.

Les partisans de la première opinion (eaux de pleines rives) ont fait valoir que la notion de la largeur est naturelle et ne se crée pas par la fixation artificielle du niveau légal de la retenue.

Mais la Commission de l'Hydraulique agricole, tout en estimant qu'il convient de laisser aux ingénieurs la plus grande latitude sur ce point dans chaque espèce, a émis l'avis que la longueur normale du déversoir est celle qui correspond à la largeur de la rivière mesurée au niveau légal de la retenue.

A cette occasion, la Commission a spécifié que le déversement qui s'opère sur la crête des vannes de décharge ne doit pas entrer en ligne de compte dans le calcul de la longueur du déversoir. Cette doctrine est celle que nous avons soutenue dans la première partie (chap. II, § 16). On ne saurait établir de compensation entre le vannage de décharge et le déversoir.

ERRATA

Dans la figure 93, page 333 du tome I, il s'est glissé une erreur matérielle. — Pour le chiffre qui donne l'altitude de la source de la rivière de la Touvre, il faut lire (47), au lieu de (166).

A la page 74 du tome I, il y a lieu de lire :

A la 1re ligne, DD' au lieu de DF';

    3°   —   AD'   —   AF'.

FIN

TABLE DES MATIÈRES

CHAPITRE I

Généralités

		Pages.
1	Du rôle de l'eau dans la végétation	1
2	Qualités des eaux d'arrosage	2
3	Quantités d'eau nécessaires à l'irrigation	7
4	Expériences de M. Carpenter	12
5	Saisons d'arrosage. — Espacement et durée des périodes.	18
6	De l'utilité des irrigations	20

CHAPITRE II

Mode d'établissement des canaux d'irrigation

7	Tracé	22
8	Pentes et vitesses	24
9	Profil en long	28
10	Sections	34
11	Tirant d'eau	37
12	Inclinaison des talus	38
13	Banquettes et cavaliers	39
14	Revètements et étanchements	41

CHAPITRE III

Des prises d'eau

15	Généralités	52
16	Choix de l'emplacement des prises d'eau sans barrages	53
17	Prises d'eau sans barrages	57
18	Prises d'eau avec barrages	66

CHAPITRE IV

Ouvrages d'art

Pages.

19 Généralités..... 88
20 Nature et qualité des matériaux.... 89
21 Choix à faire entre les constructions métalliques et les ouvrages en maçonnerie.... 95
22 Classification des ouvrages d'art.... 97
23 Passages inférieurs pour routes et chemins.... 98
24 Passages inférieurs pour cours d'eau.... 104
25 Passages supérieurs pour cours d'eau.... 110
26 Passages supérieurs pour routes et chemins.... 118

CHAPITRE V

Ouvrages d'art exceptionnels et spéciaux

27 Grands ponts-aqueducs.... 136
28 Des tunnels.... 137
29 Des grands siphons. — Généralités.... 144
30 Diverses natures de siphons.... 148
31 Des siphons en maçonnerie.... 149
32 Des siphons en béton de ciment.... 150
33 Des siphons métalliques.... 154
34 Des ventouses.... 173
35 Devis. — Cahier des charges.... 175
36 Des ponts-siphons.... 175
37 Des mesures de précautions à prendre dans la mise en charge des siphons en fonte.... 181
38 Des tuyaux en acier et ciment.... 184
39 Des tuyaux en tôle d'acier.... 191
40 Prix de revient et comparaison des divers systèmes.... 192
41 Des siphons en bois.... 194
42 Des chutes.... 197
43 Vannes de décharge et déversoirs.... 200

CHAPITRE VI

Des barrages-réservoirs

44 Généralités.... 204
45 Emplacement des barrages-réservoirs.... 206

Pages.

46 Nature du sol de fondation.................................... 207
47 Capacité.. 210
48 Déversoirs... 219
49 Des appareils de prise d'eau................................. 234
50 De la vidange des réservoirs................................ 249
51 Appareils de manœuvre des vannes d'évacuation (système
    de la Cⁱᵉ Fives-Lille)...................................... 253
52 Appareils de manœuvre des vannes d'évacuation (système
    Jandin).. 260
53 Du dévasement des réservoirs............................... 269
54 Des divers systèmes de dévasement.......................... 271
55 Influence de la configuration du terrain.................... 272
56 Des évacuateurs espagnols.................................. 273
57 Autres procédés de dévasement.............................. 275
58 Des mesures transitoires à prendre pour combattre l'enva-
    sement.. 283
59 Calcul des profils.. 285
60 Loi du trapèze... 286
61 Méthode de M. Delocre..................................... 288
62 Méthode de MM. Bouvier et Guillemain...................... 289
63 Méthode de MM. Pelletreau et Hétier........................ 292
64 Méthode de M. Maurice Lévy................................ 299
65 Résumé des méthodes précédentes........................... 303
66 Formulaire pratique des calculs de stabilité................ 305
67 Application des formules.................................... 309
68 Cas où des sous-pressions sont à craindre................... 315
69 Méthode de M. Wegmann.................................... 315
70 Méthode graphique... 325
71 De la nature des efforts auxquels peuvent être soumises
    les maçonneries.. 329
72 Forme des barrages en plan................................. 334
73 Forme des barrages en élévation............................ 340
74 Détails de construction..................................... 344
75 Mesures à prendre en vue des réparations ultérieures.... 352
76 Rétablissement des communications.......................... 353
77 Constructions accessoires................................... 354

CHAPITRE VII

Des lacs-réservoirs

78 Généralités... 355
79 Des barrages.. 358
80 Appareils de prise d'eau et de vidange...................... 362

Pages.

81 Réservoirs avec tranchée de prise et galerie de vidange. 363
82 Barrages avec tunnel sans tranchée de prise........... 369
83 Du déversoir................................... 376
84 Installations et aménagements divers.................. 376
85 Mode d'exécution des travaux......................... 378

CHAPITRE VIII

Des appareils élévatoires

86 Généralités... 380
87 Moteur élévatoire de Pont-Vincent (canal de Pierrelatte). 380
88 Machine élévatoire de la roubine de l'Aube de Bouic..... 387
89 Machine élévatoire de la roubine de la Petite Montlong... 388

CHAPITRE IX

Des canaux secondaires et rigoles d'arrosage

90 Nécessité de la division en zones du périmètre dominé.. 393
91 Classification des branches d'un réseau.................. 394
92 Tracé des canaux secondaires 398
93 Profils... 401
94 Ouvrages d'art..................................... 402
95 Des canaux tertiaires............................... 412
96 Rigoles d'arrosage...... 412
97 Conditions d'établissement des rigoles.................. 415
98 Des appareils de répartition et de jaugeage.... 421
99 Appareils de jaugeage du canal de Carpentras 434

CHAPITRE X

Étude d'un réseau de distribution

100 Dotation des canaux d'irrigation...................... 444
101 Répartition de la dotation........................... 446
102 Evacuation des eaux non employées................... 451
103 Exemple d'une étude de répartition de débit........... 454
104 Tracé et terrassements.............................. 460
105 Cas où la répartition de la dotation est inutile.......... 463

CHAPITRE XI

Distribution des eaux des canaux d'irrigation

Pages.

106 Bases de la distribution.............................. 468
107 Confection des tableaux d'arrosage.................... 474
108 Autres exemples de distribution d'eau................ 484

CHAPITRE XII

Utilisation de l'eau par les intéressés

109 Méthodes d'arrosage................................. 495
110 Exemple d'une irrigation............................ 502
111 Plus-values réalisées par l'emploi des arrosages....... 504

CHAPITRE XIII

Concession et administration des canaux d'irrigation

112 Divers modes de concession.......................... 514
113 Concession aux collectivités et aux syndicats.......... 516
114 Concession aux compagnies........................... 517
115 Cahiers des charges de concessions................... 517
116 Comparaison entre les deux modes de construction et
    d'exploitation par des syndicats ou par des conces-
    sionnaires... 518
117 Engagements aux eaux............................... 521
118 Résultats de l'exploitation des canaux 522

ANNEXES

A. — Cahier des charges relatif à l'établissement d'un
    siphon en fonte (canal de Manosque)............. 525
B. — Cahier des charges pour conduites en acier et ciment. 563
C. — Cahier des charges pour conduites en tôle d'acier.... 570
D. — Cahier des charges applicable à la concession d'un
    canal d'irrigation à une compagnie................ 575
E. — Formules d'engagement à l'usage des eaux.......... 586

Pages.

F. — Projet de rectification du canal de la Roche (Isère)..   594
G. — Projet de construction de la deuxième partie de l'artère de Veaugirard (canal du Forez)................   610
H. — Projet de loi relatif au crédit agricole appliqué aux irrigations   657
I. — Note relative à la réglementation des barrages d'usines.   661

TABLE DES PLANCHES

I. — Prise d'eau du canal de Pierrelatte...........   60 *bis*
II. — Prise d'eau du canal de Gignac...............   68 *bis*
III et IV. — Prise d'eau du canal de la Bourne....   76 *bis* et *ter*
V. — Prise d'eau du canal du Forez................   82 *bis*
VI. — Prise d'eau du canal du Verdon..............   84 *bis*
VII. — Siphon du Lez et grand pont-aqueduc (canal de Pierrelatte)..............................   150 *bis*
VIII. — Siphon de Valvéranne (canal de Manosque)...   162 *bis*
IX. — Siphon de Saint-Blaise (canal de la Vésubie)..   180 *bis*
X, XI et XII. — Barrage-réservoir de la Sweetwater (Etats-Unis d'Amérique).......   244 *bis*, *ter* et *quater*
XIII. — Appareil de manœuvre des vannes d'évacuation des barrages - réservoirs (système de la Cie Fives-Lille)............................   252 *bis*
XIV. — Machine élévatoire du Pont-Vincent (canal de Pierrelatte)..............................   380 *bis*
XV. — Graphique des heures d'ouverture et de fermeture des prises d'eau d'un canal d'irrigation ....   478 *bis*
XVI. — Extrait individuel d'un rôle d'arrosage........   484 *bis*
XVII. — Profil en long de la rectification du canal de la Roche,....................................   594 *bis*
XVIII. — Profil en long de la deuxième partie de l'artère de Veaugirard (canal du Forez).............   610 *bis*

Tours. — Imprimerie DESLIS FRÈRES.